高等职业院校“十三五”校企合作开发系列教材

森林防火

徐　毅　主编

中国林业出版社

内容简介

本教材是林业技术专业《森林防火》项目化教学而编写的配套教材。在教材编写过程中，课程组成员根据企业森林防火岗位需求，在广泛收集国内外森林防火图书资料和前人工作的基础上，设计出2个训练模块：基本技能训练和综合应用训练。8个教学项目：森林火预防、森林火险预测预报、林火监测、林火通信网组建与使用、森林火灾扑救、灾后调查、森林火灾统计与管理、森林防火应急预案编写与演练。26个任务：解读《森林防火条例》，建立林火行政管理机构，火源管理，森林防火宣传，森林可燃物特征调查与分析，计划烧除，生物防火林带营造，林火环境调查与分析，森林火险等级预报，森林火险区划等级，地面巡护，瞭望台监测，叫台与报台，林火行为判读，扑火组织与指挥，扑火战略、战术应用，扑火机具使用与扑火技术，火灾现场逃生与自救，火因调查，过火面积调查，林木损失调查，森林火灾损失评估，森林火灾统计，森林火灾档案管理，森林火灾应急预案编写，森林火灾应急预案综合演练。

本教材将森林防火较成熟的新技术、新工艺和新方法融入到各个教学项目中，在充分考虑高职院校的学生实际，语言力求简明扼要，尽力使得内容凸显实践性；各教学项目的理论知识编入了企业案例，以此促进学生理论联系实际；每章后也列出复习思考题，以此培养学生的自学能力。

图书在版编目(CIP)数据

森林防火 / 徐毅主编. —北京：中国林业出版社，2017.2 （2024.7重印）
高等职业院校“十三五”校企合作开发系列教材
ISBN 978-7-5038-7884-8

Ⅰ. ①森… Ⅱ. ①徐… Ⅲ. ①森林防火－高等职业教育－教材 Ⅳ. ①S762.3

中国版本图书馆CIP数据核字(2017)第030696号

GS京（2022）1555号

中国林业出版社·教育出版分社

策划编辑： 吴　卉　　**责任编辑：** 肖基浒
电　　话： (010)83143555　　**传　　真：** (010)83143516

出版发行： 中国林业出版社(100009　北京市西城区德内大街刘海胡同7号)
E-mail：jiaocaipublic@163.com　电话：(010)83143500
https://www.cfph.net
印　　刷： 三河双升印务有限公司
版　　次： 2017年2月第1版
印　　次： 2024年7月第6次印刷
开　　本： 787mm×1092mm　1/16
印　　张： 27.75
字　　数： 693千字
定　　价： 69.00元

《森林防火》编写人员

主　　编

徐　毅

副 主 编

付丽梅

编写人员（按姓氏笔画排序）

于　涛　辽宁仙人洞国家级自然保护区管理局
王晓春　辽宁林业职业技术学院
付丽梅　辽宁林业职业技术学院
李　冬　辽宁林业职业技术学院
徐　岩　辽宁省大连庄河市蓉花山镇林业工作站
徐　毅　辽宁林业职业技术学院
袁　剑　辽宁省大连市旅顺口区林场

前言

森林火灾具有突发性强、破坏性大、处置困难等特点，使得森林火灾位于林业三大自然灾害之首（火灾、病灾、虫灾）。所以，做好森林防火工作对保护森林资源、维持生态安全显得尤为重要。然而，由于我国地域辽阔、地形复杂、气候多样、森林类型与分布各异、社会经济发展水平不一等因素的作用，各地区的森林火灾存在很大的差异。因此，本书全面系统地阐述怎么做好预防、怎么完成扑救、怎么查清损失等方面的内容。只有知道怎么做好预防，才能有计划、科学地防范森林火灾的发生，努力做到不发生森林火灾；知道怎么完成扑救，才能有组织、有步骤、高效地进行扑救森林火灾，力争把森林火灾造成的损失降到最低；知道怎么查清损失，才能够及时、准确、全方面地弄清楚森林火灾造成的损失，便于摸索规律，吸取经验教训，进一步做好森林防火工作。

《森林防火》课程于2007年在辽宁林业职业技术学院尝试改革，于2011年正式进行项目化教学。本教材在开发、建设过程中，课程组成员从生态环境建设对森林防火人才的需求入手，对企业进行充分调研，并与森林防火的企业专家合作，以森林防火的岗位需求，结合森林防火的技术理论，设计出源于企业又高于企业的教学项目，实现教学内容与工作岗位无缝对接，凸显了高职教育“能力本位、学生主体、任务驱动”的职业教育特点。

本教材由辽宁林业职业技术学院徐毅任主编，付丽梅任副主编。各项目编写分工如下：各项目中的训练内容与方法由徐毅、付丽梅、徐岩编写，相关知识的内容由徐毅、付丽梅编写，拓展知识的内容由王晓春、袁剑编写，企业案例的内容由李冬、于涛编写，知识巩固与练习由付丽梅、李冬、王晓春编写。全书最后由徐毅统稿。在编写过程中，得到了辽宁林业职业技术学院、辽宁省森林防火指挥部、辽宁林业职业技术学院实验林场、辽宁大连庄河市蓉花山镇林业站、辽宁仙人洞国家级自然保护区管理局等单位的大力支持；与此同时，雷庆锋、李洪波、陈杰、于相江、寇青岑、于海龙、王承禄、房连杰、吴启平、张宝艳等同行专家为本书的编写提出了宝贵的意见，在此一并表示衷心的感谢！

由于时间仓促，加之编写人员水平有限和经验不足，书中难免有贻误、疏漏之处，敬请各位同仁及广大读者批评指正。

编　者

2016. 05. 16

目录

项目 1 森林火灾预防

【项目描述】

森林防火工作实行预防为主、积极消灭的方针。预防是森林防火的前提和关键，只有把预防工作做好，才有可能不发生或少发生森林火灾。森林火灾的发生应具备一定的条件：足够的可燃物，是发生森林火灾的物质基础；外界火源，是发生森林火灾的主导因素；适宜的火险天气，是森林火灾发生的影响因素。只有在这三个条件同时具备的前提下，才能发生森林火灾。而这三个条件均可以人为控制，所以，森林火灾是可防、可控的。

本项目包括：解读《森林防火条例》、建立林火行政管理机构、火源管理、森林防火宣传、森林可燃物特征调查与分析、计划烧除、生物防火林带营造 7 个任务。

通过本项目的学习，使学生了解《森林防火条例》各条款的含义，明确森林防火各项工作内容，并能依法开展森林防火工作，进而消除森林火灾隐患；掌握生物防火林带的营造技术，增强林分自身的抗火性和阻火性；了解可燃物的特征，掌握计划烧除技术，进而降低森林火灾发生的可能性。

任务 1

解读《森林防火条例》

【任务描述】

我国的森林防火工作实行依法治火——《森林防火条例》。森林火灾的预防是一项群众性、综合性和科学性很强的工作，必须坚持森林防火行政领导负责制，充分发动群众，宣传群众，不断提高、强化群众森林防火意识；坚持依法治火、严控火源；除此之外，还应根据当地的经济条件和自然特点，加强防火工程的建设，充实和完善各种防火设备的配置，采取政治、经济、法律等各种手段，努力提高森林火灾的控制能力。

【任务目标】

1. 能力目标

①能够根据《森林防火条例》的内容确定森林防火工作的典型任务。

②能够根据《森林防火条例》的要求开展森林防火各项工作。

2. 知识目标

①了解我国依法治火工作中存在的问题。

②了解《森林防火条例》的颁布背景、成就、修订背景、总体结构和修订特色。

③掌握《森林防火条例》的内容和要求。

【实训准备】

《森林防火条例》、电脑、投影仪、幕布。

【任务实施】

一、实训步骤

1. 分析依法治火工作中存在的问题

首先让学生知道《森林防火条例》是我国依法治火的主要依据，并让学生分析出我国依法治火工作中存在的问题，进而提出解决方法和实施措施。

2. 学生朗读《森林防火条例》的各项条款

学生对《森林防火条例》进行逐条、逐款朗读，使之熟悉《森林防火条例》的各项条款。

3. 教师解读《森林防火条例》的各项条款

在学生朗读完《森林防火条例》的每条款后，教师对该条款进行解读。在解读过程中，要求学生做好学习笔记。

二、结果提交

对我国依法治火工作中存在的问题和解决措施进行整理，提交整理结果。

【相关基础知识】

依法治火，就是要使森林防火工作有法可依，做到有法必依，并依据法律手段加强对森林防火工作的管理，执法必严、违法必究。但是，我国在依法治火的过程中，存在诸多问题，如执法不严等现象。所以，在森林防火工作中，要真正做到见火就查、违章就罚、犯罪就抓，绝不姑息迁就，达到处理一案、教育一片的社会效果。

1.1.1 《森林防火条例》背景解读

1.1.1.1 《森林防火条例》颁布背景

1987年5月6日，大兴安岭的一场大火燃烧了27个昼夜，夺走了213人的生命，烧毁了5.6万多民众的家园，烧掉了一大串官员的乌纱帽，更烧出了我国森林火灾应急处置和法律法规体系的漏洞和空白。

森林火灾怎么防？发生森林火灾后怎么救？火灾责任该由谁来承担？一连串待解的问题使得我们对森林防火行政法规的需求迫在眉睫。于是，国务院于1988年1月16日首次颁布《森林防火条例》，并于3月15日起实行。

1.1.1.2 《森林防火条例》实施二十年来的成就(1988—2008)

据统计，1950—1987年，全国年平均发生森林火灾15 932次，年平均受害森林面积$94.7\times10^4hm^2$，年平均伤亡788人；1988—2008年，全国年平均发生森林火灾7 936次，年平均受害森林面积$9.2\times10^4hm^2$，年平均伤亡194人，比1950—1987年间年平均分别下降了50.2%、90.3%和74.3%。由此可见，《森林防火条例》的实施对预防和扑救森林火灾、保障人们生命财产安全、保护森林资源和生态环境等方面发挥了不可磨灭的作用。

1.1.1.3 《森林防火条例》修订背景

近年来，在全球气候变暖背景下，我国南方地区连续干旱、北方地区暖冬现象明显，森林火灾呈现多发态势，森林防火形势非常严峻。随着经济社会的发展，森林防火工作又出现了一些新情况、新问题，主要表现在：一是随着行政管理体制改革的不断深入，国有林区逐步推进政企、政事分开，有必要在改革的基础上进一步强化政府在火灾预防、扑救等方面的职责。二是随着集体林权制度和国有林业企业经营体制改革的不断深入，个体承包、租赁等已经成为森林经营的主要模式，有必要在强化政府责任的基础上，明确森林、林木、林地经营单位和个人的防火责任。三是近几年随着我国应急法律体系的完善和应急机制的建立，特别是《中华人民共和国突发事件应对法》和各类应急预案的公布施行，原条例关于森林火灾扑救的规定也需要进行相应完善。四是原条例对违法行为处罚力度偏轻，难以有效制裁违法行为，有必要予以完善。森林防火工作实践中的一些问题，亟需在立法上得到解决。因此，根据新情况、新问题，在总结实践经验的基础上，国务院对1988年施行的条例进行了修改、完善，2008年11月19日国务院第36次常务会议修订通过，并于2009年1月1日正式实施。

1.1.1.4 《森林防火条例》的总体结构

《森林防火条例》共有六章56条。

第一章总则介绍森林防火条例颁布的根据、意义、方针、目的、防火经费、组织机构设置以及政策性规定等。

第六章附则介绍森林防火条例中无法归类的一些规定，如森林防火车辆的规定、条例施行时间等。

其余四章的设置是按照当发生森林火灾之前和之后我们该怎么办。

①为了杜绝森林火灾的发生，我们是不是要进行一系列的预防措施？第二章就是把所有的预防措施归为一章，即森林火灾的预防。

②无论如何预防，森林火灾总会发生。那么，发生了森林火灾怎么办？第三章讲的是如何进行扑救，把所有的扑救程序、力量组织等等归为一章，即森林火灾的扑救。

③森林火灾扑救完以后我们又要做什么呢？是不是要清理火场、看守火场？是不是要给森林火灾定级？是不是要进行抚恤？是不是要进行统计上报？是不是要对外发布消息和进行火灾损失统计等？第四章就讲以上内容，即灾后处置。

④讲完预防、扑救、灾后处置，森林火灾扑救就算完成了。但还有一个问题，那就是森林火灾是怎么发生的？是什么原因造成的？处理这些问题，就涉及责任追究和法律责任。第五章就是讲谁的责任问题，把责任、处分分为一章，即法律责任。

1.1.1.5 《森林防火条例》修订后的特色

(1)把预防作为重点

新增的应急预案方面内容，有利于指导基层在森林火灾应急处置时，更加有条不紊，更具可操作性。

(2)凸显了以人为本的理念

森林资源固然重要，但人民生命安全更重要。

(3)避轻就重

修订后的《森林防火条例》把伤亡人数也纳入到森林火灾分类标准中。假设一起森林火灾，受害森林面积在1 000hm^{2}以下，死亡人数在30人以上，依据修订前的《森林防火条例》第28条规定，不属于特大森林火灾，但依据修订后的《森林防火条例》第40条规定则属于特别重大森林火灾。

(4)责任明确

进一步理清火情报告、启动应急预案等程序，规定了预案的内容，进一步明确了地方各级人民政府和森林防火指挥机构的职责，以及气象、交通运输、通信、民政、公安、商务和卫生等相关部门的责任。

(5)责任追究，向内也向外

修订后的《森林防火条例》对执法部门和人员以及森林经营单位和个人作出明确规定，一旦违反本条例规定，一律追究其责任，构成犯罪的，依法追究其刑事责任。

1.1.2　《森林防火条例》及其解读

《森林防火条例》及解读详见附件一。

【拓展知识】

除《森林防火条例》外，涉及的森林防火方面的法律、法规、文件等，在国家层面，有《中华人民共和国刑法》(详见附件二)、《中华人民共和国森林法》(详见附件三)等；在省级层面，有《辽宁省森林防火实施办法》(详见附件四)、《辽宁省人民政府森林防火命令》(详见附件五)、《辽宁省森林防火工作责任追究暂行办法》等；在市级层面，有《抚顺市森林防火指挥部关于进一步加强野外火源安全管理的通告》(详见附件六)、《抚顺市森林防火条例》等；在县级层面，有《清原县人民政府森林防火戒严令》(详见附件七)等。

【巩固练习】

一、填空题

1. 我国森林防火工作实行________、________的方针。

2. 依据《森林防火条例》第五条第一款规定："森林防火工作实行地方各级人民政府________。"

3. 依法治火，就是使得森林防火工作________，做到________，并依据法律手段加强对森林防火工作的管理，________，________。森林防火工作开展的主要法律依据是2009年1月1日实行的________。

4.《森林防火条例》的制定，是为了有效预防和扑救森林火灾，保障________，保护________，维护________。

5. 森林防火工作的指挥机构是________，负责全国森林防火的监督和管理工作。

6.《森林防火条例》第四十条规定，按照________和________，森林火灾可分为一般森林火灾、较大森林火灾、重大森林火灾和特别重大森林火灾。

7. 森林消防专用车辆应当按照规定喷涂________，安装________、标志灯具。

二、选择题

1. 森林火灾应急预案不包括下列哪项内容(　　)。

A. 森林火灾应急组织指挥机构及其职责　　B. 森林火灾的应急响应机制和措施
C. 资金、物资和技术等保障措施　　D. 发生火灾后立即成立现场指挥部

2. 受害森林面积在 1hm^2 以上 100hm^2 以下的，或者死亡 3 人以上 10 人以下的，或者重伤 10 人以上 50 人以下的森林火灾，属于(　　)。

A. 一般森林火灾　　B. 较大森林火灾
C. 重大森林火灾　　D. 特别重大森林火灾

三、判断题

1. 森林防火期内，因防治病虫鼠害、冻害等特殊情况确需野外用火的，应当经县级人民政府批准，并按照要求采取防火措施，严防失火。(　　)

2. 森林防火期内，森林、林木、林地的经营单位应当设置森林防火警示宣传标志，并对进入其经营范围的人员进行森林防火安全宣传，但进入森林防火区的机动车辆不必配备灭火器材和安装防火装置。(　　)

3. 扑救森林火灾应当积极组织当地民众进行扑救，以人民群众作为扑救火灾的主要力量，众志成城，抗击火灾。(　　)

4. 森林防火期内未经批准擅自在森林防火区内野外用火的，由县级以上地方人民政府林业主管部门责令停止违法行为，给予警告，并处以罚金。(　　)

四、简答题

1.《森林防火条例》制定的目的是什么？

2. 按照受害森林面积和伤亡人数，森林火灾分为几个等级，分别是什么？

3. 森林防火期内，对森林防火区野外用火有哪些规定？

任务 2

建立林火行政管理机构

【任务描述】

根据《森林防火条例》的要求，县级以上地方人民政府和森林、林木、林地的经营单位都应建立健全森林防火组织机构，切实加强对森林防火工作的统一领导，积极有效地开展森林防火综合防治，牢记“隐患险于明火；防范胜于救灾；责任重于泰山”，认真贯彻“预防为主，积极消灭”的森林防火工作方针。所以，本次任务就是成立××林场的林火行政管理机构，并根据其森林防火工作内容确定相应的职责。

【任务目标】

1. 能力目标

①能够根据林场森林防火工作的需要设立林火行政管理机构。

②能够根据林场林火行政管理机构的不同工作确定相应的工作职责。

2. 知识目标

①了解林火行政管理的内容、职能、特点和控制指标。

②熟悉什么是林火行政管理。

③掌握林火行政管理机构的组成及其职责。

【实训准备】

各级森林防火责任单位的林火行政管理机构。

【任务实施】

一、实训步骤

1. 确定森林防火责任人和职责

依据《森林防火条例》第五条第一款规定：“森林防火工作实行地方各级人民政府行政首长负责制。”所以，××林场的森林防火责任人应该是林场场长，全面负责林场的森林防火工作。

与此同时，若××林场有×个实验区，在森林防火工作中应该明确责任。建立林火行政管理体系时也应该确定实验区的责任人，应为实验区主任，负责本实验区的森林防火工作。

2. 确定森林防火工作责任人和职责

依据《森林防火条例》的相关规定，林场的森林防火工作主要包括：森林火灾应急处置办法的编写、森林防火宣传教育、森林防火监测和护林工作、电台值班、扑火队伍的管理与培训、灾后调查、后勤保证、火灾统计、档案管理、监督检查等。依据《森林防火条例》的要求，确定相应的责任人，并根据工作的要求明确相应的职责。如森林防火宣传教育的职责是：①要经常性开展森林防火宣传工作，普及森林防火知识，提高广大居民的防火意识和自觉性；②在防火期内，在林场设置森林防火警示宣传标志，对进入其经营范围内的人员进行森林防火安全宣传；③对于经营范围内的森林防火重点地段，要悬挂森林防火条幅和森林防火警示旗。

3. 成立扑火队伍

依据《森林防火条例》第二十一条规定："地方各级人民政府和国有林业企业、事业单位应该根据实际需要，成立森林火灾专业扑救队伍；县级以上地方人民政府应当指导森林经营单位和林区的居民委员会、村民委员会、企业、事业单位建立森林火灾群众扑救队伍。专业的和群众的火灾扑救队伍应当定期进行培训和演练。"

综上所述，成立一定数量的扑火队伍，确定其职责，如完成森林火灾的扑救、专业知识学习、业务技能训练、体能训练和森林火灾扑救预案演练等。

二、结果提交

设立××林场的林火行政管理机构，并根据其森林防火工作确定其相应的职责。要求机构的岗位设立能够包括森林防火工作内容，人员分配合理，职责定位准确。

【相关基础知识】

1.2.1 森林防火行政管理

森林防火行政管理是林火行政管理机构根据国家有关法律赋予的职责，通过宣传，提高公民的森林防火意识，同时，依法进行火源管理，减少森林火灾发生开展的行政行为。

1.2.1.1 森林防火行政管理的内容

①森林防火机构议事和管理制度管理；②森林火险监测预警管理；③森林火灾预防管理；④森林火情监测管理；⑤森林火灾应急扑救管理；⑥森林防火发展规划和计划管理；⑦森林防火设备和物资管理；⑧技术与档案管理。

1.2.1.2 森林防火行政管理的职能

①建立健全森林防火执法责任制度；②建立健全森林防火执法主体资格制度；③依法规范森林防火执法程序和行为；④建设高素质的森林防火执法队伍。

1.2.1.3 森林防火行政管理的特点

(1)法律性、行政性、技术性

森林防火行政管理工作具有法律规定性，充分体现了国家意志。它同时也是一项很严肃的行政性工作，必须通过行政和法律手段贯彻实施国家的政策、法令及各级地方人民政府的法规、规定、规章，才能对森林防火工作实行强有力的管理。森林防火行政管理也具有很强的技术性。各级防火管理人员或工作人员如果不懂得防火技术，是做不好森林防火工作的。

(2)社会性、群众性

森林防火管理工作是一项涉及面广而又极为复杂的社会性工作，必须得到全社会的关注和支持。从我国森林防火工作的现状来看，95%以上的森林火灾都是人为火源造成的，只有提高和调动每个人的认识与积极性，才能做好森林防火管理工作。群防群治已成为我国森林防火工作的特点。

(3)复杂性、艰巨性、危险性

森林防火行政管理的影响因素是复杂多样的，既受许多自然因素(如气象、植被、地理位置、地形地势、土壤条件、时间等)的影响，也受众多社会经济条件(如经济发展水平、人的素质、交通运输条件、管理水平等)的影响，加之林火固有的一些特性(如突发性强、破坏性大、处置救助较为困难等)，使得森林防火行政管理工作具有很大的复杂性、艰巨性、危险性。

(4)长期性与危期性

欲保护森林、发展林业，必须长期地做好森林防火工作，这也是充分发挥森林经济、生态和社会效益的客观要求和重要前提。森林防火行政管理工作也具有明显的危期性，这是因为在各地理区域上，森林火灾的发生与时间(季节)因素密切相关，即具有明显的时间性。

1.2.1.4　森林防火行政管理的主要控制指标

(1)森林火灾发生率

指森林火灾发生的次数。该指标反映了单位森林面积上平均每年发生的森林火灾次数。

(2)森林燃烧率

指过火的林地面积与被管辖的林地面积的百分比。该指标能反映单位林地面积上平均每年的过火面积。

(3)平均每次过火森林面积

该指标反映了每次的火灾面积，也反映了森林火灾次数和森林过火面积。实际上该指标是林火控制的综合指标。

1.2.2　森林防火行政管理体系

我国的森林防火行政管理组织机构主要包括领导机构、职能部门和护林队伍(图1-1)。

1.2.2.1　领导机构

国家和地方各级人民政府设立森林防火指挥部，主要包括5个层次，即：国家森林防火指挥部；省森林防火指挥部；市(区)森林防火指挥部；县森林防火指挥部；乡(镇、场、所)级森林防火领导小组。由主要领导或主管领导任指挥部总指挥，有关部门和当地驻军领导任指挥部副总指挥、成员。森林防火指挥部是同级人民政府的森林防火指挥机构，负责本行政区的森林防火工作。

其职责主要包括以下两个方面：①各级护林防火指挥部是各级人民政府检查、监督、

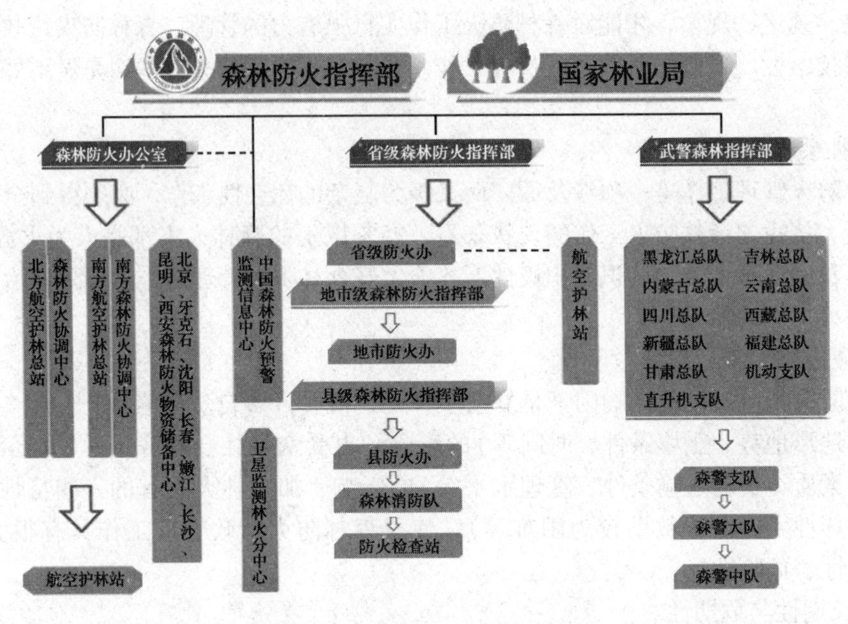

图 1-1 国家森林防火机构的设置

组织、协调社会各方面力量做好预防、扑救森林火灾的指挥机构；②检查、监督各地区、各部门森林防火方针、政策、法规和措施的实施，指导森林防火工作。

1.2.2.2 职能部门

县级以上森林防火指挥部在林业行政主管部门应设立办公室，主要包括 4 个层面，即：国家森林防火指挥部办公室；省森林防火指挥部办公室；地方森林防火指挥部办公室；县森林防火指挥部办公室。办公室是森林防火指挥部的办事部门，配备专职干部，负责森林防火日常工作。

森林防火指挥部办公室是人民政府主管森林防火的行政职能机构。其职责主要包括以下 7 个方面：①贯彻执行国家和省法律、法规、指示和决定；②组织开展检查，指导森林防火工作；③掌握森林火灾情况；④草拟重点林区预防、扑救和基础建设方案，以及指导实施；⑤负责森林防火通信和森林火灾统计工作；⑥协助有关方面查处特大森林火灾案件；⑦承办森林防火宣传教育、科研、培训和会议等。

1.2.2.3 护林队伍

根据需要，经过批准，可设立森林防火检查站、航空护林站和边境、边界森林防火联防站、驻有森林警察部队，建立专业扑火队伍。有林单位和林区基础单位，配备专职护林员，负责林火的扑救工作。

护林队伍的职责主要包括以下 5 个方面：①巡护森林；②管理野外用火；③及时报告火情；④完成森林火灾的扑救；⑤协助有关机关查处森林火灾案件。

【拓展知识】

县级以上林火行政管理体系的领导机构由本级人民政府各职能部门的主要领导或主管领导共同组成。其职能部门主要包括：政府办公室、林业局、森林公安局、农发局、武装部、教育局、安监局、卫生局、规划建设局、监察局、文广局、气象局、交通局、民政局、公安局、财政局、法院等。

县级以上林火行政管理体系的职能部门应该设立在林业局或森林公安局，由主要领导或主管领导任职能部门的干部，其成员为该部门的工作人员。

县级以上林火行政管理体系的护林队伍主要包括护林员和扑火队伍。

【企业案例】

国家森林防火机构的设置

国务院办公厅于2006年成立国家森林防火指挥部，确定了指挥部主要职责、人员组成、工作机构及其职责（详见附件八），并于2016年对森林防火指挥部人员组成进行重新调整（详见附件九）。

【巩固练习】

一、名词解释

林火行政管理

二、填空题

我国的森林防火行政管理组织机构主要包括________、________和________。其中________是指国家和地方各级人民政府设立的森林防火指挥部；________是指县级以上森林防火指挥部在林业行政主管部门设立的森林防火办公室；________是经过批准设立的，专门负责林火扑救工作。

三、选择题

1. 下列不属于森林防火行政管理内容的是（　　）。

A. 森林防火机构议事和管理制度管理　　B. 森林火情监测管理
C. 森林防火设备和物资管理　　D. 森林火灾媒体报道

2. 森林防火行政管理的主要控制指标，不包括（　　）。

A. 森林火灾发生率　　B. 森林燃烧率
C. 平均每次过火面积　　D. 森林火灾发生时段

四、简答题

简述森林防火行政管理的特点。

任务3

火源管理

【任务描述】

火源是森林火灾发生的关键因素，世界各国将严格控制火源作为防治森林火灾发生的重要措施。火源管理成效高低对火灾的预防至关重要。本次任务详细阐明火源的种类、分布、产生和变化规律，并对不同种类的火源提出有效的管理办法和控制措施，消除火灾隐患。

【任务目标】

1. 能力目标

①能够根据某一地区特点制定出一系列的火源管理制度。

②能够采取多种管理办法进行火源管理。

2. 知识目标

①了解引发森林火灾的火源种类及其产生和变化规律。

②掌握引发森林火灾的火源及其分布情况，不同地区引发森林火灾的主要火源种类。

③掌握火源管理的措施和手段。

【实训准备】

隐患整改通知书、生产用火审批表、野外用火许可证、笔、纸。

【任务实施】

一、实训步骤

1. 编制森林防火责任状

根据××林场各实验区的特点(生产生活方式、风俗习惯等)编制森林防火责任状，主要包括编制的依据、编制的原则、责任人的职责、火源管理的方法、奖惩措施等内容。

2. 签订责任状

林场场长(教师)与各实验区森林防火

责任人(组长)签订森林防火责任状。

3. 制定制度

制定火源管理相关制度，主要包括出入山管理制度、用火管理制度、值班制度、火情报告制度、巡护制度、瞭望制度、防火检查制度、联防制度、防火奖惩制度和防火布告等。

4. 生产用火审批

申请野外用火时准备好以下材料：填写生产用火许可证申请表。编写申请书，主要内容包括用火时间、地点、区域、用火性质。编写承诺书，主要内容包括用火前开设防火隔离带等防火措施、用火时风力三级以下，用火后有专人熄灭余火。

野外用火时应携带野外用火许可证，用火结束后应将野外用火许可证上交审批部门，以备审批部门随时检查。

5. 入山管理

在森林防火期内，各实验区要配置人员在各个入山道口设立临时性检查站，对入山人员及车辆进行检查。

护林员要分片巡察野外用火情况，防止各类火种随入山人员进入山林；与此同时，还应及时发现火灾隐患，并在第一时间消除隐患。

6. 开展集中专项整治活动

确定专项整治时间，一般为3～5月。

成立专项整治领导小组，组长由林场场长担任，组员为副场长。

制定整治内容，即所有野外违法违规用火行为：一是各种故意纵火烧毁森林的行为；二是在林内以及林缘地带吸烟、上坟烧纸、放鞭炮、烧香、燃放悬挂孔明灯、烧荒、烧田埂、烧垃圾、烧烤野炊等行为。行动中要把握三个重点：重点地段、重点时期、重点人员。对重点地段要实行24小时巡逻监控，发现违规用火行为，快速处置；在重点时期要重兵布防，严厉查处违规用火行为；对重点人员要加强日常监管和教育。对所有野外违法违规用火行为，一经发现，严格按法律法规规定惩处。要加强与检法部门的协调配合，对故意纵火和失火构成犯罪的，依法追究刑事责任，从严、从快惩处纵火失火犯罪人员。

7. 火源管理监督检查

成立火源管理监督检查小组，组长由林场场长担任，组员为副场长。对所辖区域进行森林防火组织建设、森林防火责任制落实、森林防火设施建设等情况进行检查；对检查中发现的森林火灾隐患，应当及时向有关单位下达森林火灾隐患整改通知书，责令限期整改，消除隐患。

二、结果提交

将已签字的森林防火责任状、制定出林场火源管理制度、集中专项整治活动、入山管理制度、火源管理监督检查情况进行分别总结、整理，形成文字材料。

【相关基础知识】

火源是导致森林火灾发生的直接因素。只要涉及森林防火问题，就会不可避免地提及火源管理。通过有效的火源管理措施减少森林火灾发生和降低森林火灾危害，是森林防火工作至关重要的根本途径。也就是说，只有最大限度地切除了火源(人为性火源)与森林的接触，才能最大限度地减少森林火灾。这一途径看似简单，但由于火源与社会经济、文化及政治等许多方面的联系十分紧密，经世界各国近百年的努力和探索至今仍没有取得理想的效果。在当今社会，火源管理成效的好与差，仍然直接决定着一个地方甚至一个国家森林防火工作有效性的高低。

1.3.1 火源的种类

火源是指能够引起可燃物发光的热源，如明火焰、炽热体、火花、机械撞击、聚光作用和化学反应等。

火源的种类不同，引起森林可燃物燃烧的情况也有很大的差异。如喷出的岩浆，非常热，温度可达650~1 300℃，且体积大，可以在短时间内引起森林大面积的林木烧毁；而像烟头等热源体积小，温度低，点燃森林可燃物需要时间较长，林火发生的开始阶段蔓延速度也慢，如果及时发现，容易扑救。

除自然和物理因素作用于森林环境并引发森林火灾外，人为火源由于产生在社会生产和经济、文化等活动的许多方面，且种类十分繁杂，在分类方法上也因目的不同而不同。

1.3.1.1 自然火源

在特殊的自然地理条件下产生的热源，主要包括雷击、火山爆发、陨石坠落、火花滚石等。这些火源是难以控制的，并且广泛存在。自然火源中发生频度最高、危害最大的是雷击火源。我国雷击火占总火源的比例很小，仅为1%，但在少数地区也相当严重。例如，黑龙江省大兴安岭林区、内蒙古自治区呼伦贝尔盟林区和新疆维吾尔自治区阿尔泰林区，其中以大兴安岭尤为突出。据统计，内蒙古自治区呼伦贝尔盟地区的雷击火占该地区总火源的18%，最多的年代达38%，最少的年代也有8%，喜桂图旗、鄂伦春旗和额尔古纳左旗的雷击火在有的年代可占这些地区年总火灾的76%。这与该地区的地理位置和天气条件有一定的关系，即纬度越高，雷击火越多。据1968—1977年统计，51°N以北的新林、塔河、古莲、阿木尔、图强等林区的雷击火共发生115起，占全区雷击火总数的92%，而51°N以南的南瓮河、松岭、加格达奇发生雷击火10起，占全区雷击火总数的8%。

雷击火在一年当中多发生于5~8月，其中6月最多，约占当年雷击火源总次数的83%，在一天当中多发生于午后，而且在干打雷不下雨的天气条件下容易发生。除此之外，落叶松、红松、樟子松、云杉、冷杉、白桦、杨树、蒙古栎等树种容易受到雷击。因此，加强对雷击火的预报与监测，对减少森林火灾的损失是十分必要的。

1.3.1.2 人为火源

人为性火源是由于人的某种活动而直接或间接引起着火的事物总称，只要人与森林区域接触就有可能出现。这类火源是当今世界最为主要的森林火灾源头，一般占世界森林火灾总数量的90%~97%，我国目前则在95%左右，也即我国的森林火灾基本上全是由于人为造成的。人为火源的产生与人在林区的各种活动紧密相关，是森林防火管理最为主要的对象，也是最为重要的管控环节和难点之一。一般将人为性火源分为生产性火源、非生产性火源、其他火源共3大类。

①生产性火源：包括在林地内直接点火进行某种生产目的的作业用火，林缘及其附近农业生产等野外作业、施工用火。这类火源，就其本质来说是控制性用火，但只要出现跑火现象就极有可能引发森林火灾。比如，林内清除森林剩余物作业（炼山）、林下可燃物计划烧除作业、点烧防火线或防火阻隔带及林缘附近烧荒、烧炭、烧田埂、烧除农田或种植区剩余物（秸秆等）、烧草场等。

②生活性火源：包括林缘附近居民、工棚、作业房等烟筒飞火、倒灰跑火；林区作业

点、看守房、窝棚、临时停留点、休息点、营地及个人休息等饮食用火和火把照明、点火取暖或驱赶有害动物等用火。

③风俗性火源：包括林区清明节、春节等上坟烧纸、烧香或燃放鞭炮等祭祀活动、少数民族特殊节日或欢庆活动等产生的火源。这类火源的时段特征十分显著，主要出现在林内或林缘附近的墓地、林缘广场及林区道路两侧。

④休闲性火源：主要是指在森林中旅游或在林区野外休闲娱乐、聚会聚餐过程中实施烧水做饭、烧烤食物、登山探险活动所产生的用火。

⑤嗜好性火源：主要是指在林区野外吸烟随意丢弃火种、烟头、火柴未熄灭而产生的失火。这种火源在林区内具有很强的普遍性和产生地点的不确定性，防范难度也很大，但会随着社会文明程度的提高而逐步减少。

⑥犯罪性火源：主要是指出于利益冲突和某种目的的报复性人为放火。这种火源在近些年来随着林区社会矛盾的变化而呈现增多趋势，并因林区交通工具的普及而在防范上更加困难。

⑦意外性火源：主要包括在林区穿行的交通工具和机械设备意外发生的火源、高热体外漏；意外因素引起的高压输电电线脱落；儿童野外玩火和呆、傻、痴人员弄火；射击训练、施工爆破作业、民房和工棚着火引发的意外事故火等。

⑧国外火源：主要指在边境地区来自国外火灾侵入的入境火。在实际统计中并不对国外起火原因进行分类记载，国内在行政区交界处发生的过界火不属于此类，而是按照实际起火原因记载。

1.3.2 我国森林火源的分布

我国地域辽阔，南北不同林区引起森林火灾的火源差异很大，例如，在黑龙江烧荒、烧防火线、吸烟等占总火源的55%，南方的一些省份的烧垦、烧荒、烧田埂、炼山造林等生产性用火占70%~80%，中原地区的一些省份吸烟、烧荒、烧灰、烤火做饭等占73%。根据森林主要火源在地区、季节分布上的差异，大体上将全国分为南部、中西部、东北及内蒙古和新疆4个分布区(表1-1)。

表1-1 我国主要火源分布

区域	省 份	林火发生季节		主要火源	一般火源
		林火发生月	火灾严重月		
南部	广东、广西、福建、浙江、江西、湖南、湖北、贵州、云南、四川	1~4 11~12	2~3	烧垦、烧荒、烧灰积肥、炼山	吸烟、上坟烧纸、入山开展副业、弄火烧山驱兽等
中西部	安徽、江苏、山东、河南、陕西、山西、甘肃、青海	2~4 11~12	2~3	烧垦、烧荒、烧灰积肥、烧牧场	吸烟、上坟烧纸、入山开展副业、弄火烧山驱兽等
东北及内蒙古	辽宁、吉林、黑龙江、内蒙古	3~6 9~11	4~5 10	烧垦、吸烟、上坟烧纸	野外用火，烧牧场、入山开展副业、雷击火等
新疆	新疆	4~9	7~9	烧牧场	吸烟、野外用火

1.3.3 火源产生和变化的基本规律

火源的产生和变化既具有随着林区社会环境变化而变化的复杂性，又有受地理区域、季节性变化及社会生产活动方式变革等影响的明显规律性。科学分析和掌握这些特点和规律，对于有针对性地研究制订火源管理措施，预防森林火灾具有重要的意义。

1.3.3.1 火源随着林区社会生产生活方式而变化

林区社会生产经济活动越活跃，火源因素就越多；林区居民生活水平越高，生活设施越先进，一方面生活性火源就会相应减少，另一方面则同步产生农田剩余物野外烧除增多问题，在没有找到利用途径之前会产生新的严重的火源问题。在生产方式变革方面，原始粗放作业和机械化作业各有火源问题，处于此消彼长的状态。这些变化往往是快速的和剧烈的，经常使管理者一时难以有效应对，应当随时进行分析研究。总之，无论林区社会生产生活方式是否先进，都有火源问题，只不过在表现方式和途径上发生了变化。

1.3.3.2 生产性火源和风俗性火源时令性变化明显

生产性火源主要和当地的农业生产节气紧密相关，枯草期中的耕种和秋收大忙季节处于高峰期。林业生产上的火源以营林作业、采伐作业和林下特产采集高峰期最为突出。风俗性火源则主要集中在诸如清明节、春节等特定的时段内，并往往呈现集中爆发态势，需要使用超常规性的全面控制措施加以解决。

1.3.3.3 火源随林区人口密度而增多

林区人口密度越大，人与森林接触得就越紧密，火源也就自然会增多。人口密度大的地方往往是经济活动十分活跃的地方，会在生产和休闲等方面产生更多的火源问题，相应的也会出现风俗性用火因素增多和分布面广等难题。林区开发程度低，一旦遇到合适的政策环境，就会立即出现全面性、开发性用火集中呈现的现象，出现一定时间段的火源失控问题。

1.3.3.4 林区社会的文明和谐对火源有消减作用

林区社会公民的文明程度越高，森林防火意识就会越高，随意在野外吸烟和丢弃烟头的现象就会减少。林区社会和谐程度越高，社会矛盾就会减少，因利益冲突和报复性纵火现象也会随之而减少，但也可能产生休闲用火增多问题。

1.3.4 火源管理的措施

1.3.4.1 认清特点

在发展社会经济的同时，人为火源逐渐增多，例如，开垦耕地、烧荒、入林充实林副产品的生产、森林旅游等，野外吸烟、上坟烧纸等屡禁不止，这些活动都将火种带入林区，进而引起森林火灾，所以要充分利用各宣传媒体，采取多种形式，面向社会进行大密度宣传，使森林防火宣传教育工作家喻户晓、人人皆知，营造森林防火人人有责、人人参与的浓厚氛围。

1.3.4.2 落实责任

在森林防火工作中，要建立森林防火责任制，须划定森林防火责任区，应签订森林防火安全责任书(责任状、防火公约等)，把森林防火责任落实到人，实现“领导包片，单位包块，护林员包点”的分级责任管理。加强火源管理，严格检查，杜绝一切火种入山，消除火灾隐患。

1.3.4.3 抓住重点

进一步完善火源管理制度，有针对性的强化火源管理制度。火源管理的重点地段是高火险地域、旅游景点、保护区、边境等；火源管理的重点时期是防火戒严期和节假日；火源管理的重点人员为进入林区的人员，主要为老人、小孩、痴、呆、傻等。

1.3.4.4 齐抓共管

火源管理是社会性、群众性很强的工作，必须齐抓共管，群防群治。各有关部门要在当地政府的领导下积极抓好以火源管理为主要内容的各项防火措施的落实，在发挥专业人员、专业队伍的同时，发动群众，提高群众的防火意识，并与群众实行联防联包，自觉地做到“上山不带火，野外不吸烟”。

1.3.5 火源管理的手段

火源管理的主要对象分为对所属单位火源管理工作和对林区社会所有成员用火行为两部分。按照林区社会生产、生活活动的特点来划分，可以分出对居民点(区)生活用火的管理、对入山人员的管理、对住山人员的管理等。在实际工作中，无论是针对哪种行为的火源管理，其管理学方面的逻辑性原理都是：当森林具备一定的火险等级，尤其是高森林火险等级时，使人为火源不与森林可燃物接触的燃烧要素“阻断”原理，即通常所说的“入山不带火种、用火要有审批、大风不生火做饭”等。

1.3.5.1 针对不同类型火源的管理手段

(1)对野外生活用火的管理

野外生活用火主要包括野外烧水、做饭、烧烤干粮、野炊用火。在进行管理时分为两种情况，一是对在野外生产作业人员，必须固定生活用火，有专人负责，选择靠近河流、道路等的安全地点，并在靠近草原或森林的一边开好防火线后再用火。用火完毕，必须清理余火，经反复检查确无复燃可能后才能离去。二是对有组织持有入山证件的临时野外用火人员，也按上述野外用火规定管理。在防火期(尤其高火险天气)内，严禁无组织的个人在林区野外用火，违者按《森林防火条例》重罚。

(2)生产性用火的管理

采伐迹地、开垦荒地、炼山、点烧防火线等生产性用火作业，实行用火申报、时间和地点备案、审批、监护作业等管理措施，并严格按照国家营林生产用火技术规程规定执行，严格遵守“六不烧”规定，即领导不在场不烧、久旱无雨不烧、风力三级以上不烧、没开好防火线不烧、没组织好扑火人员不烧、没准备好扑火工具不烧。并且要不彻底熄灭不撤走人员，防止发生火灾。各地要制定许多具体、详细的规定，并在实践中不断丰富和完善，提高安全性。特别需要指出的是，凡是批准点烧的，要及时通报上级防火管理机构，逐级进行卫星热点备案，并通知附近地区瞭望台。

(3)对野外吸烟的管理

加强入山人员教育，严格制度，防火期内绝对不准许在林内吸烟，违者重罚，造成火灾事故者，由森林公安部门按有关规定追究刑事责任。同时加强对入山人员的检查，不准携带烟火入山。

(4)对野外机械火源的管理

控制国铁、森铁机车和林内生产的拖拉机、汽车喷(漏)的火源。要求在防火期安装有效的火星网、防火罩。铁路机车要严格执行有关防火规章制度，指定清炉地点；铁路沿线坡度大的火险地段，指定专人进行巡护以防甩瓦着火。

(5)对上坟烧纸用火的管理

在关键节日，如清明节组织宣传教育，并在通往坟地的道口增设临时哨卡，检查有无火种；在坟地集中的地方，组织专人看守，防火期内不准上坟烧纸。

(6)对外来火源的管理

在边境地带开设防火线，防火期到来时加强巡护、瞭望，防止国外火入境。

(7)对自然火源的管理

注意收听收看天气预报和森林火险等级预报，有条件的地方可选用高新技术设备，加强雷电探测。在易发生雷暴的季节和雷击区，增加巡护密度，昼夜进行瞭望，防止雷击蔓延成灾。

(8)对儿童、呆傻人员野外玩火、弄火的管理

加强对家长、教师和监护人的教育，请他们严格管教儿童和小学生，严格看管呆傻人员，并通过签订保证书确保防火期不在野外玩火、弄火。

(9)对外来旅游人员的管理

加强宣传教育，在入山口和通往林区的路口设置醒目的“不准野外吸烟、野炊”等标语警示牌，在游人集中景点区、集散处设公共吸烟处，并告示游人防火期野外吸烟用火的处罚规定。

(10)其他管理

对狩猎、射击、爆破、高压线脱落和意外火源等，也要严加防范。

1.3.5.2 针对林区野外火源的预防手段

(1)严格野外用火审批

森林防火部门(或林业站、村委会)对造林炼山、开荒种果等生产性用火，要责成用火单位或个人按照要求落实好防范措施，并在规定的时间段里用火，严防“跑火”引起森林火灾。

(2)严格管控重点部位

在高森林火险期对林区内的寺庙、旅游区、风景点、烧烤点等地段以及田边、路边、山边、村边、果园边等“五边”进行重点管控，严禁野外用火。

(3)严格管控敏感时段

森林防火期内，各级防火组织要积极组织挂村领导、驻村工作组、村两委干部、护林员包片，全天候巡逻，严禁野外用火，确保火种不上山、火源不入林，发现违章用火要及时处理。

(4)严格管控高危人员

对痴、呆、傻、精神病患者以及可疑人员，要逐一落实监护人。对不识字、不读书、不看报、不看电视，居住分散的人员实行相关人员挂钩包片并监督。

(5)严格排查火灾隐患

建立和完善森林防火安全监管体系，对林内各种厂矿、寺庙、垃圾点以及烧烤等加工

经营店定期开展防火隐患排查，发现问题，责成有关单位或个人限期整改，消除火灾隐患，把森林防火的各项措施真正落到实处。

(6)火源入山管理

火源入山管理主要是森林防火期内针对各种进入山林从事林特产品采集、森林旅游、施工作业、登山探险、休闲及砍薪柴、开展副业等人员进行火种截留、登记和防火安全教育。因为这类火源危险十分大，具有分布面广、时段相对集中、进山入林途径多、火种藏匿方便等特点，而且一旦引发火灾难以取证确认。所以，在森林防火期内的火险日，要配置人员在各个入山道口进行入山火种检查，护林员要分片巡察野外用火情况，防止各类火种随入山人员进入山林。

(7)集中性火源专项整治

集中性火源主要是指森林防火期中林区清明节、春节和民俗吉日期间的上坟烧纸，备耕生产中的区域性、群发性烧秸秆，造林整地中的季节性炼山和土地开垦中的烧荒等。这些用火活动一旦失去有效控制，就会造成阶段性森林火灾爆发，甚至引发重大、特别重大森林火灾频繁发生。对于这类火源，要一事一对策，超前调查和评估预测，超前研究制定强有力的行政甚至法律手段和对策，并在事件普遍发生前果断采取行动，尽力使之不出现或不失控。

【拓展知识】

1.3.6　林火

1.3.6.1　林火的概念

林火是森林中燃烧现象的总称，又称为森林的燃烧，即森林可燃物在一定的温度作用下，快速与空气中的氧气结合，使可燃物产生发热、发光的化学反应。它包括给森林造成损失的森林火灾，也包括给森林带来好处的计划火烧。

一个燃烧过程的发生必须同时具备化学反应、放出热量和发出光亮三个特征，缺一不可。所以，人们常根据这三个特征，将火这一燃烧现象与其他现象区别开来。

1.3.6.2　林火的双重性

林火是在林地自由蔓延的火，具有双重性包括林地上受控的火和失控的火。受控的火是指人们有计划地在事先选定的地区内，对森林可燃物进行有计划的烧除，通常称计划烧除或计划火烧或营林用火；失控的火会造成森林火灾。

(1)林火的益处

①能够影响其他生态因子的再分配：火烧迹地上留有黑色木炭和灰分，大量吸收太阳辐射，使林地升温，林内的温度大幅度提高；火烧迹地上的阳光充足，风大、温差大，接近裸地的小气候，有利于一些喜光植物的生长。

②有利于改善林内卫生，加速养分循环：低强度的林火，不仅对森林的存亡没有影响，而且有利于改善林内卫生条件，增加土壤养分，促进森林更新及林木生长发育。

③林火有利于火生态种的繁殖：火生态种是指依赖于火得以生存和发展的生物物种。例如，北美短叶松，球果迟开，当球果成熟后，果鳞不裂，其种子不能散落出来，但是可

以保持长时间的生命力，果鳞只有经过火烧以后才能裂开，种子才能散落到林地内萌发。所以没有火的作用，北美短叶松不能完成更新。

(2)林火的危害

①对林分的危害

• 强烈的林火能烧毁森林，破坏森林结构，降低林分密度和森林价值。

• 强烈的林火烧死幼苗、幼树，延长森林更新期。

• 强烈的林火会引起树种更替，常常是低价值的荒草地、灌木林或次生阔叶林更替珍贵的针叶林或针阔混交林等高价值的林分。

②对森林生态系统的危害

• 高强度的林火烧毁森林，降低郁闭度，烧毁地被物，使土壤裸露，导致森林涵养水源、保持水土、调节气候等作用大大降低。

• 高强度的林火会危害林内动植物，烧毁林下经济植物和药用植物，烧死或驱走林内珍贵鸟兽，严重影响林内动植物资源及林副产品的利用。

• 高强度的林火会使得森林贮存的大量能量从土壤中释放，破坏森林生态系统，造成生态系统内生物因子、生态因子的混乱。而这需要经过几十年或更长时间才能恢复。

• 高强度的林火产生大量的烟雾，污染环境，引起人类生态环境的变化。烟中的二氧化碳(CO_2)与水进行化学反应，在水中产生大量碳酸气，对鱼类不利。烟改变光照强度、光照时间、光的成分，进而影响作物等的光合作用，推迟成熟期，影响产量。

1.3.7 林火三要素

林火必须同时具备三个要素，即可燃物、氧气和一定温度。三者构成燃烧三角(图1-2)。如果缺少其中任何一边，燃烧就会停止。所以从防火的角度看，只要破坏了其中一个要素就可以起到灭火的作用。

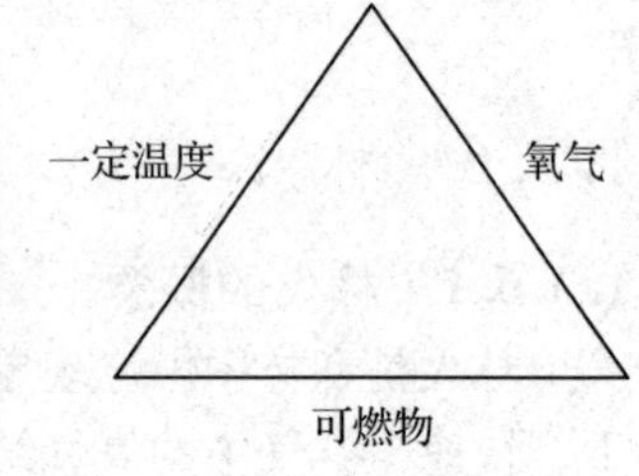

图1-2 林火三角

1.3.7.1 一定温度

森林可燃物有了氧气，未必能够进行燃烧，同时还得有一定的温度，使氧气活化，促使可燃物挥发出足够的可燃性气体，即燃烧。因为可燃物的燃烧反应是在气态下进行。

(1)闪燃与闪点

在一定温度条件下，液态可燃物表面会产生蒸汽，固态可燃物也因蒸发、升华或分解产生可燃气体或蒸汽。这些可燃汽体或蒸汽与空气混合而形成可燃气体，当遇明火时会发生一闪即灭的火苗或闪光，这种现象称为闪燃。能引起闪燃的最低温度称为闪点。

闪燃是液态、固态可燃物发生火灾的危险信号，闪点是衡量物质火灾危险的重要指标。木材的闪点在260℃左右。

(2)自燃与自燃点

自燃是物质不接触明火就能自发着火燃烧的现象。自燃一般分为受热自燃和自热自燃两种。

可燃物质在外部热源作用下，温度升高，当达到自燃点时的燃烧称为受热自燃；一些物质在没有外来热源的影响下，由于内部发生化学、物理或生化反应产生热量，引起温度持续上升，达到燃点而燃烧称为自热自燃，如发酵、摩擦引起的自燃。

物质在没有外来火花或火焰的条件下，能自动引起持续燃烧的最低温度叫自燃点。物质的自燃点高于燃点。如落叶松边材的燃点为364℃，自燃点为434℃。在森林中，由于自身温度升高而引起的自燃现象十分少见，因为森林可燃物自燃所要求的最低温度通常要比燃点高100~200℃。

森林可燃物的自燃点受许多因素影响，如挥发油和油脂含量、可燃气体的含量、可燃物的粗细和受热时间等。挥发油和油脂含量多、可燃气体含量多，自燃点较低；细小的、受热时间长的可燃物，自燃点较低。

1.3.7.2　可燃物

所有能与氧或氧化剂结合并产生光和热的物质都是可燃物，例如，森林当中的动物、植物、菌类等这些物质均可以燃烧，都属于森林可燃物。森林可燃物主要指森林当中的有机质。在森林防火实践中，森林可燃物主要指森林中的乔木、灌木、草本、苔藓、地衣、干枯植株、倒木或掉落到地面的枝、叶、皮、果以及腐殖质和泥炭等物质。

1.3.7.3　氧气

森林的燃烧是森林可燃物与氧气结合重新生成新物质的过程。因此森林的燃烧必须以具备充足的氧气为前提。通常燃烧1kg木材约需3.2~4m^3的空气，即需要纯氧0.6~0.8m^3。在近地面层的空气中约含21%的氧气，这一浓度足以使森林可燃物在火源作用条件下进行燃烧。经验证明，空气中氧气的含量减少到14% ~18%时，燃烧就会减弱，甚至熄灭；氧气含量 <13%时，林火立即熄灭。因此，在燃烧过程中，必须有足够的氧气。

森林在燃烧过程中，由于氧气供给的浓度不同，会产生两种不同的燃烧，即完全燃烧和不完全燃烧。

完全燃烧是可燃物在充足的氧气条件下的燃烧，火焰明亮且基本无烟，可燃物的能量全部释放，燃烧后的剩余物（灰分）和产物（CO_2、水蒸气）不能再次燃烧。碳的完全燃烧可表示为1mol 碳与1mol 氧气发生化学反应时，可生成1mol 二氧化碳，同时放出394.03kJ的热量。

$$C + O_2 \longrightarrow CO_2 + 394.03\text{kJ/mol}（完全燃烧）$$

不完全燃烧是可燃物在缺氧的情况下的燃烧，火焰暗红并伴有大量烟雾，可燃物的能量部分释放，燃烧后的剩余物（木炭）和产物（一氧化碳），能够再次燃烧。碳的不完全燃烧可表示为2mol碳与1mol氧气发生化学反应，生成2mol的一氧化碳，放出221.40kJ的热量。

$$2C + O_2 \longrightarrow 2CO + 221.40\text{kJ/mol}（不完全燃烧）$$

$$2CO + O_2 \longrightarrow 2CO_2 + 221.40\text{kJ/mol}（不完全燃烧）$$

两个反应式比较，不完全燃烧放出的热量仅为完全燃烧的1/3.56。

森林属于开放式的生态系统，因此氧气是不缺乏的，但在大面积的森林燃烧过程，会造成暂时性的局部氧气缺乏，而形成不完全燃烧，使得在森林火场中，不完全燃烧往往比较常见。所以，在森林火灾的扑救过程中，当所有的林火全部被扑灭后，仍要留人看守火场，防止死灰复燃，就是这个原因。

1.3.8　森林的燃烧环

林火是森林植物体强烈氧化放热发光的反应，是自然界燃烧现象的一种。燃烧三要素只说明了燃烧的一般现象和燃烧的共性，不能完全解释森林燃烧现象。如热带雨林，虽然有大量可燃物、氧气和一定的温度(火源)条件，但通常不发生森林火灾。东北林区夏季森林中也有大量可燃物，并具备氧气和一定的温度(火源)条件，但通常也不发生森林火灾。其主要原因是东北林区此时为雨季，森林植被正处于生长旺季，植物体内含有大量水分。为此，我们提出用森林燃烧环来说明森林燃烧这一特殊现象。

1.3.8.1 森林燃烧环的概念

森林燃烧环是指在同一气候区内，可燃物类型、火环境和火源条件相同，林火发生发展特点基本相似的可燃复合体。这里的气候区是指寒温带针叶林区、温带针阔混交林区、暖温带落叶阔叶混交林区、亚热带常绿阔叶混交林区、热带雨林和季雨林区等大气候区或大气候带。

我国著名的森林防火专家郑焕能在全面解析森林燃烧现象时，于1987年基于燃烧三要素的基础上提出森林燃烧环这一概念。森林燃烧环现已经成为林火管理(森林防火)的基本单位，森林防火学的重要基础理论，并在林火预报、林火扑救和森林防火规划等工作中得到应用，取得了一定的研究成果。

森林燃烧环与燃烧三角形的不同之处在于：①可燃物改为可燃物类型。因为森林燃烧不是一种可燃物的燃烧，而是可燃物复合体的燃烧，而这种复合体可划分为不同的可燃物类型。可燃物类型指可燃物性质相同，地理分布区相同，物候生长节律相同的可燃性复合体。②氧气改为火环境。它包括火灾季节、火灾天气与气象要素、地形、土壤、林内小气候和氧气供应等因素的共同影响。③一定温度改为火源条件，包括火源种类，火源频度和火源出现时间。④火行为指着火速度、火蔓延、能量释放、火强度、火持续时间、火烈度和火灾种类。

森林燃烧环把森林燃烧三边与共同作用下形成的火行为密切联系起来，可以说森林燃烧环是可燃物类型、火环境和火源条件相同、火行为基本相似的可燃复合体。

1.3.8.2 森林燃烧环的基本结构

森林燃烧环由气候区、森林可燃物类型、火源条件、火环境和火行为五个要素构成，其基本结构如图1-3所示。

三角形和其外接圆、内切圆构成了森林燃烧环，其中三角形的三个边分别为可燃物类型、火环境和火源条件，外接圆为气候区，内切圆为火行为。森林燃烧环诸因子之间相互关联、相互促进、相互影响、相互抑制，但不可互相代替。

森林燃烧环能够充分说明森林燃烧现象，也可为森林防火提供实践和理论依据，是林火管理的基本单位。

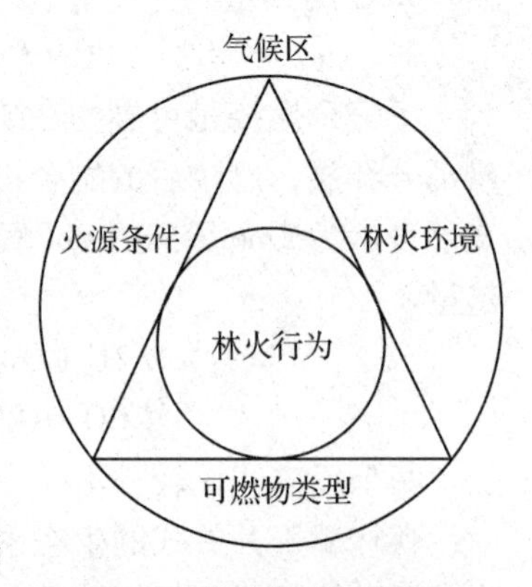

图1-3 森林燃烧环图解

①可燃物类型：森林的燃烧不是单一的可燃物在进行燃烧，而是森林中各种植物构成的可燃物复合体的燃烧。同一地区不同植被类型，在可燃物种类组成、理化性质、数量、空间分布和配置等方面有差异，可燃物复合体本身的特征及其易燃性也不同。这种分布于同一地区的可燃物复合体称为可燃物类型。调节可燃物类型的燃烧性是森林防火的基础，也是日常工作的内容，贯穿于整个森林生长发育的全过程。

②林火环境：通常将包括氧气条件在内的气候(季节)、天气和气象因素、地形、土

壤、小气候等影响森林燃烧的外界条件统称为林火环境。当林火环境有利于燃烧进行时，林火容易发生并易酿致成灾，反之森林燃烧就会不发生。森林防火是在一定林火环境下发生的，用火和以火防火是有条件的，只有在安全保障的情况下才能取得应有的效果。

③火源条件：对森林而言，引起森林火灾的火源常常具有很大的随机性和偶然性。就某个地区、一定的时间段来看，其火源种类、火源出现时间和地点，火源出现频度等是无章可循的。因此，火源的这些变化特点，就构成该区域或某一特定可燃物类型的火源条件，它是森林燃烧的关键条件。所以在防火季节中严格控制火源，已成为控制森林火灾的决定性工作。

④林火行为：火行为是森林燃烧的重要指标，包括着火难易程度、释放能量大小、林火蔓延方向和速度、林火强度、林火持续时间、林火烈度和林火种类以及高强度火的林火行为特点等。在扑救森林火灾时，掌握了林火行为的特点，采取相应措施，才能有效地控制森林火灾的发展，直至使其全部熄灭。

⑤气候区：气候区是森林燃烧环的限定范围，不同的气候区具有不同的森林燃烧环，同类型燃烧环因气候不同，有较大的差异。同一个气候区内，同类型燃烧环的诸因素具有一致性或相似性。气候区是林火管理的范围。

【企业案例】

一、××市林业局野外生产用火审报制度

为严格控制火源，防止森林火灾发生，对森林防火期内的一切野外生产用火，实行审批制度。规定如下：

（一）在森林防火期内，凡是野外的各种用火，均属森林防火管理权限，非经批准，不准用火。

（二）在森林防火期内，凡单位和个人需要在野外生产用火（如烧荒、烧秸秆、烧防火线、烧砖、熬沥青、炒炸药、采石放炮等），必须首先以书面形式向森林防火指挥部提出申请，由局森林防火指挥部经检合格后、再由主管森林防火工作的领导签批：在森林防火戒严期内，因特殊情况需野外生产用火的，除办理上述手续外，一律经州森林防火指挥部审批。

（三）经批准在野外生产用火的单位和个人（如人参场、木场、养蜂场、放牧场、农场及其他生产作业点等），必须保证遵守“六不烧”的规定。“六不烧”的规定是：不经森林防火指挥部批准不烧；领导不在场不烧；没有组织好足够的防护力量不烧；不打好防火隔离带不烧；三级风以上天气不烧；不通知毗邻单位和附近瞭望塔不烧。

（四）在野外进行生产用火时，必须指定专人负责，并预交防火保险金。无人负责和未交保险金及未签订协议书的生产用火，不予批准。

（五）凡办理生产和生活用火许可证的，一律使用全局统一的用火许可证，由局森林防火指挥部办公室签发生效。

二、××市林业局森林火源管理制度

为切实做好森林防火工作，严防发生森林火灾，确保森林资源安全，对火源管理规定如下：

（一）认真执行国家《森林防火条例》和《吉林省森林防火条例实施办法》，以及有关森林防火的规章、制度。

（二）森林防火期间，凡入山人员必须办理入山证卡，无证不准入山活动。通往林区或在林区内生产运输的各种机动车辆、旅客列车要一律挂红旗及安装防火装置，无安全防火装置的禁止行驶，发现私自入山人员或无安全防火装置进山的车辆，要按有关规定处罚。

（三）在防火戒严期内，辖区内见烟就查，违章就罚，成灾就抓，依法治火，任何单位和个人都不准随意在野外用火。必需的生产用火，要经局森林防火指挥部批准；森林防火戒严期，一律禁止野外用火。特殊情况必须用火的，要由局森林防火指挥部提出书面报告，经州森林防火指挥批准。经过批准的生产用火，要有专人负责，有安全措施，在三级风以下进行。不按规定用火，无论成灾与否，都要追究有关领导的责任。对造成跑火的犯罪分子，要依法严惩。

（四）在森林防火期间，一律禁止野（室）外吸烟。发现室外吸烟者，一律罚款十至五十元，对野外吸烟者，非公职人员一律处以经济重罚；国家公职人员一律开除公职；在场不加制止的领导干部一律撤职。野外吸烟引起山火造成严重损失的，一律依法严惩；对野外吸烟不认真处理者，一律追究有关单位和部门的领导责任。

（五）在森林防火期间，凡本辖区居民入山生产和开展副业的，须在乡、镇、场、所办理入山证卡，编成队、组、指定防火负责人，并在规定活动区域内进行，不准单独入山或跨区域活动。凡外地人员须要入山生产的须持居民身份证和林业公安局办理的合法证明办理入山证卡，并预交森林防火保证金（离开林区时如数归还），签订防火责任书。

（六）在防火期内，各检查站、哨卡要坚持入山检查教育登记，所有入山人员和车辆都必须接受检查。各乡镇场所要组织有关人员开展武装搜山，严格清林、清沟、清河套，对无证入山人员零散户一律清出林内。

（七）在防火期间从事林农副业生产的人员，不准违反操作规程使用油锯、割灌机或其他容易引起森林火灾的机具，违者要追究作业单位领导和当事人责任，引起火灾的，要依法惩处。

（八）在通过林间的高压输电线路，其主管单位承担森林防火责任，大风天气派人沿线查巡，严防电线落地引起山火。由于工作原因引起火灾的，要依法追究其主管领导责任，并赔偿扑火费用和森林资源损失。

（九）在森林防火期间，不准入山狩猎或明火捕鱼抓蛤蟆等，有关部门主管人员要加强管理设卡堵截，发现有这类活动的要没收工具，并处以经济重罚。

（十）运送旅客的火车、汽车，要由乘务人员做好森林防火宣传工作。教育旅客严禁向窗外抛弃火种，外燃机车要按指定地点清炉，不准在运行途中抛灰甩焦。由于铁路和公路部门管理教育不严或防火线原因引起山火的，要分别追究有关单位有关人员的责任。

三、××市林业局入山人员管理制度

为确保森林资源安全，在森林防火期内，对入山人员必须进行严格管理。具体规定如下：

（一）凡入山人员，必须经过教育办理入山证卡，无证和与证不符的不准入山。

（二）一切入山人员不准携带火种入山。严禁痴、呆、傻和精神病患者入山。

（三）凡集体入山开展副业人员，必须3人以上有组织地进行，并指定1名森林防火责任人，签订防火责任书。

（四）凡入山人员，必须按入山证卡的范围活动，超出范围按无证入山处罚。

（五）各森林防火检查站，哨卡和巡护人员，对入山者要逐一登记，并进行森林防火检查和教育。入山人员要主动接受检查。

（六）对林场、经营所集体入山生产的人员，场、所负责人要进行班前教育和检查，防止带火入山。

（七）对发现已经带火和无证入山的人员，按规定罚款十至五十元。

（八）对入山行驶的公路货车、客车或其他机动车辆，要检查司乘人员和车长的入山证卡，无证的要补办。无森林防火旗和安全防火装置的各种机动车辆不准入山。

四、隐患整改通知书

××省人民政府森林防火指挥部
森林火灾隐患整改通知书

×林改〔20　〕第　　号

________________：

经________________森林防火指挥部组织有关部门对你单位进行森林防火检查，发现存在以下森林火灾隐患和问题：

____

____

____

____

____

____

____

现依据《森林防火条例》第二十四条规定，责令你单位于________年____月____日前对上述问题逐一进行整改，逾期没有改正的，将依据《森林防火条例》有关规定实施处罚。对上述问题直接负责的工作人员及直接负责的主管人员按人事管理权限依法给予处分。

年　月　日

林业主管部门（公章）

注：本整改通知书一式两份（一份送被检查单位，一份由检查部门存档）

五、××省野外用火许可证申请表

××省野外用火许可证申请表

单位(个人)	(盖章)	法人代表			
地址		用火负责人		联系电话	
用火事由					
扑火措施					
用火时间	年 月 日至 年 月 日				
用火地点					
用火范围	东至： 南至： 西至： 北至： 共 亩				
村委会 初审意见	审核人：(盖章) 年 月 日				
乡(镇)政府 审核意见	审核人：(盖章) 年 月 日				
县防火办 审核意见	审核人：(盖章) 年 月 日				
市防火办 审核意见	审核人：(盖章) 年 月 日				
承办科室 审核意见	审核人：(盖章) 年 月 日				
省林业局 审批意见	审 批：(盖章) 年 月 日				
野外用火许可证 编号					

填表要求：1. 用火单位(个人)栏：属单位用火的填写单位全称并加盖公章，属个人用火的填写用火人姓名；
2. 各级审核、审批意见栏：应明确同意或不同意。

六、野外用火许可证

野外用火许可证(存根)

单位(个人)			
负责人		职务	
联系电话			
用火项目			
用火时间			
用火地点			
批准用火时间			
备注：			
主管领导签字			

经办人

野外用火许可证

单位(个人)			
负责人		职务	
用火项目		用火时间	
用火地点			
批准用火时间			

用火规定：

1. 必须持此证方可施工用火。
2. 用火前必须向当地森林防火主管部门报告。
3. 必须有领导组织实施，设立防火专管人员，负责防火工作。
4. 组织好扑火人员和工具，一旦发生山火及时组织扑救。
5. 在施工中严禁吸烟、取暖、野炊和玩火。
6. 施工工地必须配备必要的防火设施和扑火工具。
7. 由于玩忽职守而造成森林火灾和火警的，追究其领导和责任人员的责任。

主管领导：　　　　　　　　经办人：

七、××林场2012年森林防火责任状

××林场森林防火责任状

本责任状，由林场与直接责任人签字，一式两份认真落实。

林场：　　　　　　（签字）

直接责任人：　　　　（签字）

××××年××月××日

××林场森林防火责任状

为贯彻执行《森林法》《森林防火条例》和省、市、县及《孙吴县森林防火野外火源管理办法》以及我局森林防火会议精神，落实森林防火工作责任，切实做好森林火灾的预防和扑救工作，保护森林资源，巩固退耕还林成果，促进我场林业发展。本着"盛世兴林，防火为先"的工作思路，结合我场实际情况，林场与×××直接责任人，签订如下责任状：

(一)本责任状所称的野外火源，是指可能引起森林、林木、林地、草地和湿地地表植被燃烧的火源，包括生产、生活用火及其他火种。

(二)森林防火实行责、权、利相对统一的原则。经营森林、林木、林地、耕地、草原、草地的业主，和厂、矿等私人企业的法人为野外火源管理直接责任人。直接责任人负责生产经营区域内和周边的森林防火预防和扑救工作，做到山有人管、林有人护、责有人担。

(三)野外火源管理直接责任人职责：遵守森林防火法律法规，主动与管理单位签订《防火责任状》或《防火保证书》，对在本经营区工作的家庭成员和雇佣人员进行宣传教育，严格控制本经营区域内和周边的火源，不携带火种在野外生产作业。

(四)春季森林防火期为3月15日至6月15日，秋季森林防火期为9月15日至12月15日。气候特殊年份，由县政府森林防火指挥部决定提前进入或延期解除。

高森林火险期，由县政府森林防火指挥部决定进入和解除的具体日期。

(五)森林防火期，生产性和非生产性用火必须经县政府森林防火指挥部审批。责任人负责本责任区域内和周边用火管理，在规定时间，经批准后统一组织秸秆点烧等农事用火行为，并负责用火安全的监管防范。未经批准违规点烧行为，无论成灾与否，都将严厉追究行为人责任，按照法律规定标准的上限处罚。引起森林火灾的，对行为人依法严惩，并追究其所在责任区责任人责任。

森林防火期，野外作业人员不得携带香烟和火种，在外用餐问题必须通过带饭、送饭等方式解决。对野外吸烟的按照野外违规弄火查处，严厉追究行为人责任。引起森林火灾的，对行为人依法严惩，并追究其所在责任区内的直接责任人责任。责任人无论在何时何地发现火灾，要及时安全地采取扑救措施并向上级如实上报火情，不得谎报、瞒报、不报。

非森林防火期，在野外因生产作业或其他原因用火，要有专人看守，用火作业结束后，要清理火烧地，因用火引发森林火灾或遗留火险隐患造成损失的，依法追究行为人和责任人责任。

在野外从事生产的单位和个人，禁止一切乱砍、乱伐林木和生活烧材、乱占林地毁林开垦，禁止一切私拉盗运木材，禁止扑杀野生动物和破坏珍稀野生植物，禁止牲畜践踏退耕还林的幼苗和工程造林区内林木。严禁毁林、毁草、毁湿烧荒违法开垦，发现扩大现有耕地面积的行为，严肃追究行为人法律责任。涉及国有耕地(丰产林整地、草原熟化地及其他国有承包耕地)和国有放牧地的，经营承包权全部收回，依法还林、还草、还湿。

(六)森林防火期林区居民要签订"十户联防"协议，互监互保，共同遵守联防公约，其中一户引发森林火灾，其他联防户共同承担责任。

对在林区居住的老人、儿童和痴呆疯傻、盲聋哑等无行为能力人员，要落实监护责任人。上述人员野外吸烟或违规弄火，严厉追究监护人责任，引起森林火灾的，追究监护人一切责任。

(七)经营森林、林木、林地、草原、沼泽和在林区依法开办工矿的单位或私营业主，要承担生产经营区域内和周边的火源管理责任，并配备森林防火设施和设备，有效管理野外用火。其经营责任区域内和周边因生产、生活用火引发森林火灾，除追究行为人刑事责任外，经营业主或企业法人承担扑火费用，赔偿森林资源损失，并追究此火源管理责任区直接责任人责任。

(八)高森林火险期和重点森林火险区，禁止一切野外用火，五级以上大风天气暂时禁止生活用火。禁止无证车辆和人员入山。携带火种入山的，按违规弄火查处。西部重点森林火险区实行封闭式管理，禁止外来车辆和人员进入。

林区居民点周围的柈子垛、饲草堆等易燃物要彻底清理，及时检修维护供电线路。需要开设安全防火隔离带的居民点，要提前完成隔离带内的可燃物清理。因工作不到位，导致山火进村或火烧连营事故的，严肃追究责任人责任。构成犯罪的，依法追究刑事责任。

(九)森林防火期内拒绝接受森林防火检查或者接到森林火灾隐患整改通知，逾期不消除火灾隐患的，依照《森林防火条例》进行处罚。

(十)责任期××××年××月××日至××××年××月××日。不受责任人变动影响，如有人事变动应做好交接工作。

(十一)本责任状自签订之日起生效，本责任状一式两份，林场及签状直接责任人各一份。

【巩固练习】

一、名词解释

林火　闪燃与闪点　自燃与自燃点　森林燃烧环

二、填空题

1. 火源是导致森林火灾发生的直接因素，火源管理是森林防火工作的重要途径。在特殊的自然地理条件下，如雷击、火山爆发、陨石坠落等产生的热源，属于________；而由于人的某种活动直接或间接引起燃烧的，属于________。

2. 人为性火源是当今世界最主要的森林火灾源头，分为生产性火源、非生产性火源和其他火源3大类。按照人为活动的属性还可以更细致地划分为________、________、________、________、________、________、意外性火源和国外火源。

3. 东北地区引起森林火灾的主要火源有________、________、________。

4. 对外来火源的管理，主要是在边境地带开设________，防火期到来时加强巡护、瞭望，防止国外火入境。

5. 林火必须同时具备3个要素：________、________、________，从防火的角度看，只要破坏了其中一个要素就可以起到灭火的作用。

6. 在森林防火实践中，森林的可燃物主要指森林中的有机质，包括________、________，草本、苔藓、地衣、干枯植株、倒木或掉落到地面的枝、叶、皮、果以及

________和泥炭等物质。

三、选择题

1. 我国绝大多数的森林火灾是由于(　　)引起的。

A. 自然因素　　B. 人为因素　　C. 温室效应　　D. 热岛效应

2. (　　)的森林火灾是由人为火源引起的。

A. 85% 以下　　B. 85% 以上　　C. 95% 以下　　D. 95% 以上

3. 在自然火源中，(　　)是导致森林火灾的主要火源。

A. 雷击　　B. 火山爆发　　C. 陨石降落　　D. 泥炭自燃

4. 下列引发森林火灾的火源中，主要出于利益冲突和某种目的的报复性人为放火，属于(　　)。

A. 嗜好性火源　　B. 意外性火源　　C. 犯罪性火源　　D. 生活性火源

5. 下列人为性火源中不属于意外性火源的是(　　)。

A. 施工爆破作业产生的火源　　B. 高热体外漏产生的火源

C. 儿童野外玩火产生的火源　　D. 在野外吸烟随意丢弃烟头产生的火源

6. 引发森林火灾的火源具有一定的产生和变化规律，以下描述正确的是(　　)。

A. 林区社会生产经济活动越是活跃，火源因素就越多

B. 风俗性火源发生时段并不集中，无章可循

C. 林区社会文明和谐程度并不会影响火源的消长

D. 林区人口密度大的地方，用火因素往往较少

7. 火源管理是森林防火的重要举措，以下管理措施不恰当的是(　　)。

A. 落实责任制，把火源管理的责任落实到具体的人身上，实现领导包片、单位包块、护林员包点的分级责任管理

B. 呆、傻、痴人员由于他们无法承担刑事责任，因此无需看管

C. 在游人集中景点区、集散处设公共吸烟处，集中吸烟，并告示游人防火期野外吸烟用火的处罚规定

D. 清明节组织宣传教育，在通往坟地的道口增设临时岗哨，在坟地集中的地方组织专人看守，防火期内不准上坟烧纸

8. 当空气中的氧气含量在(　　)时，林火可以维持正常的燃烧。

A. $<18\%$　　B. $<21\%$　　C. $>18\%$　　D. $>21\%$

四、判断题

1. 儿童野外玩火和呆、傻、痴人员弄火，产生的火源归属于犯罪性火源，应依法追究其刑事责任。(　　)

2. 森林火灾扑救过程中，所有火焰被扑灭后，人员即可撤离。(　　)

3. 由于森林是开放系统，氧气往往是充足的，因此，森林火场的燃烧过程几乎全部为完全燃烧。(　　)

4. 集中性火源包括森林防火期中林区清明节、春节和民俗吉日期间的上坟烧纸，备耕生产中的区域性、群发性烧秸秆，造林整地中的季节性炼山和土地开垦中的烧荒等。

(　　)

5. 森林防火期内的火险日，要配置人员在各个入山道口进行入山火种检查，防止各类火种随人进入山林，对各种进入山林从事林特产品采集、森林旅游、施工作业、登山探险、休闲及砍薪柴、开展副业等人员进行火种截留、登记和防火安全教育。(　　)

6. 当有氧气、可燃物和一定温度时就能够燃烧。(　　)

7. 在林区，防火戒严期内禁止一切野外用火。(　　)

五、简答题

1. 引发森林火灾的火源种类有哪些?
2. 我国森林火源的产生和变化具有哪些基本规律?
3. 针对林区的野外火源应该如何预防?
4. 生产性用火中的"六不烧"指的是什么?
5. 简述森林燃烧环的基本结构(五个要素)。
6. 当森林火灾中的所有明火和余火被扑灭以后，是否需要留人看守火场，为什么?

任务 4

森林防火宣传

【任务描述】

根据《森林防火条例》等有关规定，各级人民政府、有关部门应当经常、广泛、深入地开展森林防火宣传教育活动，普及森林防火知识，达到家喻户晓、人人皆知的目的，进而形成“森林防火，警钟长鸣”的工作格局。

【任务目标】

1. 能力目标

①能够根据当地特点确定森林防火的宣传内容。

②能够利用多种形式广泛地进行森林防火宣传。

2. 知识目标

①了解森林防火宣传的目的。

②熟悉森林防火宣传的内容。

③掌握森林防火宣传的形式。

【实训准备】

森林防火布告、森林防火宣传旗、磁带、播放机、灭火工具、通信工具、森林防火宣传横幅、牌匾、手抄报、森林防火宣传板报、森林防火宣传单等。

【任务实施】

一、实训步骤

1. 制定森林防火宣传单、手抄报、板报

根据××林场地区的特点确定森林防火宣传内容，制定出森林防火宣传单、手抄报和板报。要求文字不宜过多，配以图片，图文并茂，增强宣传材料阅读性。最后批量印制。

2. 森林防火宣传

利用集市对林区居民进行森林防火宣

传，宣传时设立固定宣传点和移动宣传点。

固定宣传点：可采用张贴布告、戒严令、命令等；悬挂森林防火宣传横幅、牌匾；播放森林防火宣传磁带；摆放灭火工具等形式进行森林防火宣传；设立森林防火宣传讲解员。

移动宣传点：可采用发放森林防火宣传单、手抄报；形成彩旗队；播放森林防火宣传磁带，宣传森林防火内容。

其任务分工见表1-2。

表1-2　森林防火宣传任务分配表

<table>
<tr><th colspan="3">任务</th><th>职务</th><th>姓名</th><th>备注</th></tr>
<tr><td rowspan="5">固定宣传点</td><td colspan="2" rowspan="3">宣传板制作</td><td>组长</td><td></td><td></td></tr>
<tr><td rowspan="2">组员</td><td></td><td></td></tr>
<tr><td></td><td></td></tr>
<tr><td colspan="3">宣传磁带</td><td></td><td></td></tr>
<tr><td colspan="3">讲解</td><td></td><td></td></tr>
<tr><td rowspan="14">移动宣传点</td><td colspan="2" rowspan="2">宣传横幅</td><td>组长</td><td></td><td></td></tr>
<tr><td>组员</td><td></td><td></td></tr>
<tr><td rowspan="8">宣传彩旗队</td><td rowspan="4">第一宣传队</td><td>队长</td><td></td><td></td></tr>
<tr><td rowspan="2">队员</td><td></td><td></td></tr>
<tr><td></td><td></td></tr>
<tr><td>电子宣传</td><td></td><td></td></tr>
<tr><td rowspan="4">第二宣传队</td><td>队长</td><td></td><td></td></tr>
<tr><td rowspan="2">队员</td><td></td><td></td></tr>
<tr><td></td><td></td></tr>
<tr><td>电子宣传</td><td></td><td></td></tr>
<tr><td colspan="3" rowspan="2">发放宣传单</td><td></td><td></td></tr>
<tr><td></td><td></td></tr>
<tr><td colspan="3" rowspan="2">手抄报宣传</td><td></td><td></td></tr>
<tr><td></td><td></td></tr>
</table>

二、结果提交

宣传结束后，总结经验，对宣传过程中遇到问题、不足之处等内容进行分析，形成文字材料。

【相关基础知识】

1.4.1　宣传目的

①加强公众的森林防火意识和法制观念。

②让群众了解森林防火常识。

③增强民众森林防火的自觉性。

1.4.2 宣传内容

森林防火宣传教育从各地实际出发，以野外火源管理为中心，紧密结合各项森林防火工作进行，主要包括以下 4 个方面的内容。

1.4.2.1 森林火灾的危害性

森林火灾是一种失去人为控制的，在森林中自由蔓延和扩展的林火，它对森林、生态环境带来危害，给人民的生命财产和社会经济造成损失。

我国也是森林火灾发生较为严重的国家之一，2000—2015 年，发生森林火灾的次数平均为 7 632 次/年，火场总面积平均为 230 622hm^2/年，受害森林面积平均为 94 864hm^2/年，人员伤亡平均为 111 人/年，直接经济损失平均为 14 297 万元/年(表 1-3)。

表 1-3 2000—2015 年我国森林火灾的发生和危害情况

年份	森林火灾次数					火场总面积（hm^2）	受灾森林面积（hm^2）	伤亡人数（人）	直接经济损失（万元）
	总次数（次）	一般森林火灾（次）	较大森林火灾（次）	重大森林火灾（次）	特别重大森林火灾（次）				
2000	5 934	2 722	3 144	60	8	167 098	88 390	178	3 069
2001	4 933	2 984	1 929	17	3	192 734	46 181	58	7 409
2002	7 527	4 450	3 046	24	7	131 823	47 631	98	3 610
2003	10 463	5 582	4 860	14	7	1 123 751	451 020	142	37 000
2004	13 466	6 894	6 531	38	3	344 211	142 238	252	20 213
2005	11 542	6 574	4 949	16	3	290 633	73 701	152	15 029
2006	8 170	5 467	2 691	7	5	562 304	408 255	102	5 375
2007	9 260	6 051	3 205	4		125 128	29 286	94	12 415
2008	14 144	8 458	5 673	13		184 495	52 539	174	12 594
2009	8 859	4 945	3 878	35	1	213 636	46 156	110	14 511
2010	7 723	4 795	2 902	22	4	116 243	45 761	108	11 611
2011	5 550	2 993	2 548	9		63 416	26 950	91	20 173
2012	3 966	2 397	1 568	1		43 171	13 948	21	10 802
2013	3 929	2 347	1 582			42 890	13 724	55	6 062
2014	3 703	2 080	1 620	2	1	55 340	19 110	112	42 513
2015	2 936	1 676	1 254	6		33 077	12 940	26	6 371
合计	122 105	70 415	51 380	268	42	3 689 950	1 517 830	1 773	228 757
年平均	7 632	4 401	3 211	17	3	230 622	94 864	111	14 297

森林火灾对森林、环境、社会经济的危害，表现在很多方面，而且这些危害是难以用数字表达的。

(1)对林木的危害

森林火灾产生的高温，使林木细胞原生质凝固而死亡。火对林木的影响主要是致死温度和持续时间，不同温度的持续时间与针叶树受害的关系如下：49℃以上时，1 个小时死亡；52℃以上时，几分钟死亡；60℃以上时，半分钟死亡；64℃以上时，立即死亡。所以发生森林火灾时会导致大量的林木资源损失，取而代之的可能是疏林、灌丛或荒山荒地

等。例如，1987 年的“5·6”大火(1987 年 5 月 6 日发生在大兴安岭北部林区的一场特大森林火灾)，持续燃烧 28 天，火场范围 $1.33\times10^{6}hm^{2}$，过火林地总面积 $1.14\times10^{6}hm^{2}$，其中受害森林面积 $8.7\times10^{5}hm^{2}$，烧死活立木蓄积量 $3.7811\times10^{7}m^{3}$，烧毁贮木场贮放的木材 $8.55\times10^{5}m^{3}$。

(2)对森林的危害

森林火灾过后，烧伤木和轻伤木的生长衰退，为病虫侵袭创造有利的环境。如小蠹虫以火烧迹地为发源地，以受伤生长衰退的林木为寄主，使得大量林木受害枯死，大量枯立木的存在，又容易再次发生森林火灾，造成恶性循环。

森林火灾后，树干基部和树木根部被烧伤，极易感染腐朽病菌，造成树木干基腐朽和根基腐朽，引起干枯而死亡。

(3)对森林土壤的危害

森林火灾使土壤物理性质变劣。森林火灾会烧掉土壤有机物质，破坏土壤团粒结构，降低土壤保水性，使土壤结构变得紧密，透水性减弱；与此同时，森林火灾过后，林中空地增多，林内光线增强，林地表面存有大量木炭和灰分，使得土壤温度升高，加速林地土壤干燥，不利于天然更新。

森林火灾使土壤养分流失。发生森林火灾时的温度可达 800~900℃，火烧掉土壤的腐殖质，使氮全部损失；无机盐(钙、磷、钾)变为可溶性，易被水冲走或淋洗到土壤下层造成损失。

森林火灾使土壤微生物数量减少。森林火灾可使土壤表层 3~5cm 内的温度高达 90~95℃，造成大量生物和微生物死亡。

(4)对人们生活、生产的危害

森林火灾能烧毁林内各种建筑物和生产生活资料，甚至威胁森林附近的村镇、生产点和其他居住点的安全。例如，1987 年的“5·6 大火”，烧毁桥梁 67 座，铁路专用线 9.2km，通信线路 483km，输变电线路 284km，各种设备 2 488 台。受害群众 10 807 户、56 092人，死亡 213 人，受伤 226 人，房屋 $6.14\times10^{5}m^{2}$，粮食 $3.25\times10^{6}kg$，导致 56 092 人无家可归。与此同时，受森林火灾的影响造成停工、停产、停业。

因扑救森林火灾需要动用飞机、汽车及其他机具，所耗费的大量物资和动用的大量人力，给国民经济带来巨大的损失。例如，1987 年的“5·6 大火”，参加扑救森林火灾的军民共 5.88×10^{4}人，出动飞机 96 架，车辆 4.6×10^{4}台，各种机具 3.4512×10^{4}件。直接经济损失高达 5.0×10^{9}元，此外，扑火的人力、物力、财力的耗费、停工、停产的损失尚未计算在内，约 8.0×10^{10}元；如果再加上重建费用和林木再生资源的损失，以及多年后林木减产，林区人员重新安置的费用，如果算上环境恶化的因素，这些损失几乎可以超过 2.0×10^{11}元。与此同时，在扑救森林火灾过程中也会造成人员伤亡。例如，1987 年的“5·6”大火造成人员死亡高达 213 人，烧伤者达 226 人。

1.4.2.2　森林防火的各项规章制度

适用于森林防火宣传的各项规章制度有国家层面的和地方层面的，详见附件一至附件七。

1.4.2.3　预防和扑救林火的基本知识

内容详见《森林防火条例》第二章和第三章的规定。

1.4.2.4 森林防火的先进典型和火灾肇事的典型案例

根据《森林防火条例》的规定，对在森林防火工作中作出突出成绩的单位和个人，应给予表彰和奖励，以达到调动广大群众防火积极性的目的；对违反规定的，依法给予惩处，构成犯罪的，追究刑事责任。

2016 年 8 月 3 日，人力资源社会保障部、国家林业局以人社部发〔2016〕70 号文印发《关于授予谢勇建、李东魁 2 名同志"全国林业系统先进工作者"荣誉称号的决定》，以表彰先进，激励全社会积极参与森林防火工作，进一步开创森林防火工作新局面。李东魁同志任辽宁省阜新市彰武县章古台林场一名护林员。从事护林工作 30 年来，李东魁同志扎根深山，不畏艰难，任劳任怨，每天至少巡山 13 个小时，防火期遇到大风天气更是 24 小时值守。他与林为伍，以山为家，甘于寂寞，尽职尽责，创造了连续 30 年无森林火灾和重大涉林案件的奇迹，成为了阿尔乡南坨子 566.7 hm^2 樟子松的守护神。

1987 年 5 月 6 日，黑龙江省大兴安岭"5 · 6"特大森林火灾，共有 5 处起火点，除塔河林业局盘古林场的火因没有查清外，其余 4 处都是因违反用火规定和操作规程造成的。第一处是汪玉锋 5 月 6 日 16:00 给割灌机加油过量，将油洒在机体和机下草地上，起动时该机高压线与火花塞接触部起火花，引燃机体和机下汽油所致。第二处是 5 月 6 日10:00 清林作业人员休息吸烟，烟头没有彻底熄灭就扔在草地上引起的。第三处是郭勇武 5 月 6 日午后给割灌机加油后，立即启动，该机高压线与火花塞接连处打火，引燃机体外溢出的汽油所致。第四处是李秀新 5 月 7 日 9:30 清林作业时吸烟引起。进而这些肇事者受到不同程度的刑事处罚：王宝敬，判处有期徒刑 7 年；汪玉锋，判处有期徒刑 6 年零 6 个月；李秀新，判处有期徒刑 5 年；郭勇武，判处有期徒刑 3 年；傅邦兰，拘押。

1.4.3 宣传的形式

森林防火的宣传教育要做到经常、广泛、深入、被群众喜闻乐见，必须多种手段，多种形式。

①政府发表讲话、文章等，使其具有权威性。

②广播、电视、报刊等新闻单位开展森林防火宣传教育，使其具有及时性和广泛性。

③在交通要道和重点林区建立森林防火宣传匾、牌、碑等，使其具有持久性。

④印制森林防火宣传单、宣传函、宣传手册，举行森林防火知识竞赛，开展森林防火宣传日、宣传周、手机短信等活动，使其具有群众性。

⑤进入森林防火戒严期，悬挂森林火险等级旗和防火警示旗，使其具有针对性。

【拓展知识】

1.4.4 中国森林防火徽标

中国森林防火徽标整体是一个以绿色为主的圆，代表绿色家园。由中英文组成的"中国森林防火"便于识别和国际间交流。

徽标中的三角形如高山，象征绵延不断的山脉与森林。

徽标中三角形的颜色由绿、红、黄 3 种基本色组成。绿色代表森林；红色代表林火；

黄色在中间，代表预防与阻隔，象征森林防火，也像山林里蜿蜒的一条护林之路，寓意森林防火工作任重道远(图1-4))。

图1-4 中国森林防火徽标

1.4.5 中国森林防火吉祥物

2006年6月，在成功扑救黑龙江、内蒙古3起突发特大森林火灾后，国家森林防火指挥部办公室随即启动了一项具有创新意义的工作——为中国森林防火寻找吉祥物。

“中国森林防火吉祥物”名字为防火虎“威威”，是以中国虎为设计元素创作的拟人卡通形象，其名字也与保卫的“卫”字谐音。防火虎“威威”身穿森林消防制服，背负风力灭火机，帽徽为中国森林防火徽标，胸前的“CFFM”是“CHINA FOREST FIRE MANAGEMENT”(中国森林防火)的英文缩写，体现了森林防火的主题特征。吉祥物图案红色象征火焰和激情，绿色象征平安和森林，黄色象征警惕(图1-5)。

图1-5 中国森林防火吉祥物

中国人自古就喜欢虎，虎象征强壮、威武，也是代表吉祥与平安的瑞兽；同时，虎又是森林之王，也是大森林的保护者，以虎作为中国森林防火吉祥物，具有浓厚的中国传统文化特色。

“威威”逢人就竖着大拇指，当然，这里还有一层意思，就是希望给人信心和力量。

吉祥虎形象活泼可爱，亲和力强，能唤起人们保护森林、爱护森林的意识；坚强勇敢、虎虎生威的防火虎“威威”，将承担起中国森林防火形象和爱心大使的角色，唤起越来越多的社会公众关注森林防火，守护绿色家园。

国家森林防火指挥部总指挥贾治邦宣布，该吉祥物从2007年4月4日起正式启用，以进一步增强社会公众的森林防火意识。

1.4.6 我国森林火灾的特点

(1)森林火灾发生次数整体上呈现逐年递减的趋势

2000—2015年我国年平均发生森林火灾7 632次，其中发生次数最多的年份为2008年，发生次数最少的年份为2010年；发生次数高于年平均值的年份共8年，是2003年至2010年(表1-3)。

(2)森林火灾发生次数多集中在华南地区

2003—2015年发生森林火灾总次数为103 711次，其中华北地区为3 378次(3.26%)，东北地区为3 929次(3.79%)，华东地区为17 275次(16.66%)，华南地区为50 100次(48.31%)，西南地区为27 062次(26.09%)，西北地区为1 967次(1.90%)。由此可知，华南地区是我国森林火灾发生次数最多的区域(表1-4)。

表 1-4） 2003—2015 年我国不同省份森林火灾总次数

地区		森林火灾次数					年平均发生森林火灾次数(次)
		总次数(次)	一般森林火灾(次)	较大森林火灾(次)	重大森林火灾(次)	特别重大森林火灾(次)	
华北地区	北京	61	48	13			5
	天津	143	137	6			11
	河北	1 267	1 118	148	1		97
	山西	385	111	266	8		30
	内蒙古	1 522	794	683	35	10	117
	合计	3 378	2 208	1 116	44	10	260
东北地区	辽宁	1 979	1 515	464			152
	吉林	921	757	164			71
	黑龙江	1 029	811	192	12	14	79
	合计	3 929	3 083	820	12	14	302
华东地区	上海						
	江苏	836	765	71			64
	浙江	5 080	1 003	4 061	16		391
	安徽	2 076	1 254	822			160
	福建	4 495	481	3983	31		346
	江西	4 334	1163	3 165	6		333
	山东	454	308	144	2		35
	合计	17 275	4 974	12 246	55		1 329
华南地区	河南	7 237	5 749	1 488			557
	湖北	7 561	5 806	1 750	5		582
	湖南	23 141	11802	11 319	20		1 780
	广东	2 466	819	1 647			190
	广西	8 325	4 491	3 832	2		640
	海南	1 370	875	495			105
	合计	50 100	29 542	20 531	27		3 854
西南地区	重庆	1 378	1 125	252	1		106
	四川	4 576	3 839	725	12		352
	贵州	15 345	10 637	4 699	9		1 180
	云南	5 640	3 335	2 300	5		434
	西藏	123	92	30	1		9
	合计	27 062	19 028	8 006	28		2 082
西北地区	陕西	981	652	329			75
	甘肃	202	173	28	1		16
	青海	126	80	46			10
	宁夏	166	136	30			13
	新疆	492	383	109			38
	合计	1 967	1 424	542	1		151
总计		103 711	60 259	43 261	167	24	7 978

同时，2003—2015 年发生森林火灾总次数相对较多的省份主要是湖南省(22.31%)和贵州省(14.08%)。

(3)受害森林面积多集中在东北地区

2003—2015 年受害森林总面积为 3 198 299hm^2，其中华北地区为 228 753hm^2(17.13%)；东北地区为726 804hm^2(54.42%)；华东地区为144 557hm^2(10.82%)；华南地区为157 253hm^2；西南地区为73 001hm^2(5.47%)；西北地区为5 262hm^2(0.39%)。由此可知，东北地区是受害森林面积最大的区域(表1-5)。

同时，2003—2015 年受害森林总面积相对较大的省份是黑龙江省(54.07%)和内蒙古自治区(16.26%)。

表1-5　2003—2015 年我国不同省份受害森林总面积

地　区		受害森林面积(hm^2)	年平均受害森林面积(hm^2)
华北地区	北京	130	10
	天津	96	7
	河北	1 862	143
	山西	9 548	734
	内蒙古	217 116	16 701
	合计	228 753	17 596
东北地区	辽宁	3 479	268
	吉林	1 207	93
	黑龙江	722 118	55 548
	合计	726 804	55 908
华东地区	上海	0	0
	江苏	786	60
	浙江	38 009	2 924
	安徽	4 868	374
	福建	56 655	4 358
	江西	42 348	3 258
	山东	1 890	145
	合计	144 557	11 120
华南地区	河南	6 133	472
	湖北	9 968	767
	湖南	96 940	7 457
	广东	15 872	1221
	广西	25 368	1 951
	海南	2 972	229
	合计	157 253	12 096
西南地区	重庆	2 205	170
	四川	11 651	896
	贵州	31 104	2 393
	云南	27 469	2 113
	西藏	572	44
	合计	73 001	5 615
西北地区	陕西	2 009	155
	甘肃	874	67
	青海	1 218	94
	宁夏	88	7
	新疆	1 073	83
	合计	5 262	405
总　计		1 335 629	102 741

1.4.7 我国森林防火工作的发展

1.4.7.1 我国古代的森林防火

我国最早防火的禁令始于五帝时(约公元前26世纪初—前21世纪)。据司马迁在《史记·五帝本纪》中记载，皇帝平定中原以后，为了休养生息，提出了“节用水火材物”的主张。意思是说：对水源不能随意决口排泄，对山林草原不可任意放火烧荒，应当按时令有节制地进行。在《汉书·刑法志》中也有“自皇帝有逐鹿之战以定火灾”的记述。

我国古代就已设火官、立火兵、订火禁、修火宪，以防止森林火灾的发生。

(1)设火官

设火官始于帝喾(kù)。据《史记·楚世家第十》中记载，帝喾曾任命重黎为火官，重黎“居火正，甚有功，能光融天下，帝喾命曰祝融”。“民赖其德，死则以为火祖。”祝融因为管理用火有功而被后人尊奉为火祖。

(2)立火兵

立火兵始于宋朝(960—1279年)。

(3)订火禁

订火禁是指发布防火政令和建立御火制度。早在五帝(约公元前26世纪—前21世纪)就有火禁：对山林草原不得任意烧荒(司马迁：《史记·五帝本经》)。周朝(约公元前11世纪—前256年)有“仲春之月，毋焚山林，仲夏之月毋用火南方(用火焚烧秸秆之类，因南风大，恐延烧森林和住宅)”的用火禁令。汉朝(公元前206年—公元220年)有夏至和立秋之后“禁举大火，止炭鼓铸(用木炭铸铁)，消石冶(烧矿石)皆绝止”的防火规定。南北朝时期(420—589年)诏禁火焚森林。根据《北齐书·显祖本纪》记载：“天保九年(559年)春，诏限仲冬一月燎野，不得他时行火，损昆虫草木。”宋朝(960—1279年)有“诸路州县畲田(用火焚烧田地里的草木)并如乡土旧例(按照当地规定)，自余焚烧野草，并须十月后方得纵火。其行路夜宿人，所在检校(用火后细查是否熄灭)，无使延燔(蔓延成灾)”的防政令。辽(907—1125年)、金(1115—1234年)、元(1206—1368年)各帝严禁烧山。道宗清宁二年(1057年)四月禁纵火于郊。咸雍元年(1065年)八月丙申诏诸路严火禁。

(4)修火宪

修火宪即制订法制，依法治火，以惩罪误。我国自夏朝起(约公元前22世纪末—前17世纪初)就出现了法律作为阶级专政的工具，到了商朝(约公元前17世纪初—前11世纪)法律已初具规模，并开始用刑罚手段进行防火管理。如《殷王法》中就有“弃灰于公道者断其手”的条款。周朝(约公元前11世纪—前256年)规定：“凡因失火野焚莱(烧荒)则有刑罚焉”。汉朝(公元前206—公元220年)治火的法规也很严，如“百鼓之后燃火者鞭一百，延烧一家斩五部都督”。西晋泰始四年(269年)制定的《晋律》和南北朝北周(557—589年)制定的《大律》中，都有《水火篇》。唐朝(618年)后，高祖李渊、太宗李世民和高宗李治连续花了三四十年的时间，制定了一部完整的唐律，叫《永徽律》，其中有关火灾刑律共七条，对违反防火与救火法令和失火放火等各种违法行为都作了具体的刑罚规定。如“诸于山陵兆域内失火者，徒二年；延烧林木者流二千里”。明朝(1368—1644年)的《大明律》，清朝(1616—1911年)的《大清律例》对失火罪和放火罪有了更具体的规定。可见依法治火，自古有之，值得借鉴。

1.4.7.2　我国近代的森林防火

我国近代(1840—1949年)，从清朝到鸦片战争开始，经历民国时期，到中华人民共和国成立初，大约有100多年的历史。民国三年(1914年)农商部颁布《森林法》，民国五年有《林业公会规定》制定，民国二十一年政府再次颁布的《森林法》，虽涉及森林防火，但由于国贫积弱、列强入侵、军阀割据、民不聊生，森林防火工作一片空白。

1.4.7.3　我国现代的森林防火

新中国成立以来，我国森林防火事业的发展，大体上经历了5个阶段。

(1)逐步开展阶段(1949—1956年)

中华人民共和国自成立起，就重视森林防火工作。

1950年10月，东北人民政府最早组建武装护林大队，以后逐步发展成为东北、内蒙古林区的森林警察。

1951年2月，吉林省实行了护林防火责任制。

1951年10月26日，政务院财政经济委员会发布《东北及内蒙古铁路沿线区防火办法》，在全国范围内推广他们的经验，但因措施不利，1951年全国发生森林火灾达5 100多次，受害森林面积$2.25\times10^{6}hm^{2}$。松江和黑龙江两省在1951年4~5月发生森林火灾，烧毁大面积森林，烧死47人，烧伤300人，扑火耗用4.9×10^{5}个工日，损失严重，两省主席为此受到记过处分。由于森林火灾严重，1952年3月4日，中共中央和中央人民政府政务院分别发出来《关于防止森林火灾问题给各级党委的指示》和《关于严防森林火灾的指示》。接着，政务院人民监察委员会发出《关于严防森林火灾对各级监委的指示》，要求各级监委将检查各级地方人民政府对护林防火的布置及执行情况作为一项重要的工作内容。

1952年，林业部开始在东北和内蒙古林区建立航空护林基地。

至1952年年底，全国有18个省(自治区)成立了护林防火指挥机构，建立起群众性的护林防火组织，制定了各项护林防火规章制度。1952年与1951年相比，全国森林火灾受害森林面积减少74.1%，东北、内蒙古林区减少96.7%。

1952年以后，各地森林防火事业虽然有所加强，但是对大面积偏远林区火灾还缺乏控制能力。1955年5月，内蒙古自治区小孤山、黑龙江省额木尔河与鹤岗发生3次特别重大森林火灾，受害森林面积占全国受害森林面积的35.4%。1956年4月，在大、小兴安岭偏远原始林区发生的特别重大森林火灾，受害森林面积占黑龙江省和内蒙古自治区森林受害面积的80%，占全国森林受害面积的73.2%。对此，中共中央、国务院于1956年4月18日发出《关于加强护林防火工作的紧急通知》，要求各地、特别是重点国有林区，积极建立森林经营机构。同年8月，林业部召开东北、内蒙古林区护林防火科学技术座谈会，研究确定了在加强群众性护林防火活动的同时，在林区内部积极建立基础森林经营机构，有计划地推行护林防火技术措施。

(2)全面建设阶段(1957—1965年)

1957年1月，林业部成立护林防火办公室，主管全国护林防火业务工作。从此，护林防火建设进入了以“群防为主、群众与专业护林相结合”的时期。林区县、区、乡无森林火灾竞赛活动在全国普遍开展。

1958年10月和1959年1月，林业部分别在吉林省靖宇县和广东省广宁县召开了北方13省(自治区)和南方12省(自治区)护林防火现场会，又于1960年3月在郑州市召开全国森林保护工作会议，总结推广了各地护林防火的经验。

1960年1月29日，中国政府同前苏联政府签订了《关于护林防火联防协定》。

1963年3月3日，林业部、公安部、农业部和农垦部联合发布了《关于烧垦、烧灰积肥和林副业生产安全用火试行办法》，对野外生产用火的管理做了具体规定。

1963年5月27日，国务院颁发了《森林保护条例》，把多年来护林防火的成功经验和行之有效的办法用法令形式固定下来，作为全国护林防火的准则。

1964年12月，林业部在内蒙古自治区海拉尔市召开东北、内蒙古林区护林防火工作会议，着重研究了大兴安岭林区的护林防火建设问题，确定由呼伦贝尔盟负责成立大兴安岭林区护林防火建设指挥部；在重点林区建立防火站，修筑防火公路，架设通信线路，修筑瞭望台，开辟防火线，购置防火专用车辆、电台和灭火机具设备等；加强东北、内蒙古林区和西南林区的航空护林建设；开辟省与省之间和重点林区之间的护林联防以及国际之间的中苏护林防火联防活动；加强护林防火科学研究工作。其他重点国有林区和集体林区也开始配备专职或兼职护林人员，进行地面防火设施建设。

(3)停顿阶段(1966—1976年)

在"文化大革命"期间，森林防火事业陷于停顿，不少地方护林防火组织机构瘫痪，专职人员下放，重点林区刚开始新建的护林防火设施停建；有的设施年久失修，失去作用；林区公、检、法部门被砸烂，行之有效的护林防火规章制度受到批判，乱砍滥伐破坏森林和森林火灾十分严重。1966年5月17日，大兴安岭地区松岭地区，因火烧蚂蚁窝跑火，发生特别重大森林火灾，火烧面积$5.46 \times 10^5 hm^2$，大火持续46天。1966年9月，新疆维吾尔自治区乌苏县发生原始森林地下火灾。1967年9月23日，中共中央、国务院、中央军委联合发出《关于加强山林保护管理，制止破坏山林、树木的通知》。

1972年5月4日，大兴安岭地区松岭区，因机车漏火发生特别重大森林火灾，火烧面积$4.7 \times 10^5 hm^2$，持续33天。1975年4月23日，在大兴安岭地区的平岚西，因自流人员在野外做饭引起森林火灾，火场面积$1.0 \times 10^4 hm^2$，其中受灾森林面积4 000hm^2，出动750人扑救，延烧6天。1975年，邓小平同志主持中央工作期间，国务院根据当时森林火灾严重情况，7月在哈尔滨市召开了全国护林防火工作现场会议，在会上严厉批评了大兴安岭地区松岭区的有关领导，会议研究了制止森林火灾的具体措施。但是，由于"四人帮"借口批判右倾翻案风的干扰，以致会议决议未能贯彻执行，因而森林火灾更加严重。1976年9月，黑龙江省绥棱林业局发生一场特别重大森林火灾，受害森林面积超过$3.5 \times 10^5 hm^2$，共出动10 737人参加扑火，大火持续近40天。1976年秋季，黑龙江省沾河顶子发生森林火灾，受害森林面积$6.6 \times 10^5 hm^2$，先后出动3万人扑火，持续40多天。

(4)恢复与全面发展阶段(1977—1986年)

党的十一届三中全会以来，森林防火事业同其他事业一样，开始恢复生机，但积重难返。1977年5月9日，大兴安岭地区松岭区牙尼力气山发生森林火灾，火烧面积达$2.2 \times 10^5 hm^2$。1979年6~7月，内蒙古呼伦贝尔盟额尔古纳旗北部原始森林，因雷击火酿成树冠火和地下火，毁林$8.0 \times 10^4 hm^2$，延烧1个多月。

1979年2月23日，第五届全国人大常委会第六次会议原则通过《中华人民共和国森林法(试行)》。

1981年2月9日，国务院发出《关于加强护林防火工作的通知》。同年3月8日，中共中央、国务院联合发布《关于保护森林发展林业若干问题的决定》。林业部根据这些文件精神和林区护林防火工作实际情况，多次召开全国和地区性护林防火工作会议，研究部署森林防火工作，进一步加强森林防火组织、专业队伍和设施建设。1980年以后，东北、内蒙古林区森林火灾次数下降。

1983年成立林业部《森林防火》杂志编委会，并出版《森林防火》杂志。

1984年5月4日在北京正式签订了中加双边森林防火合作项目协议，在大兴安岭地区建立森林防火、灭火系统，为中国其他地区森林防火管理技术和管理系统的设计提供借鉴。同年9月20日由全国人大常委会颁布《森林法》。

1986年成立了中国消防协会森林消防专业委员会，并创办了《森林消防信息报》。

1986年春季，江西、福建、云南和四川等省连续发生森林火灾，国务院3月24日发出了《关于加强护林防火工作的紧急通知》，要求各级政府切实加强护林防火工作，采取有效措施制止森林火灾的继续发生。3月下旬，云南省安宁县和玉溪市先后发生两起森林火灾，造成扑火职工、群众和解放军被烧死80人，烧伤近百人的重大恶性事故。为此，国务院3月31日发出了《关于云南省森林火灾严重情况的通报》，林业部派出了由部级领导带队的工作组，赴云南省协助灭火和火灾案件的处理工作。根据国务院领导要求，云南省政府向国务院提交了检查报告，并采取防止森林火灾的具体措施。

1986年12月3~7日，林业部在江西省九江市召开全国森林防火工作会议，认真总结1986年春季森林火灾严重的经验教训，研究治理森林火灾的根本性措施，表彰奖励各地涌现出来的森林防火先进单位和先进个人。

(5)历史性转折阶段(1987年以来)

1987年5月6日~6月2日，黑龙江省大兴安岭北部林区发生了一起新中国成立以来最大的森林火灾(简称“5·6”大火)，火场范围$1.33\times10^6hm^2$，过火林地总面积$1.14\times10^6hm^2$，其中受害森林面积$8.7\times10^5hm^2$，烧死活立木蓄积量$3.781\ 1\times10^7m^3$，烧毁贮木场贮放的$8.55\times10^5m^3$木材。在一夜之间(5月7日夜)，大火烧毁了西林吉(漠河县城)、图强、阿木尔3个林业局的局址，育英、常青、奋斗、伊西、仪琳、盘中、马林等7个林场场址的绝大部分建筑物被严重烧毁。共烧毁各种用途房屋$6.14\times10^5m^2$，烧毁汽车210台、拖拉机108台、发电机组87台、绞盘机172台，烧毁桥梁67座，铁路专用线9.2km，通信线路483km，输变电线路284km，各种设备2 488台。受害群众10 807户、56 092人，死亡213人，受伤226人，粮食3.25×10^6kg，导致56 092人无家可归。参加扑救森林火灾的军民共5.88万人(其中森警2 100人、军队3.4万人、群众2.27万人)，出动飞机96架(1 542架次、飞行2 175h)，车辆4.6万台，铁路发送专列80余列，各种机具34 512件(其中风力灭火机3 600台)，历时28天将火扑灭。直接经济损失高达5亿多元。

“5·6”大火灾引起党和全国人民极大的关注。5月9日国务院副总理李鹏召集有关部门研究火情；5月10日国务院批准成立扑火救灾塔河前线总指挥部，总指挥部下设5个分指挥部，实行分片指挥。国务院相关领导及各级地方人民政府领导人亲临一线指挥扑救，广泛调集扑火力量，全力以赴投入扑火战斗，军、警、民齐心协力，顽强奋斗，保城镇、保局址、保村屯，打赢了一个又一个保卫战，使国家财产和森林资源损失降到最低。

火灾过后，国家投入几千万元科研经费和防火专项投资，发动全国几十家科研、教育单位对这场大火进行系统的研究，全方位武装大兴安岭的森林防火各个系统，并带动全国森林防火工作上了一个大台阶，保证了我国以后几十年森林火灾受害率被控制在1‰以下的较低水平。可以说“5·6”大火后，我国的森林防火工作开始步入了比较正规化、科学化、规范化的轨道。

1987年8月，国务院成立中央森林防火总指挥部，1989年改为国家森林防火总指挥部。总指挥部每年召开两次全体成员工作会议，研究森林防火形势，部署森林防火工作，使得我国森林防火工作得到全面加强。

1988年1月16日，国务院首次颁布《森林防火条例》，并于同年3月15日实施，使得我国森林防火工作有法可依。

1989年11月8日，国家森林防火总指挥部、人事部和林业部发出了《关于加强森林防火体系建设的通知》。

杜永胜同志在1998年总结贯彻《森林防火条例》颁布实施10周年的讲话中总结了我国森林防火工作发生的10大转变：①由单一的经验型防火向经验与科学技术防火并重转变。1996年完成了全国森林火险区划。加强了火灾预报的研制和应用，以及长期火险趋势的分析和应用。卫星林火监测和信息传输、履带式森林消防车等一大批科研成果投入使用。国内外先进技术和设备得到应用，如电话图文传真机、卫星定位仪(GPS)、便携式国际移动卫星通信终端(海事卫星电话)、移动通信、集群通信、短波自适应通信、短波数据通信、短波数据传输、网络数据通信、微型计算机和扑火辅助指挥决策系统等。②由单一的火源管理向火源与可燃物管理并重转变。林业部于1995年制定了《东北、内蒙古林区营林用火技术规程》行业标准，1996年11月在四川省攀枝花市召开了林内计划烧除现场会，积极稳妥地计划烧除。③由单一的工程防火向工程防火与生物防火并重转变。到1997年年底，全国已建瞭望台7 600多座，修筑防火公路2.5×10^5km，配置各种短波、超短波电台9.1万部，防火专用车辆1.9万台，风力灭火机7.6万台，防火储备库3 000多座。1995年7月，林业部在福建省三明市召开生物防护林带工程建设现场会。1997年，全国防火林带累计已有3.2×10^5km，争取用15~20年的时间，再营造防火林带1.0×10^6km。④由单渠道少量的资金投入向加大投入力度与开拓经费渠道，争取优惠政策并重转变。国家计委根据国务院要求和林业部制定的森林防火基础设施建设规划，1988—1993年安排3亿元，随后每年列入林业预算内基建投资约5 000万元，专项补助全国森林防火基础设施建设。为加强整个边境地区的防火建设和边境联络站的建设，1996年李鹏总理特批从总理预备费中拨出2 000万元专款用于边境防火线建设和边境联络站建设。财政部保证每年2 000万元的航空护林飞行费。从1994年起每年补助开设中蒙、中俄和中朝边境防火隔离带经费500万元，并从1997年起增至1 000万元。⑤由单一的行政手段防火向行政措施与依法治火并重转变。从中央到地方的森林防火指挥部都制订了《处理特别重大森林火灾事故预案》和《森林火灾扑救预案》《森林防火工程建设标准》《全国森林火险区划等级》《全国森林火险天气等级》等行业标准已颁布实施。⑥由单一的地面林火监测向地面、航空与航天遥感立体林火监测并重转变。全国地面瞭望台平均瞭望覆盖率达到85%以上。林业部同各省区和重点地区防火部门组建的全国卫星林业监测信息网已建成开通使用。⑦由单一的领导指挥扑火向落实责任制与建立扑火指挥员制度，实行科学扑火并重转变。编撰了扑火指挥员培训教材，举办高级扑火指挥员培训班。⑧由单一的依靠群众扑火向广泛发动群众与扑火队伍专业化并重转变。我国已有专业、半专业森林消防队伍 10 000 多支，队员 30 万人。⑨由单独的地面扑救向地空配合与防火航空灭火作用并重转变。东北、内蒙古林区的 12 个和西南林区的 6 个航空护林站，每年租用飞机 70 多架，担负着内蒙古、吉林、黑龙江、广西、四川、云南、贵州、甘肃等省份的宣传、巡护、监测、机降灭火、化学灭火、索降灭火和空投任务等。⑩由单一的国内防火向发挥特长与借鉴国外先进经验并重转变。林业院校和科研单位组织的各种森林防火大专班、防火人员培训班，培养出很多实用人才。林业部主办的《森林防火》杂志，对推广交流防火信息，技术和经验，发挥了巨大的作用。中国消防协会森林消防专业委员会组织了多次国内外森林防火学术交流。加拿大援建的黑龙江省大兴安岭森林防火中心，为其他地区的防火管理技术和管理系统建设提供了样板。1995 年 6 月 26 日，中国和俄罗斯政府签署了边境地区森林防火联防协定等。

1.4.8 森林防火工作发展展望

当前，随着森林防火相关科学技术的迅猛发展，森林防火工作日益走向高科技、智能化、系统化、综合化。

(1)在预防和控制火灾的同时，大力提倡火的应用

目前，世界上任何一个国家都有火灾问题，也就是说没有一个国家能够完全控制火灾。因此，预防和控制森林火灾仍是世界各国今后应普遍关注的问题。同时，大量开展计划烧除，将火作为森林经营和森林防火的一种重要工具和手段，是今后的发展方向。

(2)“绿色防火”是预防森林火灾最有效的措施

“绿色防火”指利用绿色植物(乔木、灌木、草本及栽培植物等)，通过营林、造林、补植及栽培等营林措施，来减少林内可燃物积累，改变火环境，增加林分自身的难燃性和抗火性；或者建立“绿色防火林带”，使防火林带不仅自身具有难燃性和抗火性，还能阻隔和抑制林火蔓延。“绿色防火”不仅具有有效、持久的防火作用，而且具有一定的经济效益和重要的生态意义，是现代林火管理的发展方向之一。

(3)现代科学技术和森林防火工作日益紧密结合

随着电子计算机技术的快速发展，林火卫星监测、红外探火、航空巡护、雷达探测、遥感技术(RS)/地理信息系统(GIS)、全球定位系统等(GPS)等现代高科技，已广泛应用到林火预报、预测、计划烧除和火灾监测及扑救等森林防火的各个领域，发挥着越来越重要的作用，并有加强的趋势。

(4)森林防火工作日趋综合化和系统化

森林火灾是多因素综合影响下的自然灾害，防火救灾工作往往需要多个部门的参与。如《森林防火条例》第三十二条规定，发生森林火灾时，气象主管机构、交通运输主管部门、通信主管部门、民政部门、公安机关、商务、卫生等主管部门应该各司其职，共同参与森林火灾的扑救。

(5)重视科学研究，加强国际合作

目前，许多森林防火先进的国家都非常重视森林防火科学研究，在研究如何预防和扑

救森林火灾各种技术的同时，还特别重视火生态的研究，如火烧对大气、全球气候变化、土壤、水领域及野生动物等的影响研究成果层出不穷。如今这些研究已超越了国界，多国科学家共同研究同一项目的情况已非少见。

近年来，多边和双边森林防火合作项目显著增加，如我国积极组织参与国际林火问题的研究，与加拿大、日本等国合作研究火生态和森林防火信息系统等。将来这种国际间的林火合作还会更广泛地开展，会更大地助推我国林火管理水平的提高。

【企业案例】

一、森林防火宣传单

如图 1-6 所示为各地防火宣传单样式。

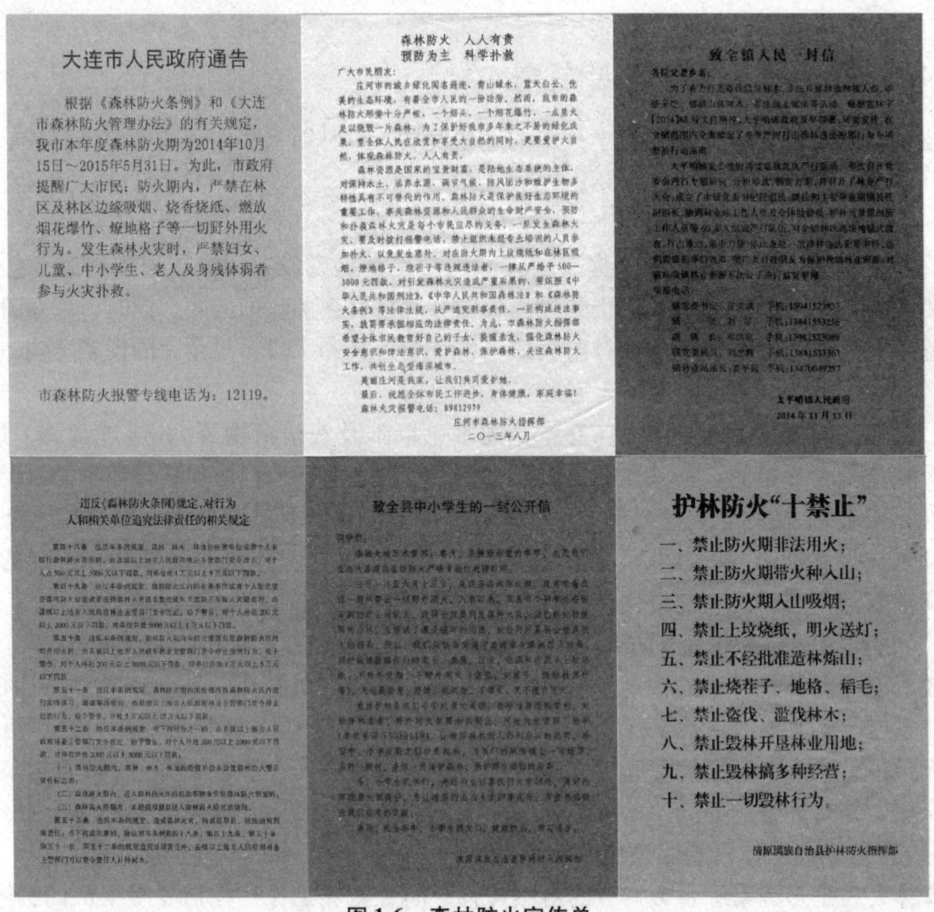

大连市人民政府通告

根据《森林防火条例》和《大连市森林防火管理办法》的有关规定，我市本年度森林防火期为2014年10月15日～2015年5月31日。为此，市政府提醒广大市民：防火期内，严禁在林区及林区边缘吸烟、烧香烧纸、燃放烟花爆竹、燎地格子等一切野外用火行为。发生森林火灾时，严禁妇女、儿童、中小学生、老人及身残体弱者参与火灾扑救。

市森林防火报警专线电话为：12119。

森林防火　人人有责
预防为主　科学扑救

广大市民朋友：

庄河市的城乡绿化闻名遐迩，青山绿水，蓝天白云，优美的生态环境，有着全市人民的一份功劳。然而，我市的森林防火形势十分严峻，一个烟头、一个烟花爆竹、一点星火足以烧毁一片森林。为了保护好我市多年来之不易的绿化成果，望全体人民在欣赏和享受大自然的同时，更要爱护大自然，体现森林防火，人人有责。

森林资源是国家的宝贵财富，是陆地生态系统的主体，对保持水土、涵养水源、调节气候、防风固沙和维护生物多样性具有不可替代的作用。森林防火是保护良好生态环境的重要工作，事关森林资源和人民群众的生命财产安全，预防和扑救森林火灾是每个市民应尽的义务。一旦发生森林火灾，要及时拨打报警电话，禁止组织未经专业培训的人员参加扑火，以免发生意外。对在防火期内上坟烧纸和在林区吸烟，燎地格子，烧茬子等违规违法者，一律从严给予500—3000元罚款，对引发森林火灾造成严重后果的，要依照《中华人民共和国刑法》、《中华人民共和国森林法》和《森林防火条例》等法律法规，从严追究刑事责任，一旦构成违法事实，就需要承担相应的法律责任。为此，市森林防火指挥部希望全体市民教育好自己的子女，转告亲友，强化森林防火安全意识和律法意识，爱护森林，保护森林，关注森林防火工作，共创生态型海滨城市。

美丽庄河是我家，让我们共同爱护她。

最后，祝愿全体市民工作进步，身体健康，家庭幸福！

森林火灾报警电话：89812979

庄河市森林防火指挥部
二〇一三年八月

致全镇人民一封信

太平哨镇人民政府
2014年11月13日

违反《森林防火条例》规定，对行为人和相关单位追究法律责任的相关规定

致全县中小学生的一封公开信

护林防火“十禁止”

一、禁止防火期非法用火；
二、禁止防火期带火种入山；
三、禁止防火期入山吸烟；
四、禁止上坟烧纸，明火送灯；
五、禁止不经批准造林炼山；
六、禁止烧茬子、地格、稻毛；
七、禁止盗伐、滥伐林木；
八、禁止毁林开垦林业用地；
九、禁止毁林搞多种经营；
十、禁止一切毁林行为。

清原满族自治县护林防火指挥部

图 1-6　森林防火宣传单

二、辽宁省营口市森林防火工作注重特色宣传推广

森林防火宣传月中，营口市各县(市、区)、乡镇的宣传活动各具特色，宣传密度、广度、深度、程度前所未有，还涌现出一些表现奇特、形式新颖、引人注目、为老百姓喜

闻乐见的宣传方式。营口市先后涌现出盖州市万福镇和什字街镇、大石桥市建一镇和金桥管理区、鲅鱼圈芦屯镇、老边区柳树镇等6个先进典型。其中，大石桥市金桥管理区将《条例》内容编入老年秧歌队节目，送戏下乡的宣传方式特色鲜明。

金桥管理区位于大石桥西部城郊，与市区连为一体。金桥管理区有一支以健身、自娱自乐为主的老年秧歌队，常年活跃在民间。金桥管理区政府充分利用这一健康的活动形式，加以引导，将《森林防火条例》内容编排成通俗易懂的文艺节目，让老年秧歌队在公园、街头用东北大秧歌进行演出宣传，吸引了众多居民的眼球。周末，金桥老年秧歌队还经常乘坐管理区政府为其雇用的专车，到大石桥市区的广场、文化宫、车站等地进行宣传演出。

当地老百姓对此节目津津乐道，老年秧歌队也乐此不疲，在健康、和谐、快乐的气氛中，广大群众很自然地接受了森林防火知识和新《条例》内容，营造了良好的社会舆论氛围。

【巩固练习】

一、名词解释

森林火灾

二、填空题

1. 中国森林防火徽标中的三角形，其颜色由________、________、________3种基本色组成。________代表森林；________代表林火；________在中间代表预防与阻隔，象征森林防火。

2. 森林防火宣传的内容主要包括四个方面，即________、________、________和典型案例。

3. 森林防火宣传的形式主要有政府发表讲话、________、________、________、悬挂森林火险警示旗等。

三、选择题

1. 中国森林防火吉祥物，为(　　)。

A. 熊猫　　B. 长颈鹿　　C. 中国虎　　D. 苍鹰

2. 近些年，我国森林火灾发生次数最多的地区为(　　)。

A. 华南地区　　B. 华北地区　　C. 东北地区　　D. 西北地区

3. 近些年，我国森林火灾受害森林面积最广的地区为(　　)。

A. 华南地区　　B. 华北地区　　C. 东北地区　　D. 西北地区

4. 我国的森林防火工作步入了正规化、科学化、规范化轨道的开始时间是(　　)。

A. 1987年5月6日　　B. 1977年5月6日　　C. 1987年6月5日　　D. 1987年5月16日

5.《森林防火条例》首次颁布是在(　　)。

A. 1998年　　B. 1988年　　C. 1978年　　D. 1958年

四、判断题

1. 我国的森林火灾发生次数是南方大于北方。(　　)
2. 我国森林火灾中受害森林面积东北林区大于西南林区。(　　)

五、简答题

1. 为什么要进行森林防火宣传?
2. 森林防火宣传可以采用哪些方式?
3. 森林防火宣传有什么要求?

任务 5

森林可燃物特征调查与分析

【任务描述】

森林可燃物直接影响森林火灾发生与否，没有可燃物，就不可能发生森林火灾；同时可燃物的性质直接影响着森林火灾的蔓延特征。所以，只有了解森林可燃物的种类、性质、数量、分布等特征及其与火的关系，才能对林火进行科学控制和管理。

【任务目标】

1. 能力目标

①能够完成可燃物样品的采集和保存。

②能够测定出可燃物的性质、数量等特征。

③能够根据可燃物的特征判断林火发生的可能性和蔓延特征。

2. 知识目标

①掌握可燃物的采集和保存方法。

②掌握可燃物含水率、载量、燃点、热值、灰分含量、抽提物含量和紧密度等特征的测定方法。

【实训准备】

称量袋、烘箱、干燥器、天平(0.000 1g)、电动粉碎机、点着温度测定仪、氧弹式热量计、索氏抽提器、电热恒温水浴、乳钵、无水乙醚或石油醚、电炉、瓷坩埚、游标卡尺、智能水分测定仪、打火机、器皿(如培养皿)、皮尺、钢卷尺。

【任务实施】

一、实训步骤

1. 可燃物测样采集

在森林防火期间，选择典型立地类型设置样地(100m×100m)，样地内随机设置5个样方(10m×10m)；在所设样方中随机设置5个小样方(1m×1m)，按可燃物分类方法，采集小样方中所有可燃物并称量；采集小样方中具有代表性的可燃物为样品，一般在50~100g之间，置于称量袋中，同时在现场及时称量样品湿重；将测量结果和调查数据填入表1-6森林可燃物调查表。

表1-6 森林可燃物调查表

编号：________

时间：________ 地点：________省________市________县(局)________场(所)

林型：________ 坡度：________ 坡向：________ 坡位：________

经度：________ 纬度：________ 海拔：________

风速：________ 风向：________ 温度：________ 湿度：________

样号	可燃物种类	易燃程度	分布位置	标样湿重(kg/m^2)	样品湿重(g)	备注
	A B C D E F G	A	A			
			B			
			C			
		B	A			
			B			
			C			
		C	A			
			B			
			C			

调查人：________ 填表人：________

注：①小样方设置如非标准的(1m×1m)模式，湿重测量后将其换算为标样湿重。
②可燃物种类、易燃程度、分布位置的填写规则见相关知识。

2. 可燃物测样保存

需要保存测定的森林可燃物样品，采集后按LY/T 1211—1999规定及时制备。即把样品放入80~90℃的鼓风烘箱中烘15~30min，然后将样品取出摊开风干。或将样品装入布袋中在65℃的鼓风烘箱中烘干处理12~24h，使其快速干燥。经过以上处理后，再将烘干的可燃物样品在粉碎机中磨碎。全部样品必须一起粉碎，然后通过2mm孔径筛子，用分样器或四分法取得适合的分析样品保存待测。

3. 可燃物测定

(1)可燃物绝对含水率和相对含水率的测定

①将可燃物样品放入电热鼓风干燥箱内经105℃烘干2h。

②用植物电动粉碎机将样品磨粉处理。

③用60目筛过筛备用。

④可燃物样品在105℃下连续烘干24h至恒重，质量差小于0.01g即至干重。

⑤用电子天平称重2～3次，取平均值。

⑥可燃物绝对含水率按式(1-1)计算：

$$AMC = \frac{W_H - W_D}{W_D} \times 100\% \qquad (1\text{-}1)$$

式中　AMC——绝对含水率(%)；

W_H——可燃物的湿重(g)；

W_D——可燃物的干重(g)。

⑦可燃物相对含水率按式(1-2)计算：

$$RMC = \frac{W_H - W_D}{W_H} \times 100\% \qquad (1\text{-}2)$$

式中　RMC——相对含水率(%)；

W_H——可燃物的湿重(g)；

W_D——可燃物的干重(g)。

⑧允许偏差与结果记录：两次称量所得的含水率差小于0.1%。结果记录于表1-7森林可燃物含水率测定表中。

表1-7　森林可燃物含水率测定表

编号：________

时间：________　地点：______省______市______县(局)______场(所)

室内温度：________　室内湿度：________

样号	样品湿重(g)	样品干重(g)	绝对含水率(%)	相对含水率(%)	备注

测定人：________　填报人：________

(2)可燃物熄灭含水率测定

①器皿(如培养皿)洗净、烘干、称重、编号。

②采取树木相同含水率的鲜叶分成A、B两份，A份测定质量(5g以上)后放在烘箱里烘干(105℃)至恒重(间隔1h的质量差小于0.002g)，放在干燥器中冷却至室温，称重。求出干湿比，按式(1-3)计算：

$$WDR = \frac{W_{HA}}{W_{DA}} \qquad (1\text{-}3)$$

式中　WDR——干湿比；

W_{HA}——A份可燃物的湿重(g)；

W_{DA}——A份可燃物的干重(g)。

③智能水分测定仪接通电源，设定温度80℃。

④将B份叶片，称初始质量。注意：A份叶片质量和B份叶片初始重量的称量必须同时进行。

⑤加温，每隔1min，记录质量，用打火机点烧叶片，如不燃烧，继续加温，当叶片被点燃，实验结束。

⑥可燃物任意时刻的含水率按式(1-4)计算：

$$MMC = \frac{W_{HB} \times WDR - W_{AB}}{W_{HB} \times WDR} \times 100\% \quad (1\text{-}4)$$

式中　MMC——任意时刻含水率(%)；

W_{HB}——B 份可燃物的初始质量(g)；

WDR——干湿比；

W_{AB}——B 份可燃物的任意时刻质量(g)。

⑦结果记录于表 1-8 可燃物含水率变化记录表。

表 1-8　可燃物(叶)含水率变化记录表

编号：__________

时间：__________　地点：__________省__________市__________县(局)__________场(所)

室内温度：__________　室内湿度：__________

编号	项目	加热时间(min)												
		0	1	2	3	4	5	6	7	8	9	10	11	12
	叶片质量(g)													
	含水率(%)													
	叶片质量(g)													
	含水率(%)													

测定人：__________　填报人：__________

⑧可燃物的熄灭含水率按式(1-5)计算：

$$MOD = \frac{W_{HB} \times WDR - W_{FB}}{W_{HB} \times WDR} \times 100\% \quad (1\text{-}5)$$

式中　MOD——熄灭含水率(%)；

W_{HB}——B 份可燃物的初始质量(g)；

WDR——干湿比；

W_{FB}——B 份可燃物的点燃时质量(g)。

⑨结果记录于表 1-9 可燃物表面积与体积比测定记录表(游标卡尺法)。

表 1-9　可燃物(叶)熄灭含水率测定记录表(含水率测定仪法)

编号：__________

时间：__________　地点：__________省__________市__________县(局)__________场(所)

室内温度：__________　室内湿度：__________

仪器设定温度：______℃

编号	树种	A 湿重(g)	A 干重(g)	A 干湿比	B 初始湿重(g)	B 干重(g)	B 点燃时重(g)	临界含水率(%)	消耗时间(min)

测定人：__________　填报人：__________

注：①质量保留 2 位小数；

②含水率保留 2 位小数。

(3)可燃物的载量的测定

①测定方法与可燃物绝对含水率和相对含水率的测定方法相同。

②标样载量按式(1-6)计算：

$$M_0 = M_1 \times \frac{W_D}{W_H} \tag{1-6}$$

式中　M_0——标样载量(kg/m²)；

M_1——标样湿重(kg/m²)；

W_H——可燃物的湿重(g)；

W_D——可燃物的干重(g)。

③可燃物载量按式(1-7)计算：

$$V = S \times M_0 \tag{1-7}$$

式中　V——可燃物载量(kg/hm²)；

S——单位面积(hm²)；

M_0——标样载量(kg/m²)。

④允许偏差与结果记录：可燃物标样载量差小于0.1kg。结果记录于表1-10森林可燃物载量测定表中。

表1-10　森林可燃物载量测定表

编号：________________

时间：________________　　地点：__________省__________市________县(局)__________场(所)

室内温度：________________________________　室内湿度：________________________________

样号	标样湿重(kg/m²)	样品湿重(g)	标样载量(kg/m²)	样品干重(g)	可燃物载量(kg/hm²)	备注

测定人：____________　填报人：____________

(4)可燃物紧密度的测定

①在1m×1m样方内取样，同时测定可燃物层的厚度。

②在测定质量后放在烘箱里烘干(105℃)至恒重(间隔1h的质量差小于0.002g)，放在干燥器中冷却至室温，称重。求出干湿比，按式(1-8)计算：

$$WDR = \frac{W_H}{W_D} \tag{1-8}$$

式中　WDR——干湿比；

W_H——可燃物的湿重(g)；

W_D——可燃物的干重(g)。

③样方内调查的可燃物的质量，乘以干湿比，得出标样载量(M_0)，计算方法见式(1-6)所示。

④从《中国主要木材理化性质》上查出某种可燃物的基本密度(ρ_b)。

⑤可燃物紧密度按式(1-9)计算：

$$TD = \frac{\rho_p}{\rho_b} = \frac{\dfrac{M_0}{S \times d}}{\rho_b} \tag{1-9}$$

式中　TD——可燃物的紧密度；

ρ_p——容积密度(g/cm³)；

ρ_b——基本密度(g/cm³)；

M_0——标样载量(kg/m²)；

S——样方面积(m²)；

d——可燃物层的厚度(cm)。

⑥结果记录于表1-11可燃物紧密度测定记录表。

表 1-11 可燃物紧密度测定记录表

编号：________

时间：________ 地点：________省________市________县(局)________场(所)

室内温度：________ 室内湿度：________

样方号	项目	数值
	可燃物层的厚度(cm)	
	可燃物湿重(g)	
	可燃物干重(g)	
	干湿比	
	基本密度(g/cm^3)	
	可燃物紧密度	

测定人：________ 填报人：________

(5)可燃物燃点测定

①用粉碎机把干燥处理后的样品粉碎成小于 1mm 的粉末，并用筛子(60 目)筛过，制成粒度在 0.44～1mm 的粗样和小于 0.44mm 的细样，以备燃点测定时使用。

②预先设定一个温度，铜锭炉内达到设定温度 7～8min 将保持恒温。

③从干燥器内取出粒度小于 0.44mm 的试样 1g 放入铜锭中，并置入铜锭炉，用点火器在铜锭喷嘴处点火，看铜锭中溢出的气体是否被点燃。点火时间 5s，记录该样品在该温度下的点火情况。

④将温度升高(或降低)5℃，保持恒温后，将③中未点燃(或已点燃)的样品重复③步骤。

⑤如此重复③、④步骤，直至样品刚好点燃，此时在铜锭的喷嘴处有淡蓝色的小火苗，燃烧时间超过 5s。做重复试验进行验证，经验证后的结果即为该样品的燃点。

⑥允许偏差与结果记录：两个平行测试样结果相对标准偏差不大于 3%。结果记录于表 1-12 可燃物燃点测定记录表中。

表 1-12 可燃物燃点测定记录表

编号：________

时间：________ 地点：________省________市________县(局)________场(所)

室内温度：________ 室内湿度：________

次数	树种	温度因子(℃)	点火情况
		预设温度：	
		±5	
		±10	
		±15	
		…	

测定人：________ 填报人：________

(6)可燃物热值测定

①用玛瑙碾钵将苯甲酸碾细，置于 100～105℃烘箱中烘 3～4h，烘干后称取 1.0～1.2g，用压片机压片，称重(精确到 0.000 2g)，放入坩埚中。

②在氧弹中加入 10mL 蒸馏水，把盛有苯甲酸的坩埚固定在坩埚架上，再将一根引火线的两端固定在两个电极上，其中间部分放在苯甲酸片上。引火线勿接触坩埚，拧紧氧弹上的盖子，然后通过进气管

缓慢地输入氧气，直到弹内压力25～30Pa为止。

③将充有氧气的氧弹放入量热容器(内筒)中，加入蒸馏水约3 000g，加入的水要淹到氧弹进气阀螺帽高度的2/3处，每次用量必须相同。

④蒸馏水的温度应根据室温和恒温(外筒)水温来调整。开始时相差5℃；水量3 000g左右时，$T_{内}+0.7℃=T_{外}$；水量2 000g左右时，$T_{内}+1℃=T_{外}$。

⑤将贝克曼温度计插入内筒，使其水银球中心位于氧弹高度的1/2处，开动搅拌器，使水迅速混合。10min内筒水温上升均匀，而水珠不外溅。用放大镜观测内筒水温变化，待温度上升均匀后，开始读取温度。当每30s温度升高大于0.5℃时，观测到0.1℃；升高0.5～0.1℃时，观测到0.01℃；升高小于0.1℃时，观测到0.001℃。每次读数前5s振动贝克曼温度计。

⑥停止观测温度后，从热量计中取出氧弹，注意缓缓开放气阀，5min左右放尽气体，拧开并取下氧弹盖，量出未燃完的引火线长度，计算其实际消耗的质量。

⑦将盛有洗弹液的烧杯加盖微沸5min，加两滴1%酚酞，以1∶10的氢氧化钠溶液滴至粉红色，保持15s不变为止。

⑧结果计算

热量计水当量：发生的热效应为Q_e，温度升高ΔT_e，则热量计的水当量K按式(1-10)计算：

$$K=\frac{Q_e}{\Delta T_e} \tag{1-10}$$

式中 K——热量计的水当量(kJ/℃)；

Q_e——水的热值(kJ)；

ΔT_e——水温度升高值差(℃)。

可燃物的热值按式(1-11)计算：

$$Q_x=\frac{Q_e\times\Delta T}{\Delta T_e}=K\times\Delta T \tag{1-11}$$

式中 Q_x——可燃物的热值(kJ)；

Q_e——水的热值(kJ)；

ΔT_e——水温度升高值差(℃)；

ΔT——体系温度升高值差(℃)；

K——热量计的水当量(kJ/℃)。

⑨允许偏差与结果记录：水当量的测定结果不得少于5次，每两次间的误差不应超过10g，如果4次的误差不超过5g，可以省去第五次测定，取其算术平均值作为测定结果。结果记录于表1-13可燃物热值测定记录表中。

表1-13 可燃物热值测定记录表

编号：________

时间：________ 地点：______省______市______县(局)______场(所)

室内温度：________ 室内湿度：________

次数	树种	水的热值(kJ)	水温度升高值差(℃)	热量计的水当量(kJ/℃)	体系温度升高值差(℃)	热量计的水当量(kJ/℃)	可燃物的热值(kJ)

测定人：________ 填报人：________

(7)可燃物灰分测定

①称坩埚质量：将空坩埚置于高温电炉中，半开坩埚盖，于550℃灼烧2h，冷却后称量，再放入高温电炉于550℃灼烧，再称量，两次质量差小于0.000 5g为恒定质量。

②称样：用台秤称取制备好的森林植物样品 2g 或木材样品 5g 于小烧杯中，放入恒温箱中，于65℃烘 24h，然后称入干燥器内，20min 后用减量法在分析天平上把样品称入已知质量的坩埚中（精确到 0.000 1g），坩埚内的样品要处于疏松状态，以利于灼烧完全。

③灰化与称量：将盛样坩埚放在调温电炉上，稍开坩埚盖，加热，使样品慢慢地冒烟，等烟冒完后，再烧 15min 左右。把坩埚移入高温电炉中半开坩埚盖，由室温升到400℃，保持30min，再升到550℃，保持 6h，与称空坩埚同样步骤称量。再于550℃灼烧 2h，称至恒定质量。

④检查灰分是否灰化完全，可用手轻轻抖动坩埚，使底部的灰分露出来，若下层灰分的颜色比上层的深，表明没有灰化完全，应抖动坩埚使底部的灰分与上部的混合后，再在 550℃灼烧 4~6h，然后称至恒定质量。坩埚加上灰分质量减去空坩埚质量，即为灰分质量。森林植物与森林枯枝落叶层经灼烧后的灰分有白、灰、黄、棕、紫等不同的淡颜色。

⑤可燃物的灰分含量按式(1-12)计算：

$$W = \frac{m_1 - m_0}{m} \times 1\,000 \quad (1\text{-}12)$$

式中 W——灰分含量(g/kg)；

m_1——坩埚加灰分质量(g)；

m_0——空坩埚质量(g)；

m——烘干样质量(g)。

⑥允许偏差和结果记录：允许偏差按表 1-14 规定。结果记录于表 1-15 可燃物灰分测定记录表中。

表 1-14　可燃物灰分测定允许偏差表

测定值	绝对偏差	测定值	绝对偏差
>100	>5	10~5	1.0~0.5
100~50	5~2.5	<5	<0.5
50~10	2.5~1.0		

表 1-15　可燃物灰分含量测定记录表

编号：＿＿＿＿＿＿

时间：＿＿＿＿＿＿　地点：＿＿＿＿省＿＿＿＿市＿＿＿＿县(局)＿＿＿＿场(所)

室内温度：＿＿＿＿＿＿　室内湿度：＿＿＿＿＿＿

次数	树种	坩埚质量(g)	坩埚加可燃物湿重(g)	坩埚加可燃物干重(g)	可燃物干重(g)	坩埚加灰分质量(g)	灰分含量(g/kg)

测定人：＿＿＿＿＿＿　填报人：＿＿＿＿＿＿

注：①高温电炉炉腔内的不同位置，温度相差较大，因此坩埚不能放在炉腔近门处。

②无论空坩埚或盛样品的坩埚，从放入高温炉内灼烧到称量，所有步骤都要一致。一批样品中的每个坩埚都要按照坩埚号码依次进行操作，不要改变先后顺序。

③各元素氧化物含量(g/kg)之和应接近灰分含量(g/kg)。

④绝对偏差 = 测量值 - 平均值。

(8)可燃物抽提物测定

①将滤纸以试管壁为基础，折叠成底端封口的滤纸筒，筒内底部放一小片脱脂棉。在105℃中烘至恒重，置于干燥器中备用。

②精密称取干燥并研细的样品2～5g(可取测定水分后的样品)，无损地移入滤纸筒内。

③将滤纸筒放入索氏抽提器内，连接已干燥至恒重的脂肪接受瓶，由冷凝管上端加入无水乙醚或石油醚，加量为接受瓶的2/3体积，于水浴上加热使乙醚或石油醚不断地回流提取，一般提取6～12h，至抽提完全为止。

④卸下抽出筒，将抽提瓶倾斜，在水浴上蒸发残余的混合液，擦净抽提瓶外部置入烘箱于100～105℃干燥2h，取出放干燥器内冷却30min，称重，并重复操作至恒重(前后两次质量差小于0.000 2g)。

⑤可燃物的灰分含量按式(1-13)计算：

$$V = \frac{W_1 - W_2}{W_3 - W_4} \times 100\% \qquad (1\text{-}13)$$

式中　V——抽提物含量(%)；

W_1——抽提瓶连同烘干残余物质量(g)；

W_2——抽提瓶质量(g)；

W_3——试样质量(g)；

W_4——试样水分(g)。

⑥允许偏差和结果记录：同时进行两次测定，两次测定值的误差不超过0.4%。结果记录于表1-16可燃物热值测定记录表中。

表1-16　可燃物抽提物测定记录表

编号：＿＿＿＿＿＿

时间：＿＿＿＿＿＿　地点：＿＿＿＿省＿＿＿＿市＿＿＿＿县(局)＿＿＿＿场(所)

室内温度：＿＿＿＿＿＿　室内湿度：＿＿＿＿＿＿

次数	树种	坩埚质量(g)	坩埚加可燃物湿重(g)	坩埚加可燃物干重(g)	可燃物干重(g)	坩埚加灰分质量(g)	灰分含量(g/kg)

测定人：＿＿＿＿＿＿　填报人：＿＿＿＿＿＿

(9)可燃物表面积与体积比测定

①样品的采集：每人采集2个树种的枯枝和枯叶(常绿树为鲜枝和鲜叶)，装满2个信封，封口，称重100g以上。

②形状分类：枝条和针叶树的叶片可按照圆柱体的表面积与体积比进行计算；阔叶树的叶片可看作圆柱体和一个圆锥体的复合，计算表面积与体积比。

③推导公式：圆柱体的表面积与体积比(σ)按式(1-14)计算。

$$\sigma = \frac{2\frac{\pi}{4}d^2 + \pi d \times l}{\frac{\pi}{4}d^2 \times l} \approx \frac{4}{d} \qquad (1\text{-}14)$$

式中　d——圆柱体直径(mm)；

l——圆柱体高(mm)。

圆柱体和一个圆锥体的复合表面积与体积比(σ)按式(1-15)计算。

$$\sigma = \frac{2\pi r \times l + \pi r^2 + \pi r\sqrt{h^2 + r^2}}{\pi r^2 \times l + \frac{1}{3}\pi r^2 \times h} \approx \frac{2}{r} \tag{1-15}$$

式中 r——圆柱体地面半径(mm)；

l——圆柱体高(mm)；

h——圆锥体高(mm)。

可燃物表面积与体积比的技术流程是：样品的采集；形状分类；推导公式；分别可燃物种类测定；计算各可燃物种类的表面积与体积比。

④根据公式，用游标卡尺测定直径(d)和半径(r)，求出可燃物的表面积与体积比(σ)。

⑤结果记录于表1-17可燃物表面积与体积比测定记录表(游标卡尺法)。

表1-17 可燃物表面积与体积比测定记录表(游标卡尺法)

编号：________

时间：________ 地点：________省________市________县(局)________场(所)

室内温度：________ 室内湿度：________

编号	树种	种类	测定因子		表面积与体积比 σ	公式
			直径 d	半径 r		

注：质量单位为1/mm，保留4位小数。 测定人：________ 填报人：________

二、结果提交

编写可燃物特征调查报告，主要内容包括调查目的、实验材料的采集和实验过程以及计算方法。每个实验步骤都要有名、有责，分析可燃物特征对森林火灾的影响。实验数据记录表以附件的形式出现，装订成册。

【相关基础知识】

1.5.1 可燃物分类

(1)按照燃烧性质和特点划分

①有焰燃烧可燃物：森林可燃物点燃后能挥发出足够的可燃性气体，燃烧时能产生火焰，称为有焰燃烧，也称为明火。能够产生有焰燃烧的可燃物称为有焰燃烧可燃物，主要有杂草、枯枝落叶、采伐剩余物、木材等可燃物，占森林可燃物总量的85%~90%以上。其燃烧特点是蔓延速度快，比无焰燃烧快13~14倍；燃烧面积大，自身消耗少。

②无焰燃烧可燃物：森林可燃物点燃后不能挥发出足够的可燃性气体，燃烧时没有火焰出现，称为无焰燃烧，也称为暗火。能够产生无焰燃烧的可燃物称为无焰燃烧可燃物。主要有泥炭、腐殖质、腐朽木等，占森林可燃物总量的5%~10%。其燃烧特点是蔓延速度慢，燃烧持续时间长，自身消耗多。这类可燃物燃烧加温后又堆积在一处，容易产生热自燃，使复燃火不断出现。所以，在清理火场的时候，应将堆积的可燃物加以疏散，使其迅速散热，避免因热自燃而再度产生复燃火。

(2)按易燃程度划分

①易燃可燃物(A)：指容易干燥、易被引燃，燃烧速度快的各种可燃物，主要包括地表干枯的杂草、枯枝、枯落物、地衣、针叶树的小枝等，这些可燃物具有体积小，分布疏松、易干燥、燃点低、燃烧速度快等特点，极容易被一般火源引燃而引起森林火灾，是森林火灾中的引火物。

②可燃可燃物(B)：指燃烧缓慢、可以蔓延的各种可燃物。如体积粗大或排列紧实的可燃物，主要包括枯立木、树根、大枝等，这类可燃物吸水后不易干燥，所以不容易被点燃，一旦着火，能长时间保持燃烧，释放的热量较多，不易被扑灭，如果在长期的干旱条件下，容易导致高强度大火，森林火场很难清理，容易发生复燃火。这类可燃物是林火持续燃烧物，也是火场清理时的重点。

③难燃可燃物(C)：指不易燃烧，难以蔓延的可燃物。主要指正在生长发育过程中的乔木、灌木、草本、藤本植物，它们在生长季节，由于体内的含水量较高，所以一般条件下不易引燃，有时还会减弱火势，如果遇到强火，使得体内脱水也可以进行燃烧。这类可燃物也是林火持续燃烧物。

(3)按可燃物种类划分

①死地被物(A)：指森林中干枯、死亡的植物或植物的部分，如枯草、枯枝、枯立木、死的苔藓，落叶、落枝、凋落球果以及林内杂乱物等，与林火发生发展关系非常密切。森林枯死物主要来自各种森林植物的正常生长发育过程，每到休眠期，林地表面就会形成一层死地被物层，随着林龄的增长累积达到一定厚度。在死地被物的上层，分布着未分解的结构疏松的凋落物，其孔隙大，水分易蒸发，容易干燥，极易燃烧，这部分枯死物的数量越多，林火就越易发生和蔓延；在死地被物的下层，分布着分解或半分解状态的结构紧密的可燃物，其孔隙小，保水性强，湿度大，较难燃烧。

②地衣(B)：在林中呈点状分布，一般生长在干燥的地方，体内的含水量随着大气湿

度的变化而变化，易干燥，且燃点低，极易引起森林火灾。附着在针叶树冠上的地衣，易燃树冠。

③苔藓(C)：苔藓的吸水能力极强，根据苔藓所着生的位置不同，它的易燃程度也不同，若苔藓生长在林地内，接受不到足够的光照，含水量较高，则不易燃；如果生长在树干或者是树冠上，接受光照充足，含水量较低，则易燃，常是引起树冠着火的危险物质。泥炭藓多的地方，在干旱季节，有发生地下火的可能。

④草本植物(D)：大多数草本植物干枯后易燃，易燃的草本植物多属于禾本科、莎草科和部分菊科植物，是森林火灾的主要引火可燃物。有些草本植物生长于阴湿肥沃的林地，叶多为肉质或膜状，死后易腐烂，不易燃烧。不易燃烧的草本植物多属于毛茛科、百合科、虎耳草科、酢浆草科。此外，东北林区有些早春植物，如冰里花、草玉梅、延胡索等，春季萌芽生长早，不仅不易燃，而且具有一定的阻燃作用。

⑤灌木(E)：为多年生木本植物。有的易燃，有的难燃。胡枝子、榛子、绣线菊等易燃；而接骨木、鸭脚树、红瑞木、冬青类等难燃。某些常绿树种，因体内含有大量树脂和挥发性油类，也属于易燃的树种，如兴安桧、偃松、杜松等。一般径级≤2cm 的易燃，>2cm的难燃。

⑥乔木(F)：树种不同，燃烧特点很不一样。针叶树通常比阔叶树易燃。但有些阔叶树也易燃烧。例如，桦木树皮成薄膜状，极易被点燃；蒙古栎多生长在干燥山坡，冬季幼树枯叶不脱落，容易燃烧；南方的桉树和樟树都富含油脂，属易燃常绿树种。

⑦森林杂乱物(G)：森林杂乱物主要包括枯立木、病腐木、风倒木、风折木、采伐剩余物等，多为易燃可燃物。

另外，生态习性不同的蕨类则易燃性也不同，一些喜光的蕨类，如芒萁骨等，易燃；一些耐阴的蕨类，如观音坐莲、东方乌毛蕨等，则不易燃。

(4)按分布位置划分

自然条件下，不同种类的可燃物，在森林中表现为极其复杂且多样的组合，在空间上呈立体分布。所以，根据森林生长所占用的空间进行划分可分为三层(图1-7)。

图1-7　森林可燃物空间分布格局

①地下部分(A)：是指枯枝落叶层以下所有能够燃烧的物质，主要包括树根、半腐殖质层、腐殖质、泥炭等。其燃烧特点是燃烧时，释放可燃性气体少，不产生火焰，呈无焰燃烧；燃烧速度慢；持续时间长，不易扑灭。这类可燃物是形成地下火的物质基础。

②地表部分(B)：是指地表(枯枝落叶层以上)至1.5m处的空间范围内的所有可燃物，主要包括幼树、幼苗、杂草、灌木等，其燃烧强度和蔓延速度由可燃物的种类、大小和含水量而定。这类可燃物是形成地表火的物质基础。

③地上部分(C)：是指树干和树冠等地表上层的可燃物，包括地表粗大可燃物，主要包括乔木，大灌木、树冠层的枝干，以及附生在树干上的地衣、苔藓和缠绕在树干上的藤本等。这类可燃物是形成树冠火的物质基础。

(5)按可燃物挥发性划分

植物受热后产生挥发性物质的多少，主要取决于植物体内油脂、蜡质、树脂含量，这些物质多，燃烧后产生的挥发性物质就多。根据挥发性物质的含量可以把植物分成以下3种。

①高挥发性可燃物：指植物体内含有挥发性物质较多，如红松、樟子松、油松、马尾松、杉木、樟树、桉树、杜鹃等。

②低挥发性可燃物：指植物体内含有挥发性物质少，如水曲柳、核桃木秋、钻天杨等。

③中挥发性可燃物：指植物体内含有挥发性物质介于以上两者之间，如蒙古栎、榛子、桦树、杨树等。

一般情况下，高挥发性的可燃物，即使在生长季节也非常容易燃烧，且易发生树冠火；而低挥发性物质则不易燃烧，甚至可以起到阻火作用。

1.5.2　可燃物的特征

1.5.2.1　可燃物含水率

可燃物含水率影响着可燃物到达燃点的速度和可燃物释放的热量，影响林火发生、蔓延和强度，是森林火灾监测的重要指标之一。

①绝对含水率和相对含水率：绝对含水率按式(1-1)计算；相对含水率按式(1-2)计算。

②平衡含水率：指可燃物在温度、湿度较长时间内不变的气候条件下的实际含水率，即可燃物从大气中吸收水分或向外蒸发水分过程中与大气水分达到平衡。平衡含水率可以通过温度和相对湿度进行估测。

当 $RH<10\%$ 时，

$$EMC = 0.03229 + 0.281073RH - 0.000578T \times RH \tag{1-16}$$

当 $10\% \leqslant RH < 50\%$ 时，

$$EMC = 2.22749 + 0.160107RH - 0.014784T \tag{1-17}$$

当 $RH \geqslant 50\%$ 时，

$$EMC = 21.0606 + 0.005565RH^2 \times T - 0.483199RH \tag{1-18}$$

式中　EMC——平衡含水率(%)；

RH——相对湿度(%)；

T——温度(℃)。

③熄灭含水率：指在一定的热源作用下可燃物能够维持有焰燃烧的最大含水率。熄灭含水率越高的可燃物越容易燃烧，反之则不易燃烧。当可燃物含水率大于熄灭含水率，燃烧不能进行，所以又称为临界含水率。

1.5.2.2 可燃物载量

可燃物载量又称可燃物负荷量，是指单位面积上可燃物的绝干质量，单位 kg/m^2、t/hm^2。可燃物负荷量 $< 2.5t/hm^2$ 时，难以维持正常的燃烧；若可燃物负荷量 $> 10t/hm^2$，就有发展成为火灾的可能性。

可燃物载量的多少，取决于凋落物的积累和分解速度，它与植被类型和环境条件有关，并随时间和空间变化而变化。季节不同，可燃物载量差异也很大。我国大部分地区，从早霜开始，森林凋落物明显增加，易燃可燃物载量增加，但进入生长季节后，易燃可燃物载量相对减少。一年中凋落物的总量，约为 $1 \sim 8t/hm^2$，平均约为 $3.5t/hm^2$，灌木林平均每年约为 $2t/hm^2$；凋落物每年的分解速度，热带雨林地区可达 $20t/hm^2$，而高寒或荒漠地区则几乎为0。

不同的森林可燃物的载量的变化，可用分解常数来衡量：

$$K = \frac{L}{x} \tag{1-19}$$

式中 K——分解常数；

L——林地每年凋落物量(t/hm^2)；

x——林地可燃物载量(t/hm^2)。

K 值越大，林地可燃物的分解能力越强，可燃物载量小，不易形成森林火灾；K 值越小，林地可燃物的分解能力越弱，可燃物载量大，易形成森林火灾；K 值稳定，说明可燃物的积累和分解趋于动态平衡。林分类型不同，K 值不一样，我国南方林区或湿润地区的 K 值，通常大于北方林区或干旱地区。东北分布的落叶松林、白桦林，在火烧后13年，易燃可燃物载量超过 $10t/hm^2$。大兴安岭地区常见的沟塘草甸，其可燃物载量在火烧后4~5年就达到平衡状态(表1-18)。

表1-18 大兴安岭地区不同年份可燃物增长量

第几年份	可燃物载量(kg/m^2)	第几年份	可燃物载量(kg/m^2)
1	0.85	4	1.40
2	1.05	5	1.50
3	1.25		

1.5.2.3 可燃物紧密度

指森林中地被物层的容积密度，即单位体积可燃物的重量。通常用 g/cm^3 或 t/m^3 来表示。森林中可燃物堆放的紧密程度可以直接影响氧气的供应，同时也影响着热量的传导，所以排列越紧密，越不易燃。

1.5.2.4 可燃物燃点

可燃物质在与氧气共存的条件下，当与火源接触达到某一温度时，即引起燃烧，并在火源移开后仍能继续燃烧，这种现象称为引燃。可燃物质开始持续燃烧所需的最低温度称作燃点或着火点。不同的可燃物燃点不同(表1-19)，燃点低的可燃物，星星之火可以燎原，干枯杂草的燃点为150~200℃，燃点高的可燃物需要温度较高的火源体才能引燃，木材的燃点约为250~350℃。同种物质，越粗燃点越高，如松片的燃点是238℃，而松木粉为196℃。将物质的温度控制在其燃点以下，就可防止火灾的发生。

表1-19　几种可燃物的燃点

可燃物种类	燃点(℃)	可燃物种类	燃点(℃)
樟子松(叶子)	235	蒙古栎(叶子)	270
落叶松(叶子)	281	杜香	270
红皮云杉(叶子)	274	兴安杜鹃	269
白桦(叶子)	265	小叶樟	150

1.5.2.5　可燃物热值

可燃物热值是指单位重量的可燃物(1g)，在标准状态下(25℃、101.325kPa)，完全燃烧所释放的热量，常用kJ/kg或J/g表示。可燃物热值的大小是由可燃物的化学特征决定的，不同的森林可燃物的热值差异很大(表1-20)。

可燃物发热量是指可燃物在一定环境下完全燃烧释放的热量，与可燃物的热值有关。

表1-20　某些可燃物的绝干热值

可燃物种类	热值(kJ/kg)	可燃物种类	热值(kJ/kg)	可燃物种类	热值(kJ/kg)
纤维素	17 501.6	杉木叶	17 908.1	油茶叶	19 877.4
木素	26 694.5	杉木枝	17 166.4	油茶枝	18 079.9
树脂	38 129.0	马尾松叶	20 593.9	蒙古栎	17 246.0
落叶松幼树	21 901.1	马尾松枝	19 504.5	榛子	16 445.8
落叶松树皮	21 595.3	大叶桉叶	19 328.5	胡枝子	17 321.5
落叶松边材	19 014.2	大叶桉枝	17 719.5	拂子茅	16 814.5
落叶松枯枝	18 817.3	樟树叶	20 036.6	莎草	17 401.1
落叶松朽木	21 092.5	樟树枝	18 859.2	水藓	17 451.4
落叶松火烧木	19 973.7	木荷叶	18 825.7	蒴藓	17 862.0
樟子松	19 927.6	木荷枝	18 486.3	地衣	14 807.5
杜鹃	23 688.0	兴安桧	20 038.0	红松(叶子)	22 472.0
云杉(叶子)	22 639.0	白桦(树皮)	21 577.0	禾草	16 992.0

由此可知，森林可燃物的热值范围在10 000~25 000kJ/kg之间。15 000kJ/kg以下为低热值，大多数为地衣、苔藓、蕨类和草本植物；15 000~20 000kJ/kg为中热值，一般为阔叶树的枝、叶、木材等；20 000kJ/kg以上为高热值，如针叶树的叶、枝、树皮、木材等。一般情况下，高热值的可燃物燃烧时释放的能量大，火强度大；低热值的可燃物燃烧时释放的能量少，火强度小。

可燃物发热量还与可燃物含水率呈反比(表1-21)。

表 1-21 木材发热量与含水率的关系

木材含水率(%)	发热量(kJ/kg)	发热百分比(%)	木材含水率(%)	发热量(kJ/kg)	发热百分比(%)
0	19 152	100	30	12 928	64.4
10	17 884	88.1	35	11 592	58.4
15	16 750	82.2	40	10 080	52.2
20	15 616	76.2	45	9 940	46.6
25	13 482	70.3	50	8 770	40.6

1.5.2.6 可燃物化学特征

森林可燃物是由纤维素、半纤维素、木素、抽提物和灰分物质 5 类化学成分组成，不同的化学成分，燃烧性质有差异。森林可燃物的种类不同，其化学成分含量的差异很大，是影响可燃物是否容易燃烧、燃烧剧烈程度的内因所在。

①纤维素：是森林中可燃物的最基本成分，在大多数木材中，纤维素的含量占 40%~50%。当外界温度达到 162℃时，呈热分解状态，当温度达到 275℃时，呈热反应，产生明亮的火焰并释放出一氧化碳、甲烷、氢气等可燃性气体。其热值约为 16 119J/g。

②半纤维素：易发生热降解反应。当外界温度达到 120℃时开始热分解；150℃时剧烈分解(吸热)，220℃时放热分解，产生明亮的火焰并释放一氧化碳、甲烷、氢气等可燃性气体。半纤维素占森林可燃物量的 10%~25%，其中针叶材占 10%~25%，阔叶材占 18%~25%，禾本科草类占 20%~25%。其热值与纤维素基本相同。

木材温度达到 220℃以后停止外部加热，由于半纤维素的放热分解反应，使木材的温度继续升高而引起自燃。这就是在明火被扑灭后，一些树桩又复燃的原因。

③木素：是由苯丙烷基构成的一类复杂的交联芳香族化合物，由于含有苯环，所以热稳性强，当外界温度达到 135℃时才开始热分解，但十分缓慢，250℃时分解加快，310~420℃时分解反应剧烈，当加热到 400~500℃时热分解反应才完全。木素在缓慢的加热过程中形成木炭。在大多数森林可燃物中含量为 15%~35%，其中针叶木材含量在 25%~35%；阔叶木材含量 18%~22%，禾本科草类 16%~25%，腐朽木的含量高达 70%~75% 以上。其热值约为 23 781J/g。

④抽提物含量：抽提物是指可燃物浸泡在水和有机溶剂(醚、苯、醇等)或稀酸、稀碱内一段时间后，溶解于相应溶剂中的各类物质的统称，是粗脂肪和挥发油类的总称，主要包括萜烯类和树脂类(包括蜡质、油脂、脂肪)等物质，也简称油脂。其热值约为 32 322J/g。不同植物和植物不同部位油脂的含量是不同的(表 1-22)。油脂含量越高的树种越易燃，特别是含挥发性物质较多的植物更易燃。所以抽提物的含量是森林可燃物易燃性的重要指标之一，当抽提物的含量≤2% 为低油脂含量，3%~5% 为中含量，≥6% 为高油脂含量。若抽提物的含量达到一定程度，即使水分达到 100% 时，任何季节都易形成森林火灾。一般来说，针叶树含脂量较高，阔叶树含脂量较低；树叶含脂量较高，枝条含脂量较低；木本植物含脂量较高，草本植物含脂量较低。

表 1-22　东北地区某些可燃物抽提物含量

可燃物种类	抽提物含量(%)	可燃物种类	抽提物含量(%)
黑桦(树皮)	2.42	樟子松(小枝)	12.92
红皮云杉(叶)	2.72	白桦(树皮)	12.45
毛赤杨(树皮)	2.85	甜杨(树皮)	12.98
稠李(枝)	2.88	杉杨(树皮)	13.64

⑤灰分物质含量：指可燃物中矿物质的含量，主要是由 Na、K、Ca、Mg、Si 等元素组成，即燃烧后的剩余物质。灰分对森林的燃烧有一定的阻燃作用，其原因是灰分的热效应能降低焦油的产生，并增加木炭的生成。而焦油是形成火焰所需能量的提供者。所以，灰分的产生可显著地限制火焰的燃烧，也就是说灰分含量越高，可燃物就越难燃。在灰分物质中 SiO_2 的含量对燃烧的抑制作用更加明显，如竹类叶子中 SiO_2 的含量明显高于一般木本树种，所以竹子燃烧性能差。不同可燃物燃烧后灰分含量差异巨大(表 1-23)，木材中灰分含量一般低于 2%，禾本科含量可达 12%；叶子含量较少一般在 5%~10%，树皮稍高一些。灰分含量 5% 以下为低含量，5%~15% 为中含量，15% 以上为高含量。个别干旱地区的灌木叶中灰分含量可高达 40%。

表 1-23　东北地区某些可燃物灰分含量

可燃物种类	灰分含量(%)	可燃物种类	灰分含量(%)
蒙古栎(小枝)	1.27	蒙古栎(地被物)	17.62
落叶松(树皮)	1.41	落叶松(地被物)	8.65
钻天柳(枝)	8.36	钻天柳(叶子)	23.44
樟子松(小枝)	1.47	笃斯越橘	1.46

1.5.2.7　可燃物大小和形状

森林可燃物的大小和形状，直接影响燃烧和蔓延，也影响可燃物吸收热量的多少。单位面积的可燃物越小，说明表面积越大，接受热量越多，水分蒸发越快，可燃物就越容易燃烧。

通常用比表面积来表示可燃物的大小和形状：

$$R = \frac{S}{V} \tag{1-20}$$

式中　R——可燃物比表面积(m^{-1})；

S——单位可燃物表面积(m^2)；

V——单位可燃物体积(m^3)。

大小和形状不同的可燃物其 R 值有很大差异，一般来讲，个体小且形状平整的可燃物比个体大的 R 值要大。R 值越大，可燃物颗粒越小，越易点燃和燃烧；同样，可燃物的大小不同，可以在空气中漂移的距离不同，引起飞火的距离差异也很大。

1.5.2.8　可燃物连续性

可燃物的空间配置和分布的连续性，对林火行为有着直接的影响。若可燃物在空间上的排列是连续的，则森林的燃烧方向上的可燃物可以接受到热量引起燃烧，使得燃烧持续进行；若可燃物的分布不连续，则不能接收到燃烧的热量，燃烧是片面的，不会出现连续燃烧的现象。

①可燃物的垂直连续性：垂直连续性是指可燃物在垂直方向上的连续配置，在森林中表现为地下可燃物(腐殖质、泥炭、根系等)、地表可燃物(枯枝落叶)、草本可燃物(草类、蕨类等)、中间可燃物(灌木、幼树等)、上层树冠可燃物(枝叶)，各层次可燃物之间的衔接，有利于地表火转变为树冠火。

②可燃物的水平连续性：水平连续性是指可燃物在水平方向上的连续分布，在森林中表现为各层次本身的可燃物分布的衔接状态。各层次可燃物的连续分布将使燃烧在本层次内向四周蔓延。一般来讲，地表可燃物有很强的水平连续性，如大片的草地，连续分布的林下植被(草本植物、灌木和幼树)；在森林中的树冠层因树种组成不同而具有不同的连续性，如针叶纯林有很高的连续性，支持树冠火的蔓延；而针阔混交林和阔叶林的树冠层，易燃枝叶是不连续的，不支持树冠火的蔓延；树冠火在蔓延中，出现阔叶树或树间有较大的空隙，树冠火就下落成为地表火。

【拓展知识】

1.5.3 可燃物类型

树木和林下植物的种类不同，形成不同的林分结构，影响着林火的种类和强度及森林火灾的损失程度。不同可燃物种类的集合，构成不同的可燃物类型。可燃物类型不同，发生林火的难易程度和表现出的火行为有明显差异；可燃物类型相同，在其他条件相同的情况下，林火的发生发展及其特点具有相似性。所以，可燃物类型可以反映出林火的特征。

可燃物类型是指具有明显的代表植物种、可燃物种类、形状、大小、组成以及其他一些对林火蔓延和控制难易有影响的特征相似或相同的同质复合体。简言之，可燃物类型是占据一定时间和空间的具有相同或相似燃烧性的可燃物复合体。

不同可燃物类型具有不同的燃烧性，预示着发生森林火灾的难易程度、林火种类和能量的释放强度。调节可燃物类型的燃烧性是森林防火的基础，也是日常工作的内容，它贯穿于整个森林生长发育的全过程。可燃物类型是构成森林燃烧环的重要物质基础，也是林火预报的关键因子。林火预报必须考虑可燃物类型，才能使预报结果落实到具体的地段上，特别是林火发生预报和林火行为预报。扑救森林火灾可根据不同可燃物类型的分布状况，安排人力物力，决定扑火方法、扑火工具及扑火对策。在营林安全用火中，可根据不同可燃物类型决定用火方法和用火技术。

可燃物类型的划分是现代林火管理的基础。我国分别对每个区域划分 12 个可燃物类型。下面简单介绍可燃物类型的划分方法。

1.5.3.1 可燃物类型的一般划分方法

可燃物类型的划分方法大多是在实际工作中形成的。一般的划分方法有直接估计法、植物群落法、照片分类法、资源卫星图片法、可燃物检索表法等。

(1)直接估计法

直接估计法要求林火管理人员具有长期的防火和扑火经验，对辖区地段内的森林和植被的燃烧特性和林火行为特别熟悉。我国学者在 20 世纪 80 年代初，将东北林区不同的植物群落，划分为极易燃、易燃、可燃、难燃 4 种可燃物类型。

（2）植物群落法

植物群落法就是通过植物群落划分可燃物类型，即将不同植物组合并将具有一定结构特征、种类成分和外貌的若干群落，划分成不同的可燃物类型。森林可燃物主要是指森林植物及其枯落物。不同植物群落反映了植物与植物之间和植物与环境之间的关系，影响到可燃物的数量、林火种类以及火行为特征。因此，植物群落的划分可为可燃物类型的划分提供重要的参考依据。长期以来可燃物类型的划分与植物群落研究密切相关。

我国东北一直沿袭按植物群落和林型来划分可燃物类型。例如，我国大兴安岭地区在林型的基础上划分了坡地落叶松林、平地落叶松林、樟子松林、桦木林、次生蒙古栎林、沟塘草甸、采伐迹地等7种可燃物类型。

根据植物群落划分可燃物类型的分类方法有明显的不足。首先，火行为特征的分类标准很难确定，有时可以划分出几种群落类型，但其所表现的潜在火行为特征是一致的；其次是数据收集很费时间，成本很高。

（3）照片分类法

照片分类法是将植物群落分类与可燃物模型结合起来的一种分类方法。首先，选定一小块样地拍摄照片，并按林学特性进行一般描述；然后，对样地进行可燃物基本性质测定，确定适合的可燃物类型。这种方法的优点是比较真实，符合实际情况；缺点是费用太高。

（4）资源卫星图片法

利用资源卫星图片分类是一种新的、正在发展中的可燃物类型的分类方法，具有许多优点和很大潜力。在解析数据图像上选择一个基准面积块，逐渐缩小范围，利用改进的数据资料和感应技术来确定与划分可燃物类型有关的信息。例如，针叶树、阔叶林、混交林、荒山荒地、采伐迹地、河流、道路等地标物。利用资源卫星图片划分可燃物类型是将来发展方向。

（5）可燃物检索表法

自然科学中广泛利用检索进行可燃物分类应用。利用检索表进行可燃物类型的划分可为防火人员在野外工作提供很多方便。特别是在野外估计不同可燃物的火行为特征，如蔓延速度和树冠火形成条件等方面显得更为直观和实用。这种检索表要求应用者必须具有比较丰富的火场经验，否则很难进行合适的选择和分类。

1.5.3.2　我国的可燃物类型研究

郑焕能等人1988年提出，森林燃烧环网（一个大气候区不同的森林燃烧环组合）可以作为划分我国可燃物类型的基础。根据我国8个不同的森林燃烧环区的森林燃烧环，分别按照不同森林燃烧环代表可燃物类型、立地条件和代表树种，将全国可燃物类型合并为36个可燃物类型，即为全国总的可燃物类型。下面叙述我国可燃物类型的划分依据和划分方法及全国可燃物类型的分布特点。

（1）我国可燃物类型划分的依据

①森林燃烧（环）区：根据气候特点、地形、植被的分布、森林火灾发生状况和林火管理水平，将我国划分为8个森林燃烧（环）区，在每个区只有1个森林燃烧环网。

②林火行为特征：林火行为是森林可燃物类型、火环境和火源综合作用的结果。因此林火行为与可燃物类型紧密相关，但是林火行为与可燃物类型之间有些差别。特别是在我

国温带地区，1个森林燃烧环基本只有1个可燃物类型；然而在我国西南高山区亚热带常绿阔叶林区、热带季雨林和雨林区，有时1个森林燃烧环有2~3个或更多的可燃物类型。

③森林燃烧环：依据森林燃烧环划分可燃物类型，基本上能够直接反映森林燃烧的特点。因此，依据森林燃烧环选出的代表可燃物类型，基本上能够反映它们的燃烧特点。

(2)我国可燃物类型的划分步骤

①划分森林燃烧区：我国共计划分8个森林燃烧(环)区，即寒温带针叶混交林区、温带针叶阔叶混交林区、暖温带落叶阔叶林区、温带荒漠高山林区、东亚热带常绿阔叶林区、西亚热带常绿阔叶林区、青藏高原森林区、热带季雨林和雨林区。

②建立森林燃烧环网：在每个燃烧(环)区，依据易燃性和燃烧等级建立森林燃烧环网。森林燃烧环网包括12个燃烧环，其模式见表1-24。

表1-24　森林燃烧环网的模式

着火蔓延程度(m/min)	燃烧剧烈程度			
	1 轻度燃烧($H<1.5$m, $I<750$kW/m)	2 中度燃烧(1.5~3.5m, 750~3 500kW/m)	3 高度燃烧(3.5~6m, 3 500~10 000kW/m)	4 强度燃烧($H>6$m, $I>10\ 000$kW/m)
C 易燃、蔓延快($R>20$)	C1	C2	C3	C4
B 可燃、蔓延中($2<R\leqslant20$)	B1	B2	B3	B4
A 难燃、蔓延慢($R\leqslant2$)	A1	A2	A3	A4

③确定可燃物类型：在森林燃烧环网的基础上根据立地条件基本相同、主要树种基本相似确定可燃物类型。应用这个方法，我国共计划分了36个可燃物类型(表1-25)。

表1-25　全国森林可燃物类型

着火蔓延程度	燃烧剧烈程度							
	1 轻度燃烧		2 中度燃烧		3 高度燃烧		4 强度燃烧	
C 易燃、蔓延快(8个可燃物类型)	C1	草地；荒漠草原；热带草原	C2	各类迹地	C3	干燥落叶栎林；荒漠胡杨林；桉树林	C4	干旱松林
B 可燃、蔓延中(11个可燃物类型)	B1	灌木林；高山灌木草甸；稀树草原	B2	落叶阔叶混交林；椰林、木麻黄林	B3	坡地落叶松林；落叶阔叶针叶混交林；常绿阔叶针叶混交林	B4	山地松林；针叶混交林；杉木林
A 难燃、蔓延慢(17个可燃物类型)	A1	沿河溪旁的杨柳林；湿地硬阔叶林；沿溪阔叶林；低湿地旱冬瓜林；红树林；木棉落叶季雨林	A2	湿地落叶松；湿地落叶阔叶林；湿地—竹林；湿地—落叶针叶林；热带果树林、针叶林	A3	高山落叶松林；阔叶红松林；常绿阔叶林；季雨林	A4	云杉林；热带雨林

(3)我国可燃物类型的区域分布

在我国的8个燃烧(环)区，依据森林燃烧环网划分出各个区域的可燃物类型(表1-26~表1-33)。

表1-26　寒温带针叶混交林燃烧区的可燃物类

着火蔓延程度	燃烧剧烈程度							
	1 轻度燃烧		2 中度燃烧		3 高度燃烧		4 强度燃烧	
C 易燃、蔓延快	C1	荒山草地	C2	各种迹地	C3	黑桦蒙古栎林	C4	沙地樟子松林、人工樟子松林
B 可燃、蔓延中	B1	灌木林	B2	杨桦林	B3	山地落叶松林	B4	山地樟子松林
A 难燃、蔓延慢	A1	沿河朝鲜柳甜杨林	A2	沼泽落叶松林	A3	高山偃松林	A4	谷地云杉林

表1-27　温带针阔叶混交林燃烧区的可燃物类型

着火蔓延程度	燃烧剧烈程度							
	1 轻度燃烧		2 中度燃烧		3 高度燃烧		4 强度燃烧	
C 易燃、蔓延快	C1	沟塘草甸	C2	各种迹地	C3	栎类林	C4	人工红松林、樟子松林
B 可燃、蔓延中	B1	灌木林	B2	杨桦林	B3	坡地落叶松林	B4	山地蒙古栎红松林
A 难燃、蔓延慢	A1	硬阔叶林	A2	沼泽落叶松林	A3	风桦红松林	A4	云杉、冷杉林

表1-28　暖温带落叶阔叶林燃烧区的可燃物类型

着火蔓延程度	燃烧剧烈程度							
	1 轻度燃烧		2 中度燃烧		3 高度燃烧		4 强度燃烧	
C 易燃、蔓延快	C1	草地	C2	各种迹地	C3	栎类落叶林	C4	松林
B 可燃、蔓延中	B1	灌木林	B2	杂木林	B3	松栎林	B4	针叶混交林
A 难燃、蔓延慢	A1	河岸杨柳林	A2	软阔叶林	A3	落叶松林	A4	云杉、冷杉林

表1-29　温带荒漠高山森林燃烧区的可燃物类型

着火蔓延程度	燃烧剧烈程度							
	1 轻度燃烧		2 中度燃烧		3 高度燃烧		4 强度燃烧	
C 易燃、蔓延快	C1	草地	C2	各种迹地	C3	荒漠河岸胡杨林	C4	松林
B 可燃、蔓延中	B1	灌木林	B2	欧洲山杨林	B3	针阔混交林	B4	针叶混交林
A 难燃、蔓延慢	A1	河谷落叶阔叶林	A2	沼泽落叶松林	A3	高山落叶松林	A4	谷地云杉林

表1-30　东亚热带常绿阔叶林燃烧区的可燃物类型

着火蔓延程度	燃烧剧烈程度							
	1 轻度燃烧		2 中度燃烧		3 高度燃烧		4 强度燃烧	
C 易燃、蔓延快	C1	草本群落和芒萁骨	C2	各种迹地	C3	易燃干燥阔叶林、桉树林	C4	干旱松林（马尾松、柏林）
B 可燃、蔓延中	B1	灌木林	B2	落叶、常绿阔叶混交林	B3	针阔混交林	B4	针叶松杉混交林
A 难燃、蔓延慢	A1	水湿阔叶林和竹林	A2	水杉、池杉、水松林	A3	常绿阔叶林	A4	云杉、冷杉林

表 1-31 西亚热带常绿阔叶林燃烧区的可燃物类型

着火蔓延程度	燃烧剧烈程度							
	1 轻度燃烧		2 中度燃烧		3 高度燃烧		4 强度燃烧	
C 易燃、蔓延快	C1	高山草地	C2	各种迹地	C3	高山栎林	C4	云南松林、高山松林
B 可燃、蔓延中	B1	灌木丛、高山灌丛	B2	落叶阔叶林	B3	针阔混交林	B4	针阔混交林
A 难燃、蔓延慢	A1	杉木林	A2	竹林	A3	落叶松林和常绿针阔混交林	A4	云杉、冷杉林

表 1-32 青藏高原高寒植被燃烧区的可燃物类型

着火蔓延程度	燃烧剧烈程度							
	1 轻度燃烧		2 中度燃烧		3 高度燃烧		4 强度燃烧	
C 易燃、蔓延快	C1	高山草原草甸	C2	各种迹地	C3	高山栎林	C4	干旱松林
B 可燃、蔓延中	B1	高山灌丛	B2	落叶阔叶林	B3	针阔混交林	B4	针阔混交林
A 难燃、蔓延慢	A1	杨树林	A2	竹林	A3	落叶松林	A4	云杉、冷杉林

表 1-33 热带雨林、季雨林燃烧区的可燃物类型

着火蔓延程度	燃烧剧烈程度							
	1 轻度燃烧		2 中度燃烧		3 高度燃烧		4 强度燃烧	
C 易燃、蔓延快	C1	热带草原	C2	各种迹地	C3	桉树林	C4	干旱针叶纯林
B 可燃、蔓延中	B1	稀树草原	B2	椰子、木麻黄林	B3	针阔混交林	B4	针叶混交林
A 难燃、蔓延慢	A1	木棉落叶季雨林、红树林	A2	竹林、棕榈、热带果树林	A3	季雨林	A4	雨林、云杉、冷杉林

(4)我国主要可燃物类型的燃烧性

林火的发生与发展不仅取决于森林可燃物性质，而且与森林不同层次的生物学特性和生态学特性密切相关。尤其是林木与林木之间、林木与环境条件之间的相互影响和相互作用，决定了不同森林类型之间、同一森林类型不同立地条件之间的易燃性差异。森林自身的特性，如林木组成、郁闭度、林龄和层次结构等都可以作用于可燃物特征而表现出不同的燃烧性。

由于我国对可燃物类型的划分尚未完善，在此仅列举我国主要的森林类型，利用有限的资料来分别讨论它们的燃烧特性。

①兴安落叶松：主要分布在东北大兴安岭地区，小兴安岭也有少量分布。兴安落叶松林林相多为单层同龄林，林冠稀疏，林内光线充足。特别是幼龄期，林内生长许多易燃喜光杂草。兴安落叶松本身含大量树脂，易燃性很高，其易燃性主要取决于立地条件，可划分为 3 种燃烧性类型：

易燃：草类落叶松林、蒙古栎落叶松林、杜鹃落叶松林。

可燃：杜香落叶松林、偃松落叶松林。

难燃或不燃：溪旁落叶松林、杜香云杉落叶松林、泥炭藓杜香落叶松林。

②樟子松林：樟子松是欧洲赤松在我国境内分布的一个变种，主要分布在大兴安岭海拔 400~1 000m 的山地和沙丘。樟子松林多在阳坡，呈块状分布，是常绿针叶林，枝、叶

和木材均含有大量树脂，易燃性很大，林冠密集，易发生树冠火。由于樟子松林多分布在较干燥的立地条件下，林下生长易燃喜光杂草，所以樟子松的几个群丛都属易燃型。

③云、冷杉林：属于暗针叶林，是我国分布最广的森林类型之一。在我国辽阔的国土上各地区分布的云杉、冷杉林一般属山地垂直带的森林植被。在我国，云杉、冷杉林分布于东北山地、华北山地、秦巴山地、蒙新山地以及青藏高原的东缘及南缘山地，台湾也有天然云杉、冷杉林的分布。云杉、冷杉林树冠密集，郁闭度大，林下阴湿，多为苔藓所覆盖。云杉、冷杉的枝叶和木材均含有大量挥发性油类，对火特别敏感。由于云杉、冷杉立地条件比较水湿，一般情况下不易发生火灾，大兴安岭地区的研究材料表明，云杉、冷杉林往往是林火蔓延的边界。但是，由于云杉、冷杉林自然整枝能力差，而且经常出现复层结构，地表和枝条上附生许多苔藓。如遇极端干旱年份，云杉、冷杉林燃烧的火强度最大，而且经常形成树冠火。按云杉、冷杉林的燃烧性可划分为两大类：

可燃：草类云杉林，草类冷杉林。

难燃或不燃：藓类云杉林，藓类冷杉林。

④阔叶红松林：红松除在局部地段形成纯林外，在大多数情况下经常与多种落叶阔叶和其他针叶树种混交形成以红松为主的针阔叶混交林。红松现在主要分布于我国长白山、老爷岭、张广才岭、完达山和小兴安岭的低山和中山地带。红松是珍贵的用材树种，以其优良的材质和多种用途而著称于世。因此，东北地区营造了一定面积的红松人工林。

红松的枝、叶、木材和球果均含有大量树脂，尤其是枯枝落叶，非常易燃。但随立地条件和混生阔叶树比例不同，其燃烧性有所差别。人工红松林和栎、椴林易发生地表火，也有发生树冠火的危险，云杉、冷杉红松林和枫、桦红松林一般不易发生火灾。但在干旱年份也能发生地表火，而且云杉、冷杉红松林有发生树冠火的可能，但多为冲冠火。天然红松林按其燃烧性和地形条件可划分为3类：

易燃：山脊陡坡苔草红松林。

可燃：山麓缓坡蕨类红松林。

难燃：在山坡下部较湿润云杉、冷杉红松林。

⑤蒙古栎林：广泛分布在我国东北的东部山地、内蒙古东部山地以及华北落叶阔叶林地区的冀北山地、辽宁的辽西和辽东丘陵地区，又见于山东、昆仑山、鲁山和陕西秦岭等地。我国的蒙古栎林除在大兴安岭地区与东北平原草原地区交界处一带的蒙古栎林是原生林外，其余均认为是次生林。

蒙古栎多生长在立地条件干燥的山地，它本身的抗火能力很强，能在火灾后以无性繁殖的方式迅速更新。幼龄林的蒙古栎冬季树叶干枯而不脱落，林下灌木多为易燃的胡枝子、榛子、绣线菊、杜鹃等耐旱植物，常构成易燃的林分。此外，东北地区的次生蒙古栎林多数经过反复火烧或人为干扰，立地条件日渐干燥，且生长许多易燃的灌木和杂草。因此，东北大、小兴安岭地区的次生蒙古栎林多属易燃类型，而且是导致其他森林类型火灾的策源地。

⑥山地杨、桦林：分布于我国温带和暖温带北部森林地区的山地、丘陵；在暖温带南部和亚热带森林地区，在一定海拔高度的山地也有出现。此外，在草原、荒漠区的山地垂直分布带上亦有分布。在温带森林地区，山杨和白桦不仅是红松林阔叶林的混交树种之一，也是落叶松和红松林采伐迹地及火烧迹地的先锋树种，多发展成纯林或杨、桦混交

林。山杨和白桦林郁闭度很低，灌木、杂草丛生于林下，容易发生森林火灾。但是，东北地区大多数阔叶林树木体内水分含量较大，比针叶林易燃性差。

在东北大、小兴安岭还分布许多柳树和赤杨林，立地条件更水湿，既可作为天然的阻火隔离带，也可以人工营造成为生物防火林带。这些阔叶林根据立地条件和自身易燃性可分为两大类：

可燃：草类山杨林，草类白桦林。

难燃或不燃：沿溪朝鲜柳林，珍珠梅赤松林，洼地柳林。

⑦油松林：主要分布在华北、西北等山地。该树种枝、叶、干和木材含有挥发性油类和树脂，为易燃树种。同时，油松多分布在比较干燥瘠薄土壤上，林下多生长耐旱灌木和草本，因此，油松林分易燃。但油松林分布在人烟比较稠密、交通比较方便的地区，呈小块分布，因此，火灾危害不大。但随华北地区飞播油松林面积的扩大，应加强油松林的防火工作。

⑧马尾松林：属于常绿叶林，枝、叶、树皮和木材中均含有大量挥发性油和大量树脂，极易燃。该树种的分布北以秦岭南坡、淮河为界；南界与北回归线犬牙交错，西部与云南松林接壤，为亚热带东部主要易燃森林。分布在海拔 1 200m 以下低山丘陵地带，随纬度不同，分布高度有所变化。常绿阔叶林被破坏后，马尾松以先锋树种侵入。它能忍耐瘠薄干旱立地条件，林下有大量易燃杂草，一般郁闭度0.5~0.6，林下有凋落物约为10t/hm^2。因此，属易燃类型。此外，也有些马尾松林与常绿阔叶林混交，立地条件潮湿、土壤肥沃，其燃烧性下降为可燃类型。目前南方各地大量飞机播种林均属马尾松林，应该特别注意防火工作。

⑨杉木林：分布区与马尾松相似，也为常绿针叶林，在南方多为大面积人工林，也有少量天然林。杉木枝、叶含有挥发性油类，易燃，加上树冠深厚，枝下高低，树冠接近地面，多分布在山下比较潮湿的地方，其燃烧性比马尾松林低些。但在极干旱天气也易发生火灾，有时也易形成树冠火。有些杉木阔叶混交林其燃烧性可以明显降低。由于杉木是目前我国生长迅速的用材林，在大面积杉木人工林区应加强防火，确保我国森林资源安全。

⑩云南松林：云南松属于我国亚热带西部主要针叶树种，云南松林是云贵高原常见重要针叶林，也是西部偏干性亚热带典型群系，分布以滇中高原为中心，东至贵州、广西西部，南为云南西南，北达藏东川西高原，西界中缅国界线。云南松针叶、小枝易燃，树木含挥发性油和松脂，树皮厚具有较强抗火能力，火灾后易飞籽成林。成熟林分郁闭度在0.6左右，林内明亮干燥，林木层次简单，一般分为乔、灌、草三层，由于林下多发生地表火，灌木少，多为乔木，草类非常易燃。在人为活动少、土壤深厚地方混生有较多常绿阔叶树，这类云南松阔叶混交林燃烧性有些降低。此外，在我国南方还有些松林如思茅松林、高山松林和海南松林也都属于易燃常绿针叶林，具有一定抗火能力。固这些松林分布面积较小，火灾危害亦较小。

⑪常绿阔叶林：它属于亚热带地带性植被，由于人为破坏，分布较分散，但各地仍然保存部分原生状态。常绿阔叶林，郁闭度0.7~0.9，林木层次复杂，多层，林下阴暗潮湿，一般属于难燃或不燃森林。大部分构成常绿阔叶林的树种均不易燃，体内含水分较多，如木荷，但也混生有少量含挥发性油类阔叶树，如香樟，但其分布数量较少，混杂在难燃树种中，因此，其易燃性不大。只有当常绿阔叶林遭多次破坏，才会增加其燃烧性的

可能。

⑫竹林：它是我国南方的一种森林，面积逾 $3.0\times10^6hm^2$，分布在18°~35°N，天然分布范围广。人工栽培南到西沙群岛，北至北京的平原丘陵低山地带(海拔100~800m)的温湿地区，因此，竹林一般属于难燃的类型。只有在干旱年代，有的竹林才有可能发生火灾。

⑬桉树林：我国从澳大利亚等国引种一些桉树，在我国长江以南各地引种，有大叶桉、细叶桉、柠檬桉和蓝桉等，这些树种生长迅速，几年就可以郁闭成林。但是这些桉树枝、叶和干含有大量挥发性物质，叶革质不易腐烂，林地干燥，容易发生森林火灾。应对这些桉树林加强防火管理。

此外，还有含挥发性物质的安息香、香樟和樟树等，也属易燃性树种，应注意防火。

1.5.4　可燃物管理措施

通过以下措施减少森林枯死物的数量：定期清除森林中易燃林分的下木、杂草、杂乱物，针叶林郁闭后修枝打杈，及时地进行抚育采伐、卫生伐，减少林地空间、消灭火灾来源地，调整林分结构、增强林分的抗火性，营造针阔混交林等，是开展林火管理的重要措施，也是提高林业经营管理水平的重要内容。

【巩固练习】

一、名词解释

明火　暗火　绝对含水率　相对含水率　平衡含水率　熄灭含水率　可燃物热值　可燃物载量　可燃物负荷量　灰分物质　可燃物的燃点

二、填空题

1. 无焰燃烧可燃物，在清理火场时应________，使其迅速________，避免因热自燃而再度产生复燃火。

2. 可燃物按照易燃程度可分为：________、________、________。

3. 可燃物按分布位置分为：①地下部分，指________所有能够燃烧的物质，如树根、腐殖质、泥炭等；②地表部分，指________的空间范围内的所有可燃物，如幼树、杂草等；③地上部分，指树干和树冠等地表上层的可燃物，如包括乔木、附生在树干上的地衣、苔藓等，这类可燃物是形成________物质基础。

4. 可燃物的载量的多少，取决于________和________。它与植被类型和环境条件有关，并随时间和空间变化而变化。

5. 可燃物载量的变化可用分解常数 K 衡量。K 值越大，林地可燃物的分解能力越________，可燃物积累________，________形成森林火灾。K 值稳定，说明可燃物的积累和分解趋于动态平衡。

6. 可燃物质开始持续燃烧所需的最低温度叫作________。将物质的温度控制在其以下，就可防止火灾的发生。

7. 森林可燃物是由纤维素、半纤维素、木素、________和________5类化学成分组成，不同的化学成分，燃烧性质有差异。

8. 通常用________表示可燃物的大小和形状。

三、选择题

1. 以下物质中能够形成无焰燃烧的是(　　)。

A. 杂草　　B. 采伐剩余物　　C. 木材　　D. 腐殖质

2. 以下属于易燃可燃物的是(　　)。

A. 地衣　　B. 林地内的苔藓　　C. 生长中的乔木　　D. 耐阴蕨类

3. 在一定的热源作用下可燃物能够维持有焰燃烧的最大含水率称为(　　)，又称为临界含水率。

A. 平衡含水率　　B. 绝对含水率　　C. 相对含水率　　D. 熄灭含水率

4. 松树油在可燃物分类中，属于哪种化学成分(　　)。

A. 纤维素　　B. 木素　　C. 抽提物　　D. 灰分物质

5. 森林可燃物的化学成分中，具有阻火作用的是(　　)。

A. 纤维素　　B. 木质素　　C. 抽提物　　D. 灰分物质

四、判断题

1. 可燃物的熄灭含水量越高，越不容易燃烧。(　　)

2. 可燃物紧密度是单位体积可燃物的重量，紧密度越大，可燃物内部排列越紧密，越易燃烧。(　　)

3. 可燃物发热量是指可燃物在一定环境下完全燃烧所放出的热量，与可燃物的热值和含水率有关。(　　)

4. 大小和形状不同的可燃物其比表面积有很大差异，一般来讲，R 值越大，可燃物颗粒越大，越易点燃和燃烧。(　　)

5. 苔藓不论生长在林地内，还是生长在树干、树冠上，都是不易燃的，因为其自身含水量高。(　　)

五、简答题

1. 有焰燃烧可燃物与无焰燃烧可燃物有什么区别？发生火灾时应如何扑救？

2. 灰分对森林的燃烧有一定的阻燃作用，试分析其原因。

3. 可燃物分类标准及如何分类？

六、论述题

试分析可燃物特征对森林火灾的影响。

任务 6

计划烧除

【任务描述】

计划烧除多用于伐区清理，可以起到降低可燃物载量的作用，从而降低森林火灾发生的次数。所以，根据各区域可燃物调查与分析的结果，确定计划烧除的地点，制定计划烧除的方法，按照程序完成计划烧除，进而达到预期目的。

【任务目标】

1. 能力目标

①能够完成计划烧除的准备工作。

②能够正确填写用火许可证。

③能够正确使用点火器，完成野外点火操作，并记录林火行为特征。

2. 知识目标

①掌握计划烧除的用火条件和程序。

②掌握安全用火窗口是如何选择的。

③掌握点火方法。

【实训准备】

干松针、枯枝落叶若干、风向风速仪、温湿度表、火柴、点火器、汽油、柴油。

【任务实施】

一、实训步骤

1. 准备工作

①要仔细阅读野外生产用火的相关管理制度。牢记野外用火的以下原则：用火未经批准不烧；未修好防火线不烧；扑火人员未组织好不烧；没有坚强的、有经验的指挥人员在场不烧；没有准备好打火工具不烧；风大不烧；久晴干旱火险大不烧。

表 1-34 计划烧除用火许可证

一、烧除地点：______县______乡______村；______林业局______林场______林区______林班；经度：______°至______°；纬度：______°至______°。

二、林冠下烧除：树种______，林龄______年，林分平均高______m，枝下高______m，郁闭度______，烧除面积______ hm^2。

三、烧除防火隔离带：______ km；林缘防火隔离带______ km。

四、烧除方式：______。

五、现场指挥负责人：______，职务：______。

六、审核单位：______。

七、批准单位：______。

八、起止时间：自______年______月______日至______年______月______日。

②填写用火许可证：计划烧除用火许可证见表 1-34。

③铺设可燃物床体：在远离树林的空旷地段，选择较平坦开阔的地方，将已测定含水率的干松针或者枯枝落叶，平铺成 6 块具有相同厚度、相同大小的长方形或正方形的可燃物床体。然后，测定记录可燃物床体附近的空气温湿度、风向、风速等。

④认识点火器构造：点火器由油桶、输油管、手把开关、点火杆、点火头组成，然后将混合油（柴油 70%～75%，汽油 25%～30%）装入点火器油桶内，备用。

2. 野外点火操作

①将点火器背在身后，打开油门开关，用火柴点着火芯，点火器即处于喷火状态。

②分组在 7 块可燃物床上，分别进行逆风点火、顺风点火、侧风点火、“V”形点火、带状点火、中心点火、棋盘式点火（方格点火）7 种点火方法中的一种，进行操作。记录所使用点火方法，火行为的特征，如火的前进速度、火焰平均高度等，填写表 1-35 林火行为特征记载表。

③安全管理：点火时要有扑火人员，在周围监控火的发展。火焰高度要控制在 1.5m 以内。

④用火结束后，要彻底清理余火，以防复燃，并留人看守用火地块，直至火完全熄灭后方可撤离。

表 1-35 林火行为特征记载表

序号	点火方法	林火行为			用火持续时间
		蔓延速度	火焰高度	林火强度	

二、结果提交

用火扑灭结束后，简述计划烧除的方法、步骤、用火原则，总结经验，对用火过程中遇到的问题、不足之处等内容进行分析，提出解决的措施，最后形成文字材料。

【相关基础知识】

森林中的可燃物覆盖随着时间逐渐增加，能量积累到一定程度极易释放，“一着火就会很大”。所以，为了避免可燃物过量累积，可进行人为处理，在林区进行计划烧除就是一种非常有效的手段。因此，国家林业局在2010年2月9日发布了《东北、内蒙古林区营林用火技术规程(LY/T 1173—2010)》，并于2010年6月1日实施。

1.6.1 计划烧除的概念

计划烧除指人们为了减少森林可燃物积累、降低森林燃烧性或为了开设防火线等而进行的林内外有计划的火烧可燃物。由于火烧后地段呈黑色，故也称其为“黑色防火”。

1.6.2 用火条件

1.6.2.1 用火的时间

从理论上讲，只要有足够的人力控制，一年四季都可以用火，但考虑到用火的目的、安全、效果、对火的控制难易程度，以及投入人力、物力和财力的规模等因素的影响，对某一地区而言，并不是随时随地均能用火。一年中，甚至在某一天的特定时间内用火才有可能达到最佳的用火效果。一般而言，用火多选择既能保证安全效果，又能达到用火目的的最佳时节。

(1)春季安全期

从雪融开始到完全融化止。这段时间内绝大部分植物尚处在休眠状态，只有少数开始萌动。雪融之初，受“春旱”(我国北方)、风及升温的影响，林外草地及林缘草本植物上覆盖的积雪先行融化，这部分可燃物先行变干，随后向林中空地及林内地表植物挺进，待到林下积雪全部融化时，林外和林缘的草本植物大部分已开始萌动、变绿。抓紧这个“时间差”，在防火期尚未到来之前随着雪融化的趋势，融化一块点烧一块，由林外和林缘向林内推进，由林内空地向四周扩展，俗称“跟雪烧”。由于周围有雪作为依托，不易跑火，所以，该段时间是安全的。

(2)夏末安全期

该安全期只适用于点烧积累多年的干草踏头草甸，但不能连年点烧。因为踏头上积累的干草较少时就不能使火游动。点烧时间大致为8月中旬至9月上旬(大兴安岭林区)，植被物候为菊科植物开花期。此时踏头上部的薹草虽处于生长季节，呈绿色，但如果几天不下雨，踏头下部积累的老草易干燥，可点燃并可将上部生长的绿色薹草一并烧掉。当火烧到山脚时，由于植被湿度大，火会自动熄灭。注意，在无干草的踏头草甸，不适于这种安全期。

(3)秋季霜后安全期

在第一次降霜后到连续降霜，此时的植被物候特征为五花山至黄褐色山，沟塘草甸的杂草和林缘的植被经连续霜打后脱水干枯易燃，而林下的草本植物由于林冠阻截霜降，仍处在生长期，体内的含水量较高不易燃。这段时间很短，大约只有10天。一旦林下草本植物也枯黄时，点燃就易跑火，造成火灾。

(4)冬季

正常年份，从第一次降雪到第二次降雪间隔时间较长，且第一次降雪量通常较少或很快便化完。在两次降雪的间隔期内会出现升温，使可燃物干燥，林内出现短暂的有利于用火的时机，即"雪后阳春期"。当然，如果第一场大雪降得太晚，地已经封冻，气温太低，积雪不能融化，就找不到计划烧除的时机了。但是，即使是积雪的冬季，如果配合皆伐对采伐剩余物进行控制火烧，其点烧时机还是很多的。对皆伐剩余物进行控制火烧，最好能在即将降大雪之前完成，以便降雪能将燃烧的灰烬覆盖住，以利于翌年春季的迹地更新，防止燃烧的灰烬被吹散而使迹地裸露，以免迹地退化造成更新困难。

1.6.2.2 用火的天气条件

①风：在安全期内进行的用火，由于有雪、含水量较大的可燃物、防火隔离带等作依托，对风力的要求不是太严格。但是，风力太大也潜伏着跑火的危险。生产中，用火一般要求4级风(5.5~7.9m/s)以下进行，在2.0~4.0m/s(介于2、3级风之间)最为合适。完全无风虽然安全，但不利于用火的工作效率。

②温度：春、秋季节，气温在-10~-5℃，林内5cm深处的土壤温度在0~5℃时，适于点烧。而夏季则应在10~20℃的气温下进行点烧。

③空气相对湿度：进行计划火烧时，必须考虑到相对湿度对细小可燃物含水量的影响，如果相对湿度低于50%达1h或数小时之久，细小可燃物含水量则将小于30%，此时的细小可燃物将燃烧得很快，并且火强度也较大。

④降雨和降雪：春、秋两季，应在降水后2~5d内进行点烧，而夏季则应在降水后2~7d内进行点烧(表1-36)。

表1-36 用火天气和可燃物含水率指标表

时段		气温(℃)	相对湿度(%)	风力(级)	可燃物含水率(%)	备注
春季融雪期	点烧控制线	不限	不限	不限	<20	
	点烧阳坡	-5~10	30~50	不限	15~25	
	点烧阴坡	-5~10	40~50	<3	15~25	
盛夏期		<20	40~60	<3	15~25	中雨后一周
秋季枯霜期		0~10	40~50	<3	20~25	
雪后阳春期	回暖期不超过10d	-5~10	30~50	不限	15~25	
	回暖期超过15d	-5~10	40~50	<3	15~25	
无雪隆冬期	"大雪"前后地面无积雪	<20	不限	不限	15~25	不收点烧窗口边界限制

注：1. 3级风判别：风速3.4~5.6m/s，树叶及微枝摇动不惜，旌旗展开。
2. 中雨判别：0.05~0.25mm，地面全湿，可闻雨声。

1.6.2.3 用火的林火行为(技术)指标

①蔓延速度：火线速度一般应控制在1~5m/min，在较干旱的条件下，则应控制在

1~3m/min；面积速度一般<100hm²/h 为宜。

②林火强度：用火强度的高低受可燃物含水量、天气条件、地形、用火目的、用火类型等多种因素的支配，一般要求在 75~750kW/m，即使是皆伐剩余物的控制火烧，其林火强度也应控制在 10 000kW/m 以下。

③火焰高度：用火中，人工针叶林下的火焰高度一般不超过 1m，次生林内的火烧，火焰高度有时可能超过 2m，这时应加以控制。一般而言，安全用火的平均火焰高度应控制在 1~1.5m，最大不超过 2m（皆伐剩余物的控制火烧不在此范围）。

④熏黑高度：树种不同，对熏黑高度的要求也不同，一般情况下，计划烧除应将熏黑高度控制在 8~10m 以下。有时也用烧焦高度（也称炭化高度）代替熏黑高度，炭化高度是指树干上方被烧焦了的树皮所留下的痕迹距离地面的高度。一般情况下，林内计划火烧的平均炭化高度不超过 50cm。

⑤用火的持续时间：用火的时间与火蔓延速度，以及可利用的有利于点烧的时段有关。一般要求 1 次用火要在 10h 内完成，这样有利于对火的控制。如果需要烧的地块过大，可以分成几个小的地块分别（分几次或者分几天）点烧（表 1-37）。

表 1-37　安全用火技术中的林火强度标准

火强度(kW/m)	平均火焰高度(m)	使用范围
>1 500	>2.0	点烧枝桠堆
1 000~1 500	1.8~2.0	促进天然或人工更新、控制森林病虫鼠害
700~1 000	1.5~1.8	天然次生林、复层林
300~700	1.0~1.5	人工针叶林、林缘防火线
>1 000	1.8	国境防火线、沟塘草地、农田残茬

1.6.3　选择安全用火窗口

为了保证用火安全，应该选择好安全用火窗口，所谓的安全用火窗口就是指火只能局限在局部范围燃烧蔓延的火烧区域。在这样的区域内用火，由于目的火烧区周围，存在抑制火蔓延的各种自然条件，从而使火烧区和周围林地或其他地块分离，或不会扩展到窗口以外的地段，保证了用火的安全性。选择安全用火窗口大致有以下几种方法：

1.6.3.1　按季节和物候选择安全用火窗口

计划火烧一般应在非防火期或防火期开始前、结束后进行，在森林防火戒严期一定要禁止用火。夏季采伐迹地四周有正在旺盛生长的植物，此时点烧采伐剩余物不会跑火；东北林区，冬季被积雪覆盖，在 2~3 月，阳坡林下的积雪已经融化，但阴坡仍有积雪覆盖，此时的阳坡就是一个安全用火窗口。

1.6.3.2　依据森林群落选择安全用火窗口

不同森林群落的植物与树种组成不同，结构及所处的立地条件不同，其燃烧性也有明显的差异，尤其在降雨后，不同植物群落的保湿能力有明显的不同。例如，东北林区，在秋季防火期，降雨后半天至 1d 就可以点烧沟塘草甸，此时森林保持一定湿度，不易燃烧，所以雨后 1d，沟塘草甸是安全的用火窗口。

1.6.3.3 根据立地条件选择用火窗口

在起伏的山地条件下，山脊、陡坡干燥，阴坡，缓坡湿润、沟谷特别是窄沟谷就更加潮湿，地形起伏变化的不同地段，可燃物的易燃性有明显不同；不同质地的土壤保水性也有着明显的不同，砂土、砂壤土下雨后易于干燥，相反，黏土、黏壤土保水性强，不容易干燥。因此，可依据不同的立地条件，选择安全的用火窗口。

1.6.3.4 利用昼夜变化选择安全用火窗口

日出前后，林内气温低，相对湿度大，可燃物含水率高，风速小；随着时间的推移，气温逐渐增高，相对湿度减小，可燃物含水率降低，风速加大，每天14:00左右可达到峰值；16:00以后，太阳西落，气温下降，相对湿度增加，可燃物含水率增加。因此，可以利用昼夜交替所引起的气象因子变化，选择安全用火窗口。基于上述原因，在东北林区，部分工作者将安全用火期选择在早晨，也有部分工作者选择在午后。

1.6.3.5 选择依托条件安全用火

计划火烧时若没有上述条件，可以选择依托条件或采取人为方法创造条件来用火。例如，开设防火线、防火林带和利用天然防火障碍物等林火隔离设施，形成安全封闭区，再在封闭区域内用火，这些封闭的区域属于安全用火窗口。

1.6.4 点火方法

1.6.4.1 点逆风火

点火前应以公路、小径、生土带、小溪和其他防火障作为基线。假如风向由西向东吹，则在区域的东边缘点火，使火迎着风燃烧，称为点逆风火。这是一种燃烧速度最慢，需要花费时间最长的点火模式。通常火蔓延速度只有20~60m/h，但燃烧比较彻底，在计划火烧中这是最容易控制、最安全的一种点火方式。

为了提高用火效率，通常在一个区域中开设若干条内部线，分成几个带同时点烧，带与带之间的间隔一般为100~200m。

点逆风火的适用条件和特点为：①适用于重型可燃物；②可用于小径级材、幼林及树高3.5~4.5m以下的林地；③在短时间内能点燃较大面积(几个带同时点烧)；④需要开设内部控制线，点烧造价较高；⑤要求风向稳定，适合风速为1.7~4.5m/s以下。

1.6.4.2 点顺风火

点火前要开设基线和周围线，首先要依基线烧出一条较宽的安全带。然后沿着与风向垂直的方向在距离安全带(与安全带相对)一定距离处点一条与安全带平行的火线，使火顺风向朝着安全带处燃烧，烧至安全带处火熄灭。生产中为提高点烧效率，常采用带状顺风火的方式：按照距离安全带的远近，由近向远进行点火，往往是第一条(距离安全带最近的一个小区域)刚刚烧出，便开始点第二条与安全带平行的火线。这样，第一条首先到达安全带处而熄灭，第二条到达第一条火线烧过的区域也熄灭，依此类推。这样更便于控制，以防跑火。

带的间距取决于林分密度、森林类型、可燃物的分布、数量及预期效果等。通常点火线之间应有20~60m的间隔。在小面积地块上，可燃物分布均匀而数量少时，顺风火可以全面展开，不需要分带。

点顺风火的适用条件和特点为：①冬天应用此方法较多，要求气温 -6~10℃；②除了极粗大的可燃物外，在大部分可燃物中均可采用；③适用于中等到大径级林木的林分。④在短时间内可燃烧较大的面积，燃烧速度快；⑤一般是在相对湿度为40%~60%。可燃物含水量为10%~20%时采用；⑥要求一定的风速，一般要求1.7~4.5m/s以下；⑦生土带较少，费用较低；⑧比较灵活，可随风向的变化而加以调整；⑨点火前要有安全控制线。

1.6.4.3 点侧风火

点侧风火之前需要先烧出一条安全带，然后在安全带上垂直分成若干条带，同时进行逆风点火(各条带上与安全带相对方向点火)。与点逆风火不同的是，侧风火是沿着一条条与风向平行的平行线朝安全带蔓延。

点侧风火的适用条件和特点为：①适用于轻型可燃物和中型可燃物，可燃物量应少于18.8t/hm^2；②要求风向稳定；③适用于中等到大径级林木的林分；④点烧速度介于逆风火和顺风火之间；⑤需要少量生土带；⑥最好有扑火队员的协助，随时注意风向的变化，以防万一。

1.6.4.4 棋盘式点火

在相等间隔(40~60m)点位上迅速地连续点火，用火区域由围棋点位状的火点组成，间隔点火是让各个点的火相互靠拢并连成一片燃烧，而不是让它们单独蔓延。此法为澳大利亚所创，已成为该国的主要火烧技术。

棋盘式点火的适用条件和特点为：①适用于均匀、轻型或中型的可燃物类型；②适用于风速小和风向不定的条件；③在中等到大径级林木的林分，或在开阔地和火烧促进迹地更新的情况下使用效果最好；④如果火点之间的间距不当，就可能产生高能量火；⑤可快速点火，例如，用飞机投掷燃烧胶囊；⑥不需要开设内部生土带，费用低；⑦点火位的四周要有安全控制线。

1.6.4.5 中心点火法

一般可应用于平坦地和20°以下的坡地。首先在火烧区选定的一个中心点位上点火，当燃烧产生一个活动性的对流柱时，再在其边缘按同心圆、螺丝形或其他合适的形状一圈圈地点火，这些火会合后被吸向中心的高温区，然后很缓慢地再向外缘蔓延。这种点火模式在火区中心能产生强空气对流，引起高强度向内蔓延的燃烧，很安全，不易跑火(但应防飞火)。点火起始点及随后一系列点火位置应根据地形和火烧区域的形状来确定，火烧图形可能是呈"回纹状"或山形斜纹及环状等各种形状。

1.6.4.6 "V"字形点火

这是山地条件下最常用的一种火烧法。在有坡度的林地内，从山脊凸起部位向山脚缓慢拉出一条或几条火线，使拉出的火线与林缘边垂直，燃烧的火线都是"V"字形。"V"字形点火可单独使用，也可与其他点火技术配合使用。

1.6.4.7 带状点火

在平坦林地下风头找到合适的依托后，往上风头方向，每间隔25~30m逐次点烧；5°~30°坡地从山脊往山脚方向顺次点烧，火线间距20~25m；30°~45°的坡地，从山脊往山脚方向顺次点烧，火线间距不得超过15m；45°以上险坡不准用火。

在没有间断的沟塘采用带状点烧法时，间距可延长至5~10km，但需对点烧结果进行复查，若有花脸和断条，需要补烧达到全线贯通。

1.6.5 用火程序

1.6.5.1 用火的决策

用火决策是用火程序的第一步，也是不可缺少的关键步骤。火烧的目的以及对立地条件的具体分析是决定使用火的最好依据。它应该包括以下一些要素：

①明确具体的目的。

②定性及定量表示的预期效益。

③预期费用。例如，业务费；按比例分配的各种管理费和公共关系费用；对立地条件、生产能力的影响以及对外界环境的影响所需要支付的补偿费用等。

④限制因素。如法律法规、公众意见是否认可或许可等。

⑤替换性。如果同其他可能达到同一目的的手段进行比较分析，用火这种措施是否是最优？是否为最佳选择？

⑥制定用火规范与方案。一旦经过多方论证证明用火是最佳选择，就要认真细致地制定出用火规范和具体的实施方案，并做好经费预算。

1.6.5.2 用火前的准备

这是必不可少的一个环节。通知有关部门及人员：监督、管理、操作人员，有关职能部门及公众等。在计划烧除区，提前做一些准备工作：防火线、可燃物的处理及类似工作，设备的准备，气象站点的建立，人员的培训等。

①用火地段的踏查：了解用火地段的地形、地貌、道路、防火障、可燃物分布、供水地点远近、点烧林(区)班的位置、有问题的区域等。

②确定用火规模：点烧规模应该视下列情况而定，立地条件(特别是地形)、根据点烧目的所确定的烧除面积大小、可作为防火隔离带的现有屏障及分布、适宜该区域的点火方法、现有的用火力量(包括为防止跑火而配备的灭火人员)、用火时间(特别是适宜于安全用火的工作时间)等。

③开设外围防火线：充分考虑火烧区域面积、点火后的火焰长度、高度和热辐射距离，以及会不会产生飞火等可能意外的出现。开设有充分宽度的外围防火线，并充分利用现有的防火障，特别是天然屏障如公路、小径、小溪、河流、水湿地等，若天然屏障的宽度不够，可按照当地最快捷最有效的方法加宽这些防火屏障，以防跑火。

到底是开设简易的防火线，还是开设生土带，则应根据用火目的、用火的规模和用火的强度等来确定。

④火烧区内的准备工作：用火区域较大时，点火前应开设内部防火线，即将大的区域化整为零。同时，在火烧前应对火烧区域内的可燃物进行必要的处理，以确保有效地燃烧和便于控制。例如，在林下实施计划火烧时，应充分估计到火焰的高度，事先将低垂的乔木枝条以及距离地面较近的枯枝做必要的人工修剪；林下灌木密集易燃的区域可用人工或割灌机割除；老的采伐迹地上原有的采伐剩余物堆，在实施火烧前移出林外或平铺撒开；林内的藤本攀缘植物在火烧前应予摘除；火烧区的幼树群周围开设一定宽度的阻火带以防其受害等。

⑤掌握用火时段的天气：对用火日的各气象因子进行预测(由气象部门协助完成)，符合点烧条件时才能点烧。在气象因子中风是最难预测准确的，但它又是安全用火中至关

重要的一个因子，切不可忽视。

⑥设施和人员：对人力及设备做好计划和准备，以便在需要时能够迅速到位。应准备好气象观测仪器，水源及有关设备，点火工具和燃料，扑火物资(水、化学药剂等)及扑火工具设备，所需的点火、观测、记录、通信联络人员以及扑火人员等。若使用飞机点火或控制火烧，还应对飞机的起落场地和飞行通道做必要的规划和准备。

1.6.5.3　实施

利用最后时刻，核实天气预报记录，观察现场天气状况，若各方面的条件具备，就可开始点烧。

点烧过程中按计划使用点火设备，严格执行操作规程和火烧程序，密切监视，不留隐患，自始至终准备着应对突发事件，随时准备扑灭防火线以外的火，特别是下风处的零星飞火，做好用火期间的有关记录，随时保持与有关部门的联系，特别是与森林防火的上级主管部门的联系。

烧除完成后，及时、实事求是地向上级主管部门报告完成情况。

1.6.5.4　用火后的调查与评价

用火后，对用火的效果应该进行细致的调查、认真的分析和评价，特别是对用火是否达到预期的目的等方面。用火后的调查与评价主要包括以下几个方面：

①分析用火是否达到预期的目的和效果：如果林内计划火烧是为了降低森林燃烧性，在用火后就需要重点对用火前后地表可燃物载量进行分析比较，比较火烧前后地表可燃物总量，地表易燃、可燃和难燃可燃物各部分在火烧中的消耗量，火烧的均匀度等。

②火烧工作完成情况是否合格：例如，火烧沟塘草甸时，火烧面积(过火面积)超过70%，并且没有出现连续未烧地段，可视为点烧合格，否则需要补烧；再如，火烧铁路、公路两侧的防火线时，要求火烧面积在90%以上方视为合格。否则不合格，即需要补烧。

所以，用火工作的完成情况是否合格，要视用火的目的而定。

③对林木危害和林木生长发育的影响：安全用火是森林经营的一种手段和工具，其主要目的是保护森林资源和促进林木生长发育，提高林分的生产力。所以，用火过程中烧伤烧死的林木株数越少越好。当然，完全不损伤林木是不可能的。因此，在用火的实践过程中，应不断地总结，把对林木的危害降低到最低限度。

④火烧后的生态效应调查与分析：火作为一个生态因子，用火后，不论是短期还是长期，这一生态因子的作用效果都会以其特定的方式表现出来。因此，火烧后定期在标准地内进行主要生态因子的调查分析是很必要的。例如，调查分析用火对土壤、森林小环境、植被和野生动物的影响等。

⑤核算实际成本和经济效果、总结用火的经验教训：对实际开支进行核算，对用火的经济效益进行调查分析与评价。如：火烧前的计划是否正确合理，点烧方法是否恰当，有无跑火现象，有无意外事故的发生，取得了哪些今后可以借鉴的经验等。认真总结用火的经验教训，提出今后用火工作应注意的事项和改进措施等。

【拓展知识】

1.6.6 计划烧除的特点

(1)有效性

在防火期前选择适当的点烧时机和点烧条件，在林内外进行计划烧除，一方面能减少可燃物的积累，降低森林燃烧性；另一方面，火烧过的地方可作为良好的防火线或阻火林，实践证明，计划烧除是十分有效的防火措施。

(2)速效性

利用火烧开设防火线或搞林内计划烧除，其防火功能见效快，且效果好。火烧过的地方当时即可作为防火线。但从某种意义上，计划烧除缺乏持久性。春季利用火烧开设的防火线，只能在春防期间发挥作用，到秋季就会失去防火功能，或防火效果大大下降。这恰恰与绿色防火互补。因此，研究如何利用计划烧除与绿色防火这种互补性，充分发挥两种措施长处，避其短处。

(3)经济性

实践证明，利用火烧开设防火线比利用机耕、割打、化除等方法均优越。一是速度快；二是经济。利用火烧防火线费用较其他方法开设防火线降低至几十分之一，甚至上百分之一，真可谓“经济实惠”。

(4)生态影响

定期林内计划烧除，除减少可燃物积累，降低森林燃烧性，具有良好的防火功能外；从另一角度讲，火烧加速凋落物的分解，增加了土壤养分，有利于森林的生长发育，从而维持森林生态系统的平衡与稳定，有其重要的生态意义。但是，无论林内计划火烧，还是林外火烧防火线，都要根据植被类型、立地条件等研究其用火间隔期。决不可以每年都进行火烧，这样会改变森林环境，使其朝干旱的方向发展，对今后的森林更新与演替均不利。因此，对于计划烧除来讲，首先要掌握其安全用火技术，另外还要研究用火间隔期、用火时期(机)，避免给森林生态系统，乃至人类的生存环境造成不良影响。

1.6.7 计划烧除的应用

(1)火烧防火线

在铁路、公路两侧，村屯、居民点及临时作业点等周围，点烧一定宽度的隔离带，防止机车甩瓦、清炉，汽车喷火，扔烟头等引起火灾，阻隔火的蔓延。一般防火线的宽度在50m以上，才能起到阻隔火蔓延的作用。

(2)火烧沟塘草甸

在东北和内蒙古林区多分布有“沟塘草甸”(草本沼泽)，宽几十米到几千米，面积很大。在大兴安岭林区约占其总面积的20%。此类沟塘多为易燃的禾本科和莎草科植物，易发生火灾，是森林火灾的策源地。着火后蔓延速度很快，林区人常称其为“草塘火”。因此，常在低火险时期进行计划烧除。一方面清除了火灾隐患；另一方面火烧过的沟塘可作为良好的防火线，能有效地阻隔火的蔓延。

(3)烧除采伐剩余物

森林采伐、抚育间伐、清林等将大量的剩余物堆放或散落采伐迹地或林内。采伐剩余物是森林火灾的隐患，常采用火烧的方法清除。

①堆清：在采伐迹地或抚育间伐林内，常将剩余物堆放在伐根或远离保留木的地方，堆的大小约为长2m，宽1m，高0.6m，约150~200堆/hm^2。通常在冬季点烧。一方面绝对安全；另一方面树木处在休眠状态，不易受到伤害。

②带状清理：将采伐剩余物横山带状堆积，宽1~2m，高0.6m，长度不限。比堆积省力，在东北林区广泛应用。堆放时应尽量将小枝桠放在下面，大枝桠放在上面，有利于燃烧彻底。常在冬季点烧。

③全面点烧：在皆伐的迹地上，为了节省开支，对枝桠不进行堆放呈自然散布状态。在夏季干枯后即进行点烧，亦可在秋防后期进行。我国南方的炼山多为此种烧除方式。

④林内计划烧除：采用火烧的办法减少林内可燃物积累，不仅能降低森林自身的燃烧性，减少林火发生，而且还能阻隔或减缓林火蔓延。近几年来，我国东北和西南林区广泛开展林内计划烧除，并取得了良好的效果。林内计划火烧对降低易燃林分的火险非常有效，如东北林区的蒙古栎林、杨桦林、樟子松人工林等，西南林区的云南松林、思茅松林、栎林等。

1.6.8 计划烧除存在问题

(1)认识问题

目前许多人对计划火烧还缺乏足够认识。特别是一些行政部门的领导，唯恐跑火而对用火持怀疑态度。某些不科学的用火经常导致森林火灾，更增加了林火管理部门的戒心。

(2)科学性问题

计划烧除具有严谨的科学性，科学安全地用火才是计划烧除。而有些人或生产单位对计划火烧的科学性认识不足，或尚未掌握用火的科学和技术就进行火烧或大面积烧除。多数计划火烧跑火都是由这种原因造成的，这不是“防火”“用火”，而是“放火”。

(3)管理问题

计划烧除是一项科学、严肃的工作，除了有用火的人员外，还必须有严格的管理程序。计划火烧是一项系统工程，任何一个环节出问题，都将导致用火失败，甚至与用火背道而驰。

(4)人员培训问题

目前真正能够从事计划烧除的人员并不多。打火经验丰富的人不一定能够从事计划烧除，用火过程中跑火现象也屡见不鲜。其原因是用火人还没掌握科学用火。因此，重点培养一些真正能够从事用火的专业人员是必要的。

【巩固练习】

一、名词解释

安全用火窗口　计划烧除

二、填空题

1. 计划烧除的春季安全期为________到________，在防火期尚未到来之前随着雪融化的趋势，融化一块点烧一块，逐渐推进，俗称________。

2. 在林内计划烧除时，树干平均炭化高度一般不超过________。

3. 所谓的安全用火窗口是指________区域。

4. 计划烧除指人们为了减少________积累、降低________或为了开设防火线等而进行的林内外________。

5. 计划烧除的点火方法有________、________、________、________、________、________。

三、选择题

1. 以下物候期，为秋季霜后安全期间的是(　　)。

A. 踏头上苔草呈绿色，下部积累的老草已经干燥

B. 大部分植物处在休眠状态，少数萌芽

C. 沟塘草甸的杂草和林缘的植被脱水干枯，林下草本处在生长期

D. 地已封冻，可燃物干燥

2. 下列地点为计划烧除的安全用火窗口的是(　　)。

A. 东北林区，2~3 月，阳坡林下的积雪已经融化，但阴坡仍有积雪覆盖，此时的阴坡

B. 依托人为方法开设的防火线、防火林带和天然防火屏障，形成的安全封闭区

C. 夏季防火期内，天气极度干旱，此时的林缘沟塘草甸

D. 东北林区，上午 11:00，林内相对湿度较大

3. 关于计划烧除，下列说法正确的是(　　)。

A. 见效快，效果好，且具有持久性和长期性

B. 见效快，效果好，因此应该每年定期进行

C. 见效快，效果好，因此应在林区广泛推广

D. 见效快，效果好，除此之外，还能加速凋落物的分解，增加土壤养分，有利于森林的生长发育

四、判断题

1. 计划烧除一般在安全期内进行，有雨雪、含水量较大的活可燃物、隔离带等的覆盖，因此，不必考虑风力作用。(　　)

2. 计划烧除时，若没有天然的安全用火窗口，可采取人为方法开设防火线、防火林带和天然防火屏障，形成安全封闭区，再在封闭区域内用火。(　　)

3. 防火期内，可选择可靠的安全用火窗口进行点火烧除。(　　)

4. 计划烧除具有速效性，绿色防火具有持久性，二者具有互补性。(　　)

五、简答题

1. 试述计划烧除时，如何选择点火时间和地点？

2. 计划烧除时，常用哪些点火方法？适用条件和特点是什么？

任务 7

生物防火林带营造

【任务描述】

生物防火林带具有生态、经济、社会、防火、通道五大效能。生物防火林带是森林防火的一项战略工程，主要是充分发挥自然力的作用，利用森林植物(乔木与灌木)之间的抗火性的差异，以难燃的树种组成的林带来阻隔林火的蔓延，防止易燃森林植物的燃烧，减少火灾的损失，保护森林资源。在营造生物防火林带时，使之形成网格，每个小网格面积应控制在100~1 000hm^2。

【任务目标】

1. 能力目标

①能够确定适宜的防火林带树种。

②能够营造生物防火林带。

2. 知识目标

①了解防火树种的选择依据。

②掌握生物防火林带的营造技术，并发挥出最大的防火效益。

【实训准备】

日本落叶松二年生实生苗、铁锹等。

【任务实施】

一、实训步骤

①造林树种的选择：日本落叶松二年生实生苗。

②造林地的选择：山脊线。

③造林方法：穴植。

④造林密度：株行距为2m×2m，形成疏透结构生物防火林带，且中间留4m的通道，如图1-8所示。

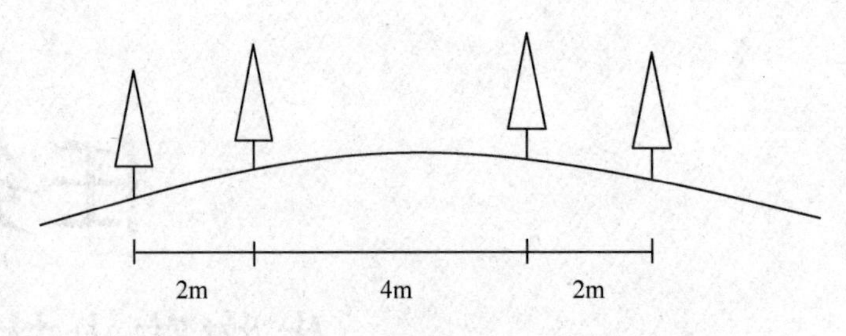

图 1-8 日本落叶松生物防火林带造林示意

二、结果提交

编写造林作业设计。

【相关基础知识】

1.7.1 绿色防火的概念

绿色防火指利用绿色植物(主要包括乔木、灌木及草本植物)，通过营林、造林、补植、引进等措施来减少林内可燃物的积累，改变火环境，增强林分自身的难燃性和抗火性，同时能阻隔或抑制林火蔓延。这种利用绿色植物通过各种经营措施，使其能够减少林火发生，阻隔或抑制林火蔓延的防火途径即谓“绿色防火”。在某种意义上，绿色防火也可称为生物防火。

1.7.2 我国防火林带可供选择的树种

防火林带应选择难燃、抗火、树冠浓密、适应性强、生长快的树种作为防火树种。另外，还应考虑种源丰富、栽植容易、成活率高、速生等树种特性。

(1)北方林区

①乔木：水曲柳、核桃楸、黄波罗、杨树、柳树、椴树、榆树、槭树、稠李、落叶松等。

②灌木：忍冬、卫矛、接骨木、白丁香等。

(2)南方林区

①乔木：木荷、冬青、山白果、火力楠、大叶相思、交让木、珊瑚树、茴香树、苦槠、米槠、构树、青栲、红楠、红锥、红苋油茶、桤木、蘘蒴栲、闽粤栲、杨梅、青冈栎、竹柏等。

②灌木：油茶、鸭脚木、柃木、九节木、茶树等。

1.7.3 防火林带技术规范

1.7.3.1 乔木防火林带是最佳的防火林带

根据我国植物防火林带的实践和层次分析，灌木防火林带的防火效能大于草本防火林带；亚乔木防火林带的防火效能大于灌木防火林带；乔木防火林带的防火效能大于亚乔木的防火效能。灌木防火林带只能阻止地表火的蔓延，乔木防火林带既能阻止地表火的蔓延又能阻止树冠火的蔓延。

1.7.3.2　山脊是营造防火林带的最佳位置

总结我国南方防火林带在生产上取得极大成功的原因，是营造山脊防火林带的结果。只有山脊防火林带的阻火效能最好。这是因为山的特殊空气动力和热辐射综合作用的结果。山脊强迫空气强烈上升，燃烧在山脊处又产生强大的反向气流，使上升气流更加强大，燃烧热迅速向高空流失。林缘防火林带、山脚防火林带和其他平坦地区的防火林带没有山脊防火林带这种特殊的空气动力和热辐射的功能，因此比较容易被火突破。

1.7.3.3　防火林带有效宽度

过去认为，防火林带的最低宽度应为被保护树高的1.5倍。一般被保护的松杉成林，树高约30m，因此防火林带最低宽度需45m。这与我国南方防火林带经验有效宽度(约10m)相差很大。

吴轶杰(1996)应用风洞实验，测出防火林带有效宽度两个关系式：

$$Y = -004\,61 + 0.018\,5x_1 + 0.250\,7x_2 + 0.367x_4 \tag{1-21}$$

$$Y = -0.023\,6 + 0.015\,1x_1 + 0.245\,6x_2 - 0.022x_3 + 0.014x_4 + 0.000\,1x_5 \tag{1-22}$$

式中　Y——防火林带有效宽度(m)；

x_1——可烧物载量(t/hm^2)；

x_2——林带的高度(m)；

x_3——可烧物的绝对含水率(%)；

x_4——风速(m/s)；

x_5——火线强度(kW/m)。

吴东亮等(1996)应用自己设计和制造的燃烧床，进行不同可燃物载量和不同坡度条件下，防火林带防火效能摸拟试验。试验结果，在坡度20.36°以下，可燃物载量在$15t/hm^2$以下，三行木荷防火林带就可以阻止林火的蔓延，这与我们风洞摸拟试验的结果一致。

经过检验，南方山脊防火线的宽度10m，4行木荷，就可以阻止火灾的蔓延。这与我国南方防火林带经验有效宽度一致。

根据朱廷耀等对防风林带的研究，理论上防风林带最适行数为4~8行，最适宽度为8~25m宽。这个结果与吴轶杰、吴东亮的研究结果一致。

1.7.3.4　防火林带垂直结构应为疏透结构

根据农田防护林带的研究，林带可分为紧密结构、疏透结构和透风结构(图1-9)。其中以疏透结构最为理想。通常用疏透度和透风系数作为衡量标准。疏透度，即以林带林缘垂直面的遮光孔隙的投影面积与该林带投影总面积之比(用小数或百分数表示)。林带结构与疏透度的关系如下：紧密结构的疏透度为0~10%；疏透结构的疏透度为15%~35%；透风结构的树干间疏透度大于60%，林冠层疏透度为0~10%。透风系数是指当风向垂直林带时，林带背风面林缘在林带高以下的平均风速与旷野同一高度的平均风速之比(以小数或百分数表示)。林带结构与透风系数的关系如下：紧密结构的透风系数<25%~30%；疏透结构的透风系数25%~30%至70%~75%；透风结构的林冠透风系数<25%~30%，树干层透风系数>70%~75%。理论上防火林带最适度透风系数为60%。

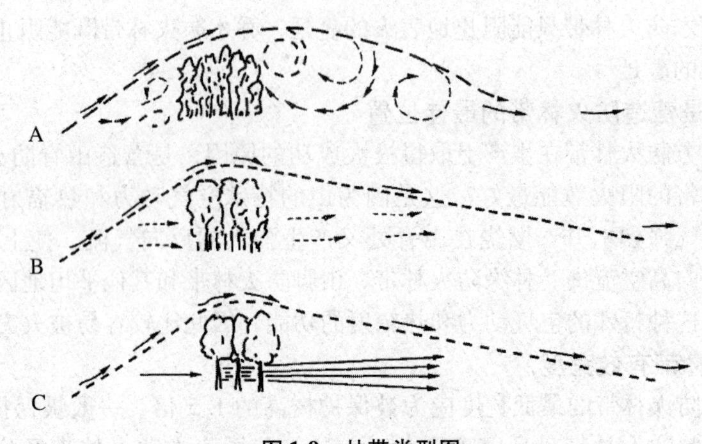

图 1-9 林带类型图

A. 紧密型；B. 疏透型；C. 透风型

(1)疏透结构林带有利于阻落飞火

防火林带的阻火作用主要机理之一是阻止火星的传播，阻止飞火的发生。因此，防火林带的垂直结构应该是疏透结构。只有疏透结构型的防火林带才能使火星穿透林带时被阻落。如果是紧密结构型，火星可随风飞越林带而造成飞火。

(2)疏透结构林带能有效地降低风速

不同结构的林带防护效果如图 1-10 所示，疏透结构在林带前后降低风速的效果比紧密型要好。

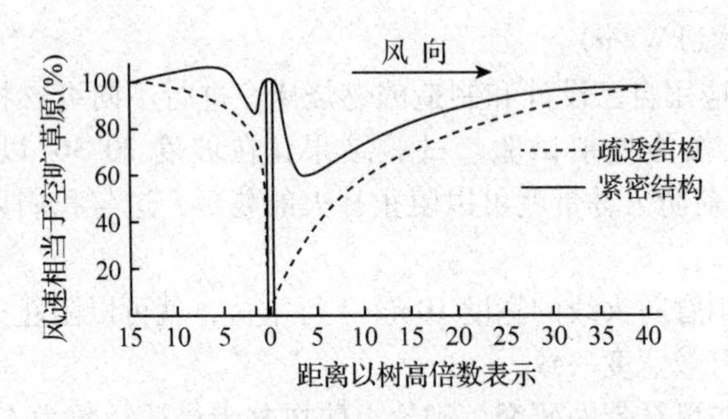

图 1-10 不同结构林带的防护效果

(3)疏透结构林带有利于反向气流的通行

森林燃烧时，火焰是顺风倾斜的，火头前方会出现反向气流(图 1-11)，在山脊上这种反向气流最易形成，并且强度最大，阻止火蔓延能力最强。因此，防火林带最好种在山脊上。为了使反向气流通行无阻，防火林带应为疏透结构。但为了有效地阻止地表火的飞火从林带的树冠下窜过，最好应保持防火林带的活枝下高在 2m 以下。活枝下高在 2m 以上，飞火可能穿过林冠下树干层。

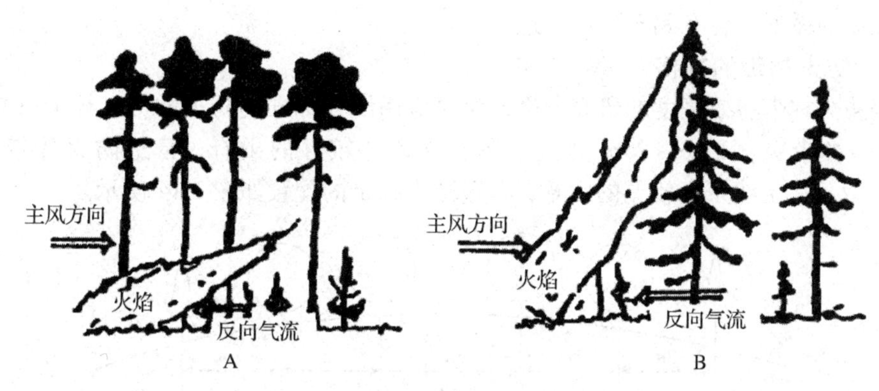

图1-11　火场风向

A. 地表火；B. 树冠火

1.7.3.5　防火林带营造时应适当疏植

防火林带种植密度是能否形成良好的树冠结构的关键，因为良好树冠的形成直接影响到阻火的时效性。为了提早使防火林带郁闭，过去营造防火林带时适当密植，强调三角形配植。由于防火林带的初植过密，3~5年后林带就基本郁闭。这种做法，只看到了3~5年或十几年的短期阻火效应，后期不能形成良好的树冠结构，忽视了20~30年甚至30~50年的长期阻火效应；与此同时，适当密植造成种苗的浪费和造林用工的增加。实践和试验证明，防火林带应为疏透结构，要适当疏植，仅推迟林带郁闭2~3年，但能充分发挥林带的后期作用，而且不须三角形配植。防火林带要保证完整性，不要有缺口，否则会形成缺口风(图1-12)，不能有效地起到阻火作用。

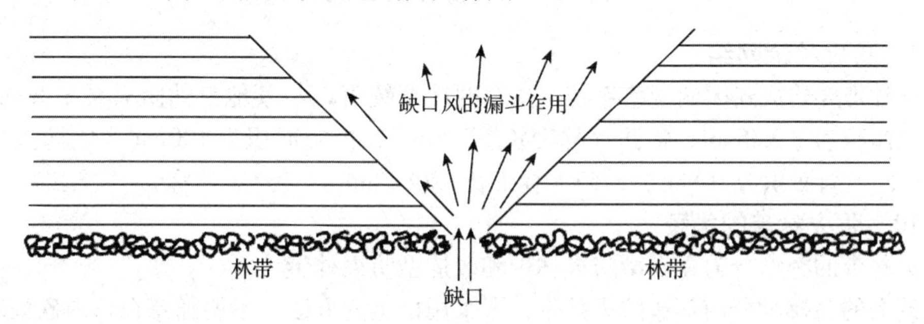

图1-12　通风林带的缺口风

1.7.3.6　防火林带应为单层纯林结构

过去认为复层混交林结构的防火林带有利提高阻火效能，乔木、亚乔木、灌木复层林带，乔木和亚乔木阻止树冠火的蔓延，灌木阻止地表火的蔓延。试验研究和实践证明正是林带下层的灌木阻止了反向气流的通行，降低了防火林带的阻止效能。混交防火林带由于树种间的强烈竞争，使林带不能形成良好的树冠层，易形成高干的林带，还有的树木受压枯死，造成林带内枯枝落叶较多，不利发挥林带的阻火效能。

1.7.3.7　防火林带中央应有4m以上的通道

为了保证防火林带的通行功能，在防火林带中央应有4m以上的宽带。这种宽带可以作为道路和扑火时的安全通道，有利于机械化作业，有利于良好树冠结构的形成；同时，宽带是气流的缓冲区，有利于降低风速。

1.7.3.8 防火林带的规格

根据防火林带有效宽度的研究成果，建议应用统一标准的防火林带，林带行数以4~8行为宜，林带宽度以8~25m为宜。在土壤条件较好的山脊，营造防火林带配置如图1-13所示。在土壤条件较差的山脊，营造防火林带的配置如图1-14所示。

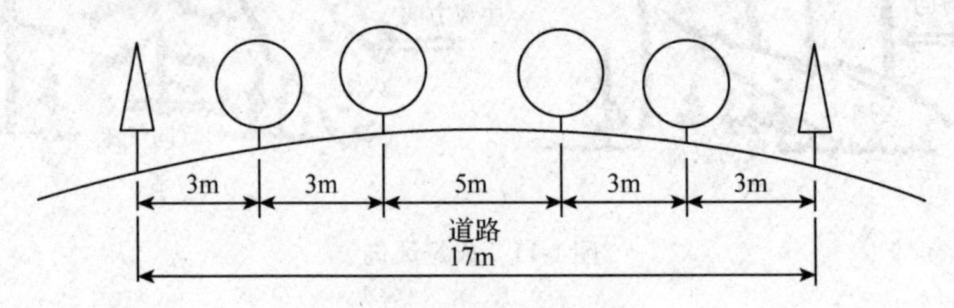

图1-13 17m宽的防火林带

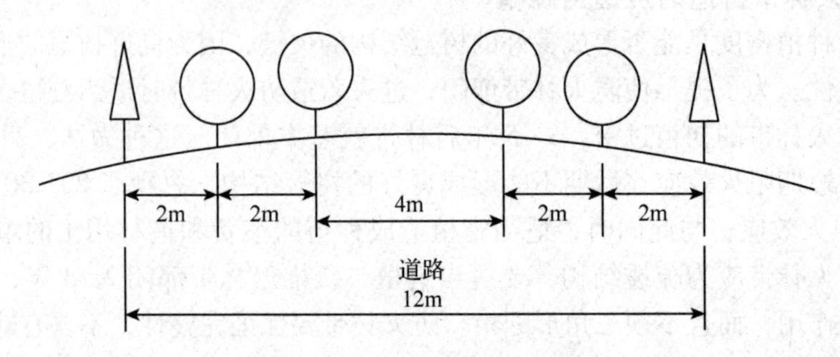

图1-14 12m宽的防火林带

1.7.3.9 防火林带网络

防火林带要构成封闭的网络系统，这个网络系统可以与其他自然阻火系统共同构成。如果控制面积为1 000hm^2，需防火林带长14m/hm^2；控制面积为100hm^2，需防火林带长40m/hm^2；控制面积为10hm^2，需防火林带长220m/hm^2。

1.7.3.10 防火林带的类型

防火林带的类型分为建设型防火林带和改造型防火林带。

在现有的易燃林分内新造防火林带，要采用慎重的方法。不要随意在林内砍伐现有林木而营造防火林带。因为防火林带的幼林，较易燃烧，而且不利于主伐作业。

在混交林和杂灌木地段营建防火林带可以采取逐步改造的方法，伐除易燃树种，促进具有防火功能的树种成长。

【拓展知识】

1.7.4 绿色防火的特点

(1)有效性

为了防止火灾发生，其措施之一是减少森林中易燃可燃物数量。绿色防火措施可以实现这一目的。通过抗火、耐火植物引进，不仅可以减少易燃物积累，而且可以改变森林环境(火环境)，使森林本身具有难燃性和抗火性，从而能有效地减少林火发生，阻隔或抑制林火蔓延。有些林区由于山田交错，森林与农耕区、各村庄居民点之间相互镶嵌，人为火源多而复杂，只要遇上高火险天气，就有发生火灾的危险。除了加强林火管理以外，通过建设和完善防火林带网络，既可阻隔农耕区引发的火源，又可控制森林火灾的蔓延，把火灾控制在初发阶段，把火灾面积控制在最小范围。

(2)持久性

利用抗火、耐火树种改变森林燃烧性和抗火性，林分形成防火效应，将会持久发挥作用。例如，东北林区的落叶松防火林带的防火作用至少能持续30~40年，这是其他任何防火措施所不及的。灌木防火林带的防火效应除见效快以外，亦能维持较长时间。草本植物、栽培植物防火林带与人类的经营活动密不可分，只要经营活动不停止，其防火作用仍继续发挥。如利用黄芪、油菜、小麦等野生经济植物和栽培作物建立绿色防火林带，只要人们在带上从事其经营活动，防火林带就能持久地起防火作用。

(3)经济性

选择具有经济利用价值(用材、食用、药用等)的植物(野生和栽培植物)建立绿色防火林带，在发挥其防火作用的同时，还可取得一定的经济效益。在防火线上种植具有经济价值的植物，防火期到来前，这些经济作物一方面产生直接经济效益，另一方面能够改良土壤，保持土壤肥力，避免生土带防火作用失效产生维修费用。经济作物收获后，防火期到来，留下的农田又是良好的防火线，发挥防火作用，直到春防经营活动开始，周而复始，持续发挥防火作用。据调查，内蒙古呼盟有些地区在防火线上种植小麦产量在4 500kg/hm^{2}以上，种植油菜可产油菜籽2 250kg/hm^2，经济效益十分可观。

(4)社会意义

随着森林可采资源的不断减少，林区“两危”日趋严重，极大地影响了林区人民的生产和生活。而绿色防火工程可增加林区的就业机会，活跃林区经济，缓解林区“两危”，改善林区人民生活。因此，绿色防火工程的开展具有重要的社会效益。

(5)生态意义

绿色防火措施能够调解森林结构，增加物种的多样性，从而增加森林生态系统的稳定性；绿色防火线的建立，可以绿化、美化、净化人类赖以生存的生态环境。防火林带的建设，把山脊上的防火线、田边、路边、山脚下的空地都利用起来，提高了森林覆盖率，能保持水土，体现出森林的综合效益和多种功能。总之，绿色防火不仅是有效、持久、经济的防火措施，而且具有重要的生态和社会意义，是现代森林防火的发展方向。

1.7.5 绿色防火机理

可燃物是森林燃烧的物质基础，绿色防火的机理就是不断调节可燃物的类型、结构、状态和数量，降低其燃烧性，从而达到阻火和抑制火蔓延的目的。

1.7.5.1 森林可燃物燃烧性的差异

不同森林可燃物的燃烧性有很大差异。植物种类不同，有易燃、可燃和难燃的差别。易燃植物组成的森林则易燃，难燃植物组成的森林则难燃，而易燃植物和难燃植物构成的森林，其燃烧性大小主要取决于易燃或难燃成分的比例。绿色防火就是利用可燃物燃烧性之间的差异，以难燃的类型取代易燃类型，从而达到预防和控制火灾的目的。

1.7.5.2 森林环境的差异

荒山、荒地、林间空地、草地等地段一般多生长喜光杂草，在防火季节易干枯，易燃烧，而且蔓延快，常引起森林火灾。如果将这些地段尽快造林，使其被森林覆盖，环境就会发生变化，林内光照少，不利喜光杂草生长，同时气温低，湿度大，林内风速小，可燃物湿度相应增大，不易发生燃烧。

林内小气候也是影响森林燃烧的重要因素。表1-38说明，不同林分的日平均相对湿度、最小湿度都以火力楠纯林最高，混交林次之，杉木纯林最小；而日均气温、最高气温、日均光照强度都以杉木纯林最高，混交林次之，火力楠纯林最低。因此，从三种林分构成的小气候特点来看，易燃性以杉木纯林最大，混交林次之，火力楠纯林最小。

表1-38 不同林分的小气候特征值

林分类型	杉木纯林	杉木火力楠混交林	火力楠纯林
日均气温(℃)	28.7	28.2	27.2
最高气温(℃)	32.9	31.4	31.1
日均湿度(%)	88	91	93
最小湿度(%)	80	86	86.5
光照强度(lx)	9 510	5 230	3 800

林分郁闭度也可以影响林内小气候，影响可燃物的种类和数量，进而影响森林燃烧性。例如，我国大兴安岭林区的兴安落叶松林郁闭度差异很大，其燃烧性差异亦很大。郁闭度为0.4~0.5类型的林分，林下喜光杂草和易燃灌木多，林内小气候变化大，林内易燃可燃物容易变干，火险程度高；郁闭度为0.6~0.7的林分，林下喜光杂草和易燃灌木明显减少，但凋落物的数量明显增多，林内小气候较稳定，火险程度有所降低；郁闭度0.7以上的林分，林下几无喜光杂草和灌木，大量凋落物形成地毯状，林内小气候稳定，不仅火险程度低，而且有较好的阻火能力，是大兴安岭地区较好的天然阻火林。

1.7.5.3 种间关系

利用物种之间的相互关系，降低森林燃烧性。如营造针阔混交林，改变纯针叶林的易燃性，提高整个林分的抗火性能，同时还有的物种能起到抵制杂草生长的作用，减少林下可燃物，提高林分的阻火性能。混交林树种间通过生物、生物物理和生物化学的相互作用，形成复杂的种间关系，发挥出混交效应。从阻火作用分析，由于树种隔离，难燃的抑制易燃的树种；从火环境分析，混交林内温度低，湿度大，降低燃烧性。针阔混交可增加凋落物，且分解速度快，并有利于各种土壤微生物的繁衍，提高分解速率，减少林下可燃物的积累，增强林分抗火性能。

1.7.5.4 物种对环境的适应

东北林区的旱生植物，在春季防火期内，先开花生长，体内有大量水分，不易燃烧，防火期结束则此类植物随之枯萎。生活在大兴安岭溪旁的云杉林，其本身为易燃植物，由于长期生活在水湿的立地条件下，而对其生境产生适应，在深厚的树冠下生长有大量藓类，阳光不能直射到林地，藓类又起隔热的作用，使林地化冻晚。1987年“5·6”大火，林火未能烧入其林内，此类林分能够免遭林火毁坏得以保存就是物种对环境适应性的佐证。

上述诸多因素的相互作用、相互影响，是生物阻火发挥作用的重要原因。生物防火是有条件的。生物阻火林带随着树种组成的不同，林带结构、立地条件以及天气条件的差异，其本身的阻火能力大小也不相同。

【巩固练习】

一、名词解释

绿色防火

二、填空题

1. 绿色防火指利用________通过各种经营措施，来减少林内可燃物的积累，改变火环境，增强林分自身的难燃性和抗火性，同时能阻隔或抑制林火蔓延。

2. 绿色防火可以利用可燃物燃烧性之间的差异，以________类型取代________类型，从而达到预防和控制火灾的目的。

3. ________防火林带是最佳的防火林带，________是营造防火林带的最佳位置，防火林带垂直结构应为________。

4. 在混交林和杂灌木地段营建防火林带可以采取逐步改造的方法，伐除________树种，促进具有防火功能的树种成长。

5. 绿色防火的机理就是不断调节________的类型、结构、状态和数量，降低其________，从而达到阻火和抑制火势蔓延的目的。

三、选择题

1. 下列防火林带中，防火效能最高的是(　　)。

A. 乔木　　B. 亚乔木　　C. 灌木　　D. 草本

2. 防火林带的最佳位置，应该是(　　)。

A. 山脊　　B. 阳坡、半阳坡　　C. 阴坡、半阴坡　　D. 山脚

3. 关于防火林带垂直结构，最理想的是(　　)。

A. 紧密结构　　B. 疏透结构　　C. 透风结构　　D. 复层混交林

4. 关于防火林带的营造，下列说法不确切的是(　　)。

A. 过去通常认为防火林带应为紧密结构，强调适当密植，而实践和试验证明，防火林带应为通风结构，提倡疏植

B. 复层混交林结构的防火林带有利提高阻火效能，因此提倡复层混交林型防火林带

C. 防火林带中央应有4m以上的宽带，作为道路和扑火时的安全通道，还可以降低风速，阻落飞火

D. 防火林带要构成封闭的网络系统，这个网络系统可以与其他自然阻火系统共同构成

5. 下列树种中不可作为生物防火林带的树种是(　　)。

A. 水曲柳　　B. 核桃楸　　C. 刺槐　　D. 蒙古栎

四、判断题

1. 防火林带，应该适当密植，提早林带的郁闭，减少杂草的丛生，郁闭后再适当间伐即可。(　　)

2. 阻火林带应为单层纯林结构，才有利于形成良好的树冠层，和保持通风状态，减少林带内枯枝落叶，发挥阻火效能。(　　)

3. 绿色防火具有有效性、速效性、经济性。(　　)

五、简答题

1. 试述疏透结构防火林带有何优势。

2. 简述绿色防火的特点。

项目2 森林火险预测预报

【项目描述】

森林火险是森林火灾发生的前提条件，受自然条件、社会和经济活动、人类行为等因素的影响，导致森林火险具有不确定性。

森林火险可分为时段性森林火险、物候性森林火险、区划性森林火险。其中时段性森林火险，国家林业局于2016年6月1日实施的《森林火险预警信号分级及标识》标准，将森林火险等级分为五个级别；物候性森林火险，《森林防火条例》第二十三条第一款规定："县级以上地方人民政府应当根据本行政区域内森林资源分布状况和森林火灾发生规律，划定森林防火区，规定森林防火期，并向社会公布。"如辽宁省森林防火期：10月1日至翌年5月31日；区划性森林火险，中华人民共和国林业部（现国家林业局）在1995年6月22日发布《全国森林火险天气等级（LY/T 1172—1995）》标准，将森林火险等级分为三个级别。

本项目包括：林火环境调查与分析、森林火险等级预报和森林火险区划等级。

通过本项目的学习，森林防火工作者应该弄清楚本地区的时段性森林火险、物候性森林火险和区划性森林火险的等级，提前采取措施，做到防患于未然。

任务 1

林火环境调查与分析

【任务描述】

森林中积累了大量的可燃物，有时虽有火源存在，但能否着火，着火后能否成灾，还受到林火环境的影响，简而言之，林火环境可以影响森林火险。所以，通过一定区域内的林火环境调查与分析，为森林火险等级预报奠定基础。

【任务目标】

1. 能力目标

①能够正确的使用各种仪器，准确的测定出林火环境因子。

②能够分析出林火环境对林火发生发展的影响，并提出合理性的建议来减少森林火灾发生。

2. 知识目标

①了解林火的分布规律。

②掌握气象因子、地形因子对林火发生、发展的影响。

③掌握扑火危险地段有哪些。

④掌握森林防火期和森林防火戒严期的概念。

【实训准备】

通风干湿表、雨量器、风速仪、海拔仪、森林罗盘仪、空盒气压表。

【任务实施】

一、实训步骤

1. 选择调查地

选择具有不同林火环境特点的林分。

2. 林火环境因子调查

(1)空气温度与湿度的测定

利用通风干湿表测定空气温度与湿度。

①湿球纱布包扎：用统一规定的吸水

性良好的纱布包扎球部。包扎时，洗干净手后，再用清洁的水将球部洗净，然后用长约10cm的新纱布在蒸馏水中浸湿，平贴无皱折地包卷在水银球上(纱布的绝大部分留在下边)，纱布的重叠部分不要超过球部周围的1/4；包好后，用纱线把高出球部上面的纱布扎紧，再将纱布弄平，用纱线把球部下面的纱布紧靠着球部扎好，不宜过紧，最后剪掉多余的纱线。冬季，湿球纱布开始结冰后，取走水杯，并在湿球球部下端2~3mm处剪断。

②湿润湿球纱布：用滴管吸满蒸馏水，管口朝上，慢慢地垂直插入内套管内湿润纱布大约5~10s，然后小心地抽出滴管。

③上发条通风：用钥匙上发条(切忌过紧，应剩下一转)，开动风扇。当风扇转动时，空气由防护管吸入，经过中心管，由顶部的排气口排出，可保持温度表球部附近的风速稳定于2.5m/s。

④悬挂仪器：发条上好后，应小心地将通风干湿表挂在测杆上，距地面1.5m高。

⑤观测：仪器挂好后，经过4~5min，方可读数。

当气温低于0℃时，为使温度表充分感应所测环境，应于读数前30min，湿润纱布，上发条，挂在所测环境中。读数前4min再通风一次，但不再润湿纱布。观测时应注意湿球是否结冰，示度是否稳定。当风速大于4m/s时，应将防风罩套在风扇迎风面的缝隙上，使罩的开口部分与风扇旋转方向一致，这样不影响风扇的正常旋转。

⑥运用《湿度查算表》查算出空气中的相对湿度。

⑦每个测点连续测3次取平均值。结果记录于表2-1林火环境因子调查记载表中。

(2)降水量的测定

用雨量器测定降水量。

①雨量器的放置：选择上面或附近没有遮挡物的开阔地点，固定好雨量器，避免被风吹倒。

②读数：当每一次降雨后，将储水瓶取出，把水倒入量杯内。从量杯上读出的刻度数(mm)就是降水量。结果记录于表2-1林火环境因子调查记载表中。

(3)风向、风速的测定

利用轻便风向风速表测定风向、风速

①风向的观测：观测者手持仪器至高出头部并保持垂直，风速表刻度盘与当时风向平行，且观测者站在仪器的下风向，然后拉下制动小套管，并向右转动，启动方位盘使其能自由转动，按当地磁子午线方向稳定下来后，注视风向标约2min，根据其摆动的中间位置记录风向。

②风速观测：待风杯旋转约30s后，按下风速按钮启动仪器，等指针自动停转后，读出风速示值，据此值从风速检定曲线上查出实际风速，取1位小数。

③每个测点连续测3次取平均值。结果记录于表2-1林火环境因子调查记载表中。

(4)气压的测定

利用空盒气压表测定气压。

①使用时请将空盒气压表水平放置。

②读数请用手指轻轻扣敲仪器外壳或表面玻璃，以消除传动机构中的摩擦。

③观察时指针与镜面指针相重叠，此时指针所指值数即为气压表示值(Ps)，读数精确到1位小数。

④气压值的求数：仪器上读取的气压表示值只有经过下列订正后方能使用。

a. 温度订正：由于环境温度的变化，将会对仪器金属的弹性产生影响，因此必须进行温度订正。温度订正值可由下列计算：

$$\Delta Pt = a \times t$$

式中　ΔPt——温度订正值；

a——温度系数值（检定证书上附有）；

t——温度表读数。

b. 示度订正：由于空盒及其传动的非线性，当气压变化时就会产生指示误差，因此必须进行示度订正。求算方法：根据检定证书上的示度订正值，在气压表示值相对应的气压范围内：用内插法求出订正示值 ΔPs。

c. 补充订正：为消除空盒的剩余变形对示值产生的影响，从检定证书上得到补充订正值 ΔPd。

d. 经订正后的气压值可由下式示出：$P = Ps + (\Delta Pt + \Delta Ps + \Delta Pd)$。

⑤每个测点连续测 3 次取平均值。结果记录于表 2-1 林火环境因子调查记载表中。

(5) 坡度的测定

用森林罗盘仪测定坡度。

①仪器的放置：将仪器旋紧在三脚架上，调整安平机构，使两水准器气泡居中，即仪器安平。

②确定目标点：确定远处与目镜高度相同的目标点。

③瞄准目标点：根据眼睛的视力调节目镜视度，使之清晰地看清十字丝，然后通过粗照准器，大致瞄准观测目标，再调整调焦轮，直到准确的看清目标。

④读数：读竖直度盘，指针所指读数即为坡度。

⑤每个测点连续测 3 次取平均值。结果记录于表 2-1 林火环境因子调查记载表中。

(6) 坡向的测定

利用森林罗盘仪测定南北方位，然后确定坡向。结果记录于表 2-1 林火环境因子调查记载表中。

(7) 海拔高度的测定

利用 GPS 测定海拔高度，每个测点连续测 3 次取平均值。结果记录于表 2-1 林火环境因子调查记载表中。

二、结果提交

编写林火环境调查报告，主要内容包括调查目的、实验方法、测定步骤，每个实验步骤都要有名、有责，分析林火环境对森林火灾的影响。实验数据记录表以附件的形式出现，装订成册。

表 2-1　林火环境因子调查记载表

编号：__________

时间：__________　地点：__________省__________市__________县(局)__________场(所)

林分名称	测定因子								
	温度（℃）	相对湿度（%）	降水量（mm）	风向	风速（m/s）	气压（mmHg）	坡度（°）	坡向	海拔高度（m）

测定人：__________　填报人：__________

【相关基础知识】

林火环境是指除可燃物和火源外的其他影响着火、蔓延和能量释放等所有因素的综合。主要包括气象因子、地形条件等。

2.1.1 气温对林火的影响

气温是用来表示大气冷热程度的物理量，是指距离地面1.5m高处的空气温度，温度常用摄氏度(℃)表示，以百叶箱中干球温度为代表。描述气温的指标主要有最低温度、最高温度、平均温度、日较差、年较差等。气温的高低主要取决于太阳辐射强度，太阳辐射强度大，地面长波辐射强，气温高；反之亦成立。所以，每天的气温以日出前最低，以午后14:00左右最高(图2-1)。

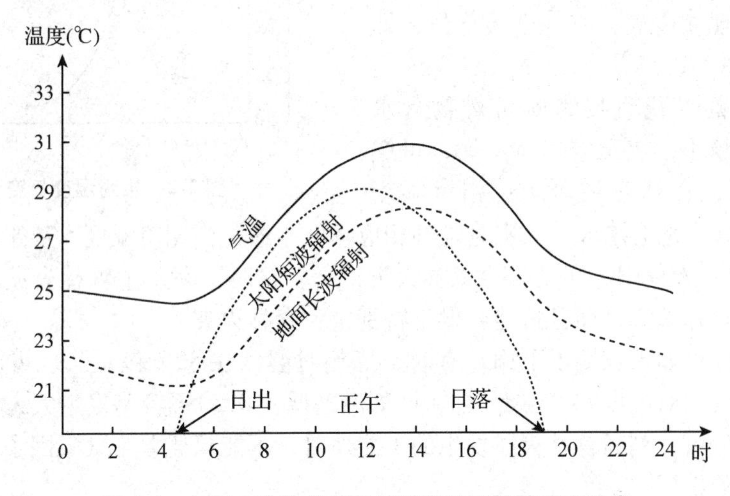

图2-1 气温日变化的平均情况和地面热量收支示意

气温是影响林火发生的重要因子，往往用日最高气温作为某一地区森林着火与否的主要指标。原因主要有两个方面：①气温越高，越能促使可燃物的水分蒸发，加速可燃物的干燥；②气温越高，越能促使可燃物本身的温度升高，进而导致可燃物达到燃点所需热量大大减少。所以温度越高，森林火灾发生的危险性就越大。据黑龙江省各气象台、站开展火险天气预报积累的经验和普查统计，当气温达到12℃时，森林火灾次数开始增多；15℃以上，森林火灾经常发生；气温高于20℃时，森林火灾可大量发生；当气温低于5℃，即使着火，燃烧也缓慢；0℃以下时，很少发生森林火灾。

月平均气温是指月内每日平均气温的均值。根据黑龙江省调查，月平均温度在-10℃以下时，一般不发生火灾；-10~0℃时可能发生森林火灾；0~10℃时发生火灾的次数最多，危害严重，这时正是该地雪融、风大的干旱季节；11~15℃时，草木复苏返青，火灾次数逐渐减少；>15℃时，一般不容易发生森林火灾。

一日内最高气温与最低气温的差值，称为气温的日较差，气温日较差的大小和纬度、季节、地表性质及天气情况等有密切关系。纬度越低日较差越大。据统计，低纬度地区的气温日较差平均为12℃，中纬度地区为7~9℃，高纬度地区为3~4℃；夏季温差大于冬季；陆地温差大于海洋；晴天大于阴天；沙漠地区大于其他地区；火烧迹地区大于周围地区。对于大兴安岭地区，当日较差＜12℃时，往往是阴、雨、雾天气较多，火险较低；当日较差＞20℃，往往形成晴朗的天气，白天增温剧烈，午后风速增大，出现高火险天气。

2.1.2 空气湿度对林火的影响

空气湿度是用来表示空气中水汽含量和湿润程度的气象要素，指标有水汽压，绝对湿度、相对湿度、饱和差、露点温度，常用的指标是相对湿度。

相对湿度是指空气中实际水汽压与同温度下饱和水汽压之比，单位用百分数表示(%)。相对湿度的日变化随气温有规律的变化，气温越高，相对湿度越小；气温越低，相对湿度越高。因此，相对的日变化有一个最高值，即出现在清晨；有一个最低值，即出现在午后(图 2-2)。

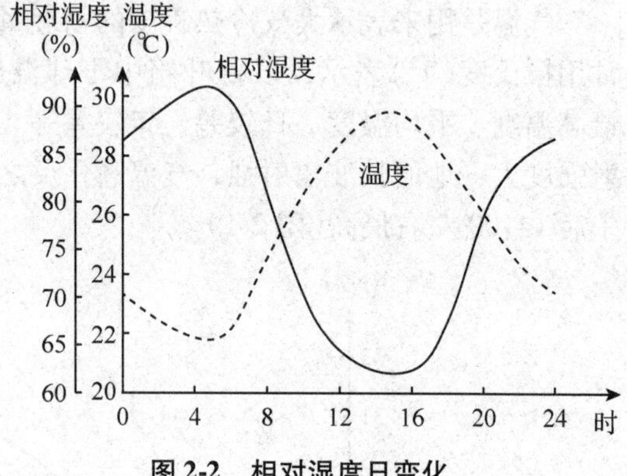

图 2-2 相对湿度日变化

相对湿度的变化直接影响可燃物含水量，相对湿度越小，表示空气越干燥，可燃物含水率越低，森林容易着火；相对湿度大，可燃物的含水率会增大，火灾危险性相应降低。通常当相对湿度＞75%时，不会发生森林火灾；55%~75%时，可能发生森林火灾；＜55%时，易发生森林火灾；＜30%以下时，极易发生森林火灾，而且可能会发生特别重大森林火灾。

但也有例外，如果长期不下雨，有时空气相对湿度在80%以上，也可能发生森林火灾。另外，空气相对湿度和气温都很低时(如温度低于0℃)不容易发生大火灾。所以，在依据气象因子分析、判断森林火灾发生的可能性时，不能只凭单一气象因子，而应该考虑综合气象因子的作用。

2.1.3 降水对林火的影响

降水是影响森林火灾的主要因素之一。降水增加可燃物的含水量，特别是死的可燃物的含水量增加量大，并且增加土壤含水量，使燃烧的森林火灾熄灭，或使森林不发生火灾。降水对森林火灾的影响主要是降水量、降水形式、降水间隔期(干旱期)。

某一地区一般年降水量超过1 500mm，且分布均匀，一般不会或很少发生森林火灾。如热带雨林，终年高温高湿，就不容易发生火灾。若年降水量多但分布不均，在干旱季节也会发生森林火灾。一般月降水量在100mm以上，并且时间分布均匀时，就不发生或很少发生森林火灾。如果月降水分布不均匀，即使月降水接近100mm，甚至在300mm左右，仍然会发生森林火灾。

除了降水量外，很大程度上还决定于降水强度和降水形式。在降水量相同的情况下，毛毛状降水对可燃物的湿度影响最大，连续性降水比阵性降水影响大。由于森林树冠能截留大量降水，通常一次降雨的降水量＜1mm时，林内地被物的含水率基本没多大变化；2~5mm的降水量，能使林下可燃物含水率大大增加，一般不易发生火灾，即使发生森林火灾也会大大降低火势；＞5mm时能使林下可燃物含水率达到饱和状态，不会发生森林火灾。降雪对可燃物的湿度影响比降雨大，雪能增加林分内的空气湿度，又能覆盖可燃物，使之与火源隔离，因此一般积雪融化前，不会发生火灾。霜、露、雾大约可增加死可燃物10%的含水量，对降低可燃物的易燃性和减少森林火灾的危险性也有一定的作用。

降水间隔期越长(即连续干旱)，林内地被物越干燥，越容易发生火灾。在大兴安岭林区春季防火期间，有人统计，连旱天数超过10天，就容易发生火灾；如果连旱天数超过20天，往往就会出现特大火灾。据有人计算，连旱天数与火灾面积成直线函数关系。如果连旱4天，火灾面积为1.4hm^2，6天为6hm^2，16天为225hm^2，30天为$2.0\times10^4hm^2$，68天为$5.0\times10^5hm^2$。1987年1~4月中，大兴安岭地区的漠河、阿木尔旬降水量均<5mm，比历年同期减少37%~46%，这就形成了大兴安岭发生特大森林火灾的干旱条件。

2.1.4 风对林火的影响

风是影响林火蔓延和发展的重要因子，其原因主要表现在三个方面：①风能带走林内的水汽，降低林内空气湿度，加速可燃物干燥，增大林火发生的可能性；②风还能补充火场的氧气，加速燃烧进程，使火烧得更旺；③同时，风还能改变热对流，增加热量向下流动，明显增加火头前方的热量，加速火的蔓延。据大兴安岭林区15年的统计资料表明，重大和特大森林火灾，有80%以上是在五级以上的大风天气下发生的。例如，1977年、1979年的春季火灾，在18m/s以上大风的作用下，两次大火都越过了300m宽的嫩江。所以，谚语“火借风势，风助火威”就说明了风与火的关系。从一般经验看，平均风力三级或以下时，用火或扑火都比较安全；平均风力达到四级或以上时，危险性加大。月平均风速与森林火灾发生次数的关系见表2-2。

表2-2　月平均风速与火灾次数的关系

月平均风速(m/s)	森林火灾次数(次)	占百分比(%)
≤2.0	1	1
2.1~3.0	23	20
3.1~4.0	31	25
>4.0	64	54

总之，风速越大，火灾次数越多，火烧面积越大，风速越大，大气乱流越强，火焰越高。当风力很大时，还易形成“飞火”。特别是在连旱、高温的天气条件下，风是决定森林大火的重要因子。

2.1.5 气压对林火的影响

地球表面单位面积上所受到的大气压力称为气压。气压的变化能直接影响气温、相对湿度、降水、风等因子的变化。高气压能形成晴朗天气，气温高、相对湿度小、空气干燥，易发生森林火灾。在低气压情况下，则易形成云雾和降水的天气，通常不易发生火灾(图2-3)。我国北方，森林火灾的发生主要受贝加尔潮气旋、蒙古气旋、华北气旋及北部或西部向东北延伸的高压等影响。南方地区，当受到太平洋副热带高压控制时，往往形成高温多雨(或台风)天气，此时正是南方植物生长的旺盛时期，气候湿润，可燃物含水量多，一般不发生或很少发生森林火灾；当受到西南暖气流控制时，多形成低温、阴雨（梅雨）的气候，一般也不易发生火灾；当受到西北寒流控制时，多形成低温、干燥、大风的气候，植物也处于停止生长状态，就容易发生森林火灾，此时也正是南方地区的冬季和春季。

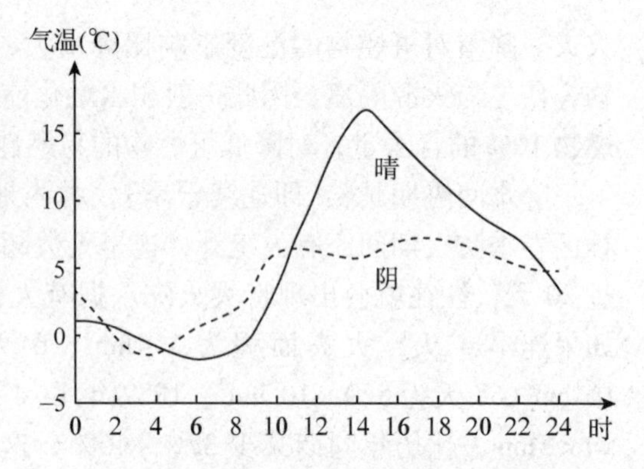

图 2-3　气压与天气、气温的关系图

2.1.6　气候对林火的影响

气候是指某地区多年综合的天气状况。气候条件对森林火灾的影响表现在以下三个方面：①气候决定特定地区的火灾季节长度和周期；②气候决定特定地区的可燃物状况（森林、草原等）；③气候决定特定地区的森林火灾的严重程度。

2.1.6.1　世界气候带对林火的影响

一般将世界气候分为低纬度气候、中纬度气候、高纬度气候和高地气候四大区。各区又分为若干气候型（图 2-4）。它们与森林火的关系如下：

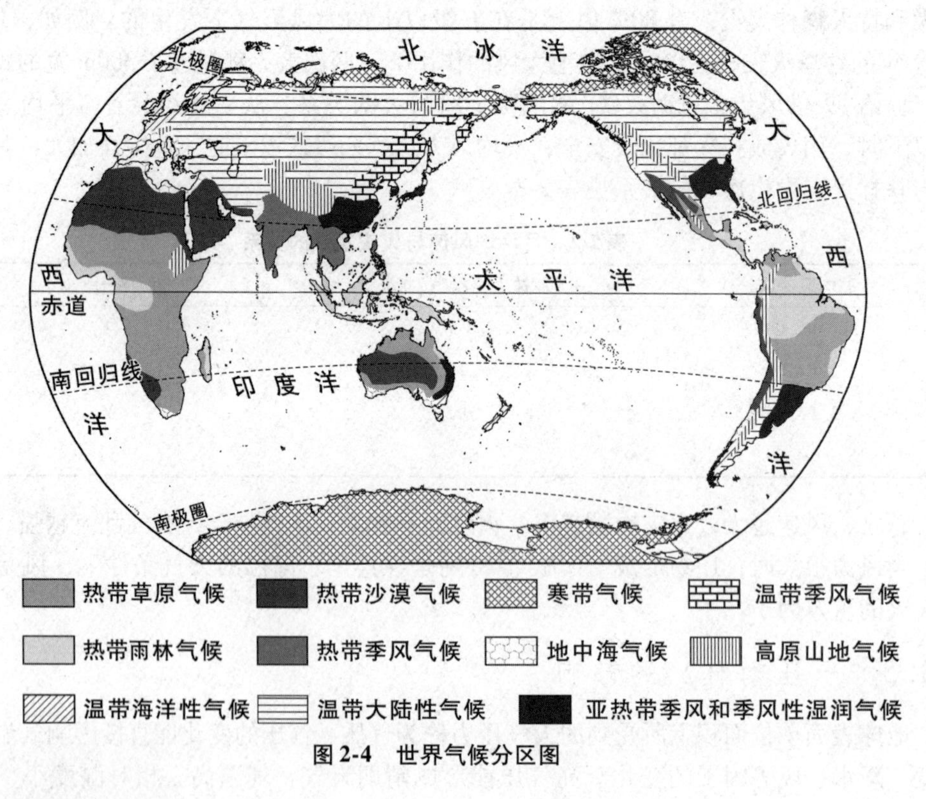

图 2-4　世界气候分区图

（1）低纬度气候区

赤道多雨气候：基本无森林火灾；热带海洋性气候：少森林火灾；热带干湿季风气候：干季常发生森林火灾；热带季风气候：这个区的植被类型称热带季雨林，每当夏季风和热带气旋运动不正常时，就会引起旱涝灾害，旱灾时就可能发生森林火灾；热带干旱气候、热带多雾干旱气候、热带半干旱气候：这是森林火灾严重区。

(2)中纬度气候区

副热带干旱气候、副热带半干旱气候：是森林火灾区；副热带季风气候：我国南部地区处于这一气候区，冬春常发生森林火灾；副热带湿润气候：少森林火灾；副热带夏干气候(地中海气候)：夏季常发生森林火灾；温带海洋性气候：少森林火灾；温带季风气候：我国北部处于这一气候区，春秋常发生森林火灾；温带大陆性湿润气候：仍有森林火灾；温带干旱气候、温带半干旱气候：我国西北地区处于这种气候区，较易发生森林火灾。

(3)高纬度气候区

副极地大陆性气候：如果夏季出现干旱，则易发生森林火灾；极地苔原气候：自然植被是苔藓、地衣以及某些小灌木，很少发生火灾。

(4)高地气候区

由于高地的高度差很大，一座高山，会出现不同的气候带，出现各种植被，森林火灾呈现复杂的状况。

因此，从地理上看，热带地区及地球两极地区，火对森林的影响和作用要小些；而在地球的其他地区，火对森林的作用和影响就不容忽视。

2.1.6.2　我国气候带对林火的影响

我国按气温划分为热带、亚热带、暖温带、温带、寒温带、高寒区域(图2-5)森林火灾的危险性从南到北逐渐加强。

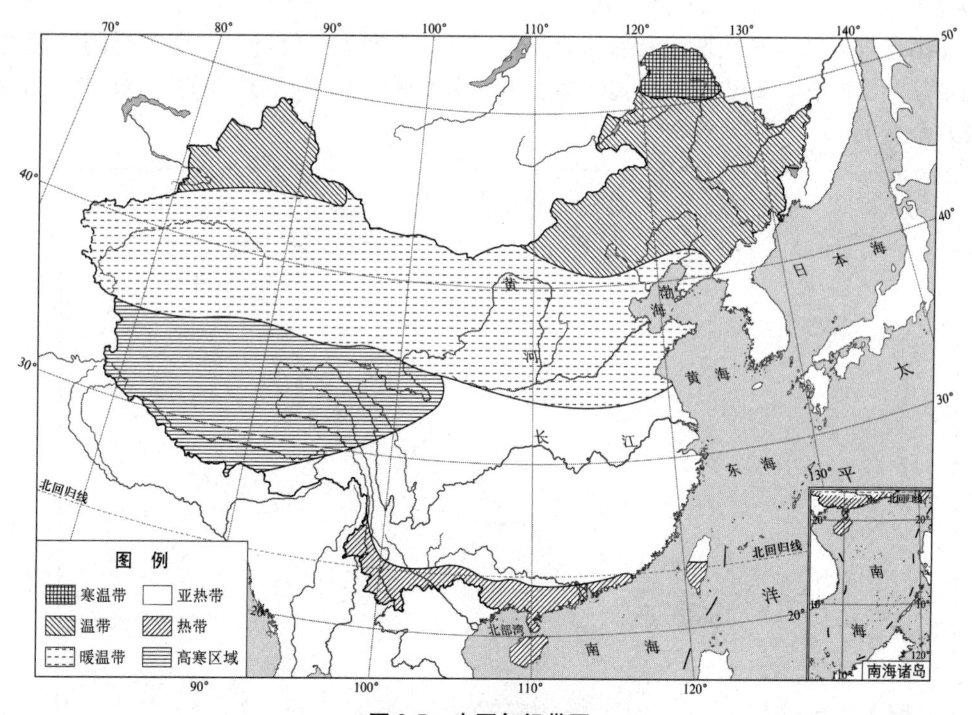

图2-5　中国气候带图

从我国的大气水分状况，可分为旱季较不显著的湿润区、旱季显著的湿润区、半湿润区、半干旱区、干旱亚区、极端干旱亚区(图2-6)。森林火灾的危险依照以上次序逐渐增强。

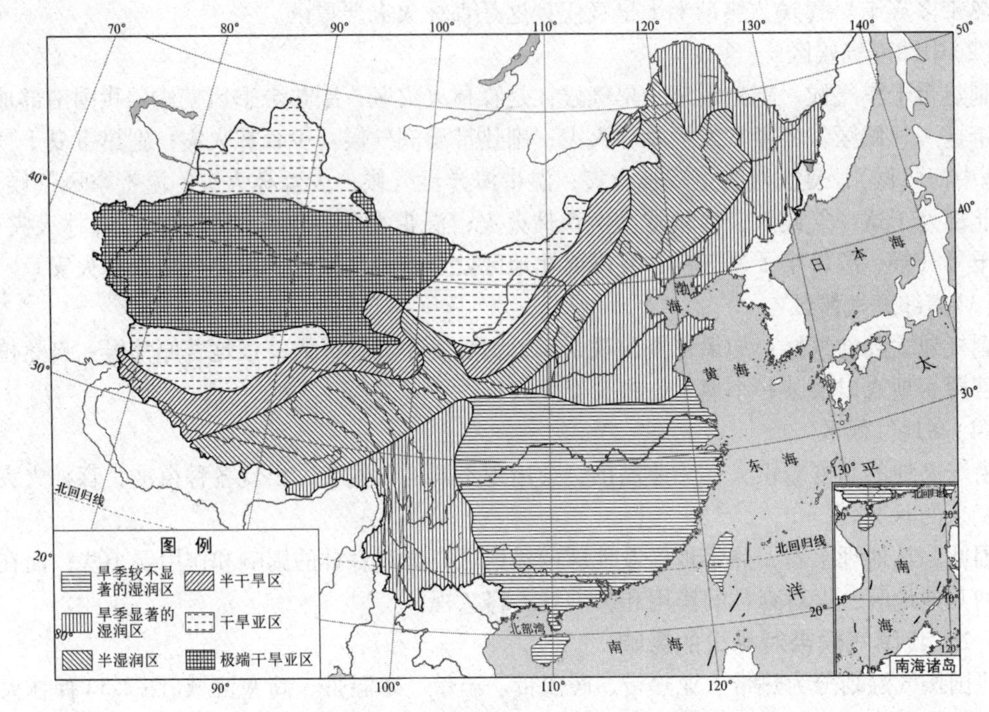

图 2-6　中国大气水分状况分区概图

我国各气候带水平地带性的森林的分布，可分为寒温带针叶林、温带针阔叶混交林、暖温带落叶阔叶林、亚热带常绿阔叶林、热带季雨林(图 2-7)。森林的燃烧性按以上次序由强逐渐变弱。

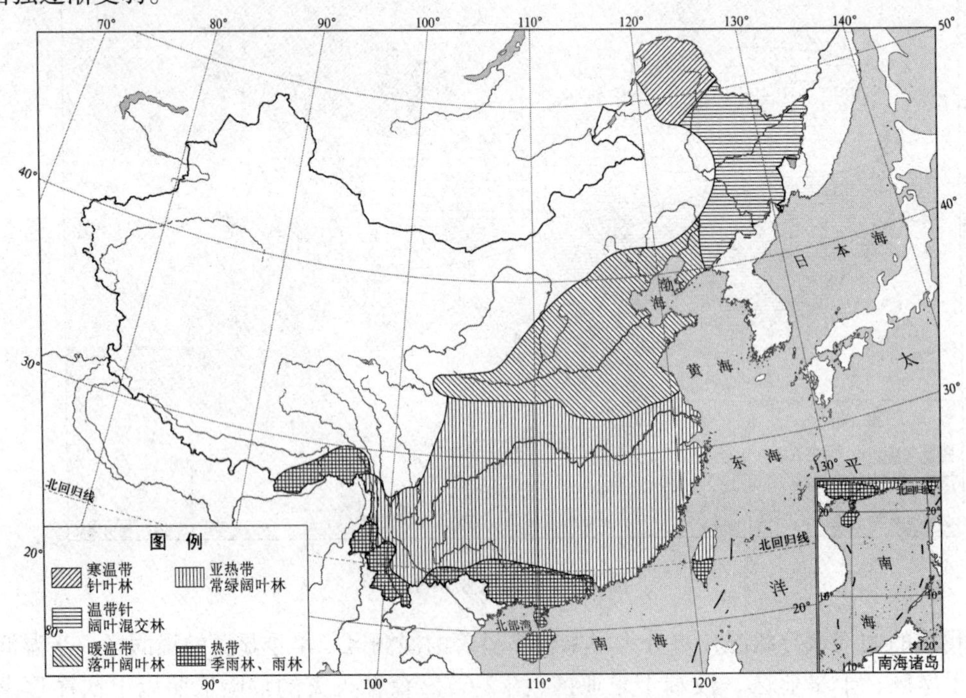

图 2-7　中国各气候带森林水平地带性分布规律图

所以，我国的林火发生呈现地理性分布规律，与因纬度变化引起的气候和植被的变化规律是基本一致的。低纬度热带地区，植被为常绿阔叶林组成的热带雨林，常年高温高湿，降水量多，而且分布均匀，相对湿度常在90%以上，没有明显的干湿季节，一般不发生森林火灾。随着纬度增加，进入亚热带和暖温带地区，森林植被主要为常绿阔叶林和落叶阔叶林以及针阔叶混交林，有明显的干湿季之分，降水集中在湿季，干季为森林火灾季节。当纬度继续北移温带地区，森林主要为针阔叶混交林，夏季多雨湿润，冬季积雪，春秋两季干旱且风大，是森林火灾多发季节，且以春季更为严重。当纬度增加到北纬50°以北，为寒温带和寒带地区，森林多为针叶林，气候寒冷，冬季漫长，积雪常达6~7个月，森林火灾主要发生在春秋两季。当纬度增加至极地冻原和极地荒漠，没有森林分布，气候极端寒冷，偶尔发生苔原火。

2.1.7 地形对林火的影响

地形是地表起伏的形势。根据陆地的海拔高度和起伏的形势，可分为山地、高原、平原、丘陵和盆地等类型。通常的地形图用等高线和地貌符号综合表示地貌和地形(图2-8)。

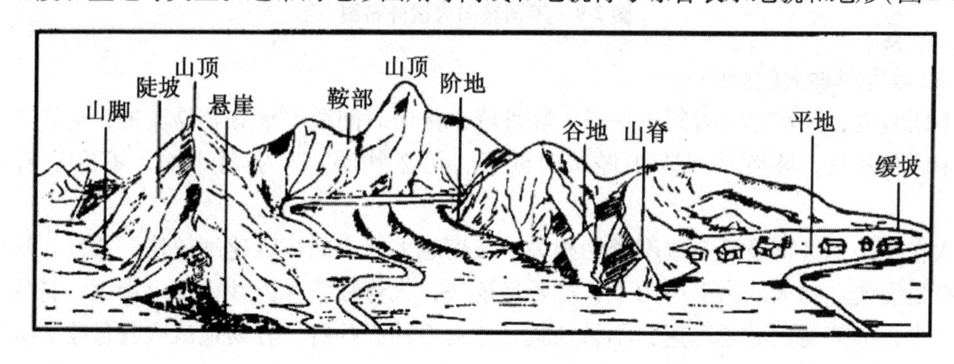

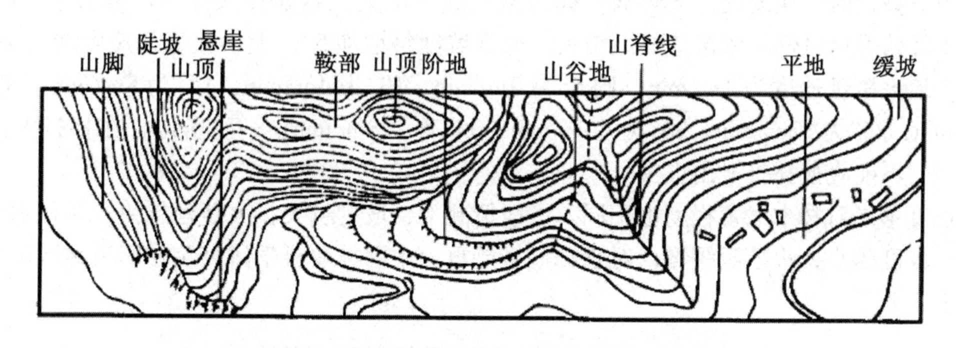

图2-8 用等高线和地貌符号综合表示地形和地貌

地形影响太阳的辐射、气温、风向风速、降水等气象要素。因此，地形对天气、气候、植被、森林火灾有重要的影响。我国的林区大都分布于山区，地形变化复杂，地形因素在防火、灭火和林火管理中都是一个非常重要的因素。

2.1.7.1 地形因子对林火的影响

地形因子中对林火影响较大的有坡向、坡度、坡位、海拔高度等。

(1)坡向对林火的影响

不同坡向受太阳的辐射不一。南坡受到太阳的直接辐射大于北坡，偏东坡上午受到太阳的直接辐射大于下午，偏西坡则相反。即南坡吸收的热量最多，西坡要大于东坡，北坡吸收的能量最少。南坡温度最高，可燃物易干燥，易燃。根据美国唐纳德·波瑞统计，不同坡向的火情分布，以南坡最高(图 2-9)。在预防、扑救森林火灾及计划烧除时，要注意坡向。

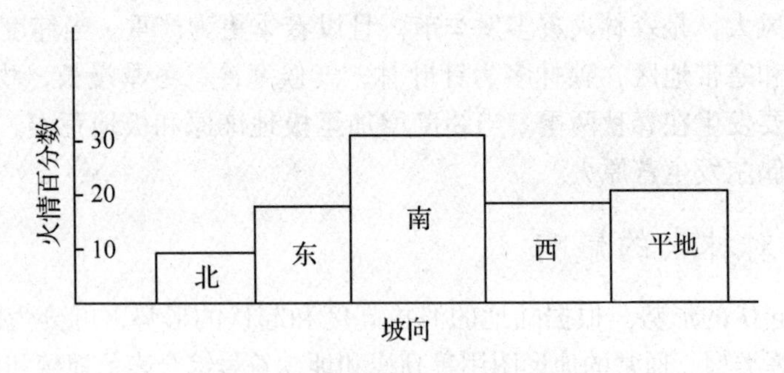

图 2-9 不同坡向火情分布图

(2)坡度对林火的影响

不同坡度，降水停滞时间不一样，陡坡降水停留时间短，水分容易流失，可燃物非常容易干燥；相反，坡度平缓降水停留时间长，可燃物湿，不容易干燥，不容易着火和蔓延。

火在山地条件下蔓延与坡度密切相关，坡度越大，火的蔓延速度越快。相反，坡度平缓火蔓延缓慢。林火从山下向山上，蔓延速度快，火势强，称为冲火或上山火，特别是阳坡的冲火，火势猛烈蔓延迅速，不易扑救，若迎着冲火扑打，容易造成人身危险；火从山上向山下蔓延时，速度慢，火势弱，称为坐火或下山火，容易扑灭。当坡度大于 45°时，下山火常因燃烧可燃物滚落造成上山火。通常坡度每增加 5°，上山火蔓延速度增加一倍。如果平地火蔓延速度为 1m/min，则 5°为 2m/min，10°为 4m/min，15°为 8m/min，20°为 16m/min，25°为 32m/min，30°为 64m/min，35°为 128m/min，…。所以，在扑打上山火时，绝对不能直接扑打上山火头。

坡度不同对林木危害程度也不同。一般情况下，坡度越大，火蔓延越快，对林木危害较轻；坡度越小，火蔓延缓慢，对森林危害严重。中国林业科学研究院在四川林区调查材料见表 2-3。

表 2-3 不同坡度森林火灾后林木死亡率统计

坡度(°)	15	25	35	45
死亡率(%)	46.6	31.4	15	4.2

坡度与火的蔓延速度成正比，而与林木死亡数量成反比。因坡度越陡林火蔓延速度越快，火停留时间短，因此林木危害轻，死亡率小，这是指上山火而言的；下山火则相反。上山火对在陡坡和山顶部分的针叶林则容易由地表火转为树冠火，会给林木带来较大损害。

坡长对林火蔓延影响很大，一般坡长越长，促使上山火加快向山上蔓延；相反下山火坡越长，火蔓延速度越缓慢。

(3)坡位对林火的影响

在相同的坡向和坡度的条件下，不同坡位的温湿状况、土壤条件、植被条件不同。从坡底到坡腹、坡顶，湿度由高到低，土壤由肥变瘠，植被由茂密到稀疏。其气温变化较为复杂。高山，每上升100m，气温下降0.5~0.6℃。中小山地，山顶受地面日间增温、夜间冷却的影响较小，风速较大，夜间地面的冷空气可以沿坡下沉，换来自由大气中较暖的空气，因此气温日较差小。凹地则相反，气流不通畅，白天在强烈的阳光下，气温急剧增高，夜间冷气流下沉，谷底和盆地气温低，因此气温日较差大。

一般情况下，坡底的着火日夜变化较大，日间强烈，晚间较弱。坡底的植被，一旦燃烧，其火强度很大，顺坡加速蔓延，不易控制。坡顶的林火日夜变化较少，其火强度较低，较易控制。据美国唐纳德·波瑞统计，不同坡位先期扑救失效百分率(4hm^{2}以上)以坡底最高；其次是坡面中段，最小为坡顶(图2-10)。

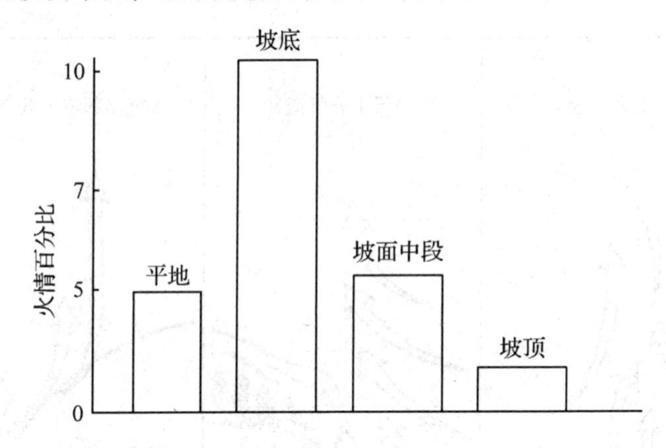

图2-10　不同坡位上先期扑救失效的火情百分数(4hm^2)

(4)海拔高度对林火的影响

随着海拔高度不同，直接影响气温变化，同时影响降水。一般海拔越高，气温越低，形成不同植被带，出现不同火灾季节。例如，大兴安岭海拔高度低于500m为针阔混交林带，春季火灾季节，开始于3月，结束于6月底；海拔高度500~1 100m为针叶混交林，一般春季火灾季节开始于4月；海拔高度超过1 100m为偃松、曲干落叶松林，火灾季节还要晚些。

山地地形起伏变化，使风的形成及风速、风向的变化有新特点，林火蔓延、林火强度、森林火灾损失以及对森林火灾的扑救都产生显著影响。

(5)小地形

①沟谷地带：扑火队员在扑救沟谷地带山火时，一是火灾产生的飞火容易引燃附近山场，包围扑火队员；二是火灾燃烧时耗费了大量的氧气，使谷底空气含氧量下降，再加上燃烧时产生大量CO在谷底沉积，使扑火队员窒息而死。

②峡谷地带：当风沿着山谷长度的方向吹，而峡谷的长度宽度各处又不同时，在狭窄处风速则增加，称为峡谷风，也叫峡谷效应。林火在峡谷处燃烧，蔓延速度极快，在峡谷地带扑火十分危险。

③支沟地带：如果火灾山场的主沟在燃烧，遇到了支沟，林火就会分流。而支沟在燃烧。却不容易向主沟方向发展。因此，如果主山沟发生了火灾，扑火队员从支山沟向主山沟运动很不安全。

④鞍形场地带：当风越过山脊鞍形场(即两山山脊之间相隔不远，且山谷与山脊的高度相差不大之处)，容易形成水平和垂直旋风，容易对扑火队员造成伤害。

⑤依次增高的山场：当林火的前方有依次增高的山群，林火向前方发展迅速，一下子会烧着几个山头，在林火前方的山脊修防火线很不安全。

2.1.7.2 地形风对林火的影响

(1)上升气流

上升气流主要因热、地形形成的(图 2-11)。当地形阻挡风时，就形成上升气流，这种气流加速林火的蔓延。当风刮过地形突出部位时，这时也产生一种上升气流，往往使林火沿山脊加速蔓延，而且在上升气流的影响下，可能会改变林火种类。

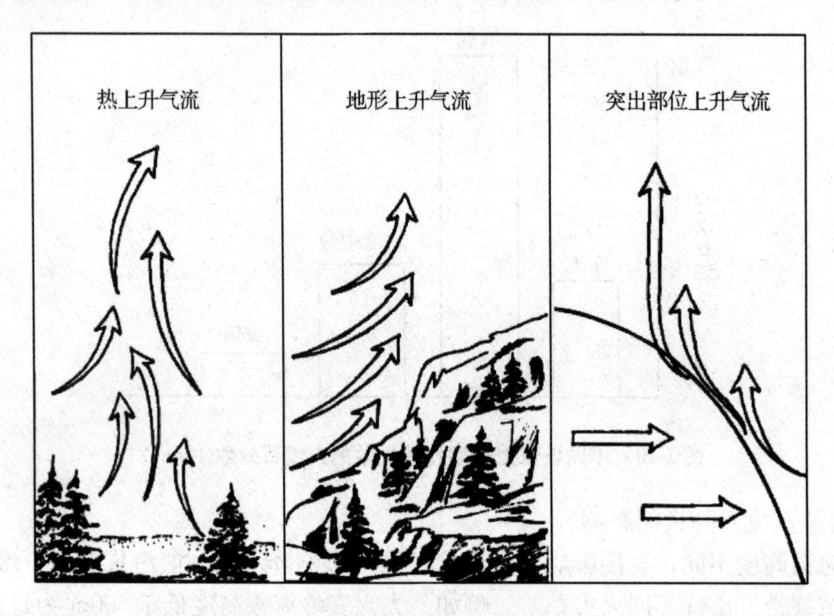

图 2-11 上升气流

(2)越山气流

越山气流的运动特征主要取决于风的垂直廓线、大气稳定度和山脉的形状。在风速随高度基本不变的微风情况下，空气呈平流波状平滑地越过山脊，称为片流。当风速比较大，且随高度逐渐增加时，气流在山脉背风侧翻转形成定常涡流。当风速的垂直梯度大时，由山地产生的扰动引起波列，波列可伸展 25km 或更远的距离。背风波列常是当深厚气流与山脊线所成交角在 3°以内，且风向随高度变化很小，风速向上必须是增加时才形成。对于低矮的山脊(1km)，最小的风速 7m/s 左右；而高度为 4km 的山脊，风速 15m/s 左右才能导致背风波列形成。当风速为 8～15m/s 时，则气流乱流性增强，并在背风坡低层引起连续的转子流(图 2-12)。

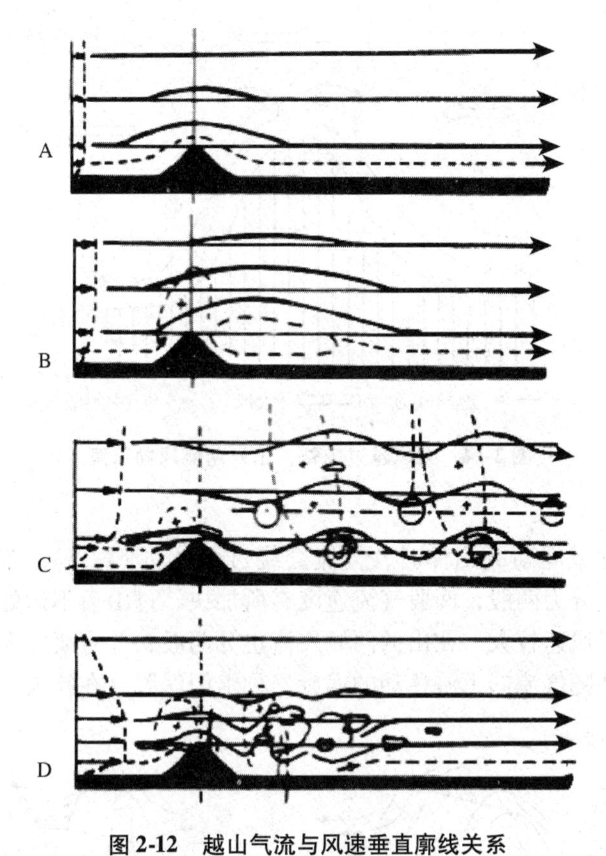

图 2-12　越山气流与风速垂直廓线关系

A. 片流；B. 定常涡流；C. 波动气流并出现波峰云；D. 转子流

以上 4 种越山气流类型，对森林火灾的影响以后 3 种最显著，必须引起高度重视。特别是第四种越山气流，在背坡形成涡流(图 2-13)，对背风坡的扑火队员的安全有很大的威胁。

图 2-13　大风越过山脊背后的涡流示意

还有一种越山气流，背坡产生反相气流(图 2-14)，如果火从迎风坡向背风坡蔓延，山脊附近是施放迎面火很好的位置，并且当火蔓延到背坡，下山的火势较弱容易扑救。

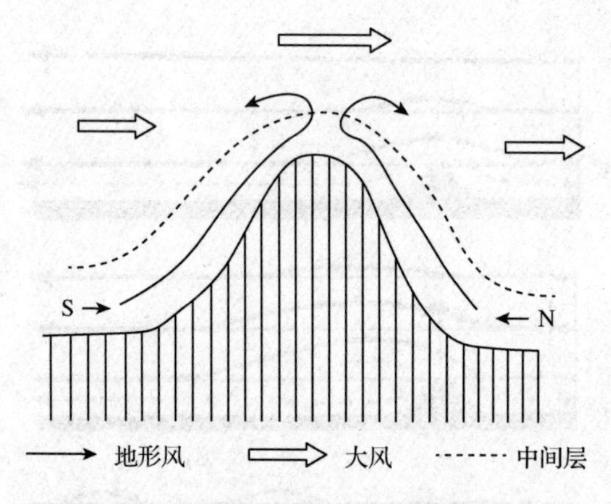

图 2-14　大风越过山脊，山脊两侧风向示意

(3)绕流

当气流经过孤立或间断的山体时，气流会绕过山体(图 2-15)。气流绕孤立山体时，如果风速较小，气流分为两股，两股气流速度有所加快，过山后不远处合并为一股，并恢复原流动状态。如果风速较大，在山的两侧气流也分两股，并有所加强，但过山后将形成一系列排列有序，并随气流向下游移动的涡旋，称卡门涡阶。在扑火和计划烧除时，要注意绕流。

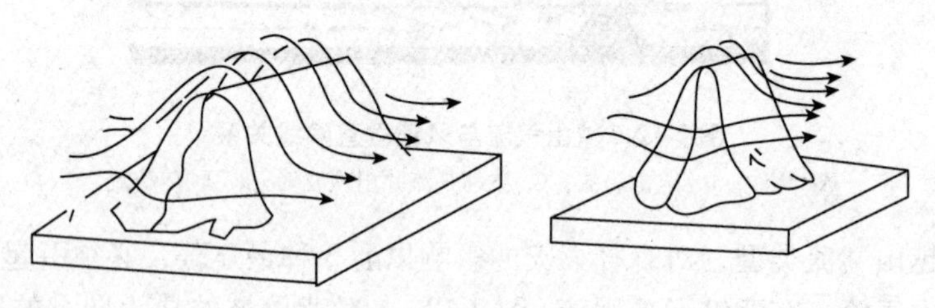

图 2-15　绕流示意

(4)山风和谷风

山坡受到太阳照射，热气流上升，就会产生谷风，通常开始于每天早上日出后 15～45min。当太阳照不到山坡时，谷风消失，当山坡辐射冷却时，就会产生山风(图 2-16)。

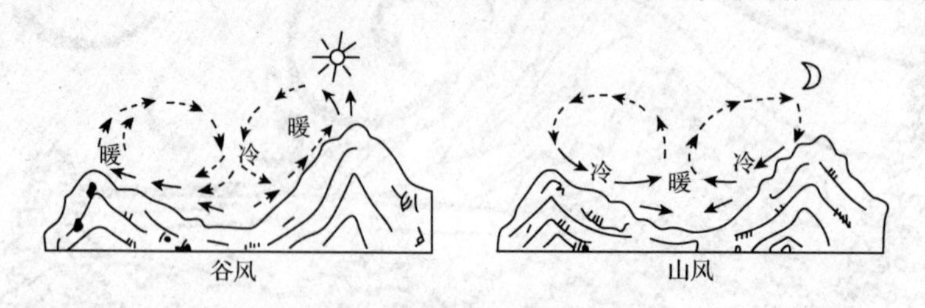

图 2-16　山谷风

一般情况下，山谷风每天变化如图 2-17 所示。

(a)日出时，开始产生上坡风(白箭头)，继而产生山风(黑箭头)；

(b)上午(大约 9：00)，强大的上坡风，从山风向谷风过渡；

(c)中午和前半下午，上坡风逐渐减弱，谷风充分发展；

(d)后半下午，上坡风已消失，谷风继续；
(e)傍晚，开始产生下坡风，谷风逐渐减弱；
(f)午夜前，下坡风充分发展，谷风向山风过渡；
(g)午夜，下坡风继续，山风充分发展；
(h)午夜后到早晨，下坡风消失，山风充满山谷。

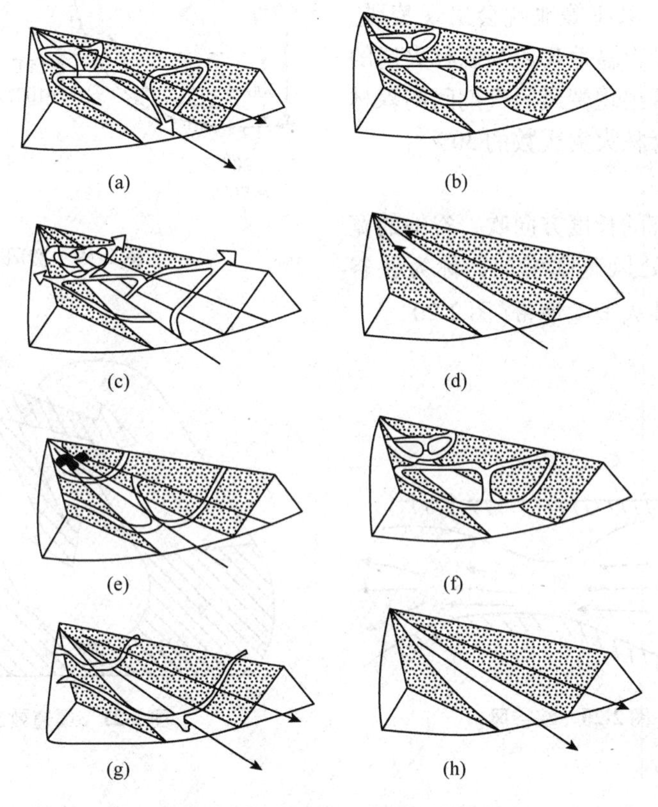

图2-17　山谷每天气流的一般变化

在扑救森林火灾和计划烧除的过程中，要特别注意山风和谷风的变化。

(5)海陆风

沿海地区，风以1d为周期，随日夜交替而转换。白天，风从海上吹向陆地称为海风；夜间，风从陆地吹向海洋称为陆风(图2-18)。在沿海地区扑救森林火灾和计划烧除，要注意海陆风的变化对林火的影响。

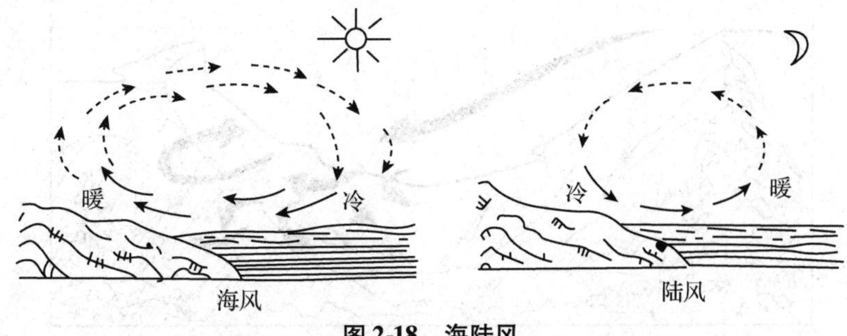

图2-18　海陆风

(6)焚风

焚风往往以阵风形式出现，从山上沿山坡向下吹，形而的干热风称为焚风。山地焚风，要在高山地区才能形成(图 2-19)。我国不少地方有焚风。例如，吉林省延吉盆地及太行山东麓的石家庄等地就会出现焚风。据统计，吉林省延吉盆地焚风与森林火情的关系研究，该地区出现焚风天气期间的森林火灾次数占同期森林火灾次数的30%。

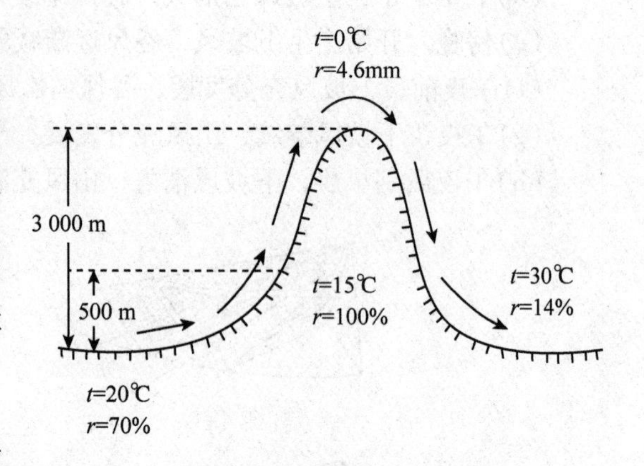

图 2-19 焚风

(7)峡谷风

若盛行风沿谷的长度方向吹，谷地的宽度不同，在狭窄处风速则增加，称为峡谷风。峡谷地带是扑火危险地带(图 2-20)。

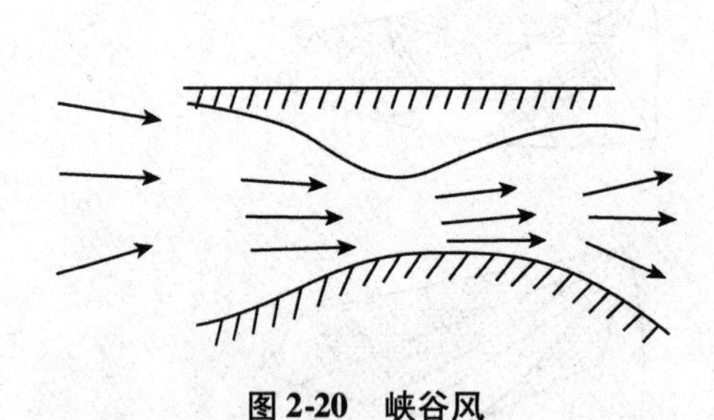

图 2-20 峡谷风

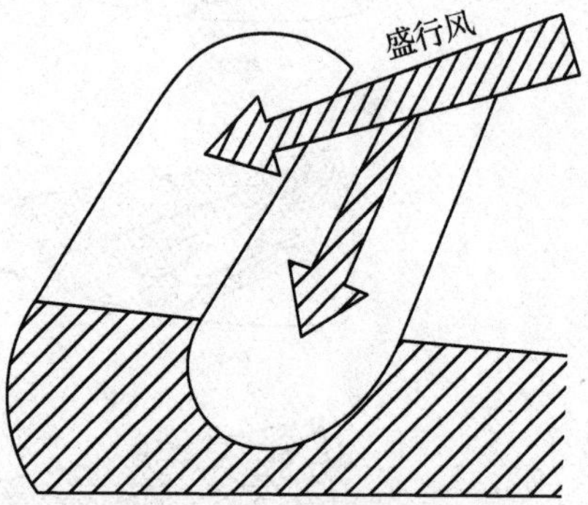

图 2-21 渠道效应

(8)渠道效应

如果盛行风向不是垂直于谷长的方向，可发生“渠道效应”，使谷中气流沿谷长方向吹(图 2-21)。

在扑救森林火灾和计划烧除时，不仅要注意主风方向，更要注意地形风。

(9)鞍形场涡流

当风越过山脊鞍形场，形成水平和垂直旋风(图 2-22)。鞍形场涡流带常常造成扑火队员伤亡。

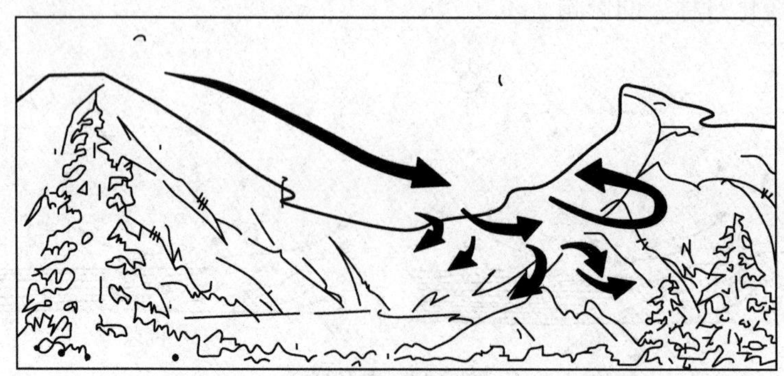

图 2-22 越过山脊鞍形场形成水平和垂直旋风

【拓展知识】

在不同年份、不同季节及一天中不同时刻，林火的发生发展情况都不同。这与各种气候因子及变化规律有十分密切的关系。

2.1.8　年变化

在特定的气候区域内，正常年份间气候变化差异很小，每年的林火发生情况也基本相似，但是由于太阳黑子、厄尔尼诺现象等对大气环流的影响，使得气候异常，林火的发生情况亦随之改变，并呈现一定的规律性。有些年份比正常年份降水量少，气候干燥，森林火灾情况严重；而有些年份比正常年湿润，森林火灾就少。

在我国，森林火灾年际变化有其自身的特点，大约有5~6年和10年的准周期性(图2-23)。

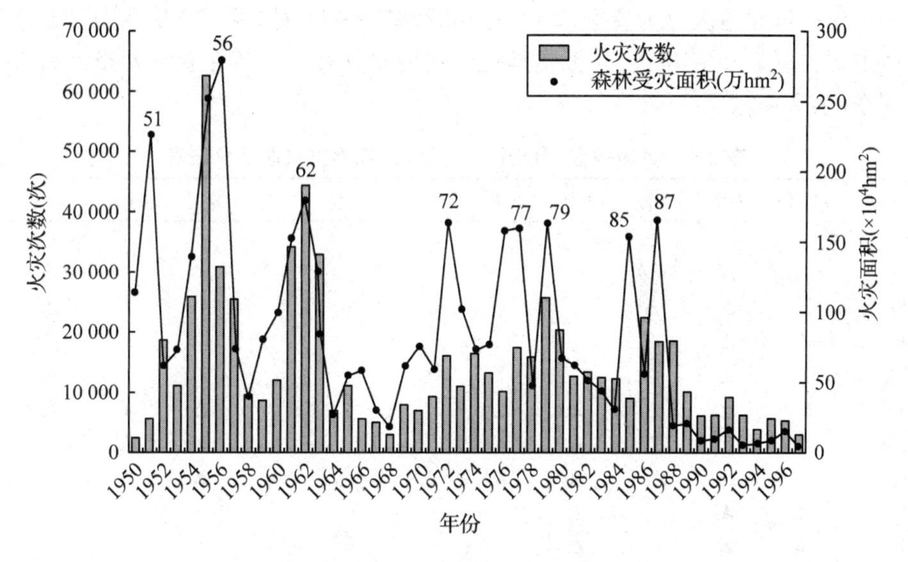

图2-23　1950—1998年森林火灾统计图

由图2-23可知，从受害面积看，1951年有一个高峰，5年后的1956年又有一个高峰，相隔5年后，1962年出现了另一个高峰。与1962年相隔10年后，1972年又出现了一个高峰。与1972年相隔5年，1977年出现了一个高峰。与1977年相隔10年，1987年出现了有一个高峰。并且每一个高峰期往往持续两年，如1955年、1956年；1961年、1962年；1976年、1977年。这可能与太阳黑子的5年和11年的周期，厄尔尼诺3.6年和6年周期对我国森林火灾的影响有关。

与此同时，在森林植物生长、发育和衰老的过程中，森林可燃物的数量逐年增加，特别是森林枯落物的增加，更增加了森林火灾的危险性。按照森林燃烧自然周期学说(图2-24)，森林枯落物累积达到一定程度，就威胁到森林

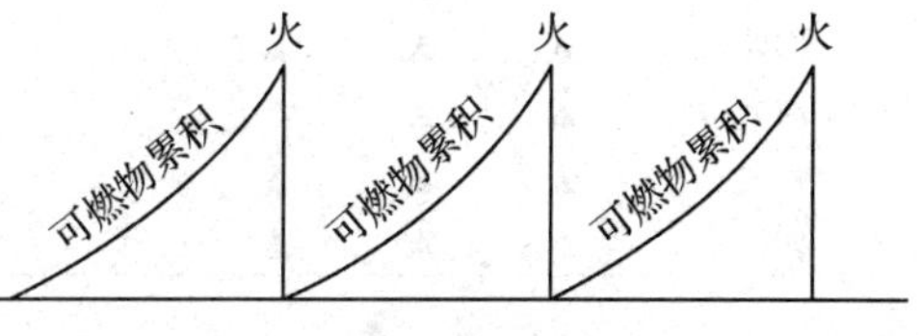

图2-24　林火的自然周期

的生存，通过燃烧，能使森林自然更新。越是较长期未发生森林火灾的林区，就越具有发生森林火灾的潜在可能性。

2.1.9 季节变化

一年中具备森林火灾发生条件(主要是气候和植被)的时期，称为火灾季节。在火灾季节，需要进行有组织森林防火工作，因此火灾季节就是防火期，并有县级以上地方人民政府规定。所以森林防火期是指县级以上的地方人民政府根据本地区的自然条件和森林火灾发生规律而规定的实施森林防火措施的期限。与此同时，在森林防火期内，根据高温、干旱、大风等高火险天气出现的规律而划定的高火险期限，称为森林防火戒严期。

世界上凡是干季和湿季分明的地方，防火期都在干季；高纬度地区在夏季；中纬度地区大都在春季和秋季，但是少雪的冬季和因缺雨长期干旱的夏季也发生森林火灾。

我国地域辽阔，不同省(自治区、直辖市)其防火期有很大差异。大部分省(自治区、直辖市)火灾季节的时间都在半年以上。其中多数省(自治区、直辖市)的火灾季节为11月至翌年4月；东北地区分为春季(2~6月)和秋季(9~11月)两个火灾季节；新疆地区火灾季节性主要在夏季(5~10月)。概括地说，我国北方火灾季节在春秋两季，南方的各省多在冬春季(表2-4)。

表2-4　我国各省(自治区、直辖市)森林火灾季节分布表

省份	1月	2月	3月	4月	5月	6月	7月	8月	9月	10月	11月	12月
北京	△	△	△								△	△
天津	△	△	△								△	△
河北	△	△	△								△	△
山西	△	△	△								△	△
内蒙古		△	△			△				△	△	
辽宁		△	△	▲	△				△	▲	△	
吉林		△	△	▲	▲	△			▲	△	△	
黑龙江			△	▲	▲	△			▲	△		
上海	▲	▲		△							△	△
江苏	▲	▲		△								
浙江	▲	▲	△	△							△	△
安徽	▲	▲		△							△	△
福建	▲	▲	△				△	△			△	△
江西	▲	▲	△	△							△	△
山东	▲	▲	△								△	△
河南	▲	▲	△	△							△	△
湖北	▲	▲		△	△						△	△
湖南	▲	▲	△	△							△	△
广东	▲	▲	△							△	△	△
广西	▲	▲	▲	△							△	△
海南	▲	▲	△								△	△
重庆	▲	▲	▲	△	△		△	▲	▲	▲		
四川	△	▲	▲	△			△	△			△	△

（续）

省份	1月	2月	3月	4月	5月	6月	7月	8月	9月	10月	11月	12月
贵州	▲	▲	▲	△							△	△
云南	△	▲	▲	▲						△		△
西藏	▲	▲	▲	△						△	△	△
陕西	▲	▲	▲	△							△	△
甘肃	▲	▲	▲	△							△	△
青海	△	▲	▲	△							△	△
宁夏	▲	▲	▲	△							△	△
新疆				△	△	△	▲	▲	△	△		

注：△森林防火期；▲森林防火戒严期。

2.1.10 日变化

在一天中，不同时刻由于温度、湿度、风等气象因子的变化不同，林火发生亦不相同。大致可分为如下几个时段：10:00～14:00，最容易发生森林火灾；14:00～18:00，较容易发生森林火灾；18:00～21:00及7:00～10:00，能发生森林火灾；21:00～7:00，很少发生森林火灾(图2-25)。另外，一天中火灾的发生除与气象因子变化密切相关外，还与人们活动有关。人们活动频繁的时间也是容易发生火灾的时段。

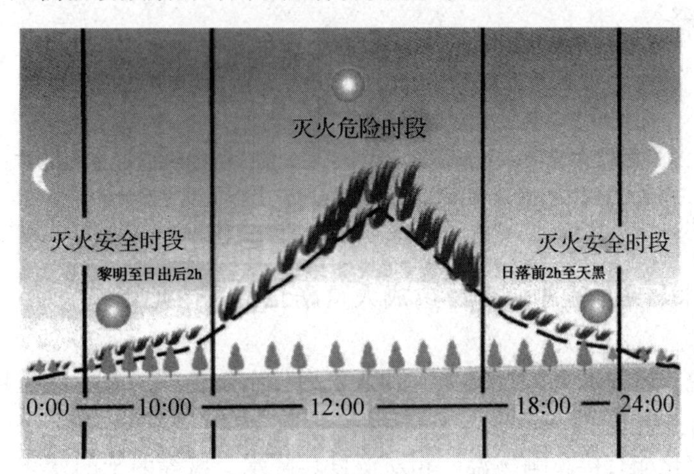

图2-25 林火危险时段日变化示意

【企业案例】

2012年，四川省西昌市西溪乡“1·27”森林火灾基本概况。

一、火灾情况

2012年1月27日(农历正月初五)16:05，西昌市西溪乡牛郎村五、六组结合部(东经：102°14′57″，北纬：27°48′46″，海拔：2 800m)因泸山铁合金有限责任公司机井房380V输电线路风吹飘移、线路老化短路引发森林火灾。火场林相为云南松成林，林下为杂灌、紫茎泽兰、茅草等。1月29日10:00扑灭，历时42h。火场过火面积48hm^2，受害森林面积20hm^2。

二、火场天气情况

火场天气晴、少云，风力5~6级，风向偏南，温度10~21℃，湿度18%。从2011年冬季至“1.27”森林火灾发生，已连续4个月无有效降水，致使气候异常干燥，持续出现高温晴热大风天气，森林火险气象等级持续居高不下，风干物燥，高火险时段比往年提前了2个多月。

三、投入扑救力量和装备

此次火灾共调集专业扑火队员514人、武警森林部队官兵300人、武警部队官兵200人、驻昌解放军280人、应急民兵和群众3 429人，共投入扑火力量4 723人。出动车辆190余台次，运水车、工程车等100余台次，动用风力灭火机65台、细水雾灭火机18台、水枪45支，二号工具1 300把，灭火水桶645个、喷雾器1 160个、购置手电1 942支。

【巩固练习】

一、名词解释

林火环境　冲火　坐火　森林防火期　森林防火戒严期

二、填空题

1. 林火环境调查因子主要有：温度与湿度、________、________、________、坡度、海拔高度、坡向。

2. 扑救森林火灾过程中，容易造成人员伤亡的危险地形有________、________、________、________。

3. 一般来说，风速越大，大气乱流越强，火灾次数越多，火烧面积越大，当风力很大时，还易形成________。

4. 气压的变化能直接影响气温、相对湿度、降水、风等因子的变化。高气压能形成________天气，相对湿度________、空气________，易发生森林火灾。在低气压情况下，则易形成________天气，通常不易发生火灾。

5. 不同坡向受太阳的辐射不一。吸收热量最多的是________坡，吸收能量最少的是________，偏东坡上午受到太阳直接辐射大于下午，偏西坡则相反。

6. 陡坡和缓坡降水停滞时间不一样，________降水停留时间短，水分容易流失，可燃物非常容易干燥；相反，________降水停留时间长，可燃物湿，不容易干燥。

三、选择题

1. 上山火的特点是(　　)；下山火的特点是(　　)。

A. 速度快、火势强　B. 速度强、火势弱　C. 速度慢、火势强　D. 速度慢、火势弱

2. 我国各气候带水平地带性的森林的分布，可分为寒温带针叶林、温带针阔叶混交林、暖温带落叶阔叶林、亚热带常绿阔叶林、热带季雨林，通常森林燃烧性最强的是(　　)。

A. 寒温带针叶林　　B. 暖温带落叶阔叶林

C. 亚热带常绿阔叶林　　D. 热带季雨林

3. 不同坡位，先期扑救失效百分率(4hm^{2}以上)最高的是(　　)。

A. 平地　　B. 坡底　　C. 坡面中断　　D. 坡顶

4. 一天当中(　　)的时段，是很少发生森林火灾的时段。

A. 7:00~10:00 和 18:00~21:00　　B. 10:00~14:00

C. 14:00~18:00　　D. 21:00~7:00

5. 一天当中(　　)的时候，最容易发生森林火灾的时段。

A. 7:00~10:00 和 18:00~21:00　　B. 10:00~14:00

C. 14:00~18:00　　D: 21:00~7:00

6. 相对湿度小于(　　)时，林区非常容易发生森林火灾。

A. 30%　　B. 40%　　C. 50%　　D. 60%

7. 相对湿度大于(　　)时，林区不易发生森林火灾。

A. 60%　　B. 65%　　C. 70%　　D. 75%

四、判断题

1. 气温是影响林火发生的重要因子，气温越高，林火发生的可能性越大，据此推测，某地林区常年气温超过20℃，森林火灾必定经常发生。(　　)

2. 扑救上山火时，可以越过山脊迎火头扑打。(　　)

3. 某地1988年3月，降水284mm，却连续发生3起森林火灾，可能是因为降水量足够，但分布不均匀造成的。(　　)

4. 降水量相同的情况下，毛毛状降水对可燃物的湿度影响最小，连续性降水比阵性降水影响小，降雪对可燃物的湿度影响比降雨大。(　　)

5. 火在山地条件下蔓延与坡度密切相关，坡度越大，火的蔓延速度越快，对林木危害越大；相反，坡度平缓火蔓延缓慢，对林木危害小。(　　)

五、简答题

1. 简述气温对森林火灾的影响。

2. 简述风对林火蔓延和发展的影响。

六、论述题

论述地形对林火的影响。

任务 2

森林火险等级预报

【任务描述】

森林火险等级预报可以预报出未来一段时间内的火险等级。所以，现在无论是中央，还是地方的气象部门和森林防火主管部门都通过电视、门户网站等途径向社会公布森林火险等级，进而使得各基层森林防火单位更加有的放矢地开展森林防火工作，为提高森林防火工作的实效性奠定坚实的基础。本次任务根据森林火险等级预报方法的要求测定预报因子，按照森林火险等级预报方法，预报出森林火险等级，利用网络向社会公布。

【任务目标】

1. 能力目标

①能够选取与森林火险密切相关的预报因子。

②能够正确的使用各种仪器测定预报因子值。

③能够利用多种预报方法预报出森林火险等级。

2. 知识目标

①了解森林火险等级预报的类型。

②掌握预报因子的种类及对森林火灾的影响。

③掌握森林火险等级预报的方法。

④理解不同森林火险预报方法的原理。

【实训准备】

风速仪、温湿度表、钢卷尺、笔、记录板、纸。

【任务实施】

一、实训步骤

1. 预报因子的选取

预报的因子是空气温度、相对湿度、风速。

2. 预报因子的测定

①风速的测定：在每天的7:59~8:01和12:59~13:01的两个时段测定2min的平均风速。结果记录于表2-8森林火险等级预报记载表中。

②相对湿度的测定：在每天的7:59~8:01和12:59~13:01的两个时段测定10个以上相对湿度值，取其平均。结果记录于表2-8森林火险等级预报记载表中。

③空气温度的测定：在每天的8:00和13:00的两个时段测定空气温度。结果记录于表2-8森林火险等级预报记载表中。

3. 饱和差的计算

①先用玛格努斯经验公式计算饱和水汽压(E)按式(2-1)计算：

$$E = E_0 \times 10^{\left[\frac{at}{b+t}\right]} \tag{2-1}$$

式中 E——饱和水汽压(hPa)；

E_0——0℃时饱和水汽压，E_0 = 6.11hPa；

t——实际温度(℃)；

a——7.5；

b——237。

②计算水汽压(e)按式(2-2)计算：

$$e = E \times RH \tag{2-2}$$

式中 e——水汽压(hPa)；

E——饱和水汽压(hPa)；

RH——相对湿度(%)。

③饱和差(d)按式(2-3)计算：

$$d = E - e \tag{2-3}$$

式中 d——饱和差(hPa)；

E——饱和水汽压(hPa)；

e——水汽压(hPa)。

④将计算出的饱和差值记录于表2-8森林火险等级预报记载表中。

4. 森林火险等级预报方法

(1)综合指标法

①综合指标值按式(2-4)计算：

$$P = \sum_{i=1}^{n} (t_i \times d_i) \tag{2-4}$$

式中 P——综合指标，无纲量；

t_i——第i天13:00的空气温度(℃)；

d_i——第i天13:00的空气饱和差(hPa)；

n——降雨后连旱天数(d)。

②计算得出的综合指标值，对照森林火险等级查对表(表2-5)即可确定当天的火险等级，填写表2-8森林火险等级预报记载表。

表2-5 综合指标法森林火险等级查对表

火险等级	表征颜色	综合指标值	危险程度	易燃程度	蔓延程度
Ⅰ		<300	低度危险	不易燃烧	不易蔓延
Ⅱ	蓝	301~500	中度危险	可以燃烧	可以蔓延
Ⅲ	黄	501~1 000	较高危险	较易燃烧	较易蔓延
Ⅳ	橙	1 001~4 000	高度危险	容易燃烧	容易蔓延
Ⅴ	红	>4 000	极度危险	极易燃烧	极易蔓延

(2)风速补正综合指标法

①风速补正综合指标值按式(2-5)计算:

$$D = b\sum_{i=1}^{n}(t_i \times d_i) \qquad (2\text{-}5)$$

式中 D——综合指标，无纲量;

b——风速订正参数;

t_i——第 i 天 13:00 的空气温度(℃);

d_i——第 i 天 13:00 的空气饱和差(hPa);

n——降雨后连旱天数(d)。

②具体订正值见表 2-6。计算得出的风速补正综合指标值，对照风速补正综合指标法风速参数和森林火险等级查对表(表 2-6)即可确定当天的火险等级，填写表 2-8 森林火险等级预报记载表。

表 2-6 风速补正综合指标法风速参数和森林火险等级查对表

风级	风速(m/s)	订正系数 b	综合指标				
			0~150	151~300	301~500	501~1 000	>1 000
1	0~1.5	0.33	Ⅰ	Ⅰ	Ⅱ	Ⅲ	Ⅲ
2	1.6~3.3	0.59	Ⅰ	Ⅰ	Ⅱ	Ⅲ	Ⅳ
3	3.4~5.4	1	Ⅰ	Ⅱ	Ⅲ	Ⅳ	Ⅴ
4	5.5~7.9	1.53	Ⅰ	Ⅲ	Ⅳ	Ⅴ	Ⅴ
5	8.0~10.7	2.13	Ⅰ	Ⅲ	Ⅳ	Ⅴ	Ⅴ
6	10.8 以上	2.73	Ⅰ	Ⅳ	Ⅴ	Ⅴ	Ⅴ

(3)实效湿度法

①实效湿度值按式(2-6)计算:

$$Rm = (1-a)\times\left(\begin{array}{l}h_0 + ah_1 + \\ a^2h_2 + \cdots + a^nh_n\end{array}\right) \qquad (2\text{-}6)$$

式中 Rm——实效湿度(%);

h_0——当日平均相对湿度(%);

h_1——前一天平均相对湿度(%);

h_2——前两天平均相对湿度(%);

h_n——前 n 天平均相对湿度(%);

a——经验系数(0.5)。

对于森林可燃物，a 值一般取 0.5，h_0 的值多用于当日 8:00 的相对湿度来代替，n 一般取 3~4 天。

②计算得出的实效湿度值，查实效湿度与森林火险等级查对表(表 2-7)可得知森林火险等级，填写表 2-8 森林火险等级预报记载表。

表 2-7 实效湿度与森林火险等级查对表

火险等级	表征颜色	实效湿度	危险程度	易燃程度	蔓延程度
Ⅰ	绿	>60	低度危险	不易燃烧	不易蔓延
Ⅱ	蓝	60~51	中度危险	可以燃烧	可以蔓延
Ⅲ	黄	50~41	较高危险	较易燃烧	较易蔓延
Ⅳ	橙	40~31	高度危险	容易燃烧	容易蔓延
Ⅴ	红	<30	极度危险	极易燃烧	极易蔓延

二、结果提交

将测定的数据和经过计算的数据分别填入表 2-8 森林火险等级预报记载表，利用不同的预报方法预报出森林火险等级，并根据不同的森林火险等级提出相应的森林防火措施，最后利用网络向社会公布。

表 2-8　森林火险等级预报记载表

测定时间		预报因子				预报方法值			森林火险气象等级						危险程度			森林燃烧性			蔓延特征		
日期	时间	空气温度（℃）	相对湿度（%）	风速（m/s）	饱和差（hPa）	综合指标值	风速补正综合指标值	实效湿度值	综合指标法		风速补正综合指标法		实效湿度法		综合指标法	风速补正综合指标法	实效湿度法	综合指标法	风速补正综合指标法	实效湿度法	综合指标法	风速补正综合指标法	实效湿度法
									等级	表征颜色	等级	表征颜色	等级	表征颜色									

测定人：__________　填报人：__________

【相关基础知识】

2.2.1 森林火险等级预报

森林火险等级预报是通过测定、计算一些自然和人为的因子，来预测和判断林火发生的可能性、林火控制难易程度以及林火可能造成损失的技术和方法。森林火灾发生的可能性大小及可能造成的损失，常用森林火险来描述。

森林火险是影响林火发生发展的各种稳定因子和变化因子的综合作用的结果。它是在一定时间和空间内采用一系列影响林火发生、发展及结果的指标，来进行定性或定量的综合评价。

为了反映森林火险程度的差别，通常选择一些森林火险因子，通过综合分析评价得到一个数量指标系列，然后将其分成若干个等级，这些能够反映森林火灾危险程度差别的数量指标系列，即为森林火险等级。

我国将森林火险等级分为五级，自一级至五级，危险程度逐级升高(表2-9)。

表2-9 森林火险等级与森林火险预警信号对应关系表

森林火险等级	危险程度	易燃程度	蔓延程度	森林火险预警信号颜色
一	低度危险	不易燃烧	不易蔓延	
二	中度危险	可以燃烧	可以蔓延	蓝色
三	较高危险	较易燃烧	较易蔓延	黄色
四	高度危险	容易燃烧	容易蔓延	橙色
五	极度危险	极易燃烧	极易蔓延	红色

注：一级森林火险仅发布森林火险等级预报，不发布预警信号。

我国森林火险等级预报一般分为当日实时预报、次日预报和短期(一般为3日)趋势预警三类。省级以上的森林火险宏观预报信息，一般在达到或预测到三级森林火险时以图文并茂的文档方式对管理部门和单位发布，以公众媒体图像标示和口播、字幕提示方式向社会公众发布。县级单位则应同时采取多种形式快速、全面向防火管理单位和社会公众两个方面进行发布，其中：防火期中每天要定时向所属森林防火单位发布2次当天和次日森林火险等级信息或预报；防火期中每天在天气预报的公众媒体传播平台向社会发布次日森林火险等级信息或预报。

2.2.2 预报因子

林火预报因子多种多样，按其性质(随时间的变化规律)可分为稳定因子、半稳定因子和变化因子三种类型。

(1)稳定因子

指随时间的变化而变化、地点的变化而不变化，对林火预报起长期作用的环境因素。主要包括气候区、地形、土壤等。

①气候区：对某一地区来讲，其气候是相对稳定的。例如，东北气候区，冬季寒冷干燥，夏季高温多湿，这种情况基本上不变。

②地形：在大的气候区内，地形是地质变迁的结果，在短期内基本上保持不变，但作为地形因素的坡位、坡向、坡度、海拔高度等对林火的发生有着重要的影响。

③土壤：在某一区域内，土壤条件基本保持不变，具有相对稳定性，土壤含水率直接影响地被物层可燃物的湿度。因此，有人用土壤的干湿程度来预报森林火险等级的高低。

(2)半稳定因子

指随着时间变化而变化，随地点变化而发生不明显变化的相对稳定因子。主要包括火源、大气能见度、可燃物特征。

①火源：火源既是稳定因子又是变化因子，在一般情况下，某一个地区常规火源可以看作是稳定因子。例如，雷击火、上坟烧纸等，而吸烟、故意纵火等火源是变换因子。所以，把火源划为半稳定因子。

②大气能见度：指肉眼能够看清楚目标轮廓的最大地面水平距离，空气中的烟尘、雾、飘尘等都能降低大气中的能见度。大气能见度对于林火的监测起到重要的作用。在森林防火过程中，应给予足够的重视。

③可燃物特征：森林中的可燃物(种类、数量等)如果没有外来物干扰，年际之间变换很小，所以是一种相对稳定的因子，但具有一定的动态变化规律。

(3)变化因子

指随时间和地点时刻发生变化的环境要素。林火预报变化因子是林火预报的最主要因子，主要包括可燃物含水率、风速、空气温度、相对湿度、降水量、连旱天数等。

2.2.3 森林火险等级预报的类型

目前，世界上约有100多种森林火险等级预报方法，我国也有20多种，归纳起来可分为3种类型，其考虑的火险因子大致模式为：

气象要素(变化因子)→火险天气预报

气象要素(变化因子)+可燃物状况(半稳定因子)+火源(半稳定因子)→林火发生预报

气象要素(变化因子)+可燃物状况(半稳定因子)+火源(半稳定因子)+地形(稳定因子)→林火行为预报

(1)森林火险天气预报

主要根据气象因子来预报森林火险天气等级，预测发生森林火灾的可能性，所选择的气象因子通常有气温、相对湿度、降水、风速、连旱天数等。它不考虑火源情况，仅仅预报天气条件能否引起森林火灾的可能性。

(2)林火发生预报

根据林火发生的三个条件，综合考虑了气象因子(气温、相对湿度、降水、风速、连旱天数等)、可燃物状况(干湿程度、载量、易燃性等)、火源条件(种类、分布、频度)来预报林火发生的可能性。

(3)林火行为预报

这种方法充分考虑了天气条件和可燃物的状况，还分析了地形(坡向、坡位、坡度、海拔高度等)的影响，预测林火发生后火蔓延的速度、火强度、火场面积、火线长度等火行为指标。

预报因子的选择对预报精确度的高低有着重要的影响，火险天气预报由于没有考虑稳定、半稳定因子，难以准确预报不同地点森林火险程度的差异。林火发生预报和林火行为预报的精度就高些，但是任何高精度的林火预报方法都要以火险天气预报为基础。与此同时，这三种类型的森林火险气象等级预报都是建立在准确的天气预报的基础上。所以如果没有准确的天气预报，是无法获得准确的森林火险等级预报。

2.2.4 森林火险等级预报的研究方法

森林火险等级预报的研究方法与林火预报种类有密切相关，通常用的林火预报研究方法有以下几种：

2.2.4.1 利用历史火灾资料研究森林火险等级预报

利用历史火灾资料主要找出林火发生规律，这是最简单的一种研究方法。该方法只需对过去森林火灾发生的天气条件、地点、时间、次数、火源等进行统计和分析，就可对森林火灾的发生可能性进行预报，其预报的准确程度与资料的可靠性、采用的分析手段、主导因子的选定和预报的范围等都有密切关系。一般来说，这种预报方法准确率较低。

2.2.4.2 利用可燃物湿度变化与气象要素的关系研究森林火险等级预报

森林可燃物的湿度(含水率)是影响森林火灾发生的一个直接因素。实际上森林火灾的发生很大程度上取决于可燃物的湿度，特别是死的细小可燃物。可燃物的湿度变化是气象要素作用的综合反应结果。这种研究方法就是基于这种原理进行预报的。测定可燃物的含水率可在不同森林可燃物类型中进行，需长期定点观测，同时要观测各种气象要素，从中找出它们之间的相关性。

2.2.4.3 利用点火试验研究森林火险等级预报

这种研究方法也称以火报火法，与实际情况比较吻合。主要是根据点火试验与气象要素之间的关系来进行预报，为的是结果更加精确，需要在不同森林可燃物类型的一定面积上进行多次点烧。点火试验一般采用野外实地点火试验和室内模拟点火试验相结合进行。一般来说野外点火试验比室内点火试验的精确度要高得多。

2.2.4.4 综合研究森林火险等级预报

这是将可燃物湿度与气象要素之间的关系和点火试验结合起来进行林火预报。该方法准确性较高，预报的内容多而全面，可预报林火发生的时间，火烧面积的大小，火的蔓延速度和火强度等。

2.2.4.5 利用林火模型研究森林火险等级预报

这种方法主要采用物理、数学等方面的模型，通过电子计算机进行林火预报模拟，再到野外通过试验进行修正。一般来说精度也比较高。

2.2.5 森林火险等级预报的主要方法

(1)综合指标法

综合指标法是前苏联聂斯切洛夫在俄国欧洲平原地区，进行了一系列试验后，得出的一种森林火险预报法。

其原理是某一地区无雨期越长，气温越高，空气越干燥，地表可燃物含水率越小，森林的易燃性越大，容易发生森林火灾。因此，根据空气饱和差，气温和降水情况，来综合估计森林燃烧的可能性，并制定相应的综合指标来划分火险天气等级。

综合指标值按式(2-4)计算。

综合指标法是雪融化后，从气温0℃开始积累计算的，每天13:00测定干球温度和湿球温度，查出空气饱和差，同时要根据当天降水量多少来加以修正。其修正方法：如果当日降水量为0~2.0mm，照常进行叠加；如果当日降水量为2.1~5.0mm，取消之前的叠加值，即综合指标值为0，从雨停第一天开始重新叠加；如果当日降水量>5mm时，既要取消以前积累的综合指标值，同时还要将降雨后5天内计算的综合指标值减去1/4，然后再进行叠加计算。

计算得出的综合指标值，再对照森林火险等级查对表(表2-5)即可确定当天的火险等级。若要预报未来若干天的火险等级，则需要根据预测预报的天气情况、气温和空气湿度，按照上述公式估算。

该方法的特点是所需仪器较少，操作简单，计算容易，不同地区在应用时，应特别注意编制出适合本地区的森林火灾危险等级查算表，确定适于本地区的综合指标等级区间。综合指标法曾在我国东北地区得以应用，但在应用中存在以下缺点：①此法没有考虑森林本身的差异。如干燥与沼泽地的松林，虽然综合指标值相同，但森林火灾危险性有明显差异；另外因不同种类的森林，形成的可燃物种类也不同，森林火灾危险性也存在明显差异；②气温在0℃以下就无法利用此法来计算综合指标值。我国东北秋季防火期，往往由于寒潮侵入，午后13:00气温常在0℃以下；③如果长期无雨，综合指标值将持续增大，但细小可燃物的含水率不单随干旱日数的增加而递减，同时也受雾、露的影响，因而燃烧性有一定的变化。但是综合指标法不能反映这种变化。例如，我国广东、云南、四川等地，旱季较长，综合指标法不太实用；④该法没有考虑风的作用。风对可燃物的干燥、燃烧和蔓延都有很大影响。在密林中风速小，但在林中空地、采伐迹地、火烧迹地、空旷地和疏林地等风速较大，与可燃物干燥关系也很大。而这些无林地常是森林火灾的发源地。

(2)风速补正综合指标法

原中国科学院林业土壤研究所(现为中国科学院沈阳应用生态研究所)，在东北伊春林区应用综合指标法进行火险天气预报实验时，考虑了风对火的蔓延的影响，增加了风速更正系数，同时用更正后的指标反映燃烧与火灾蔓延的关系，基本适合我国东北地区。

风速补正综合指标值按式(2-5)计算。

具体订正值见表2-6，表中数据是在无林地测定的，综合指标值对应的火险等级适用于小兴安岭林区。

(3)实效湿度法

原理是可燃物的易燃程度取决于可燃物含水率的大小，而可燃物含水率又与空气湿度有密切关系。当可燃物含水率大于空气湿度时，可燃物的水分就向外渗，反之则吸收。因此，空气湿度的大小直接影响到可燃物含水率的多少，它们之间往往是趋向相对平衡。但是，在判断空气湿度对木材含水量的影响时，仅用当日的湿度是不够的，因为根据我国东北小兴安岭林区实验，前一天空气湿度对木材含水率的影响也比较大，约为当天的50%。所以必须考虑前几天空气湿度的变化。

实效湿度值按式(2-6)计算。

按照上式计算后，查表2-7可得知森林火险等级，由于这种方法仅考虑空气湿度对森林燃烧性的影响，没有考虑其他气象因子。因此，应用时要结合历史森林火灾资料。

(4)全国森林火险天气等级预报法

中华人民共和国林业部(现国家林业局)在1995年6月22日发布《全国森林火险天气等级(LY/T 1172—1995)》标准，该标准规定全国森林火险天气等级及其使用方法，适用于全国各类林区的森林防火期当日的森林火险天气等级实况评定，也可用于未来的森林火险天气等级预报准确率的事后评价。现将标准的内容介绍如下。

①森林防火期每日的最高空气温度的森林火险天气指数*A*值，见表2-10。

②森林防火期每日最小相对湿度的森林火险天气指数*B*值，见表2-11。

②森林防火期每日前期或当日的降水量及其后的连续无降水日数的森林火险天气指数*C*值，见表2-12。

④森林防火期每日的最大风力等级的森林火险天气指数*D*值，见表2-13。

表2-10　最高气温的森林火险天气指数*A*值查对表

空气温度等级	最高空气温度(℃)	森林火险天气指数*A*
一	≤5.0	0
二	5.1~10.0	4
三	10.1~15.0	8
四	15.1~20.0	12
五	20.1~25.0	16
六	≥25.1	20

表2-11　最小相对湿度的森林火险天气指数*B*值查对表

相对湿度等级	最小相对湿度(%)	森林火险天气指数*B*
一	≥71	0
二	61~70	4
三	51~60	8
四	41~50	12
五	31~40	16
六	≤30	20

表2-12　降水量及其后的连续无雨日的森林火险天气指数*C*值查对表

降水量(mm)	降水日及其后的连续无降水日的森林火险天气指数*C*								
	当日	1日	2日	3日	4日	5日	6日	7日	8日
0.3~2.0	10	15	20	25	30	35	40	45	50
2.1~5.0	5	10	15	20	25	30	35	40	45
5.1~10.0	0	5	10	15	20	25	30	35	40
≥10.0	0	0	5	10	15	20	25	30	35

注：降水量小于0.3mm作为无降水计算。*C*值为30以上时，每延续一日，*C*值递加5，*C*值为50以上时，仍以50计算。

表2-13　最大风力等级的森林火险天气指数 D 值查对表

风力等级	距地面10m高度处风速(m/s)		地面征象	森林火险天气指数(D值)
	范围	中数		
0	0.0~0.2	0	静，烟直上	0
1	0.3~1.5	1	烟能表示风向，树叶略有摇动	5
2	1.6~3.3	2	树叶微响，高的草开始摇动，人面感觉有风	10
3	3.4~5.4	4	树叶、小树枝及高的草摇动不息	15
4	5.5~7.9	7	树枝摇动，高的草呈波浪起伏	20
5	8.0~10.7	9	有叶的小树摇摆，高的草波浪起伏明显	25
6	10.8~13.8	12	大树枝摇动，举伞困难，高的草不时倾伏于地	30
7	13.9~17.1	16	全树摇动，大树枝弯下来，迎风步行感觉不便	35
8	17.2~20.7	19	小树枝可折毁，迎风步行感觉阻力甚大	40

注：D 值为40以上时，仍以40计算。

⑤森林防火期内生物及非生物物候季节的影响的订正指数 E 值，见表2-14。

⑥全国森林火险天气等级标准查对表，见表2-15。

表2-14　生物及非生物物候季节影响的订正指数 E 值查对表

等级	绿色覆盖(草木生长期)	白色覆盖(积雪期)	物候季节订正指数 E
一	全部绿草覆盖	90%以上积雪覆盖	20
二	75%绿草覆盖	60%积雪覆盖	15
三	50%绿草覆盖	30%积雪覆盖	10
四	20%绿草覆盖	10%积雪覆盖	5
五	没有绿草	没有积雪	0

表2-15　全国森林火险等级标准查对表

森林火险天气等级	森林火险天气指数 HTZ	危险程度	易燃程度	蔓延程度
一	≤25	没有危险	不能燃烧	不能蔓延
二	26~50	低度危险	难以燃烧	难以蔓延
三	51~72	中度危险	较易燃烧	较易蔓延
四	73~90	高度危险	容易燃烧	容易蔓延
五	≥91	极度危险	极易燃烧	极易蔓延

注：表中的森林火险天气等级为每日最高森林火险天气等级，其等级标准由森林火险天气指数 HTZ 查对。

⑦森林火险天气指数 HTZ 可按式(2-7)计算：

$$HTZ = A + B + C + D - E \tag{2-7}$$

式中　HTZ——森林火险天气总指数值；

A——最高气温指数值；

B——最小相对湿度指数值；

C——连续无雨日指数值；

D——最大风速指数值；

E——物候季节指数值。

表 2-16　每日森林火险天气等级实况或等级预报评定表

省（自治区、直辖市）：　　地（州）：　　县（旗）：　　东经：　　北纬：　　海拔高度：

日期（年月日）	最高空气温度（℃）	最小相对湿度（%）	天空状况（晴 阴 多云）	降水量（mm）	雨雪后日数	最大风速（m/s）	生物及非生物物候季节特征	森林火险天气指数						全国森林火险天气等级标准（级数）	本地森林火险天气等级标准（级数）
								A	*B*	*C*	*D*	*E*	*HTZ*		

最高气温指数值(A)查表2-10可知；最小相对湿度指数值(B)查表2-11可知；连续无雨日指数值(C)查表2-12可知；最大风速指数值(D)查表2-13可知；物候季节指数值(E)值查表2-14可知。

⑧每日森林火险天气等级实况或未来森林火险天气等级的评定表(表2-16)。

⑨表2-15所列出的指数等级划分范围，如果本省区的气候、森林植被情况特殊，可根据情况更改变动，并将变动情况上报林业部森林防火办公室。

【拓展知识】

森林燃烧性

森林燃烧性指森林被引燃后，燃烧的难易程度、着火部位表现出的燃烧状态、燃烧速度等。森林燃烧性可作为森林发生火灾难易的指标。一般说来，可定性划分为三个易燃性等级，即易燃、可燃、难燃。这是对森林燃烧性定性的、简单的、相对的描述。在森林燃烧过程中，容易着火的群落，也容易蔓延。在平坦无风的地段，火总是向燃点低的可燃物方向蔓延快，向燃点高的可燃物方向蔓延慢。所以在划分易燃性等级时，火蔓延速度也应考虑在内。

森林燃烧性还可作为森林燃烧释放能量大小的指标，可以根据林火强度和火焰高度确定三个能量释放等级，即轻度燃烧、中度燃烧、重度燃烧。

森林不是可燃物的简单堆积，而是一个具有不同时间和空间的可燃物集合，每一个森林群落是由许多不同物种所组成，构成比例不同，因而形成森林特征不同，这些特征与森林的燃烧特性有着密切的联系，主要表现在森林的林木组成、郁闭度、林分年龄、层次结构和分布格局等方面。

(1)树种组成

在森林中树种是构成森林的主体。由于树种的易燃性各不相同，也影响着林下死、活地被物的数量、组成及其性质。这样，由不同树种构成的森林，燃烧性也不一样。一般来说，针叶树种易燃，阔叶树种难燃。若由易燃树种构成森林，则森林燃烧性提高；而易燃和难燃树种组成森林，可使森林燃烧性降低。在针叶林中，地表枯落叶主要由松针构成，加之树木常绿，极易发生地表火和树冠火；在阔叶林中，地表的枯落叶是由阔叶构成，树木在防火季节落叶，只能发生低强度的地表火；在针阔混交林中，针叶树和阔叶树相间分布，燃烧性居中，一般不会发生树冠火。

(2)林分郁闭度

林分郁闭度的大小直接影响到林内的光照条件，进而影响林内小气候，同时影响到林下可燃物的种类、数量(表2-17)及其含水率。所以，不同郁闭度的林分，森林燃烧性也不同。

一般来说，林分郁闭度大，林下光照弱，温度低，湿度大，风速小，死地被物积累增多，活地被物以耐阴杂草为主，喜光杂草较少，这种林分不易燃，着火后蔓延速度慢；而林分郁闭度小，林内阳光充足，温度高，湿度小，风速大，死地被物相对较少，活地被物以喜光杂草为主，这种林分易燃，发生火灾后蔓延快。

表 2-17 林分郁闭度与地被物载量的关系

郁闭度	0.1	0.2	0.3	0.4	0.5	0.6	0.7	0.8	0.9	1
活地被物载量(t/hm^2)	0.225	0.304	0.254	1.488	0.247	0.344	0.283	0.615	0.083	0.097
死地被物载量(t/hm^2)	32.271	33.421	44.744	54.282	50.884	50.376	56.796	48.625	88.05	59.208
易燃可燃物载量(t/hm^2)	32.496	33.728	44.498	55.77	51.131	50.72	57.079	49.267	88.133	59.305
合计	64.992	67.453	89.496	111.540	102.262	101.440	114.158	98.507	176.266	118.610

(3)林分年龄

从林分的年龄结构可划分为同龄林和异龄林。两种林分年龄结构对森林燃烧性有明显的影响。

①同龄林：多见于人工林纯林。同龄林依据林龄可分为幼龄林、中龄林、近熟林、成熟林、过熟林。对于针叶林差别十分明显。未郁闭的林地上生长大量的喜光杂草，使林分的燃烧性大幅度增加，一旦发生火灾会将幼树全部烧死；刚刚郁闭后的针叶幼林，树冠接近地表，林木自然整枝产生大量枯枝，林地着火后极易由地表火转变为树冠火，烧毁整个林分；在近熟龄林中，树冠升高远离地面，林木下部枯枝减少，一般多发生地表火；成、过熟林树冠疏开，导致林内杂草丛生，枯损量增加使林内有大量杂乱物，易燃物增多，易发生高强度地表火。随着林分年龄的不同，林下死地被物负荷量也有明显的变化(表 2-18)。

表 2-18 胡枝子蒙古栎林年龄与死地被物负荷量的关系

林 龄	40	60	80	100	120	140	160	180	200
死地被物载量(t/hm^2)	3.2	4.8	8.1	9.6	12.9	14.0	10.5	6.2	2.5

②异龄林：在异龄林中，各年龄阶段的树木都有，林分的林冠层厚并且接近地面，垂直连续性好，易发生树冠火。

(4)林分的层次结构

林分的层次结构可分单层林和复层林。单层林林中可燃物紧密度小、垂直连续性差，多发生地表火；复层林中针叶树的垂直连续性好，多发生树冠火；由针叶树和阔叶树形成的复层林，一般不会发生树冠火。

(5)林分的水平分布格局

主要指林冠的水平连续性，影响树冠火的蔓延。密集的针叶人工纯林，树冠连续性好，发生树冠火，蔓延快；针阔混交林，树冠连续性差，一般只能形成冲冠火。

【巩固练习】

一、名词解释

森林火险　变化因子　半稳定因子　稳定因子　森林燃烧性

二、填空题

1. 全国森林火险天气等级预报法选取的预报因子有：________、________、________、________、________、________。

2. 用综合指标法预报森林火险等级选取的预报因子有：__________、__________、__________。

3. 在森林火险等级预报中，将火险等级分为________个级别，除一级外，其他等级预警信号分别用________这几个颜色来表征。

4. 森林火险等级预报，根据其考虑的火险因子，大致分为三类。其中，主要根据气象因子来预报森林火险天气等级，预测发生森林火灾可能性的方法称为________；根据林火发生来源，综合考虑气象因子、可燃物状况、火源条件来预报火险的方法称为________；不仅考虑天气条件、可燃物状况，还分析了地形的影响，预测林火发生后各种火行为指标的方法，称为________。

5. 可燃物的易燃程度取决于可燃物含水率的大小，而可燃物含水率又与________有密切关系，基于这种原理的森林火险等级预报法，叫做实效湿度法。

6. 森林燃烧性，根据易燃程度可分为三级，即________、________、________。

三、选择题

1. 下列森林火险等级预报因子中，(　　)是稳定因子。

A. 地形　　B. 火源　　C. 可燃物　　D. 风

2. 下列森林火险等级预报因子中，(　　)是变换因子。

A. 地形　　B. 火源　　C. 可燃物　　D. 风

四、判断题

1. 一般来说，某一地区无雨期越长，气温越高，空气越干燥，地表可燃物含水率越小，森林的易燃性越大，容易发生森林火灾。(　　)

2. 利用点火试验研究森林火险等级预报，称作以火报火法。一般来说，野外点火，环境因素不稳定，所以野外点火试验比室内点火试验的精确度要低得多。(　　)

3. 森林中林木组成能够影响森林火灾的发生，一般来说，针叶林木叶子细长，不易燃；而阔叶林木叶子宽阔，易燃，所以阔叶树种构成的森林可燃性高，容易发生火灾。(　　)

4. 一般来说，林分郁闭度大，林下光照弱，温度低，湿度大，风速小，死地被物积累增多，活地被物以耐阴杂草为主，喜光杂草较少，这种林分不易燃。(　　)

5. 森林火险天气预报是最常用的一种预报方法，因为预报结果准确性最高。

五、简答题

1. 试述常用的林火预报研究方法有哪几种，各有什么优缺点？

2. 综合指标法和实效湿度法的预报原理是什么？

六、计算题

在15℃，相对湿度在40%的条件下，计算饱和差是多少？

任务3 森林火险区划等级

【任务描述】

森林火险区划与森林火险等级预报不同，森林火险区划时不考虑短期的、频繁变化的、不确定的火险因子，而重点考虑某个地区主要的、稳定的火险因子，分析和预测的是较长时间范围的(一般5~10年)、稳定的森林火险状况。因此，森林火险区划对森林火险的评估是静态的，划分森林火险等级具有相对稳定性。进而，我们可以在森林火险等级预报的基础上，通过调查访问、实地测量等手段获得区划因子值，完成本地区的森林火险区划。

【任务目标】

1. 能力目标

①能够准确获得森林火险区划因子值。

②能够完成森林火险区划等级的判断。

2. 知识目标

①掌握森林火险区划等级的术语和定义。

②掌握森林火险区划等级的技术规定。

【实训准备】

森林火险区划等级调查表。

【任务实施】

一、实训步骤

1. 通过调查访问法获得森林火险区划因子值

森林资源各类数据来源于最近一次二类森林资源调查统计；防火期各气象火险因子数据来源于县级以上(含县级)气象部门发布的近五年的历史平均值；人口密度和路网密度采用近五年内的最新统计数据。并将调查数据填写到森林火险区划等级调查表中(表2-19)。

表2-19　森林火险区划等级调查表

地点：__________省__________市__________县　面积：__________hm^2

林地面积(hm^2)	有林地	灌木林地	未成林造林地	封育未成林地	合计
活立木蓄积量(m^3)	有林地	疏林地	散生木	平原林网	四旁树	合计
等级道路总里程数(m)	快速路	主干路	次干路	支路	合计
防火期气象因子月平均值	降水量(mm)	气温(℃)	风速(m/s)		
人口数量(人)					
树种组成					

调查人：__________　填表人：__________　日期：__________年____月____日

2. *确定树种(组)燃烧类别*

确定方法是以优势树种(或树种组)燃烧的难易程度为依据，先将区划地区的优势树种归并为难燃、可燃、易燃三个类型；如果优势种的燃烧性有多种，然后计算各类林木总蓄积量，再以三类中蓄积量比例大于或等于55%者，确定该区范围内的树种(组)燃烧类型；若三类蓄积量的比例均在55%以下时，则该区界范围内的树种(组)燃烧类型应确定为可燃类，我国各地主要代表树种(组)燃烧的难易程度见表2-20。

表2-20　我国主要树种(组)燃烧的难易程度

燃烧的难易程度	主要代表树种(组)
难燃类	木荷、栲类(含甜槠、米槠、苦槠等)、青冈栎、桤木、竹类(竹亚科)、桢南、水曲柳、黄波罗、核桃楸、刺槐、泡桐、榆、阔叶混交(优势不明显)
可燃类	针阔混交林、椴、桦、杨、檫树、珙桐、杂木、硬阔(山毛榉、色木等)、软阔(柳树、槭树、枫杨、楸、木麻黄、楝等)、落叶松、云杉、冷杉、杉木、柳杉、水杉、铁杉、紫杉
易燃类	樟树、桉、枫香、云南松、马尾松、油松、赤松、黑松、樟子松、红松、柏木、栎(含槲栎等)、栗、石栎、针叶混交林、矮林(不能生长为大乔木的)

3. *人口密度*

主要以近5年内最新统计的森林火险区划地区的人口总数与该地区面积之比来确定，单位：人/hm^2。

4. *路网密度*

主要以近5年内最新统计的森林火险区划地区的等级道路总里程数与该面积之比来确定，单位：m/hm^2。

5. *确定权值*

根据调查的森林火险区划因子值查森林火险因子权重表(表2-21)，获得森林火险因子的权值。

表 2-21 森林火险因子权重表

火险因子	级距	权值
树种(组)燃烧类型	难燃类	0.04
	可燃类	0.10
	易燃类	0.20
农业人口密度(人/hm^2)	≤0.6	0.03
	0.7~1.3	0.14
	≥1.4	0.12
防火期月平均降水量(mm)	≥53.0	0.04
	52.9~24.6	0.11
	≤24.5	0.23
防火期月平均气温(℃)	≤7.5	0.03
	7.6~14.0	0.15
	≥14.1	0.19
防火期月平均风速(m/s)	≤1.7	0.02
	1.8~2.6	0.09
	≥2.7	0.16
路网密度(m/hm^2)	≤1.5	0.04
	1.6~2.5	0.08
	≥2.6	0.05

6. 综合得分值的计算

将六个森林火险区划因子的权值进行加和，总和分别乘以下面三个指标值：有林地、灌木林与未成林造林地面积之和，活立木总蓄积，有林地、灌木林地和未成林造林地面积之和与该地区总面积之比。得到综合得分值，与森林火险区划阈值表(表 2-22)进行比较，确定森林火险区划等级。

表 2-22 森林火险区划阈值表

火险等级		权值之和×森林资源数量	标准分值
Ⅰ	森林火灾危险性大	权值之和×有林地、灌木林与未成林造林地面积之和(10^4hm^2)	>65.1
		权值之和×活立木总蓄积(10^4m^3)	>856.9
		权值之和×有林地、灌木林地和未成林造林地面积之和与该地区总面积之比(%)	>72
Ⅱ	森林火灾危险性中	权值之和×有林地、灌木林与未成林造林地面积之和(10^4hm^2)	5.3~61.5
		权值之和×活立木总蓄积(10^4m^3)	256.4~856.9
		权值之和×有林地、灌木林地和未成林造林地面积之和与该地区总面积之比(%)	43~72
Ⅲ	森林火灾危险性小	权值之和×有林地、灌木林与未成林造林地面积之和(10^4hm^2)	0.2~5.3
		权值之和×活立木总蓄积(10^4m^3)	<256.4
		权值之和×有林地、灌木林地和未成林造林地面积之和与该地区总面积之比(%)	<43

7. 确定森林火险等级

根据表 2-22 森林火险区划阈值表确定森林火险区划等级。如果三个数值在同一森林火险等级，即为森林火灾区划结果；如果三个数值不在同一级别，本着减少森林火灾发生，有效保护森林资源的目的，森林火灾危险性高的级别即为森林火险区划结果。

8. 提高森林火险区划等级

如果区划区域内有国务院主管部门正式公布的国家级旅游风景区、自然保护区和森林公园，经国家森林防火行政主管部门审批后，其森林火险区划等级可提高一级；对于未能按标准划入高火险等级的火险敏感地区，如需特殊保护，可由所在省、自治区、直辖市行政主管部门提出申请，说明情况，经国家森林防火行政主管部门审批后列为Ⅰ级火险区。

二、结果提交

填写、整理森林火险区划等级调查表：确定树种(组)燃烧类型，计算出人口密度，路网密度，有林地、灌木林与未成林造林地面积之和，活立木总蓄积，有林地、灌木林地和未成林造林地面积之和与该地区总面积之比，确定六个森林火险区划因子的权值，确定森林火险区划等级。

【相关基础知识】

我国的全国森林火险区划工作是1992年开始进行的，同年也制定了《全国森林火险区划等级》行业标准(LY/T 1063—1992)，该标准在2008年进行修订，并在2008年9月3日发布，2008年12月1日实施(LY/T 1063—2008)，代替LY/T 1063—1992。此标准是以县级行政区为森林火险区划等级的单位；采用树种(组)燃烧类别、人口密度、路网密度和森林防火期月平均降水量、防火期月平均气温、防火期月平均风速六个区划因子，将预定区域范围内的森林火险区划等级分为三个级别：森林火灾危险性大、森林火灾危险性中、森林火灾危险性小三个级别，分别用罗马数字Ⅰ、Ⅱ、Ⅲ表示。

2.3.1　术语和定义

(1)有林地

连续面积大于0.067hm^2、郁闭度0.2以上、附着有森林植被的林地，包括乔木林、红树林和竹林。

(2)灌木林地

附着有灌木树种或因生境恶劣矮化成灌木型的乔木树种以及胸径小于2cm的小杂竹丛，以经营灌木林为目的或起防护作用，连续面积大于0.067hm^2、覆盖率在30%以上的林地。

(3)未成林造林地

人工造林未成林地和封育未成林地。

①人工造林未成林地：人工造林(包括植苗、穴播或条播、分殖造林)和飞播造林(包括模拟飞播)后不到成林年限地，造林成效符合下列条件之一，分布均匀，尚未郁闭但有成林希望的林地：

a. 人工造林当年成活率85%以上或保存率80%(年均等降水量400mm以下地区当年造林成活率为70%或保存率为65%)以上；

b. 飞播造林后成苗调查苗木3 000株/hm^2以上或飞播治沙成苗2 500株/hm^2以上，且分布均匀。

②封育未成林地：采取封山育林或人工促进天然更新后，不超过成林年限，天然更新等级中等以上，尚未郁闭但有成林希望的林地。

(4)人口密度

森林火险区划地区的人口总数与该地区总面积之比，单位为人/hm^2。

(5)路网密度

森林火险区划地区的等级道路总里程数与该地区面积之比，单位为 m/hm^2。

2.3.2 我国主要树种易燃性分级

我国地域辽阔，森林分布广泛，构成森林的树种繁多，但是对于森林燃烧性的影响主要是在森林中占优势的树种，这里简单地介绍一下我国主要树种的易燃性。

树种的易燃性指森林中的树种在森林火灾中所表现出的难易程度。是对森林中某一树种燃烧特性的相对的定性描述，一般可分为三个等级，即易燃、可燃和难燃。树种易燃性对森林燃烧性的影响取决于每个易燃级别的树种所占的比例。

树种的易燃性主要分为两大类，即针叶树种易燃性和阔叶树种易燃性。

2.3.2.1 针叶树

由于针叶树的枝叶、树皮含有松脂等化学物质，和阔叶树相比，比较容易燃烧。然而，不同针叶树种的理化性质和生态学习性的不同，导致针叶树种之间的可燃性存在巨大差别。

Ⅰ级：易燃。这类物种体内含有大量的松脂和油类等挥发性物质，结构疏松，热值高，枝叶中的灰分含量比较低，含水量低。多为常绿、喜光植物，常分布在土壤比较干燥的地段上。例如，马尾松、海南松、思茅松、云南松、油松、黑松、华山松、高山松、赤松、樟子松、侧柏、圆柏等。

Ⅱ级：可燃。松脂和油类等挥发性物质的含量适中，结构较紧实，热值中等，枝叶中灰分含量中等，含水量较多，多为中性树种，常分布在土壤较湿润、较肥沃的地段上。例如，杉木、柳杉、三尖杉、红豆杉、紫杉、黄杉、粗榧等。

Ⅲ级：难燃。松脂和油类等挥发性物质含量较少，结构紧密，热值低，枝叶中灰分含量高，含水量高，多为耐阴植物，常分布在土壤湿润、肥沃的地段上。例如，云杉、冷杉、落叶松、水杉、落羽杉、池杉等。

2.3.2.2 阔叶树

一般情况下，阔叶树含有挥发性油类物质比较少，大多数枝叶、树干的含水量多，相对于针叶树而言，则不易燃。但是由于不同阔叶树种的理化性质和生态习性不同，易燃性也有不同的差异。

Ⅰ级：易燃。枝叶、树干、树皮含有树脂和油类等挥发性物质，体内含水量较少，结构疏松。多为喜光树种，常分布在干燥条件下。例如，栎类(蒙古栎、辽东栎、槲栎等)、黑桦、桉类、樟科、安息香科等。

Ⅱ级：可燃。枝叶不含挥发性油类，体内的含水量较多。多为中性树种，常分布在土壤肥料、水分适中的地段上。例如，桦树、杨树、椴树、槭树、榆树等。

Ⅲ级：难燃。枝叶不含挥发性物质，体内的含水量大。多为耐阴、耐水湿、常绿树种，多分布于潮湿(水湿)的立地条件上。例如，水曲柳、黄波罗、柳树、竹类、木荷、火力楠、红花油茶、茶树等。

【拓展知识】

森林防火规划

森林防火规划是林业规划的重要组成部分，同时也可以单独实施。森林防火规划可以林业局、林场或经营所为单位，也可以省、地区或林区为一个基本单位。后者设计范围更大些，应该包括航空护林防火规划设计。

开展森林防火规划具有十分重要的意义。它有利于促使我国森林火灾次数和面积显著下降；有利于保护现有森林免遭森林火灾的危害，促使我国森林生态环境良性循环；有利于我国林业较快地发展，确保森林免遭森林火灾的危害，增加森林覆盖率，增强林分的抗火性；能够明确防火的奋斗目标，增强信心，在摸清各地发生森林火灾规律的情况下，采取有针对性的森林防火措施，有利于我国森林防火现代化的实现。

2.3.3　森林防火规划的原则

森林防火规划应遵循以下几条原则：

(1)全面规划，抓住重点

提倡全国各林区都要开展森林防火规划，通过规划明确我国森林防火目标。同时也应抓住防火重点。因为我国国土辽阔，森林火灾损失严重，森林火灾分布不均；重点都集中在全国几十个区域的 100 多个县、局，这些地区都是我国的老火灾区，只要把重点县、局的森林防火规划做好，并付诸实施，就能达到事半功倍的效果，使林火的发生次数和受害森林面积迅速下降，尽快改变我国森林防火落后面貌。

(2)抓住典型，分类指导

为了做好森林防火规划，应先抓住典型。如可以选择在原始林、次生林、人工林以及自然保护区、风景林、经济林等每类森林中，抓好一个林业局或林场作为典型，进行森林防火规划设计，以便分类指导。

(3)调查研究做到“六清”

要使森林防火规划有针对性，必须进一步开展调查研究，摸清发生森林火灾的规律。为此应做到“六清”：

①摸清该地区每年森林火灾发生的次数。

②弄清每年森林火灾的过火面积。

③摸清每年平均每次森林火灾面积。

④摸清森林火灾造成的损失。

⑤摸清森林火灾发生原因及其规律。

⑥摸清已有森林防火设施的功效。

只有掌握和摸清上述 6 个方面的情况，才有可能制订出符合实际的森林防火规划。

(4)力争开支最少，效果最佳

在进行森林防火规划时，应注意经济效益。所以，充分利用系统工程理论和运筹学，提出最佳配置；充分利用自然力和自然与社会有利条件，对已有各种防火措施进行修整、改造，使其在新的防火体系中重新发挥功效，以取得事半功倍的效果。

(5)注意科学性、先进性、实用性与可行性并重

在进行防火规划时，应该注意科学性，引进一些新的设备、工具和装备，以提高该林区森林防火的功效和对林火的控制能力。但是也要注意实用性与可行性。我们过去在大兴安岭林区花费很多资金，引进了国外地面红外探火设备，结果很难发挥该设备的效用，未能获得成功。

(6)应充分发挥一项措施多种功能的效用

在进行森林防火规划时，有许多措施不仅有利于森林防火，而且还有利于其他营林生产。如营造防火林带，它既有利于森林防火，还有利于防止病虫害蔓延和防止水土流失。因此，应加强横向联系，充分发挥一种措施多种功能的作用。

2.3.4 森林防火规划方法步骤

进行森林防火规划，必须收集资料，进行实地调查研究，提出规划设计方案，并对规划设计方案进行评审。

2.3.4.1 资料收集

森林防火规划需要广泛收集资料，从内容上包括以下五个方面：

①自然条件：包括规划设计地区的山脉、河流、地形、地势、土壤和气候等资料。

②社会情况：包括工业、农业、副业、商业、人口、劳动力、城镇、村屯分布。

③交通情况：包括公路、铁路及其他道路。

④森林资源：包括森林分布、覆盖率、树种、林分组成、蓄积量、年木材产量以及营林任务等。

⑤森林火灾资料：包括年森林火灾次数、年过火面积、年森林火灾损失、发生火灾的原因，以及其他有关资料。

从性质上包括以下三个方面：

①数字资料：包括各类报表和数据。

②文字资料：包括各种调查研究和有关防火方面的报告，各种文件规定及规章制度等。

③图面资料：包括地形图、行政区划图、林相图、航空相片以及卫星相片等各种图面资料，以供规划设计时使用。

2.3.4.2 防火规划的调查研究

为了使森林防火规划更符合实际，应对该林区有关森林防火问题进行调查研究，调查该林区森林火烧迹地情况，了解其损失程度和恢复办法；调查该林区不同植被和森林燃烧性，了解各种可燃物类型分布及特点，同时还应进一步调查不同树种的抗火性能；调查该林区森林火灾发生发展规律；调查该地区已有森林防火设施及其功效；对于即将拟建的森林防火设施进行调查，以便提出新建设施的理论依据。通过调查可以写出论文或专题报告，为森林防火规划提供理论和实践依据。

2.3.4.3 森林防火规划

森林防火规划应包括以下四个方面：

①绘制森林防火综合设施图：可依据该林区行政区划图、地形图、航空相片和林相

图，绘出火险基本图，然后在基本图上设计各项措施，并通过实际调查研究加以补充和修订。也可以在实际调查基础上，将得到的数据在基本图上表示出来。

②编制综合森林防火措施一览表：在表上列出不同年度应完成的项目、数量和所需经费。

③编写森林防火规划说明书：在说明书上提出规划设计各种防火措施的依据、位置和实施规划设计的实际需要与可能。

④履行森林防火规划的审批程序：将编制好的森林防火规划设计提交上级，同时应邀请有关专家和上级森林防火工程技术人员对设计方案进行评议，经修改补充后再报上级备案。

2.3.5　森林防火规划内容

森林防火规划内容非常复杂，它包括群众工作、行政措施，技术和工程措施等，同时许多有效的森林防火措施，还应密切结合不同地区、不同森林实际需要，在此基础上提出规划内容。

2.3.5.1　森林燃烧性的确定、火险等级的划分与火险图的绘制

森林燃烧性的高低主要取决于可燃物的种类、性质、结构和分布，同时也取决于可燃物的数量和所处的环境条件。通常森林燃烧性的高低可依据植物群落类型、森林类型和可燃物类型进行划分。

林地火险等级的确定取决于两个方面：一是林地燃烧性；二是林地火源数量多少。可用不同颜色表示出林地火险等级。

林地燃烧性可以依据森林类型和可燃物类型进行划分，也可以按照可燃物负荷量和林地立地条件、干湿程度进行划分，或者以林班进行划分，划分为3~5个等级，并用不同颜色加以表示，如：Ⅰ级为红色；Ⅱ级为橙色；Ⅲ级为黄色；Ⅳ级为蓝色；Ⅴ级为绿色。

按照火源的多少可将林地火险等级划分若干个亚级。划分方法有两种：一是根据历史(10年)火源资料绘制林火发生图，将林地火险等级图与林火发生图叠加，可以绘制出林地森林火灾危险等级图；二是依据居民点远近和道路距离进行划分，距离村屯5km以内为甲亚级，5~10km为乙亚级，10km以外为丙亚级。按铁路和公路干线划分：500m以内为甲亚级，500~1 000m为乙亚级，1 000m以外为丙亚级。总之，森林燃烧等级可用颜色表示，亚级可用符号表示，两者结合为林地火灾危险等级。

把林地火灾危险等级相同而又毗连者联合为同一火险区，即可绘制火险图。这种火险图应作为综合的森林防火规定的基本图。

2.3.5.2　火源管理区

火源管理区应与防火区、分片包干区和防火承包责任区结合。划分火源管理区应考虑如下几个方面：火源种类和火源数量；交通状况、地形复杂程度；村屯、居民点分布特点；可燃物的类型及其燃烧性。

火源管理区的面积可以一个乡或一个林场所管辖的范围为计算单位。按上述要求划分为三个等级。一类区：火源种类复杂，火源的数量和出现的次数超过该地区火源数量的平均数，交通不发达，地形复杂，易燃森林所占的比重大，村屯、居民点分散，数量多，火源难以管理。二类区：火源种类较多，其数量为该地区的平均水平，交通条件一般，地形

不太复杂，村屯、居民点比较集中，火源比较好管理。三类区：火源种类简单，其数量少，低于该地区平均水平，交通条件比较发达，地形不复杂，森林燃烧性低，村屯、居民点集中，火源管理容易。在火源管理区应有防火机构和专职人员。此外，还要在火源管理区内规划巡护区、巡护路线和巡护人员、检查站(哨)，并规划出所在的位置。在管理区内还要设置防火宣传牌和火险预报牌，并标出其数量及设置地点。

2.3.5.3　营林防火

主要考虑该地区的营林防火措施，尤其对易燃林分应首先加以考虑，明确逐年完成营林防火的任务及其实施地点。

2.3.5.4　生物与生物工程防火

应设计防火林带的分布位置、总长度和各种生物防火林带的长度。同时要对不同立地条件下的林带规格、结构进行典型设计，并计算出每年完成的任务量和具体施工地点。其次，调节易燃林分结构，明确逐年应完成的任务量和地点，以及所需经费。最后还应明确在易燃林分中减少可燃物载量的方法、任务和所需经费。

2.3.5.5　以火防火

应论证哪些可燃物类型可以用火，用火目的、方式方法和用火时间。提出逐年应完成的任务量、地点和所需经费。

2.3.5.6　森林防火工程(地面防火网络化)

应发挥地面防火工程网的总体作用，使林火预报、监测、通信、交通阻隔和扑救网等相互联结，协同作用，防止各自为体系，互不关联的现象发生。此外，应充分发挥各自优点，形成网络，以便更好地发挥各防火工程的效果。

①林火预报网：应绘制已有气象台、新建气象台，以及气象台站管辖范围图，并规划出完成的年度等。

②地面瞭望网：规划各瞭望台管护的面积、新建瞭望台的位置、完成年度，建立其他探火装置的依据(如红外电视探火的设置地点及依据)。

③通信网：应保证已有的电话和电台畅通无阻。对新设的电话、电台所处地点、数量和完成年度，以及对通信网的通信能力加以论证。

④交通阻隔网：对已有交通网和新建公路长度、分布、完成年度及交通网的运输能力加以论证。在图上应标出天然防火障碍物的分布，并论述它们的阻火功能。绘制人工防火障碍物分布图，包括新建的采用火烧、生物和用其他方法开设的防火阻隔带。说明完成的年度、设置的位置、地点和经费等。

⑤扑火网：已有扑火人员驻扎点、扑火人员数量和扑火装备，新建驻地的人数和扑火装备、完成年度，扑火工具、仓库分布数量和经费，同时还应论证扑火能力等。

⑥空中防火网：主要是航空护林规划，一般应归属在地区或林管局以上林区的森林防火规划中，也可以由航空护林部门单独进行规划。空中防火网应包括以下几个内容：一是明确航空护林的任务，如有飞机巡护发现火情，指挥和扑救森林火灾，运送扑火物资和工具，空降机降灭火队伍。明确航空喷水、喷液灭火、人工降水等任务。二是选择飞机场，应根据航空护林的任务决定机场大小和规模。场址应选在林区附近，以便提高航空护林防火的功效。应依据飞机类型来确定飞机跑道的长短和质量等。三是依据航空护林任务，确定飞机类型和最大存放量，以便在防火关键时刻能够有秩序地执行航空护林任务。四是根

据火源分布图规划飞行航线，以保证飞机通过火源多发区，以提高飞机发现火情率。同时还应注意飞行安全，避免巡护重复，做到既能保证安全，又能减少飞机巡护的费用。根据各林区防火季节，确定开航和闭航日期，以保证飞机准时执行航空护林任务。如果确定采用机降灭火，应在林区增设直升机加油点和降落点，并保证及时安全运送扑火队员。由于直升机耗油量大，飞行费用高，所以要注意节省经费开支。此外，还要明确飞机灭火范围和效果。如有空降队，也应明确空降灭火范围，以便扑火指挥决策时参考。五是采用喷水和化学药液灭火方法，应设计吸水地点和化学贮药罐，并按飞机的特性明确喷水和喷洒化学药液灭火的范围和功能。

2.3.6　森林防火规划的评估

森林防火规划应从两方面进行评估：一是应评估森林防火规划是否能提高该林区的林火控制能力；二是看森林防火规划是否取得明显的经济、生态与社会效益。

林火控制能力的提高可以从两个方面加以评估。一是看森林防火规划实施后森林火灾次数和面积是否有明显下降，其综合指标是平均每次森林火灾的过火面积，它可以综合反映森林火灾次数、森林火灾面积和林火控制能力的多少和大小；二是看森林防火规划设计实施后，林火预报、林火探测、林火控制、林火阻隔和林火扑救方面的能力提高多少。

经济、生态与社会效益评估也可以从两个方面进行：一是森林防火规划实施后，可从森林火灾损失明显下降程度来计算其经济效益，也可从火灾对林木损失的减少程度来估算其经济效益。其他火灾损失，可按此方法计算。同时，还应估计其生态与社会效益；二是从规划设计森林防火工程总体费用以及每项森林防火工程单项造价费用来评估。一般在保证质量的基础上，单项造价越低，经济效益越高。

总之，在评估综合森林防火规划时，应对林火控制的能力和经济、生态以及社会效益进行综合评定。

2.3.7　不同地区森林防火规划

我国幅员辽阔，各地自然特点有明显差异，各地人口、交通和经济情况不尽相同，各地人民的风俗习惯也不一样。在森林火灾季节，火源类别、森林火灾次数、过火面积以及森林防火的特点，都有一定差别。因此各地区对森林防火的要求也就有所不同。在进行森林防火规划时，应因地制宜，充分注意不同地区的特点与森林防火之间的关系。现根据我国各地区特点，大致划分如下6类地区：

2.3.7.1　分散集体林区

主要分布在我国南方各省，小面积森林被农田分割，大多数为人工针叶林和少量阔叶林，并多为集体和个体所有，国有林不多。这些林区，人烟比较稠密，交通也比较方便，森林经营集约度较高，多为用材林、经济林、果树林及竹林。这类林区农业用火多，往往是森林火灾高发区，但过火面积不大，主要是因为交通方便，人烟稠密，能够及时发现及时扑灭。因此，这类林区的森林防火规划，应以群众防火为主，然后再适当采用一些营林防火和生物防火措施。

2.3.7.2　远山深山飞播林区

这类林区在我国南、北方和西部均有分布，一般分布在远山和深山，人烟比较稀少，交通也不发达，除有少数森林外，多为大面积荒山荒坡，适宜于飞播造林。这类地区火灾次数比较少，但过火面积较大。由于人烟少，交通不便，控制林火能力弱，往往容易形成大面积森林火灾。为了确保飞播林成林成材，必须采取有效防火措施，否则将会造成难以估量的损失。据1980年统计，仅广西地区就有40%的飞播林毁于森林火灾。不难看出，加强这类荒山飞播林区的防火工作是至关重要的。在这些地区，可在飞播前对林地进行计划燃除，有利于提高林木种子发芽率和幼苗生长发育。其次，在飞播林区，应加强生物防火，如：营造防火阔叶林带，以提高阻火效果，在有条件的地区，也可以营造一些耐火经济林和果树林，同时提高经济收入。此外，在幼龄林分布区，应有计划有步骤地建立森林防火工程，以迅速提高对林火的控制能力。

2.3.7.3 大面积人工针叶林区

这类林区在我国南、北方均有分布，而且大都为速生丰产林基地，如南方的杉木林和马尾松林，北方的油松、落叶松、樟子松和红松林。这些地区人烟稠密，交通比较方便，森林经营集约度大，有的地区为农林混种，森林火灾次数多，过火面积也不小，为各地森林防火重点区。对这类林区应开展全面森林防火规划，设置必要的森林防火工程，并提高对林火预测预报、林火监测、林火通信、林火阻隔和林火扑救的能力，确保森林火灾损失下降到最小限度。此外，还应加强群众防火，加强火源管理，推广火源管理的承包责任制；加强营林、生物防火基础工作，确保这类林区防火安全。

2.3.7.4 浅山次生林区

在我国南部、北部、西部和西南地区都有分布。这类林区人烟比较稠密，交通比较发达，多为农林交错区，森林多为次生阔叶林，林相残破而不整齐，生产力很低，甚至有些属于低价值林分。这类森林多数是在封山育林后生长起来的。有的为个体所有，有的为集体所有，也有国有林，三种所有制并存。这类林区火源情况复杂，发生火灾次数多，但过火面积一般不大，只有在干旱年代才可能发生大面积森林火灾。这类森林的防火规划，应划分为两类：一类是集体林和个体林，应加强群众防火，开展林火管理，有效控制火源，以减少林火发生次数。同时，加强营林防火和生物防火，如进行补播补植，以提高林分质量。对低价值林分进行改造，以提高林分的抗火性，不断改善森林环境，从而提高林分质量，增强林分耐火能力。第二类是国有林。除了加强群众防火、营林防火和生物防火外，还应增设一些防火工程设施，以提高对林火的控制能力，确保我国森林资源快速增长。

2.3.7.5 偏远次生林区

这类林区主要分布在我国东北、内蒙古林区，是原始林反复遭受森林火灾的结果，多为次生阔叶林或灌木丛等。这类林区人烟稀少，交通不便，发生林火不能及时发现，更不能得到及时扑救，经常酿成大面积森林火灾。因此，防火规划应采用空中防火网络化，力争及时发现火情，做到“打早、打小、打了”，使火灾损失迅速下降。此外，还可以采用以火防火措施，如采取火烧沟塘草甸、火烧防火线等措施，同时，也可采取营林和生物防火措施以提高其抗火性能。

2.3.7.6 偏远原始林区

这类森林主要分布在我国西南、东北、内蒙古及新疆等边远地区。这些地区分布有大面积原始针叶林，但人烟稀少，交通极为不便，有些还是尚未开发的林区，个别地区几百里无人烟，大多为国有林，有的地区散居少数民族，火源数量少，局部林区尚有雷击火。

由于森林防火能力薄弱，易发生特别重大森林火灾。对于这类林区应加强地空防火网的建设，引进一些先进防火、灭火设施。此外，还应采取以火防火、营林防火、生物防火，以提高对林火的控制能力。

2.3.8　不同森林的防火规划

对一些特殊用途的森林，除一般要求外，还应根据这些森林的特殊需要做好森林防火规划。

2.3.8.1　自然保护区森林防火规划

截至2015年年底，全国共建立自然保护区2 740个，目前还在发展和增加。对这些自然保护区进行森林防火规划设计，要依据自然保护区要求，维持其自然状况。对自然保护区要进行森林燃烧性的确定，划分火险地区的等级，并绘制火险图。一般森林防火措施，特别是森林防火工程，不得设置在自然保护区内，以避免破坏自然景观，影响物种的保护。在自然保护区的外围或缓冲地带，应建立防火线、防火林带和防火障碍物，将自然保护区封闭起来，以防外来火烧入保护区内。在一些个别野生动物自然保护区，为了维护濒于灭绝的珍禽和野生动物的食物和栖息环境，需要用火时，也可以在安全期用火，如美国对南部的大秃鹰和加拿大对巨鸣鸟的食物来源和栖息环境，就是采取计划火烧办法来维护的。

2.3.8.2　风景林、游憩林和森林公园防火规划

我国是具有5 000多年历史的文明古国，各地有许多名胜古迹，有许多奇异的自然景观，这些都是我国特有的旅游资源。近年来，旅游事业日益兴旺，新的旅游点不断开发出现。与此同时，有许多名山胜地发生森林火灾，如20世纪80年代在庐山、黄山、九华山等相继发生森林火灾。因此，对于风景林、游憩林和森林公园进行森林防火规划十分必要。对于风景林和观赏树木森林火灾损失，不能按一般森林火灾损失的办法估算，而应按照风景资源观赏价值计算其损失。它可作为执行法律计算金额的依据。在风景林、游憩林和森林公园，特别应加强群众防火，风景越优美，游人就越多，而且游人也会不断更迭，要想方设法使游人都成为森林防火卫士，使他们都能爱护风景，保护森林。除有各种规定外，还需通过导游人员宣传森林防火。在风景区四周应有防火林带、防火障碍物和防火线，并使之封闭成网，以防外来火烧入风景林区。应依据景区管辖地易燃程度、旅游价值和游人多少划分防火区。也可根据山形地势和旅游路线进行划分，以便加强巡护和检查。此外，在采用防火工程设施时，还应考虑防火需要和不破坏风景的原则。在安排每项具体防火设施时，应注意风景区环境与色调的协调，如瞭望台应设计成庙宇或亭式较为适宜，这样可为旅游区增加景点。

2.3.8.3　疗养林森林防火规划

我国在各风景优美地区设立了许多疗养院，在疗养院四周营造了许多疗养林。这些疗养林多为常绿针叶林，有利于病人尽快恢复健康。因此，应在疗养林中或其四周多营造一些能够散发大量杀菌素的植物，并加强对这些植物的防火工作。由于疗养院和疗养林多在风景区，它们的防火规划可以结合风景林的防火规划进行。

2.3.8.4　水土保持林森林防火规划

在我国各大江河流域都有大面积水土保持林和水源涵养林。水土保持林和水源涵养林

森林防火规划应包括：一是开展营林防火和生物防火，做好森林防火基础工作。二是搞好群众防火，加强火源管理。三是在大面积国有林区、集体林区和重点火险区建设森林防火工程，以增强对林火的控制能力。

此外，我国还有许多防护林和不同的经济林，这些都是我国具有重要作用的森林，因此应按照这些森林的特殊要求，合理进行森林防火规划，使之免遭森林火灾危害，有利于我国林业飞速发展，不断地改善森林环境，有利于人类生存和发展。

【企业案例】

辽宁省林业厅关于重新区划辽宁省森林火险等级的通告

根据国务院《森林防火条例》第十三条相关规定，按照《全国森林火险区划等级》(LY/T 1063—2008)标准和辽宁省实际情况，省林业厅对全省县级行政单位森林火险等级进行了重新区划。现将重新区划名单通告如下：

市名	所辖区域	森林火险区划等级
沈阳市	苏家屯区	Ⅲ
	东陵区	Ⅱ
	沈北新区	Ⅱ
	辽中县	Ⅲ
	康平县	Ⅲ
	法库县	Ⅲ
大连市	甘井子区	Ⅱ
	旅顺口区	Ⅱ
	金州新区	Ⅱ
	瓦房店市	Ⅱ
	庄河市	Ⅰ
	普兰店市	Ⅰ
	长海县	Ⅱ
鞍山市	千山区	Ⅱ
	海城市	Ⅱ
	台安县	Ⅲ
	岫岩县	Ⅰ
抚顺市	东洲区	Ⅲ
	望花区	Ⅲ
	顺城区	Ⅲ
	抚顺县	Ⅰ
	新宾县	Ⅰ
	清原县	Ⅰ

（续）

市名	所辖区域	森林火险区划等级
本溪市	平山区	Ⅱ
	溪湖区	Ⅲ
	明山区	Ⅰ
	南芬区	Ⅰ
	本溪县	Ⅰ
	桓仁县	Ⅰ
丹东市	元宝区	Ⅲ
	振兴区	Ⅱ
	振安区	Ⅲ
	东港市	Ⅱ
	凤城市	Ⅰ
	宽甸县	Ⅰ
锦州市	太和区	Ⅲ
	凌海市	Ⅲ
	北镇市	Ⅱ
	黑山县	Ⅲ
	义县	Ⅱ
营口市	老边区	Ⅲ
	鲅鱼圈区	Ⅲ
	盖州市	Ⅰ
	大石桥市	Ⅲ
阜新市	海州区	Ⅲ
	太平区	Ⅲ
	新邱区	Ⅲ
	细河区	Ⅲ
	清河门区	Ⅲ
	阜蒙县	Ⅰ
	彰武县	Ⅰ
辽阳市	弓长岭区	Ⅲ
	太子河区	Ⅲ
	灯塔市	Ⅲ
	辽阳县	Ⅱ
铁岭市	银州区	Ⅲ
	清河区	Ⅲ
	调兵山市	Ⅲ
	开原市	Ⅱ
	铁岭县	Ⅱ
	昌图县	Ⅱ
	西丰县	Ⅰ

（续）

市名	所辖区域	森林火险区划等级
朝阳市	双塔区	Ⅱ
	龙城区	Ⅲ
	北票市	Ⅰ
	凌源市	Ⅱ
	朝阳县	Ⅰ
	建平县	Ⅱ
	喀左县	Ⅱ
盘锦市	盘山县	Ⅱ
	大洼县	Ⅲ
葫芦岛市	连山区	Ⅲ
	南票区	Ⅲ
	龙港区	Ⅲ
	兴城市	Ⅱ
	绥中县	Ⅱ
	建昌县	Ⅰ

辽宁省林业厅

2014 年 5 月 23 日

辽宁省本次森林火险区划等级中Ⅰ级（森林火灾危险性大）共 19 个；Ⅱ级（森林火灾危险性中）共 25 个；Ⅲ级（森林火灾危险性小）共 33 个。

【巩固练习】

一、名词解释

树种易燃性　有林地　灌木林地　未成林造林地　路网密度　人口密度

二、填空题

某一地区，森林火险区划因子最终计算所得指标值如下：权值之和×有林地、灌木林与未成林造林地面积之和为 $58.2\times10^4\ hm^2$；权值之和×活立木总蓄积（$10^4\ m^3$）值为 $868.1\times10^4 m^3$；权值之和×有林地、灌木林地和未成林造林地面积之和与该地区总面积之比为 60%。则该地区森林火险等级为________。

三、选择题

1. 下列针叶树种中，（　　）是难燃树种。

A. 油松　　B. 红松　　C. 华山松　　D. 落叶松

2. 下列阔叶树种中，（　　）是难燃树种。

A. 蒙古栎　　B. 桦树　　C. 榛子　　D. 水曲柳

四、判断题

1. 在森林火险预报时，对于未能按标准划入高火险等级的需要特殊保护的火险敏感地区，可经一定程序，由国家林业局森林防火办公室审批后提高一级。(　　)

2. 森林火险预报区域内如果该地区内有国家级旅游风景区、自然保护区和森林公园，经国家林业局防火办公室审批后，其火险等级可列为Ⅰ级火险区。(　　)

五、简答题

1. 简述森林火险区划等级的方法步骤。
2. 简述自然保护区森林防火规划过程中的注意事项。
3. 火源管理区可分为几类，如何划分？
4. 在森林火险区划时，如何确定树种(组)燃烧类型？

六、计算题

经调查，某县的森林火险区划因子中的树种组成为3栎3软阔1冷杉1油松1硬阔1桦；人口密度为0.6 人/hm^2；路网密度为1.5m/hm^2；防火期月平均降水量为48.8mm；防火期月平均气温为7.3℃；防火期月平均风速为1.6m/s；有林地、灌木林地和未成林造林面积为$10.1\times10^4hm^2$；活立木蓄积量为$1\ 432.2\times10^4m^3$；有林地、灌木林地和未成林造林面积与该地区总面积之比为82%。该县有国家级自然保护区，问最后该县的森林火险区划等级为几级？

项目3 林火监测

【项目描述】

林火监测通常可分为地面巡护、瞭望台定点观测、空中飞机巡护和空间卫星监测四个空间层次，这四个层次有机结合在一起，形成一个整体，称为林火监测系统。它能及时发现火情，准确确定起火点位置和探测林火发生发展的全过程，犹如森林防火工作的“眼睛”，是实现“打早、打小、打了”的第一步，是保证迅速控制和扑灭森林火灾的基础。

本项目包括：地面巡护和瞭望台监测。

通过本项目的学习，森林防火工作人员，要掌握地面巡护技术和瞭望台定点观测技术，能够在第一时间发现火情，并完成火情报告；与此同时，也要了解空中飞机巡护技术和空间卫星监测技术。

任务 1

地面巡护

【任务描述】

地面巡护不仅能第一时间发现火情，还能够完成监督、检查林区用火情况、防火制度的实施情况，及时扑灭森林火灾等。地面巡护是控制森林火灾发生的重要手段之一，被林业基层单位广泛应用。所以，森林、林木、林地的经营单位配备的兼职或专职护林员，按照地面巡护的要求，成立地面巡护小组、制定地面巡护路线，完成地面巡护任务。

【任务目标】

1. 能力目标

①能够有针对性的确定地面巡护时间和路线。

②能够根据地面巡护的要求完成地面巡护任务。

2. 知识目标

①了解什么是地面巡护。

②掌握地面巡护的任务。

【实训准备】

铁锹、风力灭火机、耙子、斧头、锯等，对讲机。

【任务实施】

一、实训步骤

1. 成立地面巡护小组

根据所辖区域成立相应的地面巡护小组，由3~5人组成，并确定一名组长。

2. 确定地面巡护路线和时间

根据所辖地区各地段火险等级的高低和火源的多少进行确定。路线确定原则要尽量通过高火险区、火源出现较多的地段。时间确定原则一般要尽量选择在高火险时段。

3. 地面巡护

地面巡护组按照预先制定的巡护路线和时间，携带扑火工具和林火通信工具，按照任务要求进行地面巡护。

4. 异常情况处理

若在巡护过程中发现浓烟、明火等林火现象。应第一时间向指挥部报告，之后展开有效的扑救措施。

二、结果提交

地面巡护组按照要求认真完成地面巡护任务，认真记载巡护情况，填写表 3-1 地面巡护日报单。

表 3-1 地面巡护日报单

地面巡护组编号：________________

日期	巡护时间		巡护区域		巡护情况	备注
	出发时间	返回时间	区域名称	途径		

异常情况处理：

审核领导：　　巡护组组长：　　日期：

巡护组组员：

【相关基础知识】

地面巡护就是森林防火专业人员(护林员、森林警察、摩托巡逻队、水上巡逻队等)，采用步行或乘坐交通工具(马匹、摩托、汽车、汽艇等)按一定的路线在林区巡查森林，检查、监督森林防火制度的实施，控制人为火源，如果发现火情，还要积极采取补救措施。地面巡护是控制人为火源的重要手段之一，适用于对人工林、森林公园、风景林、游憩林和铁路、公路两侧的森林进行林火监测。

3.1.1 地面巡护的组织形式

(1)护林员

《中华人民共和国森林法》第十九条第二款规定：“护林员可以由县级人民政府委任。

护林员的主要职责是巡护森林，制止破坏森林资源的行为。”《森林防火条例》第二十二条规定：“森林、林木、林地的经营单位配备的兼职或专职护林员负责巡护森林，管理野外用火，及时报告火情，协助有关机关调查森林火灾案件。”护林员要履行地面巡护的任务。

(2)森林警察驻点小分队

在防火季节中，森林警察部队派出小分队，进入森林火险较高的地区驻点执勤。在交通要道上设立岗哨，严加防范。在公路网密度大、交通方便的地方，乘摩托车、汽车巡护。没有公路的地块，可骑马巡逻。在风景林和天然公园内，游人较多，可采用步行巡逻。各森林警察驻点小分队，在其管辖范围内，要建立警民联防责任制，明确各自的巡护范围和职责，互相支援，主动配合，严格控制火源。

(3)摩托巡护队

摩托巡护队是由专业扑火队员组成，在森林防火指挥部直接领导和指挥下，承担巡护和扑救双重任务。摩托巡护队下设若干小分队。每个小分队配备有摩托车、扑火机具和对讲机。这类队伍常布置在较高森林火险等级和边远地区，白天巡逻，晚上集中待命。一有火情，可及时出动，将火扑灭。

(4)水上巡逻队

在水路较多的地方，可乘摩托艇或汽艇沿河岸或水库岸边巡护。通常需要3~4人，并可装备轻便消防水泵、油锯、喷水灭火器和其他灭火机具、对讲机或电台等。

森林防火巡护队伍组织形式要根据各地区的实际情况选用一种或几种。事实证明，高效的实施地面巡护，对控制野外火源起到决定性的作用，达到降低森林火灾发生次数的目的。

3.1.2 地面巡护的任务

(1)严格控制火源，消除火灾隐患

①严格控制非法入山人员，特别是盲目流动人口，入山人员必须持有入山许可证。必要时采用搜山的方式。

②检查和监督来往行人、林区居民以及森工企业对森林防火法律制度、规章的执行和遵守情况。制止违章用火等各种危害森林的行为。

③检查野外生产、生活和其他用火情况，坚决制止违反森林防火法令的行为。在森林防火期内，对野外吸烟、上坟烧纸、烧荒等野外弄火人员，视情节轻重，给予批评教育、依法处理。

④预防和制止坏人的纵火行为。

(2)及时发现火情，迅速报告，积极补救

地面巡护时，发现火情应尽快地确定森林火灾的位置、种类、大小，及时报告森林防火指挥部，并采取积极有效的扑救措施，随时报告火场的变化和火势的发展趋势。如果火场面积较大不能扑灭，应想办法控制火势，立即请求指挥部派人支援。

(3)配合瞭望台进行全面监护

要深入林区瞭望台观测的死角地区进行巡逻，弥补瞭望台监测的不足，提高林火监测覆盖率。

3.1.3 地面巡护路线和时间的确定

地面巡护可由单人或2人以上(3~5人组成最佳)组成的巡逻组承担地面巡护任务。

地面巡护路线应根据所辖地区各地段森林火险等级的高低和火源的多少进行确定，其原则要尽量通过高火险区、火源出现较多的地段。

地面巡护时间确定原则一般要尽量选择在森林高火险时段。

例如：在Ⅰ级森林火险天气条件下进行地面巡护的地点仅限于在林区从事火险作业的地点，以及旨在防止有人违反森林防火条例的其他森林地段。在Ⅱ级森林火险天气条件下，开始在森林火险区划Ⅰ级和Ⅱ级的林分和劳动者在林中集中休息地点进行地面巡护。Ⅱ级森林火险天气的巡护时间是当地时间11:00~17:00。当Ⅲ级森林火险天气出现时，被观察地段的范围要包括森林火险区划Ⅲ级，巡护的时间从早上10:00开始。在Ⅳ级森林火险天气时，要增加地面巡护组的数量，不仅要观察森林，还要观察施工地点、林中的贮木场和其他目标。巡护时间从8:00~20:00。在Ⅴ级森林火险天气，特别要加强对森林的观察工作，整个白天都要进行观察，而在森林火险最严重的地段，要昼夜进行观察。

3.1.4 地面巡护路线的长度

地面巡护路线的长度确定是交通工具的平均行驶速度乘上3.5~4h，即每个工作日巡护，能对防护地段巡察两遍计算，见表3-2。

地面巡护路线长度按式(3-1)计算：

$$S = t \times v \tag{3-1}$$

式中 S——地面巡护路线长度(km)；

t——巡护时间(h)；

v——步行或乘坐运输工具的速度(km/h)。

表3-2 各种运输工具巡逻里程

运输工具	平均行驶速度(km/h)	路线长度(km)
步行	3	10~12
骑马	5	15~20
自行车	8	25~30
摩托车	15~20	50~70
汽车	15~20	50~70
机动船	10~15	30~40

在高火险天气或火源频繁出现的地区，应增加地面巡护路线长度。

【拓展知识】

航空巡护

航空巡护是指利用飞机沿一定的航线在林区上空巡逻，监测火情和定位，并及时报告飞行基地和防火指挥部。

我国在1952年，经党中央、国务院批准，国家在东北林区开展了航空护林，护区涉及黑龙江、内蒙古和吉林三省(自治区)。在1961年国家又在西南林区的云南、四川、广西和贵州开展了航护工作。所用机型主要为运-5、运-12、伊尔-14等固定翼飞机和米-8、直-9直升机等，其主要性能见表3-3。

表3-3 几种主要机型性能表

机型		最大时速(km/h)	巡航时速(km/h)	最大航程(km)	最大商载量(kg)	实用升限(m)
固定翼	运-5	268	180	1200	1 240或11人	5 000
	运-12	328	230~250	1 440	1 700或17人	双7 000 单3 150
	伊尔-14	412	340	1 785	3 750或32人	6 500
直升机	米-8	250	225	标500 辅360	4 500或28人	4 500
	直-9	324	260	标860 辅170	2 013或10~14人	6 000

3.1.5 航空巡护区域的确定

航空巡护区域一般是人烟稀少的雷击区和高火险地区。所以在选择航空巡护区域时，要了解全地区每个区域的火灾历史(即火灾的发生频度)、现在的可燃物类型和火灾危险程度(即火源出现的种类和数量)以及现有的探测能力(飞机的多少、航线的长短)。用上述资料可制成可燃物类型图、火灾发生图、火源分布图，再结合气候条件绘制成森林火险图。根据这些图表，即可确定航空巡护区域。火灾经常发生、火险级较高、森林价值比大的地段，是航空巡护的重点地段。在有瞭望台分布并直接监视的地段，一般不需要航空巡护。

3.1.6 制定航空巡护航线

(1)制定巡护航线的原则

制定巡护航线应按照以林为主，兼顾全面，打破行政界线，保证重点林区，减少或消灭空白区域的原则。并且制定的航线应该使飞机飞行时间短，火情发现率高并节省资金。

(2)航线长度

主要根据飞机的性能来确定。航线的最大长度要小于飞机最大航程的80%，留出20%的飞行时间用于离开航线观察火情及空投火报。在保证完成巡护任务的前提下，应尽量缩短航线，避免无效飞行。

(3)航线间距离

与飞行的水平能见距离有关，飞行的水平能见距离又与飞机的飞行高度相关。一般来说，飞机飞行越高，水平能见距离越远。飞机的水平能见距离可按式(3-2)求出：

$$D = 2\sqrt{H} \tag{3-2}$$

式中 D——飞行水平能见距离；

H——飞行高度。

航线之间的距离一般为60~100km，这是根据飞行高度与肉眼水平能见距离来确定的。

3.1.7 航空巡护时间选择

航空巡护时间应根据林火发生、发展的规律，选准最佳时机，适时进行安排。最佳飞行时间的选择应注意：一是在关键时期，特别是森林防火戒严期进行巡护飞行；二是在12:00~15:00期间加强巡护飞行次数；三是根据林火预报，在高火险天气进行巡护飞行。

3.1.8 航空巡护作业类型

(1)航线巡护

航线巡护是在出现Ⅲ级以上的火险天气，沿事先编制的航线飞行的日常巡护。一天中，巡护时间一般安排在11:00~18:00。

(2)雷击火巡护

在干旱的天气条件下，如有雷暴发生，需要在雷暴发生过的地区，沿流域系统或山脉进行巡护，以便发现雷击火，巡航高度为500~1 000m。如果夜间发生雷击，次日清晨，需安排一次快速飞行，飞行高度1 500~2 000m。

(3)特殊巡护

这类飞行是用来完成一项专门任务，如观察了解火情。

3.1.9 航空观测技术

飞机进入航线后，飞行观察员必须集中精力，细心观察瞭望，做出正确的判断，做到有火及时发现，根据以下几种主要迹象可以做出火情的判断、并发出警报。

3.1.10 观察判断森林火灾的方法

(1)火灾迹象

在飞行监测中，发现如下迹象，可能有火情，应认真观察：无风天气，地面冲起很高一片烟雾；有风天气，远处出现一条斜带状的烟雾；无云天空，突然发现一片白云横挂空中，而下部有烟雾连接地面；风较大，但能见度尚好的天气，突然发现霾层(空气中有大量的尘粒而显得浑浊不清)；干旱天气，突然发现蘑菇云。

(2)判明林火还是烧荒的方法

发现以上火灾迹象后，要从烟的发生位置判明林火还是烧荒。林火是在森林里发生的火灾，而烧荒绝大部分是在距林区较远的居民点附近或林区边缘的新开发点。在能见度较差的情况下，在林缘发现的烟，应当特别注意，没有把握时，要飞到烟的附近去观察，以免判断失误，造成损失。

3.1.11 测定火场要素的方法

火场观察的主要内容包括：确定火场的准确位置，勾绘火区图，观察火势和火的发展方向，判断火场风向、风力，辨别火灾种类和主要被害树种，估测有林地点火场面积的百分比，测算火场面积。

(1)确定火场位置

在飞行监测中发现森林火情时，立即确定飞机位置，改航飞向火场。同时按罗盘对正地图，对照地面，边飞边向前观察和搜索辨认地标，随时掌握飞机位置，当飞机到达火场上空或侧方时，根据火场与地标的相对关系，定出火场位置。通常用经纬度表示。

(2)测算火场面积

测算火场面积通常采用地图勾绘法和目测法。地图勾绘法：根据火场边缘和火场周围的地标位置关系，将火区勾绘在图上(如采取等分河流、等分山坡线的方法，在图上利用等高线确定火场边缘)，再用方格计算纸按比例求出实际面积。目测法：在测算小面积火场时，将火烧迹地的形状与某种几何图形比较，参考地图，目测出所需距离，按求积公式算出面积。此法主要靠实践经验。

(3)判定火场风向风力

在判定火场风向时，主要观测烟飘移的方向。如向东飘移说明是西风，向南飘移说明是北风；其次，根据火场附近的河流、湖泊的水纹来测定。判定风力时，主要观测烟柱的倾斜度，如果烟柱的倾斜线与垂直线的夹角是11°，那么火场风是2级；如果是22°，风是3级；如果是33°，风是4级，以此类推。

巡护飞行发现火情后，观察员应立即判断火场的概略位置，并前往观察处理，如果火场在国境线我国一侧的10km范围内，必须请示上级批准后再去观察，如同时发现多起林火应本着先重点、后一般的原则逐一处理。

【企业案例】

一、××林业局火情报告制度

为了尽快扑救森林火灾，最大限度减少森林资源损失，按照法律规定，任何单位和个人一旦发现森林火灾，必须及时向森林防火指挥部报告，具体要求是：

(一)在全局范围内，一旦发现森林火灾，任何单位和个人都必须立即报告，绝不准晚报或谎报。各级森林防火指挥部门通过有线或无线电话、电台立即向上一级森林防火指挥部报告。

(二)报告森林火灾时，原则上要报告发现时间、地点和报警人。有条件的要报出地理坐标；同时，要报告火势情况和火场天气情况，报告情况要准确无误。

(三)凡局发生森林火灾，都必须在规定时间内上报森林防火指挥部，不准少报、晚报、隐瞒不报，否则追究领导责任，并根据情况给予处罚。

(四)局森林防火指挥部对下列森林火灾要立即报告省森林防火指挥部和中央森林防火指挥部：

(1)国界附近的森林火灾；

(2)重大、特别重大森林火灾；

(3)造成一人以上死亡或者三人以上重伤的森林火灾；

(4)威胁居民区或者重要设施的森林火灾；

(5)二十四小时尚未扑灭明火的森林火灾；

(6)未开发原始林区和大面积人工林的森林火灾；

(7)与外地市、县、局交界地区危险性大的森林火灾；

(8)需要省和国家支援扑救的森林火灾。

(五)各级森林防火指挥部在一般森林火灾发生后二十四小时内要做到"三清"，即案件清、损失清、火因清，并用书面形式报上一级森林防火指挥部。

二、××林业局护林员的职责

(一)坚持执行《中华人民共和国森林法》《森林防火条例》《××省森林防火实施办法》，执行党和国家林业建设的方针、政策、法规、积极宣传森林防火的有关规定。

(二)加强政策业务学习，熟悉森林防火条例，熟知各管辖点、片的社会自然条件，做到心中有数。

(三)加强巡护，杜绝火源，看护好森林火险区要害部位，严格检查一切入山人员和车辆，防止火情、火灾的发生。

(四)坚持请示汇报，做好各项记录，发现火情立即向主管部门和单位领导汇报，采取积极有效的措施，及时补救。

(五)对于违犯《森林防火条例》和各项林业政策法规的，要积极协助上级主管部门，认真处理所发生的案件。

(六)了解和掌握自己所管辖地形(坡度、坡位、坡向)、气候因子、植被、可燃物分布类型和数量、火险区、火险点、作业区(点)、用火点、公路桥涵要害部位、小地块位置、数量、坟地位置数量、人工林分布面积、上山打柴位置、打猎位置、采野菜和小秋收的山珍品结实区域、采集时间各不同时期人员数量、危险人员活动管护状况等。

(七)经常深入责任区巡护检查，清除非法入山人员，没收火种，从严教育，消除火种隐患。

【巩固练习】

一、名词解释

地面巡护　航空巡护

二、填空题

1. 由专业扑火队员组成，承担巡护和扑救双重任务，常在较高火险和边远地区巡逻或待命的地面巡护队伍是________，在水路较多的地方，乘摩托艇或汽艇沿河岸或水库岸边巡护的地面巡护队伍是________。

2. 地面巡护路线要在巡护前根据________和________进行确定。路线确定原则：尽量通过________、________的地段。时间确定原则：尽量选择在________时段。

3. 地面巡护要配合________进行全面监护，防止出现观测死角，互相弥补不足，提高林火监测覆盖率。

4. 林火监测通常可分为________、________、________、________ 4 种形式。

三、选择题

1. 地面巡护有多种组织形式，不包括以下(　　)。

A. 水上巡逻队　　B. 森林警察驻点小分队

C. 群众志愿者　　D. 摩托巡护队

2. 以下情况中，最有可能是发生森林火灾的迹象为(　　)。

A. 在林缘的荒地上有烟出现

B. 距林区较远的居民点出现烟火

C. 无风天气，地面冲起很高一片烟雾

D. 风较大，但能见度尚好的天气，林中出现光亮

3. 某一地面巡护队伍，乘摩托车进行地面巡护，则每天的巡护路线总长度大约为(　　)。

A. 5km　　B. 20km　　C. 40km　　D. 60km

四、简答题

1. 地面巡护的任务主要有哪些?

2. 简述地面巡护的方法步骤。

任务 2

瞭望台监测

【任务描述】

由于多种因素的制约，地面巡护面积相对较小，不能覆盖整个林区，瞭望台定点监测可以弥补地面巡护的不足，有效扩大监测面积。在林业基层单位，往往是两种方法结合使用。本次任务，在防火期，利用瞭望台进行林火监测，完成瞭望任务。

【任务目标】

1. 能力目标

①能够利用瞭望台监测进行火情观测。

②发现火情能够完成火情报告。

2. 知识目标

①了解瞭望台的建设要求和所需设备。

②了解瞭望员的基本素质和要求。

③掌握瞭望技术和火情报告技术。

【实训准备】

瞭望台、观测仪器、通信器材等

【任务实施】

一、实训步骤

1. 准备

①检查所有设备是否运转正常，安全可靠。

②结合地形图确定瞭望区边界及参照物。

2. 瞭望方法

①观测瞭望区内生产性用火概况，掌握其发生地点和规律。一旦发现异常，应及时报告。

②观测在不同时间、不同方位、不同

光照强度下的不同植被、不同背景与林火的关系。

③观测积状云和其他云在晴、阴天背景下出现的雾、霾、浮尘、沙尘暴等天气现象，与林火燃烧形成的烟雾进行区别。

几种真、假烟的判别：

a. 蒸汽：以雾状形式出现。在低温区以圆柱状升起，在山腰或山脚多成团状或横条状，看似像烟。主要区别是蒸汽升起后消散快，烟则较长时间保持雾状形态；蒸汽的颜色一般不变，通常为白色，烟的颜色变化较大。

b. 灰尘：由行驶的车辆、奔跑的动物群或尘卷风引起的一种暂时现象，会短时消散。颜色多为黄褐色，与当地的地表土颜色有关。移动速度快，尾部消失快，不像上升的烟有波浪和较高的烟柱。

c. 雾：水汽形成白色，没有烟的气味和飘落的草木灰。晨雾受日照会很快下降或消散；晚上的雾，日落后观测也没有红色的光彩。烟是随着燃烧面积的扩大，而不断增强。

d. 霾：它与烟的区别点在于是否有燃烧的灰尘和烟的味道。

e. 机车烟：蒸汽机车烟为灰白、白色，升起快，烟浓，移动速度快，内燃机车烟为黑色或棕色，有时会断续出现。烟的浓度、烟柱状态一般变化不大。

f. 湖泊：林间空地上的湖泊，有时在光线和背景的反射下，也具有烟的假象，但缺乏动感。

g. 低云：低云存在的时间短，形态变化缓慢，无论接近地面有多低都没有“根”，云底近水平状态，消失后不会再现，移动时没有倾斜，晴天多为白色底部较暗，云无味。

h. 雨幡：雨幡是从云底自上而下漂移，而烟是自下而上扩展。

④火灾后应密切关注复燃火。

⑤观测到飞火、对流柱、火旋风、火暴等情况，应及时报告。

⑥每天的观测内容应填写在观测记录中。

⑦瞭望员值班期间，瞭望区内若出现较大降水，经上级森林防火主管部门批准后，瞭望人员可以下台，暂停瞭望。

⑧瞭望间隔：以当地当时的森林火险程度而定。若出现Ⅱ、Ⅲ级森林火险天气，应30min巡视一遍；Ⅳ、Ⅴ级森林火险天气，要10~20min巡视一遍，发生火情时，应不间断观测。

3. 瞭望技术

①瞭望观察：瞭望员以肉眼先将整个瞭望区全面扫视一遍，然后按60°扇形区域，由近及远用仪器逐一进行仔细巡视。稍停后，再用相同方法按反方向由远及近巡视瞭望一遍。

②疑点复察：发现可疑区域，再用望远镜缓慢仔细观察，以确定是否发生林火。

③重点观测：根据瞭望区历年发生林火的自然和社会状况，应将瞭望区划分为重点观测区和一般观测区，重点观测时段和一般观测时段，加强对重点地段、重点时段的监控。

④连续观测：若当地连日干旱时间较长，可燃物含水率很低并出现4级以上大风天气时，属于高火险天气，瞭望员需昼夜值班，连续观测并进行详细记录。

⑤烟的位置确定：发现有烟，及时用望远镜观测烟的起源地点和周围地物标的相对位置，将定向定位仪瞄准烟火，记下俯(仰)角和方位角，测出烟的位置距瞭望台的水平距离；利用交叉定位法与远近两个或三个瞭望台共同确定准确位置。

⑥火情判断

a. 地表火烟：由地表细小可燃物引起，燃烧速度快，烟雾中水汽含量大，颜色较浅，多为较大的灰白烟柱。燃烧猛烈时，形成草本和木本植物的混合燃烧，烟的颜色黑白混合，有时交错不稳定。

b. 树冠火烟：由猛烈地表火扩展引起，燃烧强度大，多发生在含油脂较多的针叶林。烟的颜色较暗，多为黄褐色并混有黑色。远距离观测，呈黑色冠状烟柱并缓慢移动。

c. 地下火烟：燃烧迟缓、彻底、范围小，不见明火、烟量较少、难以形成烟柱。烟的颜色多为深蓝色或与地表植被类型有关。如不发展成地表火，远距离观测较难发现。

4. 火情报告

①火情初报：发现火情，应立即向所属上级森林防火主管部门报告，内容包括：

a. 林火发生的时间、地点、种类、状态、移动方向。

b. 火场的方位角、垂直角，与瞭望台的直线距离，与林火有关的界标、参照物。

c. 火场烟雾特征、颜色、形状、浓度、位置、烟量大小、飘移方向。

d. 火情蔓延或烟雾漂移的动态，发展方向和趋势。

e. 火场周围地形、交通、植被状况及天气实况。

②火情续报：火情发生后，应连续观察火势，内容包括：

a. 火场范围、火场形状、是否有新的火场。

b. 林火燃烧中烟的变化。

c. 天气的变化。

d. 火场是否出现树冠火。

e. 火场扑灭后仍要连续数日进行观察，直至确认林火彻底熄灭，防止死灰复燃。

5. 建立记录簿

①记载每日瞭望台监测的内容，记录于表 3-4 林火瞭望观测记录表中。

②应记载每日从瞭望台发出和接收的无线电文或通话内容，记录于表 3-5 瞭望台通信记录表中。

表 3-4　林火瞭望观测记录表

日期	地理位置	时段	监测情况	备注

异常情况处理：

审核领导：　　　　瞭望员：　　　　日期：

表 3-5　瞭望台通信记录表

日期	时间	形式	主题	内容	备注（发出、接收）

审核领导：　　　　　　瞭望员：　　　　　　日期：

二、结果提交

利用瞭望台，认真进行森林火情观测，当发现火情后，准确确定火点位置，并利用林火通信工具第一时间完成报警；与此同时，将这些内容认真填写到表 3-4 林火瞭望观测记录表和表 3-5 瞭望台通信记录表中。

【相关基础知识】

瞭望台监测是利用制高点上的瞭望台，定点进行森林火情观测、火点确定并能实现报警的一种林火监测方法。

瞭望台可以弥补地面巡逻的不足，明显扩大监测范围，能及时、准确探测火情，对高效组织、有效调整森林火灾扑救有着重要的作用。

瞭望台监测是我国目前探测林火的主要方法。国家林业局在 2008 年 9 月 3 日发布了《森林防火瞭望台瞭望观测技术规程》，并于 2008 年 12 月 1 日实施。

3.2.1　瞭望台选址

瞭望台必须成网，能对整个被保护区域进行全面监测。至少要达到从两个以上瞭望台能看到防护区域上的任何一点。也就是说，瞭望台观测网的控制范围内不应有盲区；与此同时，还要具备比较方便的生活条件，以满足瞭望员的生活所需。所以，瞭望台应设立在经营活动的制高点，并处在林场、居民点附近。在一些无人活动的地区，不必设立瞭望台，因为这些地区火源少，并且修筑瞭望台和瞭望员生活都有困难。在人口密集的地区，也没有建立瞭望台的必要，因为任何一地发生火灾，居民点都能及时发现。

3.2.2　瞭望台的观测面积和间距

瞭望台的设置密度，应根据地形、地势、森林分布、观测方法及能见度等条件确定。一般 0.5×10^4~$1.5\times10^4hm^2$ 面积上设置一个瞭望台，在需要加强保护的森林内，还可以缩小面积。两个瞭望台之间的距离一般 5~8km，不应超过 8~12km，使得各瞭望台的瞭望区域相互重叠，其面积约为 1/3。因为看到篝火最大距离，背着太阳为 25km，对着太阳时不超过8~10km，即减了2/3的距离。

也有人认为，瞭望台半径以20km左右为宜(观测面积为$1.2\times10^5hm^2$以上)。其根据是：①一般低能量的林火在10min内，烟柱能升高100~150m，在20km的范围内均可看到；②红外线探火仪扫描的半径为20~30km；③人的视野半径一般为1 350m，肉眼可看见5km以外的独立小屋。装备40倍的望远镜能清晰地观察到20~30km的烟火；④加拿大阿尔巴他省和宾西西省的瞭望台，其观测半径平均为16~24km。卡鲁斯的一个防火站，管护$6.0\times10^5hm^2$，设置5座瞭望台已全部覆盖，每台观测半径在20km以上，控制面积1.2×10^5km/座。

3.2.3 瞭望台的结构

永久性瞭望台可采用钢架结构或砖石结构，短期或临时性的可采用木(竹)结构。建造时可根据情况采用方架、角架(三角、六角)或方柱、圆柱等多种形式。升降可采用外升阶梯式、内升阶梯式或自动升降式。梯式可采用螺旋梯式或直梯等方式。

瞭望台的高度，应根据地势高低和林木生长高度等条件确定。瞭望室必须高出周围树冠(按成熟龄)2m以上，以树梢不遮挡视线为准；在丘陵漫岗地，一般高度为24m；在地势较高的制高点上，视线广阔，可不设台架，只建小房即可。

3.2.4 瞭望设备

①观测仪器：罗盘仪、望远镜、林火测定仪、视频监测仪、红外摄影仪等。

②通信器材：电话机、对讲机、短波电台等。

③其他及附属设施：数码照相机、遮阳镜、计时器、各类图表及供电设备、简易气象要素观测仪、防风、防雨、取暖设施等。

3.2.5 瞭望人员

①瞭望人员应政治可靠，遵纪守法，尽职尽责，经专业培训后持证上岗。

②瞭望人员身体健康，视力应在1.2以上，无色盲，听力正常，能适应登高作业。

③瞭望人员应熟悉观测区内的如下情况：

a. 瞭望台地理坐标、高程、瞭望区范围与毗邻的界线，四周县、乡、镇或林业局、林场、林班的名称与位置。

b. 瞭望区内的村屯、居民点、工厂、道路、河流、湖泊、山脉的位置、数量、走向。

c. 瞭望区内植被构成与分布。

d. 掌握瞭望区内重点火情区、火险区。

e. 瞭望区内气温、湿度、降水、风向、风速等情况。

f. 瞭望员经实地踏查绘出瞭望区内自然地形，可燃物分布位置、范围、类型，历史森林火灾分布等有关图表。

g. 将现有地形图与实况地标进行对照，预先选好参照物，测定方位、距离，并标注在图上。

④瞭望人员应熟记相应林班位置及具有典型特征的地理标记、小地名和各种参照物，能熟练操作瞭望台的各种观测仪器、通信设备、发电机，懂得一般的维修技术，会使用地

形图，能及时记录各类瞭望报表，掌握有关防火知识。

⑤瞭望人员应按期检查瞭望台的安全性能，发现隐患及时维修，做好防护。

⑥瞭望人员应经常检查避雷装置，接地电阻不大于10Ω。在防火期开始时要测试散电能力，遇有雷电天气及时向上级报告，切断台上电源，关闭通信设施，严防雷击。

⑦瞭望人员外出时要携带防身器具，防止蛇兽犬等动物侵害，确保自身安全。

3.2.6 瞭望档案

将瞭望工作的各类文件、值勤记录及有关图表等，经收集、整理分类，编号入档。其主要档案有两种：一是林火瞭望观测记录簿；二是通信记录簿。

3.2.7 瞭望人员监管

①建立岗位培训考核制度，持证上岗。

②建立技术或行政管理办法，对瞭望人员进行监督管理。

③建立相应的责任追究制度，对不按时上岗，不按时上台，火情迟报、漏报和瞒报者进行处罚。

④有条件的部门建立承包机制，将瞭望台、看护房及设备管理承包给瞭望人员，承包人应保证设施完好无损。

3.2.8 瞭望任务

①发现火情，判定烟火方位，及时上报主管部门。

②森林火灾中，连续观测，并向上级主管部门随时提供火情信息，并记录火场情况。

③森林火灾后报告和记录。

3.2.9 观测技术

3.2.9.1 火情观测的方法

通常在瞭望台上，白天是通过是否出现烟雾或烟柱，来确定有无火情。根据烟的运行态势，判断林火的距离，根据烟的颜色判断火势大小和林火种类。这些方法和经验，可以作为实际工作的参考，利于综合分析，做出准确判断。

(1)北方林区

根据烟团的动态可判断林火的距离：烟团升起不浮动为远距离，约为20km以上；烟团升起顶部浮动为中距离，约为15～20km，烟团升起下部浮动为较近距离，约为10～15km，烟团升起一股股浮动为近距离，约为5km以下。

根据烟雾的颜色可判断火势的大小：白色断续的烟表示火势较弱；黑色加上白色的烟表示火势一般；黄色的浓烟表示火势较强；红色的浓烟表示火势猛烈。

根据烟雾的颜色可判断林火的种类：黑烟升起，多为上山火；白烟升起为下山火；黄烟升起为草塘火；颜色浅灰色或发白为地表火，颜色黑或深暗多为树冠火；颜色稍稍发绿可能是地下火。

(2)南方林区

根据烟的浓淡、粗细、色泽、动态等可判断森林火灾的各种情况。

根据烟色判断森林火灾：一般用火烟色较淡；森林火灾烟色较浓。晚上生产用火，红光低而宽；晚上森林火灾，红光高而宽。天气久晴，森林火灾烟色清淡；而久雨放晴，森林火灾则烟色较浓。

根据烟团粗细判断森林火灾：生产用火烟团较细；森林火灾烟团较粗。

根据烟团动态判断森林火灾：生产用火烟团慢慢上升；森林火灾烟团直冲。

根据烟团动态判断森林火灾的距离：近距离山火，烟团冲动，能见到热气流影响烟团摆动；远距离的山火，烟团凝聚。

根据烟色判断森林火灾的距离：近距离山火的烟色明朗；远距离山火的烟色迷朦。

根据烟色判断起火林分：松林起火，烟呈浓黄色；杉木林起火，烟呈灰黑色；灌木林起火，烟呈深黄色；茅草山起火，烟呈淡灰色。

根据烟团动态判断是否扑灭森林火灾：未扑灭的山火，烟团上冲；扑灭了的山火，烟团保持相对静止。

南、北方林区在瞭望台上监测火情的方法可以互相参考。

3.2.9.2 火情定位

在瞭望台上主要用交会法确定森林火灾的方位和距离，交会法需要2~3个瞭望台共同完成，具体做法是：在发现火情后，邻近的2个瞭望台同时用罗盘仪观测起火点，记录各自观测的方位，并报告森林防火指挥部。森林防火指挥部根据各瞭望台测定的方位角，在地形图上找到交汇点，即森林火灾发生的地点。

目前，一些先进的技术手段已经运用到森林防火监测工作中，如：利用红外线探测林火；利用超低度摄像机和图像显示系统进行探测林火；利用林火定位仪来确定林火的位置等。而这些林火探测高技术与传统瞭望台相结合，使瞭望台在林火监测中的作用更加突出。

【拓展知识】

卫星林火监测

卫星林火监测的基本原理就是运用遥感卫星对地球表面进行扫描，通过卫星地球站把扫描信息接收下来，再利用计算机对这些信息进行处理，识别出红外热点，结合地理信息系统对热点进行定位，根据植被信息对热点类型进行初步判读，从而实现对森林火灾的卫星监控。

利用卫星林火监测系统，不仅可以及早发现林火，特别是边远地区和人烟稀少地区的林火，而且可以对已发现的林火，特别是重大林火蔓延情况进行连续跟踪监测，为扑火提供服务，也可以为日常森林防火及航空护林提供气象、地理信息，以制订预防方案、巡护计划等。

3.2.10 卫星林火监测的优点

近几年用于森林火灾监测的主要是我国的风云一号（FY1C、FY1D）和美国（国家海洋大气局）NOAA系列（NOAA-12、NOAA-14、NOAA-15、NOAA-16、NOAA-17）气象卫星，目前用于卫星林火监测的还有美国EOS/MODIS地球观测卫星。这些卫星从上午至下午分别在不同的轨道上运行。风云一号、NOAA 系列属近极轨太阳同步卫星，轨道平均高度为833km，轨道倾角为98.9°，周期约为102min，每天约有14.2 条轨道，每条轨道的平均扫描宽度约2 700km，同一颗卫星两条相邻轨道的间距为经差15°，连续的三条轨道即可覆盖全国一遍，这些卫星一昼夜可以至少覆盖全球任一地区10 次以上。因而应用气象卫星进行林火监测具有覆盖范围广、时间分辨率高、时效性强等优点。

3.2.11 卫星林火监测的原理

EOS 卫星是美国新一代地球观测卫星，频段是X 波段，轨道高度为705km，扫描宽度达2 300km，现已投入业务运行的EOS－Terra 卫星和EOS－Aqua 卫星分别于1999 年底和2002 年中发射。两颗星上所搭载的中分辨率成像光谱仪(MODIS)是EOS 最有特色的仪器之一，其具有从可见光、近红外到远红外的36 个波段和250～1 000m 的地表分辨率。加上数据以每天上午、晚上至少4 次的频率采集和免费接收的数据，使得MODIS 数据成为地学研究和环境遥感监测宝贵的数据资源。EOS/MODIS 数据已成为当代国际地球科学、环境科学、生态学、气象学、海洋学、土地科学、自然资源学、自然灾害学、农学、林学、草地学等多学科创新、生态环境监测以及国家可持续发展研究与决策的重要基础数据资源。

NOAA 及FY1 系列星载甚高分辨辐射仪获取的甚高分辨率数字化云图(AVHRR)，其星下点地面几何分辨率为1.1km，相当于12 100hm^2，该图像各通道的波长范围见表3-6。

表3-6 NOAA/AVHRR 卫星各通道波长范围、功能

通道号	光谱范围(μm)	功　能
1	0.58～0.68	白天云图、地表图像、冰雪监测、气候
2	0.72～1.10	白天云图、水陆边界定位、植被、农业估产、土地利用调查
3	3.55～3.93	陆地明显标志提取、森林火灾监测、火山活动
4	10.5～11.5	昼夜云图、地表温度、海面温度、土壤湿度
5	11.5～12.5	昼夜云图、地表温度、海面温度、土壤湿度

AVHRR 的第3 通道是波长为3.55～3.93μm 的热红外线，对温度(特别是600℃以上的高温)比较敏感，该通道的噪声等效温差为0.12℃。森林火灾的火焰温度一般远在600℃以上，在波长为3～5μm 红外线的波段上有较强的辐射，而其背景的林地植被的地表温度一般仅有20～30℃，甚至更低，与火焰有较大的反差，在图像上可清晰地显示出来。在白天利用通道3 为红色，以2、1 两个可见光通道为绿色和蓝色的伪彩色合成的图像上，即可以清晰地显示地表的地理特征和植被信息。在卫星图像上森林等植被表示为略带白色的绿色到深绿色，海水通常显示为紫红色，江河湖泊的淡水则以蓝色显示，沙漠和裸地以棕黄色表示，林火等热异常点则明显地表现为亮红色，林火所带的浓烟在图像上表现为深蓝色，且可以明确地指示出风向，过火后的火烧迹地为暗红色。即使在漆黑夜晚，卫星几乎收不到来自地面的可见光，但依地面目标本身温度而散发的红外线仍可以正常被卫星所接收到。在用(AVHRR)红外4、5 通道取代可见光1、2 通道合成的图像上仍依稀可辨遍布部分地面的地物信息，而林火仍可明显地显示为亮红色。只要天气晴朗就可以在彩色的卫星图像上清晰地显示火情信息。因此，应用气象卫星进行林火监测既可用于林火

的早期发现，也可用于对林火的发展蔓延情况进行连续的跟踪监测，还可用于过火面积及损失估算；应用(AVHRR)的4、5通道可以较好地提取地表的温度、湿度等信息，可为森林火险天气预报提供部分地面实况信息；应用(AVHRR)的1、2通道可以较好地提取地面的植被指数，以进行宏观的森林资源监测和火灾后地面植被的恢复情况监测等。

3.2.12 全国卫星林火监测信息网

目前在建的全国卫星林火监测信息网包括基本可覆盖全部国土3个卫星监测中心，30个省(自治区、直辖市)和100个重点地市森林防火办公室及森林警察总队、航空护林中心(总站)的137个远程终端，国家林业局森林防火指挥办公室和全国各省、自治区、直辖市及重点地市森林防火指挥部的远程终端均可直接调用监测图像等林火信息。图3-1和图3-2为卫星林火监测系统和远程终端的硬件构成。

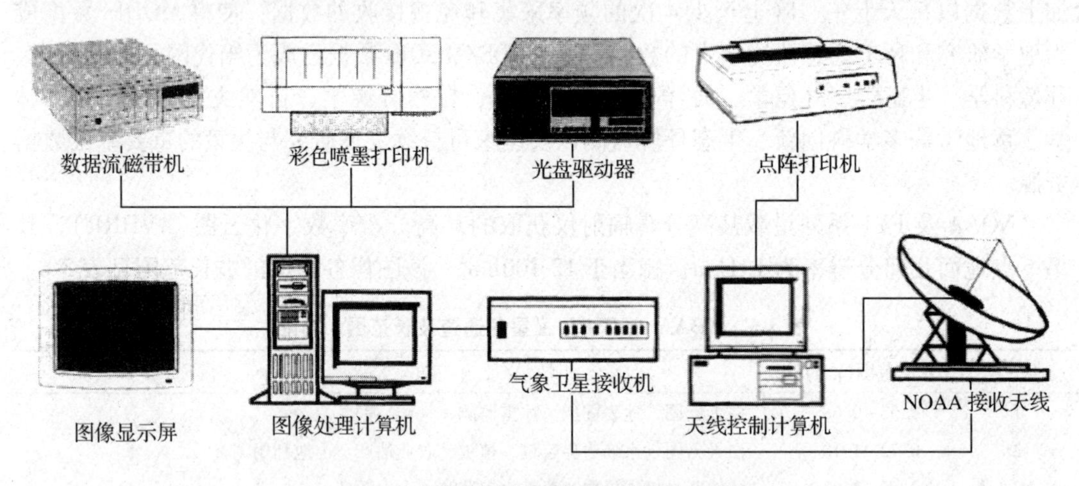

图3-1 卫星林火监测系统的硬件构成

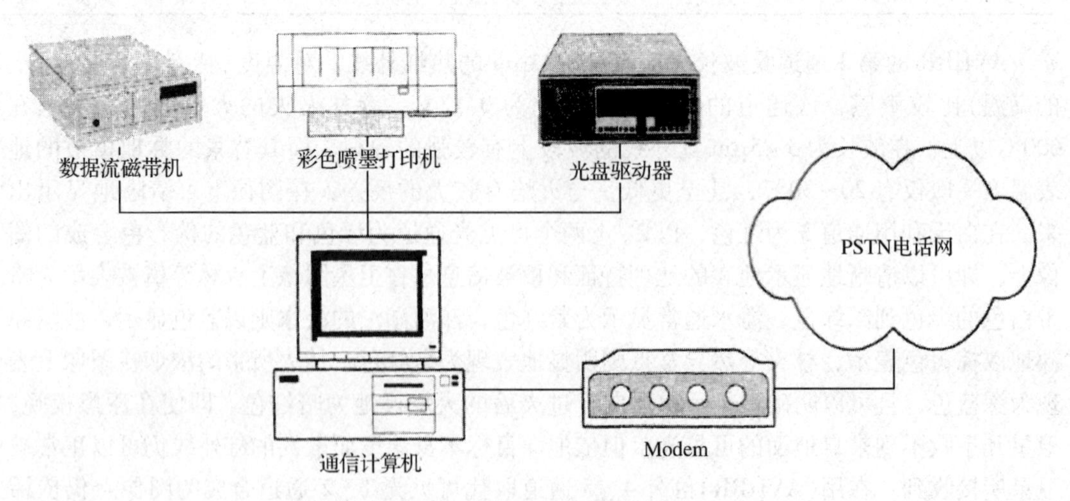

图3-2 远程终端的硬件构成

【企业案例】

××林业局瞭望员岗位责任

一、瞭望员认真学习研究业务，努力提高观测、瞭望、报警水平，精心爱护设备。

二、严格遵守各项制度，按时上岗执勤，不准漏报火情，每日8:00～17:00为守台瞭望时间，特殊情况延续瞭望。

三、熟悉掌握瞭望观测范围内的地形、地物、林相、道路、火险区域，掌握识图、用图基础知识和爱护使用望远镜、方位测试仪、通信电台、交通工具。

四、每天收听天气预报，掌握火险等级，按规定时间通信联络，及时准确保证电台通话，做好专机专用，不准干扰他台。

五、发现火情时，立即迅速地按规定准确报出起火地点和燃烧情况，并填写通话记录，方位角(地名或林班、东经××度××分、北纬××度××分，方位角××度或千米网格数，火场位置、火场温度、风力、林相)。

六、瞭望员值班时间不准饮酒、不准搞副业、不准做与本职无关的其他活动，确保人身安全和设备安全。

辽宁省启用无人机新型森林火灾遥感监测技术

为加强依法治火，推进森林防火责任体系和专业队伍的能力建设，提高市、县级森林防火指挥员应急处置能力，自2016年3月1日起，辽宁省防火办组织全省开展为期15天的无人机森林消防巡护培训。

目前，森林消防无人机监测森林火灾作为一种新型森林火灾遥感监测手段，已被我国很多省(自治区、直辖市)广泛应用。此次防火指挥员培训和无人机飞行演练工作，不仅大大提高了我省森林防火工作人员操控无人机开展森林消防巡护的能力，同时，也填补了我省在森林火灾现场遥感监测、远程视频监控等方面的空白。通过充分发挥无人机航空监测优势，全面提升了我省森林防火预防体系建设能力和森林火灾现场指挥效能以及综合灭火能力。

【巩固练习】

一、名词解释

瞭望台监测　卫星林火监测

二、填空题

1. 根据瞭望区历年发生林火的自然和社会状况，应将瞭望区划分为________区和________区，________时段和________时段，加强对重点地段、重点时段的监控。

2. 瞭望人员发现有烟，应及时用望远镜观测烟的起源地点和周围地物标的相对位置，用定位定向仪器瞄准目标，记下________和________，测出烟的位置距瞭望台的水平距离，利用交叉________定位法与远近两个或三个瞭望台共同确定准确位置。

3. 瞭望台应设立在________，并处在________附近。在人烟稀少的地区，不必设立瞭望台，采用航空巡护更合适。

4. 瞭望台监测火情工作，需要的瞭望设备包括：________、________和其他附属设施。

三、选择题

1. 瞭望台上，观测到以下迹象，可能是火灾的为(　　)。

A. 和地表颜色相似，为黄褐色，移动速度快，尾部消失快

B. 颜色变化较大，有较高的烟柱，面积不断扩大，程度不断加强，有飘落的草木灰

C. 晴朗的天气，林上出现白色带状漂浮物，离地面很近，形态变化缓慢，有移动

D. 晴天的早晨，在山脚出现白色的团状物，日出后逐渐消失

2. 在北方林区，瞭望人员发现的以下火情迹象中，火势最强的是(　　)。

A. 白色断续的烟　　B. 黑色加上白色的烟

C. 黄色的浓烟　　D. 红色的浓烟

3. 瞭望人员对下列情况可以不掌握的是(　　)。

A. 瞭望台地理坐标、高程、瞭望区范围与毗邻的界线，四周县、乡、镇或林业局、林场、林班的名称与位置

B. 瞭望区内重点火情区、火险区

C. 瞭望台的各种观测仪器、通信设备、发电机和地形图等的使用方法

D. 所观测地区居民点人口密度和年龄层次

4. 卫星林火监测是运用(　　)识别出红外热点，结合地理信息系统对火源进行定位。

A. 遥感卫星　　B. 飞机　　C. 瞭望塔　　D. 巡逻

5. 瞭望台监测技术是根据烟的颜色可以判断林火种类和林火强度，其中上山火，烟的颜色为(　　)。

A. 白色　　B. 黑色　　C. 黄色　　D. 红色

6. 瞭望台监测技术是根据烟的颜色可以判断林火种类和林火强度，其中下山火，烟的颜色为(　　)。

A. 白色　　B. 黑色　　C. 黄色　　D. 红色

7. 瞭望台的建设密度应使得瞭望塔的瞭望区域覆盖重叠面积约为(　　)。

A. 1/2　　B. 1/3　　C. 1/4　　D. 1/5

四、判断题

1. 瞭望台可以弥补地面巡逻的不足，明显扩大监测范围，能及时、准确探测火情，对及时组织森林火灾扑救有着重要作用。(　　)

2. 瞭望员值班期间，瞭望区内若出现较大降水，那么可以断定不会发生森林火灾，因此瞭望人员可以自行下班，待晴朗后继续上岗。(　　)

3. 瞭望员在台上瞭望，一般用肉眼观察，待发现有烟出现等火情迹象时，再用仪器进行观测，确定火情。(　　)

4. 若当地连日干旱时间较长，可燃物含水率很低并出现4级以上大风天气时，属于高火险天气，瞭望员应昼夜值班，连续观测并进行详细记录。(　　)

五、简答题

1. 瞭望员发现火情时，应该报告哪些内容？

2. 森林防火指挥部如何利用瞭望台报告的内容进行火情定位？

项目4 林火通信网组建与使用

【项目描述】

林火通信是森林防火工作的纽带，是保证发现火情后能及时报警，迅速传递火灾信息，为快速有效地组织林火扑救工作所必不可少的措施。在林区只有建立了完备的林火通信网络和完善的通信技术，才能充分发挥林火预报、林火监测等防火系统的功能，才能实施有效的扑火指挥。因此，林火通信是提高林火管理水平的基础。

任务 1

叫台与报台

【任务描述】

根据《森林防火条例》的规定，进入防火期，各级森林防火办公室要进行 24 小时值班。值班人员要能熟练操作使用通信设备，森林防火戒严期要有领导带班，上级部门要经常对防火值班情况进行抽查，防止出现脱岗、漏岗，确保信息畅通，及时、快速、妥善处置火情。而上级森林防火指挥机构如何检查下级森林防火指挥机构值班制度的执行情况，其中一个重要的途径就是叫台与报台。所以，我们以林火通信的四级网为例，按照叫台与报台的要求，完成森林防火期的叫台与报台任务。

【任务目标】

1. 能力目标

①能够利用林火通信工具完成叫台与报台任务。

②能够利用林火通信工具完成接警任务，能够正确填写火情处理记录表，内容详细，字体准确、工整。

2. 知识目标

①了解林火通信工具的种类。

②掌握林火通信工具在森林防火中的重要性。

③掌握林火通信工具的使用方法。

④掌握报台技巧。

【实训准备】

对讲机。

【任务实施】

一、实训步骤

1. 分台

以县(市)林业局森林防火指挥部或防火中心为主台，各县(市)林业局所属基层单位(区、乡、林场、防火专业队、瞭望台、防火站、监测预报站及流动台)为属台。形成一个第四级的林火通信网络，并配以台号，如主台的台号为05，属台的台号为501，502，503……。

2. 台号读法

在报台过程中，为了避免出现读音不清楚的现象，造成错误信息的传达。所以，数字0~9参照军事读法(表4-1)。

表4-1　数字的军事读法表

数字	1	2	3	4	5	6	7	8	9	0
军事读法	幺	两	叁	肆	伍	六	拐	八	勾	洞

(3)叫台与报台

①叫台与报台时间：一天报台两次，分别为9:00和15:00。

②叫台与报台内容

9:00叫台与报台内容：

★主台(05)：各台请注意，各台请注意，县护林防火指挥部洞伍开始叫台，报带班领导、值班人员。伍洞幺、伍洞幺。

☆属台(501)：我是伍洞幺，领导带班：×××；电台值班：×××，报告完毕。

★主台(05)：伍洞两、伍洞两。

☆属台(502)：我是伍洞两，领导带班：×××；电台值班：×××，报告完毕。

……

★主台(05)：县护林防火指挥部要求各台带班领导要到位，值班人员要在岗，洞伍随时抽查。

15:00叫台与报台内容：

★主台(05)：各台请注意，各台请注意，县护林防火指挥部洞伍开始叫台，报夜间值班人员。伍洞幺、伍洞幺。

☆属台(501)：我是伍洞幺，夜间值班：×××，报告完毕。

★主台(05)：伍洞两、伍洞两。

☆属台(502)：我是伍洞两，夜间值班：×××，报告完毕。

……

★主台(05)：县护林防火指挥部要求各台夜间值班人员要在岗，洞伍随时抽查。

③补报：如果在叫台时出现未报台的，当主台叫台结束后，再按照未报台的台号顺序再一次叫台，属台可进行报台。

④插报：如果在叫台时出现未报台的，属台也可进行主动呼叫报台，报法如下：

☆属台(501)：洞伍、洞伍。

★主台(05)：请讲、请讲。

☆属台(501)：我是伍洞幺，领导带班：×××；电台值班：×××(夜间值班：×××)。报告完毕。

⑤注意事项

a. 叫台时，发送话稿，通常发两遍，因为说一遍听不清的概率是10%，而说两遍听不清的概率就降到了1%。

b. 叫台与报台时，声音要平稳均匀、清楚流利，语速控制应能使对方准确记录通话内容。

c. 叫台与报台时，按下发射键3s以后才能说话，给对方足够的操作时间。

二、结果提交

要按时完成叫台与报台任务；与此同时，当值班人员接到火情报告后，进行准确的记录，填写表4-2森林火情处理记录表，立即报告给带班领导或指挥员。

表4-2　森林火情处理记录表

报警时间	年　月　日　时　分	接警人	
报警人			
火情地点			
报警内容：			
处理结果：			

【相关基础知识】

4.1.1　通信基础知识

通信是把有意义的信息从一个地方传递到另一个地方去。最简单的是人力通信。随着科学技术发展和社会进步，出现了采用电信号(或光信号)通过电信道(或光信道)来传递各种信息的现代通信。根据传递信息的媒介(信道)不同，通信可分为利用导线(或光纤、光缆)完成信息传送的有线通信和利用无线电波(或光波)在空间传播来完成信息传送的无线通信两类。

4.1.1.1　通信系统的组成

一个完整的通信系统由信源、信宿、发端设备、收端设备、信道及噪声源等部分组成(图4-1)。

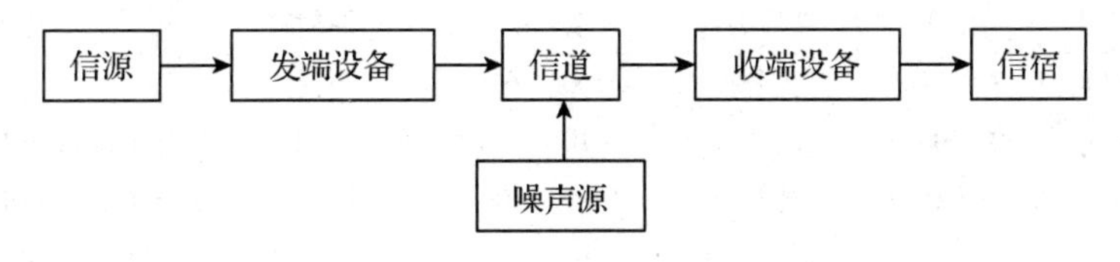

图4-1　通信系统示意

(1)信源和信宿

所谓的信源和信宿指的是发出与接收的带有信息的信号。这个信号可以是人工发出和接收的，也可以是由自动装置发出和接收的。既可以是模拟信号，也可以是数字信号。

模拟信号是指随时间变化的量，如声音、图像。在模拟信号中频谱和动态范围是两个重要的特征量。频谱是指信号随时间变化的速度范围，即频谱范围，如电话信号的频谱为300~3 000Hz，黑白电视为30~1 000MHz。动态范围是信号强度变化范围，如电话信号的动态范围为40dB，黑白电视图像则为20dB。

数字信号指的是随时间离散(不连续)变化的量，如电报、图像、图形、数据等。通信中往往是借助二进制信号对数字信号进行编码而携带信息。数字通信的优点是抗干扰性强，并能与计算机联网。在当代林火生态管理中，数字通信是非常重要的内容。

(2)发端设备和收端设备

收、发端设备是通信系统中的关键部分，它包括调制器、解调器、发射机、接收机、天线、记录器、计算机等。设备的种类还取决于信源、信道的特点。

(3)信道

信道是信息从发射机传至接收机的物理通道，是传输信号的媒质。信道可分为有线信道和无线信道。有线信道是指电话线、电缆、光纤等。无线信道则是大地、大气层、电离层和宇宙空间。

(4)噪声与噪声源

噪声是指在信号传递过程中出现的原来信息中没有的、任何不希望的信号。噪声可出现在通信系统的任何部分，产生噪声的部分称为噪声源。任何通信系统都要考虑噪声源的影响，如雷电引起的天电和工业电磁波的干扰，以及其他通信邻频产生的干扰。比较噪声源引起的干扰大小，在模拟信号传输中体现为“信噪比”的大小。数字信号传输过程中受噪声影响比模拟信号小。

4.1.1.2 频段

通信信号的传输方式有：电能以电磁波辐射的形式向空间传输，电能通过导线传输或通过含放大器的线路传输。不同的传输方式则要选用不同的频率范围。可供通信选用的整个频率范围称为通信频谱，而按电能传播性能划分的若干频率范围，则称为频段。

根据中华人民共和国无线电频率划分规定，将我国无线电频谱分为 14 个频带(表4-3)，无线电频率以 Hz(赫兹)为单位，其表达方式为：

a. 3 000kHz 以下(包括3 000kHz)，以 kHz(千赫兹)表示；

b. 3MHz 以上至3 000MHz(包括3 000MHz)，以 MHz(兆赫兹)表示；

c. 3GHz 以上至3 000GHz(包括3 000GHz)，以 GHz(吉赫兹)表示。

表 4-3 我国无线电频谱划分表

带号	名称	符号	频率	波段名称	波长范围	传播特性	主要用途
1	极低频	ELF	3~30Hz	极长波	100~10Mm	空间波	
2	超低频	SLF	30~300Hz	超长波	10~1Mm	空间波	部分乐器和语音频率
3	特低频	ULF	300~3 000Hz	特长波	1 000~100km	空间波	话音频率的主要部分
4	甚低频	VLF	3~30kHz	甚长波	100~10km	空间波	海岸潜艇通信；远距离通信；超远距离导航
5	低频	LF	30~300kHz	长波	10~1km	地波	越洋通信；中距离通信；地下岩层通信；远距离导航
6	中频	MF	300~3 000kHz	中波	1 000~100m	地波与天波	船用通信；业余无线电通信；移动通信；中距离导航；AM 广播

（续）

带号	名称	符号	频率	波段名称	波长范围	传播特性	主要用途
7	高频	HF	3~30MHz	短波	100~10m	地波与天波	远距离短波通信；国际定点通信
8	甚高频	VHF	30~300MHz	米波	10~1m	空间波	电离层散射(30~60MHz)；流星余迹通信；人造电离层通信(30~144MHz)；对空间飞行体通信；移动通信；FM广播
9	特高频	UHF	300~3 000MHz	分米波	10~1dm	空间波	小容量微波中继通信(352~420MHz)；对流层散射通信(700~10 000MHz)；中容量微波通信(1 700~2 400MHz)
10	超高频	SHF	3~30GHz	厘米波	10~1cm	空间波	大容量微波中继通信(3 600~4 200MHz)；大容量微波中继通信(5 850~8 500MHz)；数字通信；卫星通信；国际海事卫星通信(1 500~1 600MHz)
11	特高频	EHF	30~300GHz	毫米波	10~1mm	空间波	再入大气层时的通信；波导通信
12	至高频	THF	300~3 000GHz	丝米波或亚毫米波	10~1dmm	空间波	大气激光通信、光纤通信

注：①频率范围(波长范围亦类似)均含上限、不含下限；相应名词非正式标准，仅作简化称呼参考之用。

②“频带 N”(N=带号)从 0.3×10^NHz 至 3×10^NHz。

③词头：k=千(10^3)，M=兆(10^6)，G=吉(10^9)。

4.1.1.3 电波的传播

无线信道是大地、大气层、电离层、宇宙空间。所以无线电波的传播有地波、空间波和天波3种方式。

(1)地波

沿着地球表面传播的无线电波称为地波。地波的缺点是：①地面导电性差，吸收电波能量；②地面弯曲产生绕射损失电波能量。这两点造成地波传播距离短；地波的优点是地面电性质较稳定。使地波传递平稳可靠，不受时间、季节因素影响，通信质量高。电磁波在地面传播时，频率越小，地面吸收越小，绕射损失越小，传播距离增大。反之，传播距离变短。所以，较短频率(音频、甚低频、低频、中频)可采用地波方式传播。

(2)空间波

在大气层或宇宙空间中直线传播的无线电波称为空间波。这种传播也称视距传播。由于地形地势等限制，一般这种方式传播距离只有几十千米。若想增加传播距离，必须设立中继站或利用卫星传递。空间波传输通信有干扰小、信号稳定、通信可靠、频带宽、设备轻便等优点。而我们在森林防火中应用较多的超短波电台、无线电对讲机等，就是利用空间波的传播。

(3)天波

通过大气层中电离层反射而传播的无线电波称为天波或电离层波。电离层是指大气层中平流层之上(60km以上)大气处于电离状态的区域。电离层对传播的长波吸收很大，反射很少；对短波吸收很少，反射居多；对超短波，几乎不反射，以透过居多。因此，天波一般用在短波和中波的传输上。电离层的电子和离子密度越大，反射能力越强。天波传输通信的缺点是：①吸收损耗，电子密度越大，电波频率越低，吸收越多；②电离层电子密度有昼夜季节变化，通信质量不稳定。天波的优点是电离层离地很远，通过反射的通信距离远，甚至绕地球环行。一般短波电台采用天波传输信号。

4.1.2 森林防火通信的种类

森林防火通信主要有两种基本方式，即无线通信和有线通信。无线通信根据无线电波的波长和频率可分为短波通信、超短波通信和微波通信。根据信道中继方式又可划分为气球通信、卫星通信、地面中继接力通信等。根据传递的信息形式可分为声音、数字、图表文字等。

4.1.2.1 有线电话

有线电话是林火管理工作中最早应用的最基本的通信手段。有线电话通信有设备简单、使用方便等特点。在我国，林区防火电话线路已有 1.0×10^7 km 基本上可以沟通市、县、镇、局各级森林防火指挥部之间的联系，今后仍会是林火生态管理工作中(林火监测)的重要通信手段，有线电话通信的缺点是完全受线路的制约。在林区基层(如林场、瞭望台、机降点等)之间，架设线路困难或根本无法架设线路。而且林区线路容易发生故障而使通信中断，这严重影响火情消息的及时传递，因此往往造成不可估量的损失。所以，有线电话在传递防火信息上，具有一定的局限性。

4.1.2.2 短波通信

短波通信是波长在 100~10m 之间，频率在 3~30MHz 的一种无线电通信技术，是森林防火中应用较早的一种通信方式。有设备简单、成本低廉、机动灵活、通信距离远、信道不易摧毁等优点；缺点是受电离层影响大。所以掌握电离层的变化规律，采用相应的频率，才能保证可靠的通信质量。大兴安岭林区已基本上形成短波通信网络，有固定日频和夜频，保证了各瞭望台与外站等野外工作点之间的相互联系，并可把林火信息直接传递到局、市、省、中央各级森林防火指挥部。

4.1.2.3 超短波通信

超短波通信是波长在 1~10m 之间，频率在 30~300MHz 的一种无线电通信技术，近年来在森林防火工作中应用得越来越普遍，优点是设备轻，功耗小，通信质量好，特别适用于平原林区和山峦起伏不大的小面积林区。但由于其传播方式是直线传播(视距传播)，受地形、地物影响较大，传播距离较短，一般 10W 机通信距离在 50km 左右。因此，必须建立中继站才能增加传输距离。使用高增益定向天线，对于基础台、中继台、联络台的超短波电台，天线架得越高越好，这样可以减少与调频广播、电视间的相互干扰。

对于瞭望台、外站、机降点的固定台站，超短波电台最好使用全向天线，以便全向联络，通信设备可选用功率较大的电台，最好在 15W 以上。

对于手持机、车载台可采用鞭式天线或吸盘天线，通信设备可选用 5~10W。

4.1.2.4 微波接力通信

微波接力通信是波长在 1mm~1m 之间，频率在 300MHz~300GHz 的一种无线电通信技术，是一种比较先进的通信手段。目前，在各国都发展迅速，它与卫星通信、超短波通信相辅相成，覆盖面积大，并可与计算机联网。微波通信具有频带宽、传输量大、方向性好、噪声不积累等特点，兼传递电视、话务、数据等信息。采用数字编码传输技术，微波传输信号质量高，通信质量好。因微波也属直线传播，故受地形影响大，一般传输距离为50~60km。因此，必须建立微波中继站接力传递。每隔50km左右必须设一个接力站，将接收到的微波信号加以放大，再送至下一站，该方法可将信息送到几千千米外。这种通信方式称为微波接力通信或微波中继通信。

4.1.2.5 卫星通信

在微波通信中，以同步地球卫星作为中继站，通过卫星传输信息，称为卫星通信。卫星通信是通信技术现代化的重要标志。它与短波、电缆及微波中继等相比，具有通信距离远、覆盖范围广、通信容量大、灵活可靠(无论近距离和远距离、固定目标和活动目标、海陆空等通信方式都可采用)、成本低、见效快等优点。卫星通信网已在全世界得到了广泛应用。特别对于幅员辽阔国家，卫星通信网能把整个国土联系在一起。通信卫星位于1 000km以上的高空，通过它可进行全球范围内的通信。因此，可用于林火的预防和扑救工作，如通过地理信息系统GIS(geographic information system)，提前将我国主要林区的植被类型(可燃物类型)、地形、道路、河流、人口等情况输入到计算机中去，即可得到三维空间图。一旦某地发生林火，即可通过计算机找到火灾地点，若火灾现场配有录像设施，便可将火场的动态变化，及时传送到火灾指挥中心，为指挥中心灭火调配人力、物力及选择灭火路线提供决策信息。如今欧洲和美国、澳大利亚等发达国家，均已建立了卫星通信系统；我国的北京、浙江、广东也建立了该系统。卫星通信系统的缺点是需要成本较高、技术较复杂的地面接收站和相应的配套设施。

4.1.2.6 图像通信

图像通信是一种把图像通过信道从一地传输到另一地的通信技术，具有更加直观、逼真的效果。图像通信最常见的是电视，除此之外，还有图像传真、静态图像通信和可视数据传输等。图像传真是应用扫描技术把固定图像(包括文字、图表)以记录形式打印出来的一种通信技术，其分辨力较低，完成时间较长。如在1987年大兴安岭地区“5·6”大火期间传输的气象卫星拍摄的火场图像。静态图像通信采用频带压缩，把图面信息用高速存入、低速读出的方法在电话线上或窄带电台上传输，如飞机红外林火图像的传输。可视数据传输是以现有电话线，利用电视接收机显示，在计算机管理数据库与用户之间沟通文字和图表资料的一种传输方式。图像通信在现代森林防火工作中有广泛的应用前景。在东欧的一些国家，如波兰，早在20世纪70年代已建起林区的录像监控系统。如今北京房山地区、河北省的雾灵山自然保护区等地，均已建起林区的录像监控系统。

4.1.3 森林防火通信网络

在无线通信网络中，分主台和属台。一般基层电台为属台，而上一级电台则为主台。属台接受主台的领导。处于多级网络中的电台具有主台和属台两种属性，对上级电台来说为属台，对下级电台来说则为主台。主台要同多个属台进行联络。所以，根据扑火指挥的需要和网络的特点，在收发话文时，必须遵守先急后缓、先主后次和全面兼顾的原则，时刻掌握各属台的动向，既要突出重点，又要照顾到各属台的需要，合理协调。属台是网络中的节点电台，承担上传下达的任务。无论哪一个属台联络不好，都会影响全网的工作。所以，属台要遵守组织纪律，服从主台指挥，以保证全网畅通，圆满完成通信任务。

4.1.3.1 网络的构成

森林防火通信网是利用现有的有线、无线通信网络，在林区不同点位建立通信节点，交织成通信网络，以完成森林防火信息传递，火情报告，调度指挥工作。根据管理系统，隶属关系和职责范围，全国分四级组网：

一级网：以国家森林防火指挥部办公室为主台，各省(自治区；直辖市)森林防火指挥部办公室为属台。

二级网：以省(自治区、直辖市)森林防火指挥部办公室为主台，各地市林业局森林防火指挥部办公室为属台。

三级网：以地市林业局森林防火指挥部办公室为主台，各县森林防火指挥部办公室为属台。

四级网：以县森林防火指挥部办公室或森林防火中心为主台，各县森林防火指挥部所属基层单位为属台。

临时通信网络应根据实际需要，以便于直接或通过中转信息完成与森林防火指挥部(防火中心)的联系为目的，选定合理的联络组网方案，实现地对地，空对空，地对空畅通无阻地信息传递。

4.1.3.2 组建防火通信网的原则

森林防火通信组网应遵循如下原则进行组建：①通信网(点)布局合理，通话质量稳定，技术可靠，重点突出，电源供应充足、不间断；②传递信息迅速，准确，安全方便，经济适用；③有线通信线路短直，便于施工和养护维修；④通信网络应层次分明，纵横交错，多路迂回通信，保证信息通畅；⑤与地方电信网路连接时，应符合邮电部门通信质量指标和接口标准，并取得邮电部门同意；⑥在森林防火指挥调度通信网中，应充分利用现有的通信网，以有线通信为主；没有有线通信网的地区和林场(经营所)，乡林业站以下的森林防火站、所，各瞭望台，机降点，防火站，监测预报站等地点的通信，宜采用无线通信方式；⑦未开发林区，飞播林区和林区面积较大，人烟稀少，交通不便的边远林区，应采用无线通信组网；⑧应根据林区的自然地势、通信要求和无线通信特点等条件进行组建防火通信网。有线通信、短波单边带、超短波通信、微波接力通信、卫星通信等综合在一起组成防火通信网络。

【拓展知识】

森林灭火现场的移动通信

森林防火中的移动通信是在林火监测和林火扑救过程中通信联络的重要手段。通信器材多采用超短波电台(对讲机)，辅以短波电台或移动电话(可根据火场通信接收情况来定)。在扑火中，随时反映火场动态，确保各级扑火指挥指令通畅。现场通信对林火控制有着举足轻重的作用。许多国家的扑火实践证明，火场通信的好坏，直接关系到扑火方法能否及时实施和火灾损失的大小。因此，森林扑火现场组建森林防火通信网络是非常重要的环节。

4.1.4　扑火现场通信区域的构成

通信区域构成，应以覆盖整个扑火现场为基本要求。网络区域构成有关的因素：电台的覆盖半径和网络的组成形状，这直接关系到话务密度的大小，电台覆盖半径与电台的功率大小有关，网络形状分为三角形、四边形、六边形三种。具体布局可根据现场地形、火场形状灵活采用。通信区域构成在实际工作中可分为带状和大平面两种类型。

(1)带状工作区域组网

这种组网形式一般用于火场区域比较狭窄的情况下，使用强方向性的定向天线组成通信区域，通信网络按纵向排列。而整个通信系统网络由许多细长的通信区域连接组成。这种带状扑火工作区域是使用区域网来实现火场通信的。每个区域网是网络中的"基层"单位，增设主台，沟通各区域网。区域网内使用相同频率，机动灵活，适合中小型火场通信组网。带状区域网络中的指挥信息是由各区域网主台接力传递的。带状组网的缺点是，一个区域网的主台发生故障，将影响部分电台的工作。

(2)大平面工作区域组网

火场形状多为椭圆形，所以通信组网要用大平面工作区域。根据地形条件，网络形状可采用三角形、四边形、六边形。网络构成通常是多级辐射状。一般火场用一级组网即可，而大、中型火场或花脸火场可采用多级组网。在大平面区域组网中，电台采用单工异频机，主台与属台、属台与属台之间都可以通话，便于联络。应该注意的是，因扑火现场呼叫的随时性，容易产生碰撞现象而造成通信阻塞。因此，要严格管理，统一安排频率，才能保证通话畅通。

4.1.5　移动无线电台的越区转换

当林火发生后，火场形状和蔓延速度及方向受当地当时的气象因子和地形条件的影响，燃烧区域极不规则。因此，在扑火时，造成无线电台台址移动频繁。移动电台(MSS)有时与基地电台的距离拉大，使得通信信号减弱或中断，给扑火通信带来问题和困难。所以，要认真研究和解决好网路中移动电台的越区转换问题，如根据火场的变化情况，科学地配置电台的功率，调整好信号的交叠区域，保持一定深度，确保火场通信的畅通。在扑火现场越区转换有按地理位置切换和通信质量比较切换两种方法。

(1)按地理位置切换

当持有移动电台的人，对扑火区域比较熟悉，并能够准确测定基地(节点)电台所在位置的时候，可在原联络的电台和前进方向的电台两个信号覆盖交叠区域的适当地点进行转隶切换。在不熟悉地区扑火情况或各电台位置不明的情况下不能采用这种方法切换。

(2)信号质量比较切换法

在电台移动过程中，当与原联络电台的通信质量下降到规定值时，应采用转换隶属关系的方法，使移动电台适时地转入通信质量高的区域工作。

如果在多区交叠处，我们应根据移动电台的前进方向，测试出高质量的通信区域，即进行切换。在扑火通信中，无论需要哪一种转隶切换，移动电台都必须征得转隶的双方基地电台的同意，否则不能转换。为保证扑火现场通信网络正常工作，应尽量建立直通网，以避开越区转换问题。

4.1.6 森林扑火现场电台的设置

在森林扑火现场使用的大多是超短波电台，其传播方式是直射波，由于受周围环境(气候、地形)影响较大，有时场强形成明显谷点。在谷点，即使距离在覆盖半径内，也测不到对方信号。因此，扑火现场电台的位置设在何处十分重要。

(1)基地电台和火场指挥部电台

基地电台和火场指挥部电台一般位置相对固定，但距离火场较近(一般不大于10km)。为增大电台的覆盖面积，减少谷点，应选择障碍物少、地势较高、且能够直视火场的地点架设无线电台。同时，可将红旗当作标志，以利于火场各移动电台确定方位和距离。

(2)火场移动电台

在山区扑火，地形复杂，应派经验丰富、技术水平较高的同志担任现场移动电台的服务工作。移动电台在与上级电台通信中，必须充分利用超短波电台的特性，恰到好处地使用无线电台。在复杂的地理环境中，选择较高的地点通话，最好能直观基地电台，从而保障扑火现场通信的畅通无阻。

4.1.7 火场规模与通信网络建设

由于林火发生的时间和气候条件不同，发现的早晚也不一样，使得火场规模也不同。火场面积可大可小，甚至跨越地区、省乃至国界，所以扑火通信网络的组建差异较大。

(1)小火场通信组网(一级组网)

当森林过火面积小于100hm^2，我们称作小火场。这类火场因发现得早，火烧面积较小，火势较易控制。通常本县(市、镇、局、场)用自己的力量能够扑灭，不需要外援。小火场的通信组网形式应以本级平时使用的无线电通信网为基础，临时架设火场指挥台、车载台和手持机，构成火场通信枢纽，对上可加入到本级通信网络，对下可指挥移动电台工作，完成扑火指挥任务。利用平时网组织小火场通信的优点是：①可加入平时网，各台互相熟悉，配合默契，忙而不乱；②可用手持机设移动通信网，简便易行，携带方便，机动灵活；③火场网与平时网只通过指挥台沟通，上下不混，中间无阻。

(2)大火场通信组网(二级组网)

当森林过火面积在100~1 000hm^{2}时称为大火场。这类火场因发现较晚，火势强，小火已酿成大火，难以控制，本县(地区)已无力扑救，需要毗邻单位、外系统或军队增援扑火，需要省、市、县级有关单位领导组成的前线联合指挥部统一指挥。大火场的通信组网形式，是建立在小火场通信组网的基础上，可在火场前线指挥部增设1~2部短波电台，与省、市指挥部、航站及有关部门建立联系。用超短波和短波电台相结合，组成大火场前线指挥部的通信枢纽，担负火场对上对下及对各方面的通信联络，统一指挥，有效地完成扑灭大火的通信工作。

(3)特大火场通信组网(多级组网)

当森林过火面积超过1 000hm^{2}时称为特大火场。这类火场因发现晚，火势凶猛，林地火烧面积大，有时甚至跨过省界甚至国界，这就需要全省各行各业、当地驻军和外省(或邻国政府)有关部门的大力配合，积极扑救。火场前线指挥部对交通运输、物资供应、扑火调度实行统一指挥，最大限度地减少火灾损失。特大火场通信组网的形式可按火场组网方式实施，但因火场面积大，参加扑火人员多、单位多，因而要根据实际情况增加电台、频率、网络的数量组建多级网络。这要求主台机器的频段要宽，功能强大，才能完成对所有参战单位自带电台的联络。

【企业案例】

××林业局值班制度

一、各级森林防火值班，分为领导坐台值班和专职工作人员正常值班。

二、值班人员负责一切森林防火工作，请示汇报，处理正常事务。

三、值班人员要24小时坚守岗位，不准漏岗，特殊情况请假，向主管部门值班领导报告，批准后方可离岗，但必须委托或者指定他人值班。

四、值班人员对火情要逐级报告，不准贻误时间，值班期间按时交接班，不准喝酒影响工作。

五、对联防地区一旦发现火灾，要及时电告起火单位，共同组织扑救。

××林业局森林防火领导值班制度

为加强森林防火工作的领导，强化扑火调度指挥，在森林防火期内，实行森林防火指挥部领导轮流坐台值班制度，具体要求如下：

一、在森林防火期内，局森防办公室每日须有一名局级领导、森防成员坐台值班，负责全天的调度指挥工作。

二、值班领导不准离岗，不准饮酒、不准赌博；因事外出，可由其他领导代值或向防火办值班人员说明去向，便于及时联系。

三、值班领导要熟悉和掌握全局森林防火动态和防火设施、扑火方案，兵力部署情况，并根据实际情况，下达各项指令。

四、值班领导要及时向上级主管部门请示和汇报工作，并坚持每天签到制度。

五、值班领导对防火工作要高度重视，高度警惕、高度防范。一旦发生火灾，要当机立断，靠前指挥。

××林业局无线电通信员守则

一、坚守工作岗位，遵守劳动纪律，模范的进行宣传贯彻森林防火政策，完成通信任务。

二、遵守通信纪律和通话规则，不得在机上闲谈与工作无关的事情。

三、爱护通信器材，遵守操作规程和保养制度，不得无故损坏和丢失、转借器材。

四、不得用未批准的呼号、频率，不得与规定外的电台联络。

五、认真填写各项原始记录，做好资料保管、积累，做到设备无尘。

六、收时要认真听辨，准确记录，做到字体清楚，话文整洁，语句通顺；发时要讲普通话，读音要准确，声调要平稳。

七、搞好团结合作，尽力做到一专多能、群策群力，完成森林防火任务。

【巩固练习】

一、名词解释

信源 信宿 信道 噪声与噪声源 地波 空间波 天波

二、填空题

1. 林火通信种类主要有________、________、________、________、________、________。

2. 根据传递信息的媒介(信道)不同，通信可分为利用导线(或光纤、光缆)完成信息传送的________和利用无线电波(或光波)在空间传播来完成信息传送的________两类。

3. 无线信道是大地、大气层、电离层、宇宙空间。所以无线电波的传播有________、________、________。

4. 森林防火通信网，根据管理系统，隶属关系和职责范围，全国按四级组网。一级网：以________为主台，各省(自治区)森林防火指挥部为属台；二级网：以________为主台，各市森林防火指挥部为属台；三级网：以________为主台，各县森林防火指挥部为属台；以________为主台，各县森林防火指挥部所属基层单位。

5. 图像通信是一种把图像通过信道从一地传输到另一地的通信技术，这种通信方式使通信更加________，________，效果更好。图像通信最常见的是________，除此之外，还有________，________通信和可视数据传输(电视会议)等。图像传真是应用________技术把固定图像(包括图表)以记录形式复印出来的一种通信技术，但其分辨率较低，完成时间较长。

6. 森林防火单位将超短波通信电台设置成 3 种形式，即____________、____________、____________。

三、选择题

1. 报台时为了避免出现读音不清楚造成错误信息传达，所以数字 0~9 参照军事读法，以下读音错误的是( )。

A. 1(幺)　　B. 2(两)　　C. 7(拐)　　D. 9(玖)

2. 超短波通信中电波传播的方式是( )。

A. 地波　　B. 空间波　　C. 天波　　D. 电离层波

3. 森林防火基层单位，在森林防火工作中应用最广泛的通信种类是( )。

A. 卫星通信　　B. 图像通信　　C. 超短波通信　　D. 微波接力通信

四、判断题

1. 叫台时，为防止对方听不清讲话内容，发送话稿，通常发两遍。( )

2. 主台叫台时，若出现属台未报台的，属台要一直等待主台呼叫，不可私自呼叫主台。( )

3. 森林防火通信网络中，中间层别的电台通常具有主台和属台两种属性，主台对上级电台来说为属台，对下级电台来说则为主台。主台要同多个属台进行联络。(　　)

五、简答题

1. 叫台与报台时应注意哪些事项？
2. 简述无线电波传播方式及其优缺点。

项目5 森林火灾扑救

【项目描述】

森林火灾一旦发生，必须立即组织扑救，来减少森林火灾造成的损失。然而，森林火灾的扑救具有复杂多变性、高速移动性、潜在危险性、连续作战性等特点，使得该工作十分艰巨，极易造成人员伤亡。所以，在扑救森林火灾的过程中，扑火队员应该认真贯彻“打早、打小、打了”的扑火原则，对林火行为作出正确的判断，能够快速有效的组织与指挥各支扑火力量，并在采取多种有效灭火方法，活用战略和战术的基础上，取得森林火灾扑救工作的胜利。

本项目包括：林火行为判读；扑火组织与指挥；扑火战略、战术应用；扑火机具使用与扑火技术和火灾现场逃生与自救。

通过本项目的学习，使得森林火灾扑救工作有序、有效地进行，在保障扑火人员安全的前提下，将森林火灾的损失降到最低。

任务 1

林火行为判读

【任务描述】

在自然条件下，由于受到多种因素的影响和制约，使得每场森林火灾发生发展过程所表现的林火行为差异很大，几乎没有两场森林火灾的火行为完全相同。因此，了解林火行为知识，对扑救和控制林火十分重要。而常用的林火行为指标主要有林火蔓延、林火强度、林火种类等。既包括林火的特征（林火强度、蔓延速度、火焰高度和长度、持续时间），也包括火灾发展过程中的火场变化（火场面积、火场周长、高强度火特征、林火种类），以及森林火灾的后果（火烈度）。所以，作为扑火队员在扑火过程中，要时刻注意这些林火行为指标的变化，提早做出预判，确保扑火队员的人身安全。

【任务目标】

1. 能力目标

能够完成林火行为（火场形状、蔓延速度、火焰三角、林火强度、林火种类）的判读。

2. 知识目标

①了解不同地形的火场形状变化。

②掌握火场形状及不同部位的火场名称及特点、火焰三角、林火种类。

③理解火线速度、面积速度、周长速度的含义及确定方法、高强度林火的特征。

【实训准备】

灭火水枪、风力灭火机、灭火钢刷、手持干粉灭火弹等灭火工具，点火器、计时器、皮尺、望远镜、地形图等用具。

【任务实施】

一、实训步骤

1. 点火

在野外一定区域范围内利用点火器点火，同时密切观察和测定林火行为。该范围四周一定要有林火隔离设施，扑火队员要做好灭火工作，防止跑火。

2. 火场判读

在地形图上画出火场形状，并根据林火环境特点，按照八方位标注出火头、火尾、火翼的位置。

3. 蔓延速度的测定

①火头速度：利用计时器测定火头从一定距离的起点蔓延至终点所需的时间，之后按式(5-1)计算出火线速度。

$$V_1 = \frac{L}{t} \tag{5-1}$$

式中 V_1——火头速度(m/min)；

L——一定距离的长度(m)；

t——火头从一定距离的起点蔓延至终点所需的时间(min)。

②面积速度：首先利用火头速度按式(5-2)进行初发火场面积的推算。之后利用初发火场面积按式(5-3)推算出面积速度。

$$S = \frac{3}{4}(V_1 \times t)^2 \tag{5-2}$$

式中 S——初发火场面积(m^2)；

V_1——火头速度(m/min)；

t——自着火起到计算时林火燃烧持续时间(min)。

$$V_s = \frac{S}{t} \tag{5-3}$$

式中 V_s——面积速度(m^2/min)；

S——初发火场面积(m^2)；

t——自着火起到计算时林火燃烧持续时间(min)。

③周长速度：首先利用火头速度按式(5-4)进行初发火场周长的推算。之后利用初发火场周长按式(5-5)推算出周长速度。

$$C = 3V_1 t \tag{5-4}$$

式中 C——初发火场周长(m)；

V_1——火头速度(m/min)；

t——自着火起到计算时林火燃烧持续时间(min)。

$$V_c = \frac{C}{t} \tag{5-5}$$

式中 V_c——周长速度(m/min)；

C——初发火场周长(m)；

t——自着火起到计算时林火燃烧持续时间(min)。

4. 火焰三角的估测

利用目估法测定火焰三角指标：火焰高度、火焰长度、火焰深度。在测定时至少三人以上进行目估，最后取平均值，增加结果的准确性。

5. 滞留时间的测定

滞留时间按式(5-6)进行计算：

$$T = \frac{D}{V_1} \tag{5-6}$$

式中 T——滞留时间(min)；

D——水平的火焰深度(m)；

V_1——火头速度(m/min)。

6. 林火强度判断

①根据平均火焰高度来按式(5-7)进行估测：

$$I = 273H^{2.17} \approx 300H^2 \tag{5-7}$$

式中 I——火线强度[kJ/(m·s)]；

H——火焰高度(m)。

②根据地表可燃物的烧毁程度进行判断：枯枝落叶被烧焦多为低强度林火；落叶变成黑灰多为中强度林火；枯枝落叶呈

现灰状、变色，多为高强度林火。

7. 林火种类判读

用目测法判断林火种类。沿地表蔓延是地表火，火焰高度在树冠以下；火烧至树冠，并沿树冠蔓延和扩展是树冠火；在地下泥炭层或腐殖质层燃烧蔓延是地下火。

二、结果提交

将观测的结果认真的记载到表5-1林火行为观测记录表中。

表5-1　林火行为观测记录表

着火地点：__________省__________市__________县(局)__________场(所)　　风向：__________

观测时间：_____时_____分　　观测次数：_______次　　温度：_____℃　　空气湿度：_______%

火场判读	火头		火尾		火翼
蔓延速度的测定	火线速度	初发火场面积	面积速度	初发火场周长	周长速度
火焰三角估测	火焰高度		火焰长度		火焰深度
滞留时间					
林火强度判断	根据火焰高度计算			根据地被物烧毁程度判断	
林火种类判读					

观测人：__________　记录人：__________

【相关基础知识】

5.1.1　林火行为

林火行为指林火从森林可燃物点燃开始至熄灭的整个过程中，表现出的各种特性及现象。常用的林火行为指标主要有林火蔓延、林火强度、林火种类等。

5.1.2　林火蔓延

林火蔓延是指森林着火后，火向周围不断扩展。不同的可燃物蔓延的速度不同，喜光的草本植物达到最高的燃烧速度一般需要20min左右，一些负荷量大的可燃物则需要几个小时才能达到最高的燃烧速度；与此同时，除了可燃物本身可以影响到蔓延速度，天气、地形等一些环境因子也可以影响到林火的蔓延。所以，由于可燃物的状况、热能释放速度、地形、天气状况等因素的影响，林火能够表现出各种各样的火蔓延特征，如火场形状、蔓延速度等。

5.1.2.1　森林火场形状

森林火场指林火蔓延的范围。森林着火后，受到诸多因素作用，使林火会向四周蔓延。在火蔓延中，火场形状的变化主要受到地形变化及复杂性和风的影响，进而表现出不同的火场形状。这种影响表现在几个方面：平地无风、平地有风、坡地和山地。

(1)典型蔓延的火场模型

假定在森林中的可燃物分布均匀、一致、无变化，风向、风速恒定的情况下，林火发生后，向四周蔓延形成火场，形状近似椭圆形(图5-1)。

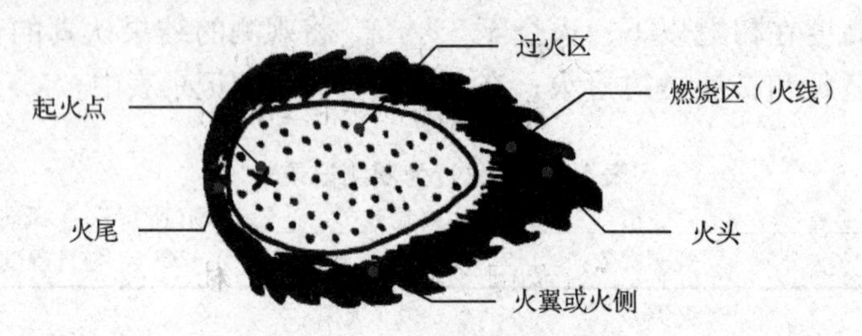

图5-1 典型火场模型示意

由于火场的各个部位风向、火蔓延方向和速度不一致，进而表现出不同的特征。火的引燃点称为起火点；火场顺风蔓延的火场部位称为火头；火场侧风方向蔓延的部位称为火翼或火侧；火场逆风蔓延的部位称为火尾；燃烧过后形成过火区；正在燃烧的带状区域称为燃烧区，也称为火线，是火场发展的主要部位。

林火蔓延基本上就是火线的运动。火线是火场中燃烧最剧烈、最活跃的部位，也是控制和扑救森林火灾的关键。火头因顺风蔓延，速度快、火势强，不易控制；火尾因逆风蔓延，速度慢、火势弱，易于控制；火翼(火侧)因侧风蔓延，介于火头和火尾之间，是控制林火蔓延的重要部位。

(2)平地无风的火场蔓延

地形平坦且无风的条件下，火朝着燃点低的可燃物方向蔓延快；若可燃物分布均匀，火线等速向四周扩展，则火场形状近似于圆形[图5-2(a)]。

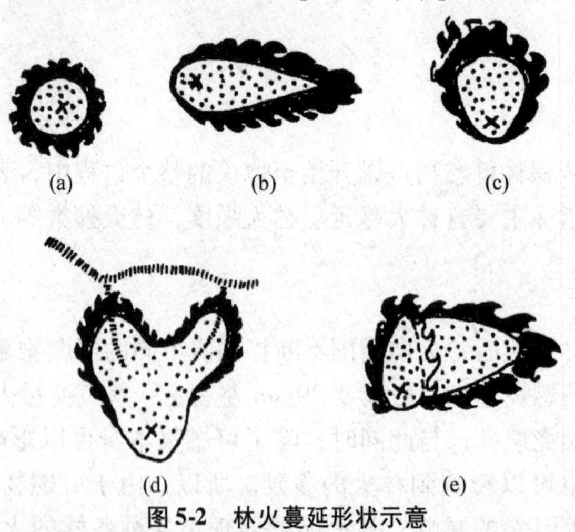

图5-2 林火蔓延形状示意

(3)平地有风的火场蔓延

风是影响火场形状的主要因素，当风速较大且风向不变时，所形成的火场近似于长椭圆形[图5-2(b)]；当风向不定，并呈一定角度(30°~40°)摆动时，火场呈现出扇形[图5-2(c)]；当风向改变时，原来的火翼(火侧)可能变成火头，火场面积迅速扩大，椭圆形的火场的形状随之发生改变[图5-2(e)]。

(4)山地的火场蔓延

当遇到地形起伏时，火在谷地间蔓延速度慢，而在山体的两侧蔓延速度快，此时形成的火场形状为“V”字形[图5-2(d)]。

现实条件下的森林火场形状往往很不规则，火头经常变化，地形改变，风向也可能发生改变，导致火尾或火翼(火侧)变成头火，形成不规则火场形状。因此，要根据其变化及时调整扑火方案，图5-3所示，最初阶段，G—H—I—J为火头，E—F为火尾；当风向改变，出现新的火头I和D；最后阶段，风向向北，A—B—C为火头，C—D—E和A—J—I—H为火翼，E—F—G为火尾。J为火谷，S为飞火。扑火时应该设法控制火头和新生火头。

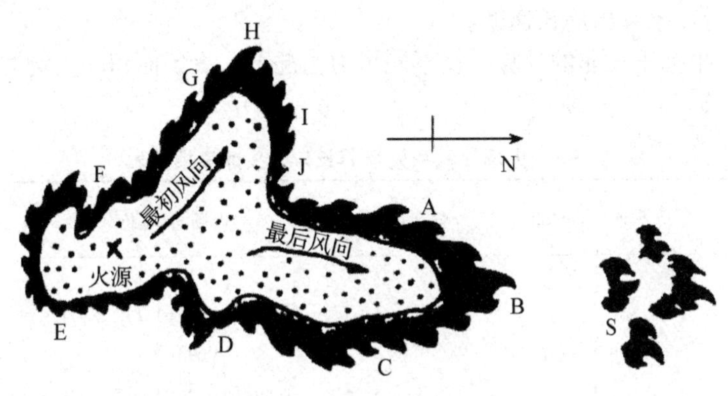

图5-3 森林火灾火场示意

5.1.2.2 林火蔓延速度

林火蔓延速度常用以下3种方法表示：

(1)火线速度

指单位时间内火线向前推进的直线距离，通常以m/min或m/h或km/h表示。火线速度包括火头速度、火翼速度、火尾速度，其测算方法可以根据火场情况，采用现地测算或图像判读两类办法进行。

现地测算法是在森林火灾现场，利用自然物体或人为投放的目标，通过估算几个明显物标间的距离并测定物标之间的蔓延时间，用距离除以时间得出火线速度，对大面积火场，也可以利用飞机等距离投放物标来确定火蔓延的距离。

图像判读法是利用不同时间间隔拍摄的航片或卫星照片，从图像上判读测算出来林火蔓延的火线速度。

火翼速度($V_{火翼}$)和火尾速度($V_{火尾}$)在不同风力下与火头速度($V_{火头}$)的相关性见表5-2。

表5-2 火翼速度和火尾速度与火头速度相关表

风力(级)	$V_{火头}$	$V_{火翼}$	$V_{火尾}$
0	$V_{火头}$	$V_{火头}$	$V_{火头}$
1~2	$V_{火头}$	$0.47V_{火头}$	$0.05V_{火头}$
3~4	$V_{火头}$	$0.36V_{火头}$	$0.04V_{火头}$
5~6	$V_{火头}$	$0.27V_{火头}$	$0.03V_{火头}$
7以上	$V_{火头}$	$0.18V_{火头}$	$0.02V_{火头}$

(2)面积速度

即单位时间内火场扩大的面积，通常以 m^2/min 或 hm^2/h 表示。火蔓延面积速度的计算，应先求出火场面积。火场面积的确定有两类方法，一类是通过当时拍摄的航片或卫星照片进行判读(多用于一些大面积森林火灾)，或进行现场目测(多用于一些小面积森林火灾)；另一类是用火头速度按式(5-2)、式(5-3)进行推算。

(3)周长速度

指单位时间内火场周边增加的长度，通常以 m/min 或 m/h 或 km/h 表示。火蔓延周长速度的计算，应先求出火场周长。火场周边长度及其增加的快慢，是计算扑火队员数量和火场布防的重要参考指标。在实践中，火场周长速度可由火头速度按式(5-4)、式(5-5)来估测，进而推算出周长速度。

与此同时，根据王正非的计算，在不同风力情况下，火场面积和火场周长与火头速度的相关性见表5-3。

表5-3　火场面积和火场周长与火头速度相关表

风力(级)	火头速度(m/min)	蔓延时间(min)	火场面积(m^2)	火场周长(m)
0	V_1	t	$3.14(V_1t)^2$	$6.28V_1t$
1~2	V_1	t	$0.63(V_1t)^2$	$3.2V_1t$
3~4	V_1	t	$0.48(V_1t)^2$	$2.9V_1t$
5~6	V_1	t	$0.36(V_1t)^2$	$2.6V_1t$
7以上	V_1	t	$0.24(V_1t)^2$	$2.4V_1t$

5.1.2.3　林火蔓延的本质

林火蔓延的本质是热量的传递，林火蔓延的速度、方向及其特征，都与热量的传递方式密切相关。热量的传递方式通常有3个途径，即热对流、热辐射和热传导。

(1)热对流

通过流动介质将热量由空间的一处传到另一处的现象称为热对流，是树冠火蔓延的主要方式。就引起对流的原因而论，有自然对流和强制对流两种。

由流体各部分的密度不同而引起的对流称为自然对流。森林燃烧时，放出热量加热了部分空气，热空气和燃烧的气体产物，由于密度较小，在浮力的作用下，产生垂直的向上运动，而周围的冷空气被吸入，这时产生的热对流就是自然对流。

在外力作用下，如风的影响，改变了自然对流流体运动的方向和速度，这种对流称为强制对流。

热对流是森林燃烧热传递的主要方式，热对流能够往任何方向传递热量，但一般总是向上传递。高温热气流能够加热它流经途中的可燃物，引起新的燃烧。森林燃烧中热对流形成高大的对流烟柱，强大的对流气流可将正在燃烧的碎片抛向未燃烧的区域，产生飞火，形成新的燃烧区。

(2)热辐射

以电磁波形式传递热量的现象称为热辐射，是地表火蔓延的主要方式。热辐射有以下特点：①任何物体(气体、液体、固体)都能把热量以电磁波的形式辐射出去，也能吸收别的物体辐射出来的热能；②热辐射不需通过任何介质，真空也能辐射；③当两物体并存时，温度较高的物体向温度较低物体辐射热能，直至两物体温度渐趋平衡为止。

影响热辐射的因素主要有：①辐射热量与辐射物体温度的4次方、辐射面积成正比。辐射物体温度越高，辐射面积越大，辐射出的热量越多；②物体受到的辐射热量与辐射热源的距离平方成反比，即受辐射物体与辐射热源之间的距离越大，受到的辐射热越小。距离辐射热源10m处的物体所得到辐射热量只是距离辐射热源1m处物体所得到辐射热量的1/100；③辐射物体辐射面与受辐射物体处于平行位置，即辐射角为0°时，受辐射物体接受的热量最高，受辐射热量随着辐射角的余弦变化而变化；④物体吸收辐射热的能力与物体表面状况有关。物体的颜色越深，表面越粗糙，吸收的热量越多；物体表面光亮，颜色较淡，反射的热量越多，吸收的热量越少；透明物体仅吸收一小部分热量，其余热量则穿过透明物体。

热辐射对扑火人员是一个很大的威胁。为了减弱受到的辐射热量，穿戴扑火服装和鞋帽是非常必要的，还可以调整人与辐射源的距离和夹角来减少人受到的辐射热量。扑火中人们常后退、侧身扑火，就是为了减少面部接受的辐射热量。

(3)热传导

热量通过直接接触的物体，从温度较高的部位传递到温度较低的部位称为热传导，是地下火蔓延的主要方式。影响热传导的因素有温差、导热系数、导热物体的厚度(距离)和截面积等。

温度差是热传导的推动力。通常热量总是从温度较高的部位传向温度较低的部位。温差越大，单位时间内传输的热量越多。

导热系数(也称为热导率)，是指导体温差为1℃时，在1s内通过厚为1cm、截面积为1cm^2的热量[单位为J/(cm^2·s·℃)]。物质导热系数越大越容易传导热量。木材的导热系数很小。木材的导热系数随木材的含水量增加而增加，随木材的密度增加而增加，随木材温度的增加而增加。

导热物体的厚度越小，截面积越大，传导的热量越多。

总之，在森林的燃烧过程中，三种热量传播的方式同时在起作用，只是对不同位置上的可燃物可能是一种或两种方式起主要作用。地表火和树冠火的热量传播方式主要依靠热对流和热辐射，热传导往往忽略不计，一般认为热对流占75%，热辐射占25%。有人指出，在松树林枯枝落叶层中形成的线性火中，热对流和热辐射之比为3:1；在松树林采伐迹地内静止空气的大火中，热对流和热辐射之比为9:1。地下火的热量传播方式主要依靠热传导。

5.1.3　火焰三角

火焰三角是由火焰高度、火焰长度和火焰深度构成(图5-4)。

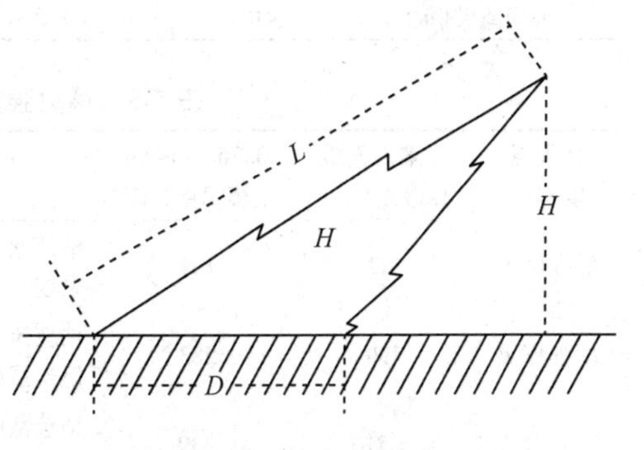

图5-4　火焰三角示意

①火焰高度：指火焰至高点(火头处)到地面的垂直距离(H)。

②火焰长度：指火焰至高点(火头处)到火焰末端的距离(L)。

③火焰深度：指火焰基部的宽度，也称为

火锋厚度(D)。

这些指标是描述火焰的主要特征，常用来估测火强度、火烈度等林火行为指标。

5.1.4 滞留时间

滞留时间，又称为火烧持续时间，指火焰(火锋)在某一点停留的时间。滞留时间越长，林火向外界释放的能量就会越多，对森林中的活可燃物的危害就会越重。其计算可按式(5-6)进行计算。

5.1.5 林火强度

林火强度是指单位时间、单位火线长度上燃烧释放的能量多少，单位是 kJ/(m·s)。它反映了森林火灾中的可燃物能量释放的速度。

目前，世界各国一般采用美国物理学家拜拉姆(Byram)提出的火线强度，可按式(5-8)进行计算：

$$I = 1.67 \times 10^{-3} QWR \tag{5-8}$$

式中 I——火线强度[kJ/(m·s)]；

Q——有效可燃物热值(J/g)；

W——有效可燃物载量(t/hm^2)；

R——火蔓延的速度(m/min)。

但是在森林防火的实践工作中，林火强度常根据平均火焰高度来估测，其经验公式按式(5-7)进行估算。

通过该公式计算林火强度的准确性与火焰的高度密切相关，火焰高度越高，林火强度的估算值越不准确，当火焰高度≤10m 时，误差 < ±5%，当火焰高度 >10m 时，误差约为 ±20%。

林火强度的大小与可燃物载量、风、地形等有着密切的关系，即使是同一场森林火灾的林火强度，在不同的时间和不同的地段，也有着很大的变化。所以，在实践中，将林火强度划分为低中高三种，即低强度火、中强度火和高强度火(表 5-4)。

除此之外，还可以根据火烧迹地状况进行林火强度判断(表 5-5)。

表 5-4 林火强度与火焰高度的关系

林火强度等级	低强度火		中强度火		高强度火	
林火强度[kJ/(m·s)]	75	75~750	750~2 700	2 700~3 500	3 500~10 000	>10 000
火焰高度(m)	<0.5	0.5~1.5	1.5~3.0	3.0~3.5	3.5~6.0	>6.0

表 5-5 林火强度与火烧迹地状况关系表

林火强度等级	土壤表面最高温度(℃)	0.76cm 深的土壤温度(℃)	枯枝落叶外观与土层外观	火区残留灌木外观
低强度火	177	121	枯枝落叶层被烧焦，而深层颜色未变	灌木树冠烧毁不足 40%，残留树枝和小枝
中强度火	399	283	枯枝落叶层和腐殖质层烧焦变黑，但土层颜色未变	灌木树冠烧毁 40%~80%，残留树枝直径在 0.6~1.3cm 之间
高强度火	>510	399	枯枝落叶呈灰白色，有机质全部烧掉，土层颜色、结构发生变化	灌木树冠全部烧毁，仅残留 1.3cm 以上的枝干

5.1.6　林火种类

林火种类是对森林燃烧状况划分的燃烧类型。林火种类不同，森林燃烧表现出来的特征不同，对森林带来的后果也不一样。研究林火种类有利于林火理论的完善和发展，也为林火管理提供科学依据。了解林火种类对正确估计火灾的危害和可能引起的后果、扑救森林火灾的技术、扑灭方式、组织扑火力量、使用扑火机具和利用火烧迹地都有重要意义。

5.1.6.1　根据火烧森林的部位划分

根据火烧森林的部位可以划分为地表火、树冠火和地下火。林火以地表火最多，南方林区约占70%以上，东北林区约占94%；树冠火次之，南方林区约占30%，东北林区约占5%；最少的为地下火，东北林区约占1%，南方林区则几乎没有。

这三类林火可以单独发生，也可以并发，特别是特别重大森林火灾，往往是三类林火交织在一起。所有的林火一般都是由地表火开始，烧至树冠则引起树冠火；烧至地下则引起地下火。树冠火也能下降到地面形成地表火。地下火也可以从地表的缝隙中窜出烧向地表。通常针叶林发生树冠火，阔叶林发生地表火，在长期干旱年份易发生树冠火或地下火。

（1）地表火

地表火亦称地面火，沿地表蔓延，火焰高度在树冠以下。烧毁地被物。危害幼树、灌木、下木，烧伤大树干基和露出地面的树根。它能够影响树木生长和森林更新，容易引起森林病虫害的大量发生，有时还会造成大面积林木枯死。但是，低强度的地表火，也能对林木起到某些有益的作用，如：减少可燃物的积累，降低森林的燃烧性，提高土壤温度，改善土壤的pH值，促进微生物的活动，消灭越冬虫卵，改善林地卫生状况，减少病虫害的发生。

地表火的烟为浅灰色，温度可达400℃左右。在各类林火中，地表火分布居多。针叶幼龄林中发生地表火常与树冠火联成一体，难以区分。但在林龄较高的中龄林以上，特别是疏林地可看到典型的地表火。地表火根据其蔓延速度和危害性质不同，又可分下列两类：

①急进地表火：火头蔓延速度很快，一般每小时可达几百米或上千米。这种林火往往燃烧不均匀、不彻底，常烧成“花脸”，留下未烧地块，有的乔灌木没被烧伤，危害较轻，火烧迹地呈长椭圆形或顺风伸展呈三角形。

②稳进地表火：火头蔓延速度缓慢，一般每小时几十米，火烧时间长，温度高，燃烧彻底，能烧毁所有地被物。有时乔木低层的枝条也被烧毁，对森林危害严重，影响林木生长，火烧迹地多为椭圆形。

地表火的蔓延速度主要受风速、风向等气象因子以及坡度、坡形等地形因子的影响。

（2）树冠火

地表火遇到强风或特殊地形或针叶幼树群、枯立木、风倒木、低垂树枝时，林火就烧至树冠，并沿树冠蔓延和扩展，称为树冠火。树冠火上部能烧毁针叶，烧焦树枝和树干；下部烧毁地被物、幼树和下木。在树冠火火头前方，经常有燃烧的枝桠、碎木和火星形成的飞火，从而加速了火的蔓延，扩大森林损失。

树冠火烟为暗灰色，温度可达900℃左右，最高可达1 000℃以上，烟雾高达几千米。这种火破坏性大、不易扑救。树冠火多发生在长期干旱的针叶幼林、中龄林或针叶异龄林中，特别是马尾松林和杉木林。树冠火根据其蔓延速度和危害性质不同，又可分下列两类：

①急进树冠火：又称狂燃火。火焰在树冠上跳跃前进，火头蔓延速度快，可达8~25km/h或更大，形成向前伸展的火舌。火头巨浪式前进，有轰鸣声或劈啪爆炸声，往往形成上、下两股火，火焰沿树冠推进，地面火远远落在后面，能烧毁针叶、小枝、烧焦树枝和粗大枝条，火烧迹地常呈长椭圆形。这种单独依赖树冠燃烧的火，又有人称独立树冠火，主要发生在连续分布针叶林内或易燃树冠的阔叶林内，由于火蔓延速度快，也是难以控制的一种林火。

②稳进树冠火：又称遍燃火。火头蔓延速度慢，可达5~8km/h。地表火和树冠火并进，燃烧较彻底，温度高，林火强度大，是属于活动的树冠火。稳进树冠火能将树叶和树枝完全烧尽，是危害最严重的一种火灾，火烧迹地为椭圆形。扑救这种林火可以采用有利地形点迎面火或开设较宽防火控制线。

树冠火在蔓延过程中，因树冠的连续或不连续，呈现连续型和间歇型。连续型树冠火发生在树冠连续分布的区域，火烧至树冠并沿树冠连续扩展；间歇型树冠火发生在树冠不连续分布的区域，由强烈地表火烧至树冠，由于树冠不连续便下降为地表火，遇到树冠连续再上升为树冠火，这种火主要受强烈地表火的支持，而在林火中起伏前进。

(3)地下火

在地下泥炭层或腐殖质层燃烧蔓延的林火称为地下火。在泥炭层中燃烧的林火称为泥炭火，主要发生在草甸和针叶林下；在腐殖质层中燃烧的林火称为腐殖质火，主要发生在积累大量凋落物的原始林。地下火在地表面看不见火焰，只有少量烟。这种林火可烧至矿物层和地下水位的上部，蔓延速度缓慢，仅4~5m/h，一日夜可烧几十米或更多，温度高、破坏力强、持续时间长，一般能烧几天、几个月或更长时间，不易扑救。地下火能烧掉腐殖质、泥炭和树根等。火灾后，树木枯黄而死，火烧迹地一般为圆形。地下火多发生在特别干旱季节的针叶林内。由于燃烧的时间长，秋季发生的地下火，可以隐藏地下越冬，烧至第二年的春天，这种火称越冬火，越冬火多发生在高纬度地区，如：我国大、小兴安岭北部均有分布，我国南方林区几乎没有地下火。

5.1.6.2 根据燃烧的可燃物类型来划分

根据燃烧的可燃物类型可以划分为荒火、草原火、草甸火、灌丛火和林火。

(1)荒火

发生在荒山荒地或郁闭度小于0.2的疏林称荒火。大部分森林火灾是由荒火引起的，因此，防止荒火对于避免森林火灾的发生是相当重要的。

(2)草原火

发生在草原上的火称草原火。草原火与林火可以相互蔓延，尤其是在草原与森林交界地区，通常是草原火引发为森林火灾。因此，必须重视草原火灾的防护。即使是牧场更新进行人为火烧处理，也要特别注意加强森林与草原交界处的防范，以避免蔓延到森林内。

(3)草甸火

发生在林区沟塘草甸上的火称草甸火。沟塘草甸是森林火灾的策源地，也是森林间火的传递通道。所以，草甸火也是森林防火的主要对象。

(4)灌丛火

发生在灌木丛地上的火称灌丛火。一般来说，灌丛火的强度较高，会烧毁灌木及地表植被，引起灌木丛生态系统内各因子的剧烈变化，特别是对土壤的严重破坏。

（5）林火

发生在森林中的火称林火。森林的类型繁多，结构复杂。所以，林火还要进行进一步划分林火种类。

5.1.6.3　根据受害森林面积和伤亡人数来划分

在《森林防火条例》中第四十条按照受害森林面积和伤亡人数，森林火灾分为一般森林火灾、较大森林火灾、重大森林火灾和特别重大森林火灾（详见森林防火条例第四十条）。

【拓展知识】

5.1.7　森林燃烧过程

森林燃烧的过程，一般可划分为3个阶段，即预热阶段、气体燃烧阶段、木炭燃烧阶段。

（1）预热阶段

预热阶段是指森林可燃物在火源的作用下，因受热而干燥、收缩、并开始分解生成挥发性可燃气体，如：一氧化碳、氢气、甲烷等，但是尚不能进行燃烧的点燃前阶段。这个阶段需要环境提供热量，这个阶段也称为吸热阶段。

预热阶段时间的长短与火源有关，也与可燃物有关，在同一火源体的作用下，可燃物含水率低，预热阶段十分短暂，可燃物含水率高，则需要较长的预热阶段。

（2）气体燃烧阶段

随着可燃物温度继续上升，热分解产生更多的挥发性可燃气体，大量的可燃性气体与周围空气进行混合，当温度上升至燃点，而且挥发性可燃气体浓度达到一定值时，在可燃物上方就形成明亮的火焰并放出大量热量，产生二氧化碳和水汽，这个阶段叫做气体燃烧阶段，也称为放热阶段。气体燃烧的火焰温度可达700～1 100℃，这个过程表现得最剧烈，它对林火的蔓延和发展有重要的促进作用。

（3）木炭燃烧阶段

随着火焰的消失，进入木炭缓慢燃烧阶段。木炭燃烧的本质是，木炭表面碳粒子由表及里进行的缓慢的氧化反应，木炭完全燃烧后产生灰分。该阶段的热量释放速度较缓慢，释放出的热量较前一阶段少。木炭燃烧的充分与否取决于氧气供应情况和环境温度。

森林中的大多数可燃物，如：木材、枝条、叶片等都可以明显地看到这几个过程，但是一些细小的可燃物则几乎在同一时刻完成燃烧的这三个过程，也有一些可燃物，如：泥炭、腐殖质等没有明显的气体燃烧阶段，只能看到烟，不能看到火焰。

5.1.8　燃烧的产物

森林可燃物热解所得的产物分为气体、液体和固体物质三大类，称为热解三态（图5-5）。

实际上森林燃烧的产物多达百余种。向大气释放二氧化碳、一氧化碳、二氧化氮、碳氢化合物（包括乙烯、乙烷、丙烯、甲醇、乙酸、丙酮等）、臭氧、多环芳香烃和颗粒物（烟尘）等。向土壤渗透焦油类物质和残留灰分物质。

森林燃烧产生的二氧化碳是造成全球温室效应的主要物质来源。空气中大量的二氧化碳使呼吸中的氧降低，引起缺氧症。当空气中二氧化碳达到5%~6.7%时，接触0.5~1h就危险；达到20%时，短时间接触就会使人窒息致死。

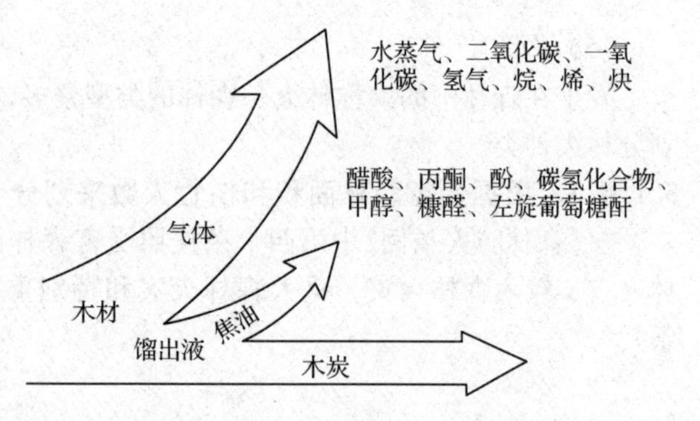

图5-5 森林可燃物热分解三态示意

森林可燃物不完全燃烧产生的一氧化碳与人体的血红蛋白结合产生羧络血红朊(COHb)，羧络血红朊达到1.0%~2.0%时，扑火人员就会出现影响行为功能的症状，2.0%~5.0%时，影响中枢神经系统，视力减退，影响心理功能；5.0%~10.0%时，产生恶心和肺功能紊乱；20%以上产生头痛、呕吐、昏迷、呼吸障碍；40%时人就会失去知觉；60%时即可致死。

森林火灾中，可燃物可产生10~250g/kg的一氧化碳，在前沿为100~200μL/L，最高可达500μL/L，顺风30m处为10~20μL/L。血液水平同林火前沿的100μL/L的一氧化碳达到平衡需要1~2h，一旦受害者回到清新的空气环境里，至少要花三倍的时间才能使一氧化碳从血液中除去。因此，林火前沿扑火人员应每2h轮换。

森林燃烧烟尘(颗粒物质)的排放量取决于林火种类、林火强度和燃烧的阶段。一般情况下，顺风火排放量是逆风火的4倍，无焰燃烧是有焰燃烧的8倍。计划烧除产生的颗粒物质估计为1 000kg排放烟尘8kg，森林火灾估计为1 000kg排放26kg。烟尘中包括了焦油以及挥发性有机物的混合体，烟的苯溶性有机成分占40%~75%(正常大气中只有8%)。烟尘对扑火人员的生命威胁极大，往往人先被烟尘呛倒而后被火烧死。烟尘还增加了空气中水汽凝结的困难，阻碍降水的形成。

5.1.9 火烈度

森林火灾发生后，一般都会给森林生态系统造成危害。我们用火烈度来衡量火对森林危害的程度。这里介绍火烈度的概念和表达方法。

5.1.9.1 火烈度的概念

火烈度是指林火对森林生态系统的破坏程度。王正非先生在20世纪80年代以烧死林木的百分数表示火烈度，并认为火烈度与火强度成正比，与火蔓延速度的平方根成反比。可按式(5-9)进行计算：

$$P = \frac{b \times I}{\sqrt{R}} \times 100\% \tag{5-9}$$

式中 P——为树木损伤率(%)；

b——树种抗火能力系数；

I——林火强度[kJ/(m·s)]；

R——林火蔓延速度(m/min)。

郑焕能先生认为，火对森林生态系统的影响表现在三个方面：能量释放多少；能量释放速度；火烧持续时间。前两者相乘为林火强度，一、三项相乘为火烈度。林火强度与火烈度有4种相关性：①林火强度大，火烈度也大，如：强度树冠火；②林火强度大，火烈度小，如：急进地表火；③林火强度小，火烈度大，如地下火；④林火强度小，火烈度小，如低强度地表火。

5.1.9.2　火烈度的表达方法

火烈度有两种表达方法，即火烧前后蓄积量变化和火烧前后林木死亡株数变化。

(1)火烧前后的蓄积量变化

若以森林燃烧前后的林木蓄积量变化来表示森林受危害的程度，那么火烧造成的林木蓄积量的损失与火烧前林木蓄积量的比值，即为火烈度。可按式(5-10)进行计算：

$$P_M = \frac{M_0 - M_1}{M_0} \times 100\% \tag{5-10}$$

式中　P_M——火烈度(%)；

M_0——火烧前的林木蓄积量(m^3)；

M_1——火烧后的林木蓄积量(m^3)。

(2)火烧前后林木株数的变化

火烈度的另一种表示方法，是以火烧过后林木死亡株数与火烧前林木株数的比值来确定火烈度。可按式(5-11)进行计算：

$$P_N = \frac{N_0 - N_1}{N_0} \times 100\% \tag{5-11}$$

式中　P_N——火烈度(%)；

N_0——火烧前林木株数(棵)；

N_1——火烧后存活林木株数(棵)。

5.1.9.3　火烈度等级

王正非根据森林损失状况和林火性质，将火烈度划分为五级(表5-6)。应用上述两个公式计算出火烈度以后，可从表5-6查出火烈度等级，推算出森林生态系统的损失程度以及发生森林火灾时的林火行为。

表5-6　火烈度等级查定表

火烈度级	火烈度指标—林木死亡率(%)	宏观损失	火性质
一级	0~5	无损失	轻微地表火
二级	6~20	1~2年影响生长	一般地表火
三级	21~40	部分树种更替	地表火，树干火
四级	41~80	树种全部更替	树干火、部分树冠火
五级	81~100	近似毁灭性	狂燃大火

5.1.10　高能量火

高能量火是指面积大，强度高的火[林火强度>2 700kJ/(m·s)，火焰高度>3.0m]，它是有效面积的森林火灾发展而来的，其形成需要一定的条件，一般高能量火的发生，需要可燃物载量≥10t/hm²，林火要扩展到一定面积(在平地大约需要燃烧16~24hm²的林地面积)，天气发生了有利于林火发展的变化等条件。当地形条件有利于火的发展，或者可燃物载量骤增，可燃物类型发生了变化时，也能促使高能量火形成。

高能量火的燃烧速度快，如果火强度在4 000~5 000kJ/(m·s)以上，火场及周围空气温度显著增高，能产生诸如对流柱、飞火、火旋风、火爆、高温热流等特殊行为或现象，给扑火工作带来很大困难和危险。下面我们就一一介绍这些特征。

(1)对流柱

森林燃烧时，热空气垂直向上运动，四周冷空气补充，在火场上空产生热对流，随着火强度增高，空气温度升高，火场有更多热能转化为动能，推动空气上升，这样在燃烧区域上方形成一个升起的烟柱，称之为对流柱。对流柱是火场燃烧区域上方烟尘垂直运动的产物。典型的对流烟柱可分为可燃物载床带、燃烧带、过渡带(湍流带)、对流带、烟气沉降带、对流凝结带等几部分(图5-6)。

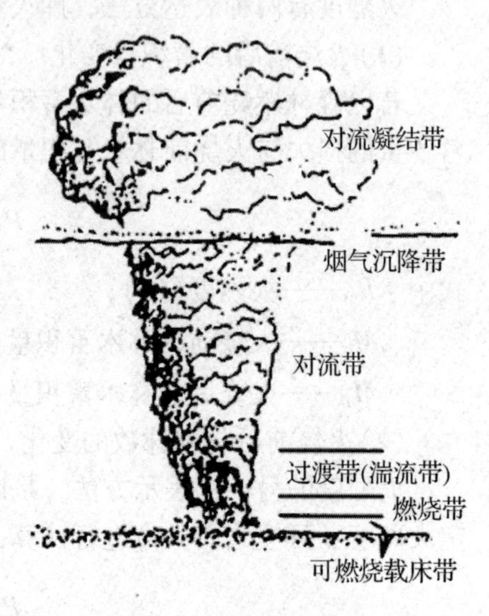

图5-6 对流柱模型图

有人研究：每米火线每分钟燃烧不到1kg可燃物时，对流柱高度仅为几百米；每米火线每分钟消耗几千克可燃物时，对流柱高达1 200m；每米火线每分钟燃烧十几千克可燃物时，对流柱可发展到几千千米高。根据前苏联学者研究，地面火线长100m，对流柱可达1 000m。

一般地说，对流柱的发展与火强度和天气条件有关，火强度越大，对流柱发展越强烈，当火强度大，空气风速较低时，对流柱呈蘑菇状，当高空风速增大时，蘑菇状对流柱破裂，烟雾趋向水平飘动。如在稳定的天气条件下，山区容易形成逆温层，不容易形成对流柱，在不稳定的天气条件下，容易形成对流柱；风速在3m/s时，火线强度>436kJ/m能形成对流柱，风速在5m/s时，火线强度>2 023kJ/m能形成对流柱。

科尔(Kerr)等人根据对流柱的特点将林火分成8种类型(图5-7)，各种类型的主要特点见表5-7。

表5-7 对流柱的类型及主要特点

类　型	主要特点
Ⅰ 高耸的对流柱和轻微的地面风	当大气或燃料改变时稳定的中等强度林火发展成快速的大火
Ⅱ 高耸的对流柱越过山坡	具有对流柱的短期快速越过鞍形场的大火
Ⅲ 强大的对流柱和强大的地面风	具有短距离飞火区的快速、飘浮不定的大火
Ⅳ 强大的垂直对流柱被风砍断	具有长距离飞火区的稳定或飘浮不定快速的大火
Ⅴ 倾斜的对流柱和中等的地面风	既具有短距离又具有长距离飞火区的快速飘浮不定的大火
Ⅵ 在强大的地面风下，没有上升的对流柱	被热能和风能驱使的特快大火，通常具有近距离的飞火区
Ⅶ 山地条件下强大的地面风	既有快速的上山火，又有快速的下山火，通常具有大面积的火场和飞火区
Ⅷ 多个火头	火的前缘具有两个或多个独立的对流柱

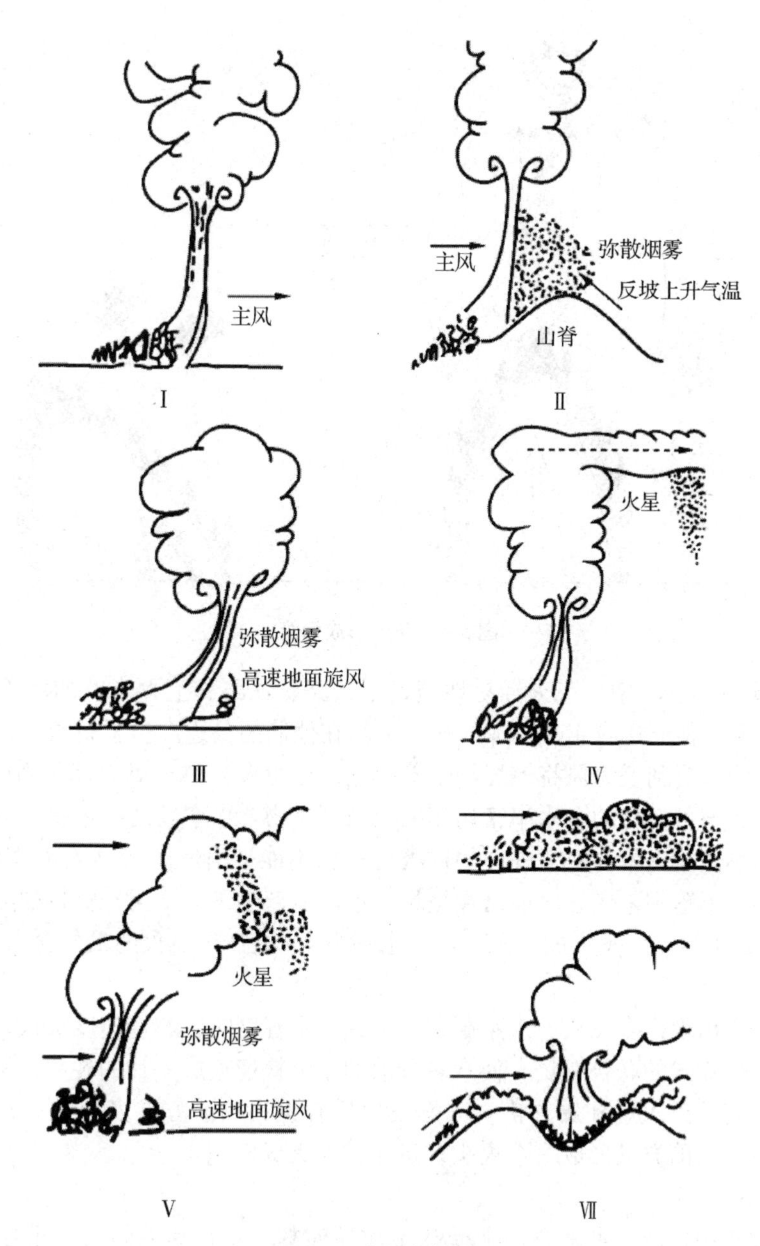

图5-7　对流柱类型图

注：未列出多个火头的类型

(2)飞火

是指高能量火形成强大的对流柱，上升气流可以将燃烧着的可燃物带到高空，在风的作用下，可吹落到火头前方形成新的火点(图5-8)。通常在风力3~4级(风速3.4~7.9m/s)时飞火可飞出5~10m；风力5~6级(风速8~13.8m/s)时，飞火可飞出30~50m；风力7~8级(风速13.9~20.7m/s)时，飞火可飞出300~500m或更远。有些高能量火或枯死木较多的火场，在火头前方0.5~1km处会发生大量飞火称为“火星雨”。

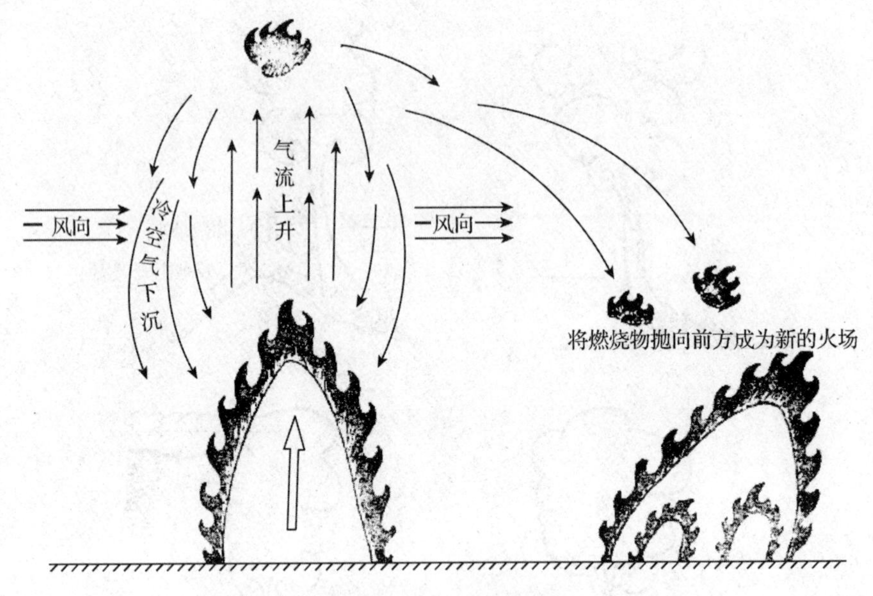

图 5-8 飞火形成示意

例如，“5·6 大火”中，飞火轻易地越过了公路、铁路和上百米宽的河流。扑火队员目睹了当火头距离他们还有 400~500m 时，突然在他们的身边产生了新的火源。在飞机上观察火场情况的人看到了大风将燃烧物带着前进，在距火头 1km 处燃起了新的火点。

飞火的产生与可燃物的含水率密切相关。当可燃物含水率较高时，脱水引燃需要较长时间和较多的热量，夹带在对流柱中的这类可燃物不能被引燃。当可燃物含水率太低时，引燃的可燃物在下落到未燃区之前已经烧尽，也不能产生飞火。国外资料推测细小可燃物含水率为 7% 是可能产生飞火的上限，而含水率为 4% 是产生飞火的最佳含水率。

(3) 火爆

当火头前方出现许多飞火、火星雨，集聚到一定程度时，燃烧速度极快，产生巨大的内吸力就发生爆炸式的联合燃烧，使众多分散的小火快速连成一片的现象，称为火爆。火爆发生时常伴有冲天火焰和爆炸声。火爆发生后吞没火头前方许多分散火，形成一片火海，随即在原火头前方又形成一个火头，迅速扩大火场面积。

(4) 火旋风

在燃烧过程中，由于水平方向上受热不均而使林火呈快速旋转式向前蔓延的火焰涡流，称为火旋风(图 5-9)。它是产生飞火的重要原因之一。小的火旋风直径仅几厘米，大的直径可达 100~200m。

根据布朗在美国林务局南方林火实验室内模拟研究，火旋风容易产生速度极高的涡流状热气流，温度可达 800℃ 以上，旋转速度可达 23 000~24 000r/min；水平分速达 32~40km/h，旋风中心的上升流速度达 64~80km/h；与此同时，燃烧速度将增加 3 倍。

产生火旋风的原因与强烈的对流柱活动和地面受热不均有关。当两个火线相遇速度不同或燃烧重型可燃物时可形成火旋风；火线遇到湿冷森林和冰湖也可形成火旋风；火遇到地形障碍物或大火越过山脊的背风面时可形成火旋风。

图5-9　火旋风示意

(5)轰燃

在地形起伏较大的山地条件下，由于沟谷两侧山高陡坡，当一侧森林燃烧剧烈、火强度很大时，所产生的强烈的热量水平传递(主要是热辐射和热平流)容易达到对面山坡。当对面山坡接受足够热量而达到燃点时，会突然产生爆炸式燃烧，这种现象称为轰燃。

当产生轰燃时，林火强度大，整个沟谷呈立体式燃烧，如果扑火人员处在其中，极易造成伤亡。

(6)跳跃式火团

由于能量释放过速，产生强大的抬升力，使可燃物碎片一边抬升，一边进行燃烧，形成一团一团的火团。这种现象是活跃对流柱发展的必然结果。

在“5·6大火”中，发现在许多火场的上空，升起了大大小小的火团，它们不时在空中翻滚，映红了半边天际。

(7)高温热流

在高能量火的火场周围一定范围内，形成一种看不见但可以感觉到的高温高速气流，称作高温热流，它是在风的作用下形成的，温度可达300~800℃，局部温度可达800℃以上，其速度为20~50km/h。高温热流在运行过程中，可点燃森林可燃物，形成爆炸式的燃烧。

这种现象在我国的“5·6大火”中首次被认识到。许多木桥涵，周围没有可燃物的情况下被烧，未燃烧房子的迎风面玻璃有的被烤熔；周围百米没有可燃物的电话线被熔断。这些都是高温热流作用的结果。

【巩固练习】

一、名词解释

林火行为　林火蔓延　森林火场　火头　火线　火尾　火翼　火焰高度　火焰长度　火焰深度　林火强度　地表火　树冠火　地下火

二、填空题

1. 林火蔓延速度常用以下 3 种指标表示：(1)________(2)________(3)________。

2. 热量传递的方式有________、________、________，其中________是地下火蔓延的本质。

3. ________是森林燃烧热传递的主要方式，它能够往任何方向传递热量，但一般总是________传递。

4. 以电磁波形式传递热量的现象称为________，是地表火蔓延的主要方式。

5. 木材的导热系数随木材的含水量增加而________，随木材的密度增加而________，随木材温度的增加而________。

6. 火焰三角是由________、________和________构成。

7. 根据火烧森林的部位，可将林火划分为：________、________、________。

8. 森林中可燃物燃烧的三个阶段分别是：________、________、________。

9. 高能量林火的特征有对流柱；________；________；________；________；________；高温热流。

三、选择题

1. 火场中燃烧最剧烈、最活跃的部位是(　　)，也是控制和扑救森林火灾的关键。

A. 火线　　B. 火头　　C. 火翼　　D. 火尾

2. 一场森林火灾，自起火到监测时火焰持续时间为 4h，火头蔓延速度为3m/min，其面积速度为(　　)m^2/min。

A. 1 620　　B. 388 800　　C. 27　　D. 97 200

3. 林火强度与下列哪项关系不大(　　)。

A. 可燃物载量　　B. 地形　　C. 风　　D. 火场形状

4. 物体吸收辐射热量，下列选项正确的是(　　)。

A. 与辐射热源距离越远，受到辐射热越多

B. 与辐射热源的辐射角越大(小于 90°)，受到的辐射热越多

C. 被辐射物体表面越光滑，颜色越淡，受到辐射热越多

D. 辐射热源温度越高，发出辐射越多

5. 森林燃烧中热量的传递方式，影响最小的是(　　)。

A. 热传导　　B. 热对流　　C. 热辐射　　D. 热辐射和热对流

6. 以下不属于地下火的是(　　)。

A. 越冬火　　B. 腐殖质火　　C. 狂燃火　　D. 泥炭火

四、判断题

1. 热传导时，热量有时从温度较高的部位传向温度较低的部位，有时从温度较低部位传向温度较高的部位。(　　)

2. 火场形状有时近似于圆形，有时近似于椭圆形，有时近似于“V”字形，但现实条件下往往很不规则。(　　)

3. 在各类林火中，树冠火发生最多，因为上层氧气充足。(　　)

4. 越冬火由于燃烧时间长，蔓延缓慢，因此燃烧比较彻底，破坏力极强。(　　)

5. 危害最严重的林火种类为稳进地表火。(　　)

6. 危害最轻的林火种类为急进林冠火。(　　)

五、计算题

1. 一场森林火灾，自着火时起已经持续燃烧了 2h，火头的蔓延速度为 5m/min，其初发火场面积为多少?

2. 一场森林火灾，自着火时起已经持续燃烧了 2h，火头蔓延的速度为 5m/min，其火线周边长是多少?

六、画图题

画出典型蔓延的火场模型的形状并标注出不同位置的名称。

任务 2

扑火组织与指挥

【任务描述】

扑救森林火灾犹如军队作战，必须进行精心地组织与指挥。历史经验证明，扑火的胜利，不仅依赖于指挥组织的合理构成和扑火队伍的高昂士气，而且在很大程度上也取决于正确地指挥。所以，作为火场指挥员必须具备扑火方案的形成、实施、调整的能力，掌握前线指挥部的工作内容，完成森林火灾扑救指挥工作。

【任务目标】

1. 能力目标

①能够完成扑火前线指挥部的设立工作。

②能够成立适宜的扑救指挥组。

③能够形成扑火方案。

④能够完成扑火的指挥任务。

2. 知识目标

①了解我国扑火队伍的种类、指挥类型、指挥特点、指挥原则、扑火现场指挥的目的与任务。

②掌握前线指挥部的工作内容，扑火前线指挥部的设立的条件、成员组成及职责，扑火方案的形成和实施、调整的方法，指挥员应具备的能力。

【实训准备】

按照任务 2 的要求已经建立林火行政管理机构。

【任务实施】

一、实训步骤

1. 组建扑火前线指挥部

当接到火情报告后，森林防火指挥部总指挥应立刻指派扑火指挥员，带领扑火队员，携带扑火机具赶赴火灾现场，展开积极有效的扑救措施。

2. 制订起初扑火方案

在行进的途中，扑火指挥员根据森林火灾扑救应急预案形成起初扑火方案，并告知各扑火队队长，以便于到达火灾现场后，各扑火队可以在第一时间展开扑火工作。

3. 制订扑火实施方案

当到达火灾现场时，扑火指挥员根据可燃物特点、地形特点、天气条件、林火行为、重要场所、扑火条件与力量等方面制订具体扑火实施方案。

4. 制订扑火行动方案

在扑火时，要根据不同阶段、不同地点、不同林火行为等方面及时调整扑火方案，在保证扑火队员安全的前提下最短时间将其扑灭，减少森林火灾造成的损失。

5. 组织撤离工作

由于扑火工作具有高速移动性、连续作战性、复杂多变性、潜在危险性等特点，使得扑火队员在撤离火场时容易造成人员伤亡。所以，火场指挥员应组织好火场撤离工作。

二、结果提交

将火扑灭后，总结经验，包括扑火指挥员的指挥总结、扑火队长的指挥总结和扑火队员对扑火队长的指挥和扑火指挥员的指挥总结，对指挥过程中遇到问题、不足之处等内容进行认真、详细的分析，并提出解决的措施，最后形成文字材料。

【相关基础知识】

5.2.1 扑火队伍

我国的森林火灾扑救力量，主要是由武警森林部队、专业扑火队、半专业扑火队、群众义务扑火队、航空护林系统等方面构成。

(1)武警森林部队

这是一支以防火、灭火，保护国家森林资源为主的武装力量。受武警总部和国家林业局双重领导，主要部署在我国的黑龙江、吉林、内蒙古、四川、云南、新疆和西藏等省、自治区。

(2)专业扑火队

这是长年从事森林防火工作的专业队伍。平时搞预防，在防火期中巡护、检查，有火灭火。专业扑火队包括森林警察部队和由各有关森林防火指挥部组建的地方专业扑火队，是扑火的主力军。

(3)半专业扑火队

我国扑救森林火灾半专业队伍的组织形式是多种多样的：有解放军预备役部队、民兵和有关县(局)以及乡(镇、场、所)在防火期内临时组织起来的，经过一定业务技术训练的集中待命扑火队。

(4)群众义务扑火队

群众义务扑火队是当森林火灾发生以后，根据火场需要临时动员或自发投入扑火工作中去的群众组织。

(5)航空护林系统

航空护林系统是一支特殊的扑火力量，它不但是专业的，而且具有多功能。航空护林系统是由航站、观察员、机组、飞机和地面工作人员以及航空灭火机械设备等构成的，既具有观察指挥功能，又具备灭火功能，同时它还有运载功能。

除此之外，针对一些重点林区、重点火险区、边远林区等，林区的林业基层单位会组建机动快速扑火队，由青壮年职工组成。在防火期间队员轮流值班，侦查火情，一旦发生火灾，立即出动扑火。

5.2.2 扑火现场指挥

森林火灾发生后，当地森林防火指挥部就要按照扑火预案立即委派一定的扑火指挥员和工作人员，赴火场组建扑火前线指挥部，进行现场指挥扑火工作。扑火前线指挥部是各级森林防火指挥部派往火场，全面负责指挥扑救森林火灾工作的临时性组织，具有一定的责任和权力。扑火现场指挥是扑救森林火灾队伍的“大脑”。在扑救森林火灾过程中，是否能够做到事半功倍，把火灾的损失降到最低限度，关键在于扑火前线指挥部的指挥是否得当。这个组织体系随着火场的出现而产生，随着火场的消失而解散，所以又把它称为扑火临时组织指挥体系。

5.2.2.1 目的与任务

指挥，是扑救森林火灾领导行为，是指挥员以及指挥部为了达到灭火意图，对所属扑火队伍及其行动实施科学指导、调度过程，是决定扑火效率的重要因素和关键环节。

扑火现场指挥的根本目的，在于统一意志，统一行动，最大限度地发挥扑火队伍的战斗力，确保实现“打早、打小、打了”的扑火原则，把损失降到最低限度，有效地保护森林资源、生态环境和人的生命、财产安全。

扑火现场指挥的主要任务，是遵循扑火的根本目的、战略思想、战术原则和上级的指令，侦察火情、判断情况、拟订扑火方案、下达指令、调用队伍、组织协同、保障供应、扑灭火灾的督促检查。

5.2.2.2 扑火指挥的类型

(1)根据扑救森林火灾指挥的范围可分为战略指挥和战术指挥

战略指挥是指各级森林防火指挥部指挥长及其指挥机关，对扑救森林火灾全局有重大影响的战略对策的筹划与指导。它是依据森林资源、地理环境、气候条件、社会因素、科学技术和经济实力来确定的。

战术指挥是指在较短的时空内，对火场或火场某个局部的扑火指挥活动。它是依据森林可燃物、地形条件、气象因子、林火态势、火场条件和扑火力量进行的。

在扑救森林火灾的过程中，战略指挥与战术指挥的界线，有时并不十分明显。比如说，在扑救一个小火场或者火场某一局部时，把指挥员确定的某一举措说成是战略对策，就不太确切，而在扑救大面积森林火灾时，火场总指挥(或者是最高指挥及其指挥部)采取关键性的，影响全局的大的举措，可以说是战略指挥。

(2)按指挥权限分为集中指挥和分散指挥

集中指挥就是对扑火队伍的统一指挥。集中的程度要依照具体情况和协同的需要来确定。

分散指挥亦称分割指挥。扑火队伍分散行动时，其指挥员在上级统一意图下独立实施的指挥。例如，对分散的火线、火点，实行逐个歼灭游击战术的指挥，就属于分散指挥。分散指挥时，上级只下达原则性的指令，下级指挥员按照上级的意图，独立自主地指挥部属完成扑火任务。

(3)按级别分为按级指挥和越级指挥

凡是依照隶属关系逐级实施的指挥，统称为按级指挥。

越级指挥则是对下超一级或数级实施的指挥。通常在紧急情况下或部署特殊灭火任务时，常采用越级指挥的方式。在越级指挥时，上级指挥员或指挥部应将自己的命令，及时通报给被超越的指挥员或指挥部。受领任务的指挥员或指挥部也要及时向自己的直接上级报告情况。

(4)根据扑火指挥的规模和方法分为合成指挥和委托指挥

合成指挥是指指挥员或指挥部对两个以上的不同扑火队伍，在统一的方案和指挥下为完成共同的扑火任务的扑火指挥。

委托指挥是上级只原则性地下达任务，而将完成灭火任务的具体方法留给下级指挥员或指挥部自行决定。下级指挥员或指挥部根据上级的意图和火场的具体情况，灵活机动地指挥扑火。在扑救森林火灾的实践过程中，各级森林防火指挥部对派遣到火场的指挥员或火场指挥部，一般都采取这种委托指挥方式。因为火场千变万化，运用委托指挥便于发挥扑火指挥员或火场指挥部的主动性、机动性和创造性，更能增强责任感，便于在紧急时刻迅速作出反应。

5.2.2.3　扑火指挥的特点

扑火指挥既具有一般领导活动的共性特征，又与一般领导活动有较大区别。扑火指挥与一般领导活动有如下区别：

①扑火指挥具有坚定的目的性，而一般领导活动的目的则有一定的弹性。

②扑火指挥具有严格的时限性，而一般领导活动的时限则有一定的伸缩性。

③扑火指挥具有较大的强制性，而一般领导活动则要求有较大的民主性。

④扑火指挥具有一定的风险性，而一般领导活动是少有的。

扑火指挥过程是一项大的系统工程。特别是在扑救大面积森林火灾的时候，涉及林区的方方面面。现在由于一系列高科技、先进机具的运用，扑火方式也发生了很大变化。“树条子加小镰刀”的时代逐渐被机械化、现代化扑火方式所代替。扑火的节奏加快，机动性提高，使扑火指挥部的工作具有以下几个特点：

(1)复杂性

表现之一是组织复杂。扑救森林火灾的队伍中，不但有森林警察，还有地方专业扑火队；既有军队，还有群众扑火队；不但有机降扑火队，还有地面扑火队；既有机械化扑火队，又有手持树条、铁锹扑火队。要把这些扑火队有条不紊地组织起来，合成一个有机整体，其复杂性是可想而知的。

表现之二是调度复杂。火场是瞬息万变的，好多事情都是在极短的时间内发生或消失的，从而给指挥部的工作带来了极大的复杂性。

表现之三是保障复杂。火场变化万千，要“因火制胜”，就要迅速改变扑火战术动作，就要不断调动扑火队伍。加之，扑火的机械化，燃料、装备、食品消耗大，而扑火队自身携带能力有限。由于这些情况的存在，如果没有一个稳定而可靠的保障系统补充供给是不行的。因此，保障也是复杂的。

(2)紧张性

森林火灾发生的突然性和扑救森林火灾的速决性，决定了扑火指挥部工作的紧张性。突发的森林火灾使扑火行动的指挥过程极为短促，往往是边打边组织。这就要求指挥部必须迅速采取相应对策，做到火发我扑，火变我变。因此，高效快速地扑火指挥，既是当代扑火指挥部工作特点，又是提高扑救森林火灾效能的重要条件。

(3)果断性

果断就是“见利不失，遇时不疑”。扑救森林火灾是人与火的激烈对抗，是在情况不断发展变化中进行的，抓住时机，并要及时果断地定下正确的决心，是实施正确指挥的前提。在火场上，时机瞬纵即逝，捕捉困难。因此，当断不断，犹豫不决，就会坐失良机，这是扑火指挥之大忌。

在扑救森林火灾过程中，指挥要临机决策果断，必须做到：全局在握、知己知彼，有预见、有信心，敢于负责。

(4)坚韧性

扑救森林火灾要有锲而不舍，百折不挠，顽强拼搏，坚持到底的精神。在扑救森林火灾过程中，扑火之困难，条件之艰苦，体力与精力消耗之大，伤亡之威胁，处处带来极大的思想压力。因此，没有坚韧性，没有攻无不克、战无不胜的精神，是绝对不行的。特别是在关键环节上，如果指挥员没有“再坚持一下”的韧性，就会功亏一篑。

(5)连续性

连续性就是连续作战的精神。扑救森林火灾工作中的每一阶段和每个阶段中的每一程序，都是连续不断地进行。每个环节稍有停顿、忽视，就会酿成不堪设想的后果。因此，指挥员与指挥部必须不断地了解情况，分析、判断情况，实施扑火指挥行为。在指挥行为过程中，及时抓住重心，把握关节，处置意外，这样才能一步一步地实现灭火目的。

5.2.2.4 扑火指挥原则

扑火指挥的原则就是在扑火过程中，必须遵循的法则和对策。扑火指挥时，要主观意识与客观实际相符合，要在客观的人力、物力条件下，充分利用天时、地利，发挥主观能动性，把扑灭火灾的可能变为现实。依据这一要求，扑救森林火灾的原则有以下几条。

(1)安全第一原则

坚持“以人为本”，重点保障人民群众(包括扑火人员)生命财产和居民地、基础设施等重点部位安全。一般来说，不应该出现重大伤亡事故。因为保护森林资源固然重要，但是在一般情况下，某一林分的价值绝不能高于人的生命。所以，在扑救森林火灾过程中，必须坚持安全第一的原则。

(2)主客观一致原则

①熟知我情：我情包括扑火任务、战术要求、队伍实力、装备给养等情况。

②速知火情：及时了解、掌握火场大小，火势强弱，火速快慢，火形态变化以及发展趋势等等。

③明知地形：地形是林火环境的重要因素，不但决定着林火发展趋势，同时也决定着扑火队伍如何行动。

④预知气象：气象条件和地形条件一样，也是火环境的重要组成部分。林火的发展变化与气象条件密切相关，不预知气象条件的变化，就无法知道未来林火发展趋势，扑火行动就会失误。

⑤深知林情：林情是扑救森林火灾的决定因素。因为没有森林就根本谈不到扑救森林火灾。森林是可燃物的集合体。它和地形、气象同称为火环境。森林的具体情况不但决定着林火形态、发展趋势，还决定着我们保护的重点与扑火的方式。

(3)专业扑火原则

组织扑火力量要“专群结合，以专为主”，以武警森林部队和林业部门的专业(半专业)森林消防队为主，其他社会力量为辅。

(4)科学扑火原则

尊重自然规律，根据林火行为和林火环境，“阻、打、清”相结合，努力减少森林资源损失。

(5)战略扑火原则

树立全局战略意识，制订一个合理可行、实事求是的扑救方案，明确扑救重点，明确主攻方向，明确兵力部署，明确扑打手段，明确自身任务。

(6)机动灵活原则

在扑救森林火灾过程中，要适时而机动地指挥，火场情况变化急剧，时机稍纵即逝。及时发现并抓住有利扑火时机，果断迅速地采取行动，才能赢得扑火胜利。

(7)集中兵力原则

集中兵力，就是将主要扑火力量集中使用在一个点上或一个方向上。集中兵力体现在空间上兵力集中和时间上兵力集中。空间上的兵力集中，是指在火场上的总兵力和重点部位上的优势兵力。时间上的兵力集中，是把火场上的现有兵力，在同一时间内对同一目标实行协同灭火。

集中兵力，不是无限度地运用大兵团扑火。集中兵力，既要形成优势，又要集中适中。在集中兵力过程中，要考虑主客观条件和物力、财力的投入是否允许，是否合算。

集中兵力要把握两点：一是计算所需兵力的方法是否得当；二是所需的兵力是否能够在预定的时间内到达预定的位置上去。

(8)统一指挥原则

参加扑火的所有单位和个人必须服从扑火前线指挥的统一指挥。

(9)按级指挥原则

下级前线指挥部必须执行上级前线指挥部的命令，上级前线指挥部不应越级下达命令，避免指挥混乱。

(10)分区指挥原则

在扑火前线总指挥部的统一领导下，根据火场实际情况划分战区，各扑火前线分指挥部可以全权负责本战区的组织指挥。

(11)隶属关系指挥原则

跨区域增援扑火或军、警、民联合作战时，在扑火前线总指挥部的统一领导下，各部门的扑火前线指挥部具体负责本系统扑火队伍的组织指挥工作。

5.2.2.5 扑火前线指挥部的设立

接到火情报告后，当地乡(镇)政府或国有林场的主管领导必须在第一时间到达扑火现场，监督指导扑救工作。如果首次扑救没有成功，立即启动相应级别的"应急扑火预案"，设立扑救森林火灾前线指挥部，如：县级扑火前线指挥部、市级扑火前线指挥部、省级扑火前线指挥部和国家扑火前线总指挥部。确定扑火前线指挥部组成人员，建立扑火指挥责任制。

同一地区同时发生多处火情时，应设立多个扑火前线指挥部。如果一个火场范围较大，可设立一个扑火前线总指挥部和若干个扑火前线分指挥部。跨区域增援扑火或军、警、民联合作战时，成建制的参战单位可以按照隶属关系，设立本部门的扑火前线指挥部。

扑火前线指挥部的设立位置要遵循下列条件：距离火场近，便于指挥的地方；便于了解和掌握火情变化的地方；便于集结、调动扑火队伍的地方；便于通信联络的地方；比较安全的地方。所以，可以依托林场、乡(镇)、居民点，选择环境安全、交通便利、通信畅通的地方。林火发生概率较高的重点火险区应建立固定的扑火指挥基地，扑火前线指挥部工作人员可在关键时期提前进驻。扑火前线指挥部办公地点应设立明显的标志，扑火前线指挥部成员应佩戴醒目的袖标或胸签等标识。

5.2.2.6 扑火前线指挥部的组成与职责

各级扑火前线指挥部组成人员应由同级森林防火指挥部领导成员和森林防火办公室工作人员组成。跨区域增援扑火或军、警、民联合作战时，所有参加扑火的单位负责人都要纳入扑火前线指挥部组成人员。扑火前线指挥部的职责是掌握火情，分析火势，制订和实施扑救方案，组织全体扑火人员，用最小的代价尽快扑灭火灾，最大限度地减少人员伤亡和经济损失。

扑火前线指挥部设置1个总指挥、若干副总指挥和1个总调度长的领导岗位。根据实际工作需要，扑火前线指挥部内部设立若干工作组，如扑救指挥组、力量调配组、航空调度组、通信信息组、后勤保障组、综合材料组、火案调查组、宣传报道组、救护安置组、扑火督察组等。具体职责如下：

①总指挥：全面负责火场的组织扑救工作，制订扑救实施方案，调度指挥各方面扑火力量，处置紧急情况。有权对不服从指挥、行动迟缓、贻误战机、消极怠工、工作失职的领导和人员就地给予行政纪律处分，后履行组织程序。

②副总指挥：协助总指挥监督检查各项工作的落实，承办扑火前线指挥部分配的工作任务。

③总调度长：负责扑火前线指挥部的各项协调工作，监督、落实扑火前线指挥部确定的各项工作方案和扑救措施，汇总各工作组的综合情况，组织起草综合调度情况报告。

④扑救指挥组：负责火场情况调度，协调组织扑火力量，落实具体的扑救措施，协调人工降雨扑火工作。火场扑灭后，负责火场的检查验收。需要说明的是扑救指挥组应该以需要为前提。一般说来，可以分如下几种形式：一个人独立指挥：这种形式适于指挥1~2

个扑火队，每个扑火队伍由4～8人组成，在同一火场扑火。可以担任指挥火场面积<100hm^2。单层扑火指挥部：这种形式的扑火指挥组主要由3～5人组成。这种扑火指挥组要直接指挥一线的扑火队扑火。可以担任指挥火场面积100～1 000hm^2。多层扑火指挥部：这种形式的扑火指挥组可以担任指挥火场面积1 000hm^{2}以上，由于火场的面积大，扑火队多，情况复杂，问题繁乱，单层扑火指挥部胜任不了工作。因此，必须下设分指挥部来协调，分管某个方位的扑火任务。

⑤力量调配组：负责火场扑救人力、物资的调配，协调落实铁路、公路运输车辆等事宜。

⑥航空调度组：负责飞机调度和空中火情侦察工作，协调航油、地面保障等事宜。

⑦通信信息组：负责组建火场通信网和报务工作。要确保火场内外的信息畅通和报务工作的充分落实。

⑧后勤保障组：负责火场前线所需食品、被装、油料等物资的储备和调配。

⑨综合材料组：起草阶段性火场报告和综合情况报告，同时负责扑火前线指挥部文秘工作。

⑩火案调查组：负责火灾调查、火案查处及扑火前线指挥部安全保卫工作。

⑪宣传报道组：负责火场宣传和接待记者及新闻发布和新闻报道工作。

⑫救护安置组：负责协调救护伤病员和安置灾民工作。

⑬扑火督察组：负责督察各参加扑火工作的单位和人员执行任务情况，督办各项任务的落实。

5.2.3 扑火方案的形成与实施

扑火方案是在扑救森林火灾战略原则指导下，依据火场的具体情况和兵力布防等条件制定的扑火对策。扑火方案的实施过程就是扑救森林火灾的行动过程。

5.2.3.1 扑火方案的形成

在扑救森林火灾时，扑火指挥员与指挥部必须及时制定扑火方案，并在实施方案过程中，适时加以修订和调整。扑火方案是分以下几步形成的。

(1)扑火指挥方案

这种方案是森林防火指挥部接到火情报告以后，由值班员和有关领导以及带领第一梯队赴火场扑火的指挥员，根据原定扑火预案共同拟定的(要害部位发生森林火灾时，要报正、副指挥长)原则性方案。这是根据不确定火情拟定的。不确定的火情：是否真有火不确定、起火点不确定、火场大小不确定、火势强弱不确定、火场具体气象条件不确定等等。因此，对于不确定的林火所采取的对策也只能是个原则的、试探与侦察式的。

在初起方案的实施过程中，要注意两点：一是要给带队赴火场指挥员必要的临场决断权；二是带队赴火场指挥中要及时把了解和掌握的火情以及与扑火有关的其他情况，反馈给森林防火指挥部，供领导指挥决策。

(2)扑火实施方案

这一方案是扑火前线指挥部或火场扑火指挥中，根据火场以下实际情况拟定的：火场的风向、风速和其他有关气象情况；林火蔓延方向、速度和火焰高度；火线的长度和火场的面积；火场的地形条件；火场的交通条件；火场可燃物的种类与分布；可能受到威胁的居民点、仓库和其他重要设施；火场已有的扑火队伍和灭火机具。

(3)扑火行动方案

扑火行动方案要确定如下内容：扑火前线指挥部的位置；扑火队伍、机具及带队人员；具体扑火战术；扑火队伍的运动路线；选定突破口的位置；战术动作与协同要求；后勤补给方式、时间；安全及注意事项。

以上方案确定后，要及时报告有关上级森林防火指挥部，以求得批准和保障此方案的具体实施。

5.2.3.2 扑火方案的实施方式

扑火方案形成以后有3种实施方式：

①火场指挥员所带领的扑火队伍预计能够完成扑火任务时，火场指挥员就不要犹豫，要抓住时机，边报告边率队扑火。

②如火场指挥员所带领的扑火队伍不能单独完成扑火任务时，要边指挥火场内扑火队伍扑火，边调用预案规定内或按事先授权范围内调用附近扑火队伍赴火场报到参加扑火。调用这些扑火队伍赴火场扑火时，要报所属森林防火指挥部备案。

③要调用事先非授权范围的扑火队伍时，必须经过森林防火指挥部下达命令调动。

在组织实施扑火方案过程中，扑火前线指挥部或火场指挥员一定要紧紧掌握住扑火队伍。标记好每支扑火队的人数、机具、带队人和位置。另外，扑火前线指挥部或火场指挥员身边必须有待命的机动扑火队伍。这支应急扑火预备队伍的主要任务是以防意外事情发生。如，在火场附近出现新的起火点或发生林火突破控制线等。也就是说，在任何时候，火场指挥员都要掌握一定数量的机动兵力。

5.2.3.3 扑火方案的调整

在扑火方案实施过程中，特别是在扑救较大森林火灾时，调整扑火方案是必然的。不调整扑火方案是不可能的事。扑火方案的实施过程就是扑火方案的调整过程。因为林火的发展蔓延有它自身的规律，火势、火速因地而异，因时而变。在扑救森林火灾的整个过程中，受到林火的牵制使得扑火工作常处于被动局面，这就迫使我们不得不随时调整扑火方案。另外，扑火队伍的运动，扑火效能的发挥，也都是变量因素，这些因素的存在也制约着扑火方案的实施。因此，调整是必然的，一成不变的扑火方案是不存在的。

至于扑火方案如何具体调整，到目前为止，还没有一个固定模式。这要因人制宜(火场指挥员)，其关键在于火场指挥员的思维方式和指挥艺术。

火场扑火指挥员在调整扑火方案时，必须及时向有关下属指挥员或扑火队伍说明，如果有全局性较大的调整，要提前向上级森林防火指挥部门报告。

5.2.4 扑火指挥员的要求

5.2.4.1 基本素质

安全第一，前线指挥部实施正确的指挥是安全的前提保证。因此要求指挥员要有较高的素质，要有全心全意为人民服务、公而忘私、能吃苦耐劳的政治思想素质；要有丰富的气象、林学、地理、林火等自然科学知识，还要具有运用行政、经济、法律等社会科学知识的良好业务素质；要有适应火场变化的心理素质和身体素质。

5.2.4.2　指挥能力

指挥能力包括观察能力、判断能力、决断能力、处置能力、组织能力、表达能力、应变能力、交际能力和安全保护能力等。

观察必须全面、准确、迅速，善于联想和分析结合起来，切忌主观、片面。

判断要高屋建瓴，明察秋毫；科学计算，严密推理；要善于从宏观上、微观上、数量上、逻辑上分析；防止定势思维；要注意随机因素；要研究特殊林火行为；判断要做到可靠、快速、独立、灵活、坚定。

决断要立足全局，想得远一些；着眼发展，想得宽一些；抓住重点，想得透一些；不失时机，想得快一些；切忌武断，防止寡断，避免独断。

处置要积极，不坐等胜利；要周密，不丢三落四；要精密，不颠三倒四；要灵活，不走死胡同；要果断，时间就是优势，时机就是胜利，机不可失，时不再来。

组织是善于制订正确的扑火行动方案，指令目的明确，运筹周密，决策果断；善于建立精干有力的指挥机构，指挥忙而不乱，井然有序；善于调用扑火队伍，充分发挥不同特点的扑火队的作用；善于有效地使用人力、物力，讲究扑火效益，以小的代价换取大的成果；善于把握和控制扑火队伍。

表达是语言表达要简明扼要，不要啰嗦；书面表达要通俗易懂，不要词不达意；动作表达要干净利落，不要手舞足蹈。

应变是应变贵在有备、神速，扬长避短，要一切都在控制之中。

交际是要善于搞好上下级和同级的及兄弟单位的关系。

攻关是善于解决上、下级和各部门之间的关系和各种难题。

安全保护是指挥要科学，队员要精干，装备要良好，工具要先进。扑火出现人身事故多是由于指挥员指挥失误，队员缺乏扑火常识，装备落后，机具陈旧。

5.2.4.3　职责和权力

扑火指挥员的职责是：掌握天气和火情变化；制订扑火方案，调用扑火队伍；协调扑火行动，保障扑火给养；确保人身安全；实行"打早、打小、打了"，把损失降低到最低限度。指挥员有权确定扑火力量和扑火战术；依据扑火方案，调用所属的扑火队伍；在紧急情况下，可以调动附近各企业事业单位的扑火力量协同扑火；根据扑火需要，可以确定建立扑火前线指挥部；在扑救森林火灾过程中，有权代表所属森林防火指挥部给予表现好或有突出贡献的扑火队伍、扑火队员表扬，通令嘉奖；对严重违反扑火纪律的人，给予通报批评乃至调离火场(如给其他更严厉的行政处分，要提请行政领导或有关部门确认)。

【拓展知识】

5.2.5　森林火灾扑救工作的特点

森林火灾的扑救与普通城镇火灾的扑救有着许多的差异，森林火灾的扑救工作有以下几方面的特点：

(1)复杂多变性

森林火灾是在开放的系统中自由蔓延，由于地形、植物及气象条件的影响，其燃烧过程复杂多变，每起森林火灾都具有不同的特点，即使是同一场森林火灾，在燃烧蔓延的不同阶段，林火行为也不相同，同时扑火人员的扑火知识和技术也有差异(有森林警察，也有地方专业扑火队伍，还有军队和群众扑火队伍)，林火发展复杂多变。因此，在扑救过程中，要合理组织，因地制宜，灵活运用各种扑救方法和战术，才能取得扑救工作的胜利。

(2)高速移动性

森林火灾是难以预见的移动式燃烧现象，火场的整体发展态势，随时间、环境条件而发生很大的变化，火线一般呈线状向前推进。因此，控制森林火灾关键就是控制火线，尤其要控制火头，这样整个扑火工作总是处于不断变化和高速移动状态，扑火队伍需要经常快速、频繁的运动。

(3)潜在危险性

森林火灾燃烧剧烈，释放能量大，林火行为变化复杂，常伴有飞火、火爆等高能量火的现象，使得林火扑救具有一定的危险性，常有人员伤亡出现。因此，在扑救森林火灾的过程中，必须掌握火场的发展情况，尽量避免人员伤亡的事故发生。

(4)连续作战型

森林火灾往往火线长，面积大，燃烧持续时间长。因此，林火扑救要有充实的兵力，要连续作战，扑救工作的停顿或一时疏忽，都会酿成更加严重的后果。因此，扑救时，后备力量要充足，只有通过分梯队出动，连续奋战，才能快速地实现灭火。

5.2.6 扑火阶段与程序

扑火阶段与扑火程序对于扑火队伍，特别是扑火指挥员来说是非常重要的。

5.2.6.1 扑火阶段

根据林火发生规律和林火扑救的特点，扑救森林火灾必须遵循“先控制，后消灭，再巩固”分阶段进行，常可分为四个阶段。

①控制火势阶段：控制火势阶段是初期扑火阶段，其任务主要是封锁火头，控制火势，把火限制在一定的范围内燃烧，也是扑火的最紧迫阶段。

②稳定火势阶段：在封锁火头，控制火势后，必须采取更有效的措施扑打火翼(火的两侧部)，防止林火向两侧扩展蔓延，是扑火的最关键阶段。

③清理余火阶段：林火被扑灭后，必须在火烧迹地上进行巡逻，发现余火要立即熄灭。

④看守火场阶段：余火熄灭后要留守队员看守火场。一般荒山和幼林地起火监守12h，中龄林、成龄林地起火监守24h以上，方可考虑撤离，目的是防止余火复燃。

这四个阶段，就整个火场或火场的某一局部来说，其过程的更替是十分清楚的。但是火场中的局部与局部比较的话，它们的阶段更替进度并不是同步的。有的局部处于控制阶段，有的局部可能处于清理、守护阶段。对于这一问题，指挥员必须心中有数。

5.2.6.2 扑火程序

扑火程序就是扑救森林火灾的先后动作次序。在实践中，把扑火的整个过程大体分为八个程序，即制订方案、调用队伍、消灭明火、控制火场、清理火边、看守火场、验收火场、队伍撤离。

这八个程序对于火场的某一部位来说，是相互联系、环环相扣的，而对整个火场的所有部位来说，并不是同步的，特别是在大火场中更是如此。所以，作为火场指挥员，心中必须明了这些程序，明确每个程序中的注意事项，否则指挥员的行动就无所遵循，特别是在扑救大面积森林火灾时，更应该牢记这些程序。

（1）制订方案

扑火方案有3种：一是扑火预案；二是扑火指挥方案；三是扑火实施方案。这些方案都是扑火行动的依据，因此，列入程序的第一位。但任何方案都不是一成不变的。

（2）调用队伍

指挥部与指挥员按照扑火方案，把扑火队伍调动到关键的部位上去。在这一程序中，指挥员要切记扑火力量的多少要适当，既不能搞人海战术，又不能搞“滚雪球”加油战术；向扑火队伍布置任务要明确，指令要清楚；要保护扑火队伍的战斗力，不能毫无意义地进行调动。

（3）消灭明火

这一程序是在扑救森林火灾的整个过程中，最紧张、最激烈，火势变化万千，思想高度集中。一切行动都围绕着火转，直至把整个火场控制起来，封锁起来。这个过程很可能要经过几次反复之后，才能最后把整个火场控制起来。

（4）控制火场

控制火场就是消灭明火阶段。实际消灭明火的过程，就是控制火场的过程。不过在这里所说的控制火场，是指扑火队伍全部扣头会合而言。在扑救一个火场的时候，任何一支扑火队伍与友邻部队不扣头、不会合，就无法形成对整个火场的包围，就无法把火场控制起来。

（5）清理火边

清理火边主要是清理火边的残火、暗火、站杆、倒木等，把已燃部分和未燃部分彻底分开，中间形成一条无可燃物的隔火带。这一程序是紧紧扣住上一程序消灭明火进行的。但要注意以下几个问题：

①边打边清：在扑火中，要一边扑打一边清理。一定严防残火扩大，冲出边界。在气温高、风大的天气条件下，更应该严格注意这个问题。

②抓住重点清：将明火扑灭后，清理火场人员除了对火线边界附近，进行普遍检查清理外，对火线附近正在燃烧的站杆、倒木等，要组织力量重点清理。

③分段负责反复清：重点清理之后，把清理火边的队伍组织起来，按战斗小组编队，沿着火线边界分段划界，树立标志，明确责任，反复清理，不留隐患。

④难清理地段用水清：对于一时清理不彻底的地方，要组织力量就近取水，彻底将暗火熄灭。

⑤站杆、倒木往里清：在火线边界附近的站杆、倒木是“复燃火”的主要引发地，一定要把它们放倒、截开，抬到火线里侧至少50m以外的地方。

⑥领导检查最后清：火线边界经过几次清理后，现场指挥员要亲自带队检查，发现隐患及时处理。

（6）看守火场

看守火场是扑救一场森林火灾收尾的前奏，是完成灭火任务的最后保证。一场森林火灾扑灭后，经过多次的清理、检查，在证明确无问题的前提下，根据天气状况，可以留下一部分人员看守火场，其余人员撤离火场。不管大火场还是小火场，都应如此。看守火场的关键是“看”，不是“守”。“看”就是在看守火场的过程中，看守人员要携带工具，轮流沿火线边界巡护检查，发现情况及时处理。在实践中，复燃火时有发生，必须严加看守。

看守火场的时间多长为宜，应视具体情况而定。一般至少要在大部队撤出24h后（荒山和有林地起火监守12h，中龄林、成熟林地起火监守24h），经最后检查验收合格后，才能将看守火场人员撤出。在天干、地旱和气象条件不利的情况下，看守的时间要经过2~3d才行。

在清理与看守火场期间，经常会遇到扑火队伍换防的问题。扑火队伍换防时，必须经过火场总指挥员批准，要办理交接手续，在交接单上要写明责任区范围与职责，以及双方单位名称带队人姓名、交接时间等有关事项。

(7)验收火场

森林火灾扑灭后，扑火队伍即将全部撤离，火场总指挥员对整个火场要进行验收，总结各地的经验与作法，整个火场的验收标准是：火场要达到“三无”（无火、无烟、无气）；要经过3天的风吹日晒考验后，确实没有发生隐患的，才算验收合格。在验收火场时，指挥员要亲自主持这项工作，要做好记录，有负责人签字。验收记录要交火场所在的县级森林防火指挥部以备存查。

(8)撤离火场

这是指收尾阶段，大部分队伍撤离火场而言的。扑火指挥员不但往火场上组织队伍，更应组织扑火队伍从火场上撤离。因为，此时的扑火队员归心似箭，身体疲惫，队伍凝聚力减弱，注意力分散，往往会发生人身伤亡事故或出现其他问题。扑火指挥员必须认真组织好扑火队伍的撤离工作。

以上八个程序，贯穿了扑救一场森林火灾的全过程。但是，各地有各地不同的安排，每个指挥员有各自的办法，不能拘泥一格，只要按着准备、扑打、看护及收尾这四个阶段组织扑救森林火灾，在每个阶段中注意了应该做好的问题，也就达到了目的。

【企业案例】

国家森林防火指挥部
扑救森林火灾前线指挥部工作规范

（2012年5月2日发布）

根据《森林防火条例》和《国家森林火灾应急预案》等规定，现就扑救森林火灾前线指挥部（以下称扑火前指）工作规范如下。

一、扑火前指的设立

（一）各级地方人民政府在组织扑救森林火灾时，应根据相关预案，在火灾现场设立扑火前指。

（二）根据火场态势和火情发展蔓延趋势，县、市、省级森防指主要领导应及时赶赴火场，靠前指挥。启动《国家森林火灾应急预案》后，根据国务院领导指示，组建国家级扑火前线总指挥部。

（三）扑火前指应尽量设在靠近火场、环境安全、交通便利、通信畅通、便于后勤保障的地方，办公地点应有明显标志，工作人员应佩戴专门的袖标或胸签。

（四）当同一地区发生多起火灾，或者一个火场发展为多个火场时，可设立一个扑火总前指，并设立相应的分前指。

（五）森林火灾发生概率较高的重点火险区应建立固定的扑火指挥基地，有关人员可在高火险期提前进驻。

二、扑火前指的组成及职责任务

扑火前指是火灾扑救的决策指挥机构，负责掌握火灾情况，分析火情发展趋势，制订扑救方案；组织扑火力量，科学扑救森林火灾；向社会及时发布火情及扑救信息。

（一）扑火前指的组成

扑火前指一般由当地政府领导、参战部队和有关部门的负责同志组成。

扑火前指总指挥：当地政府主要领导或分管领导。

扑火前指副总指挥：森防指成员单位和军地主要参战力量负责同志。

扑火前指总调度长：森林防火专职副指挥或防火办主任。

新闻发言人：当地主管新闻宣传的党政负责同志。

扑火前指下设扑救指挥组、综合材料组、力量调配组、航空调度组、火情侦察组、通信信息组、宣传报道组、后勤保障组、火案调查组、气象服务组、救护安置组、扑火督察组。

（二）扑火前指的职责任务

总指挥：统筹火场的组织扑救工作，组织制订扑救方案，调度指挥各方力量对火灾实施有效扑救，处置紧急情况。必要时，可以对不服从指挥、贻误战机、工作失职的有关人员就地给予行政处罚，后履行组织程序，或提出处罚意见。

副总指挥：协助总指挥落实各项具体工作任务。

总调度长：负责扑火前指的工作协调，督促落实扑火前指的有关指令、各项工作方案和扑救措施，及时汇总火场综合情况并组织起草综合调度情况报告。

新闻发言人：组织有关媒体做好采访报道工作，适时发布官方信息，回答媒体提问，正确引导舆情。

扑救指挥组：负责调度火场情况，标绘火场态势，协调组织扑火力量，落实扑救措施，检查验收火场。

综合材料组：负责扑火前指的文秘工作，起草有关文字材料和情况报告。

力量调配组：负责火场扑救人力物资的统计和调配，协调落实航空、铁路、公路运输等事宜。

航空调度组：负责扑火现场有关飞机调度、地面保障、火情侦察等工作。

火情侦察组：负责火场侦察，制作火场态势图，提出扑救建议。

通信信息组：负责建立火场通信联络，统一协调、划分通信频道和指定呼号，保持扑火前指联络畅通。

宣传报道组：负责联系新闻媒体记者，协调做好扑火宣传和新闻发布工作。

后勤保障组：负责火灾扑救期间所需食品、被装、机具、油料等后勤物资的组织和配送。

火案调查组：负责火因调查、火案查处及扑火前指安全保卫工作。

气象服务组：协调气象部门提供火场气象服务，做好人工增雨工作。

救护安置组：负责协调救护伤病员和安置灾民工作。

扑火督察组：负责督办各项扑火任务的落实情况。

扑火前指可根据工作实际，对前指岗位设置进行调整。

三、扑火组织指挥原则

（一）统一指挥原则。参加扑火的所有单位和个人必须服从扑火前指的统一指挥。坚持逐级指挥，下级扑火前指必须执行上级扑火前指的命令，上级扑火前指一般不越级下达命令，避免指挥混乱。

（二）分区指挥原则。需要设立扑火分前指时，各扑火分前指在扑火总前指的统一领导下，贯彻总体战略意图，具体负责本战区的组织指挥工作。

（三）协同作战原则。武警森林、内卫部队、解放军、公安消防等扑火力量在执行灭火任务时，主要首长参加扑火总前指或分前指，在扑火总前指的统一领导下，负责组织本系统力量执行扑火任务，同时根据各种扑火力量实际，搞好协同配合。

（四）以专为主原则。组织扑火应以森林部队和专业（半专业）森林消防队为主，其他扑火力量为辅。

（五）安全扑火原则。坚持“以人为本”，重点保障扑火人员、人民群众生命财产、居民地、重要设施和森林资源的安全。

（六）科学扑火原则。尊重自然规律，根据林火行为和火场环境，“阻隔、扑打、点烧清理”相结合。集中优势兵力，突出扑救重点，分段包干落实责任，努力减少森林资源损失。

四、扑火前指工作制度

（一）例会制度。扑火前指适时召开例行会议，汇总信息、通报情况、总结工作、安排部署下一步行动计划。

（二）会商制度。充分利用卫星监测、飞机观察、地面巡视等手段，全面了解火场情况，由总调度长适时组织参战力量和有关专家对火场动态及发展趋势进行会商，提出工作建议。

（三）通信制度。各分前指和参战力量应保持通信设备完好，随时与扑火前指保持通信联系，遇有紧急情况及时报告，未经扑火前指批准，不得关闭通信设备或随意占用通信频道。

（四）火情报告制度。扑火前指应定时报告火灾扑救情况及火场态势图。省级森林防火指挥部汇总情况后于每日7:00、14:00、20:00向国家防火办报告，紧急情况或上级森林防火指挥部需要时应随时报告（报告的内容和格式附后）。

（五）飞机使用制度。扑火前指统一调度指挥投入火场的所有飞机，于当日提出次日的飞行计划和任务，优先保证一线使用。

（六）宣传报道制度。新闻报道应以火场新闻发言人提供的火场态势和扑救进展等官方权威信息为依据，稿件须经新闻发言人审核并报扑火前指审查。

（七）后勤保障制度。原则上，所有参加扑火的队伍应自备3天的给养和油料。3天后的给养，由扑火前指统一协调供给。当地政府要保障扑火前指的给养、宿营和办公条件，切实做好后勤服务工作。

（八）安全保障制度。扑火前指要充分考虑扑火人员的安全和受威胁的居民地安全，战前动员时要明确安全防范事项和避险措施。

（九）责任追究制度。明确各参加扑火单位的任务，责任落实到带队领导。由于领导不力、责任不落实、不服从命令等造成贻误战机、火场失控、复燃跑火、人员伤亡的，追究带队领导责任。

（十）火场验收制度。明火扑灭后，扑火队伍和清理看守火场队伍要办理交接手续。要组织人员分段包干清理和看守火场，原则上看守3天。负责看守火场的单位要向扑火前指提出验收申请，由扑火前指对火场进行全面验收，达到"无残火、无暗火、无烟点"的标准，确保不会死灰复燃，清理看守人员方可撤离火场。

五、扑火前指内业建设

（一）扑火前指要配备扑火作战指挥图，在图上标绘火场的边缘、明火点、火线的位置和扑火队伍数量、位置、指挥员等情况，直观地反映扑火动态。

（二）扑火前指应张贴火场动态示意图、组织机构表、兵力分布表、通信联络表、飞行动态调度表等，为工作开展提供便利条件。

（三）扑火前指形成的综合情况报告、编发的文件应由总指挥或其授权的人员签发。

六、扑火前指基本装备配备

根据扑火前指工作业务需求和工作环境的特殊性，为保证扑火前指工作顺利开展，应参照以下标准进行基本配置：

（一）野外办公文具。包括地形图、本、笔、尺、纸、GPS、工作灯、电子地图导航仪、标绘仪等。

（二）通信设备。包括固定电话、手机、卫星电话、手持对讲机、短波电台、移动中继台、便捷式卫星地面站、便携式打印机、无线上网设备等。

（三）多媒体办公设备。包括照相机、摄像机、笔记本电脑、便携式打印机、大屏幕显示器，便携式投影机等。

（四）野外宿营装备。包括个人帐篷、行军床、睡袋等。

（五）个人用品。包括指挥服、鞋袜、手套、帽子、洗漱用品、常备药品等。

（六）其他。便携式发电机、指挥帐篷、行军桌椅、餐具等。

附件：1. ××扑火前指组织机构表

2. ××火场前指报文

3. 重要森林火情报告

4. ××火场动态示意图

5. 火场兵力分布一览表

6. 铁路运输兵力运行调度表
7. 飞行动态调度表
8. 火场扑火前线通信联络表

附件 1

× ×火场扑火前指组织机构表

前指职务	姓名	工作单位	职务
总指挥			
副总指挥			
总调度长			
领导成员			
新闻发言人			
各工作组负责人			

附件 2

× ×火场扑火前指报文

（编号：　　　　）

发报时间：　　　　　　　　　　　　签发：

× ×省(自治区、直辖市)森林防火指挥部：

× ×扑火指挥

年　月　日　时　分

拟稿人：

附件3

内部

重要森林火情报告

第060×期

××省森林防火指挥部办公室　　　　　　　　　　　　　年　　月　　日　　时

××市××县森林火灾情况报告(×序号)

国家森林防火指挥部:

一、火灾情况

1.(起火时间、地点、原因、林相)

据×市防火办×月×日报告:×市×乡×村×山×月×日××时××发生(发现)森林火灾,起火原因为××,火场林相为××林。

2.(当前过火面积、火场态势)

目前火场火势平稳(较弱、中等、较强、剧烈),火场内有×处火点(烟点)。火场东(南、西、北)线有×条连续(断续)火线,长×米(千米)。向东(南、西、北)方向发展,蔓延速度较快(慢),目前已经(没有)得到控制。

过火面积为××公顷。

3.(火场风力、风向、温度、降雨量)

火场天气晴(多云、少云、阴),风力×级,风向×,温度×℃~×℃。

值班员:　　　　　　　　　　　　　　　　　　　　签批:

(共　　页)

二、扑救情况(兵力部署、指挥员、扑救方式)

火灾发生后截止×日××时已经投入兵力×人(其中武警森林部队×人、专业扑火队×人、武警部队×人、驻军×人、群众×人),其中火场东(南、西、北)线有兵力×人(其中武警森林部队×人、专业扑火队×人、武警部队×人、驻军×人、群众×人),目前正在扑打(阻隔、清理)林火(余火)。从×调集增援的兵力×人(其中武警森林部队×人、专业扑火队×人、武警部队×人、驻军×人、群众×人),预计×日××时到达火场。

火场前线指挥部设在×县×镇,县长(副县长)×××为前线总指挥。火场前线的电话为×××—××××××。

三、扑火前指工作情况(批示、扑救方案、飞机、省区工作)

××省领导对火灾扑救高度重视,批示"×××××",前指拟定了××的扑救方案。火场现有飞机×架(其中直升机×架),×架飞机进行化学(机降、吊桶)灭火,×架侦查(运输、检修)任务。

省区领导×××在防火指挥中心坐镇指挥。×××为组长的工作组已经于×日××时前往火场协调扑救工作。

四、其他情况(火案查处、支援等)

现已查明火因为吸烟(烧荒、高压线、上坟烧纸、计划烧除…)引起,肇事者(×××,男,×岁,为×县×镇×村村民)已经被拘留。

需要国家支援…。

有新情况再续报。

(特此报告。—本次报告为最后一次报告)

附件4

××火场动态示意图

（编号：　　）

绘制时间：　　　　制图人：　　　　审核：

说明：1. 火场情况：火场范围、每条火线长度、内外线火点个数、风向、风力等。
2. 火场兵力：火场总人数，其中森警、专业队、其他人员。
3. 火场设备：风力灭火机、灭火水枪、其他机具设备。

附件5

火场兵力分布一览表

火场名称：　　　　统计时间：

位置	坐标		负责人	兵力					
火场名称编号	东经	北纬		合计	森警	专业队	武警、驻军预备役	群众	其他
××火场									
01									
××火场									
02									

制表人：　　　　审核人：

附件6

铁路运输兵力运行调度表

火场名称：　　　　统计时间：

单位	人数	车次	日期	始发站	发出时间	终点站	到站时间	硬座车	卧铺车	平板车	备注

制表人：　　　　审核人：

附件7

飞行动态调度表

火场名称：　　　　　　　　　　　　　　　　　　　年　月　日

飞机号	机型	基地	起飞时间	预计时间	目的地	任务	备注

制表人：　　　　　　　　　　　　　　　　　　　审核人：

附件8

火场扑火前线通信联络表

火场名称：　　　　　　　　　制表时间：

职务	姓名	手机	手持台	备注
值班电话：				
卫星电话：				
电子邮箱：				
短波电台呼叫：	频率：			
超短波基地台呼叫：	频率：			

扑火指挥员安全职责

①及时掌握火场天气情况。

②对林火行为的发展做出正确预测和判断。

③对火场可能出现的各种情况有充分的应急准备。

④事先安排好撤离火场的路线。

⑤密切注意可能发生危险的地段。

⑥时刻保持全方位的通信联络畅通。

⑦及时掌握扑火队伍的行动和扑火进展情况。

作为一名扑火指挥员，在扑救森林火灾过程中，必须时刻提醒扑火队员：

①一定要建立避火安全区；

②只有在可能的情况下才可以采用直接扑火方法；

③不打火头；

④在任何情况下，扑火队员决不可以存有侥幸心理。

扑火队(组)长怎样开展工作

各扑火队(组)长接到扑火命令后，做好以下工作：

①观察地形、火势等情况：一是寻找突破口，确定打法；二是选择路线。选择路线时，要考虑到扑火人员受到威胁时，有安全的撤退路线。

②战前动员与小组编队：各扑火队接到任务后，要做好思想发动，进行战前动员。战前动员要简短有力，内容通常为：当前的任务；划分小组，一般3~4人为一组，指定负责人，明确各小组的任务；宣布火场纪律。

③带领队伍按时到达指定的地点和部位：一般情况下，应从火烧迹地入火场，即从火的后方入场较安全。

④迅速投入灭火战斗：一般情况下，使用机具扑火，扑火队员沿火线的外侧扑打，一旦火势突变，可以进入火烧迹地内避火。

⑤向前线指挥部报告：报告的主要内容为：扑火队到达时间，携带的工具，开始实施扑火的时机，采取的扑火技术等。

⑥观察火线扑救情况：一是观察火向内、外发展趋势，特别是重点观察向外侧发展的飞火，防止被火包围；二是根据火势发展、扑火情况及时调整和补充扑火命令。

⑦协同扑火：各扑火队(组)与相邻的扑火队(组)必须碰头，否则结合部的火会复燃。因此，各扑火队(组)在扑火中必须会合扣头，不扣头，不停止。

⑧火灾扑灭后，清点人数和工具，经请求前线指挥部同意后，带领全体扑火人员沿原路返回。

⑨向前线指挥部报告扑灭火的时间和会合碰头单位及领导名单，返回的扑火人数和时间，以及火场情况。

⑩监视火场：当火彻底熄灭后，负责看守火场的队(组)长每2个小时派人员携带对讲机和工具，在火场边缘巡视一遍。

⑪留守火场。

【巩固练习】

一、名词解释

专业扑火队　半专业扑火队　航空护林系统

二、填空题

1. 扑火现场指挥的根本目的，在于统一意志，统一行动，最大限度地发挥扑火队伍的战斗力，确保实现“________”的扑火原则，把损失降到最低限度，有效地保护森林资源、生态环境和________。

2. 森林火灾扑救程序为________、________、________、________、________、________、________、________。

3. 扑火指挥部的工作具有以下特点：________、________、________、________、________。

4. 扑火前线指挥部设置的领导岗位的数量是：________总指挥、________副总指挥和________总调度长。

5. 扑火方案包括________、________、________3种类型。

6. 森林火灾扑救应该遵循________、________、________、分阶段进行，完成森林火灾扑救工作。

三、选择题

1. 扑火前线指挥部的设立，以下说法正确的是(　　)。

A. 同一地区发生的火情，不管一处还是多处，都应该设立一个指挥部

B. 接到火情报告后，当地乡镇政府或国有林场的主管领导必须指派一定人员到达扑火现场指挥

C. 指挥部的设立位置要选择便于指挥、便于集结力量、便于通信的地方

D. 扑火前线指挥部办公地点应设立明显的标志，扑火前线指挥部成员不必佩戴袖标或胸签

2. 对于扑火前线指挥员，下列说法正确的是(　　)。

A. 前线扑火指挥部实施正确的指挥是安全的保证，因此要求指挥员要具有丰富的自然科学知识，过硬的政治思想素质和良好的业务素质

B. 扑火前线指挥员要确保及时扑灭森林大火，将森林损失降低到最低限度，因此，扑火过程中要不惜一切代价扑救火灾

C. 扑火前线指挥员要具备较强的组织能力和应变能力，而表达能力和公关能力都无关火场的变化和火灾的扑救，因此并不需要

D. 扑火前线指挥员有权利调用附近的所有扑火力量，在扑救过程中，有权给予扑火队、扑火队员以奖励或处罚

3. 下列选项中，不属于火场验收标准是(　　)。

A. 无火　　B. 无烟　　C. 无气　　D. 无可燃物

四、判断题

1. 扑火前线指挥部，随着火场的出现而产生，随着火场的消失而解散，所以又把它称为扑火临时组织指挥体系。(　　)

2. 扑火指挥应依照隶属关系逐级下达指挥命令，任何时候都不可越级指挥。(　　)

3. 因为火场千变万化，为了便于发挥扑火指挥员或火场指挥部的主动性、机动性和创造性，更能增强责任感，便于在紧急时刻迅速作出反应，因此，上级指挥部常常将具体方法委托给下级指挥部自行决定。(　　)

4. 在森林扑救指挥过程中，由于指挥工作的重要性，因此，指挥命令要经过充分论证，准确分析，方可下达。(　　)

五、简答题

1. 简述林火扑救组织指挥的目的和任务。
2. 扑火指挥的类型有哪些？
3. 扑火方案形成后，有哪几种实施方式？

任务 3

扑火战略、战术应用

【任务描述】

扑火战略、战术是统筹森林火灾扑救全局的大计。灵活运用扑火战略、战术，是迅速取得扑火胜利的基本保证。如果在森林火灾扑救过程中，不讲究扑火战略、战术，将会出现指挥失误，进而造成不应有的损失。所以，在扑救不同地段的森林火灾过程中，指挥人员应该依据林火行为、可燃物、地形、天气等特点确定适宜的扑火战略、战术，将火灾的损失降至最低。

【任务目标】

1. 能力目标

①能够根据地形特征、可燃物特点、天气条件等划分出战略性灭火地带、确定扑救重点地段、抓住扑火的有利时机。

②能够根据林火行为采用不同的扑火战术完成扑救任务。

2. 知识目标

①掌握扑火战略的内容及应用。

②掌握“分兵合围”战术的含义及关键环节。

③掌握“分兵合围”演变的其他战术有哪些，运用时机和把握要点，主要优点和缺点。

【实训准备】

灭火钢刷、往复式灭火水枪、风力灭火机、手持干粉灭火弹、地形图。

【任务实施】

一、实训步骤

①根据一场森林火灾在扑救之前的林火行为特点确定适宜的扑火力量和扑火时间。

②在一场森林火灾中划分出限制和非

限制火进展地带、重点扑救区域、判断出灭火时机。

③在整个扑火过程中，要掌握扑火战略、灵活运用扑火战术，完成森林火灾的扑救。

二、结果提交

将火扑灭后，总结经验，对扑火过程中的战略、战术的使用是否得当、遇到的问题、不足之处等内容进行分析，提出解决的措施，最后形成文字材料。

【相关基础知识】

5.3.1 扑火时间与扑火力量的估算

掌握一场森林火灾所需要的扑火时间和扑火力量，对于科学指挥扑火十分必要。对扑火指挥员来说，了解这两个指标，即可避免“人海战术”造成的浪费；又可保证扑火实施方案按计划顺利进行。

5.3.1.1 扑火时间估算

扑救一场森林火灾所需要的时间，是由扑火队伍的扑火速率、火线长度以及在扑火过程中可能增加的长度三个因素确定。若已知扑火力量个数，扑灭林火所需要的时间，可按式(5-12)进行估算：

$$T_{扑} = \frac{C}{NV - 3V_1} \tag{5-12}$$

式中 $T_{扑}$——所需要的扑火时间(min)；

C——已知火线长度(m)；

N——扑火力量单位个数；

V——每个扑火力量在单位时间内扑灭火线的速度(m/min)；

V_1——火头速度(m/min)；

3——经验系数。

5.3.1.2 扑火力量的估算

对于某一场森林火灾，如果要求在某一个确定时间内将其扑灭，扑火指挥员就要依据火线长度、火头速度和单个扑火单位的灭火速率，推算需要多少扑火力量，才能在规定时间内将火扑灭。扑灭一场森林火灾所需要扑火力量可按式(5-13)进行估算：

$$N = \frac{C + 3V_1 T_{扑}}{VT_{扑}} \tag{5-13}$$

式中 N——扑火力量单位个数；

$T_{扑}$——所需要的扑火时间(min)；

C——已知火线长度(m)；

V——每个扑火力量在单位时间内扑灭火线的速度(m/min)；

V_1——火头速度(m/min)；

3——经验系数。

5.3.2 扑火战略

5.3.2.1 安全第一

积极扑救森林火灾，保护森林资源固然重要，但人的生命更高于一切。在《森林防火条例》中明确规定扑救森林火灾必须坚持以人为本、科学扑救。因此，各级指挥员都要从安全第一的观点出发，要善于保存扑火队员的精力和体力，严格纪律，合理指挥，切实做到安全扑火，防止出现扑火队员伤亡的事故。

5.3.2.2 战略灭火地带的划分

在火场周围的一些地带，可能存在某些人工或天然的防火障碍物，林火蔓延至此，火势可减弱甚至自然熄灭；在火场周围的另一些地带，可能是连续分布的森林，或是连续分布的荒草灌丛，这些地方是林火继续蔓延的通道。这就需要扑火指挥员，根据火场周围的地形，可燃物类型及其他蔓延前方区域划分为两种地带(图5-10)，即：

(1)限制火进展地带

火线前方如果分布能有阻碍火势扩大，连续蔓延的天然或人工防火障碍物，当火蔓延至此时，常常会自然熄灭，这些地带称为限制火进展地带。如面积较大的水域，较宽的河流、农田、林区公路、岩石或其他裸地及难燃森林等。

(2)非限制火进展地带

在火场边界周围，没有天然或人工防火障碍物，林火可以自由扩展蔓延的地带，称为非限制火进展地带，凡与火场边界相接，有连续分布的可燃物的区域，均属于非限制火进展地带。

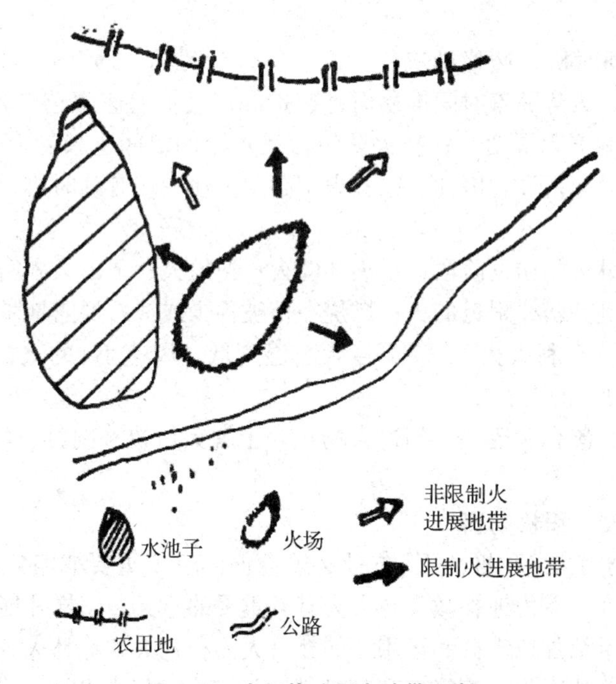

图5-10 火场战略灭火地带示意

对非限制火进展地带的火，如果不及时扑救，可酿成更大的森林火灾。因此，组织扑救时，该地带是优先考虑的战略地带。在扑火力量不足时，应先集中兵力，将非限制火进展地带的火势控制住，然后再组织力量逐个消灭限制火进展地带的火；若扑火力量充足，可以有所侧重的在两个地带同时组织扑救，主要兵力部署在非限制火进展地带，如果在火场边界外，同时存在若干个限制火进展地带，则应在控制住非限制进展地带火势的前提下，根据各自火场边界的距离，由远及近组织扑救。

5.3.2.3 牺牲局部，保存全局

在火势猛烈，扑火兵力不足的情况下，采取牺牲局部，保存全局的方针十分重要。牺牲的局部应是价值低的地段。例如在母树林、原始林、次生林、人工林、灌木林之间发生火灾，无力进行全面扑救，应集中重点扑救母树林、原始林和人工林蔓延的火头，暂时放弃次生林和灌木林；当草原火威胁到森林时，应采取一切措施，把火控制在森林之外，保存森林；在扑火时应尽力扑打火场外围的火，暂时放弃火场内的火，待外围火得到控制后，再扑打火场内的火。

5.3.2.4 集中优势兵力，打歼灭战

没有优势就没有胜利，优势是胜利的保证。这一战略要求在扑救森林火灾过程中，选择扑火的关键时段和重点地段，集中优势兵力，一举将火扑灭，确保火场不复燃，切忌“加油战术”或“人海战术”，造成劳民伤财。当然优势要建立在有准备的基础上，所谓的准备就是队伍、思想、装备、训练上的准备；其次是对火情的调查与了解，并及时制订出扑火方案；再次是队伍要精，战斗力要强。这样才会有优势，其优势是扑火队员思想过硬并能同心协力，身体强壮、精力充沛，懂得林火发生发展规律和扑火要领，扑火装备和机具要得心应手。

5.3.2.5 抓住有利时机，速战速决

林火发生以后，火势随着时间推移而迅速扩展，且扩展速度越来越快；火势在风向、风速、地形等的影响下无常变化；扑火队伍在火场上的时间越长越疲惫；灭火时间的推迟，就等于加大资源的损失。因此，在扑火中必须抓住一切有利时机，利用和创造一切有利条件，速战速决。

有利时机是：林火的初发阶段；小火和弱火；逆风火；下山火和密林下的地表火；过道火；过河火和蔓延到防线附近的火；燃烧在植被稀少或沙石裸露地带的火；燃烧在阴坡零星积雪地带的火；有利灭火天气(湿度大、温度低、风速小)的火；早晚及夜间的火；火焰高度在1.5m以下的火。

速战速决就是：集合队伍快、到达火场快、了解火情快、制订方案快、下达指令快、运动队伍快。

5.3.2.6 主动进攻，积极防御

这是贯彻“预防为主，积极消灭”方针必须遵循的一个重要战略原则。掌握和运用好这个原则，对于迅速、有力地扑救森林火灾有着重要的意义。怎样才能做到这一点呢？主要根据火灾情况，灵活加以掌握和运用。如扑打大面积荒火和疏林火，扑火人员不能靠近火场时，可以开防火线隔火，等待有利时机进行扑打，这既是积极防御，也是主动进攻。对可以直接扑灭的火，就主动进攻，速战速决。对于邻界线附近的火，也必须坚持该攻则攻、该防则防的原则，不能只在自己边界光看守而不打。特别是火场面积大、燃烧猛烈，可以结合扑打，开设防火线，把火隔开，再逐步消灭。

5.3.3　扑火战术

扑火战术是进行森林火灾扑救的具体方式。其基本含义包括：采取合理，有效方法，组织与实施扑火工作；正确使用各种扑火机具，充分发挥各种扑火力量效能。扑救森林火灾的战术很多，其中“分兵合围”是最基本的战术。

“分兵合围”战术是指扑火队员先突破火线上的一点或多点，然后在每个突破点上兵分两路，分别沿着不同方向的火线，边打扑，边清理余火，并根据情况，留下火场看守人员，直到各支扑火队扣头会合，围住整个火场，彻底扑灭火灾。

运用“分兵合围”战术要抓住三个关键环节：

①扑打真正的外围边界火线。

②要选准火场突破口，兵力分配得当。

③将火线围住，不留空隙。

基于“分兵合围”法演变产生的其他林火扑救战术还有以下几种：

5.3.3.1　一点突破，两线推进战术

“一点突破，两线推进”战术，是指扑火队伍由一点突破火线，兵分两路，沿火线扑打，实施合围的一种扑火战法(图5-11)。

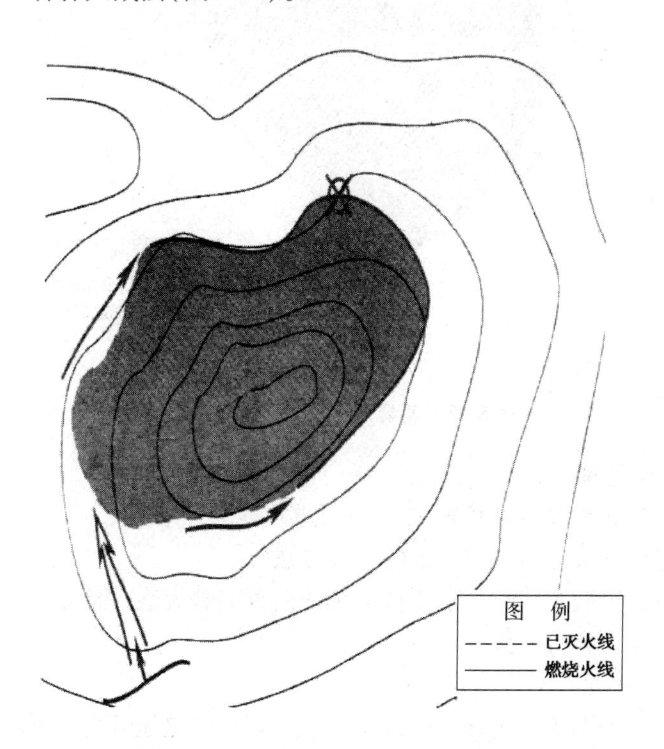

图5-11　一点突破，两线推进战术

(1)运用时机和把握的要点

①运用时机：一是火场面积小、蔓延速度慢时；二是扑火人员少或装备条件差，不便采取两点或多点突破时；三是交通条件差，无法实施多点突破时。

②把握的要点：一是要注意突破口的选择。选择突破口应遵循下列原则：选弱不选强、选疏不选密、选下不选上、选顺不选逆。二是要根据火场态势配置队伍。加强火头方向和重要目标区域的扑火力量。三是加快对进扑火速度，尽快实现合围之目的。

(2)主要优点及不足

①主要优点：扑火力量集中，便于火场管理和指挥。

②主要不足：一是火场面积大，投入队伍少时，不利于速战速决；二是投入队伍多时，不利于扑火队伍迅速展开。

5.3.3.2 两翼对进，钳形夹击战术

“两翼对进，钳形夹击”战术，是指扑打火头时，扑火队伍在火头两翼突破火线，夹击火头的一种战法(图5-12)。

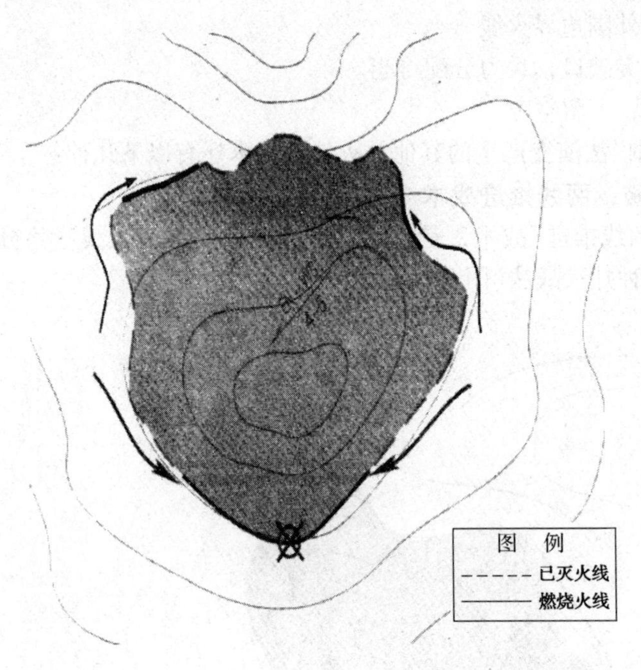

图5-12 两翼对进，钳形夹击战术

(1)运用时机和把握的要点

①运用时机：在火头蔓延速度较快，一面进攻效果不佳时，可从火头的两翼突破火线，并以主要力量向火头方向实施合击的扑火方法。

②把握的要点：突破火线时一定要从火头的两翼突破火线，接近火头实施扑打，不可迎火头接近火场，正面扑打火头。

(2)主要优点及不足

①主要优点：一是两翼夹击扑火速度快、效果好；二是避开危险环境，安全系数大。

②主要不足：林火强度大扑救困难，不利于扑火队伍展开。

5.3.3.3 多点突破，分段扑打战术

“多点突破，分段扑打”战术，是指在大面积的火场，选择两个以上的突破口，将火场的火线分割成若干个段，多点投入队伍，对整个火场形成合击合围态势，各队与其对进

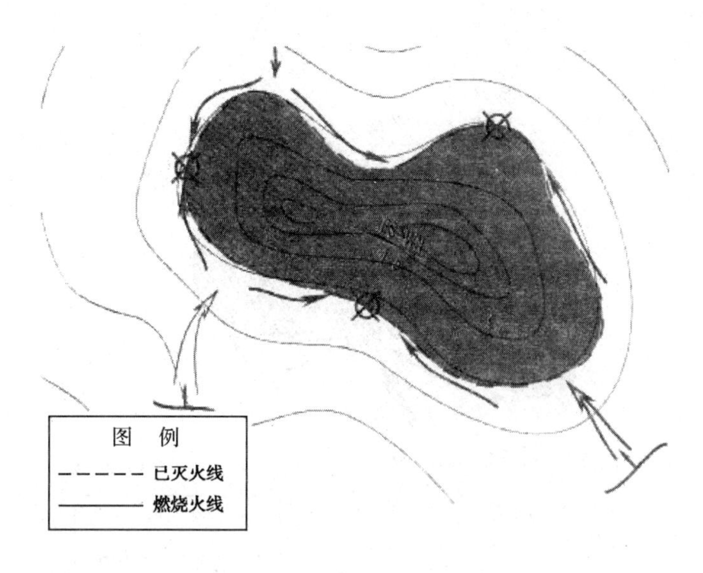

图5-13 多点突破，分段扑打战术

的队伍实施会合的扑火战法(图5-13)。

(1)运用时机和把握的要点

①运用时机：一是火场面积大、投入队伍多，需对火场实施合围时；二是火场周边空地条件较好，利于多点接近火场时。

②把握的要点：一是每一个突破点的人数不应少于50人，以便各点实施分兵合围；二是各突破点之间的距离不宜过大，应以5h内扑火队伍之间能够会合为最佳距离。

(2)主要优点及不足

①主要优点：一是缩短各扑火队之间的扑火距离，减少体力消耗，利于战斗力的发挥；二是利于对火场实施合围；三是遇有突发情况，便于及时调整队伍部署。

②主要不足：一是协同行动组织指挥难度较大；二是队伍部署受地形和机动能力的影响。

5.3.3.4 穿插迂回，多点突破战术

“穿插迂回，多点突破”战术，是指在大火场的窄腰部或在窄长的火场，穿插火场突破对面火线增加突破点数量，加快合围进度的扑火战法(图5-14)。

(1)运用时机和把握的要点

①运用时机：一是火场面积大，投入队伍多，突破点少不利于展开扑火时；二是火场出现特殊形状有利于穿插火场时。

②把握要点：穿插位置要准确，穿插行动要迅速，穿插过程要安全。

(2)主要优点及不足

①主要优点：一是增加突破点缩短扑火距离，利于战斗力的发挥；二是控制范围增大，有利于抑制林火扩展。

②主要不足：穿插迂回受现地条件的影响，体力消耗大。

5.3.3.5 全线封控，点烧扑火战术

“全线封控，点烧扑火”战术，是指在不宜采取直接扑火手段的火场、火线，选择有利地形点烧迎面火，在无自然依托条件地带，开设隔离带实施点烧，控制火场燃烧范围的

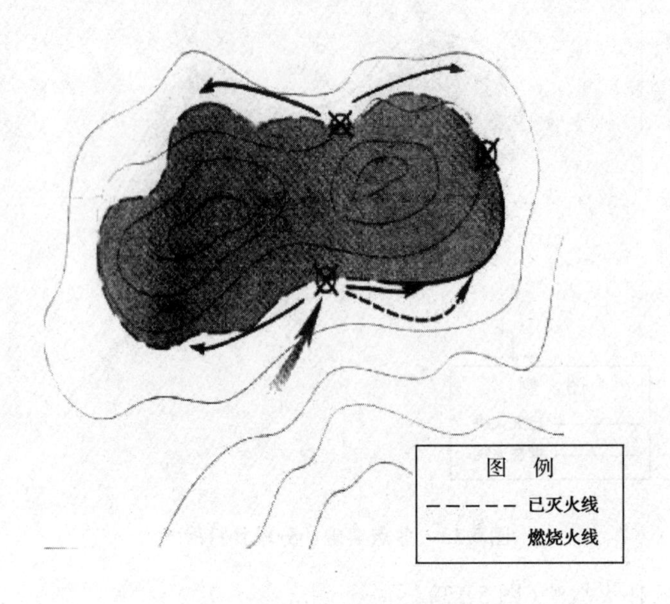

图 5-14　穿插迂回，多点突破战术

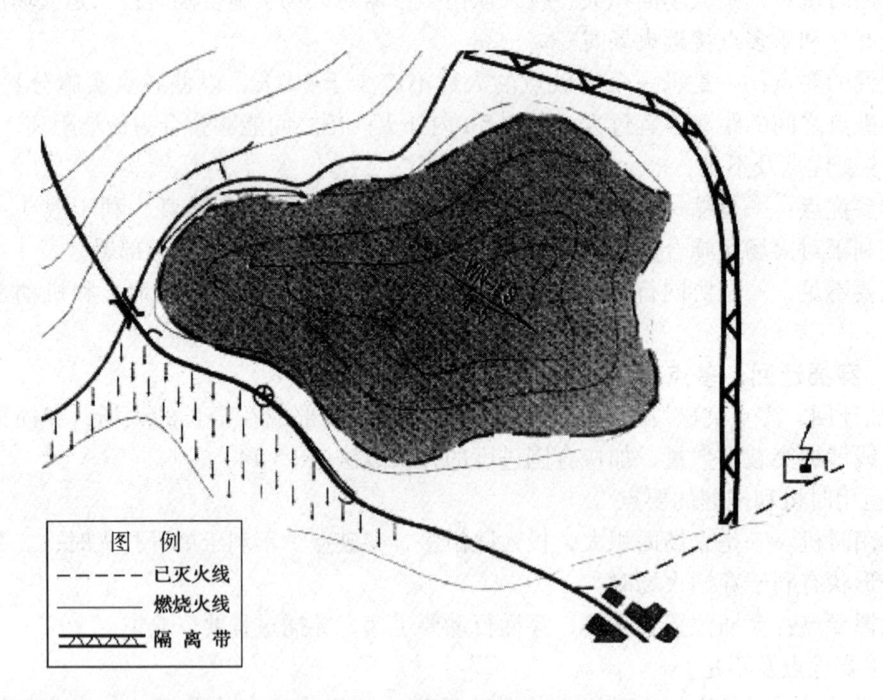

图 5-15　全线封控，点烧扑火战术

扑火方法(图 5-15)。

(1)运用时机和把握的要点

①运用时机：一是在地势陡峭，森林茂密，火场蔓延速度快，燃烧强度大，无法采取直接扑火手段时；二是火场周围有可利用的有利地形时。

②把握的要点：一是选择有利地形实施点烧；二是加固、加宽依托；三是正确选择开设隔离带地域和开设种类及方法；四是依据依托条件采取正确的点烧方法。

(2)主要优点和不足

①主要优点：一是能够控制林火在一定的范围内燃烧；二是林火对扑火队伍的威胁小，安全系数大；三是以逸待劳，人员体力消耗少。

②主要不足：一是过火面积可能有所增加；二是可能会增加人力的投入。

5.3.3.6　打烧结合，分别扑救战术

"打烧结合，分别扑救"战术，是指采取直接扑火与火攻扑火相结合，控制火场蔓延态势的战法(图5-16)。

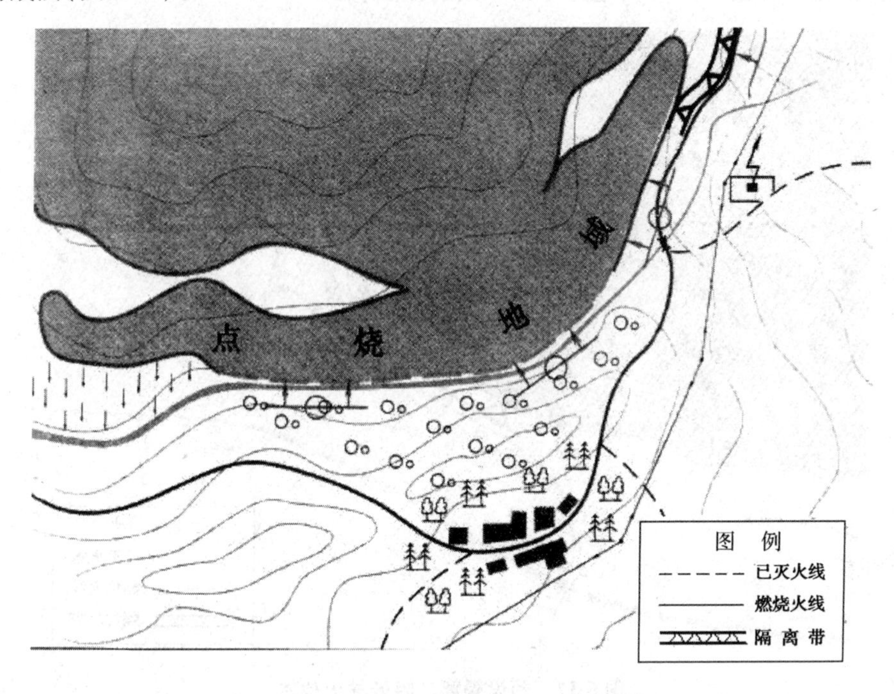

图5-16　打烧结合，分别扑救战术

(1)运用时机和把握的要点

①运用时机：一是火强度大、蔓延速度快、扑火队员无法接近火场时；二是扑救树冠火，无法采取直接扑火手段时；三是火场附近有可利用的依托时；四是火势威胁重点区域或重要目标(如林间村、屯、仓库、油库、贮木场、自然保护区、珍贵树种林等)时；五是拦截火头时；六是遇到双舌形火线、锯齿形火线、大弯曲度火线及难清地段火线时。

②把握的要点：一是充分利用各种自然依托，采取有效点火方法；二是在没有自然依托时，选择有利地形开设隔离带实施点烧；三是要根据气象、地形及可燃物条件，掌握点火的时机、距离和方法；四是对可采取直接扑火手段的地带，要坚决采取直接扑火措施。

(2)主要优点及不足

①主要优点：一是对高强度火线实施火攻扑火，可收到事半功倍的效果；二是可有效地保护重要目标安全；三是减少扑火人员的体力消耗，可降低扑火过程的危险性。

②主要不足：一是人工开设隔离带难度大、耗时长；二是指挥不当会出现乱点火；三是火场指挥难度大。

5.3.3.7　预设隔离，阻歼林火战术

"预设隔离，阻歼林火"战术，是指扑火队伍在火尾及火场的两翼实施扑火时，为防止火头失控，威胁重要目标及重点区域安全时，预先在火头蔓延前方选择有利地形(加固、加宽)依托或开设隔离带实施防守型扑火的方法(图5-17)。

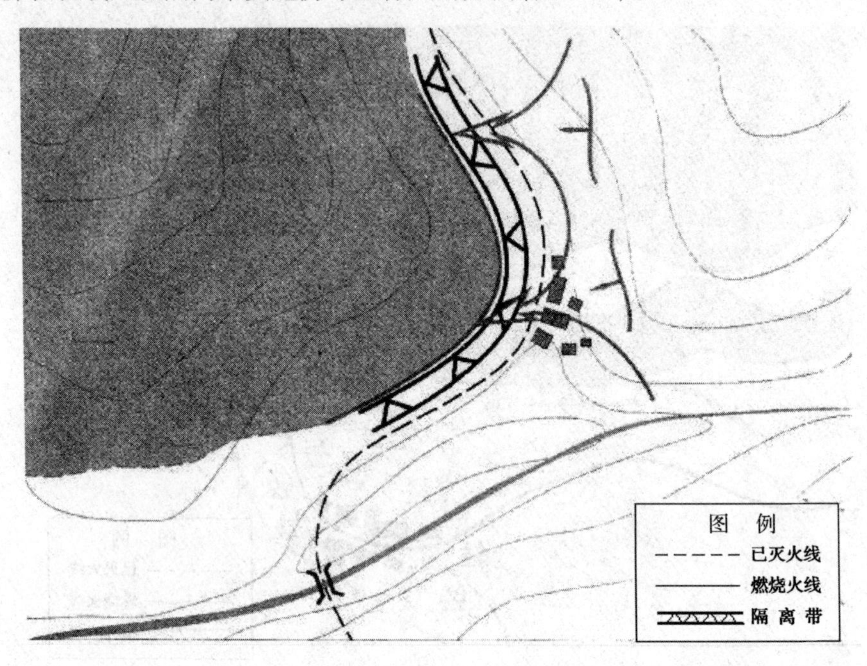

图5-17　预设隔离，阻歼林火战术

(1)运用时机和把握的要点

①运用时机：一是火头的蔓延速度快，控制火头的能力有限，把握性小时；二是火灾对重要目标和重点区域构成威胁时。

②把握的要点：一是预设隔离位置与火头的距离不宜过大，也不宜过小，应根据火头的蔓延速度而定。通常情况下火头的蔓延速度越快距离应越大，反之越小；二是预设隔离时，应首选自然依托实施扑火；三是预设隔离位置不应选择在火蔓延方向的上方山坡或山脊；四是当扑火队伍失去对火头的控制能力时，应迅速在预设的隔离带内侧点放迎面火，烧除火头与隔离带之间的可燃物来增加隔离带的宽度，阻止火头的继续蔓延；五是预设隔离时可采取自然依托、人工开设隔离带等方法，并在内侧适时采取点烧方法达到阻隔林火的目的。

(2)主要优点及不足

①主要优点：对火头的控制有较大的把握。

②主要不足：需要的扑火力量多，工作量大。

5.3.3.8　打清(守)结合，稳步推进战术

“打清(守)结合，稳步推进”战术，是指在扑火力量充足时，扑火组在前扑火，清理组跟进清理火线或大批群众队伍跟进清理看守火场，实施前打后清，打清结合，稳步推进巩固战果的扑火方法(图5-18)。

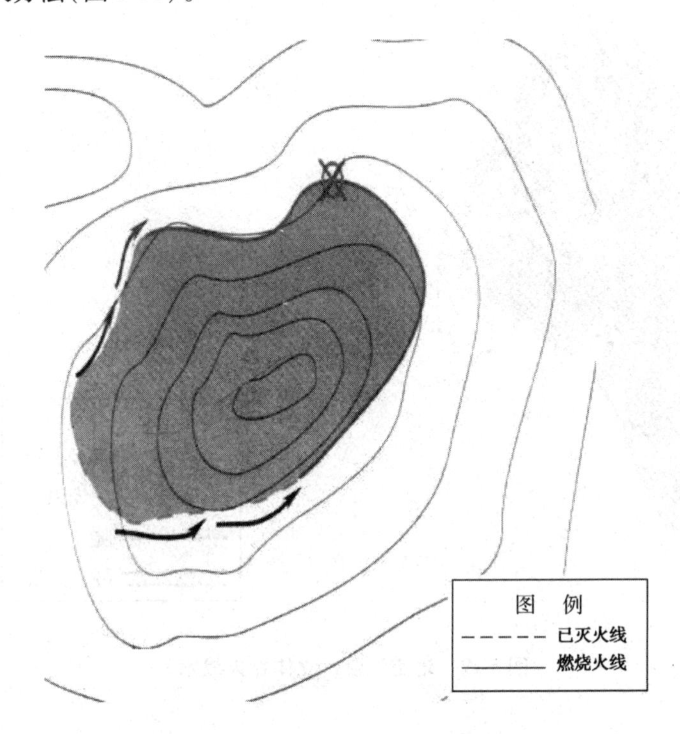

图5-18　打清(守)结合，稳步推进战术

(1)运用时机和把握的要点

①运用时机：一是火场态势稳定，参战队伍及装备充足时；二是扑火队伍负责扑打明火，大批群众队伍配合清理火场时；三是扑火行动时间充足，扑打中强度以下的稳进地表火时；四是在高火险天气条件下扑救林火，清理火线困难时。

②把握的要点：一是在白天扑火时，要加强清理组的清理力量，组织多个清理组对火线实施跟进清理，清理组与扑火组的距离，应根据森林火险等级而定，火险等级越高距离应越大，反之越小。二是完成对进会合任务后，根据火线情况，采取不同的清理方法；此时的清理方法有：一次性回头清理；两次性回头清理；多次性回头清理等。三是有大批群众队伍跟进清理看守火场时，扑火队伍在前扑打明火，清理队伍跟进按人头分段负责清理看守。

(2)主要优点及不足

①主要优点：扑灭的火线不易发生复燃火。

②主要不足：除分段负责清理看守火场方法外，推进速度缓慢。

5.3.3.9　地空配合，立体扑火战术

“地空配合，立体扑火”战术，是指利用固定翼飞机喷洒化学药剂(水)或直升机吊桶作业等技术，对火场的难段、险段火线实施有效的控制或降低林火强度和蔓延速度，创造扑火有利条件，配合地面队伍实施扑火的方法(图5-19)。

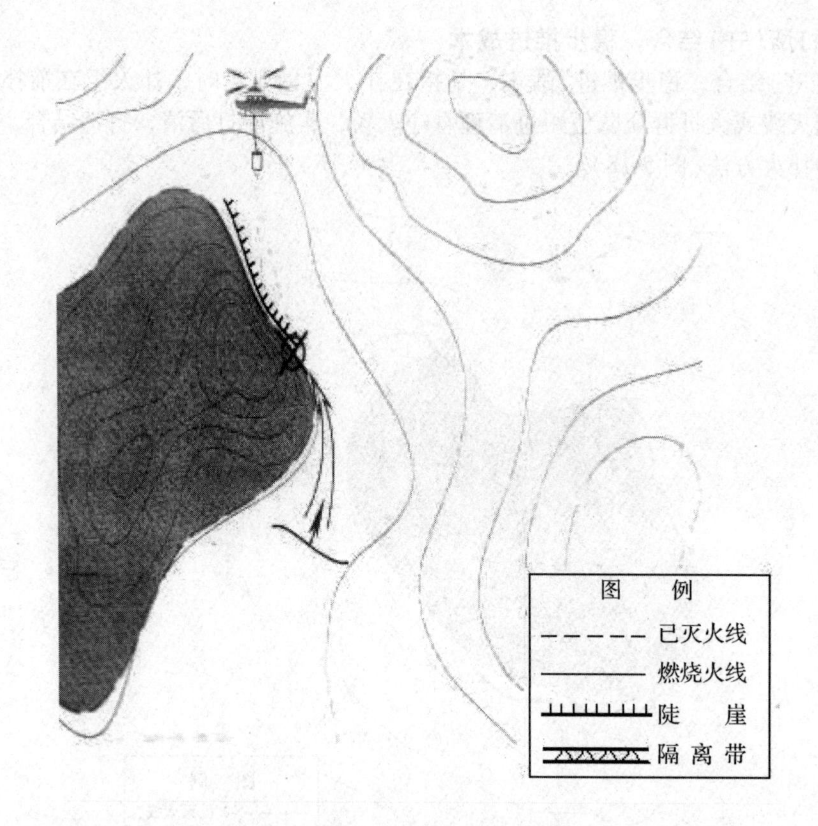

图 5-19 地空配合，立体扑火战术

(1)运用时机

主要用于扑救大火场的火头，高强度火线，扑火队伍无法抵达的地域及火场上的难段和险段火线。

(2)主要优点及不足

①主要优点：一是对地面扑火给予有力的支持，提高扑火进度；二是降低地面扑救火头及高强度火线的难度；三是降低地面队伍扑救险段林火时的危险程度；四是可以有效地对重要目标和重点区域加以保护。

②主要不足：一是固定翼飞机化学扑火时受风向、风速的影响较大；二是飞机载水、载药量有限；三是飞机扑火受天气、水源、飞机数量、火场与基地的距离等诸多因素影响。

【拓展知识】

5.3.4 扑救地表火战术

5.3.4.1 扑打火头战术

火头是整个火场中林火强度最强、蔓延速度最快、破坏性最强、危险性最大、扑救最困难的关键部位，是决定火场面积大小的重要因素之一。因此，要想控制火场面积，应首先控制和扑灭火头。

战术实施：①两翼突破，钳形夹击；②多机配合实施强攻；③降低强度再次进攻；④利用地形间接扑火；⑤开设依托实施火攻(图5-20)。

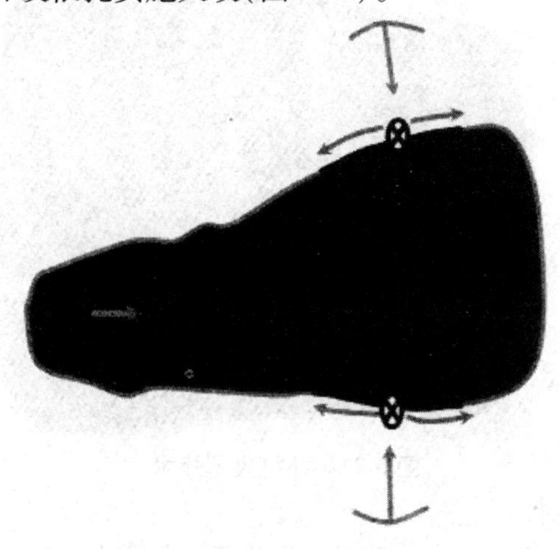

图5-20 扑打火头战术图

5.3.4.2 扑打火翼战术

火翼是指火场中连接火头和火尾的两条燃烧的火线。火翼的燃烧特点是火焰向侧后方倾斜燃烧，受侧风的影响燃烧速度快于火尾，慢于火头。火翼是火场中最长的火线。因此，是扑火时间长、消耗体力大的部位。

战术实施：①行进式扑火战术；②递进式扑火战术；③对进式扑火战术；④强攻式扑火战术(图5-21)。

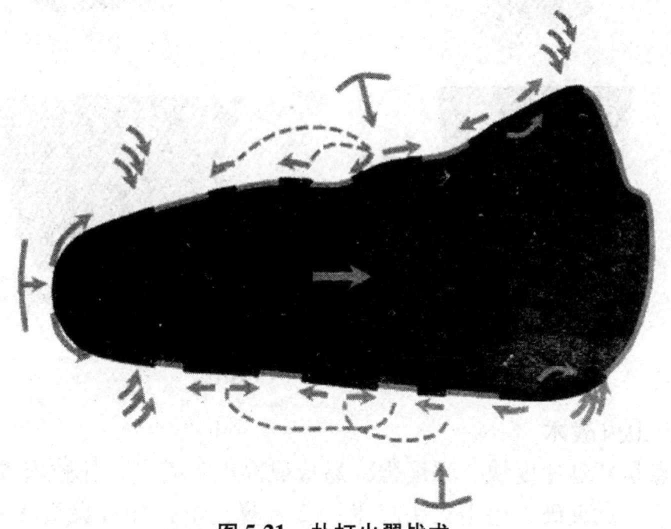

图5-21 扑打火翼战术

5.3.4.3 扑打火尾战术

火尾是指火场最末端逆风燃烧的火线，因其逆风燃烧强度最弱，蔓延速度最慢，火焰向火场内倾斜，烟尘向火场内刮。因此，热辐射、热对流及烟尘对扑火人员的影响小，利于近距离实施扑火。

战术实施：①多点对进扑火战术；②分段负责扑火战术；③化整为零扑火战术(图5-22)。

图5-22　扑打火尾战术

5.3.4.4　扑打下山火战术

下山火的特点是蔓延速度慢，强度弱，火势平稳易扑救，危险性小。

战术实施：①一线追击，切断底线战术；②两翼夹击，分割底线战术；③突破底线，两翼追击战术；④底线点烧，扑打两翼战术(图5-23)。

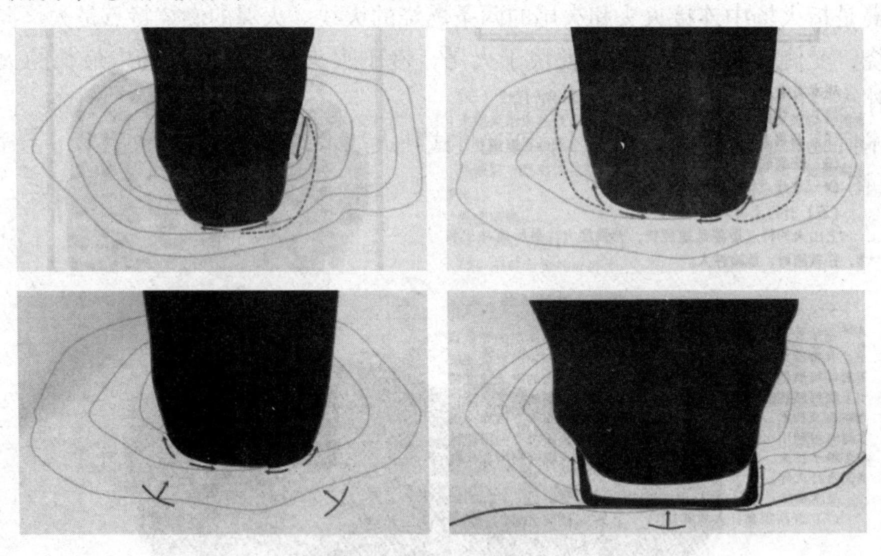

图5-23　扑打下山火战术

5.3.4.5　扑打上山火战术

上山火的特点是蔓延速度快，强度强，易形成冲火和轰燃，扑救困难，危险性大。

战术实施：①一点突破，追击火头战术；②两翼夹击，扑打火头战术；③两翼追击，前阻火头战术(图5-24)。

5.3.5　扑打地下火战术

地下火主要发生在有泥炭层、腐质层、半腐质层的原始森林中，其特点是蔓延速度慢、强度弱、下层可燃物的燃烧速度快于表层可燃物的燃烧速度。因此，地表阻燃火线的

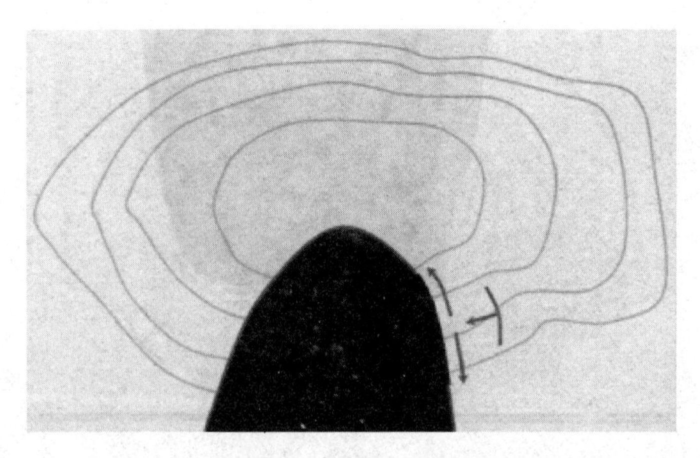

图 5-24　扑打上山火战术

燃烧速度滞后于下层可燃物的燃烧速度。实施扑火时根据火场地形、水源、燃烧状态及技术、装备等情况可采取不同的扑火战术。例如，火场有水源时可利用水泵等以水扑火，水源远但有公路时可利用森林消防车输水扑火，无水源又无公路的偏远林区火场可利用直升机吊桶供水扑火等。

战术实施：①开沟隔离扑火战术；②机械隔离扑火战术；③爆破隔离扑火战术；④注水冷却扑火战术(图 5-25)。

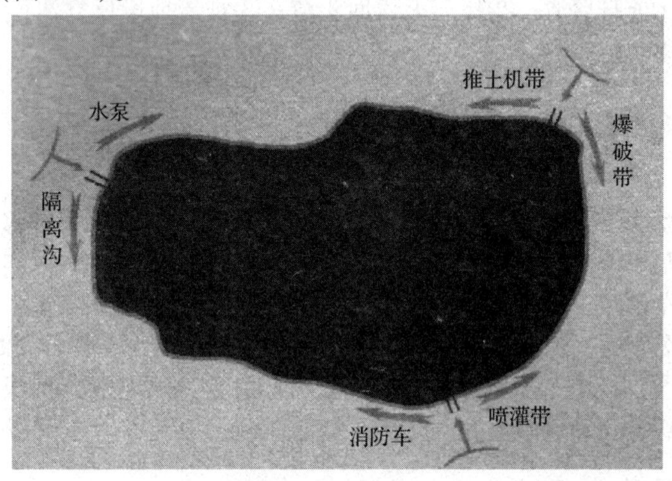

图 5-25　扑打地下火战术

5.3.6　扑打树冠火战术

树冠火主要发生在郁闭度大、垂直可燃物分布明显及陡坡林地，其蔓延速度快，最高每小时可达 25km，强度强。因此，破坏性强，危险性大，扑救困难。

战术实施：①预设隔离，适时点烧；②利用自然依托点烧；③飞机吊桶，洒液扑火；④实施人工降雨扑火；⑤水泵、消防车扑火(图 5-26)。

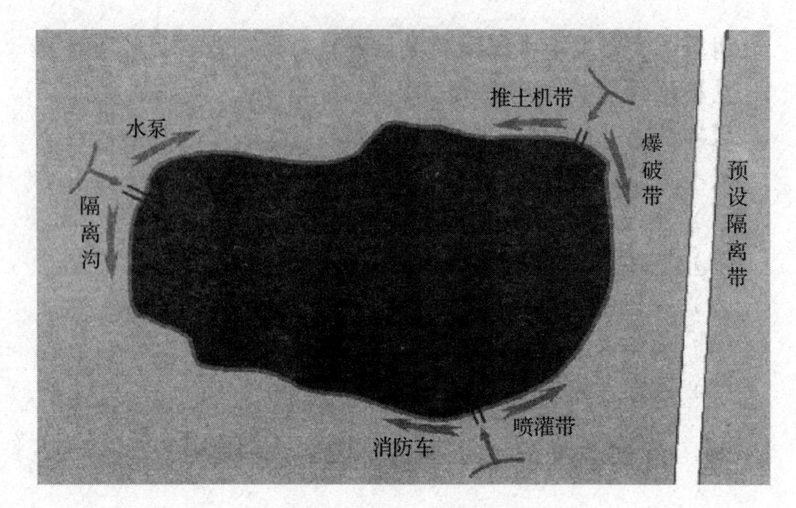

图 5-26 扑打树冠火战术

5.3.7 清理火场战术

清理火场要始终贯彻于扑火全过程。清理方法要根据火场的需要、地形、风向、风速、气温及可燃物情况而定。

战术实施：①前打后清；②扑灭火线回头清；③难清地段反复清；④重点地段看守清；⑤化整为零多次清。

【企业案例】

2012 年武警云南省森林总队扑救玉溪易门、昆明安宁“3·18”森林火灾案例评析

3 月 18 日 17:10，云南省玉溪市易门县发生森林火灾。林火在强风作用下形成多个火头，急速向安宁草铺镇王家滩蔓延。总队先后调集昆明支队、普洱支队、教导队和总队机关直属队共 380 名官兵，连续奋战 4 个昼夜，扑灭火头 50 余个，扑灭火线 20 余千米，开设防火隔离带 20 余千米，清理火线 40 余千米，保卫村庄 4 个，圆满完成了森林火灾扑救任务，受到了各级首长和地方党委、政府的高度赞扬。

一、上级意图及本级决心

这起火灾发生在全国“两会”刚刚结束的特殊时期，火线长、面积大，来势凶猛，破坏性强，引起了党中央、国务院和省委省政府的高度关注。国务院回良玉副总理、国家林业局赵树丛局长和武警部队王建平司令员等领导做出重要批示，指挥部首长要求总队在确保安全的前提下，科学指挥，活用战法，严密组织，积极稳妥地完成好任务。根据上级作战意图，针对火场重要目标密集，作战环境艰苦的实际，总队按照“重兵投入、快速增援、一次奏效”的原则，定下“打东清南、守西控北，突出重点、保证民生，分段用兵、分而歼之”的作战决心，力争在最短时间内扑灭林火，降低森林火灾损失。

二、战斗经过

第一阶段：快速增援，南线初战告捷(3月19日00:10至20日07:40)。3月19日00:10，总队调昆明支队直属、安宁大队及昆明大队西山中队共260名官兵赶赴火场，组织扑救。17:20，再次调总队机关直属队、普洱支队驻楚雄执勤分队、总队教导队共120人增援火场。18:20，总队前指总指挥总队长郭建雄令曹龙参谋长带领昆明支队260人扑打向安宁方向的东线、东南线林火；令张洪顺副参谋长带总队直属队120人扑打向易门方向蔓延的南线林火。20日07:40，南线林火扑灭，转入清理看守。

第二阶段：科学布兵，成功封控东线(3月19日20:30至20日20:50)。19日20:30，总队参谋长曹龙调整部署，兵分两路。20日03:50，昆明支队齐青副支队长带安宁大队共120人，依托防火隔离带封控火场东线林火；05:10，昆明支队熊斌支队长带直属大队和西山中队共140人，采取"一点突破，两翼推进"战术扑打火场东南线林火。20日17:30，火场东线、东南线明火扑灭，有效防止了火势继续向东发展蔓延。至20日20:50，火场东线、东南线、南线得到有效控制。

第三阶段：合力攻坚，决战决胜北线(3月21日03:15至22日18:50)。21日03:15，火场东北侧产生飞火形成新的火场，总队前指调昆明大队西山中队45名官兵先期组织扑救，11:30，曹龙参谋长率昆明支队安宁大队、直属大队215名官兵增援西山中队，在北线依托沟箐和隔离带实施点烧，22日05:30将明火封控在河底村至九度村以西一线。06:30，火场北线东段林火逼近九度村，联指调整部署，令解放军200人沿九度村以南山脊一线开设隔离带，总队张洪顺副参谋长率普洱支队、教导队70人依托隔离带阻击林火，西南航空护林总站米-26直升机配属我部行动。11:50，火场突变，越过隔离带，严重危及九度村安全，安宁大队水泵分队采取泵车结合战法，指挥直升机连续实施吊桶洒水，强力阻歼林火。22日14:05，成功将突破隔离带的大火扑灭。22日18:50，明火全部扑灭，灭火作战取得决定性胜利。

三、战斗评析

1. 火情分析

火灾发生地玉溪易门和昆明安宁交界处，历来火灾重灾区，距2009年"4·8"易门县火场仅6km。一是气象多变。2012年，云南省连续3年遭遇百年不遇的特大旱灾，2月全省提前进入防火紧要期，连续57天达五级高火险天气。火场7级以上阵风不断，且风向不定，林火瞬息万变，火线长、火点多、火势猛、蔓延快、易复燃等特点十分突出。二是地形复杂。火场平均海拔2200余米，平均坡度达60°以上，密灌丛生，地势险峻，部分山体落差达800m以上，人员通行异常困难。三是植被茂密。火场内云南松、密灌、荒草等植物连续分布，腐殖层厚度在30cm以上，站杆、倒木遍布火场，地下火、地表火、树冠火、飞火立体燃烧，险象环生，时刻挑战参战官兵的心理、生理极限。

2. 我情分析

严峻的防期形势，全省火灾多发高发，部队多处出击、连续作战，任务异常繁重。灭火作战中，总队前指逐级向下加强指挥力量，10余名团职干部与官兵奋斗在火场一线。适时把思想政治工作开展到一线，不断激发官兵战斗热情，在4个昼夜中，官兵翻越高山深谷，连续转场，频频与疯狂的火魔近距离搏斗，展现了森林部队特有的“不畏艰险、不怕困苦、不负重托”的“火场精神”。特别是在全线发起总攻的关键时刻，指挥部魏凤桐参谋长深入一线看望慰问官兵，总队基指及时向参战官兵发出慰问电，极大地鼓舞了部队士气。

3. 战法运用分析

总队前指针对火场地形复杂，林火行为多变，兵力部署分散的实际，实施分线分级指挥，因情就势，活用战法，科学组织灭火行动。一是着眼全局，科学布兵。总队前指牢牢把握火场全局态势，科学部署兵力，先后在火场主要方向的易门境内南线和安宁境内北线、东线开设了3个分前指。郭建雄总队长7次深入火场各个方向现地勘察火情，调整作战部署。在基层蹲点牛喜福政委带衣旭海部长坐镇基指，收集上报情况，组织做好增援准备。二是因情施策，活用战法。在人员无法接近火线时，采取吊桶灭火与地面扑打相结合的方式实施立体灭火。在林火突破隔离带威胁河底村安全时，及时组织部队采取打烧结合的战术封控林火。尤其在火场北线决战决胜的关键时刻，指挥部魏凤桐参谋长、郭建雄总队长和牛喜富政委组织轻型消防车和水泵分队实施以水灭火，确保了九度村的绝对安全。三是密切协同，集群攻坚。总队380名官兵投入战斗后，省森防指又迅速调集解放军、内卫、公安消防部队和地方干部群众共3 200余人和1架米-26直升机、13台大型工程机械、50余辆消防车投入火场，配属我部行动。

4. 组织指挥分析

此次灭火作战，军警民多种力量并肩作战，参战单位较多，各级科学指挥，果断决策，密切协同、严密组织灭火作战。指挥部王佐明主任、亢进忠政委坐镇指挥部基指依托卫星视频系统全程指导部队行动；国家林业局杜永胜副总指挥、云南省人民政府副省长孔垂柱、指挥部参谋长魏凤桐深入火场一线靠前指挥；郭建雄总队长带领曹龙参谋长全程参与联指指挥，定下了“打东清南、守西控北，保重点、保民生，分段用兵、分而歼之”的作战决心。总队牛喜富政委适时指导留守部队做好战备工作和安全管理工作，实现了前方打胜仗，后方保平安。参战各方讲政治，顾大局，思想统一，步调一致，坚持做到一盘棋、一体化、一条心，使灭火作战组织指挥达到了完整统一，作战行动高效顺畅。

5. 灭火安全分析

官兵牢固树立“以人为本、安全第一”的思想，狠抓安全工作落实。针对林区山高路险，坡陡弯急的实际，部队开进途中，落实“一长两员”，严格控制车速，确保行车安全。灭火行动前，各级指挥员认真勘察火场地形，准确判断火情，明确主攻方向、兵力配置、任务区分和主要战术手段，制定多种险情的紧急避险方案，并提前开设安全区域，选择撤离路线，做到了未雨绸缪。灭火作战中，把官兵人身安全放在首位，针对夜间作战天黑路险的实际，组织官兵使用手电筒、强光方位灯等照明器材，由向导带领接近火线，防止人员掉队。参战官兵按规定穿着05系列防护服，每人携带2枚灭火弹，按照要求展开灭火行动。宿营休整时，派出安全员轮流观察火情火势，防止官兵被火围困。撤离归建时，组织部队认真清点人员装备，落实安全规定，坚决防止归建途中发生问题。

四、经验启示

1. 必须积极而为有效履行职责使命

建设生态文明是全社会不可推卸的责任。作为防火灭火的专业武装力量，必须增强政治敏锐性，牢固树立大局观念，持续加强力量体系、装备体系建设，积极推进“五个转变”，按照国家和地方党委政府的决心意图，发挥“上一线、打头阵”的突击队作用，主动请战，不畏艰险，勇挑重担，以积极的行动，力争将财产损失减少到最低限度。

2. 必须狠抓灭火专业训练提升核心军事能力

过硬的素质是圆满完成任务的基础。必须按照习主席“能打仗、打胜仗”的要求，大抓特抓军事训练，全面落实“军事训练质量年”活动，持续在提高核心军事能力上聚焦用力。坚持“火怎么打，兵就怎么练”，通过组织开展“精武杯”比武竞赛，提高官兵综合素质；通过带领重点方向单位参加“卫士”系列演习，提高指挥员指挥、决策水平；通过开展“云岭砺剑”灭火实兵演习，整合协同的渠道和方法；通过组织开展“两化”训练，练就了实战本领；通过狠抓基础体能和灭火专业训练，打牢遂行任务的基础。

3. 必须发挥协同作战优势走活警地联合之路

有效整合并发挥好军警民协同作战优势，才能实现优势互补、并肩作战。在联指统一指挥下，森林部队要充分发挥专业优势，装备优势，技术优势，全员、全装上阵扑打火头、攻克险段，配属力量负责清理火线，开设隔离带，运送给养物资，做到各种专业分工有别的队伍合理搭配，发挥整体作战优势，使防火灭火工作形成联合指挥、力量联动、优势互补、高效处置的良好局面。

4. 必须抓住有利战机确保人身安全

充分把握总体作战意图才能高效完成任务。火场态势瞬息万变，战机稍纵即逝，扑救工作难度大，稍有不慎极易发生群死群伤。只有尊重灭火规律，抓好最佳时段、选好最佳地段、用好最佳手段，运用科技手段，提高险情监测预警能力，提前预判险情，科学实施扑打，才能牢牢掌握灭火作战主动权，高效扑灭森林火灾，从根本上保证官兵人身绝对安全。

【巩固练习】

一、名词解释

限制火进展地带　非限制火进展地带　“分兵合围”战术

二、填空题

1. 根据火场周围的地形，可燃物类型及其他蔓延前方区域，将火场周围的一些地带划分为：________和________两种战略灭火地带。

2. 扑火战术是进行森林火灾扑救的具体方式，扑救森林火灾的战术很多，其中________是最基本的战术。

3. “预设隔离、阻歼林火”战术，预设隔离位置与火头的距离，应根据火头的蔓延速度而定，通常情况下火头的蔓延速度越快距离应________，反之________。

4. ________是整个火场中火强度最高、蔓延速度最快、破坏性最强、危险性最大、扑救最困难的关键部位，是决定火场面积大小的重要因素之一。

5. 在热辐射、热对流及烟尘等因素对扑火队员安全影响下，利于近距离实施扑火的火场部位是________。

6. 有利于灭火的最佳时机有：________；________和________；________；________和密林下的地表火；过道火；过河火和蔓延到防线附近的火；燃烧在植被稀少或沙石裸露地带的火；燃烧在阴坡零星积雪地带的火；________；________；________。

三、选择题

1. 火场四周存在下列地带，属于非限制火进展地带的是(　　)。

A. 较宽的河流　　B. 林区公路　　C. 岩石裸地　　D. 荒草地

2. 扑火兵力不足，无法进行全局扑救的情况下，下列林地中，优先抢救的部位是(　　)。

A. 原始林　　B. 次生林　　C. 荒林地　　D. 灌木林

3. 关于扑火战略原则，不正确的是(　　)。

A. 先控制限制火进展地带，再控制非限制火进展地带

B. 先重点扑救原始林，母树林和人工林蔓延的火头，再扑救次生林和灌木林等

C. 扑救森林火灾必须坚持以人为本、科学扑救，从安全第一的观点出发，善于保存扑火队员的精力和体力

D. 主动进攻，积极防御，抓住有利时机，速战速决

四、判断题

1. 在森林火灾扑救过程中，如果扑火力量有限时，应先控制限制火进展地带，将林火的危害降到最低。(　　)

2. 上山火的扑救应直接扑灭火头的火，可以达到很好的抑制上山火的蔓延。(　　)

3. 火尾是指火场最末端逆风燃烧的火线，热辐射、热对流及烟尘对扑火人员的影响小，利于近距离实施扑火。(　　)

4. 地下火主要发生在地表以下，由于隔离了可燃物与上方空气，因此不必进行扑救，可自然熄灭。(　　)

5. 地下火的扑救可采用机械隔离扑火战术、爆破隔离扑火战术、以水灭火方法扑救和风力灭火机灭火方法扑救。(　　)

五、简答题

1. 简述扑火战略有哪些，其适用原则及优缺点是什么？

2. 简述“分兵合围”法，具体战术有哪些？

六、计算题

1. 有一火线长度为1 800m，顺风火蔓延速度为5m/min，用6台风力灭火机扑救，当每台灭火机每分钟扑灭火线10m时，这条火线需要多少时间可以扑灭？

2. 有一火线长度为1 800m，顺风火蔓延速度为5m/min，每台风力灭火机每分钟扑灭火线10m，要求40min把火线灭掉，那么至少需要用多少台风力灭火机？

任务 4

扑火机具使用与扑火技术

【任务描述】

每一个扑火力量的扑火效能的高低受多种因素制约，如环境因素、林火行为、指挥因素、扑火机具的使用、扑火方法等等。所以，在扑救森林火灾时，要根据林火行为的特点，选择适宜的扑火机具，采用多种扑救方法，使其发挥出更大的扑火效能，进而一举消灭森林火灾。

【任务目标】

1. 能力目标

①能够正确使用各种扑火机具。

②能够根据不同种类的林火确定适宜的扑火方法。

2. 知识目标

①掌握灭火的原理。

②掌握扑火机具的使用方法。

③掌握不同种类林火的扑救方法。

【实训准备】

灭火钢刷、铁锹、往复式灭火水枪、风力灭火机、手持干粉灭火弹、耙子、手锯、镐、点火器。

【任务实施】

一、实训步骤

1. 点火

在野外一定区域范围内利用点火器进行点火，该范围四周一定要有林火隔离设施，防止跑火，扑火队员要做好灭火工作。

2. 灭火

扑火队员利用扑火机具，运用不同的

扑火方法对火线上的明火进行扑灭。

3. 扑火机具的使用方法

①灭火钢刷的使用方法：运用扑打工具灭火时，扑火队员应站在火线外侧，将工具斜向火焰呈45°角，轻举重压，一打一拖，托扫结合，并注意前后、左右的相互配合。切忌将扑火工具与火焰成90°角，直上猛落，以免助燃或使火星四溅，造成新的火点。扑打速度为30~40次/min，扑打时最好是3~4人组成一个小组，沿火场两翼进行扑打。在火势弱时，可单人扑打一点；火势强时，扑火小组同时扑打一点，同起同落，打灭后一同向前。扑火队员灭火时，要沿火线逐段扑打，不可脱离火线去打内线火。

②铁锹灭火的使用方法：用铁锹按照灭火钢刷的使用方法对火线上的明火进行扑救，或者用铁锹取土直接覆盖在火线上。

③往复式灭火水枪的使用方法：通过装水漏斗将水袋装满水，通过调节旋转喷头确定喷射方式，通过铝枪体往复式运动，将喷出来的水直接覆盖在火线上。

④风力灭火机的使用方法：持机手位于火线外侧距火焰1m左右的地方，出风筒的走向与火线呈15°角左右，并于地面构成40°~45°角。持机手左右摆动机体，其摆动的幅度在1~1.5m之间，先从上部摆动，用强风压低火势，并使可燃物向迹地内部分散；再回摆，用强风切割火焰底部。若火焰微弱时，可直接切割火焰底部。两机之间的间距在2m左右。

⑤手持干粉灭火弹的使用方法：手持干粉灭火弹的使用必须按照一定的程序：准备，即把导火索置于空气中；扔，即把手持干粉灭火弹扔到火线上。在使用时，严禁人为点燃；当扔到火场中，没有立即爆炸的，不允许前去观察。

⑥防火线的开设方法：用铁锹、耙子、手锯、镐在火蔓延的前方一定距离清除一定宽度的可燃物，形成一条防火线。

⑦防火沟的开设方法：用铁锹、耙子、手锯、镐在火蔓延的前方一定距离挖一条上宽为1m，底宽为0.3m，深度低于地下水位或矿质土层0.25~0.5m的沟。

⑧点火器扑火方法：利用点火器在火蔓延的前方一定距离点一条火线，用扑火机具扑灭顺风蔓延的火。

二、结果提交

将火扑灭后，总结经验，对扑火过程中遇到的问题、不足之处等内容进行分析，提出解决的措施，最后形成文字材料。

【相关基础知识】

5.4.1 灭火原理

按照森林燃烧三要素原理，森林燃烧的形成必须是森林燃烧三角形中的三个要素同时存在，缺一不可。而灭火最基本的原理就是破坏或控制森林燃烧三角形其中任意一个要素，达到控制并扑灭森林火灾的目的。所以，灭火原理包括以下三个方面：

(1)隔离可燃物

灭火人员利用铁锹、推土机等各种工具开设防火线，挖防火沟；利用索状炸药炸出生土带；利用河流、道路等天然屏障为依托，点烧迎面火等有效措施，将可燃物隔离并使其呈现不连续状态，将火熄灭。

(2)隔离助燃物

森林燃烧的助燃物是空气中的氧气，当空气中氧气的浓度低于14%~18%时，燃烧现象就会减弱，甚至停止所以扑火队员利用风力灭火机、灭火水枪等各种灭火工具对火线上的明火与空气进行隔离或使空气中的氧气浓度低于维持燃烧进行的下限时，即可达到灭火的目的。

(3)降低温度

扑火队员利用扑火机具采用覆盖湿土或在可燃物上方喷洒水等降温方法，使正在燃烧的可燃物温度降低到燃点以下，或使火线附近可燃物达不到燃点，使燃烧停止，达到灭火的目的。

5.4.2 林火扑救的原则

林火扑救的基本原则是“打早、打小、打了”。“打早、打小、打了”三者之间是相互联系，相互影响。其中关键是“打早”，只有“打早”才能“打小”才容易“打了”。

“打早”是指在还没有酿成大火的情况下就早一点扑灭。所以扑火行动要迅速，以扑打初发火为目标，因为初发火有火势弱、蔓延慢等特点，可以投入较少扑火力量，在最短的时间内将火扑灭。如果扑火行动慢，小火易发展成大火，贻误了最佳战机，则会造成更大的损失。因此，“打早”是“打小、打了”的前提。

“打小”就是火灾刚刚发生就要抓住有利时机，不使小火变成大火。所以要扑打火势弱，面积小的火，因为扑火队员能够直接扑打小火，便于快速控制；相反，森林大火，由于目前没有快速、有效的控制方法，难以很快扑灭。因此，力争在小火阶段将火消灭掉，是林火扑救的核心任务。

“打了”就是及时把火扑灭掉。所以灭火要彻底，林火扑救时必须彻底清除火场的一切余火，包括所有的明火和暗火，防止死灰复燃，实现“打了”是林火扑救的最终目标。

在林火扑救过程中，为了更好地贯彻“三打”原则，应该做到“三早”“两快”“一强”。

“三早”就是早发现、早出动、早扑灭。“三早”是扑救森林火灾的一个重要的战略思想。早发现是指早发现火情，迅速传递火情信息。早出动是指扑火队伍接到扑火命令后，迅速到达火场。早扑灭是指抓住一切有利时机，集中优势兵力，尽快将火扑灭。“三早”是实现“打早、打小、打了”的基本原则，也是实现“人力、物力投放少，森林火灾损失少，直接扑火费用少”的重要保证。

“两快”就是领导就位快和火灾扑灭快。领导就位快：接到火情后，不管是小火、大火，还是近火、远火，当地政府的领导要迅速带领扑火队伍奔赴火灾现场，使机具投入扑火战斗，并亲自在第一线加强扑火指挥。火灾扑灭快：扑火队伍到达火灾现场后，组织队伍，明确任务，分片包干，迅速行动，集中优势兵力，将火灾一举歼灭。

“一强”就是指挥强。发生一般森林火灾由乡(场)领导、村干部负责指挥，较大森林火灾由市、县、乡领导和村干部负责共同指挥，重大、特别重大森林火灾、重点防范区森林火灾由省、市、县、乡领导及村干部共同指挥，并从当地实际出发，视火情和扑火力量，采取科学、经济和有效的扑火方法。

扑救森林火灾的方法多种多样，归纳起来可分为两类：一类是直接灭火方式，即扑火队员用灭火工具直接扑灭森林火灾。如扑打法、土灭火法、水灭火法、风力灭火机法及化学灭火法等，主要适用于扑救中、低强度的地表火；另一类是间接灭火方式，即通过在火头前方开设防火线、防火沟或利用自然障碍物，阻隔林火蔓延，达到灭火的目的，如以火灭火法，开设临时防火线、防火沟、隔离带阻火法等，主要适用于扑救高强度的地表火、树冠火及地下火。

5.4.3 直接灭火法

5.4.3.1 扑打法

(1)主要扑火机具

扑打法是最原始的、常用的扑救森林火灾方法，扑火机具主要有一号灭火工具、二号灭火工具、三号灭火工具。

一号灭火工具是指灭火时用条子捆成的扫把(图5-27)。

二号灭火工具是用废旧轮胎的里层，剪成长80~100cm，宽2~3cm，厚0.12~0.15cm的胶皮条，每20~30根用铁丝或柳钉将其固定在长约1.5m，粗约3cm的木棒或者铁管上制成的(图5-28)。二号灭火具携带方便、成本低、经济适用，灭火效果比树枝条高12%左右，也减少了对幼树的破坏。

三号灭火工具又称为灭火钢刷，就是将二号灭火工具的胶皮条用钢丝绳代替(图5-29)。

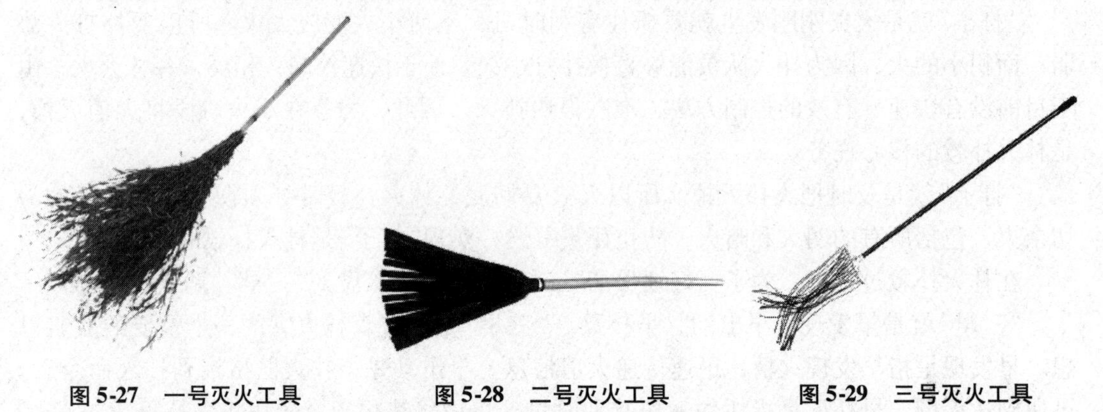

图5-27 一号灭火工具　　图5-28 二号灭火工具　　图5-29 三号灭火工具

(2)适宜扑救的林火种类

用这种方法扑火，扑火队员要直接接触火线，烟熏火燎，体力消耗大，难以长时间坚持。所以，适用于扑救小火、清理火场和看守火场时使用；与此同时，最好采用“交替战术”轮流进行扑火作业，以保证扑火作战的连续性。

5.4.3.2 土灭火法

(1)主要扑火机具

扑火机具主要是以铁锹为主的手工工具，有条件的也可以使用推土机等大型机具，还有小功率移动式喷土枪等。这种扑火方法在土壤结构疏松的砂土和砂壤土的林地使用比较有利。适用于枯枝落叶层较厚，森林杂乱物较多地方的林火扑救。

(2)适宜扑救的林火种类

手工工具适宜扑救小火，它还能灭余火、隐燃火或挖沟消灭地下火。

喷土枪扑灭低、中强度的地表火。每小时能扑灭0.8~2.5km长的火线，比手工作业快8~10倍。本法的优点是就地取材，效果良好。对于降低火势阶段和熄灭余火阶段的林火扑救效果明显。在火场清理中，用土埋法来熄灭燃烧的风倒木、腐朽木等，防止死灰复燃也是十分有效的。

在林火蔓延的前方利用拖拉机牵引开沟机开沟形成生土带，以阻止地表火的蔓延，开沟机的旋转圆盘铣刀切削土层，并将泥土抛出沟外15m(有效距离8m)，将沟的一侧杂草压倒，减缓林火的燃烧强度和速度，以利灭火队员扑火。

5.4.3.3　水灭火法

水是普通廉价而且没有任何污染的灭火剂。俗话说："水火不容"，所以用水灭火效果好而快，还能防止死灰复燃。这种方法在自然保护区或森林公园，以及火场附近水源丰富的林区(如林区内有河流、湖泊、池塘等)是优先选择的扑火方法；对一些水源不足的地区，也可以通过建设临时或永久型贮水池，解决扑火时水源不足问题。

(1)主要扑火机具

主要扑灭机具有往复式灭火水枪(图5-30)、高压细水雾灭火机(图5-31)、背负式脉冲气压喷雾水枪(图5-32)、轻型水泵和水泵、各种载水消防车(图5-33)、运水飞机等。

图5-30　往复式灭火水枪

图 5-31　高压细水雾灭火机

图 5-32　背负式脉冲气压喷雾水枪

(2)水灭火法的技术

用水扑灭林火的作用是纯物理作用——冷却，而不是稀释作用。同体积的水用于冷却可燃物表面的效率，相当于用于扑灭明火火焰的四倍多。以水的覆盖或机械作用去灭火，是用水的最大浪费。所以，为了避免浪费，并能增加水的扑火效能，还常在水中加入添加剂，改变水的性质。在水中加入湿润剂就形成了湿润水，湿润水的渗透力强，对木材的渗透力比普通水大 8 倍，对木炭的渗透力比普通水大 5 倍，在木材表面扩散量增加2～8 倍，

图5-33　载水消防车

因而可以较有效地浇灭火焰。

在水中添加黏稠剂则形成增稠水。增稠水比普通水能吸收更多的热量；容易黏附于可燃物表面，覆盖厚度为普通水的数倍，使可燃物较长时间保持湿润状态。在水中添加黏稠剂，不仅能形成厚的潮湿层，而且能很好覆盖可燃物；用喷枪喷射的距离较远，由于黏度大，喷射过程中不易随风飘失。但增稠水的渗透力不及普通水。

在理论上，每平方厘米的木炭表面上有0.04g的水就可以使木炭火熄灭。那么，1L水就可以扑灭2.5m^2的燃烧表面，用4 000L水就能够完全扑灭1hm^2面积上的火。

实际上，水的灭火效率一般难以达到这个理论值。节约单位可燃物面积用水量的方法，是将水以水滴的形式喷洒。理论上，水滴越细，水的灭火效率越高。但水滴的射程与其大小成反比。水滴越小，被风吹走的可能性就越大，因而不能达到可燃物表面。高压水雾，增加水雾的射程和减少飘失，增加水雾与可燃物表面的接触能力，但高压水雾产生的高速空气流，增加了燃烧区的氧气，其加强燃烧的效率可能比水滴致冷作用更大。此外，水滴还可能在与可燃物表面接触之前，就已经汽化，达不到冷却可燃物表面的目的。假若我们在炽热的铁盘上滴几滴水，水滴并不能在盘上展开，而是在盘表面上四处跳动，变得越来越细，最后随着噼噼啪啪的响声消失。也就是说，细小的水滴，在接触高温物体的短时间内或之前就会发生汽化。对于灼热木炭（温度850℃），水温必须低于38℃才可与之接触，如果水温高于38℃，则水滴难以到达燃烧中的木炭表面。

从实用的观点看，如果进行大颗水滴喷洒，通常是扑灭林火行之有效的方法。在实践中，每平方米大约一升或相当理论值2.5倍的水量，可望达到最好的灭火效果。

试验得知，用水扑灭地表火，熄灭1m火线需水0.2～0.5L，熄灭1m^2的火，则需1～2.5L，枯枝落叶厚的林分，需水8L/m^2。

(3)适宜扑救的林火种类

往复式灭火水枪主要扑救的是小火，高压细水雾灭火机和背负式脉冲气压喷雾水枪可以扑救低、中强度的地表火；水泵、各种载水消防车、运水飞机适宜扑救地下火、地表火、树冠火；与此同时，水灭火法还是清理火场和看守火场的有效手段。

5.4.3.4 风灭火法

风能够促使燃烧，但也能灭火，其界限在于风速不同。风灭火法就是利用风力灭火机产生的高速气流(>20m/s)，将火吹灭的一种扑火方法。

(1)灭火工具

扑火机具是风力灭火机(图 5-34、图 5-35)。

图 5-34　便携式风力灭火机

(2)风力灭火机的基本使用技术

根据东北武警森林部队实践经验，风力灭火机的基本使用技术可概括为："割""压""顶""挑""扫""散"六个字。

①"割"：用强风切割火焰底部，使燃烧物质与火焰断绝，并使部分明火熄灭，同时将未燃尽的小体积燃烧物吹进火烧迹地内。

②"压"：在火焰高度超过 1m 时，采用双机或多机配合扑火，用其中一台在前压迫火焰上部，使其降低并使火锋倒向火烧迹地内，为切割火线的扑火机创造扑火条件。

③"顶"：火焰高超过 1.5m，需用多机配合扑火，除用一台机压迫火焰上部外，加用一台机顶吹火焰中部，与第一机配合，将火焰压低，并使火锋倒向火烧迹地，第二机为"顶"吹扑火技术。

④"挑"：在死地被物较厚地段扑火，当副机手用长钩或带叉长棍挑动死地被物时，主机手将灭火机由后至前呈下弧形推动，用强风将火焰和已活动的小体积燃烧物吹进火烧迹地内。

图5-35 背负式风力灭火机

⑤"扫"：用风力扑火机清理火场时，可用强风如扫帚一样将未燃尽物质斜向扫进火烧迹地内，防止复燃。

⑥"散"：四机或五机配合扑强火时，由于温度高，扑火队员难以进行连续逼近扑火作业，则用一台扑火机直接向主机手上身和头部吹风散热降温以改善作业环境。

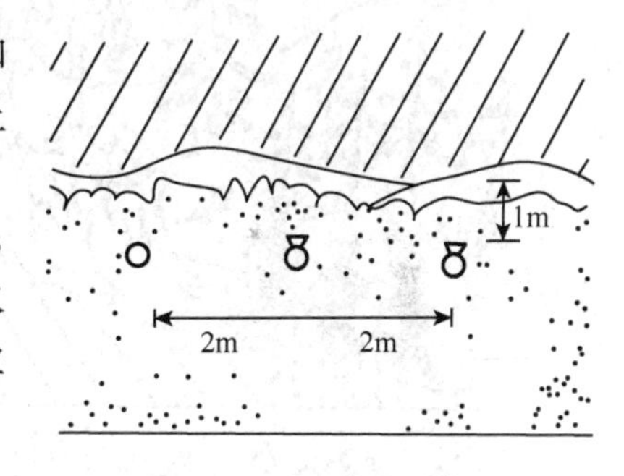

图5-36 单机扑火示意

(3)风力扑火机编组条件和技术

①单机扑火：在火焰高度50cm以下时，可采用单机扑火，或一台扑明火，一台清理余火。两机间距2m左右，清理宽度纵宽1m，在草原和其他死地被物层5cm左右的地段，效果好(图5-36)。

②双机编组：在火焰高度1m以下的火势不太稳定的火线上扑火时应用双机编组。灭火机手携机侧立于火线外侧与火线成15°角。第一台灭火机以火线外侧距火焰1.5m左右，用强风压迫火焰中上部，使火势降低并倒向火烧迹地内侧；第二台灭火机在第一台后50cm处，距火焰1m左右，用强风切割火焰底部扑火，并将燃烧物质吹散到火烧迹地内侧(图5-37)。

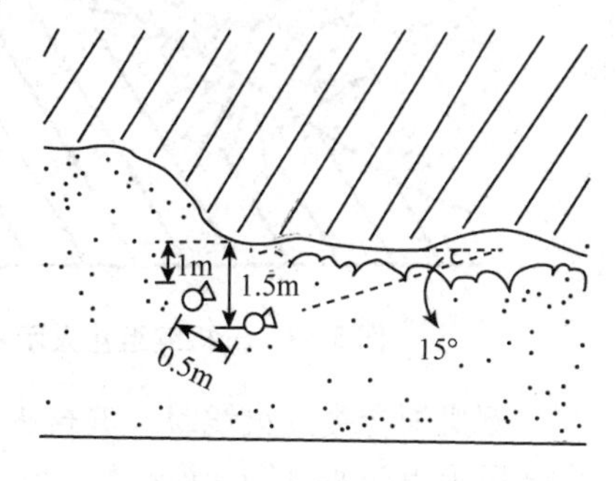

图5-37 双机编组扑火示意

③三机编组：火焰高度在1.5m左右的火线，火场可燃物水平分布不均匀的情况下采用的编组形式，第一台灭火机于火线外侧2m处，用强风直压火焰上中部，并强行改变火

焰方向，使其倒向火烧迹地内侧；第二台灭火机在第一台灭火机后50cm，距火焰1.5m左右，用强风横扫燃烧物质上部，即火焰底部，灭掉部分明火；第三台灭火机在第二台灭火机后50cm距火焰1m左右，继续用强风切割火焰底部，直吹燃烧物质，达到熄灭明火的目的(图5-38)。

当火焰高度降低到1m左右时，可抽出一台灭火机清理余火，其余按双机编组使用技术扑火。

④四机编组：火焰高度在2m以下，火场可燃物分布不均匀并有垂直分布的地段，采用四机编组，从第一台灭火机到第四台灭火机在火烧迹地外侧呈斜线排列，前后间距为50cm，距火焰距离依次为2.5m、2m、1.5m、1m，并与火线大约呈15°角，第一台灭火机用强风压火焰上部，第二台灭火机随即顶压火焰中、上部，两机配合迫使火焰高度降低，并使火锋倒向火烧迹地内侧；第三、四台灭火机切割火焰底部和直扫燃烧物质，达到扑火目的(图5-39)。当火焰高度降至1.5m左右，可抽出一台灭火机清理余火，其余按三机编组使用技术扑火。

⑤五机编组：火焰高度在2～2.5m的火势不稳定的火线，火场可燃物水平分布不均匀，并有垂直分布的地段，需突入强烈燃烧的火线，堵截火线或保卫重点目标时所采取的编组。

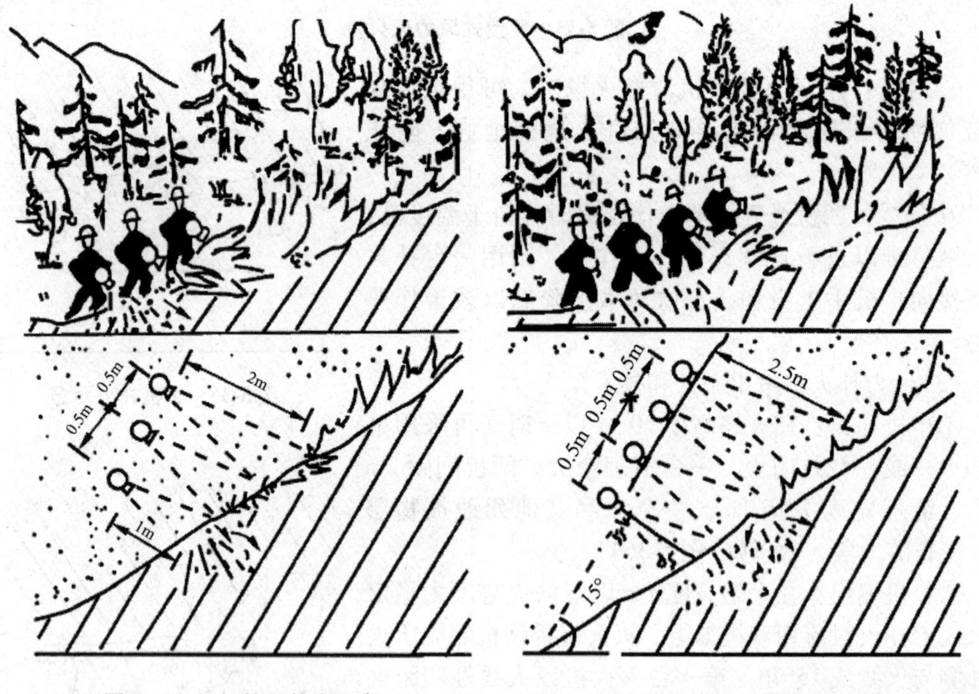

图5-38 三机编组扑火示意　　图5-39 四机编组扑火示意

五机配合突入火线时，五台灭火机手并列立于火线前2.5m左右(间距各50cm)，用最强风力由上向下压迫火势，当火焰压迫至1.5m高时，中间三台灭火机前进至火焰1.5m距离处，用强风压割火焰底线。此时，左右二台灭火机继续压迫火势，这样就可打开缺口，突入火线(图5-40)。

五机突入火线后，由于火焰高度高，难以站于火线外侧按正常方法扑打。因此，采用三台灭火机在内侧按三机编组扑火，但由于风力灭火机由内侧向外侧扫割，火焰不能立即熄灭，因而外侧要用两台灭火机将火焰扑灭。

(4)使用风力灭火机的“四不打”

①火焰高度超过2.5m的火线不打；

②1m高以上灌丛段(指草原或林缘地区)火不打；

③草高超过1.5m的沟塘火不打；

④迎面火的火焰高度超过1.5m时，一般情况下不打。

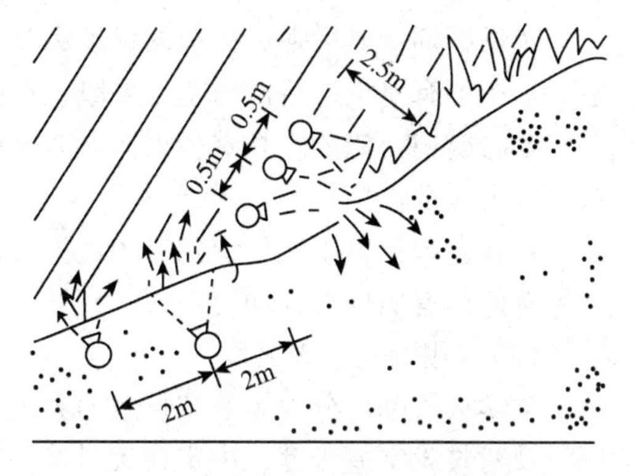

图5-40　五机编组突入火险示意

上述条件下扑火太危险，遇上述条件应改变策略，如暂避火锋，待火焰降低时冲上去扑灭；待火烧过不能扑打地段后，再扑打。

(5)使用风力灭火机的注意事项

①灭火之前，参加扑火的机手要穿好安全防护器具，如：防火服、手套、面罩等，以防烧伤。

②要根据火场可燃物分布状况和火焰高度及燃烧发展情况合理编组。

③使用风力灭火机时，要掌握好灭火角度，并使用最大风速，否则，不但不能灭火，反而助燃。

④风力灭火机火场工作连续4h后，要休机5~10min凉机降温。

⑤风力灭火机编组使用时，要注意轮换加油，避免燃油同时用尽。

⑥火场加油位置，要选择在火烧迹地外侧的安全地段(20m以上)，禁止在火烧迹地内加油，并严禁在加油地原地启动。

⑦有漏油、渗油的风力灭火机要停止使用。

⑧发现异常噪音或故障时，要停机检修，排除故障后方可继续使用。

⑨只能用于扑灭明火，不能用于扑灭暗火，否则会越吹越旺。

5.4.3.5　化学灭火法

化学灭火法是使用化学药剂来扑灭或阻滞火传播和发展的灭火方法。化学灭火法主要用于扑灭森林大火，在扑救阶段，可减弱火势，为扑火队员扑打火头和清理火场创造条件。特别是对人烟稀少、交通不便林区的森林火灾扑救，效果更佳。

(1)主要扑火机具

扑火机具主要有履带式森林消防车、飞机、1.6MYY-4型自压式灭火器、2.6MY-2.3森林灭火机、多用灭火器等。

(2)化学灭火剂的成分

①主剂：起主要灭火或阻火作用的药剂。大多数为无机盐类，如：磷酸铵、硫酸铵、硼酸盐等。

②助剂：也称为增强剂。其作用是增强和提高主剂的灭火效力，如：磷酸铵中增加一定量的溴化铵能提高磷酸铵的阻火效果。

③湿润剂：能降低水的表面张力，增加水的浸润和铺展能力，同时发生乳化和泡沫作用，一般使用的湿润剂为皂类。

④黏稠剂：能增强灭火剂的黏度和黏着力，使其均匀附在可燃物表面，减少流失和飘散。常用的有皂土、活性白土、果胶、豆胶、藻朊酸钠和羧甲基纤维素钠等。

⑤防腐剂：能防止和减少灭火剂对金属的腐蚀作用，也对灭火机具和飞机的安全与寿命有一定保护作用。

⑥着色剂：为了便于识别喷洒过灭火剂的地带，常在灭火剂中加入某些染料或颜料。常用着色剂有酸性大红和红土等。

(3)常用的化学灭火剂

化学灭火剂可分为短效和长效两大类。根据可燃物类型、气候条件、当地原料供应情况以及对技术掌握程度，决定扑火时选用哪种化学药剂，以获取最大的经济效益。

①短效灭火剂：这种灭火剂是水起主要灭火作用。在水中加入增稠剂，不仅能形成厚的潮湿层，而且能很好覆盖可燃物。当水分蒸发后，这种灭火剂就会失去灭火作用。

②长效灭火剂：这种灭火剂主要靠化学药剂来灭火，水是载体，这样更有效地阻滞和扑灭林火。当水分完全蒸发后，这些药剂仍然有效。长效化学灭火剂的效力，主要取决于化学药剂的类型和用量。最常用的化学灭火药剂是磷酸铵和硫酸铵(表5-8)。

表5-8 不同种类的灭火药剂的组成、施用方式、施用量、适宜扑救的林火种类

种类	名称	成分	质量(%)	施用方式与施用量	适用扑救的林火种类
磷酸铵	704型化学灭火机	磷酸铵	29	用飞机喷洒进行直接灭火和建立隔离带，在航高低于30m，风速不大于6m/s的情况下，喷洒药量为0.4~0.7kg/m^2	对疏林地的地表火和草塘火都能起到很好的隔火和灭火作用
		尿素	4		
		水玻璃	1.30		
		洗衣粉	2		
		重铬酸钾	0.25		
		酸性大红	0.10		
		水	63.35		
硫酸铵	75型化学灭火剂	硫酸铵	28	用飞机进行空中喷洒，航高30~40m，风速5~6m/s，航速150km/h，喷洒药量为0.4~0.6kg/m^2	对次生林、灌木丛或草塘火，都能起到灭火和阻火的作用
		磷酸铵肥	9.30		
		膨润土	4.70		
		磷酸三钠	0.90		
		洗衣粉	0.90		
		酸性大红	0.10		
		水	56.10		

除704型和75型两种化学灭火剂外，近几年我国又研制成功地面喷洒用的卤化物灭火剂，效果较好，成本低廉。

(4)化学灭火剂的使用技术

化学扑火剂的使用方法从手段上可分为直接扑火和间接扑火。

①直接扑火：即用履带式森林消防车或其他装备装载化学灭火剂，直接向火线喷洒实施灭火的一种方法。

②间接扑火：即在林火蔓延前方预定的地域，将化学灭火剂喷洒在林火蔓延前方的可燃物上，达到阻止林火蔓延的目的。或者用履带式森林消防车在火前方进行横向碾压可燃物，翻出生土或压出水，然后在碾压出的隔离带内侧喷洒一定宽度的化学药剂达到阻隔林

火蔓延的目的。

5.4.3.6　爆炸灭火法

该法适用于偏远林区。可在人烟稀少、林内杂物较多、新的采伐迹地或土壤坚实的原始林区应用。

(1)主要扑火机具

爆炸灭火法使用的炸药主要有梯恩梯(TNT)、黑索金(RDX)，扑火机具主要有手持干粉灭火弹(图5-41)、灭火炮等(图5-42、图5-43)。

图5-41　手持干粉灭火弹

图5-42　肩扛式灭火炮

图5-43　支架式灭火炮

(2)扑火技术

爆炸灭火法可以直接扑火，也可以间接扑火，能产生多种灭火效能，对于阻截高强度的地表火和地下火很有效。爆炸灭火法的技术性很强，须由专业队伍操作，并要严格遵守安全操作规则。

①手投式干粉灭火弹：手投式干粉灭火弹是用钠盐干粉灭火剂制成的灭火弹，并由导火线、雷管和灭火剂组成。抛向燃烧处爆炸后可灭火。

②灭火炮：当燃烧区高温灼热、扑火人员无法接近火场时，可采用灭火炮将灭火弹准确射向火场，当气压达到一定值时(1 519.8~2 026.5kPa)，使0.5mm厚的钢纸片破裂，炮弹在火场自行爆炸，或者炮弹头有引爆装置，当与地面接触时即可引爆，达到灭火、隔火或降低火势的目的。

③穴状爆炸：每隔2~2.5m挖1个深20~30cm的坑，每坑埋250~500g炸药，通电爆炸后，可炸出3~4m宽的生土带，同时产生大量的气浪，可将火扑灭。

④索状爆炸：当需开设隔火带时，首先将索状炸药铺设在地被物下面，将电雷管用胶布或细绳拴在索状炸药一端。电雷管引出线再连接在一定长度的胶质导线上，两根导线分别接在起爆器的正负极上，等火头靠近时引爆，爆炸时产生约35万大气压形成的压缩圈、抛掷圈、破坏圈和振动圈。在压缩圈内形成土沟，抛掷圈内的可燃物被覆盖或部分覆盖，在破坏圈内降低火势(图5-44)。

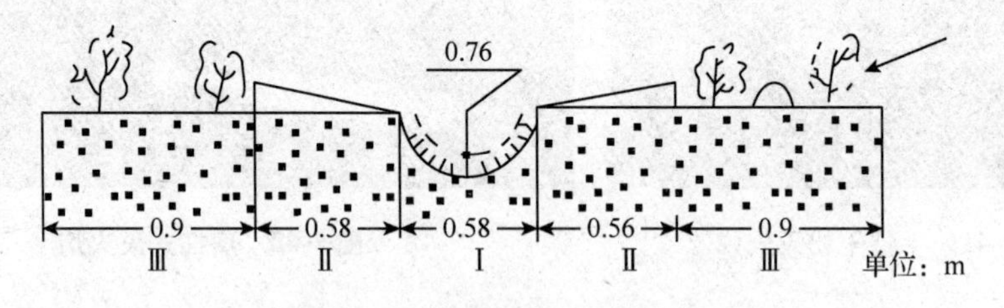

图5-44 索状炸药爆炸形成的带

5.4.3.7 航空灭火法

(1)主要扑火机具

扑火机具主要有飞机、吊桶、速控器、安全背带、绳索等。

(2)扑火技术

在人烟稀少、交通不便、扑火队员不能迅速到达火场的偏远林区，可以利用飞机作为扑火机具，进行喷洒水或化学灭火药剂进行扑火，或用飞机运送扑火员进行机降、索降等方式到达火灾现场进行扑火等。

①直升机吊桶灭火：指利用直升机外挂特制的吊桶载水或化学药剂直接向火线洒水或向地面设置的吊桶水箱注水扑火的一种方法。

直升机吊桶作业的特点是喷洒准确；机动性强；对水源的条件要求低；成本低。

吊桶作业灭火的方法主要分为两种，一是直接扑火；二是间接扑火。要根据火场面积的大小、火势的强弱、林火的种类、火场的能见度以及其他因素来确定采取直接扑火或间接扑火。

a. 直接扑火用直升机吊桶载水或化学灭火剂直接喷洒在火线上，起到阻火、扑火的作用。

b. 间接扑火：即在火场上空烟尘大或有对流柱，飞机无法采取直接灭火时，飞机可在火头前方喷洒水或化学灭火剂建立阻火线，拦截林火、控制林火或为地面的吊桶水箱注水配合地面扑火。

该法在扑灭沟塘火、灌丛火、草原火以及树冠火时效果较好，但在扑灭郁闭度较大的林内地表火时，由于树冠阻挡，效果不佳。

②机降灭火：指利用直升机能够在野外起飞与降落的特点，将扑火人员、机具和装备及时送往火场对火场实施合围，组织指挥扑火，并在扑火的过程中不间断地进行队伍调整和调动队伍，组织扑火的方法。

机降灭火的特点是扑火队员能够快速到达火场，利于抓住扑火战机；指挥员可以在火场上空进行空中侦察，利于部署队伍；在组织指挥时机动性强，利于队伍调整；减少扑火队员的体力消耗，利于保持战斗力。

机降灭火的主要任务是：指挥员在机降前要侦察火情；向火场增兵并实施灭火；与其他扑火方法配合灭火；调整队伍与转场扑火。

③索降灭火：是指利用直升机空中悬停，使用索降器材把扑火队员或扑火装备迅速从飞机上输送到地面，实施扑火的一种方法。它能够弥补机降扑火的不足，具有接近火场快、机动性强、受地形影响小等特点，主要用于扑救没有机降场地、交通不便的偏远林区的林火。

索降扑火能够充分发挥直升机突击性强的空中优势，在最短的时间内将扑火队员输送到火场，及时投入扑火战斗。对于完成急、难、险、重和特殊地形条件下的突击性任务，具有重要的意义。

索降扑火的主要任务：

a. 对小火场、雷击火和林火初发阶段的火场采取快速有效的扑火手段；

b. 在大火场，可以为大队伍迅速进入火场进行机降扑火创造条件；

c. 配合地面队伍扑火；

d. 配合机降扑火。

5.4.4　间接灭火法

5.4.4.1　火攻灭火法

火攻灭火法是在火线前方一定的位置，用人工点烧法烧出一条火线，在人为控制下使这条火线向火场烧去，留下一条隔离带，从而达到控制火场扑灭林火目的的一种方法(图 5-45)。

(1)主要扑火机具

扑火机具主要有：滴油式点火器(以柴油 70%~75%，汽油 25%~30% 为燃料)，如 DH-1 型滴油式点火器；17 型点火器(根据 17 型喷雾器改装而成)；76-自调压手提式点火器(以电石为燃料的自浮或调压贮气结构)；BD 型点火器；SDB-1 型手提可调自流安全点火器；SID-1 型手提增压点火器(手助调压贮气结构)；BOD-1 型背负多用点火器；BZD-1 型喷注式点火器；多发引燃发射器等。

(2)扑火技术

在众多扑火方法中，以火攻火是行之有效的扑火手段之一，它不仅可以用于阻截急进树冠火或急进地表火，使燃烧区前方的可燃物烧掉，加宽防火隔离带，也可以改变林火的蔓延方向，减缓林火的蔓延速度。但是，火攻灭火法的技术性强，有很大的危险性，如果运用不当，会使火场扩大，甚至造成人员伤亡事故。

控制线
迎风火
逆风火和火头可能相遇的地方
风

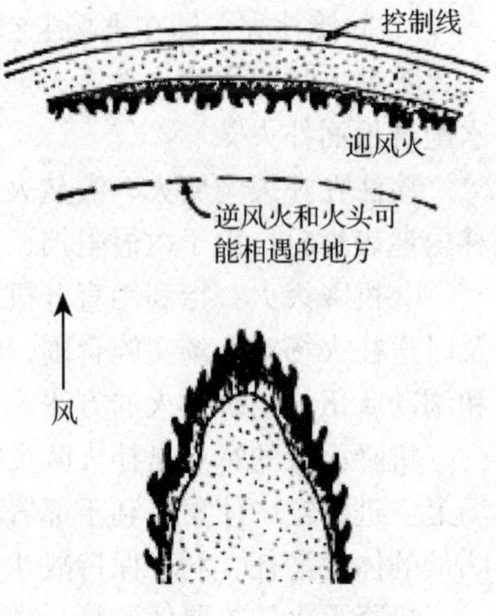

图 5-45　以火灭火法示意

①适用范围

a. 用直接扑火法难以扑救的高强度地表火或树冠火。

b. 林密且可燃物载量大，扑火队员无法实施直接扑火的地段。

c. 有可利用的自然依托，如铁路、公路、河流等。

d. 在没有可利用的自然依托时，可开设人工阻火线作为依托。

e. 在可燃物载量少的地段采取直接点火，扑灭外线火。

②具体运用

a. 带状点烧方法：指以控制线作为依托，在控制线的内侧沿与控制线平行的方向，连续点烧的一种方法(图 5-46)。它是最常用的一种以火攻火点烧方法，具有安全、点烧速度快、扑火效果好等特点，主要在控制线(如河流、湖泊、公路、铁路等)条件好的情况下使用。具体实施时，可三人一组交替进行点烧。点烧时，第一名点火手在控制线内侧适当的位置沿控制线向前点烧，第二名点火手要迅速到第一名点火手前方 5～10m 处向前点烧，第三名点火手迅速到第二名点火手前方 5～10m 处向前点烧。当第一名点火手点烧到第二名点火手点烧的起始点后，要迅速再到第三名点火手前方 5～10m 处沿控制线继续点烧，其他点火手依次交替进行，直至完成预定的点烧任务。

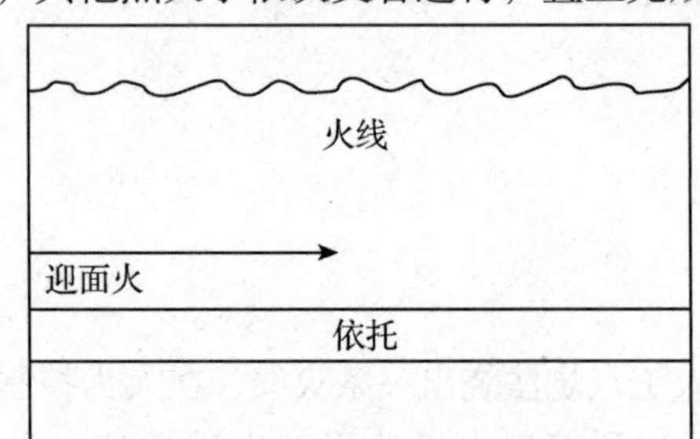

图 5-46　带状点烧示意

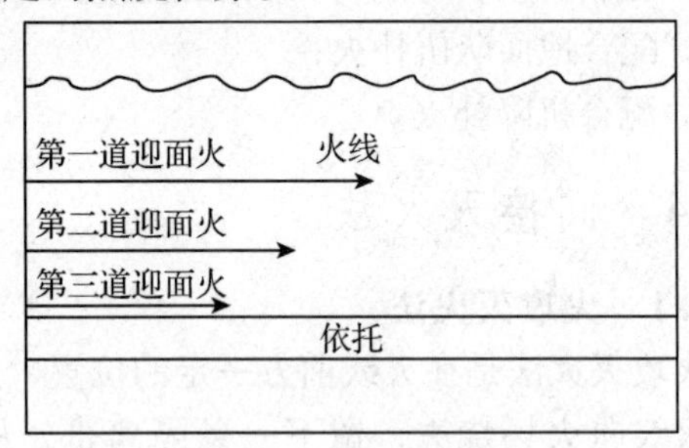

图 5-47　梯状点烧示意

b. 梯状点烧方法：是指以控制线作为依托，在控制线内侧由外向里的不同位置上分别进行点烧，使点烧形状呈阶梯状的一种点烧技术(图 5-47)。梯状点烧方法主要在控制线不够宽、风向风速不利，但又需在短时间内烧出较宽隔离带的地段采用。具体实施时，第一名点火手要在控制线内侧距控制线一定距离处沿控制线方向先平行点烧。当第一名点火手点烧出 10～15m 的火线后，第二名点火手在控制线与点烧出的火线之间靠近火线的一侧继续进行平行点烧，其他点火手依次进行点烧。在具体点烧时，要结合火场实际情况，根据预开设隔离带的宽度来确定点火手的数量。另外，在点烧过程中，要随时调整各点火手间的前后距离，勿使前后距离过大。

c. 垂直点烧方法：指在控制线内侧一定距离处，由几名点火手同时或交替向控制线一方进行纵向点烧的一种技术(图5-48)。它主要适用于可燃物载量较小控制线条件好且点火手较多的情况。具体实施时，各点火手应间隔5~10m位于控制线内侧10~15m处，交替向控制线方向进行纵向点烧。

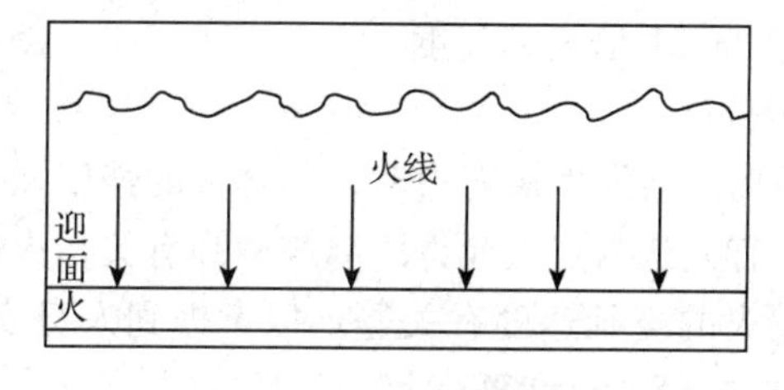

图5-48　垂直点烧示意

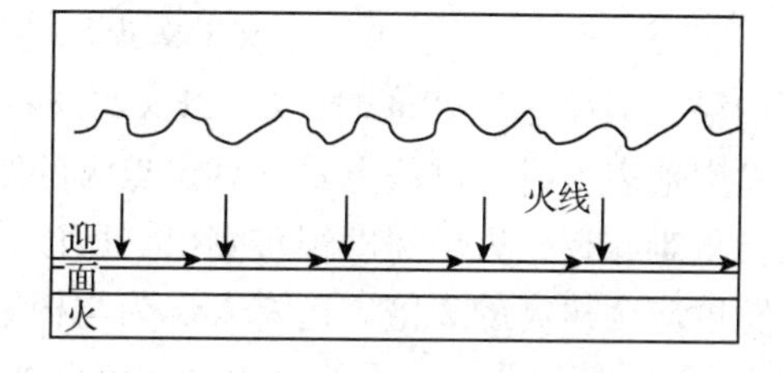

图5-49　直角梳状点烧示意

d. 直角梳状点烧方法：是垂直点烧方法的一种变形(图5-49)。它适用于可燃物载量特别少，控制线条件好且点烧人员充足的情况。具体实施时，各点火手应间隔5~10m位于控制线内侧10~15m处，交替向控制线方向进行纵向点烧。当点火手将火点烧到控制线一端时，点火手向左或右进行直角点烧，即先直点再平点，最终使各火线相连，火线呈“梳状”。

e. 封闭式点烧方法：指在控制线内侧沿控制线平行方向逐层点烧的一种技术，属于多层带状点烧方法(图5-50)。它适用于可燃物载量大、控制线条件差、地形条件不利及风速大的情况。具体实施时，首先要在控制线上确定点烧起点及点烧终点，然后由起点向终点进行平行点烧，即进行带状点烧。这条带称为封闭带。当烧出的封闭带与控制线间有一定宽度后，根据该宽度确定点烧第二条封闭带的点烧位置，其他封闭带的点烧方法以此类推。这样，通过点烧多条封闭带逐步加宽隔离带，从而达到阻火和扑火的目的。封闭带的点烧数量视火场具体条件而定。

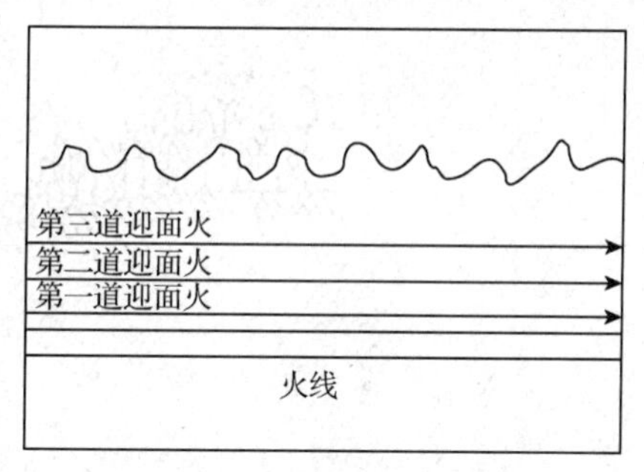

图5-50　封闭式点烧示意

在扑火实战中要结合火场周围条件，如：可燃物特征、气象条件及地形条件采取不同的点火方法。

(3)点烧位置的确定

在火头前方什么地方点火最合适呢？点火时，首先要知道火烧隔离带的宽度，然后计算出点火的地点与火头的允许距离。这段距离应该是所需要隔离带的宽度加上火烧隔离带时间内火头向前蔓延距离之和，按式(5-14)进行计算：

$$L = L_0 + L_m \tag{5-14}$$

式中　L——点迎面火与火头的距离(m)；

L_0——需要隔离带的宽度(m)；

L_m——火烧隔离带时间内火头向前蔓延的距离(m)。

试验证明，点燃火的蔓延速度与火头蔓延速度的关系为1:4~1:6。一般按最大的比例来计算，即式(5-15)所示：

$$L = L_0 + 6 \times L_0 = 7L_0 \tag{5-15}$$

需要隔离带的宽度(L_0)据经验按式(5-16)计算：

$$L_0 = 3 \times \text{火焰深度(火墙厚度)} \tag{5-16}$$

所以，点迎面火与火头的距离(L)按式(5-17)计算：

$$L = 7 \times 3 \times \text{火焰深度} = 21\text{ 倍火焰深度} \tag{5-17}$$

如果火焰深度为20m时，$L = 21 \times 20 = 420$(m)。

发生地表火时，可按上式计算出点火的距离。而发生树冠火时，因林火的强度强，扑火队员很难靠近，火焰深度很难测出。所以，有人认为点火允许距离与树高有关，火烧距离带宽度应为树高的2倍，还有人认为与树冠火的蔓延速度有关等。但考虑到人身安全，规定L_0不应少于200m，因此点火的允许距离按式(5-15)计算：

$$L = 7L_0 = 7 \times 200 = 1\ 400(\text{m})$$

因此，点火的允许距离为距火头1 400m的地方；除此之外，还应宜充分利用地形，选择在山的下部点火，这样既安全又易灭火(图5-51)，或选择有阻火作用的依托地带进行点火(图5-52)。

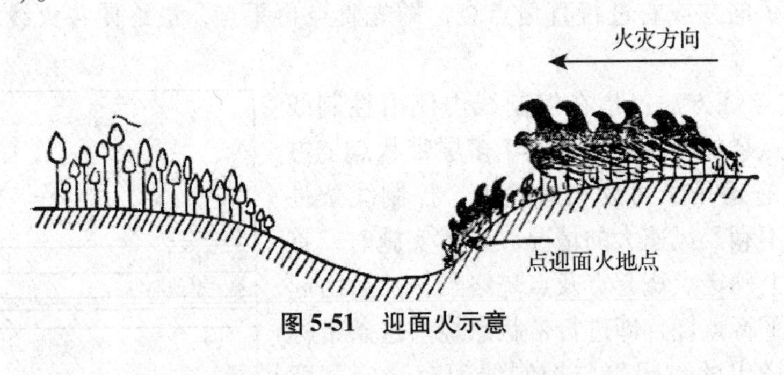

图5-51　迎面火示意

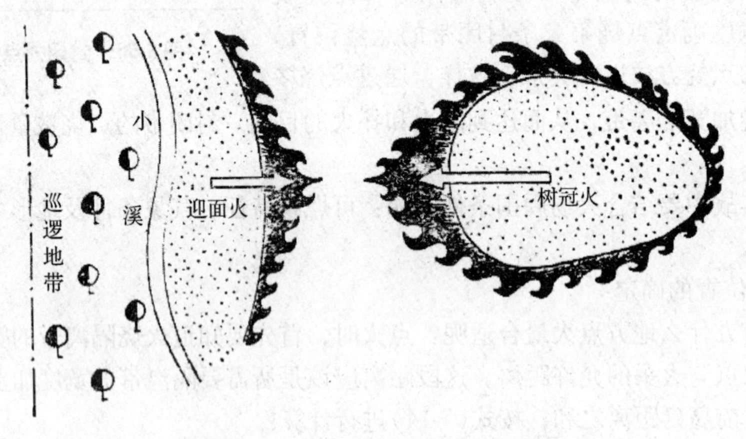

图5-52　迎面火法扑灭树冠火示意

(4)运用中应注意的几个问题

火攻灭火法虽然是一种好的扑火方法，但是技术要求高且带有一定的危险性。因此，在采用时须注意以下事项：

①采用以火攻火方法时，各扑火组应密切协同。除组织点火组外还应组织扑打组、清理组及看护组。以上各组人员均须由专业的、有经验的扑火队员来担任。

②在利用公路、铁路等控制线作为依托时，要在点烧前对桥和涵下的可燃物采取必要的防护措施，防止点火后从桥涵跑火。

③当可燃物条件不利时，如：幼林、异龄针叶林、森林可燃物密集且载量大时，一定要集中足够的扑火力量，尽可能把点烧火的强度控制在可以控制的范围内。

④当气象条件不利时，如：点放逆风火时，如果火势较强，风速较大，往往出现点烧火越过控制线的问题。点烧时一定要紧贴依托边缘点火，同时要加强控制线的防护力量。

⑤当地形条件不利时，如：鞍部地带、空气易出现乱流的地域、依托的转弯处等都应采取必要的措施。

⑥依托在坡上时，一定要多层次点烧，以防点烧时火越过依托造成冲火跑火。

从林火扑救的发展趋势来看，扑火方式逐渐由直接扑火向间接扑火方向发展。随着扑救技术水平的提高，以火攻火将会在扑火中发挥出越来越显著的作用。

5.4.4.2 隔离带阻火法

林火隔离是指利用人为和自然的障碍物，对林火进行隔离，达到林火控制的目的，是一种间接扑火方法，也是一种被动的扑火方法。人为障碍物有防火掩护区、生土带、防火沟、防火线、防火林带、道路、农田等，自然障碍物有河流、湖泊、池塘、水库、沼泽、岩石区、河滩或难燃的森林。

防火隔离系统要连接成网络，形成封闭的隔离区。隔离网格所形成面积的确定，应根据在最不利和最危险的气象条件下，容许火灾蔓延的面积为限度。网格面积一般要小于100～1 000hm^2，人工林、风景区、森林公园或自然保护区的森林，阻火网格面积应小些，远山次生林、原始林的网格面积可适当大些。

(1)防火线

在一定的线路上，人为清除一定宽度的乔木、灌木和杂草，形成阻止林火蔓延的地带，称为防火线。

①主要扑火机具：修建防火线的工具和机械主要有：镰刀、斧、手锯、锹、铲、耙、油锯、割灌机、机引割草机、拖拉机、开沟机、推土机等等。

②开设技术：在高速蔓延的森林大火中，要在短时间内砍伐树木或清除灌木杂草，开出足够宽度和长度的防火线，隔离可燃物是非常困难的事。只要能采取人工扑打和其他方法扑灭的森林火灾，决不要采用隔离可燃物法。防火线通常作为以火攻火的依托而开设。防火线的宽度，树冠火通常要求有树高的两倍，地表火要求有杂灌高的两倍。

在快速蔓延的顺风火头开设防火线，往往要失败，很容易被飞火越过。一般只能在火尾和火翼两侧开设防火线。与此同时，因风向可能转变，即使是在火尾和火翼开设防火线也存在潜在的风险。所以，防火线的长度越长，被火突破的可能性就越大。

在山地开设防火线，地点的选择极为重要，一般情况，不能在狭谷中或山腰上，抢修防火线应在山脊和山脚。

防火线的开设方法主要有机耕法、割打法、火烧法。

a. 机耕法：即用拖拉机耕翻，适用于地势平缓的边境防火线的开设。

b. 割打法：一般采用人工割打法，即用人工割除杂草、灌木等易燃可燃物。该法耗工多，投资大。

c. 火烧法：火烧法的特点是节省时间，速度快，质量好，能真正起到隔离林火作用，但若是掌握不好，会适得其反，造成跑火引起森林火灾，需要特别慎重。因此，在采用此办法时，必须加强领导，掌握好点火地点和方法，在东北地区烧防火线主要在公路和铁路两旁。

(2)林区道路

林区道路有两个作用，一是起到抑制森林火灾的蔓延(林区的交通线又是林火的阻隔带)；二是起到运输作用(林业生产性运输，同时保证迅速输送扑火队员和扑火机具到达火灾现场，对迅速扑灭森林火灾具有重要意义)。

某一林分的道路是否发达用路网密度来表示。路网密度：某一计算区域内，道路总长度与该区域面积之比(m/hm^2)。路网密度多大才能保证森林防火的需要？

若想做到有火不成灾，运输扑火队员和扑火机具的车辆速度不能小于50km/h，因为假设扑火队员距火场的直线距离为40km，实际距离为55km，这段路程开车64min，行驶53.3km，剩余的1.7km需要步行0.5h，当扑火队员到达现场，需要分配任务，战前动员等工作。所以，实施扑火前已经用掉100min，此时，在正常的气候条件下，火场面积可能达到5 000~10 000m^2，周长250~400m，20个人携带风力灭火机持续0.5h方可扑灭林火，而在这0.5h时间里，火场仍向外蔓延，若将整个火场的火全部扑灭则需要1h，这样才能做到有火不成灾。那么，要使车速达到50km/h，路网密度需要符合一定的条件，如在5km×5km的区域道路总长度不能小于10km，即路网密度应≥4m/hm^2。

为了发挥森林防火机械化和现代化的作用，路网密度至少是4~8m/hm^2，且分布均匀。国外十分重视修建林区道路，北欧6~8m/hm^2，日本17m/hm^2，美国部分州达170m/hm^2。而我国截止到2016年年底，平均路网密度只有1.9m/hm^2，且分布极为不均匀，北京最发达(5.2m/hm^2)，青海省最不发达(0.6m/hm^2)，与国外差距很大。所以，我国的森林防火工作任重而道远。

(3)生土带

生土带是经过翻耕的土壤带，通常设在价值较高的森林地段，以及林区汽车库、工房、集材场、烧炭厂等周围，一般宽度为2m以上，杂草高而茂密的地段上可适当加宽(图5-53)。用手工、机械、爆炸、喷洒化学灭火剂、火烧法等方法清除一切可燃物，暴露表层土壤的地带，主要用来防止地表火的蔓延，它是防火线的组成部分，也可以单独设置。

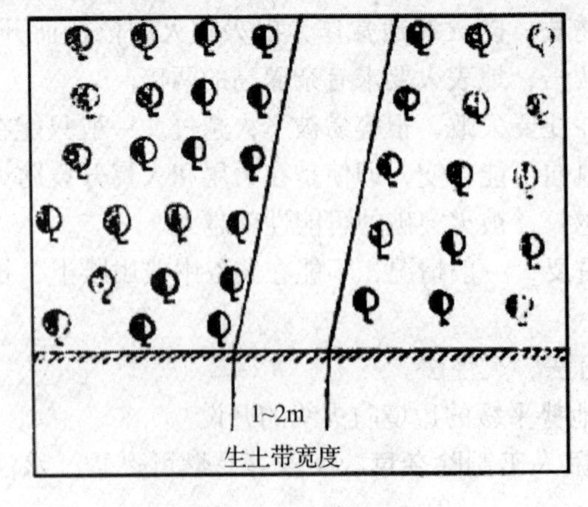

图5-53 生土带示意

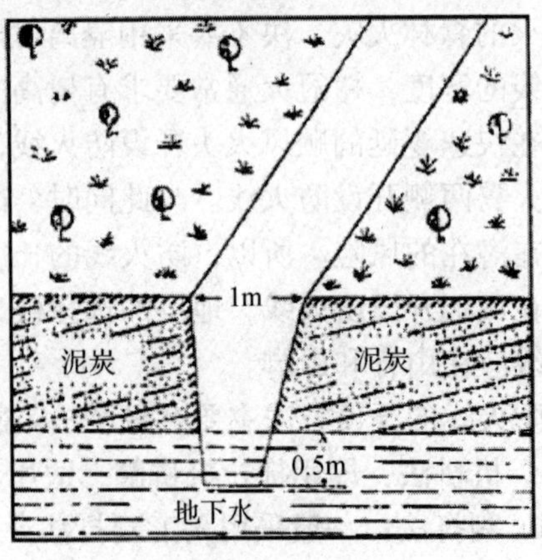

图5-54 防火沟示意

(4)防火沟

防火沟是为了阻止地下火而开设的，也能防止低强度地表火的蔓延。一般仅在有泥炭的地段内开设，沟宽为1m，沟底宽为0.3m，其深度取决于泥炭层的厚度，应超过泥炭层的厚度，最好是低于地下水位或矿质土层0.25~0.5m(图5-54)。

【拓展知识】

5.4.5 地表火扑救方法

5.4.5.1 轻型灭火机具扑火

轻型灭火机具扑火，是指利用灭火机、水枪、二号工具等进行扑火。

(1)顺风扑打低强度火

顺风扑打火焰高度1.5m以下的低强度火时，可组织4个灭火机手沿火线顺风灭火(图5-55)。扑火时，一号灭火机手向前行进的同时把火线边缘和火焰根部的细小可燃物吹进火线的内侧，灭火机手与火线的距离为1.5m左右；二号灭火机手要位于一号灭火机手后2m处，与火线的距离为1m左右，吹走正在燃烧的细小可燃物，这时火的强度会明显降低；三号灭火机手要对明显降低强度的火线进行彻底消灭，三号灭火机手与二号灭火机手的前后距离为2m，与火线的距离为0.5m左右；四号灭火机手在后面扑打余火并对火线进行巩固性灭火，防止火线复燃。

(2)逆风扑打低强度火

逆风扑打火焰高度1.5m以下的低强度火时，一号灭火机手从突破火线处一侧沿火线

图5-55 顺风扑打低强度火

图5-56 逆风扑打低强度火

向前扑火，风力灭火机的风筒与火线成45°角，这时二号灭火机手要迅速到一号灭火机手前方5~10m处与一号灭火机手同样的扑火方法向前扑火，三号灭火机手要迅速到二号灭火机手前方5~10m处向前扑火(图5-56)。每一个灭火机手将自己与前方灭火机手之间的火线明火扑灭后，要迅速到最前方的灭火机手前方5~10m处继续扑火，灭火机手之间要相互交替向前扑火。在灭火组和清理组之间，要有一个灭火机手扑打余火，并对火线进行巩固性扑火。

(3)扑打中强度火

扑打火焰高度在1.5~2m的中强度火时，一号灭火机手要用灭火机的最大风力沿火线灭火，二、三号灭火机手要迅速到一号灭火机手前方5~10m处，二号灭火机手回头扑火，迅速与一号灭火机手会合，三号灭火机手向前扑火(图5-57)。当一、二号灭火机手会合后，要迅速到三号灭火机手前方5~10m处扑火，一号灭火机手回头扑火与三号灭火机手迅速会合，这时二号灭火机手要向前灭火，依次交替扑火。四号灭火机手要跟在后面扑打余火，并沿火线进行巩固性扑火，必要时替换其他灭火机手。

图5-57 扑打中强度火

(4)多机配合扑打中强度火

扑打火焰高度在2~2.5m的中强度火时，可采取多机配合扑火，集中三台风力灭火机沿火线向前扑火的同时，三个灭火机手要做到：同步、合力、同点。同步是指同样的扑火速度，合力是指同时使用多台风力灭火机来增加风力，同点是指几台风力灭火机同时吹在同一点上，后面留一个灭火机手扑打余火并沿火线进行巩固性扑火(图5-58)。在灭火机和兵力充足时，可组织几个灭火组进行交替扑火。

图5-58 多机配合扑打中强度火

(5)风力灭火机与水枪配合扑打中强度火

扑打火焰高度在2.5~3m的中强度火时，可组织3~4台风力灭火机和两支水枪配合扑火(图5-59)。首先，由水枪手顺火线向火的底部射水2~3次后，要迅速撤离火线。这时，三名灭火机手要抓住火强度降低的有利战机迅速接近火线向前扑火，当扑灭一段火线后，火强度再次增高时灭火机手要迅速撤离火线。水枪手再次射水，灭火机手再次灭火，依次交替进行扑火。四号灭火机手在后面扑打余火．并对火线进行巩固性扑火，必要时替换其他灭火机手。

图5-59　灭火机与水枪配合扑打中强度火

5.4.5.2　森林消防车配合扑火

履带式森林消防车参加灭火时，要充分发挥履带式森林消防车突击性强、机动性大、扑火效果好的优势，把履带式森林消防车用在关键地段、重点部位，主要承担突击性任务。具体组织方法如下：

(1)直接扑火

①单车扑火

a. 扑救高强度火：使用单车扑救火焰高度在3m以上的火线时，履带式森林消防车要位于火线外侧10～15m处沿着火线行驶，同时使用两支10mm口径水枪，一支向侧前方火线射水，另一支向侧面火线射水。同时派一个班的队伍沿火线随车跟进，扑打余火和清理火线。

b. 扑救中强度火：扑救火焰高度在1.5～3m的中强度火时，履带式森林消防车要位于火线外侧8～10m处沿着火线行驶，使用一支6mm口径水枪向侧前方火线射水，用另一支6mm口径水枪向侧面火线射水，车后要有扑打组和清理组配合作战。

c. 扑救低强度火：扑救火焰高度在1.5m以下的低强度火时，履带式森林消防车在突破火线后压着火线行驶的同时，使用一支6mm口径水枪向车的正前方火线射水，另一支水枪换上雾状喷头向车后被压过的火线上进行喷水。扑打组和清理组要跟在车后扑打余火和清理火线。在无水的情况下，履带式森林消防车对低强度火线可直接沿火线行驶碾压进行扑火。在碾压火线时，左右两条履带要交替使用以防履带温度过高。

②双车配合交替跟进扑火

a. 逆风扑火：双车逆风扑火时，前车要位于火线外侧10m左右，沿火线行驶，同时使用10mm口径水枪向侧前方火线射水，用6mm口径水枪向侧面火线射水。后车要与前车保持15～20m的距离，碾压前车扑灭的火线跟进，安装雾状喷头向车后被压过的火线洒水，清理火线。当前车需要加水时，后车要迅速接替前车扑火。前车加满水后迅速返回火线接替碾压和清理火线跟进，等待再次交替扑火。

b. 顺风扑火：双车顺风扑火时，前车从突破火线处压着火线向前行驶，用一支10mm口径水枪向火线射水，用一支6mm口径水枪向车后被扑灭的火线射水。后车要与前车保持15～20m的距离碾压火线跟进，当前车需要加水时，后车要迅速接替前车扑火。前车返回火线后，接替后车继续碾压被扑灭的火线跟进，并做好接替扑火的准备。

③三车配合相互穿插交替扑火

a. 三车配合相互穿插作战：三车配合相互穿插作战，主要用于车辆逆风行驶扑火。为了加快扑火进度，应采取相互穿插方式扑火。第一台车在火线外侧适当的位置沿火线行驶，用两支10mm口径水枪向侧前方和侧面火线射水。第二台车在后从火线内迅速插到第一台车的前方50m左右处，突破火线冲到火线外侧，用与第一台车相同的方法沿火线顶风扑火。第一台车在迅速扑灭与第二台车之间的火线后，从火线内迅速穿插到第二台车前方50m左右处，突破火线，冲到火线外侧，继续向前扑火。第三台车在后面用履带碾压被扑灭的火线跟进，用一支6mm口径水枪扑打余火和清理火线。当前面相互穿插扑火的车辆有需要加水的车辆时，第三台车要迅速接替穿插扑火。加满水的车辆返回后要接替碾压火线，扑打余火和清理火线，随时准备再次接替穿插扑火。

b. 三车配合相互交替作战：三车配合相互交替作战，主要用于车辆顺风扑火时。这时，第一台车要位于火线外侧10~15m处沿火线行驶，用两支10mm口径水枪同时向侧前方和侧面火线射水。第二台车接近火线与前车保持15~20m的距离行驶，用一支6mm口径水枪扑打余火。第三台车碾压被扑灭的火线与第二台车保持15~20m的距离行驶。当第一台车需要加水时，第二台车要迅速接替第一台车扑火，第三台车接替第二台车扑火。第一台车返回火线后，碾压火线跟进，等待再次实施交替扑火。

(2)间接扑火

履带式森林消防车不仅可以用来进行直接扑火，且还可以在火焰高、强度大、烟大、车辆及扑火人员无法接近的火线进行间接扑火。使用履带式森林消防车实施间接扑火的方法有以下几种：①压倒可燃物扑火，扑灭外线火；②压倒可燃物，喷洒水或喷化学灭火剂扑火；③开设简易阻火线扑火；④建立喷灌带阻火、扑火。

5.4.5.3 地、空配合扑火

在火场面积大、森林郁闭度小，条件允许的情况下，可采取地、空配合扑火模式。地、空配合扑火时，固定翼飞机主要担负化学扑火任务，直升机主要承担吊桶扑火任务。飞机配合地面队伍扑火时，主要对火头、飞火、重点部位、险段、难段及草塘等关键部位火线进行“空中打击”，以便有力地支援地面队伍扑火。具体方法可按航空扑火法实施。

在扑救林火中，如果火头的蔓延速度快于扑火进度时，可采取各种方法拦截火头的蔓延。拦截火头的方法有：利用自然依托拦截；利用森林消防车拦截；利用手工机具开设阻火线拦截；利用推土机开设阻火线拦截；选择有利地带直接点放迎面火扑灭外线火拦截；飞机喷洒化学灭火剂呈带状拦截；建立水泵喷灌带拦截；利用索状炸药开设阻火线拦截。

5.4.6 树冠火扑救方法

5.4.6.1 扑救方法

(1)利用自然依托扑救树冠火

在自然依托内侧伐倒树木点放迎面火扑火。伐倒树木的宽度应根据自然依托的宽度而定，依托宽度及伐倒树木的宽相加>50m。

(2)伐倒树木扑救树冠火

在没有可利用的灭火自然依托时，可以伐倒树木扑火。采取此方法扑火时，伐倒树木的宽度>50m。然后，用飞机或履带式森林消防车向这条隔离带内喷洒化学灭火剂或水，如果条件允许也可在隔离带内建立喷灌带。伐倒树木的方法主要有两种，一是用油锯伐倒树木；二是用索状炸药炸倒树木。

(3)用推土机扑救树冠火

在有条件的火场，可以用推土机开设隔离带扑火。开设隔离带的方法，可按推土机扑救地下火和用推土机阻隔扑火的方法组织和实施。

(4)点地表火扑救树冠火

在没有其他扑火条件时，选择森林郁闭度小，适合手工机具开设阻火线的地带，应先开设一条阻火线，然后等到日落后，再沿阻火线内侧点放地表火。

(5)选择疏林地扑救树冠火

在树冠火蔓延前方选择疏林地或大草塘灭火，在这种条件下可采取以下几种方法扑火：

当树冠火在夜间到达疏林地，火下降到地表变为地表火时，按扑救地表火的方法进行扑火。如有水泵或履带式森林消防车，也可在白天扑火。

建立各种阻火线扑火：建立推土机阻火线扑火；建立手工具阻火线扑火；利用索状炸药开设阻火线扑火；利用森林消防车开设阻火线扑火；利用水泵阻火线扑火；飞机喷洒化学灭火剂阻火线扑火。

5.4.6.2　注意事项

时刻观察，防止发生飞火和火爆；抓住和利用一切可利用的时机和条件灭火；时刻观察周围环境和火势；点放迎面火的时机，要选择在夜间进行；在实施各种间接灭火手段时，应建立安全避险区。

5.4.7　地下火扑救方法

地下火的蔓延速度虽然缓慢，但扑救十分困难。扑救地下火除人工开设隔离沟灭火外，还可利用森林消防车、水泵、人工增雨、推土机和索状炸药等进行灭火。

5.4.7.1　用森林消防车实施扑火

在地形平均坡度<35°，取水工作半径<5km的火场或火场的部分区域，可利用森林消防车对地下火进行扑火作业。在实施扑火作业时，履带式森林消防车要沿火线外侧向腐殖层下垂直注水。操作时，水枪手应在履带式森林消防车的侧后方，跟进徒步呈“Z”字形向腐殖层下注水扑火。此时，森林消防车的行驶速度≤2km/h。

5.4.7.2　利用水泵扑救地下火

水泵灭火，是在火场附近的水源架设水泵，向火场铺设水带，并用水枪喷水灭火的一种方法。

(1)用水泵实施扑火

火场内、外的水源与火线的距离≤2.5km，地形的坡度<45°，可利用水泵扑救地下火。如果火场面积较大，可在火场的不同方位多找几处水源，架设水泵，向火场铺设涂胶水带接上“Y”字形分水器，然后在“Y”字形分水器的两个出水口上分别接上渗水带和水枪。使用渗水带的目的是防止水带接近火场时被火烧坏漏水。两个水枪手在火线上要兵分两路，向不同的方向沿火线外侧向腐殖层下呈“Z”字形注水，对火场实施合围。当与对进

的灭火队伍会合后，应将两支队伍的水带末端相互连接在一起，并在每根水带的连接处安装喷灌头，使整个水带线形成一条喷灌的“降雨带”，为扑灭的火线增加水分，确保被扑灭的火线不发生复燃火；当对进扑火队伍不是用水泵灭火时，应在自己的水带末端用断水钳卡住水带使其不漏水，然后，在每根水带的连接处安装喷灌头；当火线较长，火场离水源较远，水压及水量不足时，可利用不同架设水泵的方法加以解决。

(2)水泵的架设方法及用途

①单泵架设：主要用于小火场、水源近和初发阶段的火场。可在小溪、河流、小水泡子、湖泊、沼泽等水源边缘架设一台水泵向火场输水扑火(图5-60)。

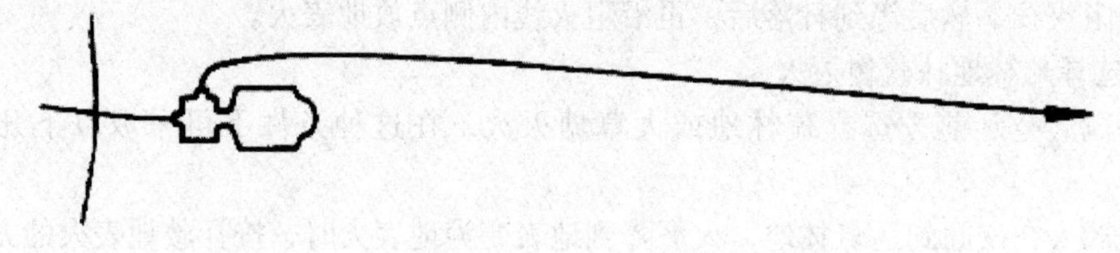

图5-60 单泵架设示意

②接力泵架设：主要用于大火场或距水源远的中小火场。输水距离长及水压不足时，可根据需要在铺设的水带线合适的位置上架水泵，来增加水的压力和输水距离。通常情况下，在一条水带线的不同位置上，可同时架设3~5个水泵进行接力输水(图5-61)。

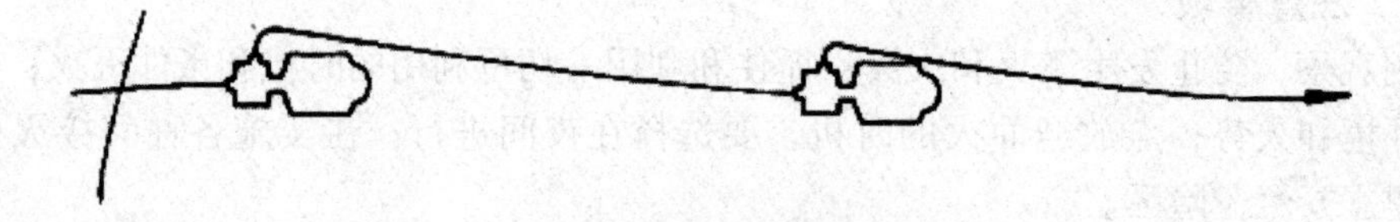

图5-61 接力泵架设示意

③并联泵架设：主要用于输水量不足时，在同一水源或两个不同水源各架设一台水泵，用一个“Y”形分水器把两台水泵的输水带连接在一起，把水输入到主输水带，增加输水量(图5-62)。

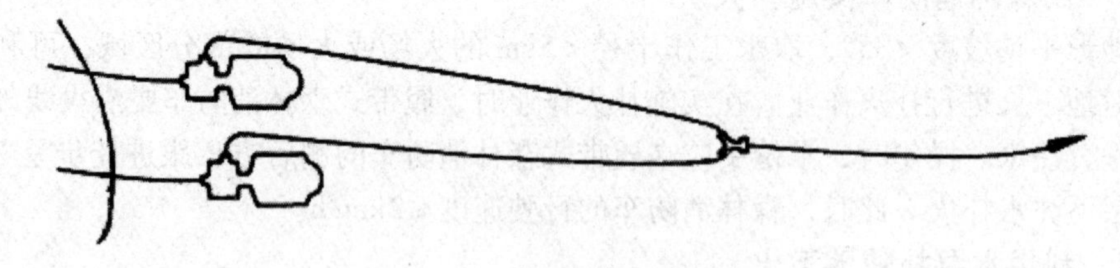

图5-62 并联泵架设示意

④并联接力泵架设：主要用于输水距离远，水压与水量同时不足时。可在架设并联泵的基础上，在水带线的不同位置架设若干个水泵进行接力输水(图5-63)。

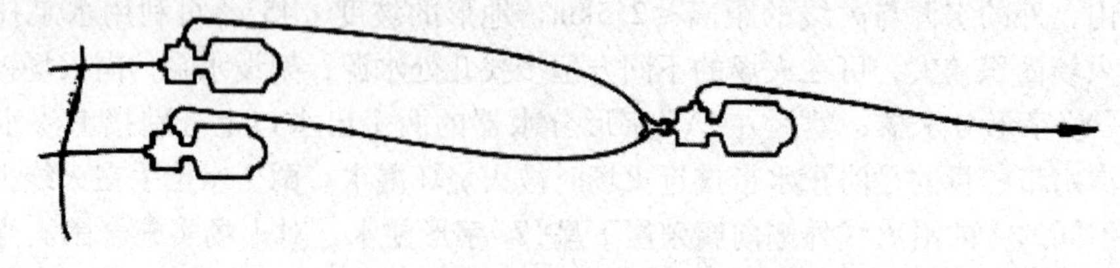

图5-63 并联接力泵架设示意

当水泵的输水距离达到极限距离后，可为森林消防车和各种背负式水枪加水，也可通过水带变径的方法继续增加输水距离。

5.4.7.3　用推土机扑救地下火

在交通及地形条件允许的火场，可使用推土机扑救地下火。在使用推土机实施阻隔灭火时，首先应有定位员在火线外侧选择开设阻火路线。选择路线时，要避开密林和大树，并沿选择的路线做出明显的标记，以便推土机手沿标记的路线开设阻火线。开设阻火线时，推土机要大小搭配使用，小机在前，大机在后，前后配合开设阻火线，并把所有的可燃物全部清除到阻火线的外侧，以防在完成开设任务后，沿阻火线点放迎面火时增加火线边缘的火强度，延长燃烧时间，出现"飞火"越过阻火线造成跑火。利用推土机开设阻火线时，其宽度应≥3m，深度要达到泥炭层以下。

完成阻火线的开设任务后，指挥员要及时对阻火线进行检查，清除各种隐患。然后组织点火手沿阻火线内侧边缘点放迎面火，烧除阻火线与火场之间的可燃物，使阻火线与火场之间出现一个无可燃物的区域，从而实现灭火的目的。组织点火手进行点烧时，可根据火场的实际情况和开设阻火线的进程，进行分段点烧迎面火。

5.4.7.4　人工扑救地下火

人工扑救地下火时，要调动足够的兵力对火场形成重兵合围，在火线外侧围绕火场挖出一条1.5m左右宽度的隔离带，深度要挖到土层，彻底清除可燃物，切不可把泥炭层当作黑土层，把挖出的可燃物全部放到隔离带的外侧。在开设隔离带时，不能留有"空地"，挖出隔离带后，要沿隔离带的内侧点放迎面火烧除未燃物。

在兵力不足时，可暂时放弃火场的次要一线，集中优势兵力在火场的主要一线开设隔离带，完成主要一线的隔离带后，再把兵力调到次要的一线进行扑火。

以上各种扑火技术，可在火场单独使用，在地形条件较复杂的大火场可根据火场的实际情况，采取多种扑火技术合成扑火。

另外，利用索状炸药扑救地下火也是目前在我国扑救地下火中速度最快，效果最好的方法之一。

【企业案例】

北方航空护林系统扎兰屯航站进行"火冰"灭火剂喷洒灭火实验

2015年5月23日，北方航空护林总站科技处处长闫铁铮一行来到扎兰屯航站，对"火冰"灭火剂首次实地飞行喷洒灭火实验进行观摩与指导。

航站领导对此次实验高度重视，站长苏传忠陪同闫铁铮处长亲临现场督导指挥。上午9:00，根据预定的计划和部署，在本场设置了两处火点，按照操作规程，将灭火剂与水按照1:150至1:180倍比例的混合溶液加注到三架Y-5飞机中，另一架Y-5飞机加注纯水，分别对两个火点进行喷洒灭火效果的比对。经过两个批次8个架次Y-5飞机载液空中对明火喷洒实验和两次地面人工药液对明火喷洒及无药液对比实验，对"火冰"灭火剂的性能有了明确了解。实验结果表明，此灭火剂为白色粉状无任何污染，与水1:150至1:180倍的混合比例用药量少、易操作，药剂遇水后迅速膨胀，合适的配比可形成黏液状或糊状物，附着在可燃物的表面形成阻燃层，灭火阻燃效果明显，且具有无毒无污染、用量小、易存放、不变质的特点，用于航空护林直接灭火，其优势非常明显，值得推广。另外，此灭火剂在使用过程中有些问题也值得探讨：配比后的灭火液黏度比纯水明显增加，空中喷洒时，喷洒提前量需做适当调整，同时相同药液喷洒长度明显加长，对飞行员喷洒精确度要求更高，Y-5 飞机喷洒对片状弱火点效果显著，对集中大火点效果较差，也暴露出 Y-5 飞机载液量少，喷洒精确度差的缺点，药液的配比需精准且应根据水的 pH 值和可燃物性质调整配比比例，药液的混合要充分，需增加专门的罐体或容器并配备相应的搅拌设备，使药剂与水有充分时间溶合才能达到较好的效果。

通过实验证实："火冰"灭火剂确实环保无害无污染，用量小易操作，阻燃效果明显，值得进一步实验和推广。

【巩固练习】

一、名词解释

林火隔离　防火线　化学灭火法　索降灭火　以火攻火

二、填空题

1. 灭火的最基本的原理就是破坏或控制森林燃烧三角形中的要素，所以灭火原理包括：________、________、________。

2. 林火扑救的基本原则是________________。所以扑火行动要迅速，火灾刚刚发生就要抓住有利时机，不使小火灾变成大的火灾，灭火要彻底。

3. 直接灭火法，包括：________、________、________、________、________、________和航空灭火法。

4. 间接灭火法，包括________、________。

5. 风灭火法就是利用风力灭火机产生的________，将火吹灭的一种灭火方法。

6. 风力灭火机的基本使用技术可概括为六个字，即________、________、________、________、________、________。

7. 航空灭火法的主要灭火方式有：________、________、________。

8. 林火隔离是指利用人为和自然的________，对林火进行隔离，达到林火控制的目的，是一种间接灭火方法，也是一种被动的灭火方法。

9. 利用水泵扑救地下火，"Y"形分水器的两个出水口上分别接上渗水带和水枪。使用渗水带的目的是________。

三、选择题

1. 在自然保护区或森林公园，以及火场附近水源丰富的林区(如林区内有河流、湖泊、池塘等)，(　　)是优先选择的灭火方法。

A. 土灭火法　B. 水灭火法　C. 化学试剂灭火法　D. 爆炸灭火法

2. 索降扑火的特点，下列叙述不正确的是(　　)。

A. 受地形影响小　B. 受风力影响小　C. 机动性强　D. 能够快速到达火场

3. 化学灭火剂成分，一般不包括下列(　　)。

A. 盐类药剂　　B. 皂类　　C. 防腐剂　　D. 糖类

4. 地下火蔓延速度虽慢，但扑救十分困难，以下方法不适用于扑救地下火的是(　　)。

A. 空降灭火法　　B. 消防车实施灭火　C. 水泵灭火　　D. 推土机扑救

5. 利用自然依托或利用伐倒木扑救树冠火，自然依托和伐倒木带宽度至少为(　　)。

A. 100m　　B. 80m　　C. 50m　　D. 30m

四、判断题

1. 扑打法直接灭火，由于扑火员直接接触火线、体力消耗大，适用于扑救小火、清理火场和看守火场时使用。(　　)

2. 履带式森林消防车双车灭火时，若顺风扑火则用一支水枪向火线射水，另一支水枪向车前方火线射水；若逆风扑火，则用一支水枪向火线射水，另一支向车后方射水。(　　)

3. 不管采取哪种方式灭火，前方火线明火扑灭后，后方一定要有清理组扑灭余火，防止死灰复燃。(　　)

4. 风能够助燃林火燃烧，因此，用风力灭火是绝对错误的，在扑火实践过程中，要注意避免风的助燃作用。(　　)

5. 爆炸灭火法可以直接扑火，也可以间接扑火，能产生多种灭火效能，对于阻截高强度的地表火和地下火很有效，因此应经常使用，大力推广。(　　)

6. 手持干粉灭火弹的使用是需要人为点燃导火索后投掷到火线里。(　　)

7. 从林火扑救的发展趋势来看，扑火方式逐渐由直接扑火向间接扑火方向发展。(　　)

8. 使用风力灭火机灭火时，应使用最大风速灭火。(　　)

9. 山地开设防火线时，可以开设在峡谷或山腰上。(　　)

五、问答题

1. 列举十种灭火方法，并说明适用于扑灭的林火种类。

2. 简述森林消防车直接灭火的组织方法。

3. 风力灭火机的使用方法及其注意事项。

六、计算题

采用火攻扑火法扑灭地表火时，若火焰深度为18m，试计算点火点与火头的距离为多少？

任务 5

火灾现场逃生与自救

【任务描述】

森林火灾具有突发性强、破坏性大、处置困难等特点，使扑救工作十分艰险，稍有不慎，就可能造成人员伤亡。根据《森林防火条例》的规定，在扑救森林火灾时，应尽最大可能避免人员伤亡。所以，对扑火队员而言，当大火威胁人身安全时，灵活运用逃生与自救技能，可以有效地减少扑火人员伤亡。

【任务目标】

1. 能力目标

①能够根据火场危险因素提出一些解决措施。

②能够进行险情预警判断。

③当人身安全受到大火威胁时能够成功避险。

④能够完成火场紧急救护。

2. 知识目标

①掌握火场危险因素有哪些。

②掌握火场的四类危险环境如何对扑火人员造成威胁。

③掌握火场避险方法。

④掌握火场紧急救护的方法。

【实训准备】

单兵装备、灭火钢刷、铁锹、往复式灭火水枪、风力灭火机、手持干粉灭火弹、耙子、手锯、镐、点火器、三角巾、木板、绷带、火罐、蛇药、糖、盐、担架。

【任务实施】

一、实训步骤

1. 转移避险

当大火威胁人身安全时，指挥人员组织扑火队员按照预先设计的避险路线进行转移避险。

2. 点火避险

当大火危险人身安全时，指挥人员组织扑火队员在火蔓延的前方一定距离处进行点火，之后扑火队员进入火烧迹地避险。

3. 穿越火线避险

当大火危险人身安全时，扑火队员穿好防护装具，用湿毛巾捂住口鼻，一举穿越火线避险。

4. 火场紧急救护

(1)转移

将伤员转移到安全地带，要注意保护伤员的伤口、伤肢，避免伤口感染，伤肢不能摇晃或摆动幅度过大。

(2)救治

①一氧化碳中毒的救治。一氧化碳中毒的主要症状：呼吸困难、胸闷、头痛、四肢无力，严重者神志不清。如果发现以上症状，应立即将患者移到空气新鲜的地方。

a. 开放气道：用手或其他方法清除口、鼻分泌物，保持呼吸畅通(图5-64)。

b. 松解患者衣扣，保持呼吸道畅通，注意保暖。

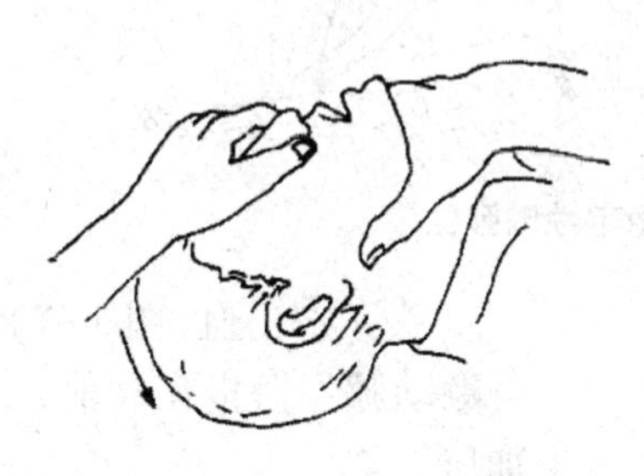
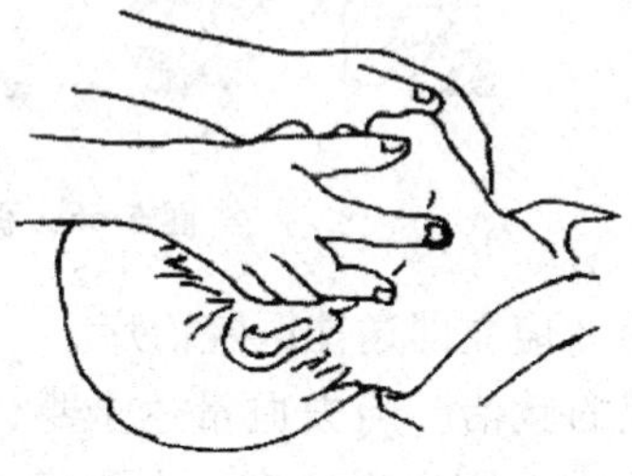

图5-64　气道开放法

c. 必要时进行呼吸支持，即人工呼吸(图5-65)。其方法是复苏者站在或跪在病人一侧，将病人头轻度后仰使颈项平直。用一手抬起病人下颌并打开口腔，同时另一手捏住病人鼻孔。在深吸一口气之后，用口将病人口腔紧紧盖住。然后用力向病人呼吸道吹气，直吹至其胸部相应抬起为止。吹气后，复苏者移开口腔，并放开病人的鼻孔借病人的胸廓与肺弹性回缩自然呼气。吹气动作应均匀，每次吹气时间约占呼吸周期的1/3，间歇时间占2/3。重复此动作，成人及年长者18~20次/min，婴儿30~40次/min。

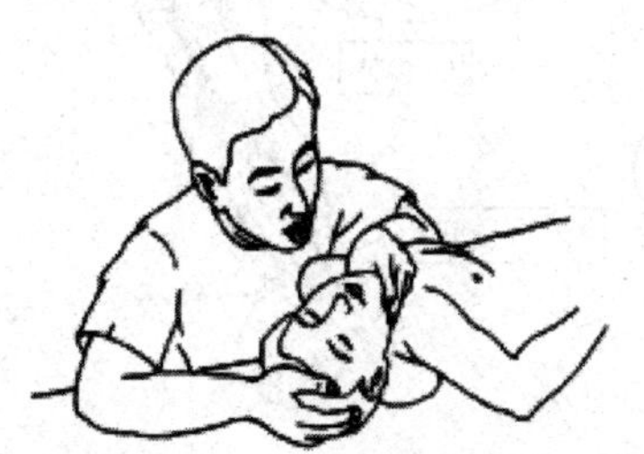
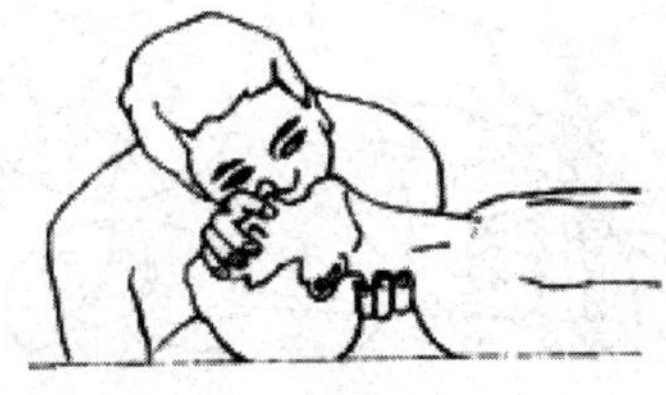

图5-65　呼吸支持法

d. 在医务人员到来之前，让患者保持侧卧位，防治呕吐物造成窒息。其方法是使病人仰卧，两臂上举呈“投降”姿势，弯起病人的右膝，用右手紧握住病人的右手，用左手紧抓病人的右膝。拉病人的右手和右膝，将病人转至左侧卧位，拉出病人的右上臂和右腿，撑在地上以防身体再向前转动。略将病人的头倾斜，以便使痰液或呕吐物向外流出，以防发生呼吸道阻塞（图5-66）。

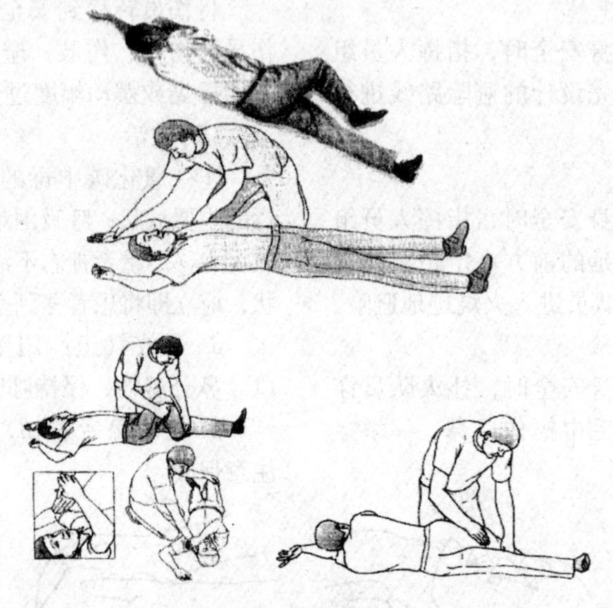

图5-66 稳定性侧卧位

e. 中毒严重者应立即送往医院治疗。

②出血处理的救治。当失血量达全身血量的20%以上时，则出现休克，主要症状：脸色苍白，口唇青紫，出冷汗，四肢发凉，反应迟钝，呼吸急促，脉搏细弱或摸不到。

当出现外伤时，可用手指压迫来止血。

a. 头颈部出血（图5-67）

颞动脉：拇指在耳前，对着下颌关节上加压。

面动脉：拇指压迫下颌角处。

颈动脉：在颈根部及气管外侧，拇指摸到搏动的颈动脉向内向后加压。

b. 上肢出血（图5-68）

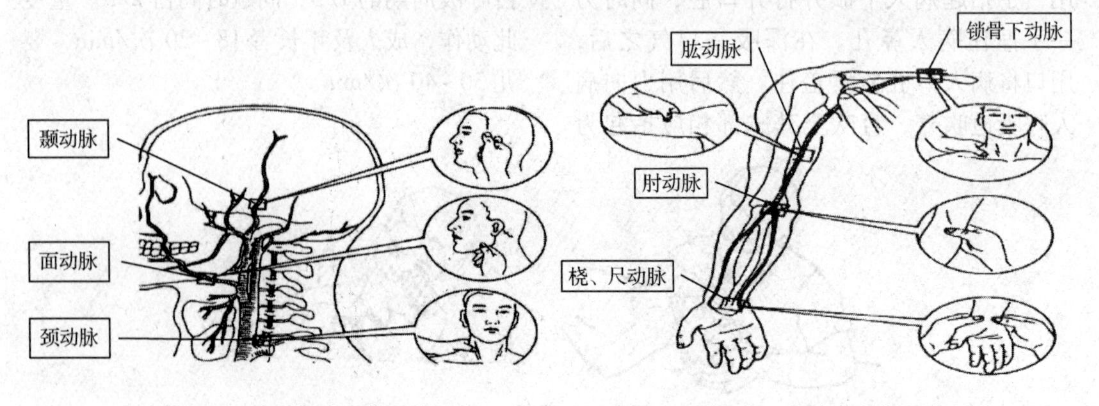

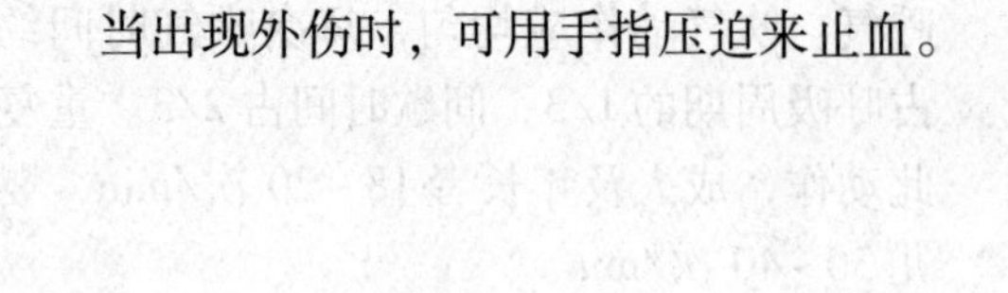

图5-67 头颅部出血指压法

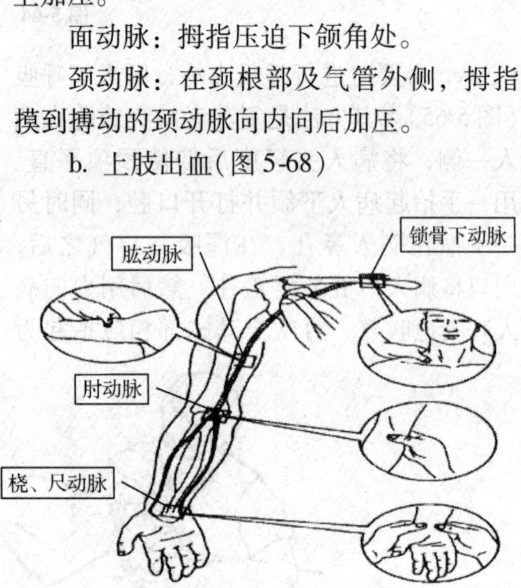

图5-68 上肢出血指压法

锁骨下动脉：锁骨上窝处，拇指向下向后摸到搏动处加压。

肱动脉：上臂肱二头肌内侧，拇指摸到搏动的肱动脉处加压。

肘动脉：肘关节前，拇指摸到搏动的肘动脉处加压。

桡、尺动脉：双手拇指分别压住腕关节前面的桡、尺侧(桡侧即摸脉搏处)。

c. 下肢出血(图5-69)

股动脉：髋关节稍屈曲、外展、外旋，双手拇指向后压按搏动的股动脉。

腘动脉：在腘窝处，双拇指摸住搏动的动脉，向下加压。

胫动脉：一手紧握踝关节，拇指及其余四指分别压迫胫前、胫后动脉。

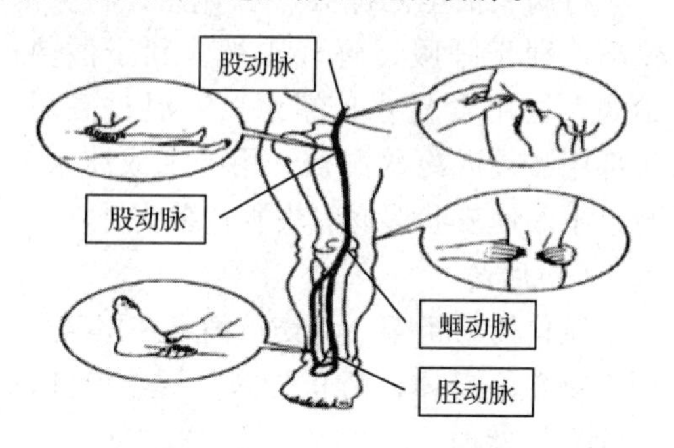

图5-69　下肢出血指压法

对于出血严重的伤员，可用止血带止血，并尽快转送医院治疗。

③骨折的救治。骨折往往疼痛难忍，出现血肿、骨折部位不能活动。发现伤口出血时要立即用冰袋等止血。用夹板固定，如果没有固定夹板，可采用木棍、树皮代替，受伤部位不要帮得太紧。立即送医院治疗。

a. 前臂骨折临时固定术：先用两块相应大小的夹板置于前臂掌、背侧，绑扎固定。然后用三角巾将前臂悬吊于胸前(图5-70)。

图5-70　前臂骨折临时固定术

b. 上臂骨折临时固定术：用两块相同大小的夹板置于上臂内外侧，绑扎固定。然后用三角巾将前臂悬吊于胸前(图5-71)。

图5-71　上臂骨折临时固定术

c. 大腿骨折临时固定术：用一块从足跟到腋下的长夹板，置于伤肢外侧。另一块从大腿根部到膝下的夹板，置于伤肢内侧，绑扎固定(图5-72)。

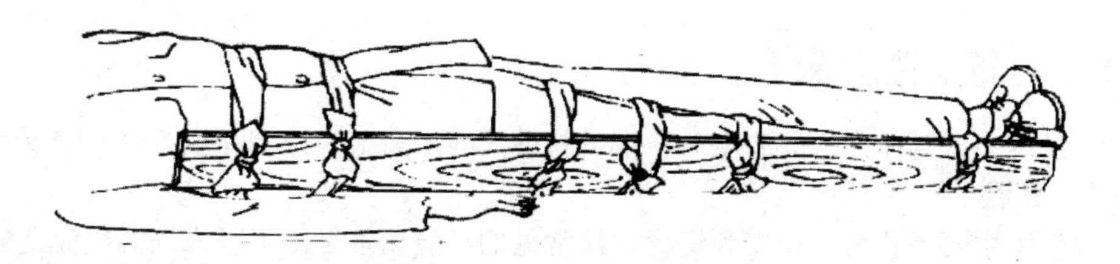

图5-72　大腿骨折临时固定术

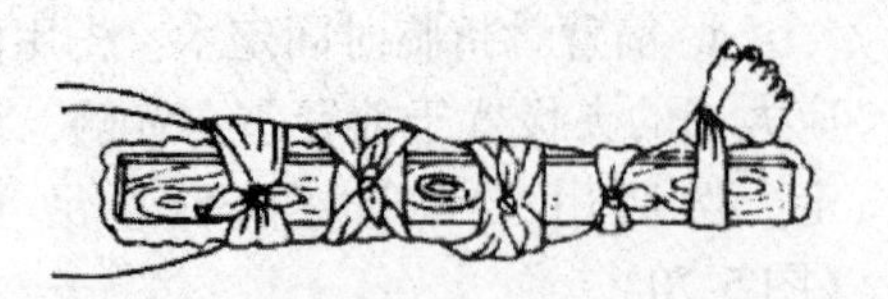
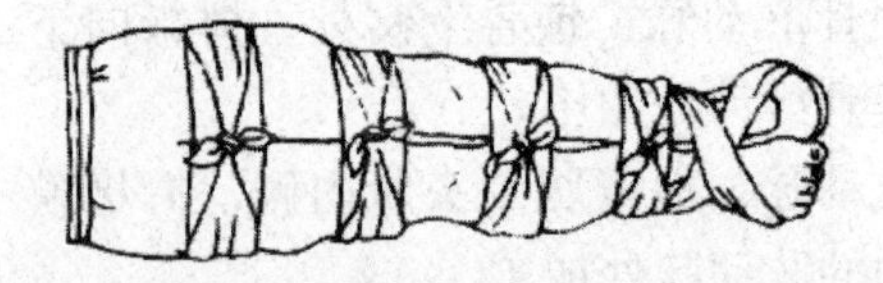

图 5-73　小腿骨折临时固定术

d. 小腿骨折临时固定术：用两块等长夹板从足跟到大腿内、外侧绑扎固定。若现场无夹板亦可将伤肢同健肢侧绑扎在一起(图 5-73)。

④烧伤的救治。首先用卧地滚压、覆盖、浇水等方式将火熄灭，不要弄破烧伤处的皮肤或水泡，及时敷烧伤药；如果没有药品，可用清水洗。烧伤时，体液外出，会造成口渴，但不宜大量饮水，否则会造成腹胀、呕吐等，可以服用盐糖水，应少次多量的补充体内水分。

⑤毒蛇咬伤的救治。被毒蛇咬伤，毒液会在几十分钟内使人局部或全身中毒，出现头痛、恶心、无力、呼吸困难、抽搐等症状甚至心跳停止，如果不及时救治，会在 1~2 天内死亡。

被毒蛇咬伤后，必须立即在受伤部位上方(向心端)作两处缚扎。例如手部被咬伤时，一处是在伤口上方 3~4cm 处用绳子或布条用力缚紧；另一处在上臂下端扎紧。这样能阻断静脉血回流，避免毒素进入血循环。然后要尽快吸出伤口毒液，其方法是用刀片沿毒牙痕方向十字切开皮肤，用手指在伤口两侧挤压来排除毒素或用火罐吸出毒液，也可以用嘴吸吮伤口毒液。立即服用蛇药解毒，也可将蛇药溶化呈糊状敷在伤口周围 1~2cm 处，或者用几根火柴头放在伤口上方，然后点燃爆灼局部伤口，以高温破坏蛋白毒素。

⑥火场中暑的救治。火场中暑症状是排汗停止，皮肤变热、发红、干燥，呼吸急促，体温迅速上升，患者很快处于休克或昏迷状态。

将病人抬至阴凉处平卧休息；将头部垫高，利于呼吸；解开衣裤，利于散热；给病人饮用食盐水、糖水。体温过高时，头部用冰袋或冷水湿敷，用冷水或冰水擦身，不断使皮肤湿润。失水过多要补液。

(3)后送

制作简易担架，将伤员固定在担架上，用衣物盖好身体，防止受寒，送给专业的医疗人员处理。

二、结果提交

火灾现场逃生与自救后，总结经验，对逃生和自救过程中遇到问题、不足之处等内容进行分析，提出解决的措施，最后形成文字材料。

【相关基础知识】

5.5.1　火场危险因素

扑火过程中，对扑火队员的生命安全威胁最大的是高温、浓烟和疲劳这三个要素。

5.5.1.1　高温

高温伤害主要是热烤、烧伤和烧死。最常见的高温伤害是由于吸入高温气流造成呼吸道神经麻痹导致窒息而伤亡。通常在森林火灾发生时，许多可燃物燃烧时能使地表温度高达 200℃以上，并能轻而易举地升高空气温度至 1 000℃以上，而人体在高于 120℃的环境中就会丧失功能。高温还会引起扑火队员大量出汗，在极端高温条件下，每小时可消耗2L水分。如果得不到及时补充，或热辐射使体温升高2℃，就可能产生中暑现象，危及人身安全。因此，扑火队员在扑火中要采取有效的方法保护自己，以减少高温的危害，特别是对头部、眼睛、手、脚和身体的保护。扑火时，扑火队员应身穿防火服和防火鞋，带好防火头盔、护目镜、防火手套，据研究，人穿上消防服能忍受的快进升温极限为270℃。

5.5.1.2　浓烟

林火产生的烟尘对扑火队员的生命威胁极大，会使扑火队员迷失方向，看不清逃生的路线；浓烟会造成扑火队员呼吸困难，往往因浓烟将人呛倒而被火烧死；呼吸高温的浓烟会使呼吸道充血、水肿使人窒息而死。浓烟对人体伤害最主要的是一氧化碳，一氧化碳是森林火灾发生时产生最多的有害气体。为防烟尘，扑火队员应备口罩，并尽量避免在下风处作业。逃生时，用湿毛巾或衣服捂口鼻逃避。

5.5.1.3　疲劳

扑救森林火灾时，扑火队员经常要长途跋涉才能到达火场，在高温、浓烟中持续几个小时或数十小时扑救森林火灾，体力消耗极大，同时精神又极度紧张，很容易使扑火人员精疲力竭。在极度疲劳的情况下灭火，往往出现的结果是：一是扑火队员体内大量的糖、盐随汗流失，使扑火队员头晕目眩，四肢无力，呼吸困难，昏迷倒地被烧伤亡；二是瞬间突发性大火环境，使扑火队员精神失常，不知所措，乱跑、乱窜，行为失控，造成伤亡；三是火场高温作战，烟毒弥漫，扑火队员由于疲劳过度，身体抵抗力弱而中暑、中毒倒在火线上被烧伤亡。所以，在平时训练过程中应加强体能训练、专业技能训练和理论知识的学习。

5.5.2　险情预警判断

森林灭火是一种高危作业，有火就有险，稍有麻痹，就可能造成人员伤亡。所以做好险情预警判断是减少人员伤亡的重要前提。

通过勘察手段，重点了解火场地形、天气、植被和林火行为等要素对森林火灾的发展态势做出正确的判断。下面介绍一下森林火灾的四类危险环境。

5.5.2.1　设法避开六种危险地形

(1)陡坡

陡坡会自然地改变林火行为，尤其是林火的蔓延速度。随着坡度的增加，火焰由垂直发展状态而转变成为水平发展状态，大大提高了辐射热能的传播。火焰上空形成对流柱，产生高温使林冠层和空中可燃物预热。浓烟为受热气体上升到林冠层提供了良好的通道。越过山顶直接扑救林火或沿山坡向上逃避林火都是极其危险的(图5-74)。

(2)山脊

山脊线(拱脊)是很危险的地方。在那里往往产生热辐射和热传导，温度极高，人无法忍受。若山脊线附近着火，其林火行为瞬息万变，难以预测，是此类地形典型特征。这是因为林火使空气升温沿坡上升到山顶，与背风坡吹来的冷空气相遇，形成了飘忽不定的阵风和空气乱流运动(图5-75)。

图 5-74　陡坡危险区域图

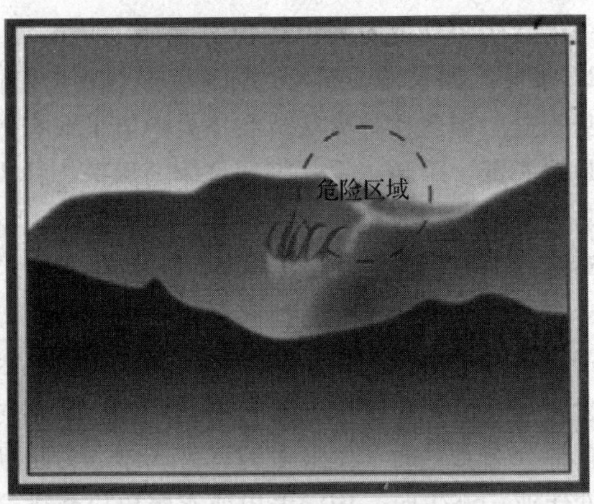

图 5-75　山脊线危险区域图

(3)窄谷

窄谷、岩石裂缝会改变林火行为。窄谷和闭塞的山谷河道会增加热空气的传播速度，容易产生新火点。

当窄谷通风状况不良，火势发展缓慢时，将产生大量烟雾并在谷内沉积，形成大量一氧化碳。随着时间的推移，林火对两侧陡坡上的植被进行预热，热量在逐步的积累，预示着轰燃和火爆即将发生。身处其中的扑火队员则极难生还(图 5-76)。

图 5-76　窄谷危险区域图

此外，应引起高度注意的是，许多窄谷只有一个进出口，俗称葫芦峪，即三面环山。它的作用如同排烟管道，为强烈的上升气流提供了通道，又为空气的补充创造了条件，该地形对扑火队员的人身安全更为不利。

(4)鞍部

鞍部是指两个高点之间的低洼区域，那里经常是温度极高和浓烟滚滚的险地。因风向不定，是林火行为不稳定而又十分活跃的地段。若主风方向与鞍状山谷平行，必将产生强度强、蔓延速度快的林火，是林火快速发展、而又没有阻力影响的十分危险地段(图 5-77)。

(5)草塘沟

草塘沟是指林地内或林缘集中分布有杂草的沟洼地形，沟内常有细小可燃物连续分布，林火在这类地段燃烧时，火强度大，同时会向两侧山坡蔓延，形成冲火，是林火蔓延的快速通道。

(6)破碎特征的地形

破碎特征的地形(一般指凸起的山岩)，由于其独特的地形条件，往往产生强烈的空气涡流。林火在涡流的作用下，容易产生许多分散的、方向飘忽不定的火头。在此类地形上，多为易燃灌木和残次林，燃烧强度大，危险性高，极易使灭火人员被大火围困。

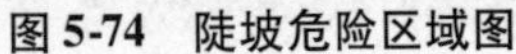

图 5-77 鞍状山谷危险区域图

岩石裂缝、鞍状山谷和具有破碎特征的地形是林火蔓延阻力最小的通道，若三种地形条件和陡坡结合在一起，会使垂直方向的火焰向水平方向发展，导致热空气的传播速度增加，林火行为突变，导致伤亡事故频发。

5.5.2.2 高度警惕三种植被类型

(1)可燃物垂直连续分布的植被

火场周围可燃物水平和垂直分布状况影响着林火行为的变化。尤其是喜光杂草和易燃灌木地段，会突然增加林火蔓延速度，改变林火燃烧方向，产生高强度的林火。针叶幼龄林或可燃物垂直分布明显地段，地表火和树冠火同时发生，形成立体燃烧(图 5-78)。

图 5-78 可燃物连续分布

(2)灌木丛集中连片的植被

灌木丛林多由草本植物和易燃木本植物组成，可燃物燃点低，蔓延速度快，能量释放迅速，加之林内密度大，人员行走困难，透视性不强，危险性极大。

(3)可燃物载量大的林地植被

通常情况下，林地可燃物载量增加一倍时，火灾的蔓延速度就会增加一倍，林火强度增加四倍，而且林火从可燃物载量小的地段蔓延至可燃物载量大的地段，火灾的蔓延速度和强度就会突然增大，威胁扑火人员的安全。

5.5.2.3 尽量避开三个危险时段

(1)风力超过五级的时段

风可以加速水分蒸发，使可燃物变得干燥；风可以吹来氧气，加速燃烧过程；风可以改变热量的传播方向，通常火场风力每增加一级，火头蔓延速度增加一倍，如风力增加到五级，林火就会失控。

(2)地形险要地带的夜间时段

夜间由于视距不良，能见度低，扑火队员对火场周围地形缺乏准确判断，如夜间在地形险要地带灭火，极易发生坠崖摔伤、滚石砸伤、倒木伤人、误入火坑等险情。

(3)温度超过20℃的中午时段

中午通常气温最高，湿度最低，可燃物含水量最少，森林最易燃烧，林火蔓延速度最快，特别是13:00左右是森林灭火的高危时段。所以在气温较高的夏季一般不宜直接灭火。

5.5.2.4　不直接扑打三种火线

强度大的上山火火线；火焰高度超过2.5m的火线；火焰高度超过1m的灌木丛林段火线。以上三种火线均具有蔓延速度快、火势猛烈、火头难以阻截的特点，如强行直接扑打，极易造成人员伤亡。

5.5.3　遇险自救互救

森林火灾发生后，火势因受地形、植被、气象等因子的影响而瞬息万变，险情难以预料，面对突如其来的险情，能否做到成功脱险，关键在于如何应对、科学处置。下面介绍八种常用的紧急避险方法。

(1)避开高危火环境避险

在灭火作战中要主动避开危险地形、高强度地表火、树冠火。火场局部产生火爆、火旋风、飞火时，通常不要轻易接近火线，不直接扑火。在密灌丛中和复杂地形条件下，不盲目接近扑打，应注意观察火场情况。主动避开12:00~17:00高温、大风时段。

(2)预设安全区域避险

是指扑火队员在扑打中强度以上地表火，在危险地形扑火、开设隔离带、在高温大风天气条件下扑火以及强行阻截高强度火头时，应预先设置安全避险区，确保在火势突变时，扑火队员能够立即进入安全避险区域实施有效避险的方法。

开设安全避险区域通常在植被稀少，地势相对平坦，距火线较近，且处于上风向的有力位置，坚持宁大勿小的原则，同时，要彻底清除安全区域内的可燃物，排除安全隐患，并派出观察哨密切关注火场动态。

(3)快速转移避险

扑火行动展开后，遇有风向突变、风力较大，扑火队员无法以人力控制火势，人身安全受到严重威胁时，如火场附近有有利地形或撤离路线时，且时间足够，应立即组织扑火队员安全转移至安全地带避险。转移时切忌顺风转移、向山上转移、经鞍部转移。

(4)进入火烧迹地避险

在休息、奔赴火场等过程中，遇到大火袭击时，无法实施转移避险，可重复利用扑火机具，多弹、多机的组合效应，采取多批量，多批次的办法强行打开缺口，迅速进入火烧迹地避险。

扑火战斗中，当风向突变，火强度大，难以直接扑打，或遭顺风火袭击时，应立即进入火烧迹地，并迅速组织人员清理火烧迹地内的剩余可燃物，进一步扩大安全区域，并派出观察哨密切关注火场动态。

(5)点迎面火避险

在遭大火袭击或包围，来不及转移到安全地带时，可在较开阔的平坦地，以河流、小溪、道路为依托，使用点火器点迎面火，使新火头向大火头方向逆风蔓延，阻挡火锋解围(图5-79)。请注意在控制线另一侧一定要有巡护人员，以防飞火产生新火点。

图5-79 利用地形点火避险示意

(6)点顺风火避险

如火场周围没有依托条件，或有依托条件，但不具备点烧迎面火的时间或距离时，迅速组织点烧顺风火，顺势进入火烧迹地内避险(图5-80)。

点烧时，风力灭火机手，弱风跟进助燃，水枪手清理火场内较大的火星或倒木，灭火弹手时时准备对袭来的火头实施压制。确保在较短的时间内烧出最大的区域。确保扑火队员在火烧迹地内安全避险。

扑火队员跟火进入火烧迹地避险，并用手扒出地下湿土，紧贴湿土呼吸或用湿手巾捂住口鼻防止一氧化碳中毒。

图5-80 点顺风火避险示意

(7)利用防护装具冲越火线

在其他避险手段不能使用时，扑火队员应利用防火服、头盔、面罩、手套等防护装具，选择火势较弱，地势相对平坦的部位，逆风迎火，强行穿越火线，进入火烧迹地避险。穿越前穿好防护装备，穿越时要用湿毛巾捂住口鼻，屏住呼吸，一举穿过(图 5-81)。

图 5-81 强行顶风冲越火线示意

有关火焰武器对全着装士兵的作用研究表明；在总热负荷（辐射热加对流热）为 18 000℃/s时，100% 的士兵失去战斗力，在 15 000℃/s时，有 50% 的人完全失去战斗力；而在 9 500℃/s 时，没有士兵完全失去战斗力。也就是说，人体的总热负荷极限为18 000℃/s。当火焰温度为 1 000℃，人可以有 18s 的应对时间，最小有 9.5s 的应对时间。如果扑火队员以百米跑的速度(5m/s)，冲刺火线，在 1 000℃的火焰中，可以跑出 90m，最小可跑出 47.5m，完全可以冲出火线。

(8)利用有利地形避险

当林火威胁人身安全，无法实施点火避险时，灭火人员应有效地利用有利地形进行避险，如河流、湖泊、沼泽、农田地、砂石裸露地段，植被少的地段。

【拓展知识】

迷山自救

迷山就是指在某一地带或时间里，既不能到达目的地，又不能返回出发地，迷失了方向。在林区扑救森林火灾过程中，迷山的情况时有发生的，如发现迷山时，一定要冷静，想办法进行自救。

5.5.4 辨别方向

(1)利用太阳判别方向

①利用太阳和手表判别法：一般说来，6:00 时太阳在东方；12:00 时太阳在正南方；18:00 时在西方。在判定方向时，先将手表放平，以表盘中心和时针所指时数(以 24 小时计算)折半位置的延长线对准太阳，此时由手表中心通过 12 的方向就是北方，口诀是“时针折半对太阳，12 指的是北方”。

②阴天立笔判别法：阴天可在地上平放一张白纸，于白纸中心竖一支笔，通过光的反射会在纸上产生阴影，阴影所对应的方向是此刻太阳所在的方向。

(2)利用树木特征判别方向

太阳的热能会在自然界中形成一定规律的不同特征，掌握和利用这些特征可以判别方向。

①草本植物判别法：树干及大岩石等物体的南侧草本植物生长高而茂密；秋季山南坡的草枯萎早于北坡。

②树皮判别法：通常树的南侧树皮光滑，北侧粗糙。此现象，白桦树最为明显。白桦树南面的树皮较之北面的颜色淡，而且富有弹性。

③树干判别法：夏季针叶树干南侧流出的树脂比北侧多，而且结块大。

④树叶判别法：秋季果树朝南的一面枝叶茂密结果多，以苹果、红枣、柿子、山楂、荔枝、柑橘等最为明显；果实在成熟时，朝南的一面先染色；树下和灌木附近的蚂蚁窝总是在树和灌木的南面；长在石头上的青苔性喜潮湿不耐阳光，因而青苔通常生长在石头的北面。

⑤树种判别法：我国北方茂密的乔木林多生长在阴坡，而灌木林多生长在阳坡。这是由于阴坡土壤的水分蒸发慢，水土保持好，因此植被恢复比阳坡快，易形成森林。另外，就树木的习性来讲，冷杉、云杉等在北坡生长得好，而马尾松、华山松、杨树等就多生长于南坡。草原上的蒙古菊和野莴苣的叶子都是南北指向。

⑥年轮判别法：在林内观察树的年轮，年轮疏的一面为正南，年轮密的一面为正北。

(3)利用河流判别方向

在一般情况下，河流都由西或西北向东或东南方向流。

(4)利用北极星判定方向

黑夜，在正北的天空上，有一颗较亮的恒星叫北极星，找到北极星就可以判定方向。北极星位于小熊星座的尾端，它和大熊星座(北斗七星)的位置关系很大(图5-82)。大熊星座主要由七颗明亮的星组成，形状像一把勺子。寻找时，通常先找到大熊星座，再将勺端两星的连线向勺口方向延长，按两星间隔的5倍，有一颗较明亮的星就是北极星。面向北极星，则正前方是北，背后是南，左方是西，右方是东。

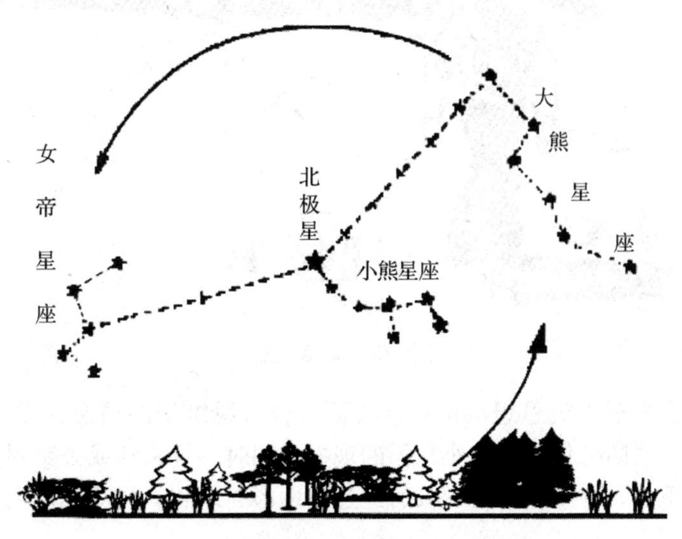

图5-82　利用北极星判定方向

在我国南方各省，有时大熊星座运转到地平线以下，这时可以利用女帝星座(即仙后星座)寻找北极星。女帝星座主要由五颗明亮的星组成，形状像“W”，在缺口方向约为缺口宽度的两倍处，便可找到北极星。

5.5.5 迷山后如何脱离险境

迷失方向时，只要冷静分析，并根据日月星辰等自然界的一些特征判定方位，坚定信心，一定会脱离险境。

(1)团体迷山后的脱困

团体迷山时要防止盲目乱撞或一个人说了算，发现迷失方向后，应先登高远望，判断应该往哪儿走。在山地尤应如此。应先爬到附近大的山脊上观察，然后决定是继续往上爬，还是向下走。若山脉走向分明、山脊坡度较缓，可沿山脊前进；否则应朝地势低的方向走，这样易于碰到水源。顺河而行最为保险，这一点在森林(丛林)中尤为重要。俗话说："水能送人到家。"因为道路、居民点常常是濒水临河而筑的。

在森林中行进，如果没有指向物，可利用长时间吹向一个方向的风或迅速朝一个方向飘动的云来确定方向。迎着风、云行走或与其保持一定的角度行进，可在一定时间内保证循着直线前进。也可使用"叠标线法"(即每走一段距离，在背后做一个标志，如放石头、插树枝，或在树干上用刀斧把树干周围的皮都刮掉刻制环形标志，在行进中不断回看所走的路线上的标志是否在一条线上，便可以得知是否偏离了方向)到达目标点或返回出发点(图5-83)。在使用"叠标线法"寻找目标时，如果找不到，可折回标志处，再换一个方向重新试行。如果遇到岔路口，首先要明确要去的方向，然后选择正确的道路。若几条道路的方向大致相同，无法判定时，则应选中间那条路，这样可以左右兼顾，即使走错了，也不会偏差得太远；同时，还应让专人在每个出发的岔路口做好标志，以便选错道路返回时能确定出发点。

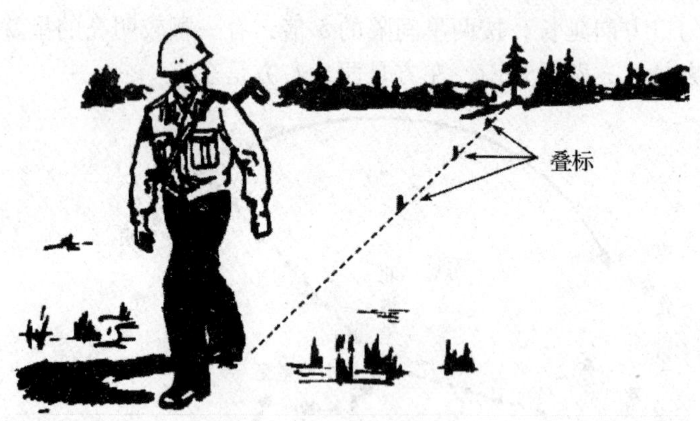

图5-83 叠标线法

迷山后可能会出现人员思想混乱、情绪低落、众说纷纭的情况，领导者一定不能慌乱，要加强团结，严防分伙，避免小帮派的现象。同时一旦来路或去路判定后，就要向一个方向坚定地走下去，并指定人员记载所经过的山形、地貌、河流等情况，以备一旦未找到目标点时参考。

迷路后，如果天色已晚，应立即选址宿营，不要等到天黑，否则将非常被动。若感到十分疲乏时，也应立即休息，不要走到筋疲力尽后才停止。这一点在冬季尤应注意，过度疲劳和流汗过多，容易冻伤或冻死。对于单个迷山者来说更要注意这个问题。

(2)个人迷山后的脱逃

孤身一人在山野行走迷失方向时，首先要有坚定的信念，总体把握的原则是：前进时应朝预先选好的指向物的方向行进，一直走到指向物，然后再行判定方位。在火场内迷失方向时，只要始终保持向一个方向前进，就可以走到火线上，然后沿火线走就可找到扑火队伍。在深山密林中迷失方向时，一定要保持冷静，尽量避免因乱撞而消耗大量的体力。首先要尽可能地利用各种条件判定方向，在判明方向的基础上可利用前面所讲的方法前进。在前进时，白天要尽量走山脊，不要一直走下坡路，同时要注意山路上的各种标志、人、声音等，以便获得求助，及时脱困。

个人迷山后，如果采取各种办法都无法确定方位或没有把握返回驻地时，应该立即停在原地等待，因迷山时间尚短，迷山者距离正确的道路不会太远，所以原地等待便于同伴发现有人走失后的寻找，惊惶失措的乱闯，既不能解决问题，又可能遭遇危险。找不到路时，为了生存，迷山者一定要有较长远的打算，可以选择一个地势开阔背风的地方搭个窝棚住下来。遇到可食之物，吃饱后要捡些随身携带备用。野外过夜时要注意防寒，避开野兽经常出没的地方。经过充分休息后再采取各种方法自救。

如有骑马的迷失者，晚上要将马看管好。白天行进时，可将缰绳松开，让马自寻前进的路。特别是老马会很快引导人们寻找归路，但特别要注意不要使马受到惊吓。

(3)寻求援助

实在无法脱离困境时应设法主动寻求援助。夜间可在高处点燃火堆(最好是3堆，呈三角形)；白天可放烟(在火上放上青草，就会发出白烟)，每隔十几秒钟放一次青草，正确的方法是6次/min，这是世界通用的救难信号。还可以用光线、声音、敲击等方法发出“三短、三长、三短”的“SOS”求救信号，在莫斯电码中三短代表S，三长代表O，敲击是敲(停3秒)敲(停3秒)敲(停3秒)表示三长，敲(停1秒)敲(停1秒)敲(停1秒)表示三短，用灯光则是以亮的时间来表示长短，如亮－－－灭－－－亮－－－灭－－－亮－－－灭－－－表示三长，亮－灭－亮－灭－亮－灭－表示三短。在森林中桦树声音宏大而且传播很远，可用斧头、棍棒击打桦树，传递救难信息，在夜间可以用手电筒发出求救信号。每发送一组“SOS”，停顿片刻再发下一组。在开阔的地段，如草地、雪地上可以因地制宜地制作地面标志。或在雪地上踩出或用树木、石块摆放出相应标志，将青草割成SOS的字母等[HERT(受伤)、HELP(帮助)、TRAPPED(受困)、LOST(迷失)]，标志尽可能地要大一些，字的直径至少要有5～10m。

5.5.6　救援的方法

救援的方法主要有地面搜救和空中搜救。地面搜救是主要的搜救方式，针对不同情况可采取辐散式搜救、向心式搜救、拉网式搜救等方法。

(1)辐散式搜救

知道“迷山”者最后确切位置时，搜寻人员可采取辐散式搜救的方法，由这一点向外、由小范围到大范围、由近至远地分层搜索，并将观察、搜索到的可疑情况和痕迹详细记载，随时上报。

(2)向心式搜救

比较确切地知道“迷山”者所在范围时，可采取向心式搜救方式，由外向内仔细寻找。

(3)拉网式搜救

当无法知道迷山者是在什么时候、什么地点失踪时，可采用拉网式搜救方式，划定一定地域一线平推；没有发现时，在相邻地域依次进行。

(4)注意事项

①搜救时除采用上述的搜救方法外，还可利用在高山上点火，定时、定点向天空鸣枪等方法吸引迷山者。

②如果迷山者失踪地域有河时，可顺河寻找，重点放在“甩弯”“河流木”等处。在野兽经常出没的地方寻找时，不但要人多，搜索还一定要细致。如果发现有飞禽集聚的地方一定要详细盘查。

③经过一天以上的寻找，仍未找到迷山者时，为了保证迷山人员的基本生存条件，搜寻人员可采取在迷山者可能经过的地方留下衣服、食物、火柴和指示方位及搜救情况措施的纸条等协助迷山者脱困。一旦迷失方向者找到其中一个，就可以依照这些物品的指示脱离困境。

④搜救时可使用石头、杂草或木棍等物做标志(图5-84)。标志要放在既容易看见又安全的地方，不要放在别人易踩坏的地方。这些常用的标志，也可自己制作一些，平时在训练中让所属人员熟悉这些标志的意义，以熟练使用。

⑤如果经过一段寻找，仍不见失踪者的行踪，可请求飞机帮助进行空中搜救。

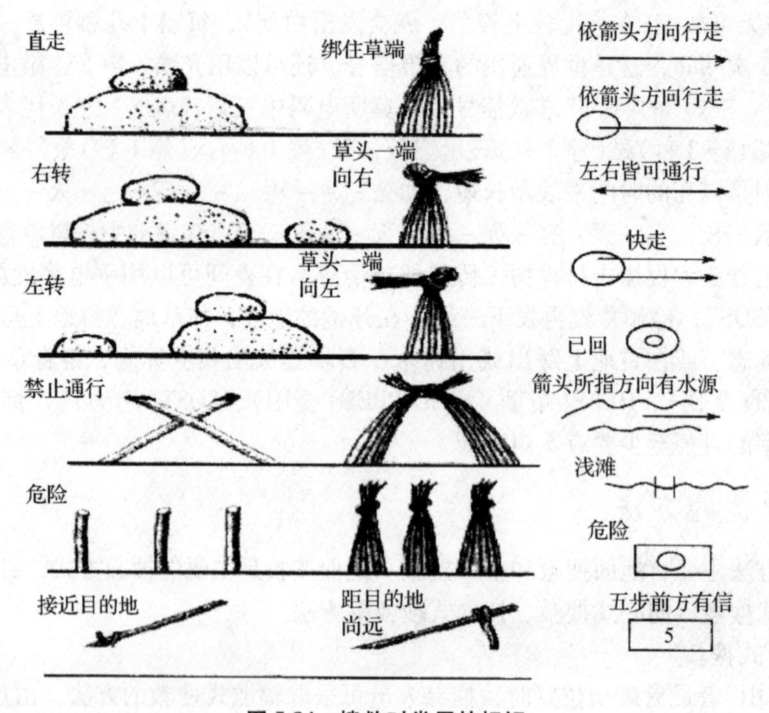

图5-84　搜救时常用的标识

【企业案例】

扑火安全守则

①扑救森林火灾不得动员残疾人员、孕妇和儿童。

②扑火队员必须接受扑火安全培训。

③遵守火场纪律，服从统一指挥和调度，严禁单独行动。

④时刻保持畅通的通信联系。

⑤扑火队员需配备必要的装备，如头盔、防火服、防火手套、防火靴和扑火机具。

⑥密切注意观察火场天气变化，尤其要注意午后扑救森林火灾伤亡事故高发生时段的天气情况。

⑦密切注意观察火场可燃物种类及易燃程度，避免进入易燃区。

⑧注意火场地形条件。扑火队员不可进入三面环山、鞍状山谷、狭窄草塘沟、窄谷、向阳山坡等地段直接扑打火头。

⑨扑救林火时应事先选择好避火安全区和撤退路线，以防不测。一旦陷入危险环境，要保持清醒的头脑，积极设法进行自救。扑救地下火时，一定要摸清火场范围，并进行标注，以免误入火区。

⑩扑火队员体力消耗极大，要适时休整，保持旺盛的体力。

【巩固练习】

一、名词解释

迷山　叠标线法

二、填空题

1. 扑火过程中，对扑火队员生命安全危害最大的是________、________、________这三个要素。

2. 火场中，高温对扑火队员最常见的伤害是________。

3. 山脊地带林火行为瞬息万变，主要是因为________________形成了飘忽不定的阵风和________。

4. 开设安全避险区域通常在________，________，________，且处于上风向的有力位置，同时，要彻底清除安全区域内的可燃物，排除安全隐患。

5. 灭火人员无法以人力控制火势，火场附近有有利地形或撤离路线时，应立即组织扑火人员安全转移至安全地带避险。转移时切忌________、________、________。

6. 对迷山者的搜救主要采取地面搜救，针对不同情况可分为________、________、________等方法。

7. 扑救森林火灾时，容易造成人员伤亡的危险地形有________、________、________、________、________、________；危险植被类型有________、________、

________；危险时段有________、________、________。

三、选择题

1. 火场中，高温对扑火队员产生的伤害，不恰当的是(　　)。

A. 由于吸入高温气流造成呼吸神经麻痹导致窒息而伤亡

B. 高温引起扑火队员体内水分严重流失

C. 高温辐射引起扑火队员体温升高，出现中暑症状

D. 高温使扑火队员迷失方向，看不清逃生的路，并呼吸困难

2. 关于火场中的危险因素，下列描述正确的是(　　)。

A. 扑救森林火灾，体力消耗极大，会使扑火队员体内水分大量流失，因此只要注意及时补充水分

B. 扑火队员由于身体极度疲劳，会抵抗力变弱而中暑、中毒甚至烧伤

C. 扑火队员在极度疲劳的情况下就会神经失常，不知所措，乱跑乱窜

D. 浓烟对人体的伤害最主要的是烟中的二氧化碳，会使人窒息而死

3. 火烧迹地是较为安全的避险区域，下列关于火烧迹地避险不正确的是(　　)。

A. 如火场周围没有依托条件，或有依托条件，但不具备点烧迎面火的时间或距离时，迅速组织点烧顺风火，顺势进入火烧迹地内避险

B. 遇到大火袭击时，无法实施转移避险，应强行打开火线缺口，迅速进入火烧迹地避险

C. 火烧迹地内，可燃物燃烧殆尽，因此不必进行清理，可直接设置为避险区域

D. 点顺风火进入火烧迹地避险，扑火队员要注意紧贴湿土呼吸或用湿手巾捂住口鼻防止一氧化碳中毒

4. 下列判别方向的方法中，正确的是(　　)。

A. 树干及大岩石等物体的北侧草本植物生长高而茂密

B. 石头上的青苔通常生长在石头的南面

C. 秋季果树朝南的一面枝叶茂密结果多，以苹果、红枣、柿子、山楂、荔枝、柑橘等最为明显

D. 在林内观察树的年轮，年轮疏的一面为正北，年轮密的一面为正南

四、判断题

1. 烧伤患者，体液大量流失，会造成口渴，应该大量饮水，以补充水分。(　　)

2. 随着坡度的增加，火焰由垂直发展状态而转变成为水平发展状态，火焰上空形成对流柱，产生高温使林冠层和空中可燃物预热，此时越过山顶直接扑救林火或沿山坡向上逃避林火都是极其危险的。(　　)

3. 三面环山的窄谷地带，若发生林火，扑火队员应该时刻守在窄谷进出口处，以便随时撤离。(　　)

4. 草塘沟内基本上是一些细小的可燃物和杂草，可燃物载量低，火强度不大，因此，可以派驻少量人员进行扑救。(　　)

5. 针叶幼龄林或可燃物垂直分布明显地段，地表火和树冠火同时发生，形成立体燃

烧，应引起高度警惕。(　　)

6. 林火从可燃物载量小的地段蔓延至可燃物载量大的地段，森林火灾的蔓延速度和强度就会突然增大，威胁扑火队员的安全。(　　)

7. 在大火袭来时，应采取顺风逃生最安全。(　　)

五、简答题

1. 简述火场危险因素对扑火队员产生的危害。

2. 简述火场中常用的紧急避险方法。

项目6 灾后调查

【项目描述】

当发生森林火灾后，林业执法部门应组织相关人员，对起火的时间、地点、原因、肇事者、受害森林面积和蓄积、扑救情况、物资消耗、投入的人力、人身伤亡情况，其他经济损失以及对自然生态环境的影响等方面进行调查。所以，通过该项目的学习就是要掌握这些内容的调查方法，弄清森林火灾所造成的损失，以便摸索规律，吸取经验教训，进一步做好森林防火工作。

本项目包括：火因调查、过火面积调查、林木损失调查和森林火灾损失评估。

通过该项目的学习掌握这些内容的调查方法，弄清森林火灾所造成的损失，以便摸索规律，吸取经验教训，进一步做好森林防火工作。

任务 1

火因调查

【任务描述】

查清起火原因，这不仅有助于侦破火案，追究肇事者责任；也便于总结经验，采取有效措施，防止类似事件发生。所以，我们应该按照火因调查的方法和步骤，查清起火时间，找到引火物，判断起火原因，进而确定肇事嫌疑人。

【任务目标】

1. 能力目标

能够完成起火原因调查，会分析判定起火时间、地点、原因，确定火灾肇事者。

2. 知识目标

①熟悉调查访问的对象有哪些及调查访问内容。

②掌握确定初发火场的方法。

【实训准备】

记录本、照相机、地形图、标记带、指南针、测量仪器及工具、测绳、钢尺、皮尺。

【任务实施】

一、实训步骤

①对火灾现场的主要交通入口进行交通管制，其作用是防止社会闲散人员接近火场造成不必要的损失和便于对嫌疑人进行追堵。

②对知情人等相关人员进行调查访问。

③根据调查访问、现场发现的能够证明起火时间的各种痕迹、物证来判断起火时间。

④通过调查访问、残留物等分析起火地点。

⑤通过查找到的引火物或发火物，判断起火原因。

⑥根据起火时间、起火地点等相关内容确定肇事嫌疑人。

二、结果提交

将不同对象的调查访问内容进行详细记载、分类整理；确定起火时间和起火地点，并在地形图上进行详细的标注；找到引火物，判断出起火原因；确定肇事嫌疑人，最后形成火因调查报告。

【相关基础知识】

森林起火的原因很多，如天气持续干燥、火源管理疏漏、可燃物积累较多、防火人员责任心不强等，这些都是间接原因。这里所谓的起火原因是指导致森林火灾发生的直接原因，主要是指火源。

起火原因调查的步骤如下：

6.1.1 调查前的准备

起火原因调查工作应由经验丰富的防火人员或森林警察进行。调查者应尽早到达火灾现场，并要进行必要的准备，如带好记录本、照相机、地形图、标记带、指南针、测量仪器及工具、测绳、测尺、钢尺、皮尺等。应了解火灾现场的交通、居民分布等情况，便于及时对人为火的嫌疑人采取追堵措施。

6.1.2 访问调查

访问调查是查明起火原因的重要措施。访问调查的对象应包括：最先发现起火的人；报警的人；起火时在现场的人；最先到达火场扑救的人；熟悉火场周围情况的人；起火单位的各级有关领导；起火前最后离开起火部位的人；其他有关人员。

①向最先发现起火人和报警人主要了解的内容：着重调查访问发现起火的时间，最初起火的部位，能够证实起火时间和起火部位的依据；发现起火的详细经过(在什么情况下发现起火的，起火前有什么征兆等)；发现后火场变化的情况，火势蔓延方向、火焰的烟雾和颜色等；是否发现可疑的人；报警的时间和在什么情况下报的警。

②向最先到达火场扑救人主要了解的内容：到场时火灾发展的形势和特点；火势蔓延和扑灭的过程；扑救过程中是否发现了可疑对象、痕迹和可疑的人；起火点附近在扑救过程中是否经过破坏，原来的状态怎么样；采用何种方法扑灭火灾，作用如何。

③向起火时在场人和最后离开火场的人主要了解的内容：离开起火部位之前，本人或他人是否吸烟、动用了明火，本人具体作业或活动内容及具体活动部位；离开时，火源处理情况；其他在场人员的活动位置及内容，何时何因离去，来此目的，具体活动内容及来往时间；最后离开起火地点的具体时间，有无证人；对火灾原因的见解及依据。

④向熟悉火场情况的人主要了解的内容：地形、林权、作业情况，生产设备运转情况等。

⑤向火灾责任者和火灾受害人主要了解的内容：有无因本人生产、生活用火等疏忽大意或违反安全操作规程引起火灾的可能。火灾当时，当事人在何处、何位置、做什么，火灾前后的行动；对于受害人，还要了解他的关系圈，考虑有无因仇或纠纷等引起的火灾。

⑥向现场周围群众主要了解的内容：起火当时和起火前后，耳闻目睹的有关情况；群

众对火的各种反映、议论、情绪及其他活动；当事人的有关情况，如政治、经济、家庭和社会关系，火灾前后的行为表现等；当地地理环境特点，社会风土人情、人员来往情况。

⑦向受灾单位领导主要了解的内容：安全制度的执行情况；生产中有无火灾隐患；以往火灾情况。

访问调查过程中要围绕中心，拟定提纲；问话全面，不留死角(何时、何地、何事、何人、何故、何手段、何结果等)；讲究讲话的艺术和策略；及时记录。访问调查要做到全面、细致，要尽可能及时弄清起火时间、起火地点、起火前后的人为活动情况、天气情况，从中找出起火原因线索。同时，还可以了解火情报警、扑火队伍出动时间、扑火人员到达火场时间以及扑灭火灾时间等有关情况，这不仅有助于确定起火原因，还有助于总结经验。

6.1.3 确定初发火区域

确定初发火区域，才有可能找到起火原因证据。对于大面积火灾现场，要确定初发火区域，可先通过火后形成的火疤形状和有关指示物，来判断火蔓延方向，进一步确定起火点位置。判断林火蔓延方向，可根据火后留在树木、杂草或火场其他指示物上的痕迹或火疤来进行。主要方法有：

6.1.3.1 根据可燃物的燃烧程度判断林火蔓延方向

火灾主要是顺风蔓延和向山坡上蔓延。顺风火、上山火蔓延速度快。蔓延速度越快的火，可燃物的烧损程度越低，植被的破坏程度就越轻。因此顺风火对植被的破坏较轻，逆风火对植被的破坏程度较重。可燃物烧毁程度轻时，初发火场在山的下部，可燃物烧毁程度重时，初发火场在山的上部。

6.1.3.2 根据树干熏黑痕迹的高度判断林火蔓延方向

在燃烧床上作燃烧试验，可以明显地看到顺风蔓延的火在木柱的背风面形成旗状上升火苗，这种现象称为“片面燃烧”(图6-1)，这是因为木柱拉伸了蔓延的火焰，并在木桩的背风面形成火旋，使木柱背风面受热加强，在上升气流的作用下，形成一种燃烧现象。当风向与火灾蔓延方向相反时，木柱的背风面也产生片面燃烧。两者相比，后者烧损的程度要比前者严重得多。

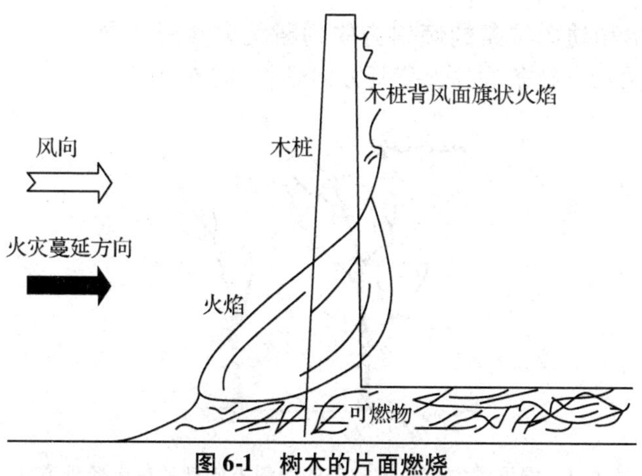

图6-1 树木的片面燃烧

由于“片面燃烧”，过火林地的树木背风面的烧黑高度总是高于迎风面(图6-2)。在过火林地，常出现烧黑高度的方向不一致的情况，这是因为在燃烧时出现旋风的缘故，因此要以大多数树干的烧黑较高一方为准。

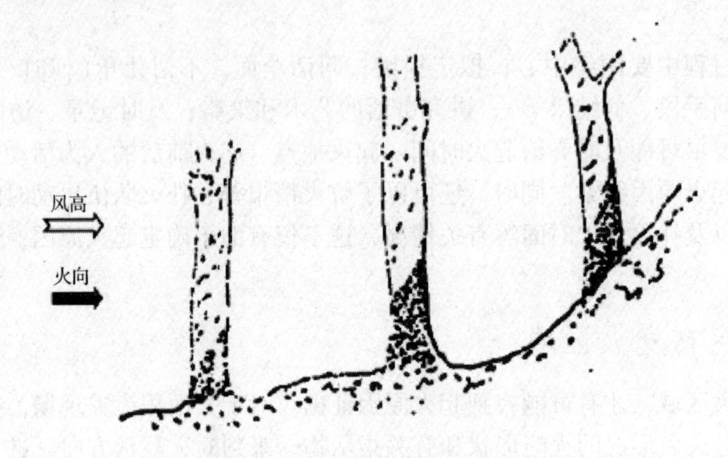

图6-2　根据树干烧黑痕迹的高度判断林火蔓延方向

6.1.3.3　根据树冠的被烧毁的程度判断林火蔓延方向

树冠火，在来火方向的一侧被烧高度较低，顺林火发展方向，树冠被烧高度逐渐增加(图6-3)。

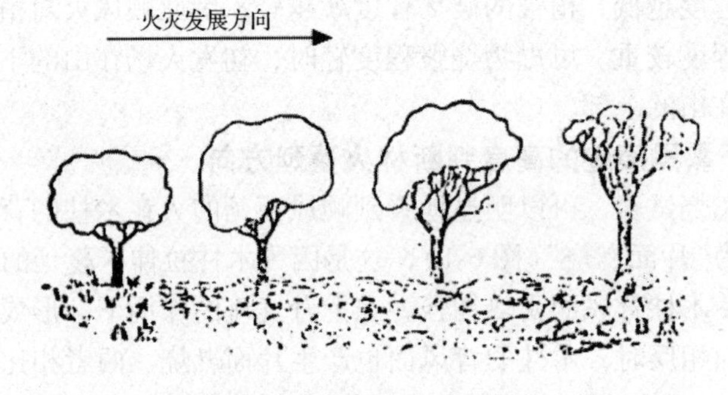

图6-3　根据树冠的被烧毁的程度判断林火蔓延方向

6.1.3.4　根据灌木和幼树枝条的倾斜方向判断林火蔓延方向

灌木和幼树过火后，枝条顺林火蔓延方向倾斜(图6-4)。

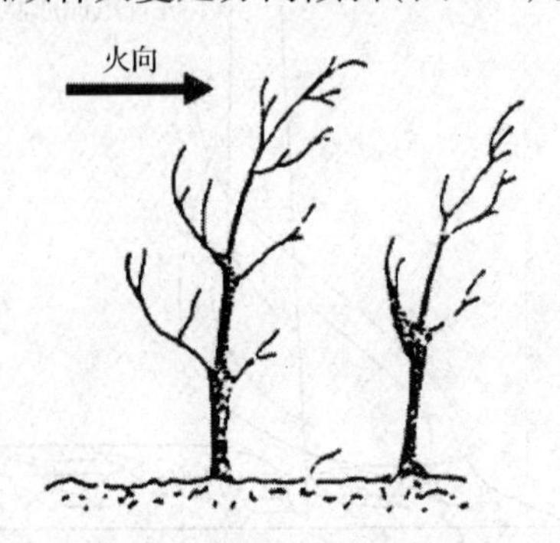

图6-4　根据灌木和幼树枝条的倾斜方向判断林火蔓延方向

6.1.3.5　根据树桩过火痕迹判断林火蔓延方向

火烧迹地的树桩过火后，常只有一侧被烧，留下"鱼鳞疤"。被烧的一侧指示来火的方向(图6-5)。

图6-5　根据树桩过火痕迹判断林火蔓延方向

6.1.3.6　根据杂草被烧状况判断林火蔓延方向

杂草过火后，绝大部分被烧断，使草梗都向来火的方向倒伏(图6-6)。如果林火强度低，一般只能烧毁一簇杂草的一侧，而留下另一侧，被烧毁的一侧便是来火的方向(图6-7)。

图6-6　根据草梗被烧状况判断火灾蔓延方向

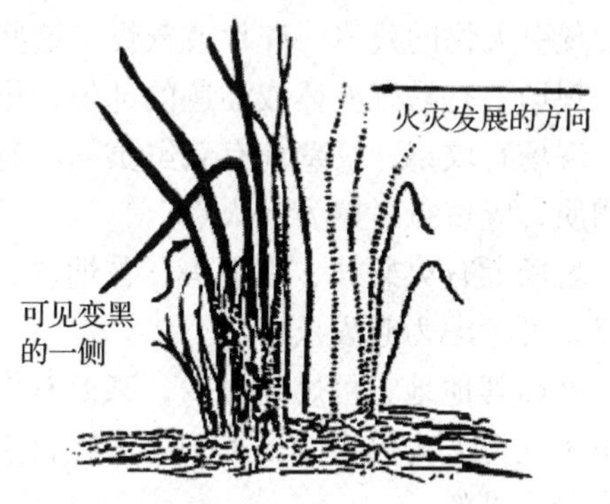

图6-7　根据一簇杂草被烧状况判断火灾蔓延方向

6.1.3.7　根据岩石被烧黑的方向判断林火蔓延方向

较大的岩石过火后，一侧发黑。发黑的一侧指示来火方向(图6-8)。

图6-8　根据岩石被烧黑的方向判断林火蔓延方向

6.1.4 分析判定起火时间和起火点

6.1.4.1 分析判定起火时间

起火时间是火灾结论之一。一般应是火场分析首先进行的内容，但是有的火灾现场不能首先确定较确切的起火时间，可在分析火灾原因之后，再分析或推理出起火时间。

起火时间主要根据现场访问获得的材料以及现场发现的能够证明起火时间的各种痕迹、物证来判断。具体的分析、判断可以根据以下几个方面进行：根据发现人、报警人及周围群众反映的情况分析确定；根据天气条件、地形条件综合考虑确定起火时间；根据火灾发展程度确定起火时间；根据树种的耐火情况及其在火场被烧程度，判定起火时间；根据燃烧速度推论起火时间；根据起火物质所受的辐射强度推算起火时间。

6.1.4.2 分析判定起火部位和起火点

起火点确定最常用的方法是询问报案人，因为报案人是最早发现冒烟起火的，该地点可以视为起火点。

询问知情人火灾发生时是否有雷电，雷电只向山的高处冲击，起火点往往在山顶。如有陨石坠落，则陨石坑极有可能是起火点。

除此之外，还可以根据引火物所在位置确定起火部位和起火点，尚未成灾或者烧毁不太严重的火灾，往往保留比较完整的引火物或发火物。在烧损比较严重的火场上，有时也会发现引火物的残体、碎片或灰烬。这些物品在现场上的所在位置，一般就是起火点。

现场上有易燃液体或油迹的部位，可考虑为起火点。

现场有坟墓，坟墓前有新鲜贡品、有燃烧不完全的冥钞、冥衣、冥器、香头、蜡烛头等物质，应重点考虑为起火点。

现场上有火柴杆、香烟头、香烟盒、食品包装物等标志人类活动的新鲜物品时，其活动点，可考虑为起火点。

林内其他地方可燃物很少，某处有大量的可燃物质，突然起火，可考虑为起火点，同时也可视为人为纵火的证据，因为在自然界，可燃物温度升高达到燃点而引起自燃的情况是十分少见的。

拖拉机、汽车等可能产生火花或高温的交通工具通过后，火灾发生，则道路旁燃烧最严重的地方，可考虑为起火点。

现场上树木燃烧、炭化、爆裂相对严重的一侧，可考虑为起火点。

6.1.5 分析判定起火原因

通过查找到的引火物或发火物，可以判断起火原因。

如果找到被雷击的树木、树干、树根的碎片或者折损迹象，可判断是雷击所致。

如果发现陨石坑，可判断是机械撞击所致。

如果找到烟头、纸片、火柴杆等物，可判断是吸烟所致。

如果发现有简易小棚、火坑、蜡烛、火柴、粮食等，可判断是入山人员生火做饭或取暖所致。

如果找到机车甩出的闸瓦、破碎铁块、烧焦的煤炭残渣等，可判断是机车漏火所致。

如果火是从农田荒地或池塘草地烧向森林的，同时在调查时也证实，有人在该地区进行过烧荒或烧防火线，则可判断是烧荒或烧防火线所致。

如果有坟墓、烧过的纸灰、香头、香灰、鞭炮等，可判断是上坟烧纸所致。

如果有烧田边地角、烧秸秆等，可判断是农业用火所致。

6.1.6　起火原因调查应注意的问题

起火原因调查和追查肇事者是一项艰苦、细致的工作，直接影响火灾案件的处理和善后事宜。起火原因调查要注意以下几个问题。

(1)起火原因调查要及时进行

通常森林火灾发生后，扑救队员的首要任务是及时扑灭火灾，对如何保护火灾现场，便于侦查破案考虑较少，森林火灾现场易遭到严重破坏。所以，指挥员在接到火情报告，赶赴现场扑救的同时，就应考虑并着手起火原因调查。在火势已被控制，或扑救力量充足的情况下，应安排一定警力调查起火原因。

(2)调查工作要全面细致

现场勘查要细致，对损失较大，起火原因、嫌疑人不明的重大疑难案件，还要扩大调查面，对附近村庄群众进行全面调查。

(3)起火原因调查要和火案侦破相结合

一般说，失火成灾后肇事者能扑灭则扑，扑不灭就跑。一般要尽可能在嫌疑人尚未离开现场前给予控制。已离开现场的，应根据案情，在起火原因调查的同时，根据火场四周的交通线、居民情况来判断嫌疑人逃跑的方向、路线，派人追赶堵截。尚不能及时查清的林火案件，可将查到的有关物件交当地森林公安继续追查。

(4)要重视物证

对现场收集的火源证据应进行认真审查、分析和论证，有的还要现场拍照，逐一详细记录，画出起火点及火源分布草图。值得注意的是，造成森林火灾的原因，绝大多数都是人为所致，起火原因调查与失火案件查处是紧密相关的，起火原因调查人员的现场勘察笔记、物证、证人证言的佐证，对法庭进行判决相当重要。

【企业案例】

谁是这起火案的肇事者?

正值清明节假期，2016年4月2日上午11:09，内蒙古自治区赤峰市元宝山区森林公安局接到电话报警，称平庄镇向阳北山松树林地着火。警情就是命令，接警后，民警迅速前往现场。

经现场勘查，过火的是一片松树林地，林地内没有坟墓，起火原因不明。办案民警以过火林地为中心，向四周展开勘查，最终在过火林地路北边地面上发现有一个圆圈，旁边还有一个木棍，木棍一端有烧黑的痕迹，确定此处是起火点。

办案民警迅速调取火场附近煤矿、向阳公墓、平庄城区各个路口的视频资料，仔细甄别，经过民警5天连续奋战，终于在视频资料中捕捉到一个重要信息：有两个人骑一辆红色摩托车在案发前出入过此地，这两人有重大嫌疑，但遗憾的是车牌号非常模糊，这给侦查工作带来很大困难。

办案民警又到元宝山区公安分局图侦大队，经图侦大队民警认真比对查看，终于确定该摩托车车牌号。民警根据车牌号，并依靠视频资料中两个人的体貌特征，初步确定两人是崔某和其儿子。

为确保案件顺利告破，防止节外生枝，4 月 7 日下午，办案民警兵分两组，一组民警到学校找崔某儿子核实情况，崔某儿子如实地讲述了和其父亲烧纸着火的经过；另一组民警迅速找到崔某，在事实面前，崔某交代了其烧纸引发林地过火的经过。

经林业工程师鉴定，过火林地面积为 13. 54 亩，元宝山区森林公安局依据《森林防火条例》，依法对崔某作出行政处罚。

【巩固练习】

一、名词解释

火因　火因调查　片面燃烧

二、填空题

1. 起火原因调查的步骤有：________、________、________、________、________。

2. 顺风蔓延的火会发生“片面燃烧”，在木柱的________面形成旗状上升火苗；当风向与火灾蔓延方向相反时，也会形成片面燃烧，两者相比，________损毁程度要更严重。

3. 某林分发生树冠火，一侧树木被烧高度较低，一侧被烧高度较高，则来火方向为被烧高度较________的一侧。

4. 火烧迹地的树桩过火后，常只有一侧被烧，留下________，被烧的一侧指示来火的方向。

三、选择题

1. 查明起火原因的调查对象不包括下列(　　)。

A. 最先发现起火和报警的人　　B. 最先到达现场扑救的人

C. 熟悉火场的人和火场归属单位人员　　D. 附近具有犯罪记录的人员

2. 下列林火类型中，植被破坏程度最重的是(　)。

A. 顺风火　　B. 侧风火　　C. 逆风火　　D. 上山火

3. 下列判断林火蔓延方向，说法正确的是(　　)。

A. 过火林地的树木迎风面，由于最先接触火焰，因此烧黑高度总是高于背风面

B. 树冠火，在来火方向的一侧被烧高度较低，顺火灾发展方向，树冠被烧高度逐渐增加

C. 灌木和幼树过火后，枝条向来火方向倾斜

D. 杂草过火后，绝大部分被烧断，因此草梗倒伏方向为林火蔓延方向

4. 下列现象可以作为判定起火点依据的是(　　)。

A. 现场有坟墓，坟墓前有新鲜贡品

B. 现场有火柴杆、香烟头、香烟盒、食品包装物等标志人类活动的新鲜物品的地点

C. 有汽车经过的地方

D. 山脚下发生火灾，而火灾发生前出现雷击

四、简答题

1. 试述火因调查的步骤。
2. 试述如何确定初发火场区域。

任务 2

过火面积调查

【任务描述】

过火面积、受害森林面积、成灾森林面积的调查与测算，是评价森林火灾造成的损失和影响，也是进行火灾案件处理的重要依据，其中过火面积调查是最基本的调查内容。所以，我们要掌握过火面积调查常用的方法，弄清楚火场形状和面积。

【任务目标】

1. 能力目标

①能够确定火场位置和形状。

②能够准确测定过火面积。

2. 知识目标

①掌握过火面积的测绘方法。

②掌握过火面积的测算方法。

【实训准备】

GPS 手持机、地形图。

【任务实施】

一、实训步骤

利用 GPS 的定位功能，也可以快捷方便的求算面积。操作时，调查人员携带 GPS，沿火场边线走一圈。凡是转角的地方，都要赋以“定位”操作，GPS 的显示屏就可以提供所在位置的地理坐标，并将数据存储起来。最后，就可以利用 GPS 直接得出火场形状和面积的数值。

用 GPS 测量过火面积时应注意，当各个测量点周围，地势开阔且不受遮挡时，精度较高；若在树冠下或者在峡谷山区，测量精度将受很大的影响。

二、结果提交

将 GPS 的测量数据调出并转绘到地形图上，并标注火场面积。

【相关基础知识】

过火面积也叫火烧迹地面积，即一场森林火灾烧过的不同地类面积的总和，包括了火烧的森林面积，还包括疏林地、灌木林地、草地、荒山荒地等面积。如森林草原地区，森林火灾可同时烧过大片森林和大片草原，过火面积是火烧过的森林和草原面积之和；在森林调查中，森林是包括有林地（林分郁闭度≥0.2）和未成林造林地（新造幼树株数达到成活标准的地），林分郁闭度≤0.2 的是疏林地。所以，森林火灾调查中，过火面积和受害森林面积不同。受害森林面积是指火烧迹地内的过火森林面积。成灾森林面积则是指受害森林面积中，林木烧死株数在 30% 以上，幼林中被烧死株数在 60% 以上的森林面积。

6.2.1　过火面积的测绘

（1）目估勾绘法

如果对过火面积要求的调查精度不高，可采用目估勾绘法。该法由有经验的调查员，通过步行火烧迹地四周，勾绘火烧迹地略图，根据略图估算面积或者直接估计过火面积。这种方法适用于森林火灾面积不大的情况。当火烧迹地面积较大时，调查人员要沿整个火烧迹地外围步行前进，在 1:5 000 或 1:10 000 地形图上，将外围线上的主要地物标志，标注在图上，然后估绘火场略图。若在山区，调查员可在对坡进行勾绘。勾绘的界线移位误差也有一定要求，对有明显地物、地貌标志≤0.1mm；没有明显地物、地貌标志的≤0.2mm，面积误差≤7%。

（2）实测法

如果面积调查精度要求较高，就要采用罗盘仪或者经纬仪，实测火烧迹地面积。采用导线法和勾绘法，绘制火烧迹地平面图。精度要求应达到：导线相对闭合差≤1/200，各测站之间间距≤200m，测量误差≤1/50，角偏差≤1°，面积量测误差≤5%。

（3）航空测绘法

对于大面积森林火灾，可用飞机在火烧迹地上空飞行，把火烧迹地周围主要地物标（河流、道路、制高点和建筑物等）所在的位置勾绘在图上，连接各地物标，绘制成火烧迹地图。

（4）卫星测绘法

当火烧迹地面积很大时，可利用卫星遥感图像绘制火烧迹地图。一般要由卫星地面接收单位，对卫星数据处理后，推算火烧区域各受害地类的面积。卫星测绘法，具有准确快捷的优点。

6.2.2　过火面积的测算

根据绘制的火烧迹地平面图或略图，即可求算过火面积。在实际工作中，一般根据图形的形状和测量精度的要求，采用不同方法求其面积。

6.2.2.1 方格纸法

将透明方格纸或透明方格模板覆盖在火烧迹地平面图上，在方格纸上描绘出其边界线，之后数出图形内完整方格数，再数出不完整方格数，并折合成整方格的数量，按比例尺推算面积。

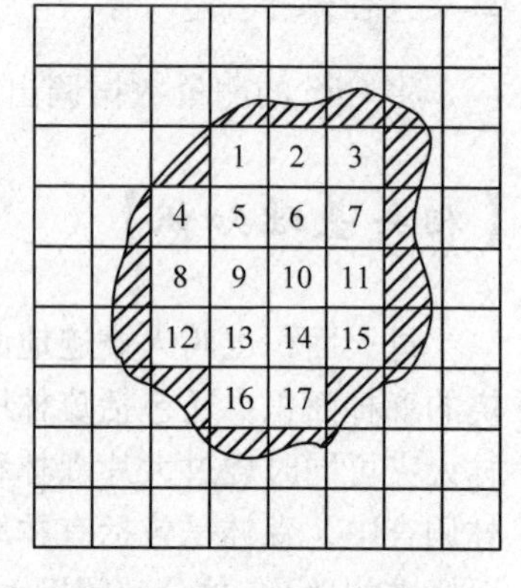

图 6-9 网格法计算面积

［例］ 在图 6-9 中，完整方格数为 17 个，不完整的方格折合成 10 个方格，一个方格的面积为 $1mm^2$，图的比例尺为 1:50 000,则所量图形的实地面积为：

$S = (17 + 10) \times 1 \times 50\ 000^2 = 67\ 500m^2 = 6.75hm^2$。

为了防止出现错误和提高量算精度，应变换网格位置再量算一次，如果两次量算结果的相对误差：$\frac{\Delta S}{S_{平}} \leqslant 1/200$（其中 ΔS 为面积差，$S_{平}$ 为平均面积），则取平均值为最后结果，若达不到 1/200 的精确度必须重新量算。

6.2.2.2 几何法

把火烧迹地平面图，分成若干个三角形或梯形等几何图形，然后逐个计算其面积，再进行累加。

$$正方形的面积 = 边长 \times 边长 \tag{6-1}$$

$$长方形的面积 = 长 \times 宽 \tag{6-2}$$

$$平行四边形的面积 = 底 \times 高 \tag{6-3}$$

6.2.2.3 求积仪法

电子求积仪是用微处理控制的数字化面积量测仪器，可以自动显示面积值、重复量测的平均面积值、若干小图形面积的累计值。这种仪器不仅使用简单，而且量测面积的精度高于机械求积仪。电子求积仪的型号较多，可分为定极式和动极式两类，现以日本 KP-90 型动极式电子求积仪为例，简介其基本结构和使用方法。

KP-90 型电子求积仪的正面图，由动极轴，电子计算器和跟踪臂三部分组成（图 6-10）。动极轴可在垂直方向上滚动；动极轴与计算器之间由活动枢纽 C 连接；跟踪臂与计

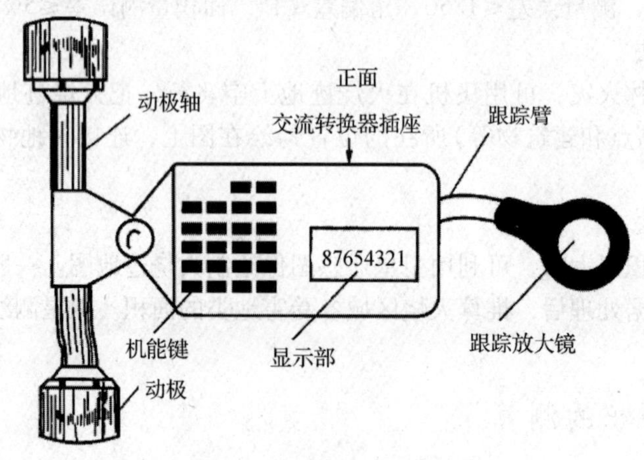

图 6-10 KP-90 型电子求积仪

算器连在一起，右端是跟踪描述放大镜。仪器内附有镍镉电池，充电后可连续使用一天。量测范围较大，跟踪描迹放大镜中心的上下摆幅可达325mm，动极轴横向滚距没有限制，当比例尺为1:1时，最大累计量测面积可达10m²，最小分解力为0.1cm²。

操作步骤如下：

操作显示面板的放大图如图6-11所示。

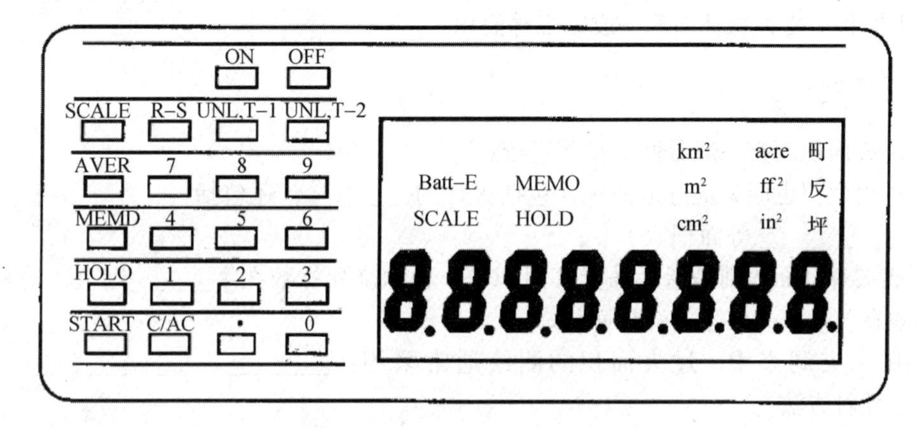

图6-11　KP-90型电子求积仪操作面板

①通电源——按ON键。

②清除显示屏和存储器数——按C/AC键。

③输入图形比例尺分母M——先输入M值，再按SCALE键。

④选定面积显示单位——连续按UNIT—1键，在显示屏上可提供公制、英制、日制等面积单位制，可任取其一。接着连续按UNIT—2键，可在前者选定的单位制内显示具体面积单位，如在公制下显示cm²、m²、km²等，任选其一；在英制下显示in²、ff²、acre(英亩)等，任选其一。

⑤将仪器安放在图形的左侧并标出起始点A(图6-12)。按起动键START，计算器发出音响以示量测开始。手握放大镜，使红圈中心沿图形轮廓线顺时针方向跟踪描迹一周，停止后显示屏上所显示的数字即是实地面积值。

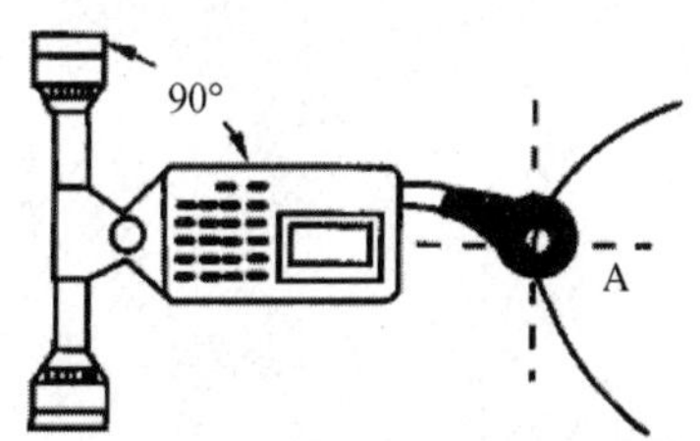

图6-12　KP-90型电子求积仪的使用

若对某一图形重复量测，在每次量测终了按MEMD键进行存贮，最后按AVER键可显示平均面积值。

若连续计算若干小图形面积，并求其总和时，当测算完第一块后按HOLD键，可将显示的第一块面积值暂时固定保留，当把仪器安置于第二块图形上之后，再按HOLD键以解除固定，继续量测时，可自动累加，照此量至最后一块图形，则在显示屏上所显示的数字就是总计面积值。

【巩固练习】

一、名词解释

过火面积　受害森林面积　成灾森林面积

二、填空题

1. 过火面积调查一般分两个步骤进行：________和________。

2. 过火面积也叫火烧迹地面积，包括火烧的________，还包括________、________、________、________等面积。

3. 成灾森林面积则是指森林受害面积中，林木烧死株数在________以上，幼林中被烧死株数在________以上的森林面积。

4. 在火灾调查中，过火面积的测绘通常采用：________、________、________、________几种方法。

三、计算题

用方格纸法计算过火面积，图形比例尺为1∶10 000，图上完整方格数为25，不完整方格数为16，一个方格边长为1mm，则该图形实际面积为多少？

任务3

林木损失调查

【任务描述】

每一场森林火灾所造成的林木损失都是各不相同的。弄清楚每一场森林火灾所造成的林木损失，是对森林火灾肇事者给予量刑的重要依据；也是探讨和掌握森林火灾发生规律，提高森林火灾预防和扑救工作水平的重要基础。所以，在林木损失调查中，我们应该按照林木损失调查的方法和步骤，弄清楚林木株数损失和林木蓄积量损失。

【任务目标】

1. 能力目标

能够调查出林木株数损失和林木蓄积量损失所需的各项指标；计算出林木株数损失和林木蓄积量损失。

2. 知识目标

①熟悉林火损失调查的内容和要求。

②掌握标准地调查方法。

③掌握烧毁木、烧死木、烧伤木、轻伤木和未伤木的划分方法。

【实训准备】

罗盘仪、三脚架、测杆、测绳、皮尺、围尺、测高器、材积表等。

【任务实施】

一、实训步骤

1. 标准地的布设

在踏查的基础上，在火烧迹地内测设一个25m×40m的标准地。

2. 每木调查

在标准地内进行每木调查，调查时应按不同树种进行，并按照烧毁木、烧死木、烧伤木和未伤木分别测量每株树木的胸径。胸径在8cm以上的成林树木，需实测胸径、树高，然后统计株数，计算立木材积；胸径在8cm以下的幼树，则需实测胸径，统计株数，确定火烧的幼林株数，填写表6-1。

表6-1 火烧迹地标准地每木调查表

标准地编号：________ 树种：________ 林层：________

径阶中值(cm)	平均高(m)	烧毁木(株)	烧死木(株)	烧伤木(株)	未伤木(株)	备注
幼树						
8以下						
8						
10						
12						
14						
16						
…						

调查人：________ 记录人：________ 年___月___日

3. 林木株数损失

①标准地的林木损失率：以n、n_0、n_1、n_2分别表示标准地林木总株数、烧毁、烧死、烧伤的株数。

烧毁率按式(6-4)计算：

$$P_0 = \frac{n_0}{n} \times 100\% \qquad (6\text{-}4)$$

式中 P_0——标准地的烧毁率(%)；

n_0——标准地的林木烧毁株数(株)；

n——标准地的林木总株数(株)。

烧死率按式(6-5)计算：

$$P_1 = \frac{n_1}{n} \times 100\% \qquad (6\text{-}5)$$

式中 P_1——标准地的烧死率(%)；

n_1——标准地的林木烧死株数(株)；

n——标准地的林木总株数(株)。

烧伤率按式(6-6)计算：

$$P_2 = \frac{n_2}{n} \times 100\% \qquad (6\text{-}6)$$

式中 P_2——标准地的烧伤率(%)；

n_2——标准地的林木烧伤株数(株)；

n——标准地的林木总株数(株)。

②单位面积上烧毁、烧死、烧伤株数的计算：以s、N_0、N_1、N_2分别表示标准地面积，单位面积烧毁、烧死、烧伤的株数(单位：株/hm^2)。

单位面积烧毁株数按式(6-7)计算：

$$N_0 = \frac{n_0}{s} \qquad (6\text{-}7)$$

式中 N_0——单位面积烧毁的株数(株/hm^2)；

n_0——标准地的林木烧毁株数(株)；

s——标准地的面积(hm^2)。

单位面积烧死株数按式(6-8)计算：

$$N_1 = \frac{n_1}{s} \qquad (6\text{-}8)$$

式中 N_1——单位面积烧死的株数(株/hm^2)；

n_1——标准地的林木烧死株数(株)；

s——标准地的面积(hm^2)。

单位面积烧伤株数按式(6-9)计算：

$$N_2 = \frac{n_2}{s} \qquad (6\text{-}9)$$

式中 N_2——单位面积烧伤的株数(株/hm^2)；

n_2——标准地的林木烧伤株数(株)；

s——标准地的面积(hm^2)。

③全林烧毁、烧死、烧伤株数按

式(6-10)计算：

全林烧毁(死、伤)株数 = 单位面积烧毁(死、伤)株数 × 过火面积　　(6-10)

4. 林木蓄积量损失

在火烧迹地上，如果也按照林木株数损失的方法计算林木蓄积量损失的话，过于繁琐，除了以研究为目的的调查外，生产上也没有必要。因为对已经成为灾害的林火，如果烧毁、烧死和烧伤的株数在火烧迹地占有很大的比例，整个火烧迹地就要全部伐除，重新更新。此时，只要计算出各树种和全林分的林木蓄积量损失就可以了。

计算树木的单株材积可以分别使用一元材积表、二元材积表和三元材积表，林火调查实践中使用一元材积表和二元材积表更普遍，很少使用三元材积表。计算林木蓄积量损失的方法步骤如下(混交林可分别树种计算)：

①计算标准地内平均胸径($\overline{D}$)、平均树高($\overline{H}$)。

②若使用一元材积表，则用 $\overline{D}$ 查算平均木的单株材积(V)；若使用二元材积表，则用 $\overline{D}$ 和 $\overline{H}$ 查算平均木的单株材积(V)。

③标准地林木蓄积量(M_b)按式(6-11)计算：

$$M_b = n \times V \tag{6-11}$$

式中　M_b——标准地林木蓄积量(m^3)；

n——标准地林木总株数(株)；

V——标准地平均木的单株材积(m^3)。

④单位面积林木蓄积量(M_d)按式(6-12)计算：

$$M_d = \frac{M_b}{s} \tag{6-12}$$

式中　M_d——单位面积林木蓄积量(m^3/hm^2)；

M_b——标准地林木蓄积量(m^3)；

s——标准地面积(hm^2)。

⑤全林蓄积量按式(6-13)计算：

$$M = M_d \times S \tag{6-13}$$

式中　M——全林蓄积量(m^3)；

M_d——单位面积林木蓄积量(m^3/hm^2)；

S——火烧迹地总面积(hm^2)。

二、结果提交

将外业调查数据认真填入表6-1中，认真计算林木株数损失和林木蓄积量损失的各项指标，填写表6-2林木损失统计表，并绘制出相应的统计图，完成林木损失调查报告。

表6-2　林木损失统计表

地点：________林木被害情况________：树种：________林龄：________郁闭度：________样地面积：________

样地号	样地内总株数	林木株数损失			单位面积上烧毁、烧死、烧伤株数			全林烧毁、烧死、烧伤株数			林木蓄积量损失					
		P_0	P_1	P_2	N_0	N_1	N_2	烧毁	烧死	烧伤	$\overline{D}$	$\overline{H}$	V	M_b	M_d	M

【相关基础知识】

6.3.1 林木损失调查方法

6.3.1.1 全林每木调查

严格地说，只有对所调查林分全部林木的必要因子进行测定，才能称为全林每木调查。但通常所谓的每木调查主要是测定胸高部位的直径(简称胸径，常用 D 或 $D_{1.3}$ 表示)。其实这是两个概念。对全林每株树木的胸径进行量测，并按照不同树种分别记载，这种方法称为全林每木检尺。同样，对标准地、样地中的每株树木的胸径进行量测，可分别称为标准地、样地每木检尺。

对于火场面积较小，森林价值较高的林分进行调查(如特殊用途林、原始林、实验林等)，可以采用每木调查。

6.3.1.2 标准地调查

当火场面积较大，难以进行每木调查的时候，常选择具有代表性的地段设置标准地来推算整个火场的林木损失。标准地应按林相、树种、林龄、疏密度和林木受害情况等分别选设。

标准地的设置有两种方法，在山地多用带状标准地，带宽 20~30m，长度 30~50m；在平地用带状或块状标准地均可。标准地面积一般在 0.1hm^2 左右。火烧迹地面积大，林分情况复杂，应多选几块标准地。调查的标准地面积一般不应少于被烧面积的 1/100，并应均匀分布。在标准地内，要进行每木调查。

6.3.2 标准地的每木调查

6.3.2.1 每木检尺

每木检尺是标准地调查中最基本的工作。每木检尺不能重测和漏测。因此，为了保证高效准确，必须按一定顺序进行每木检尺。在山地条件下，通常可以沿等高线方向以“之”字形行进。

每木检尺应分别按林层、树种和径阶把检尺结果登记在每木调查表相应栏目内，野外记录既可以记录实际胸径数据，也可以使用“整化”径阶的检尺方法。

所谓整化径阶，是指将胸径按照一定的要求分成“组”(即径阶)，而径阶的上限、下限均为整数，实际量测的胸径也取整数，并分别记录在相应的径阶内。

野外调查时，若使用整化径阶，可用划“正”字的方法填写每木调查表(表 6-1)。

6.3.2.2 径阶范围的确定

每木检尺之前，先要确定胸高直径的整化范围。一般标准是：当标准地平均胸径(估计值)在 12cm 以上时，以 4cm 为一个整化径阶；当标准地平均胸径为 6~12cm 时，以 2cm 为一个整化径阶。整化径阶以该径阶的中值为记录标定值。如表 6-1 中的 8 径阶，是指胸径在 6~10cm 范围内所有的树木(4cm 为一个径阶)；如果 2cm 为一个径阶，标定值同样是 8 径阶，则是指胸径在 7~9cm 范围内的所有树木。

实践中，在幼龄林进行每木检尺时，大多用 2cm 为一个整化径阶，对中龄林、成熟林则多使用4cm为一个整化径阶。

6.3.2.3　起测径阶的确定

起测径阶是指每木检尺的最小径阶。起测径阶是直接影响调查结果的重要因素，因此应慎重决定。

在近熟、成熟、过熟林内，起测径阶一般应为8cm或12cm，更多的使用8cm。起测径阶的平均树高不应低于主林层平均树高的50%。在中、幼龄林内可用平均胸径的0.4倍作为确定起测径阶的近似数据。

6.3.2.4　幼树调查统计

所谓幼树，是指针叶树树高30cm以上、阔叶树树高100cm以上，但胸径未达到检尺径阶者。通常又把针叶树树高在30cm以下、阔叶树树高100cm以下者称为幼苗。幼树只记株数，只推算其损失的总株数，不计算蓄积量损失。有时，并不区分幼苗与幼树，将二者的株数一起统计，统称幼苗幼树。

表6-1中有一栏是介于幼树和起测径阶之间的(8cm以下)，这一部分也只记株数，这些树木通常是被压木、濒死木、畸形木等生长不良的树木，和被调查的主林层属同一个世代，不是幼苗幼树，要注意区别。

6.3.2.5　测树高

不论是全林每木检尺，还是标准地每木检尺，通常都不对每株树木测树高，而是在全林或标准地每木检尺的基础上，按各树种、各林层的胸径测定值(或径阶)选择一定株数进行测定树高。标准地平均树高的确定要求每块标准地测定的总株数不能低于15株(15~20株)；测定的树木要均匀地分布在标准地上；一般都是沿着标准地对角线方向测树高。为了使树高曲线能充分代表各径阶树高的分布情况，一般中央径阶选测3~5株，相邻中央径阶者选测2~3株，其他各径阶至少要测定1株树高。但是距离中央径阶较远，特别是有间断的大径阶必须选测1~2株以上，这样所绘制的树高曲线才能有充分的代表性。

在使用二元材积表或三元材积表计算各径阶材积时，可以根据测定木的胸径和树高值绘制树高曲线，再由树高曲线查出各径阶的树高值。

树高的测高误差，单株≤5%或≤0.5m。该误差可以通过在同一个测点测定2~3次来控制，也可以分别在2个以上的测点对同一株树测定比较。

6.3.3　林木损失调查内容

林木损失调查内容应分成林(平均胸径大于8cm)和幼林。成林分别按烧毁木、烧死木、烧伤木、轻伤木和未伤木作每木调查，以计算材积损失。对幼林可以只统计株数，即烧死、烧伤、未烧伤的株数。确定林木损失程度可根据树冠、树干形成层和树根受害情况来定，具体划分标准为：

①烧毁木：树冠全部烧焦，树干严重被烧，采伐后不能作为用材的林木，列为烧毁木。

②烧死木：树冠2/3以上被烧焦，或树干形成层2/3以上烧坏(呈棕褐色)，树根烧伤严重，树木已无恢复生长的可能，采伐后尚能做用材的，列为烧死木。

③烧伤木：树冠被烧1/4以上，2/3以下，或树干形成层尚保留一半以上未被烧坏，树根烧伤不严重，还有恢复生长的可能，列为烧伤木。

④轻伤木：树冠被烧焦在1/4以下，树干形成层基本没有受到伤害，仅外部树皮被熏黑，树根没有受到伤害的林木，列为轻伤木。

⑤未伤木：完全没有被火烧到的树木，列为未伤木。

【拓展知识】

6.3.4 火烧迹地类型调查

森林火灾火烧迹地调查和火烧迹地的清理及植被恢复工作有密切关系。森林火灾调查可将火烧迹地进行分类，以便科学地进行火烧迹地的植被恢复工作。根据火烧迹地被害程度，大致将火烧迹地分成5种类型。

(1)林木无损害火烧区

过火林地无烧死木，一般是森林火灾发生于特定季节、时间和天气条件下，在一定立地条件下的林分内。如沟谷云杉林、密集的桦木林等，火烧不到或烧不进去。

(2)轻度危害火烧区

指火烧迹地内的树皮和土壤燃烧很浅，主要发生了地表火。因此，很少烧及树冠，没有烧着树根，只有少量小径阶的林木被烧死。

(3)中度危害火烧区

指火烧迹地内的树木树皮和土壤被烧得较深，树干树冠被烧毁，树根少量被烧，林地约有一半树木被烧。

(4)严重危害火烧区

指树皮被烧焦，土壤燃烧较深，烧伤一定量的树根，树冠上细枝烧焦，林地内大部分树木被烧死。此类火烧区多分布在人工幼林或抗火性弱的树种分布较多的林分。一般坡度较大的山坡上烧死率要高于平坦地面。此外，下山火、树冠火、地下火危害较重。这类地区尤其要重视森林植被恢复问题。

(5)无价值火烧区

指荒山、草地或草塘地等。除调查鉴定火烧迹地类型外，还要对火烧迹地及周边区域进行定位观测研究，监测植被、动物、微生物以及环境因子的变化趋势，为火烧迹地植被恢复、重建森林生态环境提供科学依据。

6.3.5 火烧迹地清理与植被恢复措施

6.3.5.1 迹地的清理

被火烧死的树木，如不及时伐除，将成为枯立木或倒木，既损失资源，又使林地杂乱，容易引起病虫害和新的火灾。因此，在任何火烧后的迹地均应尽快将烧死木伐下来进行利用。对具有生命力的受伤木，应分别加以处理。火烧的林分，如郁闭度 >0.7 时，首先伐去受伤较重的树木，郁闭度在 $0.4 \sim 0.6$ 时，采伐后的郁闭度 $\geqslant 0.4$，尽量保留受害较轻，尚有更新能力的树木。

在伐除火烧木的同时，应对火场进行彻底清理，将林内杂乱物清出林外烧掉，以降低林分的燃烧性。

6.3.5.2　迹地更新

为在短期内，火烧迹地及时更新，尽快恢复森林，有条件的地方，应进行人工造林，选择优良树种，培育速生丰产林；有天然更新条件的地方，应进行整地利用天然下种促进更新。对于火烧面积大、交通不方便的边远林区，可采用飞播造林更新。

【巩固练习】

一、名词解释

烧毁木　烧死木　烧伤木　轻伤木　未伤木

二、填空题

1. 对全林每株树木的胸径进行量测，并按照不同树种分别记载，这种方法称为________。同样，对标准地的每株树木的胸径进行量测，可称为________。

2. 火烧迹地面积大，林分情况复杂，应多选几块标准地。调查的标准地面积一般不应少于被烧面积的________，并应均匀分布。

3. 林木损失调查时，针对幼树只记录其损失的________，不计算蓄积量损失。

4. 根据火烧迹地被害程度，大致将火烧迹地分成五种类型：________、________、________、________、________。

三、选择题

1. 树冠被烧1/2~1/4，树干形成层尚保留一半以上未被烧坏，树根烧伤不严重，还有恢复生长的可能，这种林木被列为(　　)。

A. 烧毁木　　B. 烧死木　　C. 烧伤木　　D. 未伤木

2. 火烧迹地内的树皮和土壤燃烧很浅，主要发生了地表火，很少烧及树冠，没有烧着树根，只有少量小径阶的林木被烧死，这种程度的火烧迹地，列为(　　)。

A. 轻度危害火烧区　　B. 中度危害火烧区

C. 严重危害火烧区　　D. 无价值火烧区

3. 下列关于森林火灾林木损失调查，说法正确的是(　　)。

A. 胸径位于起测径阶以下的，都属于幼树，所以都只记录株树，不记录蓄积量损失

B. 森林价值较高的林分，应该一律进行每木调查，以便正确评估森林损失

C. 树冠和树干被烧的林木，都属于烧毁木

D. 在山地条件下，进行每木检尺，为防止重测和漏测，通常沿等高线方向以“之”字形行进

四、简答题

1. 林木损失调查内容有哪些？

2. 根据火烧迹地被害程度，可将火烧迹地分成几种类型类型？其划分的标准是什么？

3. 根据树冠、树干形成层和树根的受害情况，可以将火烧木分为哪几类？如何划分？

任务 4

森林火灾损失评估

【任务描述】

由于森林火灾烧毁立木资源、野生动植物资源、林区生产与生活设施，引起人员伤亡以及破坏森林资源等所造成的经济价值损失，对该损失进行定量分析评估的工作，称为森林火灾损失评估。它是林业部门及全社会普遍关注的重要问题，也是搞好森林防火工作的依据。

【任务目标】

1. 能力目标

①能够获得森林火灾损失评估指标值。
②能够完成森林火灾损失评估。

2. 知识目标

①了解森林火灾损失的分类。
②了解森林火灾损失评估的指标体系。
③掌握森林火灾损失计算方法。
④理解森林火灾损失评估的术语和定义。

【实训准备】

计算器、《森林生态系统服务功能评估规范》(LY/T 1721—2008)、《企业职工伤亡事故分类》(GB 6441—1986)、《最高人民法院关于审理人身损害赔偿案件适用法律若干问题的解释》《工伤保险条例》《火灾直接财产损失统计方法》(GA 185—2014)、《森林火灾损失评估技术规范》(LY/T 2085—2013)等。

【任务实施】

一、实训步骤

1. 森林火灾直接损失计算

(1)林木资源价值损失计算

林木资源价值应根据不同的林种、树种，选择适用的评估方法和林分质量调整系数进行评定估算，评估方法主要有以下几种：

①成熟林、过熟林采用市场价格倒算法；

②中龄林、近熟林采用收获现值法、收益现值法或年金资本化法；

③幼龄林采用重置成本法。

在市场活跃并有3个以上可参照的市场交易案例的情况下，可以采用市场成交价法。

在计算过程中，要注意各龄组评估值之间的衔接。

具体参照LY/T 1721—2008中林木资产评估的相应方法计算林木资源价值损失。

名木古树等具有特殊价值的林木及少林地区的林木资源价值损失可根据当地实际情况计算。

(2)木材损失计算

木材损失额(元) = 过火木材材积(m^3) × 木材市场价格(元/m^3) − 残值(元)　(6-14)

(3)固定资产损失计算

固定资产损失额(元) = 重置价值(元) × (1 − 年平均折旧率 × 已使用年限) × 烧毁率　(6-15)

具体参照GA 185—2014计算。

(4)流动资产损失计算

流动资产损失按不同流动资产的种类分别计算。

流动资产损失额(元) = 流动资产数量(kg或台) × 购入价(元/kg或台) − 残值(元)　(6-16)

(5)非木质林产品损失计算

非木林产品损失金额分别按不同品种和不同的现行市场价格进行计算。

非木林产品损失额(元) = 林副产品损失数量(kg) × 市场平均现价(元/kg)　(6-17)

(6)农牧产品损失计算

农牧产品损失分别按照农产品、农作物、牲畜及家禽损失累计合算。

①农产品损失额(元) = 农产品损失数量(kg) × 市场平均现价(元/kg)　(6-18)

②农作物损失额(元) = 农作物损失面积(hm^2) × 该农作物生产成本(元/hm^2)　(6-19)

③畜禽损失额(元) = 牲畜及家禽数量(头或只) × 成畜及家禽市场价格(元/头或只)　(6-20)

(7)火灾扑救费用计算

$$P = \sum_{i=1}^{n} P_i \tag{6-21}$$

式中　P——总火灾扑救费用；

P_i——扑救火灾支付的某项费用(元)，具体如下：

①飞机、船、车、马租金、交通费等的价值，用P_1表示：

P_1 = 飞行时间(h) × 飞行费(元/h) + 船舶租用时间(h) × 租赁费(元/h) + 行车时间(天) × 租赁费(元/天) + 马租用时间(天) × 租赁费(元/天)　(6-22)

②燃料、材料费的价值，用P_2表示：

P_2 = 燃料消耗量 × 现行价格 + 材料消耗量 × 现行价格　(6-23)

③扑救人员的工资、伙食费等费用，用P_3表示：

P_3 = 参加扑救人数(人) × 日工资标准

(元/天)×救火天数(天)+参加扑救人数(人)×日伙食标准(元/天)×救火天数(天) (6-24)

④消耗的消防器材、装备、机具等的价值，用 P_4 表示：

P_4 = 消耗器材(台或件)×现行价格(元/台或件)×(1－年平均折旧率×已使用年限)+装备(台或件)×现行价格(元/台或件)×(1－年平均折旧率×已使用年限)+机具(台或件)×现行价格(元/台或件)×(1－年平均折旧率×已使用年限) (6-25)

⑤扑救森林火灾的组织管理费用，用 P_5 表示：

P_5 = 通信费(元/天)×救火天数(天)+其他(元) (6-26)

⑥其他因扑救森林火灾而支付的费用，如人工增雨费用等，用 P_6 表示。

(8)人员伤亡损失计算

人员伤亡损失额按轻伤、重伤和死亡三类分别进行计算。

①受轻伤扑救人员的损失费用按医疗费、误工费、护理费、交通费、住宿费、住院伙食补助费、必要的营养费累计合算。

②受重伤扑救人员的损失费用按医疗费、误工费、护理费、交通费、住宿费、住院伙食补助费、残疾赔偿金、残疾辅助器具费、被抚养人生活费、康复费、后续治疗费累计合算。

③死亡扑救人员的损失费用按医疗费、误工费、护理费、交通费、住宿费、住院伙食补助费、丧葬费、被抚养人生活费、死亡补偿费、受伤职工亲属办理丧葬事宜支出的交通费、住宿费、误工损失累计合算。

具体损失费用参考《最高人民法院关于审理人身损害赔偿案件适用法律若干问题的解释》《工伤保险条例》《企业职工伤亡事故分类(GB 6441—1986)》等确定。

(9)居民财产损失计算

居民财产损失按不同财产的种类分别计算。

居民财产损失额(元)=财产数量(kg或台或件或套)×购入价(造价)(元/kg或台或件或套)×(1－年平均折旧率×已使用年限) (6-27)

具体参照GA 185—2014计算。

(10)野生动物损失计算

野生动物损失(元)=烧死的野生动物数量(头或只)×野生动物价格(元/头或只)－残值(元) (6-28)

2. 森林火灾间接损失计算

(1)停(减)产损失计算

停(减)产损失按停工损失、停(减)产损失和停业损失累计合算。

①停工损失(元)=停工人数(人)×停工天数(天)×日均工资总额(元/人·天) (6-29)

②停(减)产损失(元)=产品数量(件/天)×停(减)产时间(天)×产品出厂价(元/件) (6-30)

③停业损失(元)=日营业额(元)×停业天数(天) (6-31)

有关停减产时间的确定为：对于生产部门停减产时间即为停止生产时间；对于商业部门停减产时间即为停止营业(销售)时间；对于能源生产(供应)部门停减产时间即为停止能源生产或供应的时间。

(2)灾后处理费用计算

$$Q = \sum_{i=1}^{n} Q_i \tag{6-32}$$

式中 Q——灾后处理总费用(元)；

Q_i——灾后处理的某项费用(元)，具体如下。

①火烧迹地及火烧现场清理费用，按照清理火场的实际费用计算，用 Q_1 表示；

②安置受灾居民的费用，按照安置所需的实际费用计算，用 Q_2 表示；

③火烧迹地恢复的费用，按照所需的实际费用计算，用 Q_3 表示；

④处理火灾产生的一些有毒物质对环境污染的支出费用，按照所需的实际费用计算，用 Q_4 表示；

⑤其他灾后处理费用。

3. 森林生态价值损失计算

森林生态价值损失计算按 LY/T 1721—2008 执行。该标准按 1 年计算森林生态价值损失。

二、结果提交

认真计算森林火灾损失评估指标值，并填写表 6-3 森林火灾损失汇总表，最后形成森林火灾损失评估报告。

表 6-3　森林火灾损失汇总表

森林火灾编号：

起火单位			起火时间	
火场面积(hm^2)			森林火灾受害面积(hm^2)	
伤(亡)人数(人)			损失林木蓄积(m^3)	
建筑物(或构筑物)损失量(m^2)			机械设备损失量(台、件)	
损失分类			损失金额(元)	备注
直接损失	林木资源价值损失			
	木材损失			
	固定资产损失			
	流动资产损失			
	非木质林产品损失			
	农牧产品损失			
	火灾扑救费用			
	人员伤亡损失			
	居民财产损失			
	野生动物损失			
间接损失	停(减)产损失			
	灾后处置费用			
	森林生态价值损失			
损失总计(元)				
森林资源损失率(%)				
人均损失价值(元/人)				
林地损失平均价值量(元/hm^2)				
扑火成效比(%)				

【相关基础知识】

6.4.1 森林火灾经济损失评估的意义

6.4.1.1 有利于准确评价森林火灾损失

森林火灾对森林的危害是人所共知的，到目前为止，人们还没有能够建立起一个科学的评价森林火灾经济损失的方法或体系。统计数据难以真实地反映森林火灾年复一年给林业生产造成的损失。只有采用科学的评价方法或系统，才能准确评价森林火灾的危害程度、造成的经济损失以及对林业生产和森林生态系统的影响。

6.4.1.2 有利于有效地组织森林火灾的预防

对森林火灾损失的准确评估，不仅有利于提高人们对森林火灾的认识，也有利于有效地组织森林火灾的预防。

森林防火部门管理水平的高低，控制森林火灾能力的强弱，关键在于森林火灾预防的措施是否跟得上。一个地区森林防火基础设施建设完善，“网格化”建设布局合理、科学，该地区就能在森林火灾预防和控制上赢得主动，就能使森林火灾的发生率降至最低，就能使森林火灾发生后的损失降至最低。

6.4.1.3 是实施法律法规的有力凭据

准确计量森林火灾造成的经济损失，是对火灾肇事者量刑、定罪以及处罚的技术和法律依据。只有科学而准确地计量森林火灾造成的经济损失和对社会产生的影响，才能在执法中做出准确的判罚，以维护法律的严肃性，达到教育人和保护森林资源的目的。

6.4.1.4 有利于提高森林资源的管理水平

历史的教训是惨痛的，任何违背自然规律的做法都是要受到自然的惩罚。森林火灾的发生已经和人们对森林的经营管理水平密不可分。例如，过去大量营造的人工速生丰产林，由于规划、实施中都没有考虑到抵御森林火灾的能力，致使这类林分的燃烧性很高，抗火性很弱，一旦发生森林火灾，都会造成很大的经济损失。实践中，这种人为因素诱发的森林火灾导致的森林火灾危害的事例很多，只有真正认识到它们之间的因果关系，才能真正提高森林资源的经营管理水平。

6.4.2 术语和定义

(1)森林火灾损失

因森林火灾造成的用货币或其他方式表示的损失，包括直接损失和间接损失。

(2)森林火灾直接损失

因森林火灾所造成的毁坏或损耗，包括林木资源损失、木材损失、固定资产损失、流动资产损失、非木质林产品损失、农牧产品损失、火灾扑救费用、人员伤亡损失、居民财产损失等。

(3)森林火灾间接损失

森林火灾所造成的除直接损失以外的损失，包括停(减)产损失、灾后处理费用、森林生态价值损失等。

(4)林木资源价值损失

森林火灾造成的活立木和枯立木价值损失。

(5)木材损失

火烧区内伐区、采伐迹地、楞场等木材的损失。

(6)固定资产损失

由于森林火灾造成的固定资产的损毁。包括工业用建筑物、机械设备、仪表、车辆、船舶、林区道路、桥、涵、输变电线及防火设施等的经济损失。

(7)流动资产损失

森林火灾烧毁的在生产经营过程中参加循环周转，不断改变其形态的资产损失。包括原料、材料、在制品、半成品和成品等的经济损失。

(8)非木质林产品损失

火烧区内非木林产品的损失，包括松子、香菇、木耳、中草药等有采集、加工价值的副产品等的损失。

(9)农牧产品损失

森林火灾造成的农业作物损失，包括粮、棉、油等，以及畜牧产品损失，包括牧畜、家禽等的损失。

(10)火灾扑救费用

在扑救森林火灾过程中所投入的人力、物力、财力。

(11)居民财产损失

由于森林火灾造成的居民财产损失，包括房屋、粮食、衣服、家用电器、家具、交通工具等的损失。

(12)停(减)产损失

受灾林区内生产经营单位因受森林火灾影响而停止或减少生产经营活动所造成的损失。

(13)灾后处理费用

森林火灾扑灭后后续处理的费用，包括火烧迹地及火烧现场清理费用、安置受灾居民的费用、火烧迹地恢复的费用、处理火灾产生的一些有毒物质对环境污染的支出费用和其他灾后处理费用。

(14)森林生态价值损失

森林火灾造成的森林生态系统生态服务功能的损失。

(15)野生动物损失

因森林火灾所造成的野生动物的损失。

(16)人员伤亡损失

因扑火而造成的人身伤亡的损失。

6.4.3 森林火灾损失分类

森林火灾损失分类如图6-13所示，每类损失的具体含义见术语和定义。

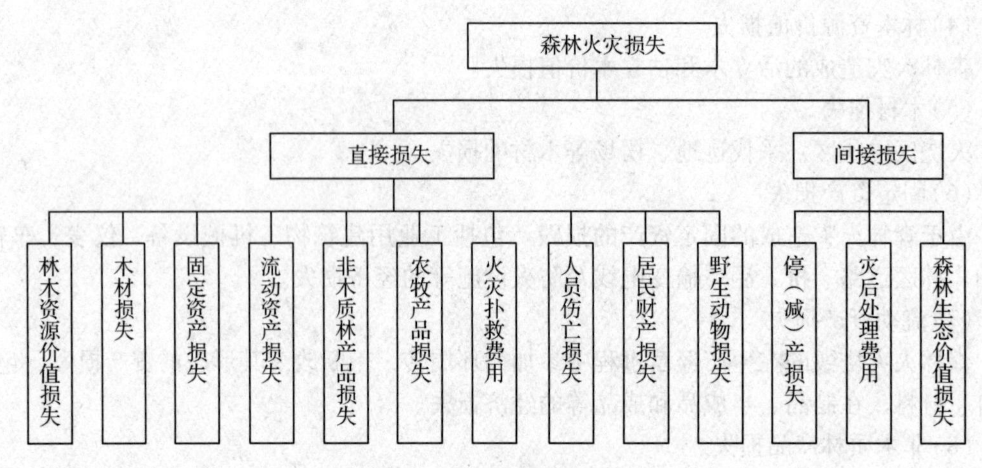

图 6-13　森林火灾损失分类

6.4.4　森林火灾损失评估指标

森林火灾损失评估指标分为一级指标和二级指标，一级指标为概况性指标，二级指标为代表性指标，指标体系框架如图 6-14 所示，灾情综合指标解释如下：

• 森林火灾受害面积：被火烧过的森林面积，不论火烧程度如何均属于受害森林面积；

• 森林资源损失率(%) = 森林蓄积损失量/灾区森林总蓄积量(m^3) ×100%　(6-33)

• 人均损失价值(元/人) = 全部经济损失价值(元)/灾区总人口数(人)　(6-34)

• 林地损失平均价值量(元/hm^2) = 全部经济损失价值(元)/森林总面积(hm^2)　(6-35)

• 扑火成效比(%) = 扑火费用(元)/森林火灾损失(元) ×100%　(6-36)

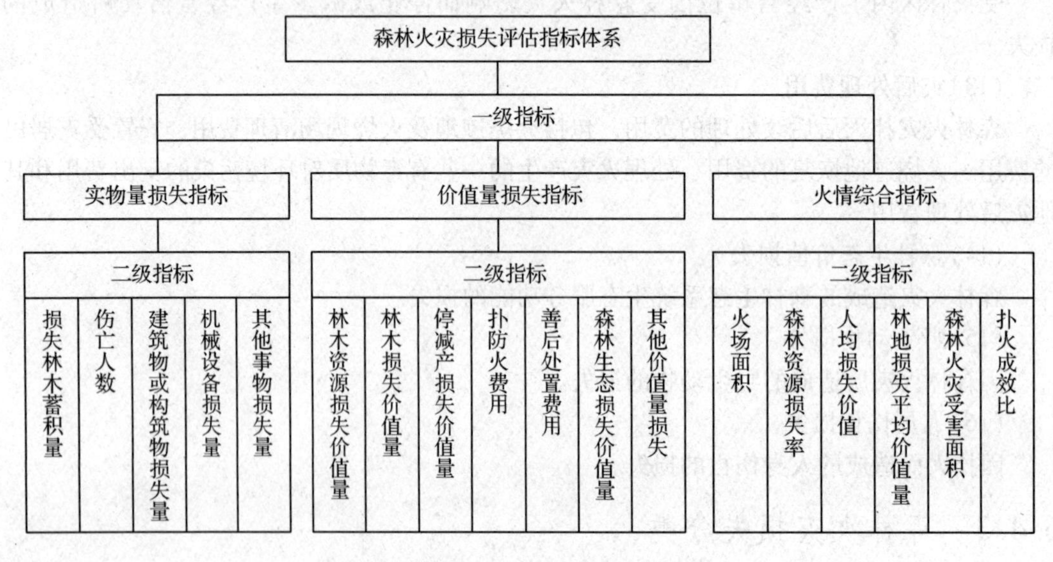

图 6-14　森林火灾损失评估指标体系

【巩固练习】

一、名词解释

森林火灾损失　森林火灾直接损失　森林火灾间接损失　森林火灾损失评估

二、选择题

1. 下列损失在森林火灾损失评估中，属于间接损失的是(　　)。

A. 人员伤亡损失　B. 火灾扑救费用　C. 流动资产损失　D. 灾后处理费用

2. 下列损失在森林火灾损失评估中，属于直接损失的是(　　)。

A. 野生动物损失　B. 森林生态价值损失

C. 停产损失　D. 灾后处理费用

三、简答题

1. 简述森林火灾经济损失评估的意义。

2. 森林火灾损失的分类有哪些？

项目7 森林火灾统计与管理

【项目描述】

森林火灾统计和档案管理是林火信息管理的最基本、最常规的内容，该内容对研究林火发生、发展的规律，制定防火规划和防火预案，确定防火措施等均具有重要的作用。

本项目包括：森林火灾统计和森林火灾档案管理。

通过本项目的学习，了解森林火灾统计工作的重要性，掌握森林火灾统计报告表的填写方法与技巧，了解森林火灾档案的种类与内容，并能够建立和保管森林火灾档案。

任务 1

森林火灾统计

【任务描述】

森林火灾统计工作是森林防火工作的重要组成部分，对各级领导机关，特别是森林防火指挥机构掌握火情动态，了解情况，沟通信息，积累资料，指导和部署工作非常重要；也是对森林防火工作实行科学管理的基础。

森林火灾统计，是灾情的记录，是根据国家林业局编制的森林火灾统计报告表进行统计、分析、汇总。所以，应当按照其相关要求，全面、准确、规范、严谨的填写森林火灾统计报告表，并及时的完成上报任务。

【任务目标】

1. 能力目标

能够正确填写各类森林火灾报表，完成上报任务。

2. 知识目标

①了解我国森林火灾的统计方法。

②熟悉我国森林火灾统表的种类。

③掌握森林火灾报表的填写方法和要求。

【实训准备】

森林火灾统计月报表(一)；森林火灾统计月报表(二)；八种森林火灾报告表；森林火灾调度日报表；森林火灾、火情统计表；重大、特别重大森林火灾统计表；重大、特别重大森林火灾记录表；森林防火组织机构统计年报表；森林防火办事机构人员统计年报表；森林防火基础设施统计年报表(一)；森林防火基础设施统计年报表(二)；森林防火建设资金统计年报表；森林消防专业队伍建设情况统计表。

【任务实施】

一、实训步骤

1. 森林火灾统计月报表(一)的填报

森林火灾统计月报表(一)的填写说明:

①本表由各省、直辖市、自治区森林防火指挥部在森林防火期按月填报。统计每月1日至月末的森林火灾数字，于下月5日前报国家林业局森林防火办公室。

②省要求地、地要求县上报的时间应提前1~2日，以便汇总。国家林业局要求省、直辖市、自治区将森林火灾情况按地、市、州分列；省要求地按县、市、旗分列；县则按乡镇分列。

③本表的有效数字，省级以下各级森林防火指挥部办公室填报时，按照实际数值填报。各省级防火办公室统计汇总上报时，按四舍五入，只保留整数。

④本表在省级森林防火指挥部办公室统计上报时，甲栏的“至本月累计”是指全省(自治区、直辖市)从本年1月1日至本月月末的累计统计。“本月合计”是全省(自治区、直辖市)从本月1日至本月月末的统计。

1栏=2栏+3栏+4栏+5栏;

7栏=8栏+9栏;

12栏=13栏+14栏+15栏。

⑤本表受害森林面积第9栏的人工林，包括人工造林和飞机播种造林的成林、幼林。

⑥火场总面积指被火烧过的总面积，包括森林(包含原始林、次生林、人工林)、灌丛、草地、荒山荒地以及其中未烧部分。受害森林面积指火灾发生后，受到损害郁闭度在0.2以上的乔木林地面积、经济林地面积、竹林面积、国家特别规定的灌木林地面积，农田林网以及村旁、路旁、宅旁林木的覆盖面积。

⑦损失林木指受害森林面积中被烧毁和被烧死的林木。成林以蓄积计算(单位: m^3)，幼林以株数计算(单位：万株)。

⑧人员致伤指因为森林火灾和扑火中发生的人员伤亡。根据国家有关规定，轻伤是指损失工作1日以上105日以下的失能伤害；死亡是指当场死亡或致伤后一个月死亡。有关伤害程度与损失工作日的换算规定，参照1986年5月31日国家标准局发布的《企业职工伤亡事故分类》(GB 6441—1986)执行。

⑨其他损失折款指因森林火灾烧毁的公、私财产折款，如房屋、木材、林区设施等，折款计算方法按照公安部门有关规定办理。

⑩出动扑火人工指出动扑火人员的工日数。工日不是指工作日，而是自然天数，一天就是一个工日。从扑火人员出发时算起，到返回驻地为止，按实际天数填报，不足一天的也算一个工日。例如，从1号出发，到3号返回，算3个工日。

⑪出动车辆以出动车辆的多少计算。例如，有10辆车参加扑火，那么就在这一栏内记上10，即使其中1辆车来回跑几趟，也为10辆。

⑫扑火经费是指扑火中消耗的一切费用，包括扑火人员补助、误工补贴、扑火用食品、物资支出、车辆和机具油料消耗及使用和运输中的维修等。

2. 森林火灾统计月报表(二)的填报

森林火灾统计月报表(二)填写说明:

①本表(表2)填报时间和月报表(一)相同。甲栏填写与表(一)相同。

②本表(表2)有效数据的要求和月报表(一)相同。

③本表(表2)甲栏的“一至本月累计”与“本月合计”和月报表(一)相同。

1栏=2栏+12栏+22栏+23栏+24栏+25栏+26栏;

2栏=3栏+4栏+5栏+6栏+7栏+8栏+9栏+10栏+11栏;

12栏=13栏+14栏+15栏+16栏+17栏+18栏+19栏+20栏+21栏。

④烧荒烧炭：指烧荒烧垦、烧灰积肥、烧田埂草、烧秸秆等引起的森林火灾次数。

⑤烧窑：指林区烧木炭、烧砖瓦、烧石灰等引起的森林火灾次数。

⑥火车喷漏：指火车头、列车茶炉喷火、漏火或旅客向车外丢弃火种引起的森林火灾次数。

⑦火车甩瓦：指火车闸瓦脱落引起的森林火灾次数。

⑧机车喷火：指汽车、拖拉机等机动车辆喷火引起的森林火灾次数。

⑨取暖做饭：指在林区野外烤火取暖及烧水、煮饭、烤干粮等引起的森林火灾次数。

⑩自然火：是除雷击火之外，如滚石、泥炭自燃原因引起的森林火灾次数。

八种森林火灾报告表填写说明：

①八种森林火灾的填报时间：县森林防火指挥部办公室接到属于八种森林火灾的报告后，要立即将所掌握的情况用电话或电台报市森林防火指挥部办公室，之后要将八种森林火灾报告表(当日填报和逐日续报)和森林火灾报告以及火场示意图(最好是在地形图上勾绘的)一起尽快报市森林防火指挥部办公室；市森林防火指挥部办公室要在接到报告后于当日22:00以前，用电报或传真报省森林防火指挥部办公室；省森林防火指挥部办公室要在发生森林火灾当日23:00以前，用电报或传真报国家森林防火指挥部办公室；当日未扑灭的，各县、市、省级森林防火指挥部办公室从次日起逐日报上级主管部门；火灾扑灭后要在1个月内填写完整的报告表，连同森林火灾报告表一起报国家森林防火指挥部办公室。

②火灾编号在前面冠以省(自治区、直辖市)、地、市、县的简称，再加上年份和序列号。例如，北京1998年第二次八种森林火灾编号为：京字(1998)2—0号，续报的火灾编号为：京字(1998)2—1号，依此类推。

③本表第14、15、16、17、45、46、47栏，在当日填报或逐日续报时可以不填。

④本表第7、8、48、52栏，属于哪种情况，即在该项上打上“√”。

⑤本表第14栏，按火场实地调查用十分法表示林分树种组成。如：7杉2马1阔。

⑥每次森林火灾都要另附火场示意图。手持地形图到火场勾绘即可。成图主要标志：起火点、火势走向、山脊线、主要地名、各主要点的海拔、火场界、南北向、道路、边界线。

二、结果提交

按照相应的填表要求认真填写森林火灾统计月报表(一)(表7-1)；森林火灾统计月报表(二)(表7-2)；八种森林火灾报告表(表7-3)；森林火灾调度日报表(表7-4)；森林火灾、火情统计表(表7-5)；重大、特别重大森林火灾统计表(表7-6)；重大、特别重大火灾记录表(表7-7)；森林防火组织机构统计年报表(表7-8)；森林防火办事机构人员统计年报表(表7-9)；森林防火基础设施统计年报表(一)(表7-10)；森林防火基础设施统计年报表(二)(表7-11)；森林防火建设资金统计年报表(表7-12)；森林消防专业队伍建设情况统计表(表7-13)。

表 7-1　森林火灾统计月报表(一)

年　　月

填报单位：　　　　　　　　（本年度森林防火期　　月　　日至　　月　　日和　　月　　日至　　月　　日）

地级或县级名称	森林火灾次数(次)					火场总面积(hm^2)	受害森林面积(hm^2)			损失林木		人员伤亡				其他损失折款(万元)	出动扑火人工(工日)	出动车辆(台)		出动飞机(架次)	扑火经费(万元)
	计	一般森林火灾	较大森林火灾	重大森林火灾	特别重大森林火灾		计	其中		成林蓄积(m^3)	幼林株数(万株)	计	轻伤	重伤	死亡			计	其中汽车		
								原始林	人工林												
甲	1	2	3	4	5	6	7	8	9	10	11	12	13	14	15	16	17	18	19	20	21
一至本月累计																					
本月合计																					

填表人：　　　　　　　　审核人：　　　　　　　　20　　年　　月　　日填报

表 7-2 森林火灾统计月报表(二)

填报单位： 年 月

地级或县级名称	合计	已查明火源次数																									未查明火源次数	火案处理情况		
		生产性火源										非生产性火源										故意放火	省外（自治区）烧入	外国烧入	雷击火	其他自然火		已处理起数	已处理人数	其中刑事处罚人数
		计	烧荒烧炭	炼山造林	烧牧场	烧窑	烧隔离带	火车喷漏	火车甩瓦	机车喷火	其他	计	野外吸烟	取暖做饭	上坟烧纸	烧山驱兽	小孩玩火	痴呆弄火	家火上山	电线引起	其他									
甲	1	2	3	4	5	6	7	8	9	10	11	12	13	14	15	16	17	18	19	20	21	22	23	24	25	26	27	28	29	30
一至本月累计																														
本月合计																														

填表人： 审核人： 20 年 月 日填报

表 7-3　八种森林火灾报告表

填报单位：　　　　　　　火灾编号：　　　　字(20　　)　　一　　号

起火地点	坐标	起火事件	发现时间	扑火时间	起火原因	火灾种类	火灾等级	火场面积（hm^2）	受害森林面积(hm^2)				林分组成	损失林木		其他损失折款合计（万元）	人员伤亡			
									计	其中				成林蓄积（m^3）	幼林株数（万株）		计	轻伤	重伤	死亡
										原始林	次生林	人工林								
1	2	3	4	5	6	7	8	9	10	11	12	13	14	15	16	17	18	19	20	21
地(盟、市) 县(林业局) 乡(林场) 村(林班)	E：__°__′__″ N：__°__′__″	月 日 时 分	月 日 时 分	月 日 时 分		地表火 林冠火 地下火	一般 较大 重大 特大													

火场指挥员	出动扑火人员(人数)						出动飞机					出动车辆					携带电台（部）	投入扑火工具(台、把)				扑火费（万元）
	合计		其中：				总架次	飞行时间	飞行费（万元）	机降架次	机降人次	计	指挥车	运输车	装甲车	其他车辆		计	风力灭火机	二号工具	其他工具	
	人数	工日	军队	武警	森林警察	扑火队																
22	23	24	25	26	27	28	29	30	31	32	33	34	35	36	37	38	39	40	41	42	43	44
姓名：																						
职务：																						

火灾肇事者	肇事者及有关责任人员处理情况		火场气象情况					主要扑火过程
	肇事者	有关责任人员	天气	气温(℃)	风向	风力(级)	降雨(雪)	
45	46	47	48	49	50	51	52	53
姓名： 年龄： 职业： 单位：			晴 阴 多云	最高： 最低：			无 小 中 大	

（另附火场示意图）

填表人：　　　　　　　　审核人：　　　　　　20　　年　　月　　日填报

表7-4　森林火灾调度日报表

填报单位：　　　　　　　　　　　　　　　　　　　　　　　　　　填报时间：　　年　　月　　日

火场名称	起火点经纬度		过火面积	受害森林面积	时间		火因	火势	扑灭时间	周边情况			林相	出动人员			出动飞机		伤亡人数		其他情况
	经度	纬度			发生时间	接报时间				村屯	单位	军事		合计	其中		飞机（架）	洒水吨数	受伤	死亡	
															森警	专业队					
1	2	3	4	5	6	7	8	9	10	11	12	13	14	15	16	17	18	19	20	21	22
合计																					

说明：

值班员：　　　　　　　　　　　　　　　　　　　　　　　　　　　　带班领导：

表 7-5　森林火灾、火情统计表

项目＼数量			地区、县			
火灾情况	合计					
	火情					
	荒火					
	森林火灾	计				
		一般森林火灾				
		较大森林火灾				
		重大森林火灾				
		特别重大森林火灾				
火场面积(hm^2)						
受害森林面积(hm^2)	其中	计				
		原始林				
		次生林				
		人工林				
	成灾面积(hm^2)					
	其中	原始林				
		次生林				
		人工林				
烧毁木(m^3)或幼树株数						
伤亡	计					
	其中	伤				
		亡				
出动扑火力量及损耗	扑火人工(工日)					
	飞机(架)					
	汽车(辆)					
	拖拉机(台)					
	大车(辆)					
	马匹(匹)					
	消耗粮食(kg)					
扑火费用(元)						
其他损失	木材(m^3)					
	房屋(间)					
	牲畜(头)					
	粮食(kg)					
	其他					

填表人：　　　　审核人：　　　　20　　年　月　日填报

表 7-6　重大、特别重大森林火灾统计表

起火地点				
起火原因				
起火时间				
扑火时间				
火场面积(hm^2)				
受害森林面积(hm^2)	计			
	其中	原始林		
		次生林		
		人工林		
	成灾面积			
	其中	原始林		
		次生林		
		人工林		
烧毁林木(m^3)				
伤亡	计			
	其中	伤		
		亡		
出动扑火力量及损耗	扑火人工(工日)			
	飞机(架)			
	汽车(辆)			
	拖拉机(台)			
	大车(辆)			
	马匹(匹)			
	消耗粮食(kg)			
扑火费用(元)				
其他损失	木材(m^3)			
	房屋(间)			
	牲畜(头)			
	粮食(kg)			
	其他			

填表人:　　　　　　　　审核人:　　　　　　　　20　　年　　月　　日填报

表 7-7　重大、特别重大火灾记录表

<table>
<tr><td>起火地点</td><td></td><td>经、纬度</td><td></td></tr>
<tr><td>起火时间</td><td></td><td>起火原因</td><td></td></tr>
<tr><td>扑火时间</td><td></td><td>肇事人姓名</td><td></td></tr>
<tr><td>扑火人数</td><td colspan="3">共：____人，其中：职工：____人，群众：____人，部队：____人，总工日数：________工日</td></tr>
<tr><td>出动交通工具</td><td colspan="3">汽车：______辆，拖拉机：______台，摩托车：______辆，大车：______辆，马匹：____匹</td></tr>
<tr><td>消耗物资</td><td colspan="3"></td></tr>
<tr><td>支出扑火费用</td><td colspan="3"></td></tr>
<tr><td>其他损失</td><td></td><td colspan="2" rowspan="6">火场示意图

记事：</td></tr>
<tr><td>火场面积</td><td>________hm^2</td></tr>
<tr><td>受害森林面积</td><td>________hm^2，其中：原始林：________hm^2，次生林：________hm^2，人工林：________hm^2</td></tr>
<tr><td>成灾森林面积</td><td>________hm^2，其中：原始林：________hm^2，次生林：________hm^2，人工林：________hm^2</td></tr>
<tr><td>烧毁、烧死树木</td><td>成林：________m^3，人工林：________株</td></tr>
<tr><td>火灾处理情况</td><td></td></tr>
</table>

填表人：　　　　审核人：　　　　20　　年　　月　　日填报

表 7-8　森林防火组织机构统计年报表

填报单位：

单位		森林防火指挥部		森林防火办事机构			防火检查站		专业（半专业）森林消防队		义务森林消防队		护林员（人）		备注
		机构数（个）	成员数（个）	机构数（个）	编制数（个）	实有数（个）	机构数（个）	人数（个）	队数	人数	队数	人数	专职	兼职	
甲	1	2	3	4	5	6	7	8	9	10	11	12	13	14	
合计															
其中	省级														
	地级														
	县级														

填表人：　　　　审核人：　　　　20　　年　　月　　日填报

表 7-9　森林防火办事机构人员统计年报表

填报单位：

单位		实有人数		年龄			职务				文化程度			技术职称			防火工作年限			备注
		合计	其中：女	30 岁以下	31 ~ 50 岁	51 岁以上	厅局级	处级	科级	科级以下	大专以上	中专	高中以下	高级	中级	初级以下	15 年以上	5 ~ 15 年	5 年以下	
甲		1	2	3	4	5	6	7	8	9	10	11	12	13	14	15	16	17	18	19
合计																				
其中	省级																			
	地级																			
	县级																			

填表人：　　　　审核人：　　　　20　　年　　月　　日填报

表 7-10　森林防火基础设施统计年报表(一)

填报单位：

单位	瞭望台(座)				望远镜(台)		专用电话线(km)	有线电话机(部)	图文传真机(部)	微型计算机(部)	数据终端机(部)	无线电台(部)									备注
	计	铁质	砖瓦	木质	计	其中40倍						计	短波			甚、特高频					
													小计	<15W	≥15W	小计	≤5W	>5W	中继台		
甲	1	2	3	4	5	6	7	8	9	10	11	12	13	14	15	16	17	18	19	20	
累计实有																					
本年合计																					

填表人：　　　　审核人：　　　　20　　年　月　日填报

表 7-11　森林防火基础设施统计年报表(二)

填报单位：

单位	防火隔离带(公里)			防火公路(km)	森林消防车辆(台)						专用马匹(匹)	防火储备库		扑火机具(台、把、套)		备注
	计	其中			计	指挥车	宣传车	运输车	摩托车	其他车辆		数量(座)	面积(m^2)	计	其中风力灭火机	
		林带	机耕带													
甲	1	2	3	4	5	6	7	8	9	10	11	12	13	14	15	16
累计实有																
本年合计																

填表人：　　　　审核人：　　　　20　　年　月　日填报

表 7-12　森林防火建设资金统计年报表

填报单位：

单位	合计(万元)							其中国家专项补助(万元)							地方配套(万元)					备注
	计	瞭望系统	通信系统	阻隔系统	交通工具	扑火机具	其他项目	计	瞭望系统	通信系统	阻隔系统	交通工具	扑火机具	其他项目	计	省级	市级	县级	其他	
甲	1	2	3	4	5	6	7	8	9	10	11	12	13	14	15	16	17	18	19	20
到本年累计																				
本年合计																				

填表人：　　　　审核人：　　　　20　　年　　月　　日填报

表 7-13　森林消防专业队伍建设情况统计表

填报单位：

项目	当年新建队(支)		当年建基地(个)		目前全省共有队数(支)		全省各类基地数量(个)						全省各类基地产值(元)					
单位	已建成	正在建	已建成	正在建	合计	其中已有效益	合计	种植基地	养殖基地	加工基地	第三产业	其他	合计	种植基地	养殖基地	加工基地	第三产业	其他
甲	1	2	3	4	5	6	7	8	9	10	11	12	13	14	15	16	17	18
合计																		

填表人：　　　　审核人：　　　　20　　年　　月　　日填报

【相关基础知识】

7.1.1 森林火灾统计的方法

(1)森林火灾统计的统一要求

森林火灾统计，一般按国家林业局制定的森林火灾统计报表格式进行，各种森林火灾统计报表要逐级上报上级林业主管部门和同级统计部门。

(2)森林火灾统计的基本要求

要做到全面、准确。一是要对所有森林火灾，包括一般森林火灾、较大森林火灾、重大森林火灾及特别重大森林火灾，不能有遗漏；对每次火灾、火情的统计项目不能漏项。二是对所有填写的项目，做到真实有据，实事求是，不弄虚作假。

(3)森林火灾报表的主要内容

每发生一次森林火灾，都必须填报森林火灾报表。应将一系列情况，通过分析整理编写成调查报告，上报上级主管部门。报告的主要内容有：

①森林火灾发生的地点，即所在乡、镇、村、林班、小班等。

②森林火灾的时间、火因、肇事者及有关失职人员。

③森林火灾种类、熄灭时间、过火面积、受害面积、树种及林木损失情况等。

④森林扑火组织情况，参加人员、人数、组织指挥者。队伍到达火场时间、采用扑火方法和效果，扑火机具、伤亡情况、扑火中总的费用、车辆，扑火先进集体和个人等。

⑤附火场略图和森林火灾损失各类报表。

国家要求各地(省级)要制定森林火灾报告制度；指定专人负责，建立岗位责任制，对迟报、虚报、瞒报的要追究直接责任人和有关领导责任。对工作好的予以表彰奖励，差的批评教育，不称职的调换。

7.1.2 八种森林火灾报告

森林火灾报告是项严肃工作，要求做到早发现早报告，《森林防火条例》规定任何单位和个人一旦发现森林火灾，必须立即扑救，并及时向当地人民政府或者森林防火指挥部报告。国家规定八种森林火灾，在接到地方和有关部门火情报告后 2h 内必须报国家森林防火办公室，火灾扑救情况要随时报告。

八种森林火灾在《森林防火条例》第三十二条已作出明确的规定。

7.1.3 森林火灾统计中的几个问题

7.1.3.1 填表时需要注意的几个问题

①填表时要说明填报单位、统计人员姓名和填表时间，由领导审核并签名。

②填表时一定要填完该填的数据。例如，填森林火灾统计月报表(一)时，如果只在“本月合计”的第 9 栏填上 1.43hm^2，而在第 7 栏中空着不填，结果就可能出现“1 月至本月累计”第 7 栏的数据小于第 9 栏的数据。所以，如果本月没有发生森林火灾，也要将“1 月至上个月份的累计”数字抄下来。

③填表时一定要审查最后的和是否等于合计数字。

④填表时务必仔细审查下列容易出错的地方：

a. 受害森林面积、成林蓄积量和幼林株数的关系。例如，填报表(一)时，假设受害森林面积为2hm^2，损失林木的成林蓄积量为600m^3或幼林株数为2 万株。由于受害森林面积不是整个火烧迹地的面积，而且成林和幼林各自的面积有多大却反映不出来。所以，将上面的数字做如下换算：$600m^3/2hm^2 = 300m^3/hm^2$；或 2 万株/$2hm^2$ = 1 万株/hm^2。这种试图求算单位面积成林蓄积量和单位面积幼林株数的做法是错误的。

b. 不要把损失林木的折款计算在其他损失折款内。

c. 不要将其他损失折款和扑火经费混合在一起。

⑤填表结束时还要审查报表之间的对应数据是否相等。例如，“月报表(二)”的 1 栏数据与 27 栏数据之和是否等于“月报表(一)”中 1 栏的数据。

⑥因边界问题发生有争议的森林火灾，双方一定要查清楚后再上报材料。

⑦因故没有及时上报的数字，一定要及时进行补报。

⑧注意审查一般森林火灾、较大森林火灾和受害森林面积数据的一致性。例如：填表人将受害森林面积为 1.5hm^2的记为火警，或者将受害森林面积为 0.9hm^2的记为一般火灾，这都是不对的。

⑨各级森林防火指挥部办公室上报的统计报表一定要按照“先预审”“后汇总”“再上报”的步骤进行。

⑩年终总结时要填写本年度分月汇总表、分地区、分单位汇总表。

7.1.3.2　工作中需要注意的几个问题

(1)森林防火业务部门和计划部门森林火灾统计的资料一致性问题

以前曾出现二者统计结果相差悬殊问题。为避免出现不一致，要严格执行《森林防火条例》的规定，各省(自治区、直辖市)森林防火办公室每年汇总的森林火灾年报表，在报国家森林防火指挥部办公室的同时，报本省(自治区、直辖市)计划统计部门。各市、县森林防火指挥部办公室每年汇总的森林火灾年报表，在报省(自治区、直辖市)森林防火指挥部办公室的同时，报市、县统计部门。

各省属自然保护区管理处、省属垦殖场的森林火灾统计报表报所在地行政公署、省辖市森林防火指挥部办公室(同时，抄报上级业务主管单位)，由市森林防火指挥部办公室作为县级单位统计汇总报省森林防火指挥部办公室，再报国家森林防火指挥部办公室。

(2)灌木林地和新造林幼林是否计算森林面积问题

2000 年 1 月 29 日颁布的《中华人民共和国森林法实施条例》规定：森林面积是指包括郁闭度 0.2 以上的乔木林地面积和竹林地面积、国家特别规定的灌木林地面积、农田林网以及村旁、路旁、水旁、宅旁林木的覆盖面积。

国家林业局 2000 年 5 月编写的《中国林业统计指标解释》中规定：森林面积，指由乔木树种构成，郁闭度 0.2 以上(含 0.2)的林地或冠幅宽度 10m 以上的林带的面积，即有林地面积。它是反映森林资源总面积的重要指标。森林面积包括天然起源和人工起源的针叶林面积、阔叶林面积、针阔混交林面积和竹林面积，不包括灌木林地面积和疏林地面积。

《中国林业统计指标解释》中还规定：森林面积还包括未成林造林地面积，造林后保存株数大于或等于造林设计株数 80%，尚未郁闭但有成林希望的新造林地(一般指造林后不满3~5年或飞机播种不满5~7年的造林地)的面积。

(3)关于外来火

通常因外来火引起的森林火灾，火灾次数和受害森林面积都要在报表中有所反映，年终汇总时，上级防火办公室可根据实际情况，将因外来火引起的火灾次数不计算在受损失的一方。

(4)关于成林与幼林的划分

一般地，凡是胸径在8cm以上(包括8cm)的林木统称为成林，凡是胸径不足8cm的林木统称为幼林。

(5)关于计算森林火灾发生率、受害率的森林面积问题

为了保证森林火灾发生率和受害率计算具有相对稳定性和可比性，便于操作，计算时以国家林业局最新公布的“全国各地区森林资源面积”为准。

(6)关于衡量森林防火工作数量的指标问题

①森林火灾发生率：即单位森林面积上森林火灾发生的次数，采用每10万hm^2发生次数表示：它反映火灾发生的频繁程度。

②森林火灾受害率：指报告期内某一地区森林火灾中受害森林面积与森林总面积的比率，用%表示。它反映一个管辖区内森林火灾危害的程度。按式(7-1)进行计算：

$$\text{森林火灾受害率}(\%) = \frac{\text{某地报告期内森林火灾受害面积}}{\text{某地管辖森林总面积}} \times 100\% \tag{7-1}$$

③当日扑火率：即当日扑灭的火灾次数和总火灾次数之比，用%表示。

④森林火灾案件查处率：指已查明火因并处理的森林火灾次数与森林火灾总次数的百分比，用%表示。按式(7-2)进行计算：

$$\text{森林火灾案件查处率}(\%) = \frac{\text{已查明火因并处理的森林火灾次数}}{\text{森林火灾总次数}} \times 100\% \tag{7-2}$$

【巩固练习】

一、名词解释

森林火灾发生率　森林火灾受害率

二、简答题

1. 森林火灾统计的基本要求。
2. 请简述森林火灾统计过程中需要注意的问题。

任务 2

森林火灾档案管理

【任务描述】

森林火灾建档是指将已发生的森林火灾整个过程的资料，进行整理成册，编写目录妥善保存，以便随时取用。这些信息是各级森林防火部门，掌握火情动态、沟通信息、积累资料、部署和决策的重要依据，也是进行科学防火的基础，同时定期向社会发布林火信息，也有助于提高群众的森林防火意识。所以，做好森林火灾建档和档案管理显得尤为重要。

【任务目标】

1. 能力目标

①能够广泛收集森林火灾资料。

②会建立森林火灾档案并进行分类存放。

2. 知识目标

①了解建立森林火灾档案的意义和作用。

②了解森林火灾档案建立的步骤。

③熟悉森林火灾档案的种类和内容。

④熟悉森林火灾档案建立的要求。

【实训准备】

卷柜、档案盒、档案袋、电脑等。

【任务实施】

一、实训步骤

①广泛收集森林火灾资料，做好标记，进行分类存放。

②及时对森林火灾资料进行更新。

③参观档案室进行档案管理学习。

二、结果提交

编制档案管理的办法。

【相关基础知识】

7.2.1 建立森林火灾档案的意义和作用

森林火灾档案是科学技术档案的一种，它是将森林火灾的各项调查和统计资料及各种报表，分门别类按年度和森林火灾类别整理出成套资料，装订成册，编写资料目录，妥善保管；也可以将有关数据输入森林防火数据库，便于业务部门、森林防火人员或科学研究、教学人员随时调用，此类文字资料、统计数据、图面资料、磁盘、磁带、录像带等，皆可称为森林火灾档案。

森林火灾档案应是森林火灾情况的真实记录，可以记录和反映森林火灾的预防、扑救、后果、科研、管理等一系列事件和工作的真实情况，记录森林火灾发生发展的原因、规律及林火环境状况。经过对森林火灾档案的分析，可以真实、准确、历史地预测预报森林火灾的发生，探索防火、扑火的最优方案，指导森林防火工作。

7.2.2 森林火灾档案的种类和内容

7.2.2.1 档案形式

森林火灾档案的记录和存在形式，可以多种多样。例如，文字式、簿册式、卡片式(裁边式、穿孔式)、图表式、数字式、软件(计算机程序)式、磁带、磁盘式等。

7.2.2.2 档案分类

森林火灾档案要按资料性质、价值、作用、层次分类管理和使用。大致可分为：

①文件、法规、规定、规章制度、条约、合同资料档案。

②设备设施、固定生产资料档案。

③组织管理决策系统资料档案。

④森林火灾调查统计资料档案。

⑤森林火灾报表资料档案。

⑥森林防火图件、照片资料档案。

⑦林区当地水文、地理、气象资料档案。

⑧科技人事、财务、物资资料档案。

⑨科学研究资料档案。

⑩森林资源、图表资料档案。

⑪通信、交通、卫生(含单位内、外部)情况资料档案。

⑫营林用火资料档案。

7.2.3 森林火灾档案的建立

7.2.3.1 森林火灾档案材料

档案材料是档案建立工作的前提，没有档案材料就没有档案管理工作。森林火灾档案材料的形成和来源主要有：森林火灾预报、气象卫星林区热点报告、火情报告和汇报、森林火灾扑救情况资料、森林火灾调查和分析、火案处理、森林火灾各种统计资料，以及其他与森林火灾有关的文件、资料、会议记录、照片、录音、录像、光盘等。森林火灾档案材料由防火办公室文秘人员或调度人员负责收集、整理。要根据档案材料价值大小确定保存期限，并按规定确定机密等级。

7.2.3.2　森林火灾档案的建立步骤

森林火灾档案建立步骤一般为：调查→收集→归案→整理编目→保管→使用→记载更新。

7.2.3.3　森林火灾档案的建立要求

(1)分门别类、分级建档、分清责任

各级森林防火部门应按年度、火灾种类由下往上整理出成套资料，编写资料目录及时进行汇总整理；县级以下森林防火指挥部办公室，对重大、特别重大森林火灾，要按森林火灾记录表，逐项登记造册，平时应将各种森林火灾统计表组成一套完整系统，完整存档，并按规定，定期上报。

对重大、特别重大森林火灾，要由火灾发生地区的有关单位，负责组织专案人员进行调查，发生在两个行政区交界处的，由两个行政区联合组织调查。发生在国有林场、林业局范围内的，应分别由林场、林业局组织人员调查，调查项目按表进行登记，按时间、性质、区域分类归档入册。

(2)森林火灾资料要全面细致

要做到森林火灾面积清，即各地对每起森林火灾都要有面积调查，调查资料齐全，不应以各种借口将大灾化小，小灾化了，或者瞒报、不报；森林火灾次数清，要求各县区对每起火灾都应有记录，不能漏记，对森林火警也要有文字记录；森林火灾损失清，要如实评估森林火灾的直接经济损失和间接经济损失，做到不夸大又不缩小；森林火灾发生原因清，案发原因要及时查办，有助于掌握本地区发生森林火灾的条件和规律，有效地控制火灾的发生。

(3)建立森林火灾数据库

有条件的地方要使用电子计算机，建立林火数据库，使森林火灾档案管理工作走上规范化、数字化、自动化、网络化的轨道。

(4)专人负责管理

档案人员应相对稳定、责任心强，若工作调动要办理交接手续，以免间断，防止人走资料散现象。

【巩固练习】

一、名词解释

森林火灾档案

二、简答题

1. 森林火灾档案的意义和作用。
2. 简述森林火灾档案的建立要求。

项目8 森林火灾应急预案编写与演练

【项目描述】

《森林防火条例》第十六条第一款规定："国务院林业主管部门应当按照有关规定编制国家重大、特别重大森林火灾应急预案，报国务院批准。"第二款规定："县级以上地方人民政府林业主管部门应当按照有关规定编制森林火灾应急预案，报本级人民政府批准，并报上一级人民政府林业主管部门备案。"与此同时，根据《森林火灾隐患评价标准》(LY/T 2245—2014)之规定："未按规定编制森林火灾应急预案"，可以判定为存在森林火灾隐患。所以，县级以上地方人民政府林业主管部门应该编制森林火灾应急预案。

本项目包括：森林火灾应急预案编写和森林火灾应急预案综合演练。通过本项目的学习，了解森林火灾应急预案编写内容及要求，能编制出切实可行的森林火灾应急预案；能根据火灾应急预案的要求定期开展森林火灾应急预案演练，找出森林火灾应急预案在实施过程中存在的问题，并加以修改。

任务 1

森林火灾应急预案编写

【任务描述】

《森林防火条例》第十七条规定："森林火灾应急预案应当包括下列内容：(一)森林火灾应急组织指挥机构及其职责；(二)森林火灾的预警、监测、信息报告和处理；(三)森林火灾的应急响应机制和措施；(四)资金、物资和技术等保障措施；(五)灾后处置。"所以，森林火灾应急预案的编写应包含以上内容。

【任务目标】

1. 能力目标

能够编制森林火灾应急预案。

2. 知识目标

熟悉森林火灾应急预案编写内容。

【实训准备】

森林火灾应急预案。

【任务实施】

编制森林火灾应急预案，并进行修订，最后进行提交。

【相关基础知识】

《森林防火条例》第十七条明确规定森林火灾应急预案应当包括下列内容：

(一)森林火灾应急组织指挥机构及其职责。

(二)森林火灾的预警、监测、信息报告和处理。

(三)森林火灾的应急响应机制和措施。

（四）资金、物资和技术等保障措施。

（五）灾后处置。

8.1.1 森林火灾应急组织指挥机构及其职责

《森林防火条例》第五条第一款规定："森林防火工作实行地方各级人民政府行政首长负责制。"所以，森林火灾应急组织指挥机构中的领导机构由各级地方人民政府行政首长组成。

《森林防火条例》第五条第二款规定："县级以上地方人民政府根据实际需要设立的森林防火指挥机构，负责组织、协调和指导本行政区域的森林防火工作。"所以，森林火灾应急组织机构中的领导机构职责是组织、协调和指导本行政区域的森林防火工作。

《森林防火条例》第五条第三款规定："县级以上地方人民政府林业主管部门负责本行政区域森林防火的监督和管理工作，承担本级人民政府森林防火指挥机构的日常工作。"

《森林防火条例》第五条第四款规定："县级以上地方人民政府其他有关部门按照职责分工，负责有关的森林防火工作。"所以，森林火灾应急组织指挥机构中的职能部门由各级地方人民政府林业主管部门和其他有关部门（交通局、卫生局、财政局、民政局等）共同组成，其职责是负责森林防火日常性及有关工作。

8.1.2 森林火灾的预警、监测、信息报告和处理

8.1.2.1 森林火险预警信号

（1）森林火险蓝色预警信号

①图标：预警信号标识的底色和文字注记采用蓝色（#0000FF），表示危险程度的文字为：中度危险（图8-1）。

图8-1 森林火险蓝色预警信号标识

②含义：未来一天至数天预警区域森林火险等级为二级，林内可燃物可以点燃，可以蔓延，具有中度危险。

（2）森林火险黄色预警信号

①图标：预警信号标识的底色和文字采用黄色（#FFFF00），表示危险程度的文字为：较高危险（图8-2）。

图8-2 森林火险黄色预警信号标识

②含义：未来一天至数天预警区域森林火险等级为三级，林内可燃物较易点燃，较易蔓延，具有较高危险。

③防御指南

a. 林内、林缘人员不得在室外用火、吸烟及从事其他易产生明火的活动；

b. 林区野外驾驶、乘车人员及林区居民不得向车(室)外丢弃燃烧剩余物；

c. 各类森林防火人员全部进入防火管理岗位；

d. 各级森林防火机构、基层森林防火责任单位及扑火队伍等进入战备状态。

(3)森林火险橙色预警信号

①图标：预警信号标识的底色和文字采用橙色(#FF9900)，表示危险程度的文字为：高度危险(图8-3)。

图8-3 森林火险橙色预警信号标识

②含义：未来一天至数天预警区域森林火险等级为四级，林内可燃物容易点燃，易形成强烈火势快速蔓延，高度危险。

③防御指南

a. 林区、野外停止一切用火活动；

b. 对于危险部位或区域实行封山防火；

c. 增加各类森林防火人员数量并延长防火工作时间；

d. 各级森林防火机构、基层森林防火责任单位及林区村屯进入高度防范状态，扑火队和相关人员进入随时应战状态。

(4)森林火险红色预警信号

①图标：预警信号标识的底色和文字采用红色(#FF0000)，表示危险程度的文字为：极度危险(图 8-4)。

图 8-4　森林火险红色预警信号标识

②含义：未来一天至数天预警区域森林火险等级为五级，林内可燃物极易点燃，极易迅猛蔓延，扑火难度极大，极度危险。

③防御指南

a. 在林区野外停止一切用火的基础上，林区村屯、林内、林缘生产作业点等一律停止生火；

b. 当地政府和相关管理部门、单位实行用火管制，切断一切火源因素与森林接触的途径，落实应对措施；

c. 林区各单位要停止林内的一切生产作业活动，向所有人员发出警示；

d. 各级森林防火机构及时启动紧急应对预案和措施，所有相关人员和单位都要处于高度临战状态。

8.1.2.2　森林火险预警信号发布方法

发布森林火险预警信号是各级森林防火管理机构一项十分重要的日常工作职责。在发布时限、载体和警示面上都应当有具体的规定动作和统一标准，要对具体职能单位和人员落实责任。在实践中，不同等级的预警信号，也有不同的发布管理规定和发布方法。一般地说，发布途径和方法如下。

(1)公众媒体发布

这是警示林区社会公众高度注意森林火险的主要手段和通用方法。通常是由当地气象主管部门所属的气象台在森林防火期内每日天气预报中，通过电视、广播向社会公众发布，并指明森林火险预警区域和简要的防御指南。这一面向社会公众的森林火险预警信号，要由各级森林防火指挥部办公室与当地气象台共同研究确定出统一的森林火险等级划分标准和技术方法，统一预警信号的分类办法和发布制度，然后在经过每日交换、沟通、会商当日森林火险监测系统的监测实况、天气预报信息和可燃物状态等基础信息后，形成一致的等级判断，由气象台直接向有关媒体提交和发布。当发布森林火险红色预警信号时，还应当考虑到高度紧张地应对措施可能对林区社会经济活动造成的约束性影响，由业务人员提报给当地森林防火管理主要负责人和气象部门主要负责人共同研究和审批后，才能发布。

(2)系统内部发布

系统内部发布是指以直接指导基层单位森林火险应对措施为目的的预警信息发布。一般是通过专门的信息传输平台(如计算机网络、无线电通信网络)、电话或专门文档资料等方式对所辖基层单位进行通告。这种发布方式，要建立起十分严明的发布负责人、按收负责人及相对固定的发布时间、发布范围等方面的操作性制度，建立健全发布、接收记录，防止信号传输出现漏洞，影响火险应对措施的落实。

(3)预警信号旗发布

在广大的林区村庄，森林防火期内的农业、种植业生产和野外作业，甚至于生活用火都可能引发森林火灾。如何把森林火险预警信息普遍通告、警示到与林为邻的广大林区公众中去，使他们及时掌握森林火险程度，做好森林火灾防范，是森林火险预警工作的重大课题和当前的一项重要任务。在林区村庄普遍通过挂置森林火险预警信号旗，必须借助于一定的集群通信手段和方法才能做到实施，并实行预警信号转换制度。否则，就会出现信号旗与当时的森林火险不一致的问题影响实际成效和作用。在实践中，一般采用及时发布实际森林火险等级的办法解除或提高预警等级。这种直接面向林区群众的森林火险预警信号发布方式，是今后工作的重点，并需要长期努力和逐步完善。

8.1.2.3　监测

森林火灾的监测通常分为四个空间层次，即地面巡护、瞭望台定点观测、空中飞机巡护和卫星监测。

8.1.2.4　信息报告与处理

(1)初发森林火灾信息处置及报告内容

①乡(镇)、林场处置要求：接到森林火灾报告后，乡(镇)、林场要如实做好记录，并在第一时间以电话形式报告县级森林防火指挥部办公室；乡(镇)、林场负责上级指示下达和火场火情报告传递任务。

②乡(镇)、林场报告内容：要按照瞭望员、护林员报告内容或其他森林火灾发现人所诉内容如实报告。其中瞭望员报告内容详见任务十二：瞭望台监测3.1中的(4)火情报告。护林员报告内容主要包括具体发生火灾位置、林相、火场火势以及有无人员扑救等。

③县级、市级、省级森林防火指挥部办公室处置要求：

县级、市级、省级各森林防火指挥部办公室要按照下级森林防火指挥部办公室的报告内容做好记录，在向相关负责人报告后立即进行处置，并在第一时间以电话报告上级森林防火指挥部办公室。电话报告结束后，应按上级森林防火指挥部办公室要求时限进行书面报告。

对同级森林防火指挥部成员单位等有关部门通报或新闻媒体报道的森林火灾信息，县级、市级、省级各森林防火指挥部办公室要及时向下级核实情况，要求下级限时反馈，并将处理结果及时反馈给通报信息的部门。

对下级请求支援和急需解决的问题，要及时问清情况，尽快协调落实，并及时将处理结果反馈给有关下级。

对以下森林火灾信息，县级、市级、省级各森林防火指挥部办公室在向上级森林防火指挥部办公室报告的同时，要通报同级政府应急办公室，即：重大、特别重大森林火灾；造成3人以上死亡或者10人以上重伤的森林火灾；威胁居民区或者重要设施的森林火灾；火场距国界或实际控制线5km以内，并对我国或邻国森林资源构成威胁的森林火灾；发生在省(自治区、直辖市)交界地区危险性大的森林火灾；发生在未开发原始林区的森林火灾；24小时尚未扑灭明火的森林火灾；需要国家支援扑救的森林火灾；其他需要报告的森林火灾。

④县级、市级、省级森林防火指挥部办公室报告内容：非国界附近森林火灾、国界附近森林火灾电话报告的主要内容为发现方式、发现时间、起火地点、起火时间、起火原因、经、纬度、火灾类型、火场火势、蔓延速度、火场估测面积、火场植被、火场天气实况、预案启动情况、火场现有扑火力量、赶赴增援扑火力量、其他需要说明的情况等；书面报告内容主要有火灾名称、起火时间、起火地点、火情态势、扑火人员、扑火装备、扑救情况、损失情况、地形地貌、可燃物情况、重要保护目标、火场天气、水源情况、国界附近森林火灾等内容，选择发生项报告。

(2)扑火进程信息处置

①乡(镇)、林场和县级、市级森林防火指挥部办公室信息处置要求及报告内容：在森林火灾扑救过程中，乡(镇)、林场和县级、市级森林防火指挥部办公室森林火灾信息处置人员要时刻坚守岗位，及时处置森林火灾扑救进程中的各类信息，并按森林火灾扑救过程中火情出现变化的各重要阶段适时逐级上报。

非国界附近森林火灾、国界附近森林火灾电话报告内容与初发森林火灾县级、市级、省级森林防火指挥部办公室电话报告内容相同，书面报告内容与初发森林火灾县级、市级、省级森林防火指挥部办公室书面报告内容按相同，选择发生项报告。

②省级森林防火指挥部办公室信息处置要求及报告内容：省级森林防火指挥部办公室要按照市级森林防火指挥部办公室的报告内容做好记录，在向相关负责人报告后立即进行处置，并在每天8:00、11:00和16:00前通过传真和中国森林防火网业务系统以书面报告形式把扑救进展情况报国家森林防火指挥部办公室，书面报告内容有起火时间、起火原因、火情态势、扑火队员、扑火装备、扑救情况、损失情况、地形地貌、可然物特征、重要目标、火场天气、水源情况、国界附近森林火灾等，选择新发生项进行报告。

(3)扑火进程中火情报告规范用语

①火势没有得到控制：火场有明火燃烧，在场扑火力量只能对部分区段的明火进行扑打，其余正在蔓延，扑火人员没有对火场形成合围态势。

②火势得到初步控制：火场虽有明火在燃烧，但扑火人员已全部对火线形成合围，并已有部分火头被扑灭，火场风力不大，明火虽仍处蔓延状态，但在场扑火力量有把握在短期内将明火彻底扑灭。

③火势得到有效控制：火场仍有明火燃烧，扑火人员全部控制住火头，并将要对所有火线明火实施扑打，火场已无大面积蔓延可能。

④明火全部扑灭：火场的外围及内部均无明火燃烧，但火场内部仍有烟(气)，所有扑火人员开始分段或分区清理树根、枯枝、落叶、泥炭等无明火燃烧残余物。

⑤火场清理完毕：经人工清理，火场达到无明火、无残火、无烟气的状态，已无复燃可能，但火场内仍有人员看守，防止意外情况发生。

(4)火场终报信息报送要求

火场清理完毕后要逐级报告留守扑火力量名称、人数及负责人姓名、职务、电话，通过其他需要说明的情况中进行报送。

(5)卫星监测热点信息处置

①卫星监测热点反馈要求：

a. 各级森林防火指挥部办公室对上级通报的卫星监测热点，应当迅速逐级向下询问核实，并按照上级要求时限进行反馈；对卫星监测发现的较大热点或连续且迅速扩大的热点要重点关注，及时跟踪；

b. 确因特殊情况无法按时反馈的，应当向上级说明原因并尽快反馈；

c. 核实为森林火灾的应按照森林火灾进行信息处置；核实为非森林火灾的，应反馈用火类型。

②卫星监测热点反馈方式：县级森林防火指挥部办公室、市级森林防火指挥部办公室通过森林防火网或电话进行卫星监测热点核查结果反馈；省级森林防火指挥部办公室通过中国森林防火网业务系统中的“监测图像”专栏进行卫星监测热点核查结果反馈。

8.1.3　森林火灾应急响应机制和措施

8.1.3.1　森林火险预警响应的运行方法

目前实施森林火险预警响应的方法主要是按照自上而下原则运行。

①在森林防火期内，从省级到县(局)级的森林防火管理机构每天逐级向下发布森林火险预警等级信息，各个下级单位在依据上级部门发布的火险等级信息和本地区与气象台沟通会商的预警结果充分核对、评估后，做出本地区次日森林火险预警等级，通过电台、电话等向所属单位发布。

②乡镇、林场等基层森林防火责任单位的电台员或者调度员接到火险预警等级通知或响应状态通知(或命令)后，立即持记录本(簿)向本级负责人报告或经过授权直接通知相关负责人进行安排。

③在每天的基层单位与县(局)级森林防火机构无线电台定时联络时，按照规定内容报告本地当天的预警响应实际状态。

8.1.3.2　森林火险预警响应级别的划分

按照我国和世界上对于突发事件应急管理的一般原理和通行做法，森林火险预警响应的级别和森林火险预警信号的对应关系应当采取下列方法来划分。

(1)森林火险一级响应

森林火险一级响应对应的森林火险预警信号是红色预警信号，即森林极易燃烧、极易蔓延和具有极高的火灾危险。这个响应级别是最高级的森林火险应对等级，不仅要求森林防火管理机构和森林防火主体单位(或个人)立即进入高度紧张状态，也对林区社会的广大公众进山入林作业等具有高度的限制性，甚至对生产生活活动进行必要的限制。因此，一般要经过当地政府或者政府授权的森林防火指挥部正式启动，以免给社会经济活动造成不必要的影响。一旦进入森林火险一级响应状态，森林火险预警信号和防御指南等信息要快速、多频次地广泛向林区社会发布和警示，以取得社会公众的理解和支持。

(2)森林火险二级响应

森林火险二级响应对应的森林火险预警信号是橙色预警信号，即森林较易燃烧、容易蔓延和具有高度的火灾危险。这个森林火险响应级别是次高级的应对等级，对于进入山林人员和林区野外用火具有明确的限制性，森林火灾防范人员也应随之大量增加，停止生产作业用火审批。它是森林防火期内实施比较多的响应级别，也是控制森林火灾发生率最为关键的响应状态。

(3)森林火险三级响应

森林火险三级响应对应的森林火险预警信号是黄色预警信号，即森林能够燃烧、能够蔓延和具有中度的火灾危险。这个森林火险响应级别是森林火险响应状态的启动等级，在森林防火期中居于多数。在这个响应状态下，森林区域的森林防火人员要按照基本配置基数全部到岗到位，并对用火实行限制性措施。

这里应该特别说明的是，森林火险预警响应的级别设定及其应用，不同于重大、特大森林火灾处置预案和国家有关突发公共事件应急预案中规定的响应级别，它响应的不是灾害事件，而是灾害事件的发生危险，两者不能混淆。

8.1.3.3 森林火险预警响应的基本状态

1)森林火险预警一级响应

森林火险预警等级为五级火险，预警信号为红色森林火险预警信号或警报。本行政区或管辖区内有1个以上单位具有五级森林火险，即森林可燃物极度干燥易燃，且林内湿度很低、风力指标很高，极易迅猛蔓延，具有极度危险。

(1)森林防火指挥部及其办公室的火险预警响应状态

①市级森林防火指挥部：政府主要领导、主管领导中有1人能随时到森林防火指挥中心指挥扑火工作，并专项向高森林火险区的领导同志调度、了解应对措施。可视情况采取用火管制措施和组织更大力度的火灾防范工作。森林防火指挥部其他成员单位全部进入临战状态。

②市级森林防火指挥部办公室：全面进入紧张应对状态。除处置火情外出人员外，其余全部人员延时坚守岗位，夜间实行防火办责任人带班制度，并开展以下工作：

a. 将火险预警信息报告本级森林防火指挥部的总指挥及林业部门主要负责人，并通告相关单位；

b. 向下级专项通告火险，加强对下级防火办值班人员查岗及状态调度，值班员吃饭不空岗，与政府值班人员有电话联络渠道；

c. 如有森林火灾发生，通知本级森林防火指挥部成员单位做好相关准备，随时做好扑火预案启动的基础性准备工作，安排好扑火支援力量，并为政府和森林防火指挥部领导赴火场协调指挥做好前期准备；

d. 专项调度所属单位增加响应措施的具体信息。

③县级森林防火指挥部：政府主管领导至少有1人能随时进入扑火组织指挥状态。森林防火指挥部应当确保能随时联络到与扑火力量组织、预备及后勤保障有关的森林防火指挥部成员。实行几大班子分片包保督查，可视情况深入到责任区进行现场督促检查。必要时可采取电台、电话会议的方式应急部署防范措施，也可视情况采取用火管制措施和组织

更大力度的火灾防范工作。森林防火指挥部其他成员单位全部进入临战状态。

④县级、局级森林防火指挥办公室：除处置火情外出人员外，白天至少1名负责人带班，夜间实行森林防火指挥部办公室责任人带班和电台员加班制度，人员延时工作以应对突发火情，并开展以下工作：

a. 将火险预警信息报告给当地森林防火指挥部总指挥及相关单位；

b. 规定和通告瞭望员、检查员等人员的到离岗时间及工作状态；

c. 加强对林场、乡(镇)森林防火值班人员查岗及状态调度，值班员吃饭不得空岗，并与当地政府值班人员有电话联络渠道；

d. 与本区域内各有关单位保持通信畅通，向本区域内专项通告火险等级，通知森林防火指挥部成员单位做好相关准备，检查并调度基层执行同级响应预案情况；

e. 如有森林火灾发生，立即做好启动本级森林火灾应急预案的准备工作，上报响应措施及相关数据信息。

(2)职能部门、单位及基层组织的火险预警响应状态

①市级、县级林业主管部门

a. 主要领导和分管领导进入双带班状态，不外出，随时准备分前、后方组织指挥扑火，组织本级森林防火指挥部办公室做好协调森林防火指挥部成员单位的扑火准备工作，对基层单位进行应对部署；

b. 组织本机关干部到基层蹲点督导，紧急布置火源看守、用火管制及扑火准备事宜，并向当地政府主要领导和主管领导汇报拟采取的措施；

c. 组织做好《森林火灾应急预案》启动的相关工作，必要时可直接对基层单位领导在位状态进行抽查。

②国有林业局等森林经营保护单位

a. 主要负责人和分管负责人实行双带班，能随时与本单位森林防火机构取得联络；

b. 组织本单位领导班子成员分赴各个林场或基层单位蹲点督导检查，并严密部署本单位森林火险预警响应预案落实工作；

c. 利用电台、电话等紧急布置林内生产、生活用火管制措施及森林火灾应急预案启动准备工作；

d. 与本行政区的县级政府领导、森林防火指挥部及周边单位衔接好扑火支援预案。

③各类林场(含其他森林经营利用组织和个人)

a. 严格按本单位的森林火险预警响应预案一级响应的规定增加防火看守人员和扑火预备人员，并向施业区、管辖区发出高火险通告；

b. 停止林内生产活动，全力进行森林防火，全面实行林内和林缘生活用火管制，扑火机具库房保持打开状态；

c. 派出监督人员巡查各个岗位防火人员的在位情况，确保所有预警响应预案安排的人员全部到岗在位，并明确防火工作人员延时离岗的时间；

d. 主要领导和主管领导均不离场外出，其他管理人员分片进行督促检查，夜间有1位领导值班；

e. 做好扑大火的相关准备工作，通知其他所有工作人员做好扑火出动准备，并逐一落实周边联防支援力量。

④乡(镇)政府和林业工作站

a. 乡(镇)政府主要领导、主管领导和林业站站长保证对上对下通信畅通、不离开辖区；

b. 布置村、社逐户进行森林防火通告，做好林区靠近森林居民的生活用火限制措施落实，实行林区村屯室外全面禁火，防止山火入屯和屯火上山；

c. 按照森林火险预警响应预案的一级响应安排，动员和组织更多人员进行防火巡查，落实扑火支援单位。

⑤村、社及群防群护组织

a. 林区内的村主任按照乡(镇)政府和林业工作站的要求专门布置森林防火工作，按规定把增加的防火人员布置到位；

b. 社区主任和森林防火当日责任人逐户通告森林火险等级、封山防火区域和禁火规定，并挂置森林火险红色预警旗；

c. 如有火情发生，按要求组织火场清理和看守人员。

(3)专(兼)职森林防火人员的森林火险预警响应状态

①检查站检查员：向被检查人员通告高森林火险等级，提前并延后检查执勤时间，实行24小时检查执勤。在重点森林区域禁止一切非森林防火人员进入林内。

②森林防火巡护员：按照森林火险预警响应预案一级响应的安排进入工作责任区，巡护人员从日出后半小时进入森林防火巡护责任区进行巡查和火源管理，中午在管护区用餐，巡查工作不间断。

③入山道口把守员：提前和延后看守执勤时间，并按照上级要求劝退和阻止进入封山防火区的入山人员。

④瞭望员：从日出开始至日落每10min用望远镜瞭望观察一周。日落后保持有1人每30min上台观察一周至日出，并在夜间保持与防火办的电台联络。

⑤电台员：实行昼夜执机，随时处置调度扑火联络事宜。

⑥森林防火指挥部办公室微机操作员：24小时保持与单位通信畅通，随时做好指挥扑火的技术支持。

(4)各类扑火队伍的森林火险预警响应状态

①地方集中食宿型专业(半专业)扑火队：扑火队值班员时刻坚守岗位，扑火机具、油料和车辆放置于规定位置并在白天处于一级待发状态，接到扑火命令5min内完成出动；夜间保持二级待发状态，15min内完成出动。扑火队负责人全部在位。着装和携(运)行设备、机具按本地扑火和支援扑火分类准备并符合规定标准。

②地方非集中食宿型半专业扑火队：扑火队值班员时刻坚守岗位，扑火机具、油料和车辆放置于规定位置并全天处于二级待发状态。扑火队负责人全部在位。下班时间延长到21:00，夜间集结时间不多于20min，接扑火命令后20min内完成出动，着装和携(运)设备、机具符合规定标准。

③各类支援性扑火队：所有支援性扑火队员在本单位边工作边待命，扑火机具、油料和车辆、服装等放置于规定位置，并可适当在集结待命地进行扑火训练。接到命令1h内能出动。所在单位24小时有专人值班和快速召集扑火人员，单位负责人应亲自带队扑火，落实首次出动给养。

④森林部队支队、总队：保持二级战备状态，接到驻地森林防火指挥部命令后立即转入一级战备状态。

⑤森林部队大(中)队：全天保持二级战备状态，接到驻地森林防火指挥部扑火命令后立即转入一级战备状态，并在接到驻地森林防火指挥部扑火命令后10min内完成出动。着装和携(运)行量符合规定标准。大(中)队主官全部在位。

2)森林火险预警二级响应

森林火险预警等级为四级火险，预警信号为橙色森林火险预警信号或警报。森林可燃物很容易被点燃，易形成强烈火势快速蔓延，具有高度危险。

(1)森林防火指挥部及其办公室的响应状态

①市级森林防火指挥部：政府主管领导原则上不到本市外公出，能随时到森林防火指挥中心指挥扑火工作，并适当询问当日森林防火工作态势，能随时进入扑火组织指挥状态。森林防火指挥部办公室应当确保能随时联络到有关扑火力量组织、预备及后勤保障有关的森林防火指挥部成员。实行几大班子分片包保督查，可视情况深入到责任区进行督促检查。必要时可采取电台、电话会议的方式应急部署防范措施。

②市级森林防火指挥部办公室：向下级专项通告火险，通知本级森林防火指挥部成员单位做好相关准备。如有森林火灾发生，随时做好森林火灾应急预案启动的基础性准备工作，安排好扑火支援力量，并为政府和森林防火指挥部领导赴火场协调指挥做好前期准备。专项调度所属单位二级响应措施的具体信息。除处置火情外出人员外，其余全部人员延时坚守岗位，夜间实行森林防火指挥部办公室责任人带班制度。

③县级森林防火指挥部：政府主管领导原则上不到本县外公出，并适当询问当日森林防火工作态势，能随时进入扑火组织指挥状态。县森林防火指挥部办公室应当确保与扑火力量组织、预备及后勤保障有关森林防火指挥部成员的随时联络。实行几大班子分片包保督查，可视情况深入到责任区进行督促检查。必要时可采取电台、电话会议的方式应急部署防范措施。

④县级、局级森林防火办公室：向区域内专项通告森林火险等级，除处置火情外出人员外，白天至少1名负责人带班，夜间实行森林防火指挥部办公室责任人带班和电台员加班制度，人员延时工作以应对突发火情，并开展以下工作：

a. 将火险预警信息报告给当地森林防火指挥部总指挥及相关单位；

b. 规定和通告瞭望员、检查员等人员的到离岗时间及工作状态；

c. 加强对林场、乡(镇)森林防火值班人员查岗及状态调度，值班员吃饭不得空岗，并与当地政府值班人员有电话联络渠道；

d. 与本区域内各有关单位保持通信畅通，向本区域内专项通告火险等级，通知森林防火指挥部成员单位做好相关准备，检查并调度基层执行同级响应森林火灾应急预案情况；

e. 如有火灾发生，立即做好启动本级扑火预案的准备工作，上报响应措施及相关数据信息。

(2)职能部门、单位及基层组织的响应状态

①市级、县级林业主管部门：主要领导和分管领导进入双带班状态，不外出，随时准备分前、后方组织指挥扑火，组织本级森林防火指挥部办公室做好协调森林防火指挥部成

员单位的扑火准备工作，对基层单位进行应对部署。组织本机关干部到基层蹲点督导。必要时，可直接对基层单位领导在位状态进行抽查。

②国有林业局等森林经营保护单位

a. 主要负责人和分管负责人实行双带班，能随时与本单位森林防火机构取得联络；

b. 组织本单位领导班子成员分赴各个林场或基层单位蹲点督导检查，并严密部署本单位森林火险预警响应预案落实工作；

c. 利用电台、电话等紧急布置林内生产、生活用火管制措施及森林火灾应急预案启动准备工作；

d. 与本行政区的县级政府领导、森林防火指挥部及周边单位衔接好扑火支援预案。

③各类林场(含其他森林经营利用组织和个人)

a. 严格按本单位的森林火险预警响应预案二级响应的规定增加防火看守人员和扑火预备人员数量，并向施业区、管辖区发出高火险通告；

b. 全面实行林内和林缘生产用火管制，扑火机具库房保持打开状态；

c. 严格巡查各个岗位森林防火人员的在位情况，确保全部到岗在位，并明确森林防火工作人员延时离岗的时间；

d. 主要领导和主管领导均不离场外出，其他管理人员分片进行督促检查，夜间有1位领导值班；

e. 做好扑火的相关准备工作，通知其他所有工作人员做好扑火出动准备。

④乡、镇政府和林业工作站：接到预警响应通知或命令后，政府主要领导、主管领导和林业站站长保证对上对下通信畅通、不离开辖区。做好防止山火入屯和屯火上山工作，动员和组织更多人员进行森林防火巡查，按照森林火险预警响应预案的二级响应安排，动员和组织更多人员进行防火巡查，落实扑火支援单位。布置村社逐户进行防火通告。

⑤村、社及群防群护组织：

a. 林区内的村主任按照乡(镇)政府和林业工作站的要求专门布置森林防火工作，按照预警响应规定把应增加的森林防火人员布置到位；

b. 社区主任和森林防火当日责任人逐户通告火险、封山防火区域和野外禁火规定；

c. 如有火情发生，按要求组织火场清理和看守人员。

(3)专(兼)职森林防火人员的响应状态

①检查站森林防火检查员：提前并延后检查执勤时间，通告森林火险等级，并按照上级要求劝退和阻止进入封山防火区的入山人员。必要时对重点区域实行24h检查执勤。

②森林防火巡护员：按照森林火险预警响应预案二级响应的安排进入工作责任区，从日出后半小时进入森林防火巡护责任区进行巡查和火源管理，中午在管护区用餐，巡查工作不间断。

③入山道口把守员：从有入山人员开始到出山活动结束，按规定项目进行检查及返还火源。看守活动保持不间断，并按照上级要求劝退和阻止进入封山防火区的入山人员。

④瞭望员：从日出半小时后开始至日落每10min用望远镜瞭望观察一周。日落后每30min上台观察一周至21:00结束，夜间保持与森林防火指挥部办公室的电台联络。

⑤电台员：吃饭有人替岗，昼夜保持畅通联络。加大岗位点名检查调度频次。专职电台员执机时间延至21:00，准确传达工作事项，掌握重要区域和关键岗位状态，并随时保

持与本单位森林防火带班领导和外线人员的通信联系，随时处置调度和扑火联络事宜。

⑥森林防火指挥部办公室防火办微机操作员：24 小时保持与森林防火指挥部办公室防火办通信畅通。随时做好指挥扑火的技术支持。

(4)各类扑火队伍的响应状态

①地方集中食宿型专业(半专业)扑火队：扑火队值班员时刻坚守岗位，扑火机具、油料和车辆放置于规定位置并全天处于二级待发状态。扑火队负责人全部在位。接到扑火命令后 10min 内完成出动，着装和携行(运)设备、机具符合规定标准。

②地方非集中食宿型半专业扑火队：扑火队值班员时刻坚守岗位，扑火机具、油料和车辆放置于规定位置并全天处于二级待发状态。扑火队负责人全部在位。下班时间延长到 21:00，夜间集结不多于 20min，接到扑火命令后 20min 内完成出动，着装和携带(运)设备、机具符合规定标准。

③各类支援性扑火队：所有支援性扑火队员在本单位边工作边待命，扑火机具、油料和车辆、服装等放置于规定位置，并可适当在集结待命地进行扑火训练。接到命令 1h 内能出动。所在单位 24h 有专人值班和快速召集扑火人员，单位负责人应亲自带队扑火，落实首次出动给养。

④森林部队支队、总队：密切注视火情动态，作战勤务值班室保持与同级森林防火指挥部的密切沟通，随时做好跨区支援扑火的准备工作。保持二级战备状态，接到驻地森林防火指挥部命令后立即转入一级战备状态。

⑤森林部队大(中)队：全天保持二级战备状态，接到驻地森林防火指挥部扑火命令后立即转入一级战备状态，并在接到驻地森林防火指挥部扑火命令后 10min 内完成出动。着装和携(运)行量符合规定标准。大(中)队主官全部在位。

3)森林火险预警三级响应

森林火险预警等级为三级火险，预警信号为黄色森林火险预警信号或警报。森林可燃物较易点燃，且较易蔓延，具有较高危险。

(1)森林防火指挥部及其办公室的响应状态

①市级森林防火指挥部：可组织几大班子及森林防火指挥部成员单位负责人分片督导基层防火工作。政府分管领导在通信上随时与市级森林防火指挥部办公室保持联络，到外地出差应当指定替代负责人。

②市级森林防火指挥部办公室：至少 1 名负责人带班，将火险预警信息报告森林防火指挥部各位指挥，并通告相关单位。加强对下级森林防火指挥部办公室值班人员查岗及状态调度。值班员吃饭不空岗。市级森林防火指挥部办公室与政府值班人员有电话联络渠道。

③县级森林防火指挥部：可组织几大班子及森林防火指挥部成员单位负责人分片督导基层防火工作。政府分管领导在通信上随时与县森林防火指挥部办公室保持联络，到外地出差应当指定替代负责人。

④县级、局级森林防火办公室：至少 1 名负责人带班，将火险预警信息报告森林防火指挥部各位指挥及相关单位。规定和通告瞭望员、检查员等人员到、离岗时间及工作状态。加强对林场、乡镇值班人员查岗及状态调度。值班员吃饭不得空岗。与政府值班人员及相关单位有电话联络渠道。通知基层单位启动同级森林火险响应预案。派出人员或组织

相关基层单位进行野外用火检查监督。

(2)职能部门、单位及基层组织的响应状态

①市级、县级林业主管部门：分管领导进入带班状态，其他领导班子成员可视情况深入基层检查工作运行状态。组织本级森林防火指挥部办公室做好扑火准备工作，对基层单位进行火险应对部署。组织本机关干部到基层蹲点督导。

②国有林业局等森林经营保护单位：主管领导进入森林防火带班状态，其他分片包保的班子成员到基层或直接对基层单位的防范措施提出指导意见。主管领导不到本局外公出，主要领导出本县和本局需事先向本县级政府和上一级森林防火指挥部报告。

③各类林场(含其他森林经营利用组织和个人)：所有入山岔路口均按照森林火险预警响应预案规定配置人员实行专人看守，并确保全部到岗在位，明确到岗和离岗的时间，扑火机具库房保持打开状态。林场主管领导不离开林场，并派出监督人员巡查各个岗位防火人员在位情况。主要负责人外出需向县级森林防火指挥部请假。

④乡(镇)政府和林业工作站：政府主管领导、林业站长保证对上对下通信畅通、不离开本管辖区。通告所有林区村社组织按规定派出森林防火人员，派出机关干部分片落实森林防火、扑火措施。林业站长夜间带班。

⑤村社及群防群护组织

a. 林区内的村主任和社主任(小组长)按照乡镇政府和林业工作站的要求通告村民和林区所有人员不在野外擅自用火或弄火，落实防火重点对象的监护人；

b. 社主任和森林防火当日责任人挂置森林火险黄色预警旗，并按照预警响应规定入山把守人员和巡护员布置到位；

c. 如有火情发生，按要求组织火场清理和看守人员。

(3)专(兼)职森林防火人员的响应状态

①检查站森林防火检查员：从有入山人员开始到出山活动结束，按规定项目进行检查及返还火源，保持检查活动不间断。

②森林防火巡护员：日出后1h进入森林防火巡护责任区进行巡察和火源管理。中午在管护区用餐，巡护工作不间断。林场、乡(镇)及当地责任单位按森林火灾应急处置办法增加数量和确定巡护区。

③入山道口把守员：从有入山人员开始到出山活动结束，按规定项目进行检查及返还火源。保持看守活动不间断，并按照上级要求劝退和阻止进入封山防火区的入山人员。

④瞭望员：从日出1h后开始至日落每15min用望远镜瞭望观察一周。日落后每40min上台观察一次至20:00结束，夜间保持与防火办的电台联络。

⑤电台员：电台室始终有人值班，吃饭有人替岗，昼夜保持畅通联络。加大岗位点名检查调度频次，并随时保持与本单位森林防火带班领导和外线人员的通信联系，随时处置调度和扑火联络事宜。

⑥森林防火指挥部办公室微机操作员：定时上网与上级森林防火指挥部办公室联络，上报及下载有关文件及森林火险预警相关信息。调试指挥中心的各类设备随时准备投入使用，随时做好指挥扑火的技术支持。

(4)各类扑火队伍的响应状态

①地方集中食宿型专业(半专业)扑火队：扑火队值班员时刻坚守岗位，扑火机具、

油料和车辆放置于规定位置并处于二级待命状态。扑火队负责人至少1人在位。接扑火命令后15min内完成出动，着装和携行(运)设备、机具符合规定标准。

②地方非集中食宿型半专业扑火队：机具、车辆集中摆放，加足油料，随时待用。队员在早8:00前到院内集中待命或整修机具等，中午就地用餐，晚18:00下班，夜间能在20min内集结，再加15min能完成出动且机具、装备齐全，队长全天在岗。

③各类支援性扑火队：机具、车辆集中摆放，加足油料，随时待用。保持扑火支援人员相对集中。非工作时间能有快速集结联络方式，接到命令2h内集结和出动。所在单位有人值班和负责召集扑火队员。

④森林部队支队、总队：两级首长机关按三级战备状态要求加强战备值班。

⑤森林部队大(中)队：保持二级战备状态，接到驻地森林防火指挥部扑火命令后15min内完成出动，着装和携(运)行量符合规定标准。大(中)队至少应有1名主官在位。

以上是按照森林火险一级、二级、三级3个响应层次来对响应状态进行安排的。如果实行4个层次的响应对策，则应当把四级森林火险作为蓝色预警信号等级，并对相关的响应状态进行细致安排。总之，目前扑火队伍响应状态仍然处于创新性探索和推广应用的初始阶段，无论是在基础理论还是在日常业务管理方面，都有进一步深入研究探讨的必要性。

8.1.4　资金、物资和技术等保障措施

《森林防火条例》第八条规定："县级以上人民政府应当将森林防火基础设施建设纳入国民经济和社会发展规划，将森林防火经费纳入本级财政预算。"

《森林防火条例》第十五条第一款规定："国务院有关部门和县级以上地方人民政府应当按照森林防火规划，加强森林防火基础设施建设，储备必要的森林防火物资，根据实际需要整合、完善森林防火指挥信息系统。"

《森林防火条例》第十六条第四款规定："县级以上人民政府及其有关部门应当组织开展必要的森林火灾应急预案的演练。"

《森林防火条例》第二十一条规定："地方各级人民政府和国有林业企业、事业单位应当根据实际需要，成立森林火灾专业扑救队伍；县级以上地方人民政府应当指导森林经营单位和林区的居民委员会、村民委员会、企业、事业单位建立森林火灾群众扑救队伍。专业的和群众的火灾扑救队伍应当定期进行培训和演练。"

8.1.5　灾后处置

《森林防火条例》第四十一条第一款规定："县级以上人民政府林业主管部门应当会同有关部门及时对森林火灾发生原因、肇事者、受害森林面积和蓄积、人员伤亡、其他经济损失等情况进行调查和评估，向当地人民政府提出调查报告；当地人民政府应当根据调查报告，确定森林火灾责任单位和责任人，并依法处理。"

《森林防火条例》第四十二条第一款规定："县级以上地方人民政府林业主管部门应当按照有关要求对森林火灾情况进行统计，报上级人民政府林业主管部门和本级人民政府统计机构，并及时通报本级人民政府有关部门。"

《森林防火条例》第四十四条规定："对因扑救森林火灾负伤、致残或者死亡的人员，

按照国家有关规定给予医疗、抚恤。”

《森林防火条例》第四十五条规定：“参加森林火灾扑救人员的误工补贴和生活补助以及扑救森林火灾所发生的其他费用，按照省、自治区、直辖市人民政府规定的标准，由火灾肇事单位或者个人支付；起火原因不清的，由起火单位支付；火灾肇事单位、个人或者起火单位确实无力支付的部分，由当地人民政府支付。误工补贴和生活补助以及扑救森林火灾所发生的其他费用，可以由当地人民政府先行支付。

《森林防火条例》第四十六条规定：“森林火灾发生后，森林、林木、林地的经营单位和个人应当及时采取更新造林措施，恢复火烧迹地森林植被。”

【企业案例】

2012年12月17日，国务院办公厅印发《国家森林火灾应急预案》(国办函〔2012〕212号)。

国家森林火灾应急预案

(2012年12月)

1 总则

1.1 编制目的

建立健全森林火灾应对工作机制，依法有力有序有效实施森林火灾应急，最大程度减少森林火灾及其造成人员伤亡和财产损失，保护森林资源，维护生态安全。

1.2 编制依据

《中华人民共和国森林法》《中华人民共和国突发事件应对法》《森林防火条例》和《国家突发公共事件总体应急预案》等。

1.3 适用范围

本预案适用于我国境内发生的森林火灾应对工作，不包括城市市区发生的森林火灾。

1.4 工作原则

森林火灾应对工作坚持统一领导、军地联动，分级负责、属地为主，以人为本、科学扑救的原则。实行地方各级人民政府行政首长负责制，森林火灾发生后，地方各级人民政府及其有关部门立即按照职责分工和相关预案开展处置工作。省级人民政府是应对本行政区域重大、特别重大森林火灾的主体，国家根据森林火灾应对工作需要，给予必要的协调和支持。

1.5 灾害分级

按照受害森林面积和伤亡人数，森林火灾分为一般森林火灾、较大森林火灾、重大森林火灾和特别重大森林火灾。灾害分级标准见附则。

2 组织指挥体系

2.1 森林防火指挥机构

国家森林防火指挥部负责组织、协调和指导全国森林防火工作。指挥部办公室设在国家林业局，承担指挥部日常工作。

县级以上地方人民政府根据需要设立森林防火指挥机构，负责组织、协调和指导本行政区域森林防火工作。

2.2　扑火指挥

森林火灾扑救工作由当地森林防火指挥机构负责指挥。跨省界的重大、特别重大森林火灾扑救工作，由当地省级森林防火指挥机构分别指挥，国家森林防火指挥部负责协调、指导。

地方森林防火指挥机构根据需要，在森林火灾现场成立前线指挥部。参加前方扑火的单位和个人要服从前线指挥部的统一指挥。

武警森林部队执行森林火灾扑救任务，接受火灾发生地县级以上地方人民政府森林防火指挥机构的指挥；执行跨省界森林火灾扑救任务的，接受国家森林防火指挥部的统一指挥。

军队执行森林火灾扑救任务，依照《军队参加抢险救灾条例》的有关规定执行。

2.3　专家组

森林防火指挥机构根据需要设立专家组，对森林火灾应对工作提供政策、技术咨询与建议。

3　预警和信息报告

3.1　预警

3.1.1　预警分级

根据森林火险等级、火行为特征和可能造成的危害程度，将森林火险预警级别划分为四个等级，由高到低依次用红色、橙色、黄色和蓝色表示。

预警级别的具体划分标准，由国家林业局制定。

3.1.2　预警发布

各级林业主管部门和气象主管部门加强会商，制作森林火险预警信息，并通过预警信息发布平台和广播、电视、报纸、互联网、手机短信等渠道向涉险区域相关部门和公众发布。

必要时，国家森林防火指挥部向省级森林防火指挥机构发布预警信息，提出工作要求。

3.1.3　预警响应

当发布蓝色、黄色预警信息后，预警地区县级以上地方人民政府及其有关部门密切关注天气情况和森林火险预警变化，加强森林防火巡护、卫星林火监测和瞭望监测，做好预警信息发布和森林防火宣传工作，加强火源管理，落实防火装备、物资等各项扑火准备；当地各级森林消防队伍进入待命状态。

当发布橙色、红色预警信息后，预警地区县级以上地方人民政府及其有关部门在蓝色、黄色预警响应措施的基础上，进一步加强野外火源管理，开展森林防火检查，加大预警信息播报频度，做好物资调拨准备；武警森林部队对兵力部署进行必要调整，当地森林消防队伍视情靠前驻防。

国家森林防火指挥部视情对预警地区森林防火工作进行督促和指导。

3.2 信息报告

地方各级森林防火指挥机构要及时、准确、规范报告森林火灾信息，及时通报受威胁地区有关单位和相邻行政区域森林防火指挥机构。对以下森林火灾信息，国家森林防火指挥部立即向国务院报告，同时通报指挥部成员单位和相关部门：

(1)重大、特别重大森林火灾；

(2)造成3人以上死亡或者10人以上重伤的森林火灾；

(3)威胁居民区或者重要设施的森林火灾；

(4)火场距国界或实际控制线5km以内，并对我国或邻国森林资源构成威胁的森林火灾；

(5)发生在省(自治区、直辖市)交界地区危险性大的森林火灾；

(6)发生在未开发原始林区的森林火灾；

(7)24小时尚未扑灭明火的森林火灾；

(8)需要国家支援扑救的森林火灾；

(9)其他需要报告的森林火灾。

4 应急响应

4.1 分级响应

根据森林火灾发展态势，按照分级响应的原则，及时调整扑火组织指挥机构和力量。火灾发生后，基层森林防火指挥机构第一时间采取措施，做到打早、打小、打了。初判发生一般森林火灾和较大森林火灾，由县级森林防火指挥机构负责指挥；初判发生重大、特别重大森林火灾，分别由市级、省级森林防火指挥机构负责指挥；必要时，可对指挥层级进行调整。

4.2 响应措施

森林火灾发生后，各有关地方和部门根据工作需要，组织采取以下措施：

4.2.1 扑救火灾

立即就近组织基层应急队伍和专业森林消防队赶赴现场处置，力争将火灾扑灭在初起阶段。必要时，组织协调当地解放军、武警部队、民兵预备役部队、公安消防部队等救援力量，调配航空消防飞机等大型装备参与扑救。各扑火力量在前线指挥部的统一调度指挥下，明确任务分工，落实扑救责任。现场指挥员要认真分析地理环境和火场态势，在扑火队伍行进、驻地选择和扑火作业时，时刻注意观察天气和火势的变化，确保扑火人员安全。不得动员残疾人、孕妇和未成年人以及其他不适宜参加森林火灾扑救的人员参加扑救工作。

4.2.2 转移安置人员

当居民点、人员密集区受到森林火灾威胁时，及时采取有效阻火措施，制定紧急疏散方案，有组织、有秩序地及时疏散居民、受威胁人员，确保人民群众生命安全。妥善做好转移群众安置工作，确保群众有饭吃、有水喝、有衣穿、有住处和必要医疗保障。

4.2.3 救治伤员

迅速将受伤人员送医院治疗，必要时对重伤员实施异地救治。视情派出卫生应急队伍赶赴火灾发生地，成立临时医院或医疗点，实施现场救治。

4.2.4 善后处置

做好遇难人员的善后工作，抚慰遇难者家属。对因扑救森林火灾负伤、致残或者死亡的人员，按照国家有关规定给予医疗、抚恤。

4.2.5 保护重要目标

当军事设施、核设施、危险化学品生产储存设备、输油气管道等重要目标物和重大危险源受到火灾威胁时，迅速调集专业队伍，通过开设隔离带等手段，全力消除威胁，确保目标安全。

4.2.6 维护社会治安

加强火灾受影响区域社会治安管理，严厉打击借机盗窃、抢劫、哄抢救灾物资、传播谣言等违法犯罪行为。在金融单位、储备仓库等重要场所加强治安巡逻，维护社会稳定。

4.2.7 发布信息

通过授权发布、发新闻稿、接受记者采访、举行新闻发布会和专业网站、官方微博等多种方式、途径，及时、准确、客观、全面向社会发布森林火灾和应对工作信息，回应社会关切。发布内容包括起火时间、火灾地点、过火面积、损失情况、扑救过程和火案查处、责任追究情况等。

4.2.8 火场清理

森林火灾扑灭后，继续组织扑火人员做好余火清理工作，划分责任区域，并留足人员看守火场。经检查验收，达到无火、无烟、无气后，扑火人员方可撤离。

4.2.9 应急结束

在森林火灾全部扑灭、火场清理验收合格、次生灾害后果基本消除后，由启动应急响应的原机构决定终止应急响应。

4.3 国家层面应对工作

森林火灾发生后，根据火灾严重程度、火场发展态势和当地扑救情况，国家层面应对工作设定Ⅳ级、Ⅲ级、Ⅱ级、Ⅰ级四个响应等级。

4.3.1 Ⅳ级响应

4.3.1.1 启动条件

(1)发生1人以上死亡或3人以上重伤，24小时尚未扑灭明火的森林火灾；

(2)发生在敏感时段、敏感地区，24小时尚未扑灭明火的森林火灾；

(3)同时发生3起以上危险性较大的森林火灾。

符合上述条件之一时，国家森林防火指挥部启动Ⅳ级响应。

4.3.1.2 响应措施

(1)国家森林防火指挥部办公室进入应急状态，加强卫星监测，及时调度火情信息。

(2)加强对火灾扑救工作的指导，根据需要协调相邻省份派出专业森林消防队进行支援。

(3)视情发布高森林火险预警信息。

4.3.2 Ⅲ级响应

4.3.2.1 启动条件

(1)森林火灾初判达到重大森林火灾；

(2)发生在敏感时段、敏感地区，48小时尚未扑灭明火的森林火灾。

符合上述条件之一时，国家森林防火指挥部启动Ⅲ级响应。

4.3.2.2 响应措施

(1)国家森林防火指挥部办公室及时调度了解森林火灾最新情况，组织火情会商，研究火灾扑救措施；根据需要派出工作组赶赴火场，协调、指导火灾扑救工作。

(2)根据省级森林防火指挥机构的请求，就近调派森林航空消防飞机参加火灾扑救。

(3)武警森林指挥部指挥当地武警森林部队扑救火灾，指导相关武警森林部队做好跨区增援准备。

(4)中国气象局提供天气预报和天气实况服务，做好人工影响天气作业准备。

4.3.3 Ⅱ级响应

4.3.3.1 启动条件

(1)森林火灾初判达到特别重大森林火灾；

(2)发生在敏感时段、敏感地区，72小时未得到有效控制的森林火灾。

符合上述条件之一时，国家森林防火指挥部启动Ⅱ级应急响应。

4.3.3.2 响应措施

在Ⅲ级响应的基础上，加强以下应急措施：

(1)国家森林防火指挥部组织有关成员单位开展火情会商，分析火险形势，研究扑救措施及保障工作；指挥部会同有关部门和专家组成工作组赶赴火场，协调、指导火灾扑救工作。

(2)根据省级森林防火指挥机构的请求，指挥部调派武警森林部队跨区域支援，调派森林航空消防飞机跨省(自治区、直辖市)参加扑火。

(3)根据火场气象条件，指导、督促当地开展人工影响天气作业。

(4)根据省级森林防火指挥机构的请求，协调做好扑火物资调拨运输、卫生应急队伍增援等工作。

(5)协调中央媒体加强扑火救灾宣传报道。

4.3.4 Ⅰ级响应

4.3.4.1 启动条件

(1)森林火灾已达到特别重大森林火灾，火势持续蔓延，过火面积超过10万公顷；

(2)国土安全和社会稳定受到严重威胁，有关行业遭受重创，经济损失特别巨大；

(3)发生森林火灾的省级人民政府已经没有能力和条件有效控制火场蔓延。

符合上述条件之一时，国家森林防火指挥部向国务院提出启动Ⅰ级响应的建议，国务院决定启动Ⅰ级响应。必要时，国务院直接决定启动Ⅰ级响应。

4.3.4.2 响应措施

国家森林防火指挥部设立火灾扑救、人员转移、应急保障、宣传报道、社会稳定等工作组，组织实施以下应急措施：

(1)指导火灾发生地省级人民政府或森林防火指挥机构制定森林火灾扑救方案。

(2)协调增调解放军、武警、公安、专业森林消防队及民兵、预备役部队等跨区域参加火灾扑救工作；增调航空消防飞机等扑火装备及物资支援火灾扑救工作。

(3)根据省级森林防火指挥机构或省级人民政府的请求，安排生活救助物资，增派卫生应急队伍加强伤员救治，协调实施跨省(自治区、直辖市)转移受威胁群众。

(4)组织抢修通信、电力、交通等基础设施，保障应急通信、电力及救援人员和物资交通运输畅通。

(5)加强重要目标物和重大危险源的保护，防范次生灾害。

(6)进一步加强气象服务，组织实施人工影响天气作业。

(7)组织统一发布森林火灾信息；收集分析舆情，协调指导森林火灾扑救宣传报道及舆论引导工作。

(8)决定森林火灾扑救其他重大事项。

5 后期处置

5.1 火灾评估

县级以上人民政府林业主管部门应当会同有关部门及时对森林火灾发生原因、肇事者、受害森林面积和蓄积、人员伤亡、其他经济损失等情况进行调查和评估，向当地人民政府提交评估报告。森林火灾损失评估标准，由国家林业局组织制定。

5.2 工作总结

各级森林防火指挥机构及时总结、分析火灾发生的原因和应吸取的经验教训，提出改进措施。特别重大森林火灾扑救工作结束后，国家森林防火指挥部向国务院报送火灾扑救工作总结。

5.3 奖励与责任追究

根据有关法律法规，对在扑火工作中贡献突出的单位和个人给予表彰和奖励，对在火灾事故中负有责任的人员追究责任。对扑火工作中牺牲人员符合评定烈士条件的，按有关规定办理。

6 综合保障

6.1 队伍保障

扑救森林火灾以专业森林消防队、武警森林部队等受过专业培训的扑火力量为主，驻军、武警其他部队、民兵、预备役部队等扑火力量为辅，必要时可动员当地林区职工、机关干部及当地群众等力量协助扑救工作。

跨省(自治区、直辖市)调动扑火力量增援时，按有关规定组织实施。

6.2 运输保障

增援扑火兵力及携行装备的运输以铁路输送方式为主，特殊情况由民航部门实施空运。专业森林消防队、武警森林部队的输送由国家森林防火指挥部商请铁道部或民航部门下达运输任务，由所在地森林防火指挥部、武警森林部队联系铁路或民航部门实施。

6.3 航空消防飞机保障

发生森林火灾后，首先依托火灾发生地周边航空护林站森林航空消防飞机进行处置；在本省(自治区、直辖市)范围内调动森林航空消防飞机支援，由省级森林防火指挥机构按辖区向国家林业局北方航空护林总站或南方航空护林总站提出请求，总站根据实际情况统一调动。

发生重大、特别重大森林火灾需要跨省(自治区、直辖市)调动森林航空消防飞机支援，由省级森林防火指挥机构按辖区向国家林业局北方航空护林总站或南方航空护林总站提出请求，总站报国家林业局同意后组织实施；需要调用部队及其他民航飞机支援，按有关规定组织实施。

6.4 通信与信息保障

地方各级人民政府要建立健全森林防火应急通信保障体系，配备与扑火需要相适应的通信设备和通信指挥车。各级通信保障部门应保障在紧急状态下扑救森林火灾时的通信畅通。林业、气象等部门及时提供天气形势分析数据、卫星林火监测云图、火场实况图片图像、电子地图及火情调度等信息，为扑火指挥提供辅助决策支持。

6.5 物资保障

国家林业局加强重点林区森林防火物资储备库建设，储备扑火机具、防护装备和通信器材等物资，用于支援各地扑火需要。地方森林防火指挥机构根据本地森林防火工作需要，建立本级森林防火物资储备库，储备所需的扑火机具和装备。

6.6 资金保障

县级以上人民政府应当将森林防火基础设施建设纳入本级国民经济和社会发展规划，保障森林防火所需支出。

7 附则

7.1 灾害分级标准

一般森林火灾：受害森林面积在1公顷以下或者其他林地起火的，或者死亡1人以上3人以下的，或者重伤1人以上10人以下的；

较大森林火灾：受害森林面积在1公顷以上100公顷以下的，或者死亡3人以上10人以下的，或者重伤10人以上50人以下的；

重大森林火灾：受害森林面积在100公顷以上1000公顷以下的，或者死亡10人以上30人以下的，或者重伤50人以上100人以下的；

特别重大森林火灾：受害森林面积在1000公顷以上的，或者死亡30人以上的，或者重伤100人以上的。

7.2 涉外森林火灾

当发生境外火烧入或境内火烧出情况时，已签订双边协定的按照协定执行；未签订双边协定的由国家森林防火指挥部、外交部共同研究，与相关国家联系采取相应处置措施进行扑救。

7.3 以上、以内、以下的含义

本预案所称以上、以内包括本数，以下不包括本数。

7.4 预案管理与更新

预案实施后，国家林业局会同有关部门组织预案宣传、培训和演练，并根据实际情况，适时组织进行评估和修订。地方各级人民政府结合当地实际制定森林火灾应急预案。

7.5 预案解释

本预案由国务院办公厅负责解释。

7.6 预案实施时间

本预案自印发之日起实施。

【巩固练习】

一、名词解释

1. 森林火险预警信号分为________、________、________、________四种。其中________为三级火险预警，具有________度危险；________为四级火险预警，具有________度危险；________为五级火险预警，扑火难度极大。

2. 森林火险预警响应的级别和森林火险预警信号的对应关系为：森林火险一级响应对应森林火险________色预警信号；二级响应对应森林火险________色预警信号；三级响应对应森林火险________色预警信号。

3. 森林火险预警信号的发布方法，主要有________、________、________几种途径。

二、选择题

1. 目前实施森林火险预警响应的方法主要是按照(　　)原则运行。

A. 自上而下　　B. 自下而上　　C. 平行同步　　D. 交叉重复

2. 下列预警信号森林火险等级最高，火势最强烈的是(　　)。

A. 红色　　B. 橙色　　C. 蓝色　　D. 黄色

3. 森林可燃物较易点燃，且较易蔓延，具有中度危险，此时对应的响应级别是(　　)。

A. 一级响应　　B. 二级响应　　C. 三级响应　　D. 四级响应

三、简答题

森林火灾应急预案应当包括哪些内容?

任务 2

森林火灾应急预案综合演练

【任务描述】

《森林防火条例》第十六条第四款规定："县级以上人民政府及其有关部门应当组织开展必要的森林火灾应急预案的演练。"第二十一条规定："地方各级人民政府和国有林业企业、事业单位应当根据实际需要，成立森林火灾专业扑救队伍；县级以上地方人民政府应当指导森林经营单位和林区的居民委员会、村民委员会、企业、事业单位建立森林火灾群众扑救队伍。专业的和群众的火灾扑救队伍应当定期进行培训和演练。"所以，扑火队伍要定期地进行森林火灾应急预案演练。

【任务目标】

1. 能力目标

①能够检验森林火灾应急预案的实用性、可用性、可靠性。

②能够发现队伍、物质、装备、技术等方面的不足之处，及时予以调整、补充，做好森林防火准备工作。

③能够提升扑火队伍的应急响应能力、扑火效能、协同作战能力。

④能够进一步明确相关单位和人员的职责、任务，理顺工作关系，完善应急机制。

2. 知识目标

①掌握林火监测的知识。

②掌握林火通信的知识。

③掌握森林火灾扑救的知识。

④掌握火场自救与逃生的知识。

⑤掌握灾后调查的知识。

【实训准备】

瞭望台、观测仪器、对讲机、灭火工具、记录本、照相机、地形图、GPS、自封袋等。

【任务实施】

一、实训步骤

①任务分工：根据各个岗位的需要确定适宜的人数。填写表8-1森林火灾应急预案综合演练任务分工表。

②通过林火监测在第一时间发现火情，并利用林火通信工具及时报告森林防火指挥部。主要报告火灾的位置、种类、大小。地面巡护组组织群众迅速奔赴火场进行扑救，如果火场面积较大不能扑灭，应想办法控制火势。

③森林火灾的扑救：接到报警后，森林防火指挥部要立刻指派一名扑火前线指挥员，带领扑火队伍和扑火工具第一时间到达森林火灾现场完成扑救任务。

表8-1　森林火灾应急预案演练任务分工表

<table>
<tr><th>任务</th><th colspan="2">职务</th><th>姓名</th><th>任务</th><th>职务</th><th>姓名</th></tr>
<tr><td rowspan="4">指挥部</td><td colspan="2">总指挥</td><td></td><td rowspan="2">瞭望塔监测</td><td rowspan="2">瞭望员</td><td></td></tr>
<tr><td colspan="2">副总指挥</td><td></td><td></td></tr>
<tr><td colspan="2" rowspan="2">成员</td><td></td><td rowspan="5">地面巡护</td><td>组长</td><td></td></tr>
<tr><td></td><td rowspan="4">组员</td><td></td></tr>
<tr><td rowspan="5">扑火前线指挥部</td><td colspan="2">总指挥</td><td></td><td></td></tr>
<tr><td colspan="2">副总指挥</td><td></td><td></td></tr>
<tr><td colspan="2">调度长</td><td></td><td></td></tr>
<tr><td colspan="2" rowspan="2">成员</td><td></td><td rowspan="2">值班人员</td><td>白天值班人员</td><td></td></tr>
<tr><td></td><td>夜间值班人员</td><td></td></tr>
<tr><td rowspan="6">扑火队</td><td rowspan="6">第一扑火队</td><td>队长</td><td></td><td rowspan="6">第二扑火队</td><td>队长</td><td></td></tr>
<tr><td rowspan="5">队员</td><td></td><td rowspan="5">队员</td><td></td></tr>
<tr><td></td><td></td></tr>
<tr><td></td><td></td></tr>
<tr><td></td><td></td></tr>
<tr><td></td><td></td></tr>
<tr><td colspan="3" rowspan="7">群众扑火队</td><td></td><td rowspan="3">火案调查组</td><td>组长</td><td></td></tr>
<tr><td></td><td rowspan="2">组员</td><td></td></tr>
<tr><td></td><td></td></tr>
<tr><td></td><td rowspan="5">交通管制组</td><td>组长</td><td></td></tr>
<tr><td></td><td rowspan="4">组员</td><td></td></tr>
<tr><td></td><td></td></tr>
<tr><td></td><td></td></tr>
<tr><td rowspan="2">医疗救护组</td><td colspan="2">组长</td><td></td><td></td></tr>
<tr><td colspan="2">组员</td><td></td><td colspan="2">肇事者</td><td></td></tr>
</table>

a. 指挥员要清点扑火队员人数和扑火机具数量。

b. 扑火前扑火前线指挥员要进行战前动员，提高扑火队员士气。

c. 在扑火过程中出现人员受伤，医疗救护组应立即进行救治。

④交通管制组和火案调查组也要在第一时间到达火灾现场。交通管制组要对入山主要交通要道进行交通管制。火案调查组查找火因证据，确定起火原因和森林火灾肇事者，扑火结束后要调查出过火面积、林木损失及对森林火灾损失进行评估。

二、结果提交

森林火灾应急预案综合演练结束后，总结经验，对存在的问题、不足之处等内容进行分析，提出解决的措施，最后形成文字材料。

【相关基础知识】

林火监测和火情报告的相关知识详见项目3 任务1 和任务2。

叫台与报台的相关知识详见项目4 任务1。

森林火灾的扑救的相关知识详见项目5 任务1、任务2、任务3、任务4、任务5。

灾后调查的相关知识详见项目6 任务1、任务2、任务3、任务4。

参考文献

杜永胜，王立夫．2007．中国森林火灾典型案例[M]．北京：中国林业出版社．

范繁荣．2014．森林防火实务[M]．北京：中国林业出版社．

抚顺市森林防火指挥部．2012．抚顺市森林防火指挥部关于进一步加强野外火源安全管理的通告[Z]．

国家林业局．2006．LY/T1679—2006 森林火灾扑救技术规程[S]．北京：中国标准出版社．

国家林业局．2008．LY/T1063—2008 全国森林火险区划等级[S]．北京：中国标准出版社．

国家林业局．2010．LY/T1173—2010 东北、内蒙古林区营林用火技术规程[S]．北京：中国标准出版社．

国家林业局．2012．LY/T2013—2012 森林可燃物的测定[S]．北京：中国标准出版社．

国家林业局．2013．LY/T2085—2013 森林火灾损失评估规范[S]．北京：中国标准出版社．

国家林业局．2014．LY/T2245—2014 森林火灾隐患评价标准[S]．北京：中国标准出版社．

国家森林防火指挥部，国家林业局．2010．《森林防火条例》解读[M]．北京：中国林业出版社．

国家森林防火指挥部办公室．2009．2006 年森火灾扑救典型战力分析[M]．北京：中国林业出版社．

国家森林防火指挥部办公室．2009．森林防火系列教材[M]．哈尔滨：东北林业大学出版社．

国务院办公厅．国家森林火灾应急预案(2012 年 12 月)[Z]．http：//www.gov.cn/yjgl/2012-12/25/content_2298315.htm.

胡海清．1999．森林防火[M]．北京：经济科学出版社．

胡海清．2009．林火生态与管理(修订版)[M]．北京：中国林业出版社．

胡志东．2006．森林防火[M]．北京：中国林业出版社．

辽宁省人民政府．2008．辽宁省人民政府森林防火命令[Z]．

辽宁省人民政府．辽宁省森林防火实施办法[Z]．http：//www.ln.gov.cn/zfxx/zfwj/szfl/zfwj2011_106023/201507/t20150709_1729009.html.

林业部护林防火办公室．1984．森林防火[M]．北京：中国林业出版社．

林业部森林防火办公室．1996．森林火灾扑救与指挥[M]．北京：中国林业出版社．

清原县人民政府．2013．清原县人民政府森林防火戒严令[Z]．

肖作福．1993．森林防火灭火技术[M]．沈阳：辽宁人民出版社．

姚树人，文定元．2007．森林消防管理学[M]．北京：中国林业出版社．

中国森林防火网．防火知识[Z]．http：//www.slfh.gov.cn/slfhw/Category_44/Index.aspx.

中华人民共和国国家统计．2016．2001—2015 中国统计年鉴[M]．北京：中国统计出版社．

附　录

附件 1　《森林防火条例》解读

第一章　总　则

第一条　为了有效预防和扑救森林火灾，保障人民生命财产安全，保护森林资源，维护生态安全，根据《中华人民共和国森林法》，制定本条例。

【解读】本条是关于立法目的和立法依据的规定。

（一）关于修订背景。《森林防火条例》（以下简称条例）自 1988 年 3 月实施以来，对预防和扑救森林火灾，保障人民生命财产安全，保护森林资源和维护生态安全起到了非常重要的作用。据统计，新中国成立以来到 1987 年，全国年平均发生森林火灾 15932 次，年平均受害森林面积 94. 7 万公顷，年平均伤亡 788 人；1988—2008 年，全国年平均发生森林火灾 7936 次，年平均受害森林面积 9. 2 万公顷，年平均伤亡 194 人，比 1950—1987 年间年均分别下降了 50. 2%、90. 3% 和 74. 3%。

近年来，在全球气候变暖背景下，我国南方地区连续干旱、北方地区暖冬现象明显，森林火灾呈现多发态势，森林防火形势非常严峻。随着经济社会的发展，森林防火工作又出现了一些新情况、新问题，主要表现在：一是随着行政管理体制改革的不断深入，国有林区逐步推进政企、政事分开，有必要在改革的基础上进一步强化政府在火灾预防、扑救等方面的职责。二是随着集体林权制度改革和国有林业企业经营体制改革的不断深入，个体承包、租赁等已经成为森林经营的主要模式，有必要在强化政府责任的基础上，明确森林、林木、林地经营单位和个人的防火责任。三是近几年随着我国应急法律体系的完善和应急机制的建立，特别是《中华人民共和国突发事件应对法》和各类应急预案的公布施行，原条例关于森林火灾扑救的规定也需要进行相应完善。四是原条例对违法行为处罚力度偏轻，难以有效制裁违法行为，有必要予以完善。森林防火工作实践中的一些问题，亟需在立法上得到解决。因此，根据新情况、新问题，在总结实践经验的基础上，国务院对 1988 年施行的条例进行了修改、完善，2008 年 11 月 19 日国务院第 36 次常务会议修订通过，并于 2009 年 1 月 1 日正式实施。

（二）关于立法目的。制定本条例目的是预防和扑救森林火灾，保障人民生命财产安全，保护森林资源，维护生态安全。森林火灾是一种突发性强、破坏性大、危险性高、处置困难的自然灾害，国内外发生的一系列重大森林火灾的惨痛教训都充分说明，森林火灾重在“预防”，森林大火一旦形成，任何补救措施都将事倍功半。我国 95% 以上的森林火灾都是人为因素引发的。因此，“预防森林火灾”是本条例的立法目的之一，通过明确各级人民政府、有关部门、社会各类主体的森林防火责任，制定森林火险区划等级、编制森林防火规划、加强森林防火基础设施建设、加强航空护林场站建设、加强扑火队伍建设、编制森林火灾应急预案、检查和消除火灾隐患、严格野外火源管理和广泛宣传等一系列制度措施，严防森林火灾的发生。森林火灾一旦发生，如何积极扑灭，最大限度减少森林火灾带来的损失，这是制定本条例的另一立法目的。如本条例中森林火灾的分级响应原则、预案启动、预案实施、统一组织和指挥扑救；因扑救需要，赋予森林防火指挥机构采取开设防火隔离带等应急措施、县级以上人民政府可征用物资、设备、交通运输工具等权力；有关部门在扑救森林火灾中的责任等规定，都是确保森林火灾发生后，通过严密组织和科学指挥，积极扑灭森林火灾，将森林火灾损失降到最低限度。

随着社会进步，人们进一步认识到了森林火灾对人民生命、财产和公共安全的极大危害，对国民经济可持续发展和生态安全造成的巨大威胁，为此，本次修改对条例立法目的进行了调整，增加了“保障人民生命财产安全”和“维护生态安全”。通过加强森林防火工作，可以有效地控制和减少森林火灾的发生，保障人民群众的生命财产安全，保护国家宝贵的森林资源，为人民群众创造一个优美的生产生活环境。回良玉在2006年国家森林防火指挥部第一次全体会议上强调，在扑救中，要坚持“以人为本，安全第一”，始终把人民生命安全放在首位，尽最大努力减轻灾害损失。无论是在森林火灾的预防还是在森林火灾扑救工作中，都要把保护人民群众生命安全放在首位。森林是人类赖以生存的再生性资源，它不仅为人类提供大量木材和林副产品，还具有改良环境、涵养水源、防风固沙、保持水土、调节气候、净化大气、维持生态平衡的巨大功能，对整个生态安全起着至关重要的作用。通过立法，实现有效预防和扑救森林火灾，保障人民生命财产安全，保护森林资源，维护生态安全的目的。

（三）关于立法依据。本条例的立法依据包括法律依据和实践依据。《中华人民共和国森林法》作为条例的上位法，是立法主要依据。如《中华人民共和国森林法》第二十一条规定，“地方各级人民政府应当切实做好森林火灾的预防和扑救工作”。此外，我国一系列有关的法律法规，如《中华人民共和国突发事件应对法》《生产安全事故报告和调查处理条例》《军队参加抢险救灾条例》中的有关条文，也是制定本条例的法律依据。《国务院办公厅关于进一步加强森林防火工作的通知》（国办发〔2004〕33号）、国务院办公厅下发的《关于成立国家森林防火指挥部的通知》（国办发〔2006〕41号）、2001年4月14日温家宝在重点省区春季森林防火工作现场会议上的讲话等也是制定本条例的重要依据。实践依据是根据我国森林防火工作实际需要，将多年来积累的经验和好的做法写入本条例中，以立法的形式固定下来。

第二条 本条例适用于中华人民共和国境内森林火灾的预防和扑救。但是，城市市区的除外。

【解读】本条是关于条例适用范围的规定。

（一）关于条例适用的地域范围。本条例作为一部调整我国森林防火工作的国家行政法规，其适用范围一般遵循属地原则，即在中华人民共和国领土范围之内，除根据《中华人民共和国宪法》特殊规定，由国家设立的特别行政区以外的区域，都适应本条例的规定。

根据《国务院办公厅印发关于法规审查有关工作程序规定的通知》（国办函〔2002〕26号）规定，“根据《中华人民共和国宪法》第八十九条规定，国务院部门职权划分、管理体制等事项由国务院规定。对这些事项，国务院已经做出决定的，国务院部门不得再通过任何途径提出不同意见”；《国务院办公厅关于进一步加强森林防火工作的通知》明确规定：

“公安部门要加强林区城镇消防工作”；《国家森林防火总指挥部、公安部、林业部关于划分森林消防监督职责范围的通知》(国森防〔1989〕13号)明确规定：“市区园林的消防工作，由当地公安机关实施监督。”因此，本条例适用范围不包括城市市区公园及园林、林木的火灾预防和扑救工作。

(二)关于边境火管辖。对在我国边境地区发生的森林火灾，本条例在附则一章中做了规定，在中华人民共和国边境地区发生的森林火灾，按照中华人民共和国政府与有关国家政府签订的有关协定开展扑救工作；没有协定的，由中华人民共和国政府和有关国家政府协商处理。与我国接壤的朝鲜、俄罗斯、蒙古、缅甸等14个周边国家森林火灾时有发生，外火烧入的危险性很大。为加强中俄、中蒙边境地区的森林防火工作，1995年6月26日，中华人民共和国和俄罗斯联邦政府在莫斯科签订了《中俄森林防火联防协定》；1999年7月15日，中蒙两国政府在乌兰巴托签订了《中华人民共和国政府和蒙古国政府关于边境地区森林、草原防火联防协定》，以维护我国边境安全，保护我国森林资源和边境地区人民生命财产。国家森林防火指挥部印发的《国家森林防火指挥部工作规则》规定，外交部负责边境地区烧入境、烧出境森林火灾防范的对外协调工作。2006年1月14日国务院发布的《国家处置重、特大森林火灾应急预案》对涉外森林火灾，由国家林业局、外交部共同研究，与相关国家联系采取相应处置措施进行扑救。

第三条　森林防火工作实行预防为主、积极消灭的方针。

【解读】本条是关于森林防火工作方针的规定。

(一)方针的确立。党和国家历来重视森林防火工作，为做好森林防火工作，保护森林资源，早在新中国成立初期国家就提出了“防胜于救”的工作方针；20世纪60年代初，又全面系统地概括为“预防为主、积极消灭”，作为森林防火工作的基本方针。经过几十年的实践证明，森林防火工作实行“预防为主，积极消灭”的方针是正确的。2008年条例修订仍坚持了“预防为主，积极消灭”的森林防火工作方针。

(二)方针的含义。预防为主：在森林防火工作中，首先要做好防止森林火灾发生的工作，要采取各种有效措施，预防森林火灾的发生。由于森林植被生长发育的季节性变化和自然、人为因素的作用，一般地说，有森林就有发生森林火灾的可能，只能通过预防性措施才能化解森林火灾多发和危害严重的风险。我国森林火灾隐患长年存在，95%以上的森林火灾都是人为因素引发的，防火工作必须立足于防范。森林火灾不断发生的原因，有客观和主观两个方面。在客观方面，受极端气候事件增多、气候条件不利的影响，近年来一些地方出现了几十年不遇的大旱天气等，导致森林火险等级居高不下，是森林火灾发生的客观因素。在主观方面，一些地方领导重视不够，没有把森林防火工作摆上应有的位置，部分基层疏于管理，没有把森林防火责任落实到山头地块。特别是近年来，森林面积不断增加，进入林区人员增多等因素影响，森林火灾呈现高发频发态势，我国森林防火工作面临形势十分严峻，任务十分艰巨。因此，森林防火必须立足于预防为主。积极消灭：森林火灾一旦发生，各级人民政府和有关部门必须把握战机，采取各种措施，有效扑救森林火灾，做到“打早、打小、打了”，最大限度地减少人员伤亡和财产损失。

为贯彻好“预防为主，积极消灭”森林防火工作方针，本条例对森林火灾的预防和扑救分别作了专章的规定。

第四条　国家森林防火指挥机构负责组织、协调和指导全国的森林防火工作。

国务院林业主管部门负责全国森林防火的监督和管理工作，承担国家森林防火指挥机构的日常工作。

国务院其他有关部门按照职责分工，负责有关的森林防火工作。

【解读】本条是关于国家层面森林防火管理体制的规定。

森林火灾的预防和扑救是一项涉及面广，参与部门多，管理复杂的工作，需要各部门之间密切配合，为此，本条明确了国家层面森林防火管理体制及各自森林防火工作职责。

（一）关于国家森林防火指挥机构的设置、组成及职责。《国务院办公厅关于成立国家森林防火指挥部的通知》（国办发〔2006〕41 号）（以下简称国办发 41 号）规定，“为进一步加强对森林防火工作的领导，完善预防和扑救森林火灾的组织指挥体系，充分发挥各部门在森林防火工作中的职能作用，成立国家森林防火指挥部”。国务院设立的国家森林防火指挥机构是非常设机构。在实践中，国家森林防火指挥机构是指国家森林防火指挥部，其主要职责：指导全国森林防火工作和重特大森林火灾扑救工作，协调有关部门解决森林防火中的问题，检查各地区、各部门贯彻执行森林防火的方针政策、法律法规和重大措施的情况，监督有关森林火灾案件的查处和责任追究，决定森林防火其他重大事项。国家森林防火指挥部的组成单位包括外交部、国家发展和改革委员会、公安部、民政部、财政部、铁道部、交通运输部、工业和信息化部、农业部、中国民用航空总局、国家广播电影电视总局、国家林业局、中国气象局、国务院新闻办公室、中国人民解放军总参谋部作战部、中国人民解放军总参谋部动员部、中国人民解放军总参谋部陆航部、中国人民武装警察部队总部、中国人民武装警察部队森林部队指挥部。国家森林防火指挥部既是全国森林防火工作的最高指挥机构，也是一个跨部门、跨行业、跨系统的重要议事协调机构，在党中央、国务院的领导下，负责统一组织、协调和指导全国森林防火工作。

（二）关于国务院林业主管部门森林防火工作的职责。根据有关文件规定，国家林业局承担组织、协调、指导、监督全国森林防火工作的责任，承担国家森林防火指挥部的具体工作。因此，本条第二款规定，国务院林业主管部门负责全国森林防火的监督和管理工作，承担国家森林防火指挥机构的日常工作。此外，根据《国务院办公厅关于成立国家森林防火指挥部的通知》规定，国家森林防火指挥部办公室设在国家林业局，其主要职责是：联系指挥部成员单位，贯彻执行国务院、国家森林防火指挥部的决定和部署，组织检查全国森林火灾防控工作，掌握全国森林火情，发布森林火险和火灾信息，协调指导重特大森林火灾扑救工作，督促各地查处重要森林火灾案件。

（三）关于国务院其他有关部门森林防火工作的职责。国务院其他有关部门不仅包括国家森林防火指挥部成员单位中有关部门，如外交部、发展和改革委员会、公安部、民政部、财政部、交通运输部、工业和信息化部、农业部、民航总局、广电总局、国家林业局、中国气象局、新闻办等，还包括国家森林防火指挥部非成员单位的相关部门，如国家旅游局、教育部、科技部等，这些部门同样对森林防火工作具有一定的责任。如国家旅游局，随着林区综合开发和旅游事业的发展，进入自然保护区、风景名胜区、森林公园等浏览观光的人员大幅增加，旅游景区的森林火灾隐患急剧增多，森林火灾次数明显上升，旅游部门要做好旅游景区森林防火工作。2009 年 4 月 28 日，国家森林防火指挥部、国家林业局、国家旅游局联合下发了《关于进一步加强旅游景区森林防火工作的通知》（国森防发〔2009〕7 号），对旅游景区森林防火工作的组织领导、宣传教育、林火监测和火源管理以及检查监督都提出了明确要求，如教育部，2009 年 5 月 12 日是我国首个“防灾减灾日”，为配合做好“防灾减灾日”有关工作，在广大中小学中深入开展安全知识宣传教育，提高广大中小学生的安全意识和防护能力，保障中小学生安全，教育部将《森林防火知识问答》等安全教育课件放到相关网上，要求各地学校下载并组织师生收看和学习；如科技部，森林火灾防范的复杂性和扑救的危险性决定森林防火工作必须实行科学设防、科学指挥、科学扑救，需要更强有力的科学技术支撑，才能全面提升森林火灾的防控水平。

森林防火的公益性和社会性很强，国务院有关部门既要各司其职、各负其责，又要树立大局意识，密切配合，互相支持，共同做好森林火灾的预防和扑救工作。

2006 年 6 月 15 日，国家森林防火指挥部第一次全体会议审议通过的《国家森林防火指挥部工作规则》，明确了国家森林防火指挥部各成员单位的森林防火责任。回良玉在国家森林防火指挥部第一次全体会议上强调，各地区、各有关部门要自觉维护国家森林防火指挥部的权威，认真执行指挥部的决定，坚决服从指挥部的指挥，确保政令畅通、行动一致，确保森林防火工作有力有序有效开展。

第五条 森林防火工作实行地方各级人民政府行政首长负责制。

县级以上地方人民政府根据实际需要设立的森林防火指挥机构，负责组织、协调和指导本行政区域的森林防火工作。

县级以上地方人民政府林业主管部门负责本行政区域森林防火的监督和管理工作，承担本级人民政府森林防火指挥机构的日常工作。

县级以上地方人民政府其他有关部门按照职责分工，负责有关的森林防火工作。

【解读】本条是关于地方层面森林防火管理体制的规定。

森林防火工作是一项社会系统工程，需要各方面通力合作。因此，加强森林防火工作的统一领导，确保火灾扑救的统一指挥和调度，充分发挥各有关部门的作用，确保森林防火工作的顺利进行。

(一)关于行政首长负责制。本条第一款规定，森林防火工作实行地方各级人民政府行政首长负责制，即地方各级人民政府行政首长对本地区的森林防火工作负责，在森林火灾扑救过程中，负责组织、指挥和领导。森林防火工作的行政首长负责制涵盖了森林火灾预防和扑救的全过程，是一种常年的工作制度。森林防火行政首长负责制的具体要求：一是乡(镇)级以上各级森林防火指挥部及其办事机构健全稳定，高效精干；二是森林防火指挥部要明确其成员的森林防火责任区，签订防火责任状，加强对火灾预防工作的领导，并经常深入责任区督促检查，帮助解决实际问题；三是森林防火基础设施建设纳入同级地方国民经济和社会发展规划，纳入当地林业和生态建设发展总体规划；四是森林火灾预防和扑救经费纳入本级财政预算；五是一旦发生森林火灾，有关领导及时深入现场组织指挥扑救。森林防火工作的长期性和广泛性、火灾扑救的艰巨性和时效性，决定了这项工作必须坚持在各级政府的统一领导下，森林防火工作实行地方行政首长负责制和部门分工负责制，只有这样，才能充分发挥各有关部门的职能作用，才能充分动员和利用各方面的力量和资源，把防控森林火灾的各项措施真正落到实处。吉林省能够实现连续 28 年无重大森林火灾，最关键的一条就是坚持不懈地实行政府负总责，把森林防火行政首长负责制真正落到实处。

(二)关于县级以上地方人民政府森林防火指挥机构设立及职责的规定。本条第二款规定，县级以上地方人民政府根据实际需要设立的森林防火指挥机构，负责组织、协调和指导本行政区域的森林防火工作。县级以上地方人民政府根据本行政区域内气候和森林火险的实际情况，以及社情、林情等因素决定是否设立森林防火指挥机构。截至2008年，全国共建有县级以上森林防火指挥部3327个，办事机构3545个，办事机构人员近2万人。

（三）关于县级以上地方人民政府林业主管部门和其他有关部门森林防火职责的规定。本条第三款规定，县级以上地方人民政府林业主管部门负责本行政区域森林防火的监督和管理工作，承担本级人民政府森林防火指挥机构的日常工作。本条第四款规定，县级以上地方人民政府其他有关部门按照职责分工，负责有关的森林防火工作。县级以上地方林业主管部门和其他有关部门应在本级人民政府的领导下，服从本级森林防火指挥机构的统一指挥，按照统一部署，根据分工，各负其责，密切配合，切实履行本部门的职责。

第六条　森林、林木、林地的经营单位和个人，在其经营范围内承担森林防火责任。

【解读】本条是关于森林经营单位和个人森林防火责任的规定。

森林防火工作是一项社会公益事业，既需要各级人民政府承担重要责任，同时也需要森林、林木和林地的经营单位和个人在其经营范围内承担森林火灾的预防和扑救责任。2005年1月10日，回良玉在全国重点省区森林防火工作座谈会上强调，“各森林经营主体要重视森林消防安全，储备必要的扑火物资。林区企业，经营主体也要承担相应的责任”。

（一）关于责任主体。本条规定，森林、林木、林地经营单位和个人应承担其经营范围内的森林防火责任。森林、林木、林地经营单位和个人是林业生产参与者，其经营范围集中于森林区域，火灾风险大，一旦发生森林火灾，不仅会对自身的生产经营造成巨大影响，并且对周边的森林资源带来巨大威胁。为此，条例设置了本条，要求其承担相应的森林防火责任。

（二）关于责任内容。森林经营单位和个人承担其经营范围内的森林防火责任，主要责任：建立森林防火责任制，划定森林防火责任区，确定森林防火责任人，配备森林防火设施和设备；配备兼职或者专职护林员；森林防火期内，设置森林防火警示宣传标志，并对进入其经营范围的人员进行森林防火安全宣传等。对不履行森林防火责任的森林、林木、林地的经营单位和个人，要承担相应的法律责任。

第七条　森林防火工作涉及两个以上行政区域的，有关地方人民政府应当建立森林防火联防机制，确定联防区域，建立联防制度，实行信息共享，并加强监督检查。

【解读】本条是关于森林防火联防机制的规定。

（一）关于建立联防机制的理由和实践依据。森林防火是一项社会性工作，涉及社会的很多方面，尤其是行政区域边界，地处偏远、交通不便，瞭望和通信存在盲区，火源管理难度大，是一个最容易被忽视的区域，也是森林火灾的多发部位。为更好地保护国家森林资源，目前全国有很多地方建立了联防组织，并在联防区域的各级党委、政府的高度重视和正确领导下，积极地开展联防工作。如北京、河北、天津成立了京津承边界区森林防火联防委员会，由8个区（县）组成。主要任务：联防联控，互通信息，相互交流，资源共享，协同扑火，积极做好京津承边界区森林防火的预防和扑救工作，并制定了《京津承边界区森林防火联防委员会联防办法》和《京津承边界区森林防火联防委员会组织系统》。

实践证明，联防机制是一种行之有效的协作方式，打破各自为战，单打独斗的防火格局。区划有界，防火无界，森林防火工作不能完全按照划定的行政区域作为地方各级人民政府的管理范围。为此，本条对涉及两个以上行政区域的森林防火工作做出了明确的规定。

（二）关于森林防火联防机制的内容。森林防火联防机制包括建立森林防火组织，商定牵头单位，确定联防区域，规定联防制度和措施，检查、督促联防区域的森林防火工作。森林防火工作涉及两个以上行政区域的，如省与省之间、市与市之间、县与县之间、乡（镇）与乡（镇）之间，有关地方人民政府应当建立森林防火联防机制，确定联防区域和成员单位，组织成立森林防火联防组织机构，商定牵头单位及轮值顺序，制定联防制度，落实联防措施，实行火情通报和定期对话工作制度，强化联防协作单位之间的信息沟通、火情监测、火源管理、火情报告、防火检查等各项工作，共同负责联防区域的森林防火工作。在联防工作中，谁先发现火情，由谁先组织扑救，共同处置火情，确保实现"打早、打小、打了"的目标。遇有火情互相观望、坐视不理，接到命令行动迟缓、贻误战机的，追究联防单位的责任。在森林火灾预防上，互相监督，在森林火灾扑救上，互相支援。通过建立联防机制，形成团结协作、联动互助、资源和信息共享的森林防火格局。

第八条　县级以上人民政府应当将森林防火基础设施建设纳入国民经济和社会发展规划，将森林防火经费纳入本级财政预算。

【解读】本条是关于森林防火基础设施建设和森林防火经费的规定。

（一）将森林防火基础设施建设纳入国民经济和社会发展规划的理由和依据。本条规定，县级以上人民政府应当将森林防火基础设施建设纳入国民经济和社会发展规划。近年来，我国森林防火基础设施建设步伐加快，但基础设施依然薄弱。除少数省外，森林火险预警系统和森林火情预测预报尚未建立，现有瞭望监测覆盖率只有45.3%，其中，东北、西南和西北区域的瞭望监测覆盖率分别为65%、32.9%和13.1%，许多火灾因不能及时发现而延误扑救的最佳时机；森林防火通信和信息指挥系统不健全，语音通信网络覆盖率低。全国林区森林防火无线通信覆盖率平均为70%，其中西北地区仅42.6%，信息不畅严重影响了扑救指挥的科学调度和决策；防火道路和林火阻隔网密度低，起不到实质的阻火、隔火、断火、防止火势蔓延的作用；全国林区道路网密度只有1.5米/公顷，现有道路路况差，桥涵毁坏严重，队伍、物资难以快速到达火场。《国务院办公厅关于进一步加强森林防火工作的通知》提出，"要加大资金投入和政策扶持，加快森林防火基础设施建设""要积极建立稳定的森林防火投入机制，将森林防火基础设施建设纳入当地国民经济和社会发展规划"。森林防火基础设施包括森林火险预警监测、防火道路与林火阻隔、防火通信和信息指挥系统、森林防火宣传、森林防火教育、培训基地、森林航空防火航站、森林防火物资储备库等方面基础设施建设。强化基础设施建设，是新形势下进一步加强森林防火工作的物质保障。

（二）将森林防火经费纳入财政预算的理由和依据。森林防火不仅是一项公益事业，也是国家突发公共事件应急体系的重要组成部分，应纳入公共财政范畴。《国务院办公厅关于进一步加强森林防火工作的通知》提出，"要积极建立稳定的森林防火投入机制，将森林火灾的预防和扑救经费作为公共财政支出纳入同级财政预算"。森林防火经费包括基本建设经费和财政经费两部分。基本建设投资范围主要包括：森林火险预警监测系统、防火道路与林火阻隔系统、防火通信和信息指挥系统、森林航空消防系统、防火宣传设施设备、专业扑火队伍的装备与营房、物资储备库等基础设施设备建设所需的投资，以及其他费用和预备费。财政投资范围主要包括：边境森林防火隔离带补助经费、物资储备库储备金、森林防火飞机购置费、航空护林飞行经费、扑火准备金、通信与信息指挥及预警监测设施的维护费用，森林防火技术与装备研发经费、武警森林部队防火装备经费、防火道路和生物防火林带维护管理费用，扑火专业队伍、半专业队伍的人员经费、扑火经费、运行经费，防火指挥员、专业人员的训练、培训等经费，宣教基础建设等。各级政府应确保森林火灾预防和扑救工作经费需要，并按国民经济的发展水平逐步加大投入力度。

第九条 国家支持森林防火科学研究，推广和应用先进的科学技术，提高森林防火科技水平。

【解读】本条是关于森林防火科学研究和科学技术推广应用的规定。

(一)关于森林防火科学研究。经过多年的努力，我国森林防火工作初步实现了从单一的经验型防火向经验型与科学技术防火并重的转变，森林防火科技含量呈现逐年提升的趋势，特别是"十五"以来，围绕我国森林火灾预警和与防控所需解决的关键技术，取得了一些先进、实用的技术成果和部分阶段性成果，在一定程度上提高森林防火的科技含量。我国森林防火科技水平与世界发达国家相比，还有一定差距，与实际需要还有很大的差距。森林火灾防范的复杂性和扑救的危险性决定森林防火工作必须实行科学设防、科学指挥、科学扑救，需要更强有力的科技支撑。《国务院办公厅关于进一步加强森林防火工作的通知》提出，"要加强森林防火科研机构、基地和队伍建设，推进森林防火基础科学和应用技术的研究与开发，推广运用计算机网络、3S(遥感、地理信息、全球卫星定位)等高新技术，提高森林防火科技水平"。实践证明，科学技术是人类抵御森林火灾的重要手段，只有依靠先进的科学技术才能有效防范森林火灾的发生，更加及时、快速地扑灭森林火灾。为此，国家要支持森林防火科学研究。要研究制定森林防火科技发展规划，加强防火科研机构、科研队伍和重点火灾实验室建设，为实施科学防火提供支撑和保障，要调动相关领域、学科专家参与防火科研的积极性，要加大科研投入，攻克森林防火工作中存在的难题，全面提高我国森林防火工作的科技和管理水平。

(二)关于科学技术推广和应用。要用正确的理论指导防火实践，要大力推广、应用高新技术和产品，促进防火科研成果在森林火灾预防和扑救中的应用，更好地发挥科学技术在预防森林火灾、减少森林火灾危害等方面的作用，同时，也要借鉴国际上先进森林火灾预防和扑救技术，全面提升森林防火科技支撑能力。

第十条 各级人民政府、有关部门应当组织经常性的森林防火宣传活动，普及森林防火知识，做好森林火灾预防工作。

【解读】本条是关于各级人民政府、有关部门进行森林防火宣传教育的规定。

(一)关于防火宣传教育的重要性。普及森林防火知识、增强森林防火意识是森林防火工作的重要组成部分，也是森林防火工作的首要任务，搞好森林防火宣传，对于提高全民森林防火的法制观念和安全意识，增强全社会抗御森林火灾的能力具有重要意义。我国森林火灾大部分都是人为因素引发的。据统计，2004—2006 年，全国共发生森林火灾约 2.86 万起，其中烧荒烧炭、烧牧场、烧窑等生产性用火引起的森林火灾 1.35 万起，占总火灾的 47.2%；野外吸烟、取暖、上坟烧纸等非生产性用火引起的森林火灾约 1.43 万起，占总火灾的 50%。随着林区改革的深入，生态旅游业的发展和绿色食品的开发，人山人员增多，火源管理难度大。仅2005年我国境内旅游人数突破13亿人次，其中大部分人员是进入到林区活动。同时，随着林权制度改革的全面推进，老百姓自发扑火和盲目扑火可能增多，由于缺乏紧急避险常识，扑火安全隐患突出，很容易引发人员伤亡甚至群死群伤，这些问题都反映了加强对公民的森林防火宣传教育、培训的重要性和迫切性。

(二)关于各级人民政府、有关部门森林防火宣传教育职责。《国务院办公厅关于进一步加强森林防火工作的通知》明确提出，“加大森林防火的宣传教育力度”，“要广泛深入地宣传普及防火法律法规，提高全民的森林防火法制意识，使群众真正知法、懂法、守法”，“要强化宣传教育，广泛发动群众，使护林防火、人人有责成为人们的自觉行动”。各级人民政府、有关部门要高度重视森林防火宣传教育工作，采取切实有效地行动，有组织、有计划地开展森林防火宣传工作，宣传森林防火重大意义、森林防火基本知识、法律法规、扑火安全常识等，加强对群众安全灭火和紧急避险技能的培训等。森林防火宣传不仅是各级政府、林业部门的职责，其他有关部门也应在各自职责范围内，做好森林防火宣传教育工作。如交通、旅游等部门要提醒进入林区人员注意防火；教育、社会保障等部门应在教材编制、劳动技能培训等方面增加森林防火宣传和普及森林防火、灭火知识等相关内容。

通过采取不同的形式、方法和手段，如互联网，手机短消息等进行森林防火宣传教育，使每个公民都认识到森林防火的重要性，了解和掌握报警、避险及预防森林火灾，懂得森林防火法律法规知识，并能自觉遵守森林防火法律法规，不断提高全社会的森林防火意识和自我保护能力。

第十一条 国家鼓励通过保险形式转移森林火灾风险，提高林业防灾减灾能力和灾后自我救助能力。

【解读】本条是关于森林火灾保险的规定。

(一)森林保险的意义。保险是金融体系和社会保障体系的重要组成部分，具有经济补偿、资金融通和社会管理功能，是市场经济条件下风险管理的基本手段。林业是“露天”的行业，受气候条件及人为因素影响较大，易遭受各种自然灾害的侵袭，其中森林火灾已成为森林经营者面临的重大风险。有些省份已经开展了森林火灾保险试点工作。2006年8月，福建省人民政府下发了《关于开展农业保险试点工作的通知》，福建省委、省政府决定选择森林火灾保险等四个险种，开展农业保险试点工作。对森林火灾的保险范围、保险期限、保险责任、保险金额、保险费率、损失标准、赔偿标准、承保方式等做出了明确规定。从福建省森林保险试点情况看，一是通过保险能够减少森林火灾造成的损失，提高灾后自救、恢复生产的能力。二是保险公司一般赔付的是林木的重置成本，并且设置一定比例的免赔比例或免赔额，森林火灾造成的损失额必然超过保险公司的赔付额，为此，森林、林木、林地的经营单位和个人，不能因投保而放松警惕，要以预防森林火灾为主，尽最大可能防止森林火灾的发生。要积极借鉴发达国家的一些做法，保险公司可提取一定比例的保险费用于森林火灾的预防，减少森林火灾的发生。森林保险作为重要的林业风险保障机制：一方面，通过保险，转移森林火灾风险，有利于林业生产经营者在灾后迅速恢复生产，促进林业的持续经营和稳定发展；另一方面，通过保险，提取一定比例保险费用用于森林火灾的预防，有利于防止和减少森林火灾的发生。

(二)森林保险面临的问题。由于森林保险业务的复杂性，森林保险业务发展缓慢，滞后于林业发展对风险保障的巨大需求。我国森林保险的发展一直处于两难境地，从林农角度而言，要求低保费、高保额，从保险公司而言，要求保成本、扩大承保面。因此，保费高，限制了林农投保的积极性；经营森林保险严重亏损，限制了保险公司提供保险的积极性。

（三）关于政府推进森林保险的责任。各级地方人民政府要采取多种形式，开展森林火灾保险宣传教育，增强人民群众的风险意识和保险意识，使森林、林木、林地经营单位和个人认识保险、了解保险、参与保险、支持保险，鼓励和引导散户林农、小型林业经营者主动参与森林保险，提高林农参保率和森林保险覆盖率。森林保险业务的特殊性决定了森林保险的发展离不开政府的扶持。特别是随着我国林权制度改革的进一步推进，更多林农将独立承担经营风险。因此，有必要尽快建立我国森林保险保障体系。2008 年 6 月，中共中央、国务院颁布了《关于全面推进集体林权制度改革的意见》，提出“推进林业投融资改革。加快建立政策性森林保险制度，提高农户抵御自然灾害的能力”。2009 年 5 月，中国人民银行、财政部、银监会、保监会、国家林业局出台了《关于做好集体林权制度改革与林业发展金融服务工作的指导意见》，意见明确要“积极探索建立森林保险体系”“各地要把森林保险纳入农业保险统筹安排，通过保费补贴等必要的政策手段引导保险公司、林业企业、林业专业合作组织、林农积极参与森林保险，扩大森林投保面积。各地可设立森林保险补偿基金，建立统一的基本森林保险制度”。2009 年，中央财政已在福建、江西、湖南 3 省开展森林保险保费补贴工作，在省级财政至少补贴 25% 保费的基础上，中央财政再补贴 30% 的保费。

目前，我国森林火灾保险尚在实践中，为今后实行森林火灾保险制度提供法律依据，本条做出了国家鼓励开展森林保险的规定。

第十二条 对在森林防火工作中作出突出成绩的单位和个人，按照国家有关规定，给予表彰和奖励。

对在扑救重大、特别重大森林火灾中表现突出的单位和个人，可以由森林防火指挥机构当场给予表彰和奖励。

【解读】本条是关于表彰和奖励的规定。

（一）关于表彰和奖励的目的。为了肯定有关单位和个人在森林防火工作方面做出的突出成绩，调动全社会参与和支持森林防火工作的积极性，引导全社会更好地做好森林防火工作，保障人民生命财产安全，保护森林资源，维护生态安全，本条第一款规定，对在森林防火工作中做出突出成绩的单位和个人，按照国家有关规定，给予表彰和奖励。通过适时表彰和奖励森林防火工作先进单位和个人，树立典型，褒奖先进，调动广大干部职工和森林防火工作者在森林防火工作中的积极性、创造性，进一步推动我国森林防火事业的发展具有十分重大的意义。

（二）关于当场表彰和奖励。由于重大、特别重大森林火灾，扑救中人员伤亡的危险性极大、扑救时间长，自然条件恶劣，所以在重大、特别重大森林火灾扑救过程中，增加激励机制，特别授权森林防火指挥机构可以当场表彰和奖励表现突出的单位和个人。

（三）关于表彰和奖励的办法和原则。表彰、奖励评选方法可参照《人事部关于加强对国务院工作部门授予部级荣誉称号工作管理的通知》（人核培发〔1994〕4 号）、国家公务员局 2008 年 12 月 2 日发布《公务员奖励规定（试行）》、国家林业局办公室印发的《全国森林防火工作先进单位和先进个人表彰奖励办法》(办安字〔2001〕86号)等。在评选过程中应当坚持实事求是、公平、公正的原则。

第二章　森林火灾的预防

第十三条　省、自治区、直辖市人民政府林业主管部门应当按照国务院林业主管部门制定的森林火险区划等级标准，以县为单位确定本行政区域的森林火险区划等级，向社会公布，并报国务院林业主管部门备案。

【解读】本条是关于森林火险区划等级的规定。

(一)关于森林火险区划等级。我国地域辽阔，地形复杂，气候多样，森林类型与分布各异，社会经济发展水平不一，森林火灾发生的状况各地存在很大的差异，森林防火工作面临的任务十分艰巨。为了突出重点，分类指导，对森林火灾易发地区实行重点预防，并在森林火灾来临时能及时扑灭，有必要根据森林火灾的发生发展规律，制定森林火险等级标准和确定县级行政区域的森林火险等级，针对不同森林火险等级，采取不同的预防、扑救对策和措施。森林火险区划就是根据时间和空间上相对稳定的森林火险指标，相同的森林火险区域采取相同的林火管理手段，进行合理规划，采取相同的预防措施，合理科学管理林火。为了克服各地森林火险区划的同一火险级的火险程度差异较大的问题，使全国森林火险区划规范化、标准化，1992年国务院林业主管部门发布了中华人民共和国林业行业标准(LY/T 1063—1992)《全国森林火险区划等级》，该标准已于2008年修订(LY/T 1063—2008)。该标准规定了全国森林火险区划等级及其区划方法，将森林火险等级分为三级：Ⅰ级火险区森林火灾危险性大；Ⅱ级火险区森林火灾危险性中；Ⅲ级火险区森林火灾危险性小。这项标准的制定统一了全国森林火险划分等级，为我国宏观决策和分类指导提供了科学依据。

(二)关于森林火灾区划等级确定、公布主体和程序。本条规定，由省(自治区、直辖市)人民政府林业主管部门，按照国务院林业主管部门制定的森林火险区划等级标准，以县为单位确定本行政区域的森林火险区划等级，向社会公布，并报国务院林业主管部门备案。通过确定某一县级行政管辖区域的森林火险区划等级，以达到分区施策，分区治理的目的。1996年1月18日，林业部公布了《全国森林火险县级单位等级名录》，确定了全国范围内(不包括西藏自治区和台湾)森林火险县级单位的森林火险等级，一级火险区453个，二级火险区550个，三级火险区1127个。多年来，根据确定的火险区划等级，国务院林业主管部门组织实施了国家级重点森林火险区综合治理工程建设项目，使全国森林防火的基础设施、装备水平和综合扑救能力有了很大提高，成效十分显著。据统计，2000年实施重点火险区综合治理工程以来，全国年平均发生森林火灾8862起，受害森林面积17.9万公顷，因灾伤亡140人，分别比1950—1999年平均值下降了35%、76%和78%，好于同期美国、加拿大等林业发达国家的平均水平。

第十四条　国务院林业主管部门应当根据全国森林火险区划等级和实际工作需要，编制全国森林防火规划，报国务院或者国务院授权的部门批准后组织实施。

县级以上地方人民政府林业主管部门根据全国森林防火规划，结合本地实际，编制本行政区域的森林防火规划，报本级人民政府批准后组织实施。

【解读】本条是关于森林防火规划编制的规定。

(一)关于森林防火规划编制的目的和依据。我国是森林火灾多发国家之一。“十五”

期间，全国年平均发生森林火灾9586起，森林受害面积15.2万公顷，分别比“九五”期间上升了94%和120%。森林火灾不但造成了人民生命财产的巨大损失，而且严重威胁生态安全。因此，加强森林防火工作，保护森林资源，对维护国土安全、保护国家和人民财产、维护林区社会稳定具有重大意义。《国家处置重特大森林火灾应急预案》进一步界定了森林火灾属于自然灾害的属性，突出了森林防火工作在经济社会发展全局中的战略地位，把森林防火工作纳入国家突发公共事件应急体系，列入政府公共服务职能的范畴。国务院领导高度重视森林防火工作，多次就森林防火规划工作做出重要指示和批示。回良玉在国家森林防火指挥部第一次全体会议上再次强调，要抓紧编制《全国森林防火“十一五”和中长期发展建设规划》，尽早报国务院批准实施。回良玉在国家森林防火指挥部第二次全体会议暨2007年全国森林防火工作电视电话会议上又强调，要建立以公共财政为主的多元化投入机制，抓紧制定实施《全国森林防火中长期发展规划》，组织和实施地方配套规划，全面提升森林防火可持续发展能力。

森林防火规划是森林防火工作正常开展的前提和基础，规划的编制和实施，对有效解决我国森林防火存在的装备水平低、扑救手段弱、基础设施差等突出问题，消除森林火灾隐患，积极预防重特大森林火灾的发生，全面提升我国森林防火综合能力，巩固造林绿化成果和生态建设成就，保护人民群众生命财产安全，指导今后一个时期森林防火工作都具有十分重要的现实意义。

（二）关于森林防火规划编制和实施的主体。本条规定，由国务院林业主管部门编制实施全国森林防火规划，报国务院或者国务院授权的部门批准后组织实施；由县级以上地方人民政府林业主管部门根据全国森林防火规划，结合本地实际，编制本行政区域的森林防火规划，报本级人民政府批准后组织实施。2009年3月18日，国务院常务会议审议并原则通过了《全国森林防火中长期发展规划》。该规划是森林防火历史上第一个由国务院审批的全国性规划，规划的实施对全面提升我国森林火灾综合防控能力，对进一步提高森林防火基础设施装备水平将起到积极的推动作用。

（三）关于森林防火规划的内容。主要内容：一是总论部分，包括规划背景、规划期限与目标、投资测算；二是森林防火面临的形势及其重要性；三是规划总体思路，包括规划指导思想、基本原则、目标、布局、实施思路；四是建设内容与任务；五是建设工程项目；六是投资测算及资金筹措；七是保障措施。当然，森林防火规划的内容不能一成不变，应当根据实际情况的变化而做出相应调整。

第十五条 国务院有关部门和县级以上地方人民政府应当按照森林防火规划，加强森林防火基础设施建设，储备必要的森林防火物资，根据实际需要整合、完善森林防火指挥信息系统。

国务院和省、自治区、直辖市人民政府根据森林防火实际需要，充分利用卫星遥感技术和现有军用、民用航空基础设施，建立相关单位参与的航空护林协作机制，完善航空护林基础设施，并保障航空护林所需经费。

【解读】本条是关于森林防火规划实施的有关规定。

国家和各地的森林防火规划，是整个森林防火工作的规范性指导文件，是森林防火设施体系和综合能力建设的总体安排部署。

（一）关于森林防火基础设施、防火物资、指挥信息系统。森林防火工作必须要有相应健全完善的森林防火基础设施、充足的防火物资储备和协调有效的指挥信息系统作保障。《国务院办公厅关于进一步加强森林防火工作的通知》提出，“要继续加大森林防火预测预警、交通通信、林火阻隔、扑救指挥等系统和森林消防专业队伍及装备的建设”。回良玉在国家森林防火指挥部第一次全体会议上强调，“要不断增加现代化灭火装备和林火监测设备，加大灭火物资的储备”。国务院有关部门和县级以上地方人民政府应当按照森林防火规划，加强森林防火基础设施建设，储备必要的森林防火物资，根据实际需要整合、完善森林防火指挥信息系统。

（二）关于航空护林。航空护林以其机动灵活性和“发现早、行动快、灭在小”的优势，在森林火灾预防和扑救工作中具有其他手段不可替代的作用，在森林防火中占有重要的地位。一是飞机巡护机动灵活；二是侦察火情定位准确；三是反应快捷，打早、打了；四是空中救援，便捷快速。扑灭重特大森林火灾离不开航空消防。但目前我国森林航空消防体系发展落后，巡护扑救覆盖面窄小。全国只有 7 个省（自治区）开展了航空消防业务，航站和机降点少，飞行费不足，机源短缺，这种状况不适应目前森林防火工作的需要。国务院办公厅《关于进一步加强森林防火工作的通知》中明确，“要根据扑火实际需要，加大资金投入力度，积极拓展航空消防业务，增加消防飞机数量，充分发挥森林航空消防在偏远林区巡航、快速运送扑火队员和物资、空中直接灭火等方面的优势，满足重点地区防火工作的需要”。回良玉在国家森林防火指挥部第一次全体会议上再一次强调，“要加强森林航空消防工作，增强空中巡逻、预警和机动灭火作战能力”。为此，本条第二款明确规定了国务院和省、自治区、直辖市人民政府根据森林防火实际需要，加强航空基础设施建设，建立航空护林协作机制，保障航空护林所需经费，以保证森林火情监测和森林火灾扑救的需要。

第十六条 国务院林业主管部门应当按照有关规定编制国家重大、特别重大森林火灾应急预案，报国务院批准。

县级以上地方人民政府林业主管部门应当按照有关规定编制森林火灾应急预案，报本级人民政府批准，并报上一级人民政府林业主管部门备案。

县级人民政府应当组织乡（镇）人民政府根据森林火灾应急预案制定森林火灾应急处置办法；村民委员会应当按照森林火灾应急预案和森林火灾应急处置办法的规定，协助做好森林火灾应急处置工作。

县级以上人民政府及其有关部门应当组织开展必要的森林火灾应急预案的演练。

【解读】本条是关于森林火灾应急预案编制和演练的规定。

（一）关于应急预案编制目的和依据。近年来，我国气候异常，极端天气事件频繁，台风、洪涝、森林火灾等自然灾害多发。目前，我国仍处于自然灾害的易发时期，党中央、国务院高度重视防灾抗灾救灾工作，为提高政府保障公共安全和处置突发公共事件的能力，最大限度地预防和减少突发公共事件及其造成的损害，2006 年 1 月 8 日，国务院发布《国家突发公共事件总体应急预案》。国家明确把森林火灾的防范与处置列入突发事件的应急预案体系中，并作为各级政府应急管理的专项应急预案来管理。森林火灾突发性强，为了应对突发的森林火灾，迅速实施有组织的控制和扑救，最大限度地减少森林火灾造成的损失，必须事先制定森林火灾应急预案。森林火灾应急预案，是各级人民政府林业主管部门根据森林防火管理区域的具体情况，根据以往扑火经验，针对森林火灾的发生，提前编制的扑火应对工作方案。2006年国务院发布了《国家处置重、特大森林火灾应急预案》，为有效预防和扑救森林火灾，各级人民政府林业主管部门相应制定了森林火灾应急预案。

（二）关于森林火灾应急预案编制主体。森林火灾应急预案是贯彻落实“预防为主、积极消灭”方针的一项重要内容。森林火灾应急预案的制定，使森林火灾扑救工作有章可循、有条不紊。本条第一款规定，国务院林业主管部门负责编制国家重大、特别重大森林火灾应急预案，报国务院批准；第二款规定，县级以上地方人民政府林业主管部门分别编制省级、市级和县级森林火灾应急预案，报本级人民政府批准，并报上一级人民政府林业主管部门备案。

（三）关于森林火灾应急处置办法的制定。本条第三款规定，县级人民政府在完成本级森林火灾应急预案编制后，还应当组织乡（镇）人民政府依据应急预案制定当地的森林火灾应急处置办法，以快速组织各个林场、森林经营单位及村民委员会就近对森林火灾实施应急处置。村民委员会应当按照本县森林火灾应急预案和本乡镇森林火灾应急处置办法的规定，协助做好森林火灾应急处置工作。

（四）关于森林火灾应急预案的演练。为切实做好各项应急处置森林火灾的工作，正确处理因森林火灾引发的紧急事件，确保在处置森林火灾时反应及时、准备充分、决策科学、措施有力，把森林火灾的损失降到最低程度，地方各级人民政府及其有关部门应当有计划有组织地开展森林火灾应急预案实战演练活动。森林火灾应急预案演练，是指在特定的时间和地点，由县级以上各级人民政府森林防火指挥机构、林业主管部门组织专业队伍或相关应急人员，以森林火灾应急预案或其中部分内容为假设情景，按照所规定的职责和程序，执行应急响应任务的训练与演习活动。开展森林火灾应急预案演练的主要目的：一是用模拟实战的办法检验应急预案的适用性、有效性和可操作性，以便修改完善应急预案，使预案更符合实战需要。二是提高各级森林防火指挥机构在扑救森林火灾中的快速反应能力、科学决策能力、组织协调能力和后勤保障能力，明确各级森林防火指挥机构成员单位的职责。三是明确应急指挥与处置程序，规范应急管理工作。四是锻炼提高专业队伍和相关人员以及群众扑救队伍的扑火技能、体能和紧急避险能力。五是强化监测预警、信息报告等工作机制。2006年6月15日，国务院《关于加强应急管理工作的意见》（国发〔2006〕24号）中提出“要加强对预案的动态管理，不断增强预案的针对性和实效性。狠抓预案落实情况，经常性地开展预案演练，特别是涉及多个地区和部门的预案，要通过联合演练等方式，促进各单位的协调配合和职责落实”。为此，本条第四款规定了县级以上人民政府及其有关部门应当组织开展必要的森林火灾应急预案的演练。在实践中不断改进和完善预案，健全应急体系，以提高其科学性、合理性和可操作性。

第十七条 森林火灾应急预案应当包括下列内容：

（一）森林火灾应急组织指挥机构及其职责；

（二）森林火灾的预警、监测、信息报告和处理；

（三）森林火灾的应急响应机制和措施；

（四）资金、物资和技术等保障措施；

（五）灾后处置。

【解读】本条是关于森林火灾应急预案内容的规定。

森林火灾扑救应急预案是森林火灾救援系统的重要组成部分，通过明确规范森林火灾应急预案基本内容，保证预案的完整性、统一性和可操作性，明晰分工，落实责任，确保森林火灾应对处置高效、有力。

森林火灾应急预案一般包括以下内容：

（一）总则。包括编制目的、编制依据、适应范围、基本原则、预案启动条件等内容。

（二）森林火灾应急组织指挥机构及其职责。由于处置森林火灾事件具有高度紧迫、需要多方高度协调配合的特点，需要一个协调有序、运转高效的森林火灾扑救组织指挥体系，以主管部门为主，各部门参与的原则。为此，这一部分内容要明确森林火灾扑火组织指挥机构及职责任务和权限，明确有关应急支持保障部门及职责任务。

（三）森林火灾的预警、监测、信息报告和处理。这部分内容包括森林火险预测预报、林火监测、人工影响天气、信息报送和处理等内容，全面掌握森林火灾发展动态，为扑火指挥部做出扑火决策提供信息依据。

（四）森林火灾的应急响应机制和措施。这部分内容包括分级响应、扑火指挥、扑火原则、应急通信、扑火人员安全、居民点及群众安全防护、医疗救护、扑火力量组织与动员、森林消防飞机调度、火案查处、新闻报道、应急结束等内容。其中分级响应是根据森林火灾发展态势，按照分级响应的原则，及时调整扑火组织指挥机构的级别和相应的职责。一般情况，随着灾情的不断加重，扑火组织指挥机构的级别也相应提高。通常情况下，森林火灾的响应级别按由高到低分为三级。各级人民政府对森林防火应急事件处置标准不同，各级人民政府有不同级别的响应标准。因此，分级响应部分要明确森林火灾的响应级别标准，预案启动级别和条件，以及相应级别指挥机构的工作职责和权限。

（五）资金、物资和技术等保障措施。包括人力、物力、财力、交通运输、医疗卫生及通信等方面的保障，以保证应急救援工作的需要和灾区群众的基本生活，以及保障灾后重建工作的顺利进行。一是应急队伍保障。加强森林火灾专业扑救队伍的建设，保证有足够的扑火力量。同时有计划地开展业务培训和应急演练，提高扑火队伍的作战能力。二是资金保障。各级财政部门要按照现行事权、财权划分原则，分别负担森林防火工作以及预防与处置森林火灾中需要由政府负担的经费，健全应急资金拨付制度，保证所需森林火灾应急准备和救援工作资金。三是物资保障。森林防火物资储备是预防和扑救森林火灾的重要物质基础。各级森林防火指挥部根据各自森林防火任务，建立相应的森林防火物资储备库，储备所需的扑火机具和扑火装备，确保应急所需物资。四是技术保障。各级气象部门为扑火工作提供火场气象服务，包括火场天气实况、天气预报、高火险警报、人工降雨等技术保障；建立森林防火专家信息库，森林防火专家提供灭火技术咨询和现场指导，为扑火工作提供技术保障。五是通信与信息保障。各级电信部门要建立火场应急通信系统，确保应急期间信息畅通。配备必要的通信设备和通信指挥车，为扑火工作提供通信与信息保障。六是交通运输保障。铁路、交通、民航部门确保扑火人员、扑火机具、扑火设备及救援物资快速运输，确保救灾物资和人员能够及时、安全送达。七是医疗卫生保障。因森林火灾造成人员伤亡时，火灾发生地医疗部门要及时赴现场开展医疗救治。

（六）灾后处置。包括三个方面，一是火灾评估。由县级以上人民政府林业主管部门会同有关部门组织开展火灾评估。根据飞机拍摄火场照片或 GPS 测定数据与火灾发生地森林防火指挥部上报的过火面积、受害森林面积进行对比核查后，评估森林资源损失情况。二是善后处置及灾后重建。火灾发生的当地政府要积极稳妥、深入细致地做好善后处置工作。积极救治因森林火灾造成的受伤人员，根据有关规定妥善安置灾民，确保受灾群众有饭吃、有水喝、有衣穿、有住处、有病能得到及时医治，负责有关伤残人员的抚恤，并根据有关规定妥善处置死难者。同时重点保证基础设施和安居工程的恢复重建。三是工作总结。扑火工作结束后，要及时进行全面总结，重点是总结分析火灾发生的原因和应吸取的经验教训，提出改进措施，并及时上报森林火灾突发事件调查报告。

第十八条 在林区依法开办工矿企业、设立旅游区或者新建开发区的，其森林防火设施应当与该建设项目同步规划、同步设计、同步施工、同步验收；在林区成片造林的，应当同时配套建设森林防火设施。

【解读】本条是对林区开办工矿企业、设立旅游区、新建开发区及成片造林同步配套森林防火设施的规定。

（一）关于在林区开办企业等建设项目同步配套防火设施的理由和依据。在现代社会，导致森林火灾发生的原因是多样的、错综复杂的，除极少数的自然火外，绝大部分的森林火灾是由人为因素引发的。林区内，人类生产生活活动与森林火灾的发生有着直接的密切的关系，人与森林接触的距离越近、频度越高，则森林火灾发生的危险性也就越大。在林区内开办工矿企业、设立旅游区或者建开发区，势必导致大量人员进入林区活动，而且这些单位和设施靠近森林或者距离森林很近，生产生活产生的热源或火源对森林会构成直接威胁，增加了森林火灾发生的可能性。在林区成片造林，相当于增加了新的森林火险区域，在其未成林前处于蒿草丛生的易燃状态，是森林防火的重点看护对象，配套建设森林防火设施，这是基于森林防火安全考虑的根本性措施。《国务院办公厅关于进一步加强森林防火工作的通知》中要求“凡新造林地，要按标准配套建设生物防火林带。在林区建设的各类工程、设施，必须开设防火隔离带或营造生物防火林带、设置森林防火宣传标识等配套森林防火基础设施。做到防火设施与工程建设同步规划、同步设计、同步施工、同步验收”。把森林防火设施建设作为林区建设项目整体工程的一部分，从规划设计环节就纳入考虑的范畴，把同步施工、同步验收的要求纳入法制轨道。

（二）关于森林防火设施。森林防火设施主要包括：防火隔离带或生物防火林带、森林防火宣传标识、防火道路等，提高森林火灾防控能力，有效保护森林资源。

执行本条规定应注意以下几点：一是按照现行的新建项目管理、林地资源管理等方面相关审批、许可程序，当地政府林业主管部门森林资源管理和森林防火部门应互通情况，涉林涉火事项共同审查许可。同时，还要与同级土地主管部门建立工作衔接制度，对于林区内的建设项目，从项目审批环节上共同把关，防止林区新建项目森林防火设施建设出现管理缺失。二是加强宣传教育和法规普及工作。要通过多种方式进行森林防火安全教育，特别是要向相关部门和工程设计单位、基层地方政府进行宣传，确保森林防火设施“四同步”措施落实。三是强化森林防火安全监督检查。各级林业主管部门及其森林防火机构对于新建项目和新造林地，及时在其施工阶段检查森林防火设施配套建设是否缺失，及时整改。造林质量检查监督机构应当在造林质量检查时同步实施森林防火设施检查，并作为整体工程的一部分同步验收，防止先成片造林、再砍树开设防火隔离带的问题发生。

第十九条 铁路的经营单位应当负责本单位所属林地的防火工作，并配合县级以上地方人民政府做好铁路沿线森林火灾危险地段的防火工作。

电力、电信线路和石油天然气管道的森林防火责任单位，应当在森林火灾危险地段开设防火隔离带，并组织人员进行巡护。

【解读】本条是关于铁路经营单位以及电力、电信线路和石油天然气管道管理单位森林防火责任的规定。

（一）关于铁路经营单位的森林防火责任。铁路是国民经济运行的大动脉，纵横交错的铁路网络有许多部分分布在森林区域甚至森林腹地，是森林防火方面的重大火险隐患之一。铁路经营单位做好铁路沿线的森林防火工作，最大限度地消除森林火灾隐患，具有特别重要的意义。各级地方人民政府应当组织和协调铁路经营单位做好铁路沿线的森林防火工作。《国务院办公厅关于进一步加强森林防火工作的通知》规定各有关部门要密切配合，通力合作，认真履行职责，共同搞好森林防火工作。2005 年，回良玉在全国重点省区森林防火工作座谈会上强调，"铁路、交通、航空、电力部门都要在各自职责范围内做好森林防火工作"。执行时，铁路经营单位应注意落实好以下森林防火措施：一是落实分区域的森林防火责任制度。在森林防火区域的铁路区段，要明确具体的森林防火责任人，由其直接管理和监督检查铁路施工单位和作业人员的机械防火、作业用火和生活用火、野外吸烟等防火安全事项，并同当地政府森林防火机构保持紧密联系，适时采取森林防火措施。二是落实森林防火阻隔设施。在铁路穿越森林地段或者接近森林地段，铁路设计就应当按照相关的工程建设标准，同时做好开设森林防火阻隔带的设计工作，并编入工程总体预算。铁路两侧的森林防火阻隔带，应当定期进行维护，以确保其防火阻隔作用。县级以上地方人民政府森林防火机构要及时进行检查监督。三是落实铁路客运防火管理措施。跨越林区的铁路客（货）运车组，要明确落实森林防火责任，加强车辆保养和检修，严防抛瓦、喷火、漏火、货物自燃和旅客向车外扔弃烟头等。行驶在重点林区的铁路机车，必要时可按照要求安装防火装置，在指定地点清炉和按规定凉瓦。同时，司乘人员要注意瞭望，发现森林火情立即报告当地森林防火机构。

（二）关于电力、电信线路和石油天然气管道管理单位森林防火责任。本条第二款中电力、电信线路和石油天然气管道管理单位是指穿越林区区段的电力、电信线路和石油天然气管道经营管理单位，这些管理单位负有森林防火责任，应当建立健全严格的森林防火责任制度，落实各个区段的防火责任人，落实防火措施，严防因电线脱落、管道泄漏及作业人员随意弄火而发生森林火灾。凡是因电力、电信线路和石油天然气管道跨越林区导致有森林火险隐患的，要开设防火隔离带，并组织人员进行巡护，维护好国家重大设施和森林资源的安全工作。

第二十条　森林、林木、林地的经营单位和个人应当按照林业主管部门的规定，建立森林防火责任制，划定森林防火责任区，确定森林防火责任人，并配备森林防火设施和设备。

【解读】本条是关于森林、林木、林地的经营单位和个人建立防火责任制、配备森林防火设施和设备的规定。

（一）关于森林、林木、林地的经营单位和个人承担森林防火责任的理由和依据。森林防火工作是一项社会公益事业，既需要各级人民政府承担重要责任，同时也需要森林、林木、林地的经营单位和个人履行森林防火责任。回良玉在 2005 年全国重点省区森林防火工作座谈会上提出，"各森林经营主体要重视森林消防安全，储备必要的扑火物资。林区企业，经营主体也要承担相应的责任。”只有这样，才能有效预防和扑救森林火灾。随着集体林权制度改革和国有林业企业经营体制改革的不断深化，承包、租赁、流转等森林经营方式将快速扩大并发展成为主要模式，林权结构分散化、经营形式多样化，森林火灾成为影响森林经营单位和个人切身利益最重要的自然灾害。实践证明，森林防火责任制是森林防火工作最为重要、十分有效的工作制度。只有责任明晰，才能有效预防和扑救森林火灾。

（二）关于森林、林木、林地的经营单位和个人森林防火责任的内容。主要包括：按照当地林业主管部门的有关规定，建立森林防火责任制，划定森林防火责任区，签订森林防火安全责任书，把森林防火责任落实到人，按照有关规定配备森林防火设施和设备。

（三）关于林业部门的责任。为使森林、林木和林地的经营单位和个人在建立森林防火责任制过程中有章可循，各级林业主管部门应当对森林、林木、林地的经营单位和个人森林防火责任的内容，怎样合理划定森林防火责任区和确定防火责任人，森林防火设施建设和设备配备等具体问题做出详尽的规定。此规定是检验森林、林木、林地的经营单位和个人是否履行森林防火责任的依据和标准，既是划分责任，也是追究责任的标准，以免出现执法无据或执法不严的情况。

总之，真正落实和执行好森林、林木、林地的经营单位或个人的森林防火责任，林业主管部门做出合理可行、明确具体、易于执法操作的相关规定是基础，森林、林木、林地的经营单位或个人积极依法承担森林防火责任，并构建起完整的森林防火责任制及物质保障是关键。只有做到了两方面的全面落实，才能切实做到“谁经营，谁负责”，确保森林防火各项措施落到实处。

第二十一条 地方各级人民政府和国有林业企业、事业单位应当根据实际需要，成立森林火灾专业扑救队伍；县级以上地方人民政府应当指导森林经营单位和林区的居民委员会、村民委员会、企业、事业单位建立森林火灾群众扑救队伍。专业的和群众的火灾扑救队伍应当定期进行培训和演练。

【解读】本条是关于建立森林火灾专业扑救队伍和群众扑救队伍的规定。

（一）关于建立专业扑救队伍的理由和依据。森林火灾扑救是一项强度高、危险大的工作，要求扑火人员身强体健，并掌握一定扑救技能和自救常识。多年来，一些地方发生森林火灾后，林区群众男女老少齐上阵参与扑火，造成群伤群死事故，血的教训非常深刻。森林火灾扑救造成人员重大伤亡的惨痛教训告诫我们，只有依靠森林火灾专业扑救队伍，才能有效地提高森林火灾的处置能力，保证扑火人员的安全，减少人员伤亡事故。《国务院办公厅关于进一步加强森林防火工作的通知》明确指出，处置森林火灾具有高度危险性和时效性，扑救工作必须树立“以人为本，科学扑救”的思想，坚持“专群结合，以专为主”的原则。

（二）关于建立森林火灾专业队伍的主体。由于我国幅员辽阔，各地地理环境和气候差异很大，林区社会经济环境不尽相同，森林面积和森林覆盖率大小以及人们与森林的紧密度不同，森林火灾预防水平高低不同，森林火灾发生频度、危害特点及扑救难度也各不相同，对森林火灾专业扑救队伍的需求也不尽相同。为此，本条规定，地方各级人民政府和国有林业企业、事业单位应当根据实际需要，成立森林火灾专业扑救队伍。

（三）关于森林火灾专业扑救队伍的职责。森林火灾的扑救任务主要由森林火灾专业扑救队伍承担。森林火灾专业扑救队伍是以保护森林资源安全、扑救森林火灾为主要任务，经过严格的扑火技战术、安全避险培训和体能训练，配备安全防护装备和必备扑火机具的有组织的队伍。

(四)关于森林火灾专业扑救队伍的建设。森林火灾专业扑救队伍是以森林防火、灭火为主，有建制、有保障，防火期集中食宿，按军事化管理的队伍，按照政治合格、纪律严明、作风过硬、训练有素、管理规范、装备精良、快速反应、能征善战的要求建队。森林火灾专业扑救队伍的建设要从各地实际出发，重点要抓好五个方面的工作：一是抓规划。从实际出发，以“建得起、养得住、用得上”为标准，按照“形式多样性、指挥一体化、管理规范化、装备标准化、训练经常化、用兵科学化”的建队原则，合理布局、科学配置，编制好森林火灾专业扑救队伍建设规划。二是抓落实。各地结合实际，动员社会各方面、各层次的力量，组建适应各地的森林火灾专业扑救队伍。三是抓培训。提高森林火灾专业扑救队伍的综合能力。根据扑火预案的要求，每年进行必要的扑火技能培训和安全知识教育。四是抓保障。促进专业扑救队伍的稳定。从制度上保障森林火灾专业扑救人员的基本权益，解除专业扑救人员的后顾之忧，提高专业扑救人员的积极性和战斗力。各级人民政府负责组建森林火灾专业扑救队伍，将其所需经费纳入同级政府地方财政预算。专业扑救人员的人身保险，由组建单位负责。五是抓装备。建立和完善政府财政预算保障的“建、养、用”政策，提高森林火灾专业队伍机具化水平。对于国有林业企业、事业单位也应研究和制定出财力保障支持渠道、标准及补助政策，以充分体现森林火灾扑救工作的公益性、全局性和鼓励联动性，以利更好地发挥扑火资源的作用；一旦发生森林火灾，能快速反应，安全扑救，实现“打早、打小、打了”的目标，最大限度地减少人员伤亡，确保森林资源和人民生命财产的安全。

(五)关于群众扑火队伍的建立及其职责。县级以上地方人民政府应当指导森林经营单位和林区的居民委员会、村民委员会、企业、事业单位建立森林火灾群众扑救队伍。森林火灾群众扑救队伍职责：参与运送扑火物资、后勤服务、协助火场清理等工作，是专业扑救队伍的重要补充或辅助力量。

为提高扑火队伍的综合素质，要不断加强森林火灾扑救队伍的规范化建设，对专业的和群众的火灾扑救队伍进行安全避险和自救训练，熟练掌握扑火安全知识，都应当定期进行培训和演练。一遇火灾，专业扑救队伍和群众扑救队伍一起出动，分别发挥攻坚和辅助的作用。

第二十二条　森林、林木、林地的经营单位配备的兼职或者专职护林员负责巡护森林，管理野外用火，及时报告火情，协助有关机关调查森林火灾案件。

【解读】本条是关于护林员森林防火职责的规定。

(一)关于护林员的职责。护林员顾名思义就是管理森林、保护森林的人员。《中华人民共和国森林法》明确规定“地方各级人民政府应当组织有关部门建立护林组织，负责护林工作。划定护林责任区，配备专职或者兼职护林员”。护林员是配置在森林防火一线直接对野外火源进行巡查管理、报告火情和协助有关部门调查森林火灾案件的工作人员。护林员在林区内巡防巡查，密切关注林区野外森林防火动态，发现情况及时采取相应措施，消除火灾隐患。护林员还可以兼做森林防火宣传员，发放和布设森林防火宣传教育品，向群众面对面宣传和讲解防火知识。一旦发生火灾，有关部门还可向护林员了解火灾发生地的山形、地貌、气候、植被物、可燃物情况和主要道路分布以及要害部位，保证火灾扑救的顺利进行。在协助调查森林火灾案件方面，护林员往往是第一时间赶到火灾现场的人，具备准确提供信息、情况和有关事实的条件，提供线索协助有关部门查处森林火灾案件，有利于公安机关查破火案，严惩火灾肇事者。实践中，护林员进行了大量的宣传、巡护工作，提供了大量案件线索，在森林资源管理中发挥了重要作用。随着林区经济的发展，在林区旅游的人员、从事经济活动的人员呈上升趋势，造成野外用火数量不断增加，火源点多、面广，火源管理难度加大。加上不利的气象条件，森林防火形势十分严峻，护林员的森林防火工作尤为重要。

(二)关于森林、林木、林地经营者配备护林员的森林防火职责。森林、林木、林地的经营单位，应当依照有关管理规定配备专职护林员或者兼职护林员，并按照规定划定其各自巡护责任区，建立岗位和工作质量检查监督管理规定，加强护林员的管理制度建设，严明工作纪律，护林员到岗到位，尽职尽责，这一点至关重要。如果护林员数量不足或在岗率不高，就会出现火源管理和野外防火巡护漏洞，就有可能发生森林火灾。国家在森林经营管理方面对护林员的配备是有明确标准规定的。近年来实施的天然林资源保护工程和公益林建设对森林管护员的配备标准方面也都有具体规定。在森林防火期内，野外用火管理任务重的区域，还应当增设森林防火兼职护林员，做到山有人管，林有人护，确保万无一失。

第二十三条 县级以上地方人民政府应当根据本行政区域内森林资源分布状况和森林火灾发生规律，划定森林防火区，规定森林防火期，并向社会公布。

森林防火期内，各级人民政府森林防火指挥机构和森林、林木、林地的经营单位和个人，应当根据森林火险预报，采取相应的预防和应急准备措施。

【解读】本条是关于森林防火区、森林防火期以及预防和应急的规定。

(一)关于森林防火区。我国幅员辽阔，气候特点不一，森林资源分布状况和森林火灾发生规律也不尽相同，森林火险出现的时间在南方、北方及东部、西部都各不相同。森林防火工作最直接、最繁杂的行政执法管理任务就是管理和控制威胁森林安全的野外用火行为。在许多地方，由于地理环境和森林分布的特点，野外用火的具体地点周边全部为裸露的农田，数千米外才是森林区域，这样的火对森林不能构成直接威胁。为此，有必要依据森林资源状况和森林火灾发生规律，科学合理地划定森林防火范围，这一范围称之为“森林防火区”。

(二)关于森林防火期。森林火灾的发生有其规律性，每场火灾发生都牵涉到许多必然因子和随机因子。从森林火灾发生时间看，其中包含着发生森林火灾所需条件的诸多信息，如气候因子、地理环境条件、林分特性、管理措施等。如果所确定的森林防火期不适宜，将会带来很大的损失：防火期过长，将会产生不必要的浪费；防火期过短，又会蒙受本可预防但却发生森林火灾带来的损失。森林防火期应该是一个相对稳定的期限。如果每年都变，每年都要对下一年的防火期进行预测，虽然更能揭示自然规律，但却为生产管理部门带来许多不便。大范围内采用同一个防火期，虽然比较保险而又便于管理，但从效益上看并不经济。

(三)关于划定森林防火区和确定森林防火期的主体。本条第一款，赋予了县级以上地方人民政府根据本行政区域内森林资源分布状况和森林火灾发生规律，划定森林防火区，规定森林防火期的权力，并向社会公布。

（四）关于森林防火期的预防和应急准备。在实际工作中，一旦森林防火期确定下来，就要采取相应的措施，投入大量人力、物力、财力去预防森林火灾的发生。森林防火期内，各级人民政府森林防火指挥机构和森林、林木、林地的经营单位和个人，根据当地森林防火指挥部和气象台发布的森林火险预警信息，采取相应的预防和应急准备措施，科学应对，因险施策。即使是在非森林防火期内，如遭受几十年不遇的干旱、高温等发生森林火灾天气条件，也应该采取相应的预防和应急准备措施。本条例确立的森林火险应对规定，是依法实施科学防火的新发展，实行森林火险预警响应，建立"因险而动"运行机制，是科学防火的充分体现。建立和实行森林火险预警响应运行机制，是我国森林防火工作的一项重大变革和进步。有关这方面的工作经验和做法，吉林省于2005年已经开始实行，收到了很好的效果。

第二十四条 县级以上人民政府森林防火指挥机构，应当组织有关部门对森林防火区内有关单位的森林防火组织建设、森林防火责任制落实、森林防火设施建设等情况进行检查；对检查中发现的森林火灾隐患，县级以上地方人民政府林业主管部门应当及时向有关单位下达森林火灾隐患整改通知书，责令限期整改，消除隐患。

被检查单位应当积极配合，不得阻挠、妨碍检查活动。

【解读】本条是关于森林火灾隐患检查和消除的规定。

（一）关于森林火灾隐患。实践表明，我国95%以上的森林火灾都是人为因素引起的。如果预防得当，可以避免森林火灾的发生。火灾隐患是一个范围很广的概念，从字面上理解即为引发火灾的隐患。违反林业法律、法规，可能导致森林火灾发生的各类不安全因素，确定为森林火灾隐患。如防火组织机构是否健全，防火责任是否落实，防火制度是否健全，防火基础设施是否建设，应急预案是否制定，是否进行演练，防火设备是否配足配齐，火源管控措施是否落实，宣传教育、防火投入是否到位等。实践中，各地森林防火指挥机构组织有关部门持续不断地开展对有关单位森林防火安全检查，深入开展隐患排查整治工作，有效消除了很多森林火灾隐患，保持了森林防火形势的基本稳定。但我国森林防火形势依然十分严峻，防控火灾的任务越来越重。国务院办公厅《关于进一步加强森林防火工作的通知》中明确提出，"强化执法和监督，是做好森林防火工作的重要保障。各级森林防火部门要认真履行森林消防监督和管理职能，严格执行火源等火灾预防制度，加大对火灾案件的查处力度，做到有法必依，执法必严，违法必究"。回良玉在2006年国家森林防火指挥部第一次全体会议上强调，"努力提高防控水平和应急水平，切实做到火患早排除、火险早预报、火情早发现、火灾早处置，有效遏制森林火灾的发生。"森林火灾的特点和多年扑救实战经验告诉我们，只有把功夫和精力放在灾前防范上，把火灾隐患解决在火灾发生之前，森林防火才能事半功倍。

（二）关于森林火灾隐患检查实施主体。本条第一款规定，森林火灾隐患检查的实施主体是县级以上人民政府森林防火指挥机构。被检查的单位是森林防火区内的有关单位。检查的内容有：森林防火组织建设、森林防火责任制落实以及森林防火设施建设等情况。县级以上人民政府森林防火指挥机构实施检查监督，这对于依法管火、依法治火具有特别重要的意义，是我国森林防火工作法制建设的重大进步。

（三）关于下达隐患整改通知书的执法主体和理由。本条第一款规定，对检查中发现的森林火灾隐患，由县级以上地方人民政府林业主管部门向有关单位下达隐患整改通知书，责令限期整改，消除隐患。地方人民政府森林防火指挥机构是同级人民政府为有效组织、协调和指导本地区森林防火工作而设立的非常设机构，它的日常工作由同级人民政府林业主管部门来承担。在现行体制下，地方人民政府森林防火指挥机构的日常办事机构和同级政府林业主管部门森林防火办事机构是“一套人马、两块牌子”。

地方人民政府森林防火指挥机构因机构性质不具备行政执法的主体资格，不能直接实施执法处罚，地方人民政府林业主管部门是森林防火检查监督的行政执法者。

（四）关于被检查单位的义务。对森林防火有关单位实施工作检查和火灾隐患排查、监督，是法规赋予各级森林防火指挥机构的重要职责和权力，被检查单位都有义务积极配合，不能借故躲避，不得阻挠和妨碍检查活动。否则，同样是违法行为。

第二十五条　森林防火期内，禁止在森林防火区野外用火。因防治病虫鼠害、冻害等特殊情况确需野外用火的，应当经县级人民政府批准，并按照要求采取防火措施，严防失火；需要进入森林防火区进行实弹演习、爆破等活动的，应当经省、自治区、直辖市人民政府林业主管部门批准，并采取必要的防火措施；中国人民解放军和中国人民武装警察部队因处置突发事件和执行其他紧急任务需要进入森林防火区的，应当经其上级主管部门批准，并采取必要的防火措施。

【解读】本条是关于森林防火期内在森林防火区野外用火及可能造成失火活动的禁止性规定。

（一）关于野外用火的规定。在森林防火期内，受气候条件和森林植物生长发育物候规律的影响，森林植被处于十分易燃状态，在森林及靠近森林地带进行野外吸烟、烧荒、烧秸秆、烧纸、烧香、生火取暖、野炊、爆破、射击；火车、汽车的司乘人员向车外抛扔烟头等不当用火和弄火行为，都可能会引发森林火灾。在森林防火期内，管住森林防火区的野外用火，是控制和防止森林火灾发生最为基础、最为根本的有效手段。为此，本条规定森林防火期内禁止在森林防火区野外用火。在我国绝大多数地方的森林防火期处在气候变化剧烈期，正值林区野外农业、种植业生产和山货采收等大忙季节，期间还有春节、清明节、五一节、国庆节等扫墓、踏春、休闲旅游等活动高峰，禁止森林防火区野外用火，是一项由少数森林防火管理人员面向整个林区社会生产生活活动的艰巨而复杂的任务，也是事关森林火灾预防工作成效甚至于成败的关键性行政执法任务和管理行为。一旦出现野外用火管理疏漏，就会发生森林火灾。森林防火区野外用火管理能力的高低，直接决定着整个森林防火工作的好与差，决定着重大、特大森林火灾发生与否，甚至影响到林区社会的稳定和人民生命财产安全。

（二）关于特殊情况。森林防火期内，禁止森林防火区野外用火，但以下几种情况例外。一是因防治病虫鼠害、冻害等特殊情况确需野外用火的，经县级人民政府批准，并按照要求采取防火措施，严防失火。这是在防火安全前提下满足特殊生产需求所作出的特许和审批规定。二是对需要进入森林防火区进行实弹演习、爆破等活动的，虽然不是直接进行林区野外用火，但也可能因此类活动引发意外森林火灾。遇有此类事项时，一般由进行实弹演习、爆破等活动的单位向活动所在地县级森林防火机构申请，并安排好必要的防火措施，由县级林业主管部门报省、自治区、直辖市人民政府林业主管部门批准。三是中国人民解放军和中国人民武装警察部队因处置突发事件和执行其他紧急任务需要进入森林防火区的，经其上级主管部门批准，并采取必要的防火措施。森林防火期内，进入森林防火区从事野外用火的，或者可能引起失火的，都要依法办理批准手续，以确保森林资源安全。

（三）关于被批准在森林防火区内野外用火的单位或个人采取的措施。被批准在森林防火区内野外用火的单位或个人，应严格依法、依照批复要求做好以下事项：一是开好防火隔离带；二是预备好应急扑火力量；三是准备好扑火工具；四是三级以上风力不作业；五是指定用火负责人在场；六是用火后有专人看守，熄灭余火，确认安全后人员才可撤离。对于违反规定的，由县级以上地方人民政府林业主管部门依法查处。

第二十六条 森林防火期内，森林、林木、林地的经营单位应当设置森林防火警示宣传标志，并对进入其经营范围的人员进行森林防火安全宣传。森林防火期内，进入森林防火区的各种机动车辆应当按照规定安装防火装置，配备灭火器材。

【解读】本条是关于森林防火期内森林、林木和林地经营单位的防火宣传以及进山机动车辆安装防火装置，配备防火器材的规定。

（一）关于森林防火期内森林、林木、林地的经营单位的防火责任。森林防火期内，森林、林木、林地的经营单位应当设置森林防火警示标志，并对进入其经营范围的人员进行森林防火宣传教育。开展形式多样的森林防火宣传教育是预防森林火灾发生的一项重要工作，也是构建森林火灾群防体系最为重要、最为经常化的一项基础工作。只有坚持不懈地开展形式多样的宣传教育活动，才能不断提高林区群众的依法用火文明程度，才能构筑起牢固的群众性森林防火思想防线，有效控制森林火灾的发生。森林防火警示宣传标志，立足于能时刻提醒、警示森林火险。落实和执行好本条款规定，首先是地方政府和森林、林木、林地的经营单位要设置警示宣传标示，并保证一定资金的投入；其次是在林区交通要道、入山口、村庄旁等人口流动密集处广泛设置标准化的森林防火警示宣传标志，并且要维护、刷新；第三是政府和森林防火管理部门要研究和制定森林防火警示宣传标志和其他宣传物的设置密度标准，以督促森林经营单位和基层政府切实营造出强烈的森林防火警示宣传氛围，使每一个进入森林防火区的人能受到强烈的视觉冲击，牢记森林防火。如吉林省森林防火部门和交通部门共同研究制定了林区道路两侧设置森林防火宣传旗的标准要求，规定干线公路每隔 5 千米不少于 1 处，每个林区村庄都要设置宣传旗、预警旗，宣传火险和“12119”森林火情报警电话等，全省林区多年坚持在每一个森林防火期都普遍设置森林防火警示宣传“旗阵”，每年用于春秋防宣传投入都在几百万元，宣传效果十分显著。群众使用“12119”报警电话报告森林火情和野外违章用火的，每年达到 400 余起次，拓展了群众参与预防工作的空间，使森林火灾预防工作始终保持在有效控制的水平上。第四是坚持警示宣传和行政管理、依法治火手段有机结合，既不能只抓教育不抓管理，也不能只顾严管重罚不注意教育疏导。要把宣传工作做细、做全、做实。对于森林防火期内森林、林木、林地的经营单位未设置森林防火警示宣传标志的，应通过监督检查等手段责令改正、警告或予以依法处罚。

（二）关于森林防火期内，进入森林防火区的机动车辆的规定。森林防火期内，进入森林防火区的机动车辆，特别是没有安装防火装置的大马力车辆、老式机动牵引车进入林区或者在林内作业时，容易出现尾气漏火等情况引发森林火灾。为此，本条第二款规定了森林防火期内，进入森林防火区的机动车辆应当按照规定安装防火装置，配备灭火器材。

林区森林防火检查站，发现有防火安全隐患的机动车辆，有权依据本条款规定进行防火安全检查，对进山车辆未安装防火装置的或未配备灭火器材的，责成其补装防火装置或配备灭火器材，否则有权禁止其进入森林防火区或视情节依法处罚。

第二十七条 森林防火期内，经省、自治区、直辖市人民政府批准，林业主管部门、国务院确定的重点国有林区的管理机构可以设立临时性的森林防火检查站，对进入森林防火区的车辆和人员进行森林防火检查。

【解读】本条是关于森林防火期内设置临时性森林防火检查站的规定。

森林防火检查站是防止火源进入森林防火区的重要屏障之一。科学合理地依据当地的地理环境和森林防火需要依法设置森林防火检查站，是森林防火管理的重要手段，对于有效截留火种，预防森林火灾具有特别重要的意义。森林防火检查站一般设立在进入森林防火区的交通要道旁，是人员和机动车辆进入山林的必经之处。由于地理环境的影响，许多林区要道是联系当地交通的重要公路，设置检查站，必然会因车辆停留给正常通行带来一定程度的影响。森林防火期内，经省、自治区、直辖市人民政府批准，林业主管部门、国务院确定的重点国有林区的管理机构可以设立临时的森林防火检查站，对进入森林防火区的车辆和人员进行森林防火检查。执行中注意以下几点：一是设置时间必须为当地法定的森林防火期。二是设置单位为县级以上林业主管部门、国务院确定的重点国有林区的管理机构。三是设置性质。设立的森林防火检查站是属于临时性的，是允许事项，不是“应当”事项。四是批准机关为省、自治区、直辖市人民政府。五是检查站的权限。对进入森林防火区的车辆和人员进行森林防火检查。

第二十八条 森林防火期内，预报有高温、干旱、大风等高火险天气的，县级以上地方人民政府应当划定森林高火险区，规定森林高火险期。必要时，县级以上地方人民政府可以根据需要发布命令，严禁一切野外用火；对可能引起森林火灾的居民生活用火应当严格管理。

【解读】本条是关于森林高火险区、森林高火险期及野外用火、居民生活用火的有关规定。

森林防火期内，往往是会出现高温、干旱、大风等几方面不利因素交织在一起的高火险天气，一旦在此种情况下发生森林火灾，往往是人力不及，后果不堪设想。此时的森林防火管理工作必须以高森林火险预警响应、紧急应对为主线，采取超常规措施进行全力防范，千方百计杜绝森林火灾发生。

（一）关于森林高火险区。从本条规定的“预报有高温、干旱、大风等高火险天气”的前置条件看，森林高火险区是指预报有高温、干旱、大风等高火险天气的森林防火区。不同于前面所规定的森林防火区，既有可能是当地森林防火区的一部分甚至于一小部分，也可能是整个区域。森林高火险区不是可以固定下来的区域，不能理解为森林防火区中的高火险区域，也不能一次性划定，它是跟随高温、干旱、大风等高火险天气影响范围而出现和变化的，每次高火险天气过程都会在范围上有所不同。

（二）关于森林高火险期。依照“预报有高温、干旱、大风等高火险天气”的前置条件看，森林高火险期则是预报出现高温、干旱、大风等高火险天气过程的整个时间段。与以往在森林防火期内规定的“森林防火戒严期”相同，应是跟随高温、干旱、大风等高火险天气影响过程出现而规定，跟随高温、干旱、大风等高火险天气影响过程结束而结束的动态性时间段。但是，在实际操作和执行过程中，森林防火期内一般总会有一段时间天气变化特别剧烈，高温、干旱、大风等高火险天气现象频繁，很难每隔几天就规定一次高森林火险期。因此，各地可借鉴以往规定"森林防火戒严期"的做法，严格按照当地气候变化和森林火灾发生的特点来因地制宜地规定出一个本地区相对固定的"森林高火险期"，并在此期间内严格按照火险预报及预警机制来实施变化性、动态性的森林高火险区防火管理。

（三）关于划定森林高火险区、规定森林高火险期、发布禁火令的主体。本条规定，划定森林高火险区和规定高火险期的主体是县级以上地方人民政府。森林防火期内，预报有高温、干旱、大风等高火险天气的，县级以上地方人民政府应当划定森林高火险区，规定森林高火险期。国务院办公厅《关于进一步加强森林防火工作的通知》规定，"在防火期内，地方政府要适时发布禁火令，重点林区遇五级高火险天气，一律停止野外生产、生活用火"。根据火险形势和火源管制任务，县级以上地方人民政府可以采取最高级别的行政管制手段，即可以发布命令，严禁一切野外用火。之所以针对高火险状态做出这样的规定，主要是考虑到全面禁止野外用火会引起许多生产不便，造成管理成本提高。而在持续干旱、高温、大风状态下，野外可燃物全部处于极易燃烧的状态，并可在强风甚至于瞬间大风、气旋作用下引燃周围大片的森林区域，造成不可控制的森林火灾。这实际上是在非常情况下做出的必要的管制措施。

（四）关于居民生活用火的管理。当大风为主要动力的高森林火险来临时，县级以上地方人民政府可以发布命令，对可能引起森林火灾的居民生活用火严格管理。实际上就是在全面禁止一切野外用火的基础上，进一步规定森林危险范围内的居民不得生火做饭及取暖，以防止大风条件下烟筒跑火进山，造成无法扑救的森林火灾。一旦实施这样的高火险用火管制命令，要全面发动各级领导和工作人员逐家逐户通知和落实，并用一切传播工具进行反复通告，并相应落实传达和管理责任制度，确保禁火措施不出疏漏。能否将本条规定落实到具体的森林防火工作中，对极端的高森林火险及时采取法定的严格管理措施，做到高火险无意外事故，主要依靠两方面：一是森林防火机构和气象部门对森林火险天气条件监测预报的及时性、准确性，给当地政府采取紧急应对措施提供必要的时间；二是取决于当地政府对森林火险预警响应的敏感性和行政执行力，也取决于主要负责人对森林火灾危害性的重视程度。根据预报应对的越及时，采取的措施越全面具体，自上而下落实和执行得越好，重、特大森林火灾不发生的可能性就越大。

第二十九条 森林高火险期内，进入森林高火险区的，应当经县级以上地方人民政府批准，严格按照批准的时间、地点、范围活动，并接受县级以上地方人民政府林业主管部门的监督管理。

【解读】本条是关于在森林高火险期内进入森林高火险区，从事各种活动的森林防火管理规定。

在森林高火险期内进入森林高火险区的组织或人员，在客观上存在引发森林火灾的行为因素，要从严控制和管理。在这样时段和地点开展活动的，必须经县级以上地方人民政府批准，并由林业主管部门监督按照批准的时间、地点、范围开展活动，实现严格管理火源，有效预防森林火灾。这是一项具有特别重要的意义的规定，并因此会产生大量的行政审批事务，县级以上地方人民政府应尽快组织有关部门研究制定出具体的、方便操作的管理办法及办事程序，并向社会广为宣传通告。在当前的林区社会中，由于经济和社会活动范围的扩大，在森林高火险期内，进入、驻留在森林高火险区的组织或人员数量多，活动时间、目的、性质和特点也不尽一致，都需要当地政府在依法履行审批职责的同时，制定出能满足进入人员需求、方便获得审批手续的便民服务办事程序，方便入山群众，同时将监督管理职责分别落实到林业部门的一线防火人员头上，实行部门管理、分片监督。

第三十条 县级以上地方人民政府林业主管部门和气象主管部门应当根据森林防火需要，建设森林火险监测和预报台站，建立联合会商机制，及时制作发布森林火险预警预报信息。

气象主管机构应当无偿提供森林火险天气预报服务。广播、电视、报纸、互联网等媒体应当及时播发或者刊登森林火险天气预报。

【解读】本条是关于森林火险监测和预报台站建设以及制作发布、传播森林火险预警预报信息的规定。

（一）关于森林火险预警预报。森林火险预警预报信息，是整个森林防火工作决策的科学依据。温家宝在2000年全国森林防火工作电视电话会议上强调，要实行科学防火，建立森林火险天气预报、森林火险等级预测预报系统。《国务院办公厅关于进一步加强森林防火工作的通知》提出，“各地区、各部门要做好森林火险监测预警和发布。各级气象部门要积极配合林业部门开展森林火险气象等级监测和预报工作”。建设布局合理、管理规范、设备先进、信息全面的森林火险监测和预报台站，实施林业、气象部门联合会商机制，利用森林火险预警预报信息科学合理部署、组织实施森林防火工作，是森林防火工作步入科学防火轨道的基本标志。

（二）关于森林火险监测和预报台站建设。本条规定，县级以上地方人民政府林业主管部门和气象主管部门应当根据森林防火需要，建设森林火险监测和预报台站，其出发点是要求森林火险预警预报信息工作应以森林防火需要为根本，并应同时具有监测和预报两项功能。为此，一方面，县级以上地方人民政府林业主管部门和气象主管部门都有责任开展森林火险监测和预报工作；另一方面，县级以上地方人民政府林业主管部门和气象主管部门应当共同建设森林火险监测台站和预报台站，监测要覆盖管辖区域，实时提供森林火险信息；各级气象部门应当利用气象站，开展森林火险要素监测和基本与天气预报时段一致的森林火险预报。

（三）关于联合会商机制的建立和运行。森林火险的决定因素不仅仅在温度、湿度和风力、降水等天气要素上，还有森林可燃物湿度及裸露程度、物候性返青程度等重要因素。实践中林业部门往往无法掌握大气变化的预报动态要素，气象部门对森林植被湿度和裸露程度等无法利用现有人力来实现。因此，在森林防火期内建立同级部门定期会商、交换信息的工作机制，是实现和落实本条规定的必要条件，双方充分发挥各自人力和技术资源，优势互补。

（四）关于森林火险预警预报信息的及时制作发布。按照森林火险等级划分标准及发布办法，采取同级林业（或防火）、气象双方联合发布的办法，在一定的发布平台上向社会公布，一般是通过当地各种传播媒体的天气预报栏目来完成。森林防火机构还要通过内部的办公网络和无线电通信网络等平台向基层单位发布经与气象台会商后的森林火险预报预警信息，部署基层单位的森林火险响应、应对工作。遇有高森林火险，应当及时向各级政府和相关机构发布高火险预警信号或警报。

（五）关于气象主管机构、媒体的义务。本条第二款规定，气象主管机构应当无偿提供森林火险天气预报服务。广播、电视、报纸、互联网等媒体应当及时播发或者刊登森林火险天气预报。各级政府森林防火机构应当积极主动地与本地气象、广播、电视、报纸、互联网等单位取得联系，并分别建立起工作衔接程序和办法，建立起相对固定的工作运行渠道，以便及时播发或者刊登森林火险天气预报，为林区社会森林防火工作提供优质服务，增强广大干部群众的森林防火意识。

第三章　森林火灾的扑救

第三十一条　县级以上地方人民政府应当公布森林火警电话，建立森林防火值班制度。

任何单位和个人发现森林火灾，应当立即报告。接到报告的当地人民政府或者森林防火指挥机构应当立即派人赶赴现场，调查核实，采取相应的扑救措施，并按照有关规定逐级报上级人民政府和森林防火指挥机构。

【解读】本条是关于森林火警电话、森林防火值班制度以及森林火灾报告、处理的规定。

（一）关于森林火警电话。本条第一款规定，“县级以上地方人民政府应当公布森林火警电话”。“森林火警电话”的公布与受理是有关部门快速获取森林火警信息的重要渠道之一；是有关部门及时、快速、妥善处置森林火情的主要手段；也是有关部门为社会救助危急的重要窗口。森林火警电话的公布，对有效防范森林火灾的发生，对保护森林资源和人民群众生命财产安全，维护林区社会和谐稳定，保护公民合法权益等都有着重要意义。2005年6月，信息产业部下发了《关于公益服务号码管理有关问题的通知》（信部电函〔2005〕339号），鉴于森林防火涉及人民生命和国家财产安全，统一规定“12119”作为全国森林防火报警电话号码。2005年7月，国家林业局森林防火办公室下发了《关于启用和调整森林防火报警电话号码的通知》（林传火〔2005〕18号），要求各省（自治区、直辖市）启用或调整“12119”为森林火灾报警电话，建立起全国统一的森林火警报警系统。统一的森林火警电话方便群众的记忆和使用。森林火灾报警电话的公布为森林火灾的早发现、早扑灭，减少森林火灾损失奠定了坚实基础，有利于实现森林火灾“打早、打小、打了”的目标。县级以上地方人民政府要广泛动员和组织报纸、广播、电视、公告牌等各种宣传媒体，向民众宣传和通告森林火情报警电话，做到家喻户晓，提高全社会共同参与森林火灾预防和扑救意识，提高我国公共安全服务水平。

（二）关于森林防火值班制度。“森林防火值班制度”的建立和实施是及时、快速、妥善处理各种森林火灾和森林公安重大事件的重要措施。1993年国务院批转林业部《关于进一步加强森林防火工作的报告》要求，进一步明确职能，建立岗位规范，健全工作制度。平时开展预防工作，进入防火期要坚持全天24小时值班，要有领导带班，及时处理问题。《国务院办公厅关于进一步加强森林防火工作的通知》要求，各级防火办要实行24小时值班，领导亲自带班，确保信息畅通。2006年国务院发布了《国家处置突发公共事件总体应急预案》。目前各地根据实际情况，建立了森林防火值班制度。如2003年9月25日，国家林业局森林防火办公室办公会议通过《国家林业局森林公安局（森林防火办公室）值班室工作规范》，对值班管理和交接班制度、值班人员职责、值班信息处置程序和要求、值班设备维护和内务工作、启动预案时值班工作安排及岗位职责等都作出了明确的规定；全国各省、市、自治区森林防火指挥部办公室结合本地实际制定了《森林防火值班暂行规定》，对各级防火值班职责、任务和要求作出了明确的规定，确保及时处置重大森林火情。随后，全国各地市、县级森林防火指挥部办公室结合各自实际，也制定了森林防火值班实施细则。根据上述有关规定要求，以及多年森林防火工作中的成功经验和做法，本条第一款增加了"县级以上地方人民政府应当建立森林防火值班制度"的规定。建立"森林防火值班制度"，这是法律赋予县级以上地方人民政府的责任。进入防火期，各级防火办要实行24小时值班。值班人员要能够熟练操作使用通信设备，森林高火险期内要有领导带班，上级部门要经常对防火值班情况进行抽查，防止出现脱岗、漏岗，确保信息畅通，及时、快速、妥善处置火情。

（三）关于发现森林火灾报告、处理的规定。本条第二款规定"任何单位和个人发现森林火灾，应当立即报告"。这里所说的"立即报告"主要是指发现森林着火，应立即拨打火警电话"12119"。在通信不便的情况下，应当以其他有效、迅速的方法报告火警。有关部门将根据火情及时调度和协调扑火力量进行扑火。及时报警是及时扑灭火灾的前提，这对于迅速扑救森林火灾，减少火灾损失具有重要作用。由于坚持长期开展森林防火宣传教育，发动群众参与防火，林区的群众已经养成了发现火情积极报告的习惯。特别是开通了"12119"森林火情报警电话后，仅吉林省每年通过报警电话报告森林火情达400余人次。同时，本款规定："接到报告的当地人民政府或者森林防火指挥机构应当立即派人赶赴现场，调查核实，采取相应的扑救措施，并按照有关规定逐级报上级人民政府和森林防火指挥机构。"由于森林火灾是一种破坏性非常强的自然灾害，当地人民政府或者森林防火指挥机构接到火情报告后，应当立即派人赶赴现场，调查核实火情，根据现场情况，采取相应的扑救措施，使森林火灾损失减少到最低程度。同时，按照有关规定逐级报上级人民政府和森林防火指挥机构。

第三十二条　发生下列森林火灾，省、自治区、直辖市人民政府森林防火指挥机构应当立即报告国家森林防火指挥机构，由国家森林防火指挥机构按照规定报告国务院，并及时通报国务院有关部门：

（一）国界附近的森林火灾；

（二）重大、特别重大森林火灾；

（三）造成3人以上死亡或者10人以上重伤的森林火灾；

（四）威胁居民区或者重要设施的森林火灾；

（五）24小时尚未扑灭明火的森林火灾；

（六）未开发原始林区的森林火灾；

（七）省、自治区、直辖市交界地区危险性大的森林火灾；

（八）需要国家支援扑救的森林火灾。

本条第一款所称"以上"包括本数。

【解读】本条是关于森林火灾报告的规定。

（一）关于归口报告理由和依据。森林火灾具有突发性强、范围广、扑救难度大等特点，属突发性自然灾害。森林火灾现场情况复杂，火情受气候、地形等多种因素影响较大，扑救十分困难。为确保防火、扑火工作正常进行，维护社会稳定，有必要进一步完善森林火灾报告制度。1993年国务院批转林业部《关于进一步加强森林防火工作的报告》要求，不断完善森林火灾统计和报告制度。为理顺森林火灾归口管理关系，温家宝1999年3月22日在全国森林防火工作电视电话会议上再次重申，“严格执行森林火灾报告制度和归口管理制度，需要向国务院报告的火情，按规定由国家林业局报告”。《国务院办公厅关于进一步加强森林防火工作的通知》规定，要建立健全并严格执行森林火灾报告制度，促进管理工作的制度化和规范化。2007年公布施行的《中华人民共和国突发事件应对法》规定，对即将发生或者已经发生的社会安全事件，县级以上地方各级人民政府及其有关主管部门应当按照规定向上一级人民政府及其有关主管部门报告。因此，森林火灾报告制度必须进一步完善。

（二）关于森林火灾报告程序。对国界附近的森林火灾、重大、特别重大森林火灾、造成3人以上死亡或者10人以上重伤的森林火灾、威胁居民区或者重要设施的森林火灾、24小时尚未扑灭明火的森林火灾、未开发原始林区的森林火灾、省、自治区、直辖市交界地区危险性大的森林火灾、需要国家支援的森林火灾，要由省、自治区、直辖市人民政府森林防火指挥机构立即报告国家森林防火指挥机构，然后由国家森林防火指挥机构按照规定报告国务院，并通报国务院有关部门，以利于火情的处置。

（三）关于报告国务院“森林火灾”。上报国务院的八种森林火灾中，“国界附近的森林火灾”是指火场距国界5千米以内并构成威胁的森林火灾；“重大、特别重大森林火灾”是指受害森林面积100公顷以上的森林火灾；“造成3人以上死亡或者10人以上重伤的森林火灾”是指造成3人以上死亡或者10人以上重伤，仍未扑灭的森林火灾；“威胁居民区或者重要设施的森林火灾”是指威胁林区村屯、居民点或者易燃、易爆、军工、电信、古建筑、文物区等重要设施的森林火灾；“需要国家支援扑救的森林火灾”是指依靠省级扑火能力难以控制和扑灭，地方政府提出请求救助或国务院提出要求的森林火灾。

第三十三条 发生森林火灾，县级以上地方人民政府森林防火指挥机构应当按照规定立即启动森林火灾应急预案；发生重大、特别重大森林火灾，国家森林防火指挥机构应当立即启动重大、特别重大森林火灾应急预案。

森林火灾应急预案启动后，有关森林防火指挥机构应当在核实火灾准确位置、范围以及风力、风向、火势的基础上，根据火灾现场天气、地理条件，合理确定扑救方案，划分扑救地段，确定扑救责任人，并指定负责人及时到达森林火灾现场具体指挥森林火灾的扑救。

【解读】本条是关于森林火灾应急预案启动的规定。

（一）关于应急预案启动。本条是修订后条例中新增加的内容。森林火灾应急预案是政府组织管理、指挥协调相关应急资源和应急行动的整体计划和程序规范，对扑救森林火灾的指挥组织体系、应急支持保障部门、预警、监测、信息报告和处理、火灾扑救、后期处置、综合保障等做出了详细的明确的规范。2006年国务院发布《国家突发公共事件总体应急预案》《国家处置重、特大森林火灾应急预案》，细化了森林火灾处置程序、相关部门的职责和应急保障措施，为指导预防和处置突发重特大森林火灾提供了依据。地方各级人民政府、森林防火指挥部及成员单位分别制定了相应的应急预案。根据森林火灾发展态势，按照分级响应的原则，及时调整扑火组织指挥机构的级别和相应的职责，随着灾情的不断加重，扑火指挥机构的级别也相应提高。当森林火灾发生后，县级以上地方政府森林防火指挥机构应当按照规定，立即启动森林火灾应急预案；当发生重大、特别重大森林火灾时，国家森林防火指挥机构应当立即启动重大、特别重大森林火灾应急预案，对突发的各类森林火灾进行有效防范和高效处置，及时扑灭森林火灾。

（二）关于重大、特别重大森林火灾。《国家处置重、特大森林火灾应急预案》明确规定，如果发生下列情况之一：火场持续 72 小时仍未得到有效控制；对林区居民地、重要设施构成极大威胁；造成重大人员伤亡或重大财产损失；地方政府请求救助或国务院提出要求时，国家森林防火指挥机构按照有关规定应立即启动本预案，采取应急处置措施。

（三）关于扑救方案的确定。预案启动后，有关森林防火指挥机构应当核实火灾准确位置，范围及风力、风向、火势，合理确定扑救方案，划分扑救地段，确定扑救责任人，并指定负责人及时到达森林火灾现场具体指挥森林火灾的扑救。预案对森林火灾的预防预警、应急响应、应急保障和善后的各个环节应该采取的工作措施，进行了详尽的规范。在什么阶段、出现什么情况、应该采取什么措施、由谁来采取措施、需要如何保障等，有着明确的操作程序。森林火灾发生后，各级森林防火指挥机构只要根据应急预案进行操作，既可以使应急工作高度规范，又可以有效避免一些盲目操作。森林火灾应急预案的实施，规范森林火灾扑救的程序，提高指挥决策和减灾行动的效率。要进一步完善应急预案，加强预案演练，建立健全各种预警和应急机制，提高政府应对突发事件和风险的能力，全面履行政府职能，加强社会管理，做好应对风险和突发公共事件的思想准备、预案准备、机制准备和工作准备，防患于未然，最大限度地减少森林火灾造成的人员伤亡和危害，维护国家安全和社会稳定。

第三十四条 森林防火指挥机构应当按照森林火灾应急预案，统一组织和指挥森林火灾的扑救。

扑救森林火灾，应当坚持以人为本、科学扑救，及时疏散、撤离受火灾威胁的群众，并做好火灾扑救人员的安全防护，尽最大可能避免人员伤亡。

【解读】本条是关于应急预案的实施和森林火灾扑救原则的规定。

（一）关于应急预案的实施。森林火灾扑救工作不同于其他工作，涉及面广，专业性强，时间紧迫，参加力量多，这就要求必须高效率地调动人力物力，有条不紊地组织扑救工作。为了有效灭火，本条第一款赋予了森林防火指挥机构具有统一组织和指挥森林火灾扑救的权力，由森林防火机构按照森林火灾应急预案，实施统一的组织和指挥，确保行动统一。预案启动后，森林防火指挥机构要精心组织，勘察地形，科学判断形势，根据火场态势，研究确定包括扑火方法、扑火战术和扑火技术等扑火方案，果断指挥调度，集中扑火力量，在确保人员安全的前提下，迅速扑火。

（二）关于扑救的原则。《国务院办公厅关于进一步加强森林防火工作的通知》明确，处置森林火灾具有高度危险性和时效性，扑救工作必须树立“以人为本，科学扑救”的思想。回良玉在 2005 年重点省区森林防火工作座谈会上强调，“森林防火必须坚持以人为本，严格按科学规律办事，实行科学设防、科学指挥、科学扑救”。森林火灾现场指挥员必须认真分析地理环境和火场态势，在扑火队伍行进、驻进选择和扑火作战时，要时刻注意观察天气和火势的变化，确保扑火人员的人身安全。扑火中，应始终贯彻“以人为本，科学扑救”的原则。若遇到危及扑火队员安全时，绝不能死打硬拼，扑火队员一定要避险自救。“尽最大可能避免人员伤亡”凸显了以人为本的理念，国家宝贵的森林资源固然重要，但人民生命安全要更加珍惜。同时，本款规定，“扑救森林火灾，应当及时疏散、撤离受火灾威胁的群众”。地方各级政府应在林区居民点周围开设防火隔离带，并预先制订紧急疏散方案，落实责任人，明确安全撤离路线。当居民点受到森林火灾威胁时，要及时果断地采取有效阻火措施，有组织、有秩序地及时疏散居民，确保群众生命安全。

科学扑救是根据森林火灾燃烧的规律，建立严密的指挥系统，组织有效的扑火队伍，运用有效的、科学的、先进的、扑火设备、扑火方法和扑火技术扑灭火灾，确保扑火决策的科学性，最大限度地减少火灾损失。把握森林火灾发生、发展、蔓延的规律，根据火场环境、气候风向、植被类型等科学制订扑救方案，实行科学指挥、科学扑救，确保扑火人员安全。

第三十五条 扑救森林火灾应当以专业火灾扑救队伍为主要力量；组织群众扑救队伍扑救森林火灾的，不得动员残疾人、孕妇和未成年人以及其他不适宜参加森林火灾扑救的人员参加。

【解读】本条是关于参加森林火灾扑救人员的规定。

(一)关于专业扑救队伍。《国务院办公厅关于进一步加强森林防火工作的通知》要求，扑救工作必须树立“以人为本，科学扑救”的思想，坚持“专群结合，以专为主”的原则，森林火灾的扑救任务主要由专业森林火灾扑救队伍承担。同时，严禁组织中小学生及未成年人参加森林灭火。

实践表明，扑救森林火灾是一项具有高度危险性和时效性的工作，对扑救人员专业技能要求较高，必须充分发挥和依靠专业森林火灾扑救队伍。如果依靠广大群众或者非专业队伍，不但不能及时扑救森林火灾，还容易造成群众人身伤亡。20 多年来，我国已初步建立起以森林火灾专业队伍为主力，以武警森林部队为骨干，以航空护林为尖兵，以解放军、预备役部队、武警部队、半专业和群众扑火队伍为基础的森林防扑火组织体系。截至 2008 年，全国共有专业、半专业森林火灾扑救队伍 1.7 万支 51 万人，群众森林火灾扑救队伍 12.5 万支 343 万人。专业扑救队伍为及时扑救森林火灾发挥了重要作用。实践表明，组织专业队伍参加森林火灾扑救，既能有效地扑救火灾，又能减少扑救过程中人员伤亡。

(二)关于群众扑救队伍。考虑到专业森林火灾扑救队伍的建设涉及经费、管理和机制等问题，各地和有关单位可建立一些经过专业培训的群众扑救队伍，在发生森林火灾时，一是可以弥补专业扑火力量的不足；二是在森林火灾扑救过程中，主要承担火灾扑救后勤保障工作。群众扑救队伍是专业扑救力量的重要补充，承担着非常重要的火灾扑救工作后勤保障工作。由于受气候条件的影响，火场情况瞬息万变，极其复杂，参加扑救山林火灾的人员必须具有一定的体能、扑救知识和自救能力，灭火工作具有相当大的危险性，未成年人因其身体、心智都还没有发育成熟，分析问题和处理问题的能力相对薄弱，如果他们参加灭火很有可能对危险情况不能进行正确的判断和处理而造成不必要的人身伤亡。所以，扑救森林火灾不得动员残疾人、孕妇和未成年人以及其他不适宜参加森林火灾扑救的人员参加，防止伤亡事故的发生。

第三十六条 武装警察森林部队负责执行国家赋予的森林防火任务。武装警察森林部队执行森林火灾扑救任务，应当接受火灾发生地县级以上地方人民政府森林防火指挥机构的统一指挥；执行跨省、自治区、直辖市森林火灾扑救任务的，应当接受国家森林防火指挥机构的统一指挥。

中国人民解放军执行森林火灾扑救任务的，依照《军队参加抢险救灾条例》的有关规定执行。

【解读】本条是关于武装警察森林部队、军队参加扑救森林火灾的有关规定。

（一）关于武装警察森林部队的职责。武装警察森林部队是国家一支非常重要的扑救森林火灾的专业队伍。历年来，在扑救重、特大森林火灾中发挥了不可替代的作用。《中华人民共和国森林法》第二十条第二款规定，武装森林警察部队执行国家赋予的预防和扑救森林火灾的任务。根据文件规定，武警森林部队承担森林防火、灭火任务，根据部队所在省（自治区、直辖市）政府的统一部署，保护森林资源，保护人民群众生命财产安全。

（二）关于调动武警森林部队的规定。部队执行所在省（自治区、直辖市）森林火灾防火和灭火任务时，由火灾发生地县级以上人民政府森林防火指挥机构统一调动指挥。如果当地扑火力量不足时，根据省级森林防火指挥部提出的申请，由国家森林防火指挥机构统一调动其他省（自治区、直辖市）的武装警察森林部队，实施跨区域支援扑火。

武警森林部队组建以来，逐步发展壮大成为一支现代化水平较高的专业护林灭火队伍，形成了"地中空"多兵种协同作战的立体森林防护体系，出色地完成了党和人民赋予的神圣使命，充分发挥了森林防火灭火生力军、突击队的作用，为保护国家森林资源作出了重大贡献，被誉为大森林的保护神。据统计，1999 年武警森林部队领导管理体制调整以来，森林部队灭火作战出动兵力近 40 万人次，累计扑灭森林火灾 2800 余起。

（三）关于军队参加森林火灾扑救的规定。《军队参加抢险救灾条例》第四条规定，国务院组织的抢险救灾需要军队参加的，由国务院有关主管部门向中国人民解放军总参谋部提出，中国人民解放军总参谋部按照国务院、中央军事委员会的有关规定办理。县级以上地方人民政府组织的抢险救灾需要军队参加的，由县级以上地方人民政府向当地同级军事机关提出，当地同级军事机关按照国务院、中央军事委员会的有关规定办理。在险情、灾情紧急的情况下，地方人民政府可以直接向驻军部队提出求助请求，驻军部队应当按照规定立即实施求助，并向上级报告；驻军部队发现紧急险情、灾情也应当按照规定立即实施求助，并向上级报告。为此，本条第二款规定，中国人民解放军执行森林火灾扑救任务的，依照《军队参加抢险救灾条例》的有关规定执行。

第三十七条 发生森林火灾，有关部门应当按照森林火灾应急预案和森林防火指挥机构的统一指挥，做好扑救森林火灾的有关工作。

气象主管机构应当及时提供火灾地区天气预报和相关信息，并根据天气条件适时开展人工增雨作业。

交通运输主管部门应当优先组织运送森林火灾扑救人员和扑救物资。

通信主管部门应当组织提供应急通信保障。

民政部门应当及时设置避难场所和救灾物资供应点，紧急转移并妥善安置灾民，开展受灾群众救助工作。

公安机关应当维护治安秩序，加强治安管理。

商务、卫生等主管部门应当做好物资供应、医疗救护和卫生防疫等工作。

【解读】本条是关于有关部门扑救森林火灾职责的规定。

（一）关于有关部门。森林防火涉及面广，特别是扑救重、特大森林火灾，需要调动部队、铁路、交通、民航、邮电、民政、公安、商业、物资、卫生等各方面的力量，这项工作单靠哪一个部门都难以完成，需要在各级政府的统一领导下，组织有关部门，在各自职责范围内开展工作，密切配合，通力合作，认真履行职责，共同搞好森林火灾扑救工作。

（二）关于有关部门森林火灾扑救中的责任。各有关部门既要各司其职、各负其责，切实做好本部门担负的工作，又要树立大局意识和责任意识，密切配合，通力协作，相互支持，形成扑救森林火灾的整体合力。气象部门应当及时提供火灾地区天气预报和相关信息，并根据天气条件适时开展人工增雨作业。交通运输部门应当优先组织运送森林火灾扑救人员和扑救物资。通信部门应当组织提供通信保障。民政部门应当及时设置避难场所和救灾物资供应点，紧急转移并妥善安置灾民。公安机关应当维护治安秩序，加强治安管理。商务、卫生等部门应当做好物资供应、医疗救护和卫生防疫等工作。

在森林火灾扑救过程中，涉及各有关部门，应根据各自在森林防火工作中的职责，落实各项支持保障措施，尽职尽责、密切协作、形成合力，确保在处置森林火灾时作出快速应急反应，把森林火灾造成的损失降到最低程度。

第三十八条 因扑救森林火灾的需要，县级以上人民政府森林防火指挥机构可以决定采取开设防火隔离带、清除障碍物、应急取水、局部交通管制等应急措施。

因扑救森林火灾需要征用物资、设备、交通运输工具的，由县级以上人民政府决定。扑火工作结束后，应当及时返还被征用的物资、设备和交通工具，并依照有关法律规定给予补偿。

【解读】本条是关于应急措施和物资征用及返还的规定。

（一）关于应急措施及实施主体。由于在火灾扑救过程中，需要采取许多必要的紧急措施，需要政府有关部门和社会有关方面来协同作战，因此，有必要对动用社会有关方面的力量和紧急处置权限给予明确，目的是为了使扑救森林火灾时，不受限制和阻碍而顺利地进行紧急扑救。为此，本条赋予县级以上人民政府森林防火指挥机构因扑救森林火灾的需要，可以决定采取应急措施的权限，如开设防火隔离带、清除障碍物、应急取水、局部交通管制等。

（二）关于物资征用和返还及实施主体。2007 年颁布实施的《中华人民共和国突发事件应对法》第十二条规定，“有关人民政府及其部门为应对突发事件，可以征用单位和个人的财产。被征用的财产在使用完毕或者突发事件应急处置工作结束后，应当及时返还。财产被征用或者征用后毁损、灭失的，应当给予补偿”；第五十二条规定，“履行统一领导职责或者组织处置突发事件的人民政府，必要时可以向单位和个人征用应急救援所需设备、设施、场地、交通工具和其他物资”。《中华人民共和国物权法》第四十四条规定，“因抢险、救灾等紧急需要，依照法律规定的权限和程序可以征用单位、个人的不动产或者动产。被征用的不动产或者动产使用后，应当返还被征用人”。温家宝 2000 年 3 月 27 日在全国森林防火电视电话会议上强调：“对需要由国家组织、指挥、协调扑救的特大森林火灾，由国家林业局成立森林扑火指挥部，有权指挥调动急需人员、物资、设备。有关部门都要积极支持，绝不允许推诿扯皮、贻误战机。”

扑救火灾，往往涉及范围广泛，需要调集人员、物资进行灭火，因此，本条依法赋予了县级以上人民政府在森林火灾扑救过程中有征用物资、设备、交通运输工具等的权力，尽量减少森林资源和公民财产的损失，确保公民的人身安全，保证扑救工作的顺利进行，并且规定，扑火工作结束后，应当及时返还被征用的物资、设备和交通工具，并依照有关法律规定给予补偿。

第三十九条 森林火灾扑灭后，火灾扑救队伍应当对火灾现场进行全面检查，清理余火，并留有足够人员看守火场，经当地人民政府森林防火指挥机构检查验收合格，方可撤出看守人员。

【解读】本条是关于火灾现场清理的规定。

（一）关于火灾现场的清理。森林生态系统地面植被比较复杂，草甸、灌木丛、沟塘等地容易藏匿火种，扑灭的地下火遇到大风干燥天气又会引起新的火情，因此，明火扑灭后，火灾扑救队伍应当对火灾现场进行全面检查，清理余火，必须彻底消灭暗火，严防复燃，并留有足够人员看守火场，防止死灰复燃，防止火情再发，这是森林火灾“打了”的重要环节，它决定了一场火灾扑救的是否彻底干净。清理火灾现场应做到“三分扑，七分清”。

（二）关于检查验收的主体。明火扑灭后，当地人民政府森林防火指挥机构对火场进行检查，确保全线无明火、无暗火、无烟。若在高火险时段，火场要经过大风日晒后，确保无余火复燃，验收合格后，方可撤出看守人员，撤离火场。如四川省冕宁县里庄乡因高压输电线短路引发的森林火灾，经过2000余人连续十几日的奋力扑救，于2009年3月22日13:00全部扑灭。现场留有400余人看守清理火场，明确责任，分片包干，严防死灰复燃。

第四章 灾后处置

第四十条 按照受害森林面积和伤亡人数，森林火灾分为一般森林火灾、较大森林火灾、重大森林火灾和特别重大森林火灾：

（一）一般森林火灾：受害森林面积在1公顷以下或者其他林地起火的，或者死亡1人以上3人以下的，或者重伤1人以上10人以下的；

（二）较大森林火灾：受害森林面积在1公顷以上100公顷以下的，或者死亡3人以上10人以下的，或者重伤10人以上50人以下的；

（三）重大森林火灾：受害森林面积在100公顷以上1000公顷以下的，或者死亡10人以上30人以下的，或者重伤50人以上100人以下的；

（四）特别重大森林火灾：受害森林面积在1000公顷以上的，或者死亡30人以上的，或者重伤100人以上的。

本条第一款所称“以上”包括本数，“以下”不包括本数。

【解读】本条是关于森林火灾的等级和具体划分标准的规定。

（一）关于划分依据。原《森林防火条例》第二十八条按照受害森林面积的大小，将森林火灾划分为“森林火警”“一般森林火灾”“重大森林火灾”和“特大森林火灾”4个等级。多年来，我国森林火灾有关数据都是按照以上4个等级进行统计和分析的，在实践中个别单位和个人误认为“森林火警”不属于森林火灾。2006年1月8日国务院发布的《国家突发公共事件总体应急预案》中规定，“各类突发公共事件按照其性质、严重程度、可控性和影响范围等因素，分为四级：Ⅰ级（特别重大）、Ⅱ级（重大）、Ⅲ级（较大）和Ⅳ级（一般）”。2007年11月1日施行的《中华人民共和国突发事件应对法》第三条第二款规定，“按照社会危害程度、影响范围等因素，自然灾害、事故灾难、公共卫生事件分为特别重大、重大、较大和一般四级”。2007 年 4 月 6 日国务院颁布的《生产安全事故报告和调查处理条例》中，也将火灾等级由原来的特大火灾、重大火灾、一般火灾三个等级调整为特别重大火灾、重大火灾、较大火灾和一般火灾四个等级。本《条例》参照以上法律和规定，将森林火灾分为“一般森林火灾”“较大森林火灾”“重大森林火灾”和“特别重大森林火灾”4 个等级。其中，“一般森林火灾”对应原“森林火警”，“较大森林火灾”对应原“一般森林火灾”，另两类基本保持不变。这样，既保证与现有法律和相关规定的一致性，又保持了多年数据统计的连续性，同时也澄清了“森林火警”不属于森林火灾的错误理解。

（二）关于划分标准。原《森林防火条例》第二十八条仅仅按照受害森林面积的大小对森林火灾进行划分，没有考虑“人员伤亡”这一重要因素。在森林防火工作实践中，个别森林火灾即使造成了多人伤亡，但由于受害森林面积较小，只能划分为森林火警或一般森林火灾，这是不合理的。党的十六届三中全会中提出了科学发展观的重大战略思想理论，要求“坚持以人为本，树立全面、协调、可持续的发展观，促进经济社会和人的全面发展”。科学发展观的核心是坚持“以人为本”，即以人民群众的根本利益为基础。森林防火工作落实“以人为本”的理念，必须坚持把确保人民生命安全放在首位，努力减少人员伤亡。基于“保障人民生命财产安全”的立法目的，本《条例》将受害森林面积的大小和受伤、死亡人数的多少，并列作为划分森林火灾等级的标准。根据新的标准，即使受害森林面积较少、但造成了较多人员伤亡的森林火灾，也应划为重大或特别重大级别的森林火灾。

（三）关于具体等级。本条明确规定：①“一般森林火灾”指受害森林面积在 1 公顷以下或者其他林地起火的，或者死亡 1 人以上 3 人以下的，或者重伤 1 人以上 10 人以下的森林火灾；②“较大森林火灾”指受害森林面积在 1 公顷以上 100 公顷以下的，或者死亡 3 人以上 10 人以下的，或者重伤 10 人以上 50 人以下的森林火灾；③“重大森林火灾”指受害森林面积在 100 公顷以上 1000 公顷以下的，或者死亡 10 人以上 30 人以下的，或者重伤 50 人以上 100 人以下的森林火灾；④“特别重大森林火灾”指受害森林面积在 1000 公顷以上的，或者死亡 30 人以上的，或者重伤 100 人以上的森林火灾。其中，应正确理解有关概念：

（1）“森林”和“其他林地”。①本条所指“森林”应为有林地和国家特别规定的灌木林地。根据《森林法实施条例》第二条规定，森林包括乔木林和竹林；林地包括郁闭度 0.2 以上的乔木林地以及竹林地、灌木林地、疏林地、采伐迹地、火烧迹地、未成林造林地、苗圃地和县级以上人民政府规划的宜林地。另外，根据《国家森林资源连续清查技术规定》，有林地指连续面积大于 0.067 公顷、郁闭度 0.20 以上、附着有森林植被的林地，包括乔木林、红树林和竹林。根据原林业部《关于森林火灾统计中有关问题的复函》（林函防字〔1989〕75 号），国家特别规定的灌木林地视为森林面积。具体到某起火灾中的灌木林是否属于国家特别规定的灌木林，应当根据国家林业局 2004 年 1 月 29 日颁发的《“国家特别规定的灌木林地”的规定（试行）》（林资发〔2004〕14 号）进行确定。②本条所指“其他林地”应指除有林地和国家特别规定的灌木林地之外的其他林地。根据《国家森林资源连续清查技术规定》，应当包括疏林地、其他灌木林地、未成林地、无立木林地、宜林地和其他林业用地。

（2）“受害森林面积”与“火场面积”。①本条所指“受害森林面积”应为在过火单位面积上的成林或幼林被烧毁在一定程度上的受害面积，又叫成灾面积，具体应当根据《森林火灾损失评估标准》来确定。“受害森林面积”等同于“过火有林地面积”。根据2001年5月9日发布的《国家林业局、公安部关于森林和陆生野生动物刑事案件管辖及立案标准》，过火有林地面积大小是确定放火罪和失火罪是否立案的标准。②“火场面积”是指凡火焰经过的面积，包括有林地、疏林地、灌木林地、未成林地、苗圃地、无立木林地、宜林地和其他林业用地等，统称为火场面积，又叫过火面积。

(3)“重伤”。最高人民法院、最高人民检察院、司法部、公安部1990年3月29日发布的《人体重伤鉴定标准》(司发〔1990〕070号)规定：“重伤是指使人肢体残废、毁人容貌、丧失听觉、丧失视觉、丧失其他器官功能或者其他对于人身健康有重大伤害的损伤。”具体到某起火灾中，受伤人员是否属于“重伤”应按照《人体重伤鉴定标准》进行确认。

(四)关于“以上”和“以下”。“以上”和“以下”是常用的法律术语，不同的法律法规等在关于“以上”和“以下”是否包括本数方面没有统一的规定。为避免因歧义导致的混淆和误解，本条第二款明确规定，“本条第一款所称‘以上’包括本数，‘以下’不包括本数”。

第四十一条 县级以上人民政府林业主管部门应当会同有关部门及时对森林火灾发生原因、肇事者、受害森林面积和蓄积、人员伤亡、其他经济损失等情况进行调查和评估，向当地人民政府提出调查报告；当地人民政府应当根据调查报告，确定森林火灾责任单位和责任人，并依法处理。

森林火灾损失评估标准，由国务院林业主管部门会同有关部门制定。

【解读】本条是关于森林火灾的灾后调查评估和处理的规定。

森林火灾的发生与发展不仅受森林可燃物、火源和火环境等自然因素的影响，而且受森林经营、林火管理水平等人为因素的影响。开展森林火灾灾后调查评估和处理，就是要了解和掌握林火发生发展的规律、特点和影响，从而为森林资源保护和林火管理工作提供基础资料，为今后森林防火工作提供经验教训，为依法追究森林火灾事故责任者提供事实依据。

(一)灾后调查和评估。森林火灾扑灭后，首先应调查分析火灾原因，统计过火面积、受害森林面积、林火造成的损失以及各种扑火费用等，形成本起森林火灾的基本情况报告。只有形成火灾情况报告后，才能据此开展火案查处工作，并依法追究火灾肇事者和有关部门及其工作人员的法律责任。因此，灾后调查和评估是开展火案查处工作的前提和基础。当然，在火案查处工作实践中，森林火灾尚未扑灭、而案件已侦破且犯罪嫌疑人已被抓获的情况大量存在。但由于过火有林地面积的大小是确定放火罪和失火罪是否立案的标准，因此，即使火案已侦破，但仍需在对火灾进行调查和评估后，依据调查报告确定森林火灾责任单位和责任人，并依法处理。

(1)关于灾后调查和评估的主体。本条明确规定，灾后调查和评估应由县级以上人民政府林业主管部门会同有关部门组织开展。一方面，依据本条例第四条第二款和第五条第三款规定的森林防火主管部门有关职责，灾后调查和评估的职责应由县级以上人民政府林业主管部门负责组织；另一方面，林业主管部门应当会同有关部门进行。本条所指“有关部门”应包括按照职责分工承担有森林防火工作的县级以上地方人民政府其他有关部门。这是根据本《条例》第五条第四款规定的“县级以上地方人民政府其他有关部门按照职责分工，负责有关的森林防火工作”所确定的。

(2)关于灾后调查和评估的内容。本条规定，调查和评估应包括“森林火灾发生原因、肇事者、受害森林面积和蓄积、人员伤亡、其他经济损失等情况”。①森林火灾发生原因。在发生火灾后，进行火因调查极为必要。一方面可以弄清是什么火源引发，进而在今后采取有针对性的措施，进一步加强预防工作；另一方面可以根据火因调查情况，由公安机关及时侦破火灾。②肇事者。本条所指“肇事者”是指因本人的故意、过失或无意识行为而引发森林火灾的直接当事人。其中，无行为能力人引发森林火灾的，应由其监护人承担相应的法律责任。③受害森林面积和蓄积。本条所指“受害森林面积”应为在过火单位面积上的成林被烧毁在一定程度上的受害面积，具体应当根据《森林火灾损失评估标准》来确定。本条所指“受害森林蓄积”，应为受害森林面积范围内被烧毁、烧死、烧伤的森林资源蓄积量，具体应当根据《森林火灾损失评估标准》来确定，并可通过全林每木调查和标准地每木调查等方法来计算。④人员伤亡。本条所指“人员伤亡”，既包括直接参与扑打火灾而被烧伤、致残或者死亡的人员，也包括从发现起火时间起至将火灾扑灭的过程中，因烧、摔、砸、炸、窒息、中毒、触电、高温辐射、轧压、淹溺、受冻等原因所致的人员伤亡，同时还包括因其他如侦察火场、运输物资、清理火场等间接参与扑火救灾行为而负伤、致残或者死亡的人员。⑤其他经济损失。本条所指“其他经济损失”，应为在森林火灾中除森林资源损失之外的其他直接和间接经济损失。其中，直接经济损失主要有木材、木制品损失，固定和流动资产损失，农牧业产品损失等；间接经济损失包括火灾发生后因停工、停产、停业造成的经济损失，以及为扑救森林火灾及清理现场、善后处理、医疗救助等支出的费用。

(3)关于灾后调查和评估的结果。本条规定：调查和评估结束后，应向当地人民政府提出调查报告。调查报告应涵盖所进行的调查和评估的全部内容，既包括火灾原因、过火面积、受害森林面积、林火造成的损失以及各种扑火费用情况，也应包括火灾扑救过程和主要工作、本起火灾的经验和教训、下一步工作计划等，必要时可对在森林火灾中负有法律责任的单位和个人提出责任追究和处理意见。

(二)灾后事故处理。本条规定，灾后事故处理应由当地人民政府依法进行，处理依据是县级以上人民政府林业主管部门提供的森林火灾调查报告。在森林防火工作实践中，森林火灾案件通常由森林公安机关负责查处；对火灾肇事者的责任追究应由当地司法部门依法审理；对火灾事故负有行政领导责任的追究，应参照本《条例》第四十七条和国务院《关于特大安全事故行政责任追究的规定》及相关规定执行。

(三)森林火灾损失评估标准。本条第二款规定：森林火灾损失评估标准，由国务院林业主管部门会同有关部门制定。长期以来，我国森林火灾损失评估工作一直停留在过火面积、受害面积、人员伤亡等几个简单数据的统计和汇总上，并没有形成一套科学的、系统的森林火灾损失调查和评定标准。为进一步规范森林火灾损失调查评定工作，并为追究有关单位和个人的法律责任、为森林保险单位获得经济赔偿提供事实依据，国务院林业主管部门应会同有关部门制定《森林火灾损失评估标准》，明确规定森林火灾事故调查的任务和基本程序，受害森林面积和蓄积，人员伤亡，其他经济损失，以及森林、林木、林地的经营单位和个人应当履行的职责等内容。

第四十二条　县级以上地方人民政府林业主管部门应当按照有关要求对森林火灾情况进行统计，报上级人民政府林业主管部门和本级人民政府统计机构，并及时通报本级人民政府有关部门。

森林火灾统计报告表由国务院林业主管部门制定，报国家统计局备案。

【解读】本条是关于森林火灾统计的规定。

世界各国都非常重视森林火灾统计工作，北美国家对每次林火和一个时期的林火的统计都非常细致，统计项目多达60多项。我国对森林火灾的统计工作也十分重视，早在1963年国务院就批准了林业部制定发布的《森林火灾统计表》，为我国森林火灾统计工作打下很好的基础。以1987年大兴安岭特大森林火灾为转折点，我国林火统计工作得到进一步发展。1987年9月29日，中央森林防火总指挥部办公室发出《关于森林火灾报告和统计有关事项的通知》(中森防办〔1987〕1号)。1988年国务院颁布的《森林防火条例》第30条，对森林火灾统计工作作出具体规定。1988年12月20日，林业部在原《森林火灾统计表》基础上，下发了《关于印发森林火灾统计报告表的通知》(林防字〔1988〕508号)，并于1990年和1999年两次修改完善，目前森林火灾统计报告表已成为我国森林火灾统计的规范性报表。

根据《中华人民共和国统计法》第九条第三款规定："部门统计调查项目，调查对象属于本部门管辖系统内的，由该部门拟订，报国家统计局或者同级地方人民政府统计机构备案。"目前森林火灾统计报告表已依法在国家统计局备案。

(一)关于森林火灾统计实施主体和程序。本条第1款规定，森林火灾统计的实施主体是县级以上地方人民政府林业主管部门。本款所指的"有关要求"是国务院林业主管部门关于森林火灾统计工作的文件规定。

(二)关于森林火灾统计报告表。目前国家林业局制定并报国家统计局备案的《森林火灾统计报告表》包括以下7类报表：①森林火灾统计月报表(一)(表1，统计森林火灾次数、受害森林面积、人员伤亡和其他损失等情况)；②森林火灾统计月报表(二)(表2，统计森林火灾发生原因情况)；③森林防火组织机构编制统计年报表(表8)；④森林防火办公室人员统计年报表(表9)；⑤森林防火设施设备统计年报表(一)(表10)；⑥森林防火设施设备统计年报表(二)(表11)；⑦森林防火设施设备统计年报表(三)(表12)。

第四十三条 森林火灾信息由县级以上人民政府森林防火指挥机构或者林业主管部门向社会发布。重大、特别重大森林火灾信息由国务院林业主管部门发布。

【解读】本条是关于森林火灾信息发布制度的规定。

森林火灾的信息发布和新闻报道工作关系社会稳定，影响重大。多年来，各有关部门和社会各界对森林火灾的信息发布十分关心，各新闻单位对森林火灾的报道也十分关注，并能够按照党中央、国务院关于灾情和事故报道的有关规定，依法发布灾情信息，适时组织新闻报道，总体情况很好，对于进一步加强森林防火的宣传教育工作起到了积极的促进作用。但是，近年来在森林火灾信息发布和新闻报道工作中也出现一些不容忽视的问题。如个别地方无视国家有关规定，随意向新闻单位发布森林火灾特别是重特大森林火灾信息；个别地方不按程序逐级上报森林火灾情况，发生火灾后谎报、瞒报、漏报甚至不报火情；个别新闻单位未经主管部门核实就抢先发稿，出现了失实报道；个别新闻单位为追求新闻轰动效果，在报道中故意夸张描述火情，甚至危言耸听；个别新闻单位未经有关部门批准许可，自行派记者到火灾现场采访，造成报道来源无序，也给当地扑火和接待工作带来压力。这些现象不仅无助于扑火救灾工作的顺利开展，也给森林防火工作造成被动，同时也在社会上造成了较为恶劣的影响。因此，为规范森林火灾信息发布和新闻报道工作，有必要对森林火灾信息发布工作依法进行规范。

(一)关于森林火灾信息。森林火灾信息主要应当包括：①森林火灾的发生原因、目前火势发展情况、肇事者、初步受害森林面积和蓄积、人员伤亡情况、其他经济损失等情况；②目前采取的扑救措施，下一步扑火工作安排等；③与火灾有关的其他情况。

(二)关于发布主体和分级发布制度。为确保森林火灾信息发布的真实准确有序，发挥正确的舆论导向作用，维护社会和谐稳定，保障森林防扑火工作正常进行，本条对森林火灾信息发布的主体和分级发布制度作出了明确规定。①重大、特别重大森林火灾信息的发布机关是国务院林业主管部门；②一般和较大森林火灾信息的发布机关是县级以上人民政府森林防火指挥机构或者林业主管部门。除此之外，其他任何单位和个人无权发布森林火灾信息。

第四十四条 对因扑救森林火灾负伤、致残或者死亡的人员，按照国家有关规定给予医疗、抚恤。

【解读】本条是关于因扑救森林火灾负伤、致残或者死亡的人员医疗、抚恤的规定。

森林防扑火工作属于抢险救灾性质，直接关系国家和人民生命财产安全，是一项重要的社会性工作。因此，为进一步调动人民群众参加扑救森林火灾的行动，减少后顾之忧，有必要对因扑救森林火灾负伤、致残或者死亡的人员的医疗、抚恤等救助措施作出明确规定。

(一)关于因扑救森林火灾负伤、致残或者死亡的人员。本条所指“因扑救森林火灾负伤、致残或者死亡的人员”，既包括直接参与扑打火灾而被烧伤、致残或者死亡的人员，也包括因其他如侦察火场、运输物资、清理火场等间接参与扑火救灾行为而负伤、致残或者死亡的人员。

(二)关于医疗、抚恤的具体内容。根据本条例和《军人抚恤优待条例》、民政部《伤残抚恤管理办法》等有关规定：①对于因扑救森林火灾负伤、致残或者死亡的人员属于国家职工(包括合同制工人和临时工)的，由其所在单位提供医疗、抚恤费。一是，因公(工)负伤的医疗费、药费、住院费、就医路费等由所在单位全部报销；治疗期间，负伤职工的工资照发，所在单位不得扣减其工资、奖金和降低其福利待遇。二是，如负伤的职工经治疗不能恢复健康，被确定为残废，所在单位还应根据伤残程度，按规定发给残废抚恤金或者因公伤残补助费。三是，扑火牺牲的职工由其所在单位发给丧葬费和供养直系亲属的抚恤费；如牺牲的职工事迹突出，被省级人民政府批准为烈士，还要按规定发给其家属烈士抚恤金。②对于因扑救森林火灾负伤、致残或者死亡的人员属于非国家职工的，应由起火单位按规定给予医疗和抚恤。如起火单位对火灾没有责任或者确实无力负担的，就由当地人民政府给予医疗、抚恤，对负伤的要负责进行医疗，经过医治不能完全。恢复健康或者丧失了劳动能力的，要给予生活保障；对牺牲的应按规定发给家属抚恤费，如被追认为烈士的，应由有关部门办理手续，对家属进行抚恤。

第四十五条 参加森林火灾扑救的人员的误工补贴和生活补助以及扑救森林火灾所发生的其他费用，按照省、自治区、直辖市人民政府规定的标准，由火灾肇事单位或者个人支付；起火原因不清的，由起火单位支付；火灾肇事单位、个人或者起火单位确实无力支付的部分，由当地人民政府支付。误工补贴和生活补助以及扑救森林火灾所发生的其他费用，可以由当地人民政府先行支付。

【解读】本条是关于扑救森林火灾有关经费的涵盖范围、经费来源和支付程序的规定。

本《条例》第八条规定，县级以上人民政府应当将森林防火基础设施建设纳入国民经济和社会发展规划，将森林防火经费纳入本级财政预算。随着林权制度改革和国有林业企业经营体制改革的深入推进，承包、租赁等已经成为森林经营的主要模式，在强化政府责任的基础上，应进一步明确森林、林木、林地经营单位和个人的防火义务和扑火责任。因此，为探索建立多层次、多渠道、多主体的社会化投入机制，有必要按照受益者合理承担的原则，建立森林火灾有偿救助机制。

（一）关于扑救森林火灾有关经费的涵盖范围。根据本条规定，扑救森林火灾有关经费应包括：①参加森林火灾扑救的人员的误工补贴和生活补助。扑火人员应包括直接扑打林火的人员和间接为扑火提供服务的人员。②扑救森林火灾所发生的其他费用，主要包括参加扑火人员的劳务费及日常食品、用水等生活费用，扑火装备的购置和维修费用，参与扑火车辆的维修费用、油费等支出。另外，为明确扑火经费的支付标准，本条特别明确了扑火经费应按照省、自治区、直辖市人民政府规定的标准进行支付。

（二）关于扑救森林火灾有关经费的来源和支付程序。根据本条规定，扑火经费应按以下情况和顺序支付：①按照省、自治区、直辖市人民政府规定的标准，由火灾肇事单位或者个人支付。②起火原因不清的，由起火单位支付。本条所指"起火单位"，应指森林火灾发生地的森林、林地的归属单位及森林、林木、林地的经营单位和个人。③火灾肇事单位、个人或者起火单位确实无力支付的部分，由当地人民政府支付。另外，在森林防火工作实践中，扑救森林火灾通常由当地地方人民政府统一组织。为确保扑火救灾工作的顺利开展，尽快将森林火灾彻底扑灭，本条特别规定：扑火经费可以由当地人民政府先行支付。

第四十六条　森林火灾发生后，森林、林木、林地的经营单位和个人应当及时采取更新造林措施，恢复火烧迹地森林植被。

【解读】本条是关于灾后更新造林的规定。

在森林火灾扑灭后，应根据林木损失情况，通过采取采伐火烧木、清理火烧迹地和更新造林等措施，尽快恢复火烧迹地的森林植被，以保证森林更新，继续发挥森林的生态效益和经济效益。因此，本条对森林火灾发生后，森林、林木、林地的经营单位和个人在森林的更新和恢复措施方面作出了明确规定。

（一）关于灾后森林的更新和恢复的责任主体。本条规定，灾后森林更新和恢复的责任主体是森林、林木、林地的经营单位和个人。这是由于随着集体林权制度改革和国有林业企业经营体制改革的不断深入，承包、租赁等已经成为森林经营的主要模式，森林、林木、林地经营单位和个人也已成为森林经营的主体，应当承担灾后森林的更新和恢复的职责。

（二）关于灾后更新造林的目的。根据本条规定，开展灾后更新造林的目的是恢复火烧迹地森林植被。这是为了尽快促进森林更新，继续发挥森林的生态效益和经济效益。

（三）关于灾后更新造林的措施。在森林防火和森林资源经营工作实践中，通常应采取以下措施：①采伐火烧木。被火烧死的树木，应及时伐除，既防止成为枯立木或倒木造成损失资源，又防止林地杂乱而引起病虫害和新的火灾。②清理火烧迹地。应对火烧迹地进行彻底清理，将林内杂乱物清出林外，以降低林分的可燃物载量。③更新造林。应根据火烧迹地实际情况，因地制宜地开展人工更新造林或飞播造林等作业，以尽快恢复火烧迹地森林植被。

第五章　法律责任

第四十七条　违反本条例规定，县级以上地方人民政府及其森林防火指挥机构、县级以上人民政府林业主管部门或者其他有关部门及其工作人员，有下列行为之一的，由其上级行政机关或者监察机关责令改正；情节严重的，对直接负责的主管人员和其他直接责任人员依法给予处分；构成犯罪的，依法追究刑事责任：

（一）未按照有关规定编制森林火灾应急预案的；

（二）发现森林火灾隐患未及时下达森林火灾隐患整改通知书的；

（三）对不符合森林防火要求的野外用火或者实弹演习、爆破等活动予以批准的；

（四）瞒报、谎报或者故意拖延报告森林火灾的；

（五）未及时采取森林火灾扑救措施的；

（六）不依法履行职责的其他行为。

【解读】本条是对县级以上地方人民政府及其森林防火指挥机构、县级以上人民政府林业主管部门或者其他有关部门及其工作人员不依法履行职责的处罚规定。

（一）本条规定的违法行为主体是特定的，即：县级以上地方人民政府及其森林防火指挥机构、县级以上人民政府林业主管部门或者其他有关部门及其工作人员。对这类主体的违法行为，一般不适用行政处罚，而是适用行政处分，情节严重的，依照刑法追究刑事责任。

（二）本条规定的违法行为是指不依法履行职责的行为，明确规定了县级以上地方人民政府及其森林防火指挥机构、县级以上人民政府林业主管部门或者其他有关部门及其工作人员不依法履行职责的5项具体情形及1项兜底条款。①“未按照有关规定编制森林火灾应急预案的”，主要是指违反本条例第十六条的规定，没有编制森林火灾应急预案或者编制的森林火灾应急预案不符合本条例第十条的规定。该违法行为的责任主体应当是森林火灾应急预案的编制主体，即县级以上人民政府林业主管部门及其工作人员。②“发现森林火灾隐患未及时下达森林火灾隐患整改通知书的”，主要是指根据本条例第二十四条的规定，县级以上人民政府森林防火指挥机构应当对有关单位进行防火检查，在检查中发现火灾隐患的，林业主管部门应当及时下达森林火灾隐患整改通知书，如果没有依法下达，则违反了第二十四条的规定，应当被追究法律责任。这里需要强调的是，森林防火检查是由森林防火指挥机构组织进行的，但由于其在性质上是非常设机构，不能作为行政执法主体，条例第二十四条将森林火灾隐患整改通知书的下达主体规定为林业主管部门。因此，没有及时下达森林火灾隐患整改通知书的责任主体也只能是林业主管部门及其工作人员。此外，如果当事人对下达的森林火灾隐患整改通知书不服，也应以林业主管部门为行政复议、行政诉讼的主体。③“对不符合森林防火要求的野外用火或者实弹演习、爆破等活动予以批准的”，主要是指违反本条例第二十五条的规定作出行政许可决定。例如，对没有防火措施的申请人，批准野外用火。该违法行为的责任主体应当是县级人民政府或者省级人民政府林业主管部门及其工作人员。④“瞒报、谎报或者故意拖延报告森林火灾的”，主要是指违反本条例第三十一条、第三十二条的规定，故意不上报、没有真实上报火灾面积、伤亡人数等火灾信息或者故意不及时上报等。该违法行为的责任主体应当是县级以上地方人民政府、森林防火指挥机构及其工作人员。⑤“未及时采取森林火灾扑救措施的”，主要是指违反本条例第三十三条没有及时启动应急预案、没有及时确定扑救方案、负责人没有及时到达火灾现场，以及违反本条例第三十七条关于有关部门职责的规定，没有及时履行职责。该违法行为的责任主体应当是县级以上地方人民政府森林防火指挥机构、县级以上人民政府有关部门及其工作人员。⑥“不依法履行职责的其他行为”，其他行为，可以包括，如森林火灾扑灭后，没有对火灾现场进行全面检查，留有人员看守现场等。第六项的规定是一项兜底性条款，其作用在于避免在列举法律责任的设定上出现漏洞，也可以对没有明确的法律条款作为依据但又需要追究责任的情形，能够有自有裁量的空间和可能。

（三）根据本条规定，有关部门及其工作人员未按照本条例的有关规定履行职责的，首先应当由其上级主管机关或者监察机关责令改正，对其违法行为予以纠正。情节严重的，其直接负责的主管人员和其他直接责任人员还要承担以下法律责任：

（1）依法给予行政处分。行政处分的形式，根据《中华人民共和国行政监察法》和《中华人民共和国国家公务员法》的规定，有警告、记过、记大过、降级、降职、开除六种，由处罚机关根据违法行为的情节，决定具体适用。

（2）构成犯罪的，依法追究刑事责任。这里所涉及的犯罪主要是指《中华人民共和国刑法》第三百九十七条规定的滥用职权和玩忽职守罪。县级以上地方人民政府及其森林防火指挥机构、县级以上人民政府林业主管部门或者其他有关部门及其工作人员未依法履行职责，有滥用职权、玩忽职守或徇私舞弊的行为，并符合刑法有关犯罪的构成要件的，要依法承担相应的刑事责任。

第四十八条 违反本条例规定，森林、林木、林地的经营单位或者个人未履行森林防火责任的，由县级以上地方人民政府林业主管部门责令改正，对个人处500元以上5000元以下罚款，对单位处1万元以上5万元以下罚款。

【解读】本条是对经营单位或者个人未依法履行森林防火责任的行为的处罚规定。

（一）本条规定的违法行为的主体是森林、林木、林地的经营单位或者个人。

（二）根据本条例第六条的规定，森林、林木、林地的经营单位和个人，在其经营范围内承担森林防火责任。森林、林木、林地的经营单位和个人的防火责任，主要有以下四个方面，一是依据第二十条的规定，森林、林木、林地的经营单位和个人应当按照林业主管部门的规定，建立森林防火责任制，划定森林防火责任区，确定森林防火责任人，并配备森林防火设施和设备。二是依据第二十二条的规定，森林、林木、林地的经营单位配备的兼职或者专职护林员应当负责巡护森林，管理野外用火，及时报告火情，协助有关机关调查森林火灾案件。三是依据第二十三条第二款的规定，在森林防火期内，森林、林木、林地的经营单位和个人，应当根据森林火险预报，采取相应的预防和应急准备措施。四是依据第二十六条的规定，在森林防火期内，森林、林木、林地的经营单位应当设置森林防火警示宣传标志，并对进入其经营范围的人员进行森林防火安全宣传。森林、林木、林地的经营单位和个人未履行上述防火责任的，是违反本条例的行为，依照本条的规定，应当受到行政处罚。

（三）县级以上林业主管部门实施的行政处罚，包括：①责令改正；②对个人处500元以上5000元以下罚款，对单位处1万元以上5万元以下罚款。

（四）本条是对森林、林木、林地经营单位或者个人未履行森林防火责任的行为的一般规定，本条和罚则的其他条文可能存在竞合的情况，也就是其他的条文对某一违反防火责任的行为也做了特殊规定的情况。此时，根据特殊优于一般的原则，不适用本条。

第四十九条 违反本条例规定，森林防火区内的有关单位或者个人拒绝接受森林防火检查或者接到森林火灾隐患整改通知书逾期不消除火灾隐患的，由县级以上地方人民政府林业主管部门责令改正，给予警告，对个人并处200元以上2000元以下罚款，对单位并处5000元以上1万元以下罚款。

【解读】本条是对森林防火区内的单位或者个人拒绝接受森林防火检查或者接到森林火灾隐患整改通知书逾期不消除火灾隐患的行为的处罚规定。

（一）本条规定的违法行为的主体是指森林防火区内的有关单位或者个人，其外延大于森林、林木和林地的经营单位和个人，还包括铁路的经营单位，电力、电信线路和石油天然气管道的森林防火责任单位等。

（二）本条例第二十四条规定，县级以上人民政府森林防火指挥机构，应当组织有关部门对森林防火区内有关单位的森林防火组织建设、森林防火责任制落实、森林防火设施建设等情况进行检查；对检查中发现的森林火灾隐患，县级以上地方人民政府林业主管部门应当及时向有关单位下达森林火灾隐患整改通知书，责令限期整改，消除隐患。被检查单位应当积极配合，不得阻挠、妨碍检查活动。据此，县级以上人民政府森林防火指挥机构有权对森林经营单位和个人的森林防火责任执行情况；对在林区依法开办工矿企业、设立旅游区或者新建开发区的，其森林防火设施与该建设项目的“四同步”执行情况；对在林区成片造林的，其森林防火设施配套建设情况等进行检查。对于森林防火指挥机构的防火检查，有关单位不予以积极配合，甚至阻挠、妨碍检查活动或者接到整改通知书后未按期消除火灾隐患的，是违反本条例的行为，依照本条的规定，应当受到林业主管部门的行政处罚。

（三）县级以上林业主管部门实施的行政处罚，包括：①责令改正，给予警告；②对个人处200元以上2000元以下罚款，对单位处5000元以上1万元以下罚款。

第五十条 违反本条例规定，森林防火期内未经批准擅自在森林防火区内野外用火的，由县级以上地方人民政府林业主管部门责令停止违法行为，给予警告，对个人并处200元以上3000元以下罚款，对单位并处1万元以上5万元以下罚款。

【解读】本条是关于在森林防火期内，未经批准擅自在森林防火区内野外用火应承担的法律责任的规定。

野外火源是引发森林火灾的重要因素之一，为规范和有效控制野外用火，防止森林火灾，保护森林资源和林区人民生命财产安全，条例第二十五条规定，“森林防火期内，禁止在森林防火区内野外用火”。为了保证法律制度的实施性和权威性，条例对于违反第二十五条规定的行为设定了相应的法律责任。

（一）承担本条设定的法律责任应当同时符合以下条件：一是实施了野外用火的行为。二是实施野外用火的行为，在时间上处于森林防火期内；在地点上，位于森林防火区内。三是没有经过县级人民政府的批准，属于擅自进入。根据条例第二十五条的规定，因防治病虫害、冻害等特殊情况，经县级人民政府批准，在森林防火期内，在森林防火区内进行野外用火的，不承担本法律责任。需要说明的是，在主观方面，故意并不是承担本法律责任的要件，过失也可能会承担本法律责任。

（二）本条的法律责任属于行政法律责任，在行政法律责任形式上属于行政处罚。行政处罚主要有警告、罚款、没收违法所得、没收非法财物、责令停产停业、暂扣或者吊销许可证、暂扣或者吊销执照、行政拘留以及法律、行政法规规定的其他行政处罚。本条设定的行政处罚主要是警告和罚款两种形式。同时，根据条例第五十三条的规定，该违法行为如果导致发生了森林火灾这一后果，尚不构成犯罪的，还需要承担“补种树木”这一法律责任。“补种树木”是指林业主管部门对实施毁林行为的行为人给予的一种带有强制性的处罚，属于法律、行政法规规定的其他行政处罚。构成犯罪的，应当依照《中华人民共和国刑法》第一百一十四条、第一百一十五条的规定予以处罚。

（三）本条在设定行政处罚金额时，对个人和单位设定了不同的处罚金额，对个人处200元以上3000元以下罚款，对单位处1万元以上5万元以下罚款。这主要是考虑到个人和单位的经济承受能力不同。县级以上地方人民政府林业主管部门在作出罚款决定时，应根据违法行为的严重性、违法行为人的履行能力等，在条例规定的处罚幅度内作出具体处罚金额。

第五十一条　违反本条例规定，森林防火期内未经批准在森林防火区内进行实弹演习、爆破等活动的，由县级以上地方人民政府林业主管部门责令停止违法行为，给予警告，并处5万元以上10万元以下罚款。

【解读】本条是关于在森林防火期内，未经批准在森林防火区内进行实弹演习、爆破等活动应承担的法律责任的规定。

在森林防火期内，在森林防火区内进行的实弹演习、爆破等活动，容易引发森林火灾，因此，对于上述行为，条例第二十五条规定“需要进入森林防火区进行实弹演习、爆破等活动的，应当经省、自治区、直辖市人民政府林业主管部门批准，并采取必要的防火措施”，为了保证法律制度的实施性和权威性，条例对于违反第二十五条此项规定的行为设定了相应的法律责任。

（一）承担本条设定的法律责任应当同时符合以下条件：一是实施了实弹演习、爆破等活动；二是实弹演习、爆破等活动，在时间上处于森林防火期内；在地点上位于森林防火区内；三是没有经过省、自治区、直辖市人民政府林业主管部门的批准。根据条例第二十五条的规定，经省、自治区、直辖市人民政府林业主管部门批准，在森林防火期内，在森林防火区内进行实弹演习、爆破等活动的，不需要承担本法律责任。

（二）本条的法律责任属于行政法律责任，在行政法律责任形式上属于行政处罚。本条设定的行政处罚主要是警告和罚款两种形式。同时，根据条例第五十三条的规定，该违法行为如果导致发生了森林火灾这一后果，尚不构成犯罪的，还需要承担“补种树木”这一法律责任。构成犯罪的，应当依照《中华人民共和国刑法》第一百一十四条、第一百一十五条的规定予以处罚。

（三）本条设定的罚款金额为“5万元以上10万元以下”，该罚款金额要高于第五十条对擅自进行野外用火设定的罚款金额。这主要是考虑擅自进行的实弹演习、爆破等活动，其造成森林火灾要比其他野外用火行为造成的森林火灾更为严重，从结果的严重性考虑，本条设定了较高的罚款金额。

第五十二条　违反本条例规定，有下列行为之一的，由县级以上地方人民政府林业主管部门责令改正，给予警告，对个人并处200元以上2000元以下罚款，对单位并处2000元以上5000元以下罚款：

（一）森林防火期内，森林、林木、林地的经营单位未设置森林防火警示宣传标志的；

（二）森林防火期内，进入森林防火区的机动车辆未安装森林防火装置的；

（三）森林高火险期内，未经批准擅自进入森林高火险区活动的。

【解读】本条是对在森林防火期，未设置森林防火警示宣传标志、进入森林防火区的机动车辆未安装森林防火装置；在森林高火险期，未经批准擅自进入森林高火险区应承担的法律责任的规定。

条例第二十六条规定，“森林防火期内，森林、林木、林地的经营单位应当设置森林防火警示宣传标志”“森林防火期内，进入森林防火区的各种机动车辆应当按照规定安装防火装置，配备灭火器材”；第二十九条规定，“森林高火险期内，进入森林高火险区的，应当经县级以上地方人民政府批准”，为了保证法律制度的实施性和权威性，条例对于违反上述规定的行为设定了相应的法律责任。

（一）承担本条设定的法律责任应当符合以下条件：一是没有履行条例规定的义务，即没有按要求设置森林防火警示标志、没有安装防火装置、没有经过批准；二是在时间和地点上有明确界限，即应当是在森林防火期和森林防火区或者是在森林高火险期和森林高火险区内。

（二）本条的法律责任属于行政法律责任，在行政法律责任形式上属于行政处罚。本条设定的行政处罚主要是警告和罚款两种形式。同时，根据条例第五十三条的规定，该违法行为如果导致发生了森林火灾这一后果，尚不构成犯罪的，还需要承担“补种树木”这一法律责任。构成犯罪的，应当依照《中华人民共和国刑法》第一百一十四条、第一百一十五条的规定予以处罚。

（三）本条在设定行政处罚金额时，对个人和单位设定了不同的处罚金额，对个人处200元以上3000元以下罚款，对单位处2000元以上5000元以下罚款。这主要是考虑到个人和单位的经济承受能力不同。县级以上地方人民政府林业主管部门在作出罚款决定时，应根据违法行为的严重性、违法行为人的履行能力等，在条例规定的处罚幅度内做出具体处罚金额。

第五十三条 违反本条例规定，造成森林火灾，构成犯罪的，依法追究刑事责任；尚不构成犯罪的，除依照本条例第四十八条、第四十九条、第五十条、第五十一条、第五十二条的规定追究法律责任外，县级以上地方人民政府林业主管部门可以责令责任人补种树木。

【解读】本条是关于违法造成森林火灾追究刑事责任和违法造成森林火灾责令补种树木的规定。

条例对森林火灾的预防制度和措施做出了规定，例如第二十三条规定，县级以上地方人民政府应当根据本行政区域内森林资源分布状况和森林火灾发生规律，划定森林防火区，规定森林防火期，并向社会公布。第二十五条规定，森林防火期内，禁止在森林防火区野外用火。因防治病虫鼠害、冻害等特殊情况确需野外用火的，应当经县级人民政府批准，并按照要求采取防火措施，严防失火。第二十八条规定，森林防火期内，预报有高温、干旱、大风等高火险天气的，县级以上地方人民政府应当划定森林高火险区，规定森林高火险期。必要时，县级以上地方人民政府可以根据需要发布命令，严禁一切野外用火；对可能引起森林火灾的居民生活用火应当严格管理。第二十九条规定，森林高火险期内，进入森林高火险区的，应当经县级以上地方人民政府批准，严格按照批准的时间、地点、范围活动，并接受县级以上地方人民政府林业主管部门的监督管理，等等。这些规定都是行为人必须遵守的规定。如果行为人没有遵守这些规定，造成森林火灾，要根据情节承担相应的法律责任。

根据本条规定，行为人违反森林防火的规定，造成森林火灾，构成犯罪的，应当依照《中华人民共和国刑法》的规定追究刑事责任。根据《中华人民共和国刑法》规定和森林防火的实际，违反本条例森林防火规定，造成森林火灾情节严重的，主要是按照《中华人民共和国刑法》规定的放火罪和失火罪追究刑事责任。根据《中华人民共和国刑法》的规定，放火罪的构成要件：一是侵犯的客体是公共安全，即不特定人的生命、健康或者公私财产安全；二是在客观方面表现为实施放火焚烧公私财物，如放火焚烧森林及其有关设施；三是主体为一般主体，根据《中华人民共和国刑法》规定，已满 14 周岁不满 16 周岁的人犯放火罪，也应当负刑事责任；四是主观方面表现为故意，即明知自己的放火行为会引起火灾，危害公共安全，并且希望或者放任这种结果发生的心理态度。失火罪的构成要件：在侵犯的客体和主体方面，与放火罪的构成相同，在客观方面表现为行为人实施了引起火灾、造成严重后果的危害公共安全行为；在主观方面表现为过失，有疏忽大意的过失和过于自信的过失。

放火行为或者失火行为只有达到一定危害后果才能追究刑事责任。根据《国家林业局、公安部关于森林和陆生野生动物刑事案件管辖及立案标准》的规定，放火案：凡故意放火造成森林或者其他林木火灾的都应当立案；过火有林地面积 2 公顷以上为重大案件；过火有林地面积 10 公顷以上，或者致人重伤、死亡的，为特别重大案件。失火案：失火造成森林火灾，过火有林地面积 2 公顷以上，或者致人重伤、死亡的应当立案；过火有林地面积为 10 公顷以上，或者致人死亡、重伤 5 人以上的为重大案件；过火有林地面积为 50 公顷以上，或者死亡 2 人以上的，为特别重大案件。

根据《中华人民共和国刑法》的规定，犯放火罪的，尚未造成严重后果的，处三年以上十年以下有期徒刑；致人重伤、死亡或者使公私财产遭受重大损失的，处十年以上有期徒刑、无期徒刑或者死刑。犯失火罪的，处三年以上七年以下有期徒刑；情节较轻的，处三年以下有期徒刑或者拘役。

根据本条规定，违反森林防火的规定，尚不构成犯罪的，由县级以上地方人民政府林业主管部门，依照违法行为的不同情况，对违法行为人可以依照本条例第四十八条、第四十九条、第五十条、第五十一条、第五十二条的规定，分别给予责令改正、警告、处以一定数额的罚款等法律责任，同时，县级以上地方人民政府林业主管部门可以责令责任人补种树木。例如，森林、林木、林地的经营者或者个人没有建立森林防火责任制、划定防火责任区、确定森林防火责任人、配备森林防火设施和设备等相应的森林防火责任，造成森林火灾但尚不够追究刑事责任的，县级以上地方人民政府林业主管部门按照本条例第四十八条规定，责令行为人建立森林防火责任制、配备设施和设备等改正方式，根据情节轻重，如果是个人的，处以 500 元以上 5000 元以下罚款，如果是单位的，处以 1 万以上 5 万元以下的罚款，同时可以责令该行为人补种一定数量的树木。本条这样规定的目的，是为了弥补因森林火灾造成的森林资源的损失，这是在森林火灾后恢复森林植被的一种重要手段。

第六章　附　则

第五十四条　森林消防专用车辆应当按照规定喷涂标志图案，安装警报器、标志灯具。

【解读】本条是关于森林消防专用车标志、警报器和标志的规定。

《中华人民共和国道路交通安全法》对警车、消防车等特种车辆做了规定，如该法第十五条规定，“警车、消防车、救护车、工程救险车应当按照规定喷涂标志图案，安装警报器、标志灯具。其他机动车不得喷涂、安装、使用上述车辆专用的或者其他类似的标志图案、警报器或者标志灯具”。第五十三条规定，“警车、消防车、救护车、工程救险车执行紧急任务时，可以使用警报器、标志灯具；在确保安全的前提下，不受行驶路线、行驶方向、行驶速度和信号灯的限制，其他车辆和行人应当让行。”“警车、消防车、救护车、工程救险车非执行紧急任务时，不得使用警报器、标志灯具，不享有前款规定的道路优先通行权”。第九十七条规定，“非法安装警报器、标志灯具的，由公安机关交通管理部门强制拆除，予以收缴，并处二百元以上二千元以下罚款”。

按照《中华人民共和国道路交通安全法》和《中华人民共和国道路交通安全法实施条例》的有关规定，警车、消防车等特种车辆在执行紧急任务遇交通受阻时，可以使用警报器。例如，《中华人民共和国道路交通安全法实施条例》第六十六条规定，“警车、消防车、工程救险车在执行紧急任务遇交通受阻时，可以断续使用警报器，并遵守下列规定：①不得在禁止使用警报器的区域或者路段使用警报器；②夜间在市区不得使用警报器；③列队行驶时，前车已经使用的，后车不再使用警报器。”

森林防火专用车辆是各级森林防火指挥机构、林业主管部门在执行森林防火任务、抢救人民生命财产时所使用的车辆，属于《中华人民共和国道路交通安全法》第十五条规定中的“消防车”范围，应当按照《中华人民共和国道路交通安全法》和国家其他有关规定，喷涂标志图案，如“森林防火”字样，安装警报器、标志灯具，以与其他社会车辆区别开来，从而有利于执行森林防火任务，及时扑救森林火灾，保障人民生命财产。因此，本条对森林防火专用车辆喷涂标志图案、安装警报器和标志灯具做出了规定。

第五十五条　在中华人民共和国边境地区发生的森林火灾，按照中华人民共和国政府与有关国家政府签订的有关协定开展扑救工作；没有协定的，由中华人民共和国政府和有关国家政府协商办理。

【解读】我国与周边相邻的国家有相对长的边境线，例如，云南省与缅甸、越南、老挝三国毗邻，边境线长达 4061 千米，其中以森林接壤地段达数千千米，分布着国家级、省级自然保护区，森林资源极为丰富，在异常大风等极端天气条件下，外火很容易烧入云南境内。近年来，每年都发生境外森林火灾蔓延到我国境内的情况，如果发生在边境上的森林火灾不能及时扑灭，既对我国森林资源造成严重威胁或者造成重大损失，也对我国人民的生命财产造成威胁或者导致重大损失。但是对于发生我国边境地区的森林火灾，如果处置不当，将会影响我国与发生森林火灾国家的外交关系，给我国政治上带来不利的影响。近年来，为了及时扑救我国边境的森林火灾，我国有关部门与相关国家进行磋商，建立互相协调的森林防火机制，取得良好的效果。例如，中缅交界缅甸境内森林火灾频发，严重威胁我国云南境内大面积原始林区和国家级自然保护区，由于中缅边境山高林密，地形复杂，中缅交界森林火灾一直是云南省森林防火工作的重点和难点。2004 年 12 月，为进一步加强中缅双方合作，抓好边境森林防火工作，经过中缅双方有关部门的接洽和磋商，我国与缅甸就开展森林防火联防工作、共同抓好今后的森林防火工作达成协议共识。双方一致认为，中缅双方通过定期会晤和联系，开展了多年的合作联防，边境地区的森林火灾的预报和扑救是有成效的。但在新的历史条件下，中缅双方都共同面临着一些新情况、新问题，形势仍然十分严峻，需要双方本着"自防为主，友谊联防，相互支持，通力合作"的原则，加强交流合作；加强巡山护林，监测边境林火情况；加强双方出入境人员、边民的宣传教育和管理；加强扑火的相互支持配合。这些工作措施，为推动森林防火联防工作的进一步发展，保护中缅双方边境森林资源，促进边疆稳定做出新的贡献。又如，2007 年 10 月，中国・东盟林业合作论坛通过了《中国・东盟林业合作论坛南宁倡议》，东盟与中国在倡议中同意探讨建立边境地区森林火灾联防机制。此次防火协议的签订正是促进边境地区森林火灾联防机制建立的有效措施。

为了做好我国边境地区的森林防火工作，保障我国边境地区的森林资源和人民生命财产安全，妥善处理我国与相邻国家的外交关系，本条明确规定，在中华人民共和国边境地区发生的森林火灾，按照中华人民共和国政府与有关国家政府签订的有关协定开展扑救工作；没有协定的，由中华人民共和国政府和有关国家政府协商办理。

第五十六条 本条例自 2009 年 1 月 1 日起施行。

【解读】本条是关于本条例生效日期的规定。

法律、条例的生效日期，是指一部法律、条例制定出来以后从何时起正式实施，也就是说从何时起正式具有法律效力。条例的生效日期，主要涉及两个问题。

（一）生效日期的确定问题。条例的生效日期和批准日期、公布日期有着不同的法律意义。批准日期是指行政法规经国务院常务会议审议或者国务院审批通过的日期；公布日期是指国务院总理签署国务院令的日期；生效日期是指签署公布行政法规的国务院令载明的该行政法规的施行日期。另外，《行政法规制定程序条例》第二十九条规定，"行政法规应当自公布之日起 30 日后施行；但是涉及国家安全、外汇汇率、货币政策的确定以及公布后不立即施行将有碍行政法规施行的，可以自公布之日起施行"。因此，在一般情况下，公布日期和生效日期是两个时间。根据国务院令第 541 号，本条例的批准日期应当是 2008 年 11 月 19 日，即国务院第 36 次常务会议通过条例的日期；公布日期应当是 2008 年 12 月 1 日，即总理签署国务院令第 541 号的日期；生效日期应当是 2009 年 1 月 1 日，即国务院令第 541 号上载明的施行日期。因此，本条例虽然是在 2008 年 12 月 1 日通过的，但发生法律效力的时间，应当是 2009 年 1 月 1 日。本条例从通过到实施有 1 个月周知期。这是因为：有关部门特别是各级森林防火指挥机构、林业主管部门都需要必要的时间掌握本条例，向公众宣传本条例，并依据职责为本条例的实施做好各项准备工作；同时，本条例的实施还涉及森林、林木和林地的经营单位和个人，他们也需要相应的时间来了解本条例关于森林防火的规定。1 个月的准备期有利于落实本条例实施的各项准备工作，确保本条例实施后能够发挥作用。

（二）溯及力的问题。溯及力是指法律法规生效以后能否适用于生效以前的行为和事件，如果适用，就表明有溯及力，如果不能适用，就表明没有溯及力。一部法律法规如果有溯及力，必须在条文中作出明确的规定，本条例没有对溯及力问题作出规定，表明本条例没有溯及力，即不能适用于本条例生效以前的行为和事件。

另外，还需要说明的是，本条例是在1988年1月16日国务院公布的《森林防火条例》的基础上进行重新修订的，内容已经有很大的变化。本条例自2009年1月1日施行之日起，1988年1月16日国务院公布的《森林防火条例》即行废止。

附件2 《中华人民共和国刑法》森林防火有关条款

第一百一十四条 【放火罪、决水罪、爆炸罪、投放危险物质罪、以危险方法危害公共安全罪之一】放火、决水、爆炸以及投放毒害性、放射性、传染病病原体等物质或者以其他危险方法危害公共安全，尚未造成严重后果的，处3年以上10年以下有期徒刑。

第一百一十五条 【放火罪、决水罪、爆炸罪、投放危险物质罪、以危险方法危害公共安全罪之二】放火、决水、爆炸以及投放毒害性、放射性、传染病病原体等物质或者以其他危险方法致人重伤、死亡或者使公私财产遭受重大损失的，处10年以上有期徒刑、无期徒刑或者死刑。

过失犯前款罪的，处3年以上7年以下有期徒刑；情节较轻的，处3年以下有期徒刑或者拘役。

第一百三十四条 【重大责任事故罪；强令违章冒险作业罪】在生产、作业中违反有关安全管理的规定，因而发生重大伤亡事故或者造成其他严重后果的，处3年以下有期徒刑或者拘役；情节特别恶劣的，处3年以上7年以下有期徒刑。

强令他人违章冒险作业，因而发生重大伤亡事故或者造成其他严重后果的，处5年以下有期徒刑或者拘役；情节特别恶劣的，处5年以上有期徒刑。

第一百三十五条 【重大劳动安全事故罪；大型群众性活动重大安全事故罪】安全生产设施或者安全生产条件不符合国家规定，因而发生重大伤亡事故或者造成其他严重后果的，对直接负责的主管人员和其他直接责任人员，处3年以下有期徒刑或者拘役；情节特别恶劣的，处3年以上7年以下有期徒刑。

第一百三十五条之一 举办大型群众性活动违反安全管理规定，因而发生重大伤亡事故或者造成其他严重后果的，对直接负责的主管人员和其他直接责任人员，处3年以下有期徒刑或者拘役；情节特别恶劣的，处3年以上7年以下有期徒刑。

第一百三十九条 【消防责任事故罪；不报、谎报安全事故罪】违反消防管理法规，经消防监督机构通知采取改正措施而拒绝执行，造成严重后果的，对直接责任人员，处3年以下有期徒刑或者拘役；后果特别严重的，处3年以上7年以下有期徒刑。

第一百三十九条之一 在安全事故发生后，负有报告职责的人员不报或者谎报事故情况，贻误事故抢救，情节严重的，处3年以下有期徒刑或者拘役；情节特别严重的，处3年以上7年以下有期徒刑。

第三百九十七条 【滥用职权罪；玩忽职守罪】国家机关工作人员滥用职权或者玩忽职守，致使公共财产、国家和人民利益遭受重大损失的，处3年以下有期徒刑或者拘役；情节特别严重的，处3年以上7年以下有期徒刑。本法另有规定的，依照规定。

国家机关工作人员徇私舞弊，犯前款罪的，处5年以下有期徒刑或者拘役；情节特别严重的，处5年以上10年以下有期徒刑。本法另有规定的，依照规定。

附件3 《中华人民共和国森林法》森林防火有关条款

第十九条 地方各级人民政府应当组织有关部门建立护林组织，负责护林工作；根据实际需要在大面积林区增加护林设施，加强森林保护；督促有林的和林区的基层单位，订立护林公约，组织群众护林，划定护林责任区，配备专职或者兼职护林员。

护林员可以由县级或者乡级人民政府委任。护林员的主要职责是：巡护森林，制止破坏森林资源的行为。对造成森林资源破坏的，护林员有权要求当地有关部门处理。

第二十条 依照国家有关规定在林区设立的森林公安机关，负责维护辖区社会治安秩序，保护辖区内的森林资源，并可以依照本法规定，在国务院林业主管部门授权的范围内，代行本法第三十九条、第四十二条、第四十三条、第四十四条规定的行政处罚权。

武装森林警察部队执行国家赋予的预防和扑救森林火灾的任务。

第二十一条 地方各级人民政府应当切实做好森林火灾的预防和扑救工作：

(一)规定森林防火期，在森林防火期内，禁止在林区野外用火；因特殊情况需要用火的，必须经过县级人民政府或者县级人民政府授权的机关批准；

(二)在林区设置防火设施；

(三)发生森林火灾，必须立即组织当地军民和有关部门扑救；

(四)因扑救森林火灾负伤、致残、牺牲的，国家职工由所在单位给予医疗、抚恤；非国家职工由起火单位按照国务院有关主管部门的规定给予医疗、抚恤，起火单位对起火没有责任或者确实无力负担的，由当地人民政府给予医疗、抚恤。

第四十六条 从事森林资源保护、林业监督管理工作的林业主管部门的工作人员和其他国家机关的有关工作人员滥用职权、玩忽职守、徇私舞弊，构成犯罪的，依法追究刑事责任；尚不构成犯罪的，依法给予行政处分。

附件4 辽宁省森林防火实施办法

第一条 为了有效预防和扑救森林火灾，保障人民生命财产安全，保护森林资源，根据国务院《森林防火条例》，结合我省实际，制定本办法。

第二条 在我省行政区域内森林火灾的预防和扑救工作，适用本办法，但城市市区的除外。

第三条 省、市、县(含县级市、区，下同)人民政府设立的森林防火指挥机构负责组织、协调和指导本行政区域的森林防火工作。

林业主管部门负责本行政区域森林防火的监督管理，并承担本级人民政府森林防火指挥机构的日常工作。

财政、交通、公安等有关部门按照各自职责负责森林防火的相关工作。

第四条 乡(镇)以上人民政府的森林防火工作实行行政首长负责制，逐级签订森林防火责任书并进行年度考核。

第五条 县以上人民政府应当将森林防火经费纳入本级财政预算，按照森林防火规划，建立森林火灾监测预警、指挥通信系统，健全火险监测站等设施设备，建设森林火灾扑救物资储备库。

第六条 县以上森林防火指挥机构应当完善专职指挥和护林员管理制度，加强对专职指挥人员的培训，推进森林火灾扑救专业化、规范化建设。

第七条 市、县人民政府和森林经营面积中等以上的林业经营者，应当根据实际需要建立专业或者可快速集中的森林火灾扑救队伍。

森林火灾专业扑救队伍的建设标准，由省森林防火指挥机构制定。

第八条 有林地区乡(镇)人民政府、街道办事处应当组织林业经营者签订森林防火联防互救协议。

第九条 有林地区村(居)民委员会应当配合乡(镇)人民政府或者街道办事处开展森林防火宣传，制定森林防火村规民约。

第十条 全省森林防火宣传月为每年的4月。

全省森林防火期，为每年的10月1日至翌年的5月31日。

市、县人民政府应当根据当地高火险天气状况，确定森林高火险期并予公布。

第十一条 森林防火期内，森林防火指挥机构应当实行24小时值班制度，并对森林高火险区和火灾多发区域组织开展巡查，专业以及可快速集中的森林防火扑救队伍应当24小时执勤、备勤。

第十二条 森林防火期内，禁止在森林防火区吸烟、生火取暖、野炊、送灯、燃放烟花爆竹等野外用火。因防治病虫鼠害、冻害及烧荒、烧茬子等特殊情况，确需进行农业生产用火或者工程用火的，应当向县林业主管部门提出申请，报县人民政府批准，并在林业主管部门的监督下按照下列规定用火：

(一)用火前开设防火隔离带，备好扑火器材和扑火人员；

(二)在风力3级以下用火，风力超过3级的，应当停止用火；

(三)用火后指定专人熄灭余火，留有足够人员至少24小时看守火场。

森林防火区处于旅游景区范围的，景区管理单位应当接受林业主管部门的监督，对进入景区的人员、车辆严格实行火源检查。

第十三条 森林防火期内，预报有高温、干旱、大风等高火险天气的，在省人民政府确定的重点林区范围内，市、县人民政府应当划定森林高火险区。

第十四条 森林高火险期内，省、市、县人民政府应当根据实际情况，对森林高火险区采取下列措施：

（一）禁止一切野外用火；

（二）发布命令，对毗邻森林高火险区居民的生活用火提出要求；

（三）进入森林高火险区的人员、车辆，按照林区管理隶属关系，经有关人民政府批准后，由林业主管部门按照批准的活动时间、地点、范围进行全程监督；

（四）对处于旅游景区范围的森林高火险区，责令景区管理单位根据实际情况，采取调整、限制开放游览区域，控制游客数量或者暂停开放等措施。

第十五条 任何单位和个人发现森林火灾，应当立即拨打森林火灾报警电话或者119火警电话；当地人民政府或者森林防火指挥机构接到报告后，应当立即采取扑救措施，进行现场调查核实，并按照省有关规定立即向上级机关报告。

第十六条 发生森林火灾，县以上森林防火指挥机构应当按照下列规定立即组织实施现场扑救：

（一）发生一般森林火灾的，由县森林防火指挥机构统一组织指挥扑救；

（二）发生较大森林火灾或者森林火灾跨县行政区域的，由市森林防火指挥机构统一组织指挥扑救；

（三）森林火灾跨市行政区域的，由省森林防火指挥机构统一组织指挥扑救；

（四）发生重大、特别重大森林火灾的，由省森林防火指挥机构或者由其配合国家森林防火指挥机构统一组织指挥扑救。

上级森林防火指挥机构有权指定下级森林防火指挥机构负责统一组织指挥扑救。森林防火指挥机构可以对本行政区域内的森林防火扑救队伍和物资进行统一调度。

第十七条 森林火灾现场扑救应当主要由专业或者可快速集中的森林防火扑救队伍承担。群众扑救队伍参与扑救的，应当主要从事辅助性工作。

第十八条 森林火灾扑灭后，当地森林防火指挥机构应当组织清理火场，并留有足够人员24小时看守。经森林防火指挥机构检查确无暗火的，方可撤出看守人员。

第十九条 森林火灾扑灭后15个工作日内，由负责指挥扑救的当地森林防火指挥机构组织事故调查组，对森林火灾发生的原因、事故责任、损失情况等进行调查和评估，向本级人民政府提出书面报告。

发生在行政区域交界地着火点位置不清的森林火灾，由共同的上一级森林防火指挥机构组织事故调查组进行调查，向本级人民政府提出调查报告。

有关人民政府应当根据调查报告，确定森林火灾责任单位和责任人，并依法作出处理决定，或者责成有关部门和单位、下级人民政府依法处理。

第二十条 在确保交通安全的前提下，正在执行森林火灾扑救任务的车辆不受行驶路线、行驶方向、行驶速度和信号灯限制，其他车辆和行人应当避让，并免缴高速公路通行费。

用于森林防火的无线电专用电台，免缴无线电频率占用费。

第二十一条 省、市林业主管部门和气象主管机构应当健全林业火险预测预报和高森林火险天气预警信息联合发布机制。必要时，气象主管机构可以实施人工影响天气作业。

广播、电视、报刊、互联网等公共媒体应当根据森林防火指挥机构的要求，在森林防火期无偿向社会播发或者刊登森林火灾天气预警预报。

第二十二条 参加森林火灾扑救人员的误工补贴和生活补助，按照下列规定支付：

(一)受森林防火指挥机构调动，专业或者可快速集中的扑救队伍跨行政区域执行扑救任务的，扑救队员生活补助由火灾发生地的县人民政府按照当地政府公出补助标准，从本级森林火灾扑救专项经费中支付；

(二)履行森林防火联防互救协议或者执行森林防火指挥机构调度，火灾发生地的非起火单位扑救队伍成员和居民参与森林火灾扑救的，其误工补贴和生活补助按照火灾发生地县人民政府公出补助费上限标准，由火灾肇事者支付；火因不清的，由起火单位支付；火灾肇事者或者起火单位确实无力支付的部分，由火灾发生地县人民政府支付。

第二十三条 违反本办法规定，森林防火期内在森林防火区吸烟、生火取暖、野炊、送灯、燃放烟花爆竹等野外用火的，由林业主管部门依照国务院《森林防火条例》的规定给予处罚；违反治安管理的，由森林公安机关依照《中华人民共和国治安管理处罚法》的规定给予处罚；构成犯罪的，依法追究刑事责任。

第二十四条 本办法自2015年8月1日起施行。1989年2月16日辽宁省人民政府发布的《辽宁省森林防火实施办法》同时废止。

附件5 辽宁省人民政府森林防火命令

为有效预防和控制森林火灾的发生，保护森林资源和生态安全，确保林区人民群众生命财产安全和社会稳定，根据《中华人民共和国突发事件应对法》《森林防火条例》等有关规定，特发布如下命令。

一、明确森林防火期时限。全省森林防火期限为每年的10月1日至翌年的5月31日，森林防火紧要时期为每年的3月10日至5月20日。各市政府可结合本地实际提前或顺延防火期限。

二、落实森林防火各项责任。森林防火工作实行各级政府行政首长负责制。各级政府主要负责同志为森林防火工作第一责任人，分管负责同志为主要责任人，林业行政主管部门主要负责同志为具体责任人。各级政府主要负责同志要亲自部署森林防火工作。各级政府要明确森林防火工作目标，层层签订责任状，切实将森林防火责任落实到各有关部门、单位和个人。各级森林防火指挥部成员单位要加大对责任区森林防火工作的监督检查。要严格执行《辽宁省森林防火工作责任追究暂行办法》，对森林防火责任事故实行责任倒查和逐级追究制度。对因机构不健全、责任不明确、经费不落实、预防不到位、扑救不及时，以及思想麻痹、玩忽职守、工作不力、指挥处置不当等引发的重、特大森林火灾或造成重大人员伤亡事故的，要依法依纪严肃追究有关领导和相关责任人的责任。

三、完善森林防火应急预案和响应机制。各级政府要尽快制订和完善处置森林火灾应急预案，建立森林火情、火灾分级响应机制。一旦发生森林火情、火灾，按照预案和响应机制快速反应，在最短时间内做到组织领导到位、技术指导到位、物资保障到位、扑火人员到位。要加强专业、半专业森林消防和武警扑火突击队伍建设，加大支持力度，充分发挥森林消防队、武警扑火突击队的作用，全面提高扑救森林火灾的综合能力。要加强火险天气分析，全方位监测林火热点，做好森林火险气象等级预测预报和发布工作。进入森林防火紧要时期，各级专业森林消防队要以临战状态，充实人员、加强培训、检修补充机具，时刻准备投入扑火救援工作。各级森林防火指挥员要牢固树立“以人为本、安全第一”的思想，把扑火安全放在扑救指挥工作的首位，坚决避免人员伤亡事故发生。

四、严格林区野外火源管理。各地区要按照国务院《森林防火条例》规定，严格野外用火管理。要组织开展好查处野外违规违法用火专项整治行动。森林防火紧要时期，要停办任何野外用火审批，在林区内坚决禁止一切野外用火。严禁进入林区人员携带火种或易燃易爆物品，对在防火期内上坟烧纸和在林区野外吸烟、烧地格、烧茬子、烧荒等违规违法者，一律从严给予经济和治安处罚。对引发森林火灾造成严重后果的，要依照《中华人民共和国刑法》《中华人民共和国森林法》和《森林防火条例》等法律法规，从严追究刑事责任。

五、确保森林防火资金投入。各级政府要建立稳定的森林防火投入机制，将森林防火基础设施建设纳入各地国民经济和社会发展规划，将森林防火预防和扑救经费作为公共财政支出纳入同级财政预算。要支持重点林区、重点火险区综合治理工作。要加强森林防火预测预警、交通通信、林火阻隔、扑救指挥等系统和专业森林消防队、武警扑火突击队装备建设，提供必要的资金保障，确保各级森林防火机构办公及扑救资金足额到位。

六、加大依法治火工作力度。各地区要严格按照《中华人民共和国森林法》和《森林防火条例》等法律法规，坚持依法治火、依法管火，加大对森林火灾肇事者的打击力度。对发生的各种森林火灾按照“事故原因不查清不放过、事故责任者得不到处理不放过、整改措施不落实不放过、教训不吸取不放过”的原则，依法从严从快查处森林火灾案件，从严追究火灾肇事者责任；对发现火灾隐患不作为或因玩忽职守、失职、渎职引发森林火灾，发生火情隐瞒不报、贻误扑火战机，以及防火责任不落实、组织扑火不得力造成重特大森林火灾或重大影响的，要坚决追究有关地方政府和部门领导的责任，并将查处结果及时向社会公布。

七、规范各项管理制度。各地区要高度重视森林防火值班调度和信息报告工作。各级政府主要负责同志要及时掌握本地火情动态，各级森林防火指挥部办公室要坚持24小时值班和领导带班制度。对国家和省森林防火指挥部办公室要求核查卫星监测到的热点，必须在1小时内反馈情况。要保证森林防火报警电话“12119”随时接听和及时处置，确保信息畅通。要严格按照《辽宁省人民政府办公厅关于印发辽宁省处置森林火灾应急预案的通知》(辽政办〔2006〕11号)，认真执行森林火灾报告时限和归口上报制度，逐级准确及时上报火情、火灾，坚决杜绝瞒报、漏报、迟报现象的发生。

八、加强森林防火宣传。各地区、各有关部门要广泛开展全面森林防火宣传教育活动，提高林区广大群众防火意识和紧急避险能力，提高全民森林防火、爱林护林责任意识和法制观念，使森林防火宣传工作走进林区、走进乡村、走进千家万户。各级宣传、通信等部门要组织利用舆论媒体、移动通信等广泛宣传森林防火法律法规、防火扑火知识及“12119”森林防火报警电话，播放森林火灾典型案件，发布公益广告及预警信息，形成全社会重视、关心和支持森林防火工作的良好氛围。

辽宁省人民政府

二〇〇八年二月二十日

附件6　抚顺市森林防火指挥部关于进一步加强野外火源安全管理的通告

从2月15日起，我市已进入春季森林防火期。为有效预防森林火灾，保障人民群众生命财产安全，根据《中华人民共和国森林法》《森林防火条例》，现就进一步加强野外火源安全管理工作通告如下：

一、禁止携带火种及易燃易爆物品进入有林区。

二、禁止在林区及林缘地带烧荒、烧地格子、烧秸秆、烧茬子、烧果树病腐枝皮、烧废弃物料。

三、禁止在林区及林缘地带吸烟、野炊、取暖、烧烤食品，禁止在扫墓时烧纸、烧香、焚烧其他迷信可燃物、燃放烟花爆竹。

四、禁止炼山和堆烧林木采伐枝桠、加工剩余物等，禁止施工单位明火作业和爆破。

五、禁止智障人员、精神病患者和未成年人在林区及林缘地带玩火，监护人应切实履行监护责任。

六、禁止在公路、铁路两侧焚烧枯枝落叶。

七、违反上述规定的，有关部门将依据《中华人民共和国治安管理处罚法》《森林防火条例》给予处罚；构成犯罪的，依法追究刑事责任。

八、任何单位和个人，一旦发现森林火情，要立即拨打“12119”森林防火报警电话报警，并及时向当地人民政府或森林防火指挥机构报告。

特此通告。

抚顺市森林防火指挥部

二〇一二年二月二十九日

附件7 清原县人民政府森林防火戒严令

为了有效保护我县森林生态资源和人民生命财产安全，根据《中华人民共和国森林防火》《森林防火条例》等有关法律法规规定，经县政府研究决定，特发布此令：

一、2013年3月15日至6月15日和9月15日至12月15日期间定为森林防火期；4月1日至5月15日和10月1日至11月15日期间定为森林防火戒严期。

二、森林防火期内，禁止一切野外非生产用火，必要的生产用火，须经县森林防火指挥部批准，领取《生产用火许可证》，在采取安全防范措施后方可用火；森林防火戒严期内，严禁一切野外用火。

三、森林防火工作实行行政首长负责制。各乡镇政府行政负责人是森林防火工作的第一责任人，分管负责同志是主要负责人；各行政村、国有和集体林场场长、林业产业协会主要负责人是直接责任人。各护林防火组织、机构和人员要明确责任，坚守岗位，健全和完善森林防火责任体系，确保森林防火工作的组织严密，科学高效。瞭望、通信、管护和指挥人员须24小时在岗，忠于职守、尽职尽责；森林消防队须保持高度戒备，严阵以待，做到早发现、早出动和早扑灭。

四、狠抓火源管理，强化森林火灾防范措施。要强化重点时段、重点地区的用火管理工作，严格执行野外生产用火审批制度，严格控制农事用火，加大依法治火力度。要在旅游风景区、自然保护区、森林公园以及交通要道，设立防火检查站、宣传站(点)，禁止携带火种入山。

五、积极开展森林防火宣传教育，各级宣传媒体要广泛深入地宣传有关森林防火的法律、法规、政策以及扑火基础常识，重点宣传正、反面典型案例。加强对智力不健全等特殊群体和儿童的管理，落实监护责任。

六、发生森林火灾须按照有关规定立即启动森林火灾应急预案，统一组织和指挥扑救森林火灾。严禁组织动员老弱病残、中小学生和妇女参加扑火救灾；扑救森林火灾要坚持以人为本、科学扑救，及时疏散、撤离受火灾威胁的群众，并做好扑救人员的安全防护，避免人员伤亡。

七、坚持奖惩结合，对森林防火工作的有功人员予以奖励；对有令不行、贻误战机者，视情节予以记录处分，触犯刑律者依法惩处。

森林防火免费监督举报电话：53039119

此令

县长：刘××

二〇一四年三月十日

附件8 国务院办公厅关于成立国家森林防火指挥部的通知

国办发〔2006〕41号

各省、自治区、直辖市人民政府，国务院各部委、各直属机构：

为进一步加强对森林防火工作的领导，完善预防和扑救森林火灾的组织指挥体系，充分发挥各部门在森林防火工作中的职能作用，经国务院同意，成立国家森林防火指挥部。现将有关事项通知如下：

一、指挥部主要职责

指导全国森林防火工作和重特大森林火灾扑救工作，协调有关部门解决森林防火中的问题，检查各地区、各部门贯彻执行森林防火的方针政策、法律法规和重大措施的情况，监督有关森林火灾案件的查处和责任追究，决定森林防火其他重大事项。

二、指挥部组成人员

总 指 挥：	贾治邦	国家林业局局长
副总指挥：	雷加富	国家林业局副局长
	戚建国	总参作战部部长
	梁 洪	武警部队副司令员
成 员：	武大伟	外交部副部长
	杜 鹰	发展改革委副主任
	刘金国	公安部副部长
	李立国	民政部副部长
	廖晓军	财政部副部长
	胡亚东	铁道部副部长
	冯正霖	交通部副部长
	奚国华	信息产业部副部长
	张宝文	农业部副部长
	李 军	民航总局副局长
	雷元亮	广电总局副局长
	许小峰	中国气象局副局长
	王国庆	新闻办副主任
	白自兴	总参动员部副部长
	刘国华	总参陆航部副部长
	韩祥林	武警森林指挥部主任

三、指挥部工作机构及其职责

国家森林防火指挥部办公室设在国家林业局，其主要职责为：联系指挥部成员单位，贯彻执行国务院、国家森林防火指挥部的决定和部署，组织检查全国森林火灾防控工作，掌握全国森林火情，发布森林火险和火灾信息，协调指导重特大森林火灾扑救工作，督促各地查处重要森林火灾案件，承担国家森林防火指挥部日常工作。办公室主任由国家森林防火指挥部副总指挥、国家林业局副局长雷加富同志兼任，副主任由国家林业局防火办主任杜永胜同志担任。

地方各级人民政府要高度重视森林防火工作，落实责任，切实加强各级森林防火指挥部建设，充分发挥森林防火指挥部在预防和扑救森林火灾中的作用，扎扎实实做好森林防火工作。

国务院办公厅

二〇〇六年五月二十九日

附件9　国务院办公厅关于调整国家森林防火指挥部组成人员的通知

国办发〔2016〕12号

各省、自治区、直辖市人民政府，国务院各部委、各直属机构：

根据机构调整及人员变动情况和工作需要，国务院决定对国家森林防火指挥部组成单位及人员进行调整。现将调整后的名单通知如下：

总 指 挥：张建龙　国家林业局局长

副总指挥：张永利　国家林业局副局长

曲　睿　中央军委联合参谋部作战局副局长

戴肃军　武警部队副司令员

杜永胜　国家森林防火指挥部专职副总指挥

成　　员：刘振民　外交部副部长

范恒山　发展改革委副秘书长

陈肇雄　工业和信息化部副部长

李　伟　公安部副部长

窦玉沛　民政部副部长

胡静林　财政部副部长

刘小明　交通运输部党组成员

于康震　农业部副部长

田　进　新闻出版广电总局副局长

吴文学　旅游局副局长

崔玉英　新闻办副主任

矫梅燕　气象局副局长

王志清　民航局副局长

李　霓　中央军委后勤保障部军事设施建设局副局长

王文清　中央军委国防动员部民兵预备役局局长

袁继昌　陆军副参谋长

赵鹏敏　空军副参谋长

沈金伦　武警森林指挥部司令员

杨宇栋　中国铁路总公司副总经理

国家森林防火指挥部具体工作由林业局承担，杜永胜同志兼任国家森林防火指挥部办公室主任。

国务院办公厅

2016年3月13日